第3章　2次方程式

● 2次方程式

① **2次方程式の解法 (1)**　因数分解を利用して解く。

$(x-a)(x-b)=0$ の解は　$x=a,\ b$

② **2次方程式の解法 (2)**

(1) $x^2=k\ (k \geqq 0)$ の解は　$x=\pm\sqrt{k}$

(2) $(x+m)^2=k\ (k \geqq 0)$ の解は　$x=-m\pm\sqrt{k}$

(3) **解の公式**　$ax^2+bx+c=0$ の解は　$x=\dfrac{-b\pm\sqrt{b^2-4ac}}{2a}$

● 2次方程式の利用　x を使って式をつくる。

(1) 等しい2つの量を見つける。

(2) 1つの数量を2通りに表す。

道のり＝速さ×時間，　直方体の体積＝縦×横×高

第4章　関数 $y=ax^2$

●関数 $y=ax^2$ とそのグラフ

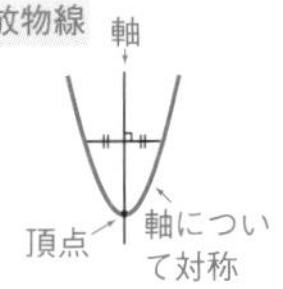

① **関数 $y=ax^2$**　y は x の2乗に比例。a は比例定数

x の値が2倍，3倍，……，p 倍になると，y の値は 2^2 倍，3^2 倍，……，p^2 倍になる。

② **関数 $y=ax^2$ のグラフ**

(1) 原点を通る

(2) y 軸について対称

(3) 放物線

$a>0$ のとき
上に開く
$x<0$ で減少
$x>0$ で増加

$a<0$ のとき
下に開く
$x<0$ で増加
$x>0$ で減少

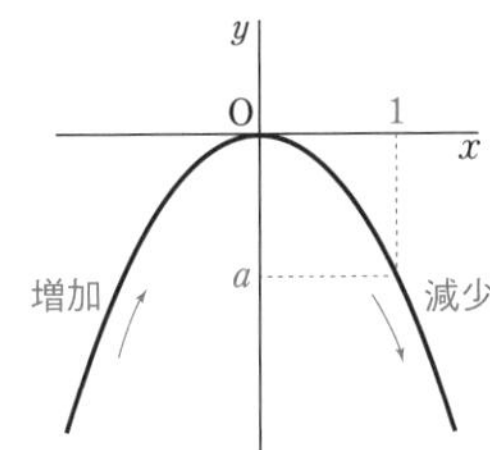

③ **関数 $y=ax^2$ の変化の割合**

x の増加量に対する y の増加量の割合を，関数の変化の割合という。

すなわち　$(\text{変化の割合})=\dfrac{(y\text{の増加量})}{(x\text{の増加量})}$

●関数の利用

放物線と直線の交点　放物線 $y=ax^2$ と直線 $y=mx+n$ の交点

(1) y を消去 ⟶ 2次方程式　$ax^2=mx+n$　を導く

(2) その方程式を解き x の値を求める。⟶ y の値を求める

(3) $(x,\ y)$ の組にして，交点の座標とする。

●いろいろな関数

いろいろな関数の中には，そのグラフがつながっていないものがある。
電車に乗る距離 x と運賃 y 円，駐車時間 x と駐車料金 y 円の関係など。

考える力。

それは「明日」に立ち向かう力。

あらゆるものが進化し、世界中で昨日まで予想もしなかったことが起こる今。
たとえ便利なインターネットを使っても、「明日」は検索(けんさく)できない。

チャート式は、君の「考える力」をのばしたい。
どんな明日がきても、この本で身につけた「考えぬく力」で、
身のまわりのどんな問題も君らしく解いて、夢に向かって前進してほしい。

チャート式が大切にする5つの言葉とともに、
いっしょに「新しい冒険(ぼうけん)」をはじめよう。

1　地図を広げて、ゴールを定めよう。

1年後、どんな目標を達成したいだろう？
10年後、どんな大人になっていたいだろう？
ゴールが決まると、たどり着くまでに必要な力や道のりが見えてくるはず。
大きな地図を広げて、チャート式と出発しよう。
これからはじまる冒険(ぼうけん)の先には、たくさんのチャンスが待っている。

2　好奇心(こうきしん)の船に乗ろう。「知りたい」は強い。

君を本当に強くするのは、覚えた公式や単語の数よりも、
「知りたい」「わかりたい」というその姿勢のはず。
最初から、100点を目指さなくていい。
まわりみたいに、上手に解けなくていい。
その前向きな心が、君をどんどん成長させてくれる。

3 味方がいると、見方が変わる。

どんなに強いライバルが現れても、
信頼(しんらい)できる仲間がいれば、自然と自信がわいてくる。
勉強もきっと同じ。
この本で学んだ時間が増えるほど、
どんなに難しい問題だって、見方が変わってくるはず。
チャート式は、挑戦(ちょうせん)する君の味方になる。

4 越(こ)えた波の数だけ、強くなれる。

昨日解けた問題も、今日は解けないかもしれない。
今日できないことも、明日にはできるようになるかもしれない。
失敗をこわがらずに挑戦(ちょうせん)して、くり返し考え、くり返し見直してほしい。
たとえゴールまで時間がかかっても、
人一倍考えることが「本当の力」になるから。
越(こ)えた波の数だけ、君は強くなれる。

5 一歩ずつでいい。でも、毎日進み続けよう。

がんばりすぎたと思ったら、立ち止まって深呼吸しよう。
わからないと思ったら、進んできた道をふり返ってみよう。
大切なのは、どんな課題にぶつかってもあきらめずに、
コツコツ、少しずつ、前に進むこと。

チャート式はどんなときも
ゴールに向かって走る君の背中を押(お)し続ける

チャート式®

中学数学 3年

もくじ

学習コンテンツ ➡

別冊解答編

練習，EXERCISES，定期試験対策問題，問題，入試対策問題の解答をのせています。

問題数

例　題	120問
練　習	120問
EXERCISES	148問
定期試験対策問題	84問
発展例題	24問
問　題	24問
入試対策問題	74問
合　計	**594問**

本書の特色と使い方

ぼく，数犬チャ太郎。
いっしょに勉強しよう！

デジタルコンテンツを活用しよう！

解説動画

●「要点のまとめ」の中で，とくに大事な部分には，スライド形式の解説動画を用意しました。
紙面の内容にそって，わかりやすく解説しています。→「1 要点のまとめ」もチェック

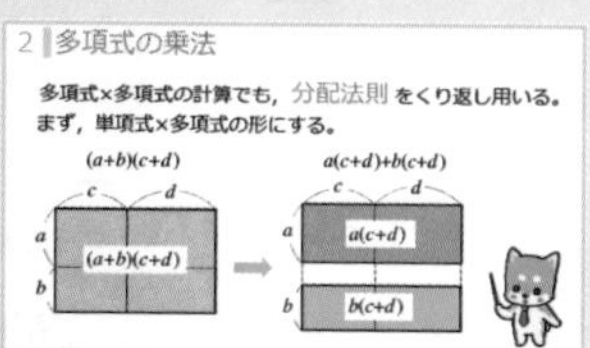

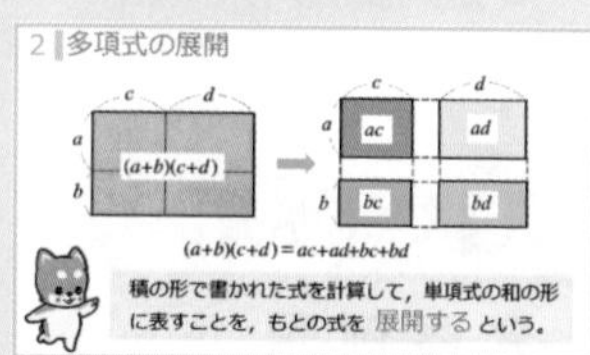

計算カード

●反復練習が必要な問題が，カード形式で現れます。

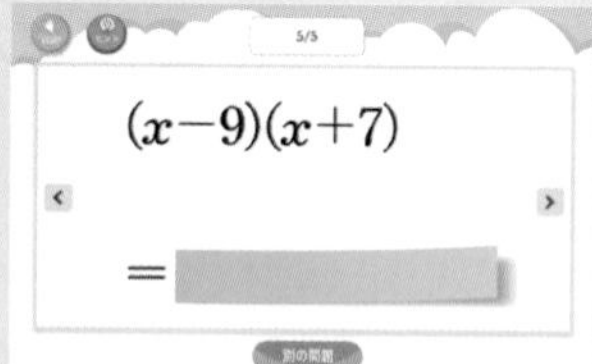

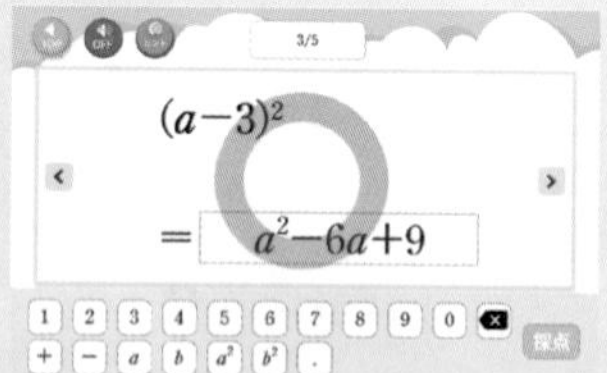

●制限時間を設定することができます。また，ふせんモードと入力モードがあります。
入力モードでは，画面下に表示されたキーボードを使って入力すると，自動で採点されます。

※他にも，理解を助けるアニメーションなどを用意しています。

各章の流れ

1 要点のまとめ

●用語や性質，公式などの要点を簡潔（かんけつ）にまとめています。

●授業の予習・復習はもちろん，テスト直前の最終確認にも活用しましょう。

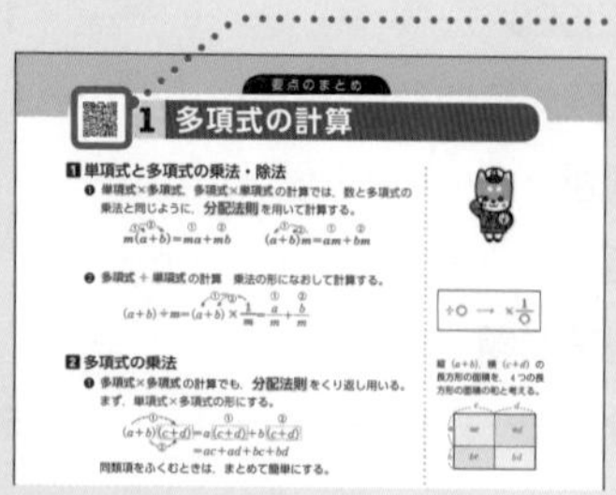

QRコード
解説動画や計算カードなどの学習コンテンツにアクセスできます。※1，※2

PCからは
https://cds.chart.co.jp/books/p2txvcr5fm

コンテンツの内容は，予告なしに変更することがあります。

※1　QRコードは，(株)デンソーウェーブの登録商標です。
※2　通信料はお客様のご負担となります。Wi-Fi環境での利用をおすすめいたします。

2 例題

●代表的な問題を扱っています。レベルは■，■■（基本～教科書本文レベル）が中心です。>> で関連するページを示している場合があります。

●考え方では，問題を解くための方針や手順をていねいに示しています。ここをしっかり理解することで，思考力や判断力が身につきます。

●練習では，例題の類題，反復問題を扱っています。

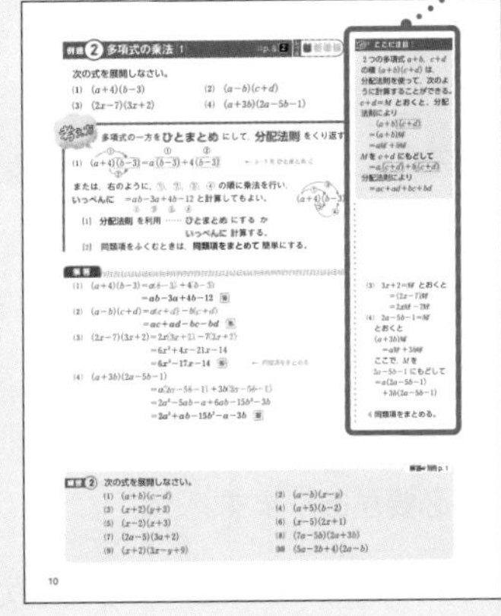

側注で理解が深まる

ここに注目！

問題を整理しよう！ など

問題文の注目する箇所（かしょ）や問題を理解するための図解などをのせています。

確認

要点や学習済みの内容などを取り上げています。

復習 など

おもに2年生までに学習した内容のうち，関連が深いものを取り上げています。

⚠

まちがいやすい内容など，注意点を取り上げています。

参考

参考事項を取り上げています。

CHART（チャート）　問題と重要事項（性質や公式など）を結びつけるもので，この本の1つの特色です。頭に残りやすいように，コンパクトにまとめています。→p.6 をチェック

3 EXERCISES（エクササイズ）

●例題の反復問題や，その応用問題を扱っています。

もどって復習できる

EXERCISES，定期試験対策問題では，ともに参考となる例題番号を示しています。

4 定期試験対策問題

●学校の定期試験で出題されやすい問題を扱っています。

入試対策編

1 発展例題

●入試によく出題される問題を扱っています。レベルは■■■，■■■■（入試標準～やや難レベル）が中心です。

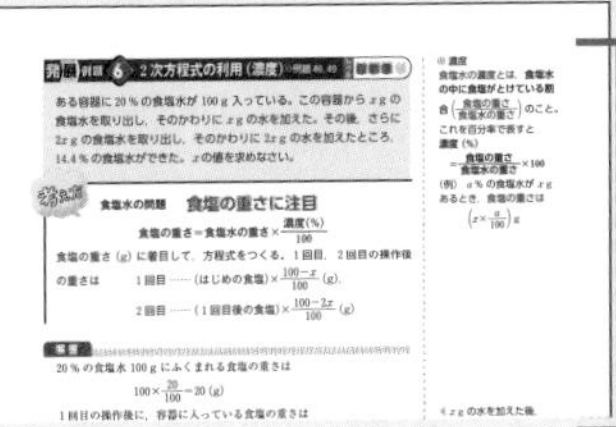

本編の例題と同じ形式

例題と同じ流れで勉強できます。

（発展例題の類題は「問題」になります）

2 入試対策問題

●実際に出題された入試問題を中心に扱っています。

CHARTとは？

数学の問題を解くことは，航海（船で海をわたること）に似ています。

航海では，見わたすかぎり空と海で，目的の港はすぐに見えません。
目的の港に行くには，海についての知識や，波風に応じて船をあやつる技術が必要です。

数学も同じ。問題の答えはすぐにわかりません。
答えを求めるには，問題の内容についての知識（性質や公式）はもちろんのこと，その問題の条件に応じて，知識を使いこなす技を身につける必要があります。

この「知識を使いこなす技を身につける」のにもっとも適した参考書が，チャート式です。

CHART とは，海図を意味します。海図とは，海の深さや潮の流れなど海の情報を示した地図のようなものであり，航海の進路を決めるのに欠かせないものです。

航海における海図のように，問題を解く上で進むべき道を示してくれるもの
―そして，それは誰もが安心して答えにたどり着けるもの―
それが **チャート式** です。

〈チャート式　問題解決方法〉

1．問題の理解

何がわかっているか，何を求めるのか をはっきりさせる。

……出発港と目的港を決めないと，船を出すことはできない。

2．解法の方針を決める

わかっているものと求めるものに **つながりをつける。**
このつながりをわかりやすく示したのが **CHART** である。

……出発港と目的港の間に，船の通る道をつける。このとき，海図 が役に立つ。

3．答案をつくる

2 で決めた方針にしたがって答案をつくる。　……実際に，船を進める。

4．確認する

求めた答えが正しいか，見落としているものはないかを確認する。

……港へ着いたら，目的と異なる港に着いていないかを確認する。

第1章

式の計算

1 多項式の計算

1 単項式と多項式の乗法・除法

❶ **単項式×多項式**，**多項式×単項式** の計算では，数と多項式の乗法と同じように，**分配法則** を用いて計算する。

$$m(a+b)=ma+mb \qquad (a+b)m=am+bm$$

❷ **多項式 ÷ 単項式** の計算　乗法の形になおして計算する。

$$(a+b)\div m=(a+b)\times\frac{1}{m}=\frac{a}{m}+\frac{b}{m}$$

$\div○ \longrightarrow \times\frac{1}{○}$

2 多項式の乗法

❶ **多項式×多項式** の計算でも，**分配法則** をくり返し用いる。まず，単項式×多項式の形にする。

$$(a+b)(c+d)=a(c+d)+b(c+d)$$
$$=ac+ad+bc+bd$$

同類項をふくむときは，まとめて簡単にする。

縦 $(a+b)$，横 $(c+d)$ の長方形の面積を，4 つの長方形の面積の和と考える。

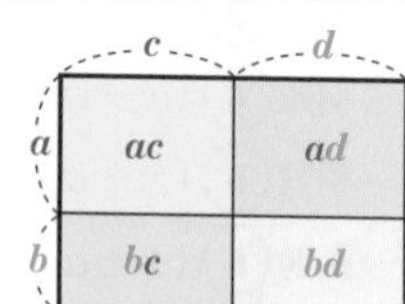

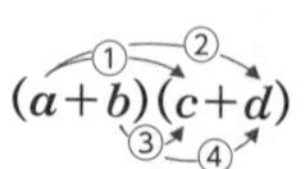

$=ac+ad+bc+bd$

と計算してもよい。

❷ 積の形で書かれた式を計算して，単項式の和の形に表すことを，もとの式を **展開** するという。

3 展開の公式（乗法公式）

❶ $(x+a)(x+b)=x^2+(a+b)x+ab$　　x^2+(和)$x+$(積)

❷ $(x+a)^2=x^2+2ax+a^2$　　和の平方公式

❸ $(x-a)^2=x^2-2ax+a^2$　　差の平方公式

❹ $(x+a)(x-a)=x^2-a^2$　　和と差の積

❶　$(x+a)(x+b)=x^2+xb+ax+ab=x^2+(a+b)x+ab$

これは和 $a+b$，積 ab として，x^2+(和)$x+$(積) と表される。この公式の b を a，$-a$ にそれぞれおきかえると，次のようになる。

b を　a とおくと，和 $2a$，積 a^2 から　　$x^2+2ax+a^2$ ……❷

b を $-a$ とおくと，和 0，積 $-a^2$ から　　$x^2\qquad -a^2$ ……❹

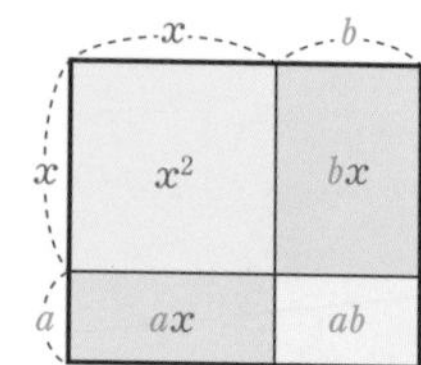

例題 1 単項式と多項式の乗法・除法

>>p. 8 1 レベル 

次の計算をしなさい。

(1) $(a+5b)\times 2a$　(2) $-3x(3x-2y)$　(3) $(12ax+8bx)\div(-4x)$

(4) $(9a^3-15a)\div 3a$　(5) $10x\left(\frac{2}{5}y+\frac{1}{2}z\right)$　(6) $(6x^2y-21xy^2)\div\left(-\frac{3}{2}xy\right)$

乗法は **分配法則の利用**　除法は **乗法になおす**

$m(a+b)=ma+mb$　$(a+b)m=am+bm$　$(a+b)\div m=(a+b)\times\frac{1}{m}$

解答

(1) $(a+5b)\times 2a=a\times 2a+5b\times 2a=\mathbf{2a^2+10ab}$ 答

(2) $-3x(3x-2y)=-3x\times 3x+(-3x)\times(-2y)$

$=\mathbf{-9x^2+6xy}$ 答

(3) $(12ax+8bx)\div(-4x)=12ax\times\left(-\frac{1}{4x}\right)+8bx\times\left(-\frac{1}{4x}\right)$

$=-\frac{12ax}{4x}-\frac{8bx}{4x}$

$=\mathbf{-3a-2b}$ 答

(4) $(9a^3-15a)\div 3a=(9a^3-15a)\times\frac{1}{3a}$　← $\div 3a \longrightarrow \times\frac{1}{3a}$

$=\frac{9a^3}{3a}-\frac{15a}{3a}=\mathbf{3a^2-5}$ 答

(5) $10x\left(\frac{2}{5}y+\frac{1}{2}z\right)=10x\times\frac{2}{5}y+10x\times\frac{1}{2}z$

$=\mathbf{4xy+5xz}$ 答

(6) $(6x^2y-21xy^2)\div\left(-\frac{3}{2}xy\right)=(6x^2y-21xy^2)\times\left(-\frac{2}{3xy}\right)$

$=-\frac{6x^2y\times 2}{3xy}+\frac{21xy^2\times 2}{3xy}$

$=\mathbf{-4x+14y}$ 答

$\div○ \longrightarrow \times\frac{1}{○}$

◀ $-\frac{\overset{3}{\cancel{12}}a\cancel{x}}{\cancel{4}\cancel{x}}-\frac{\overset{2}{\cancel{8}}b\cancel{x}}{\cancel{4}\cancel{x}}$

◀ $\frac{\overset{3}{\cancel{9}}\overset{2}{\cancel{a^3}}}{\cancel{3}\cancel{a}}-\frac{\overset{5}{\cancel{15}}\cancel{a}}{\cancel{3}\cancel{a}}$

◀ $2x\times 2y+5x\times z$

(6) $-\frac{3}{2}xy=-\frac{3xy}{2}$,

$\div\left(-\frac{3}{2}xy\right)$

$\longrightarrow\times\left(-\frac{2}{3xy}\right)$

解答➡別冊 p. 1

練習 1 次の計算をしなさい。

(1) $(2a+b)\times 3a$　(2) $(x-3y)\times(-y)$　(3) $-2a(-5a+b)$

(4) $(-9a^2b+12ab^2)\div 3ab$　(5) $(-20xy+28yz)\div(-4y)$

(6) $(15x^2-6xy)\div\frac{3}{2}x$　(7) $(21x^2y^2-14xy)\div\left(-\frac{7}{3}xy\right)$

例題 2 多項式の乗法 (1)

>>p. 8 2 レベル 

次の式を展開しなさい。

(1) $(a+4)(b-3)$　　(2) $(a-b)(c+d)$

(3) $(2x-7)(3x+2)$　　(4) $(a+3b)(2a-5b-1)$

考え方

多項式の一方を **ひとまとめ** にして，**分配法則** をくり返す

(1) $(a+4)\boxed{(b-3)}=a\boxed{(b-3)}+4\boxed{(b-3)}$　　← $b-3$ を **ひとまとめ** に

または，右のように，①，②，③，④ の順に乗法を行い，

いっぺんに $=ab-3a+4b-12$ と計算してもよい。

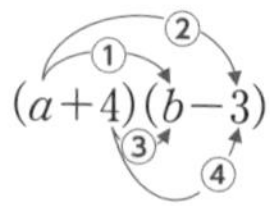

[1] **分配法則** を利用 …… **ひとまとめ** にする か **いっぺんに** 計算する。

[2] 同類項をふくむときは，**同類項をまとめて** 簡単にする。

> **ここに注目！**
>
> 2 つの多項式 $a+b$，$c+d$ の積 $(a+b)(c+d)$ は，分配法則を使って，次のように計算することができる。
>
> $c+d=M$ **とおくと**，分配法則により
>
> $(a+b)\boxed{(c+d)}$
> $=(a+b)M$
> $=aM+bM$
>
> M **を** $c+d$ **にもどして**
>
> $=a\boxed{(c+d)}+b\boxed{(c+d)}$
>
> 分配法則により
>
> $=ac+ad+bc+bd$

解答

(1) $(a+4)(b-3)=a(b-3)+4(b-3)$

$=\boldsymbol{ab-3a+4b-12}$ 答

(2) $(a-b)(c+d)=a(c+d)-b(c+d)$

$=\boldsymbol{ac+ad-bc-bd}$ 答

(3) $(2x-7)(3x+2)=2x(3x+2)-7(3x+2)$

$=6x^2+4x-21x-14$

$=\boldsymbol{6x^2-17x-14}$ 答　　← 同類項をまとめる

(4) $(a+3b)(2a-5b-1)$

$=a(2a-5b-1)+3b(2a-5b-1)$

$=2a^2-5ab-a+6ab-15b^2-3b$

$=\boldsymbol{2a^2+ab-15b^2-a-3b}$ 答

> (3) $3x+2=M$ とおくと
> $=(2x-7)M$
> $=2xM-7M$
>
> (4) $2a-5b-1=M$ とおくと
> $(a+3b)M$
> $=aM+3bM$
> ここで，M を $2a-5b-1$ にもどして
> $=a(2a-5b-1)$
> $+3b(2a-5b-1)$
>
> ◀同類項をまとめる。

練習 2 次の式を展開しなさい。

解答➡別冊 p. 1

(1) $(a+b)(c-d)$　　(2) $(a-b)(x-y)$

(3) $(x+2)(y+3)$　　(4) $(a+5)(b-2)$

(5) $(x-2)(x+3)$　　(6) $(x-5)(2x+1)$

(7) $(2a-5)(3a+2)$　　(8) $(7a-5b)(2a+3b)$

(9) $(x+2)(3x-y+9)$　　(10) $(5a-2b+4)(2a-b)$

例題 3 多項式の乗法 (2)

>>p. 8 2 レベル

次の式を展開しなさい。

(1) $(2x-3)(x^2-5x+2)$　　(2) $(a^2+2ab-2b^2)(3a-b)$

(3) $(2x^2-x+5)(x^2+4x-2)$

考え方　多項式の乗法　分配法則の利用

また，累乗の計算は，次のように行う。

$x\times x^2=x^{1+2}=x^3$　　$a^2\times a=a^{2+1}=a^3$　　$x^2\times x^2=x^{2+2}=x^4$

なお，このページの問題のように，展開する前にそれぞれかっこの中の式を，次数の高い方から低い方の順（これを **降べきの順** という）に並べておくと，展開後に同類項が見分けやすい。

累乗の計算
$a^m\times a^n=a^{m+n}$

解答

(1) $(2x-3)(x^2-5x+2)=2x(x^2-5x+2)-3(x^2-5x+2)$
1次 0次　2次 1次 0次
$=2x^3-10x^2+4x-3x^2+15x-6$
3次　2次　1次　2次　1次　0次
└定数項の次数は 0
$=\boldsymbol{2x^3-13x^2+19x-6}$ 答

◀ x^2-5x+2 を **ひとまとめ** にして，分配法則を利用。

(2) $(a^2+2ab-2b^2)(3a-b)$
$=(a^2+2ab-2b^2)\times 3a+(a^2+2ab-2b^2)\times(-b)$
$=3a^3+6a^2b-6ab^2-a^2b-2ab^2+2b^3$
$=\boldsymbol{3a^3+5a^2b-8ab^2+2b^3}$ 答

◀ $a^2+2ab-2b^2$ を **ひとまとめ** にして，分配法則を利用。

(3) $(2x^2-x+5)(x^2+4x-2)$
$=2x^2(x^2+4x-2)-x(x^2+4x-2)+5(x^2+4x-2)$
$=2x^4+8x^3-4x^2-x^3-4x^2+2x+5x^2+20x-10$
$=\boldsymbol{2x^4+7x^3-3x^2+22x-10}$ 答

◀ x^2+4x-2 を **ひとまとめ** にして，分配法則を利用。

参考　多項式の乗法では，整数のかけ算と同じように計算する方法もある。たとえば，(2) は次のように計算してもよい。

整数のかけ算とは違って，左の項から順にかけていく。

$$\begin{array}{r} a^2+2ab-2b^2 \\ \times)\ 3a-b \\ \hline 3a^3+6a^2b-6ab^2 \\ -\ a^2b-2ab^2+2b^3 \\ \hline 3a^3+5a^2b-8ab^2+2b^3 \end{array}$$

⟵ $(a^2+2ab-2b^2)\times 3a$ の計算をした。
⟵ $(a^2+2ab-2b^2)\times(-b)$ の計算をした。
⟵ $(3a^3+6a^2b-6ab^2)+(-a^2b-2ab^2+2b^3)$ の計算をした。

解答➡別冊 p. 2

練習 3 次の式を展開しなさい。

(1) $(x-4)(2x^2+x-3)$　　(2) $(a^2-5ab-3b^2)(2a+b)$

(3) $(x^3-2x^2+4x-7)(3x+2)$　　(4) $(a^2-3a+1)(6a^2-2a+5)$

例題 4 $(x+a)(x+b)$ の展開

>>p. 8 3 レベル

次の式を展開しなさい。

(1) $(x+2)(x+1)$　(2) $(a-4)(a-7)$　(3) $(x+8)(x-3)$

(4) $(x-2y)(x-5y)$　(5) $(2x+5)(2x-1)$　(6) $(3a-b)(3a+7b)$

公式 $(x+a)(x+b)=x^2+(a+b)x+ab$ は，次のようにおぼえておこう。

たして

$$(x+a)(x+b)=x^2+(a+b)x+ab$$

かけて

◀ x^2+(和)$x+$(積)

(4) $(x+a)(x+b)$ の a，b に文字 y をふくんでも同じ方針で計算する。つまり，$(-2y)$ と $(-5y)$ の和と積を考える。

解答

(1) $(x+2)(x+1)=x^2+(2+1)x+2\times1$
$=\boldsymbol{x^2+3x+2}$ 答

(2) $(a-4)(a-7)=a^2+\{(-4)+(-7)\}a+(-4)\times(-7)$
$=\boldsymbol{a^2-11a+28}$ 答

(3) $(x+8)(x-3)=x^2+\{8+(-3)\}x+8\times(-3)$
$=\boldsymbol{x^2+5x-24}$ 答

(4) $(x-2y)(x-5y)=x^2+\{(-2y)+(-5y)\}x+(-2y)\times(-5y)$
$=\boldsymbol{x^2-7xy+10y^2}$ 答

(5) $(2x+5)(2x-1)=(2x)^2+\{5+(-1)\}\times2x+5\times(-1)$
$=\boldsymbol{4x^2+8x-5}$ 答

(6) $(3a-b)(3a+7b)=(3a)^2+\{(-b)+7b\}\times3a+(-b)\times7b$
$=\boldsymbol{9a^2+18ab-7b^2}$ 答

$(x-a)(x-b)$ の展開
$(-a)$ と $(-b)$ について
和 $-(a+b)$，積 ab
であるから
$(x-a)(x-b)$
$=x^2-(a+b)x+ab$

◀ $(-7y)\times x=-7xy$

(5) $2x$ を M とおくと
$(2x+5)(2x-1)$
$=(M+5)(M-1)$
$=M^2+\{5+(-1)\}M+5\times(-1)$

解答➡別冊 p. 2

練習 4 次の式を展開しなさい。

(1) $(x+2)(x+3)$　(2) $(a-3)(a+5)$　(3) $(x+2)(x-11)$

(4) $(a-3b)(a-2b)$　(5) $(x+9y)(x-5y)$　(6) $\left(a+\frac{1}{3}\right)\left(a-\frac{4}{3}\right)$

(7) $(2x+1)(2x+3)$　(8) $(3a-b)(3a+5b)$　(9) $\left(4a+\frac{1}{2}\right)\left(4a-\frac{3}{4}\right)$

例題 5 $(x+a)^2$, $(x-a)^2$ の展開

>>p. 8 3 レベル 

次の式を展開しなさい。

(1) $(x+4)^2$　　(2) $(a-6)^2$　　(3) $(2a+3b)^2$

(4) $(-x+5y)^2$　　(5) $\left(a+\frac{1}{3}b\right)^2$　　(6) $\left(\frac{x}{2}-\frac{y}{4}\right)^2$

和の平方公式 と 差の平方公式は，次のように覚えておこう。

平方公式　2乗の和にプラス，マイナス　積の2倍

$$(x+a)^2=x^2+2ax+a^2$$

（2乗の和，積の2倍）

プラスはプラス

$$(x-a)^2=x^2-2ax+a^2$$

（2乗の和，積の2倍）

マイナスはマイナス

(4) $-x$ を **ひとまとめにして** 和の平方公式を利用してもよいし，$-x+5y=5y-x$ として，差の平方公式を利用するのもよい。

和の平方公式
$(x+a)^2=x^2+2ax+a^2$ で，
a を $-a$ とおくと
$(x-a)^2$
$=x^2+2\times(-a)\times x+(-a)^2$
$=x^2-2ax+a^2$
となって，差の平方公式が得られる。

解答

(1) $(x+4)^2=x^2+2\times4\times x+4^2=\boldsymbol{x^2+8x+16}$ 答

(2) $(a-6)^2=a^2-2\times6\times a+6^2=\boldsymbol{a^2-12a+36}$ 答

(3) $(2a+3b)^2=(2a)^2+2\times3b\times2a+(3b)^2$
$=\boldsymbol{4a^2+12ab+9b^2}$ 答

(4) $(-x+5y)^2=(-x)^2+2\times5y\times(-x)+(5y)^2$
$=\boldsymbol{x^2-10xy+25y^2}$ 答

(5) $\left(a+\frac{1}{3}b\right)^2=a^2+2\times\frac{1}{3}b\times a+\left(\frac{1}{3}b\right)^2$
$=\boldsymbol{a^2+\frac{2}{3}ab+\frac{1}{9}b^2}$ 答

(6) $\left(\frac{x}{2}-\frac{y}{4}\right)^2=\left(\frac{x}{2}\right)^2-2\times\frac{y}{4}\times\frac{x}{2}+\left(\frac{y}{4}\right)^2$
$=\boldsymbol{\frac{x^2}{4}-\frac{xy}{4}+\frac{y^2}{16}}$ 答

(4) $(-x+5y)^2=(5y-x)^2$
$=(5y)^2-2\times x\times5y+x^2$
$=25y^2-10xy+x^2$
または
$-x+5y=-(x-5y)$
から　$(-x+5y)^2$
$=\{-(x-5y)\}^2$
$=(x-5y)^2$
としてもよい。

⚠
(5), (6)　分数の累乗にはかっこをつける。たとえば，$\frac{x}{2}$ の2乗は $\left(\frac{x}{2}\right)^2$ と表す。$\frac{x}{2^2}$ や $\frac{x^2}{2}$ ではない。

解答➡別冊 p. 3

練習 5 次の式を展開しなさい。

(1) $(x+3)^2$　　(2) $(a-5)^2$　　(3) $(a+3b)^2$

(4) $(7a-2b)^2$　　(5) $\left(x+\frac{2}{3}\right)^2$　　(6) $\left(-x+\frac{1}{2}\right)^2$

(7) $\left(\frac{1}{2}x+2\right)^2$　　(8) $\left(\frac{b}{2}-\frac{a}{5}\right)^2$　　(9) $\left(\frac{3}{2}x-\frac{2}{3}y\right)^2$

例題 6 $(x+a)(x-a)$ の展開

≫p. 8 3 レベル 

次の式を展開しなさい。

(1) $(a+4)(a-4)$　　(2) $(3x-2y)(3x+2y)$

(3) $(-3a+5b)(-3a-5b)$　　(4) $\left(\dfrac{x}{2}+\dfrac{y}{7}\right)\left(\dfrac{y}{7}-\dfrac{x}{2}\right)$

公式 $(\boldsymbol{x}+\boldsymbol{a})(\boldsymbol{x}-\boldsymbol{a})=\boldsymbol{x}^2-\boldsymbol{a}^2$ は，次のように覚えておこう。

和と差の積は 平方の差

(2) 差×和 の形であっても乗法の交換法則により，和×差 と同じことなので，公式が利用できる。

(3) 先にマイナスをくくり出してもよいが，$-3a$ を**ひとまとめにして**公式を利用するのが早い。

公式 $(x+a)(x+b)$
$=x^2+(a+b)x+ab$ で
b を $-\boldsymbol{a}$ とおくと
$(x+a)(x-a)$
$=x^2+(a-a)x+a\times(-a)$
$=x^2-a^2$

解答

(1) $(a+4)(a-4)=a^2-4^2=\boldsymbol{a^2-16}$ 答

(2) $(3x-2y)(3x+2y)=(3x+2y)(3x-2y)$
$=(3x)^2-(2y)^2$
$=\boldsymbol{9x^2-4y^2}$ 答

◀和×差の形に書き直さず，ただちに公式を利用して $(3x)^2-(2y)^2$ としてよい。

(3) $(-3a+5b)(-3a-5b)=(-3a)^2-(5b)^2$
$=\boldsymbol{9a^2-25b^2}$ 答

別解 $(-3a+5b)(-3a-5b)=\{-(3a-5b)\}\{-(3a+5b)\}$
$=(-1)^2(3a-5b)(3a+5b)$
$=(3a)^2-(5b)^2=\boldsymbol{9a^2-25b^2}$ 答

◀先にマイナスをくくり出す。
◀$(-1)^2=1$

(4) $\left(\dfrac{x}{2}+\dfrac{y}{7}\right)\left(\dfrac{y}{7}-\dfrac{x}{2}\right)=\left(\dfrac{y}{7}+\dfrac{x}{2}\right)\left(\dfrac{y}{7}-\dfrac{x}{2}\right)$
$=\left(\dfrac{y}{7}\right)^2-\left(\dfrac{x}{2}\right)^2$
$=\boldsymbol{\dfrac{y^2}{49}-\dfrac{x^2}{4}}$ 答

◀$\left(\dfrac{x}{2}\right)^2-\left(\dfrac{y}{7}\right)^2$ は誤り。

解答➡別冊 p. 3

練習 6 次の式を展開しなさい。

(1) $(x+7)(x-7)$　　(2) $(a-2b)(a+2b)$

(3) $(-3x+y)(-3x-y)$　　(4) $\left(a+\dfrac{b}{6}\right)\left(a-\dfrac{b}{6}\right)$

(5) $(-4x+3y)(3y+4x)$　　(6) $\left(\dfrac{a}{5}-\dfrac{b}{3}\right)\left(\dfrac{b}{3}+\dfrac{a}{5}\right)$

例題 7 おきかえによる式の展開

>>p. 8 2 3 レベル 

次の式を展開しなさい。

(1) $(a+b+c)^2$　　(2) $(x-2y+3)(x-2y-4)$　　(3) $(x+y-z)(x-y+z)$

考え方　同じ式は1つの文字におきかえる

3つ以上の項の式の展開では，同じ式を **1つの文字におきかえる** ことによって，展開の公式が使えるようになり，計算がらくになる。

(1) $a+b$ を M とおくと，$(M+c)^2$ となり，和の平方公式が使える。

(2) $x-2y$ を M とおくと，$(M+3)(M-4)$ となり，$(x+a)(x+b)$ の公式が使える。

(3) $x-y+z=x-(y-z)$ とみると，$y-z$ がくり返し出てくるから，$y-z$ を M とおくと，和と差の積の公式が使える形になる。

⚠ Mをもとの式にもどすときは，**かっこを忘れないように** しよう！

おきかえる文字は，解答のM以外にA，Bなど，問題の式の文字と区別がつけば何でもよい。

◀$(x+M)(x-M)$ となる。

解答

(1) $a+b=M$ とおくと

$(a+b+c)^2=(M+c)^2=M^2+2cM+c^2$

$=(a+b)^2+2c(a+b)+c^2$　←かっこをつける

$=a^2+2ab+b^2+2ca+2bc+c^2$

$=\boldsymbol{a^2+b^2+c^2+2ab+2bc+2ca}$ 答

◀Mを $a+b$ にもどす。

◀これでも正解だが，次のように，似ている項を**アルファベット順に並べると**，式が整頓(とん)されているように見える。

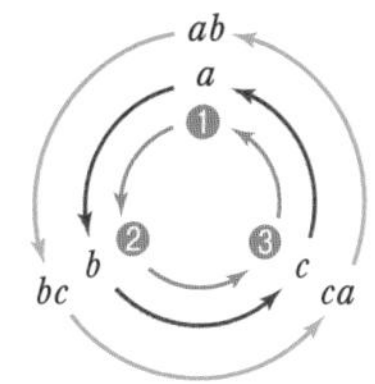

(2) $x-2y=M$ とおくと

$(x-2y+3)(x-2y-4)=(M+3)(M-4)$

$=M^2-M-12$

$=(x-2y)^2-(x-2y)-12$　←かっこをつける

$=\boldsymbol{x^2-4xy+4y^2-x+2y-12}$ 答

(3) $y-z=M$ とおくと

$(x+y-z)(x-y+z)=\{x+(y-z)\}\{x-(y-z)\}$

$=(x+M)(x-M)=x^2-M^2$

$=x^2-(y-z)^2$　←かっこをつける

$=x^2-(y^2-2yz+z^2)$

$=x^2-y^2+2yz-z^2=\boldsymbol{x^2-y^2-z^2+2yz}$ 答

◀答えはどちらでもよい。

参考　$\boldsymbol{(a+b+c)^2=a^2+b^2+c^2+2ab+2bc+2ca}$ は公式として利用してもよい。

解答➡別冊 p. 3

練習 7 次の式を展開しなさい。

(1) $(a+b-c)^2$　　(2) $(2a-b+1)^2$　　(3) $(x+3y-5)(x+3y-2)$

(4) $(2a+3b-c)(2a-3b+c)$　　(5) $(3x+2y-z)(3x-2y-z)$

例題 8 いろいろな計算

≫p. 8 2 3

レベル 

次の計算をしなさい。

(1) $(x+2)(x-5)-(x+3)(x-3)$　　(2) $(2x+3)(x-2)+(x-3)^2$

(3) $(2a+b)^2-(a+2b)(a-2b)$

考え方

式は整理　同類項はまとめる

まず，積の部分を公式を使って展開する。また，後ろにある積の部分を展開するときは，その部分をかっこでくくる。
なお，かっこをはずすときは

+(　　) は　そのままかっこをはずす

−(　　) は　かっこ内の符号を変えてはずす

ことに注意しよう。

確認 展開の公式

❶ $(x+a)(x+b)$
$=x^2+(a+b)x+ab$

❷ $(x+a)^2=x^2+2ax+a^2$

❸ $(x-a)^2=x^2-2ax+a^2$

❹ $(x+a)(x-a)=x^2-a^2$

解答

(1) $(x+2)(x-5)-(x+3)(x-3)$

$=x^2-3x-10-(x^2-9)$　← −(　) は符号が変わる

$=x^2-3x-10-x^2+9$

$=\boldsymbol{-3x-1}$　答

(2) $(2x+3)(x-2)+(x-3)^2$

$=2x(x-2)+3(x-2)+(x-3)^2$

$=2x^2-4x+3x-6+(x^2-6x+9)$　← +(　) はそのまま

$=2x^2-x-6+x^2-6x+9$

$=\boldsymbol{3x^2-7x+3}$　答

(3) $(2a+b)^2-(a+2b)(a-2b)$

$=4a^2+4ab+b^2-(a^2-4b^2)$　← −(　) は符号が変わる

$=4a^2+4ab+b^2-a^2+4b^2$

$=\boldsymbol{3a^2+4ab+5b^2}$　答

積の展開には，それぞれ上の公式を使う。

(1) $(x+2)(x-5)$　❶
　$(x+3)(x-3)$　❹

(2) $(x-3)^2$　❸

(3) $(2a+b)^2$　❷
　$(a+2b)(a-2b)$　❹

練習 8 次の計算をしなさい。

解答➡別冊 p. 4

(1) $(x-5)(x+5)-(x-3)(x+4)$　　(2) $(2x-1)(x+3)-(x-4)^2$

(3) $(2x+3y)(2x-3y)-(x+2y)^2$　　(4) $(x+6y)^2-(3x+5y)(x-2y)$

EXERCISES

解答➡別冊 p. 7

1 次の計算をしなさい。 >>例題 1

(1) $3x(2x-5y)$
(2) $(-a+2b+5)\times(-2a)$
(3) $-4x(x-3y+2)$
(4) $(a^2b+2ab^2)\div ab$
(5) $(6x^2y-9xy^2)\div 3xy$
(6) $(4a^2b^2-12ab)\div(-2ab)$

2 次の計算をしなさい。 >>例題 1

(1) $\dfrac{3}{2}xy(4x-10y+6)$
(2) $\left(\dfrac{18b}{a}-\dfrac{54a}{b}\right)\times\dfrac{a^2b}{6}$
(3) $(3x^2y-12xy^2)\div\dfrac{3}{2}xy$
(4) $\left(30a^2b^2-\dfrac{15}{2}ab^2\right)\div\left(-\dfrac{5}{2}ab^2\right)$
(5) $\left(\dfrac{1}{2}a^2b^2-\dfrac{b^3}{a}\right)\div\left(-\dfrac{b^2}{4a}\right)$
(6) $(9a^3b^2-21ab^3)\div 3a^3b^4\times(-ab^3)^2$

3 次の式を展開しなさい。 >>例題 2

(1) $(2x+1)(x+3)$
(2) $(3x-5)(x+5)$
(3) $(5x+4y)(2x-3y)$

4 公式　$(ax+b)(cx+d)=acx^2+(ad+bc)x+bd$
が成り立つことを示しなさい。さらに，この公式を用いて，次の式を展開しなさい。 >>例題 2

(1) $(3x+2)(x+4)$
(2) $(2a-7)(3a+1)$
(3) $(4x-3y)(2x+y)$

5 次の式を展開しなさい。 >>例題 2

(1) $(x-2)(y+3)$
(2) $(a-x)(b-y)$
(3) $(2a-5b)(-a+6b)$
(4) $(x-y+2)(x+y)$
(5) $(a-2b)(a-3b-2)$

6 次の式を展開しなさい。 >>例題 3

(1) $(3x-1)(4x^2+7x+2)$
(2) $(x^2-6xy+2y^2)(x-4y)$
(3) $(a+2b)(3a^2-ab-b^2)$
(4) $(3x^2+2x-1)(x^2+x-1)$

7 次の式を展開しなさい。 >>例題 4～6

(1) $(x+3)(x-8)$　(2) $(a-2b)(a-5b)$　(3) $(2x-1)(2x+5)$

(4) $(3y+2)(3y-4)$　(5) $(x+6)^2$　(6) $(-x+4)^2$

(7) $\left(5x-\dfrac{y}{2}\right)^2$　(8) $(a+8)(a-8)$　(9) $\left(3y-\dfrac{x}{2}\right)\left(\dfrac{x}{2}+3y\right)$

8 次の式を展開しなさい。 >>例題 7

(1) $(3x-2y+z)^2$　(2) $(x^2+x-1)(x^2-x+1)$

(3) $(x+2y+3)(x-4y+3)$　(4) $(x^2+2x+5)(x^2+2x+7)$

9 次の計算をしなさい。 >>例題 8

(1) $(x+6)(x-3)-9(x-2)$　(2) $(x+3)(x-2)-x(x-4)$

(3) $(x+4)^2+(x-1)(x-7)$　(4) $(a+b)^2+(a-b)^2$

(5) $(a+2b)^2-a(a+4b)$　(6) $(2x+y)^2-(2x-y)^2$

(7) $(x-4)(x+4)-2(3x-2)^2$　(8) $(2x+1)^2-(2x+3)(2x-1)$

10 おきかえをくふうして，次の式を計算しなさい。

(1) $(x+2y-1)^2-(x+2y)(x+2y-2)$

(2) $(4x+3y-2z)^2-(4x-3y+2z)^2$ >>例題 7，8

11 $(x^4-2x^3+3x^2-4x+5)(x^3-6x^2+7x-9)$ を展開したときの x^4 の係数を求めよ。 >>例題 2

12 十の位の数が同じで，一の位の数の和が 10 であるような 2 つの 2 けたの自然数の積を，次のように計算した。

2 つの自然数を $10a+b$，$10a+c$ とすると

$(10a+b)(10a+c)=$ ア□ a^2+ イ□ $a(b+c)+bc$

$b+c=10$ であるから　$=$ ア□ $a(a+$ ウ□ $)+bc$ ……（＊）

(1) 上の ア□～ウ□ にあてはまる正の数を求めなさい。

(2) （＊）を利用して，次の計算をしなさい。

① 23×27　② 45×45　③ 78×72 >>例題 4

2 因数分解

1 因数分解

❶ 1つの式が多項式や単項式の積の形に表されるとき，積をつくっている1つ1つの式を，もとの式の **因数** という。

❷ 多項式をいくつかの因数の積の形に表すことを，もとの式を **因数分解** するという。

❸ 式の展開（乗法）と因数分解とは互いに逆の計算になっている。

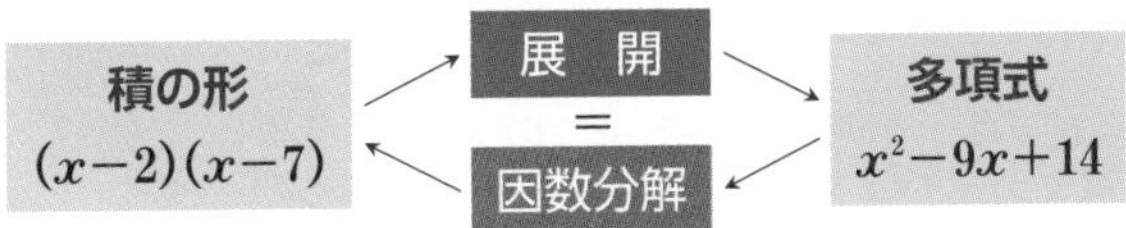

因数分解は **展開の逆の計算** である。結果の式を展開して，もとの式になるかどうか **検算** することができる。

2 因数分解の公式

多項式の各項に共通な因数を **共通因数** という。共通因数は，分配法則を使って，**かっこの外にくくり出す。**

⓿ $ma+mb=m(a+b)$

❶ $x^2+(a+b)x+ab=(x+a)(x+b)$

❷ $x^2+2ax+a^2=(x+a)^2$　　［和の平方］

❸ $x^2-2ax+a^2=(x-a)^2$　　［差の平方］

❹ $x^2-a^2=(x+a)(x-a)$　　［和と差の積］

例

① $x^2+5x+6=(x+2)(x+3)$

② $9x^2+24xy+16y^2=(3x+4y)^2$

③ $4a^2-20a+25=(2a-5)^2$

④ $49x^2-16y^2=(7x+4y)(7x-4y)$

3 いろいろな因数分解

複雑な式の因数分解については，次のようなくふうをしてみる。

❶ まず，**共通因数をくくり出し**，次に，公式を利用する。

❷ 共通な式は1文字に **おきかえ** てから公式にあてはめる。

❸ いくつかの項を **グループにまとめ**，部分的に因数分解する。

$p.23$　2段階型
$p.24$　おきかえ型
$p.25$　グループ分け

例題 9 共通因数

>>p. 19 1 レベル

次の式を因数分解しなさい。

(1) $2x^2+5x$　　(2) $2ab-8ac$　　(3) $3ax-6bx+9cx$

(4) $2x^2y+xy$　　(5) $10x^2-20xy+15xz$　　(6) $a(x+y)+b(x+y)$

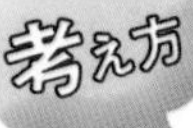

因数分解の基本　**共通因数をくくり出す**

$$\underline{M}a+\underline{M}b=\underline{M}(a+b)$$

└共通因数┘　└くくり出す

下の (1)～(5) の解答のように，慣れるまでは各項を分解して共通因数を見つけるとよい。

(6) 多項式が共通因数になっている式では，その多項式を **1つの文字におきかえる** と考えやすい。

確認 多項式の各項に共通な因数を **共通因数** という。そして，**因数分解は，共通因数に始まる** といっても過言ではない。

解答

(1) $2x^2+5x=2\times x\times x+5\times x=\boldsymbol{x(2x+5)}$ 答

◀共通因数は x

(2) $2ab-8ac=2\times a\times b-2\times 4\times a\times c$

$=\boldsymbol{2a(b-4c)}$ 答

◀共通因数は $2a$

(3) $3ax-6bx+9cx$

$=3\times a\times x-2\times 3\times b\times x+3\times 3\times c\times x$

$=\boldsymbol{3x(a-2b+3c)}$ 答　←共通因数は $3x$

◀数 3，6，9 の最大公約数は 3 で，文字は x が共通。

(4) $2x^2y+xy=2\times x\times x\times y+x\times y$

$=\boldsymbol{xy(2x+1)}$ 答

◀共通因数は xy

(5) $10x^2-20xy+15xz$

$=2\times 5\times x\times x-4\times 5\times x\times y+3\times 5\times x\times z$

$=\boldsymbol{5x(2x-4y+3z)}$ 答　←共通因数は $5x$

◀数 10，20，15 の最大公約数は 5 で，文字は x が共通。

(6) $x+y=M$ とおくと

$a(x+y)+b(x+y)=aM+bM=(a+b)M$

$=\boldsymbol{(a+b)(x+y)}$ 答

◀( ) をつけてもどす。

練習 9 次の式を因数分解しなさい。

解答➡別冊 p. 4

(1) $3a^2+5a$　　(2) $6x^2-9x$　　(3) $4ay-2by+8cy$

(4) x^2y+xy^2　　(5) $4a^2b-8ab^2+20ab$　　(6) $14mx^2-35mxy+21mxz$

(7) $a(x-y)-b(x-y)$　　(8) $x(y-1)-(y-1)$

例題 10 $x^2+(a+b)x+ab$ の因数分解 >>p. 19 2 レベル ●○○○

次の式を因数分解しなさい。

(1) x^2-5x+6　　(2) x^2-x-6

(3) $x^2+7xy+10y^2$　　(4) $x^2+8xy-9y^2$

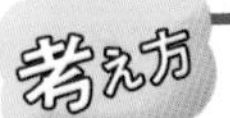

$$x^2+(a+b)x+ab=(x+a)(x+b)$$

（かけて：ab ← a と b，たして：$(a+b)$ ← a と b）

和が x の項の係数，積が定数項となる 2 つの数 a，b を見つければよいが，積の方から候補を絞り込むとよい。

⟶ 2 つの数の組の見つけ方は解答の表を参照。

(3), (4) 与えられた式が $=(x+\bigcirc y)(x+\square y)$ と因数分解できるとして，$\bigcirc$ と $\square$ にあてはまる 2 つの数を見つける。

解答

(1) $x^2-5x+6=(x-2)(x-3)$ 答

(2) $x^2-x-6=(x+2)(x-3)$ 答

積が 6	和が −5
1 と 6	×
−1 と −6	×
2 と 3	×
−2 と −3	○

積が −6	和が −1
1 と −6	×
−1 と 6	×
2 と −3	○
−2 と 3	×

(3) $x^2+7xy+10y^2=(x+2y)(x+5y)$ 答

(4) $x^2+8xy-9y^2=(x-y)(x+9y)$ 答

積が 10	和が 7
1 と 10	×
−1 と −10	×
2 と 5	○
−2 と −5	×

積が −9	和が 8
1 と −9	×
−1 と 9	○
3 と −3	×

⚠ たとえば，(1) において，x^2 と $-5x$ の項から同じ文字の x をくくり出し

$x^2-5x+6=x(x-5)+6$

としても，かっこの外に和の形が残っているから，これでは因数分解したことにならない。

例題の式はすべて 2 次式で，項が 3 つあるから，これを **2 次 3 項式** とよぶこともある。

積と和の符号から，2 つの数の符号がわかる。

積	和	2 数
正	正	ともに正
正	負	ともに負
負	正	異符号
負	負	異符号

(1) 積が正で，和が負の 2 数はともに負であるから，1 と 6，2 と 3 の組は最初から考えなくてもよい。

(2) 積が負で，和が負の 2 数は異符号であるから，同符号となる 2 数の組は除外できる。

解答➡別冊 p. 4

練習 10 次の式を因数分解しなさい。

(1) $x^2+7x+12$　　(2) x^2+7x+6　　(3) x^2-4x+3

(4) $x^2-9x+14$　　(5) x^2+3x-4　　(6) x^2+2x-8

(7) $x^2-2xy-24y^2$　　(8) $x^2-5xy-24y^2$　　(9) $x^2-4xy-32y^2$

例題 11 $x^2 \pm 2ax + a^2$, $x^2 - a^2$ の因数分解 ≫p. 19 2 レベル 

次の式を因数分解しなさい。

(1) x^2+4x+4　　(2) $9x^2-24x+16$

(3) x^2-16　　(4) $9x^2-\dfrac{y^2}{25}$

> **問題を整理しよう！**
> (1) と (2) は 2 次 3 項式で，2 乗が 2 つの和の形
> $○^2 \pm 2 \times △ \times ○ + △^2$
> → $(○+△)^2$，$(○-△)^2$ にならないか。
> (3) と (4) は $○^2-△^2$ の形
> → **和×差の公式** が使えないか。

考え方

(1), (2)　定数項が a^2 で，x の係数が $2a$ なら，平方の公式が使える。

2 乗の和／積の 2 倍

$$x^2+2ax+a^2=(x+a)^2$$

プラスはプラス

2 乗の和／積の 2 倍

$$x^2-2ax+a^2=(x-a)^2$$

マイナスはマイナス

◀$p. 13$「考え方」の図式とは逆の形。

(3), (4)　**平方の差は 和と差の積 に因数分解**

$$x^2-a^2=(x+a)(x-a)$$

解答

(1) $x^2+4x+4=x^2+2\times2\times x+2^2$

$=\boldsymbol{(x+2)^2}$ 答

(2) $9x^2-24x+16=(3x)^2-2\times4\times3x+4^2$

$=\boldsymbol{(3x-4)^2}$ 答

(2)　2 乗の項が $9x^2=(3x)^2$，$16=4^2$ で，残りが $-2\times4\times3x$ ⟶ $(○-△)^2$ の形に。

(3) $x^2-16=x^2-4^2=\boldsymbol{(x+4)(x-4)}$ 答

(4) $9x^2-\dfrac{y^2}{25}=(3x)^2-\left(\dfrac{y}{5}\right)^2=\boldsymbol{\left(3x+\dfrac{y}{5}\right)\left(3x-\dfrac{y}{5}\right)}$ 答

別解　$9x^2-\dfrac{y^2}{25}=\dfrac{1}{25}(9\times25x^2-y^2)$

$=\dfrac{1}{25}\{(3\times5x)^2-y^2\}$

$=\boldsymbol{\dfrac{1}{25}(15x+y)(15x-y)}$

通分して，分子の係数を整数に直して考えてもよい。

練習 11　次の式を因数分解しなさい。　解答➡別冊 p. 5

(1) x^2+6x+9　　(2) $36x^2-12x+1$　　(3) $4a^2+12ab+9b^2$

(4) $25x^2-30xy+9y^2$　　(5) $x^2-\dfrac{2x}{5}+\dfrac{1}{25}$　　(6) x^2-9

(7) $4a^2-25b^2$　　(8) $1-16c^2$　　(9) $\dfrac{x^2}{49}-\dfrac{4y^2}{81}$

例題 12　2段階型の因数分解

次の式を因数分解しなさい。

(1)　x^3+2x^2-3x　　(2)　$2a^3-6a^2b+4ab^2$

(3)　$27x^3+36x^2+12x$　　(4)　$3x^2y-12y^3$

(5)　$-4a^3+100ab^2$

確認 因数分解の公式

$x^2+(a+b)x+ab=(x+a)(x+b)$

$x^2+2ax+a^2=(x+a)^2$

$x^2-2ax+a^2=(x-a)^2$

$x^2-a^2=(x+a)(x-a)$

考え方

① まず共通因数でくくる

② 公式にあてはめる　← 確認 の公式

(5)　$-○+△$ の形の場合，$-○+△=-(○-△)$ のように，**-1 を共通因数** と考え，かっこの外に出すとよい。
または $-○+△=△-○$ として，因数分解してもよい。

① では，数の共通因数 を忘れないように注意。
また，次のチャートも重要である。

CHART　因数分解 できるところまで分解する

解答

(1)　$x^3+2x^2-3x=x(x^2+2x-3)$　← 積 -3，和 2

$\qquad=\boldsymbol{x(x-1)(x+3)}$　答

(2)　$2a^3-6a^2b+4ab^2=2a(a^2-3ab+2b^2)$　← 積 2，和 -3

$\qquad=\boldsymbol{2a(a-b)(a-2b)}$　答

(3)　$27x^3+36x^2+12x=3x(9x^2+12x+4)$　← $○^2+2×△×○+△^2$

$\qquad=\boldsymbol{3x(3x+2)^2}$　答

(4)　$3x^2y-12y^3=3y(x^2-4y^2)$　← $○^2-△^2$

$\qquad=\boldsymbol{3y(x+2y)(x-2y)}$　答

(5)　$-4a^3+100ab^2=-4a(a^2-25b^2)$　← $○^2-△^2$

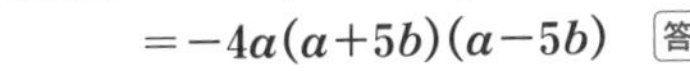

$\qquad=\boldsymbol{-4a(a+5b)(a-5b)}$　答

質問　(5)で，次のように因数分解したら0点でした。どうしてでしょうか？

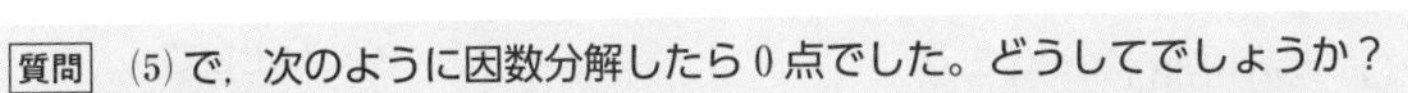

$-4a^3+100ab^2=-a(4a^2-100b^2)=-a\{(2a)^2-(10b)^2\}=-a(2a+10b)(2a-10b)$

回答　**因数分解は，これ以上，因数分解できないところまでやっておかなくてはいけません。**

$-a(2a+10b)(2a-10b)=-a×2(a+5b)×2(a-5b)=-4a(a+5b)(a-5b)$

のように因数分解できます。また，最初に $-a$ でくくっても間違いではないのですが，文字だけでなく，数も立派な因数 なので，$-a(4a^2-100b^2)=-a×4(a^2-25b^2)$ としておけばよかったですね。

解答➡別冊 p. 5

練習 12　次の式を因数分解しなさい。

(1)　$2x^2-8x+6$　　(2)　$-3x^2-6x+9$　　(3)　$2ax^2+6ax-36a$

(4)　$3a^3-15a^2+18a$　　(5)　$2ax^2+12ax+18a$　　(6)　$12x^3-36x^2+27x$

(7)　$36x^2y-4y$　　(8)　$-27a^3+48ab^2$

例題 13 因数分解　おきかえ型

次の式を因数分解しなさい。

(1)　$(x+y)^2+(x+y)-12$　　(2)　$(-a+b)^2+10(a-b)-56$

(3)　$(x-2y)^2+3x-6y-28$

考え方

①　共通な式を1つの文字でおきかえる

②　公式にあてはめる

③　おきかえた文字をもとにもどす

(1)は $x+y$，(2)は $a-b$ または $-a+b$ が共通な式なので，これを1つの文字におきかえる。

(3)　共通な式がないように見えるが，$3x-6y=3(x-2y)$ だから，$(x-2y)^2+3(x-2y)-28$ となって，共通な式が現れる。

③ かっこをつけてもどすことに注意。

(3)　$(x-2y)^2$ を展開しない方がよい。

解答

(1)　$x+y=M$ とおくと

$$
\begin{aligned}
(x+y)^2+(x+y)-12&=M^2+M-12\\
&=(M-3)(M+4)\\
&=\boldsymbol{(x+y-3)(x+y+4)}
\end{aligned}
$$
答

(2)　$a-b=M$ とおくと

$$
\begin{aligned}
(-a+b)^2+10(a-b)-56&=(a-b)^2+10(a-b)-56\\
&=M^2+10M-56\\
&=(M-4)(M+14)\\
&=\boldsymbol{(a-b-4)(a-b+14)}
\end{aligned}
$$
答

(3)　$x-2y=M$ とおくと

$$
\begin{aligned}
(x-2y)^2+3x-6y-28&=(x-2y)^2+3(x-2y)-28\\
&=M^2+3M-28=(M-4)(M+7)\\
&=\boldsymbol{(x-2y-4)(x-2y+7)}
\end{aligned}
$$
答

(1)　最後は M を $x+y$ にもどす。

(2)　$-a+b=M$ とおくと
$M^2-10M-56$
$=(M+4)(M-14)$
$=(-a+b+4)\times(-a+b-14)$
であるが，(　)の中が－から始まるよりは，くくり出して $(a-b-4)(a-b+14)$ とする方がきれいである。

練習 13　次の式を因数分解しなさい。

解答➡別冊 p. 6

(1)　$(a-b)^2-19(a-b)-42$　　(2)　$(3x)^2+5\times3x-14$

(3)　$16x^2-y^4$　　(4)　$(-x+y)^2+2x-2y-48$

(5)　$(a-b)^2-(a-b)(a+2b)$　　(6)　$x^2(x-2y)-y(2x+y)(x-2y)$

例題 14 複雑な式の因数分解

次の式を因数分解しなさい。

(1) x^2y-x^2+x-y　　(2) a^2-b^2+4b-4

ここに注目！

すべての項に共通因数はなく，公式も直接利用できそうにない。おきかえを利用しようにも共通な式が見つからない。そこで，項をグループ分けして考えてみよう。

考え方 いくつかの項をグループにまとめる

グループをつくるときは，**単純な形の文字に注目** するとよい。

(1) y が 1 次の形しかないから，y をふくむ項とふくまない項，つまり，$\underline{x^2y-y}\ \underline{-x^2+x}$ のようにグループ分けをする。グループそれぞれで因数分解すると，**共通な式** が見つかる。

(2) a，b どちらに注目するか，ともに 2 次の項があるので，わかりにくい。しかし，$\underline{a^2}-\underline{(b^2-4b+4)}$ のようにグループ分けすると，平方の差の形が見えてくる。

(2) 式の一部に因数分解の公式が利用できないか，を考える。

解答

(1) $x^2y-x^2+x-y=(x^2y-y)-(x^2-x)$
$=y(x^2-1)-x(x-1)$
$=y(x+1)\underline{(x-1)}-x\underline{(x-1)}$　◀共通因数 $x-1$
$=(x-1)\{y(x+1)-x\}$　◀{ } の中はこれ以上因数分解できないから，整理して $xy-x+y$ とする。
$=\boldsymbol{(x-1)(xy-x+y)}$ 答

(2) $a^2-b^2+4b-4=\underline{a^2}-\underline{(b^2-4b+4)}$
$=a^2-(b-2)^2$
$=\{a+(b-2)\}\{a-(b-2)\}$
$=\boldsymbol{(a+b-2)(a-b+2)}$ 答

⚠ (2) 定数項 -4 を a^2 のグループに入れた場合

$$a^2-b^2+4b-4=(a^2-4)-(b^2-4b)$$
$$=(a+2)(a-2)-b(b-4)$$

と変形できるが，この先に進めない。したがって，このグループ分けは適さない。

解答➡別冊 p. 6

練習 14 次の式を因数分解しなさい。

(1) $4x^2+4x+1-y^2$　　(2) $a^2+4bc-4c^2-b^2$

(3) $4a^2-2a-b^2+b$　　(4) $3x^2-6x-3y^2-6y$

EXERCISES

解答➡別冊 p. 11

13 次の式を因数分解しなさい。 >>例題 9

(1) $xy-yz$
(2) x^2-xy+x
(3) $9x^2y-15xy^2$
(4) $-21a^2+7ab-14ac$
(5) $30x^2y^2-18x^2y+12xy^2$
(6) $3a-5+b(5-3a)$
(7) $b^2(a-1)+a-1$
(8) $2x^2-(x+z)y+2zx+3(x+z)$

14 次の式を因数分解しなさい。 >>例題 10, 11

(1) x^2-4
(2) $25x^2-9$
(3) x^2-64y^2
(4) x^2-9x+8
(5) x^2+6x+8
(6) $x^2+10x+25$
(7) $x^2+3x-18$
(8) $x^2-5x-14$
(9) $x^2+8x+12$
(10) $x^2-12x+36$
(11) $x^2-5x-24$
(12) $x^2-4x-21$
(13) $7x-18+x^2$
(14) $12-7x+x^2$

15 次の式を因数分解しなさい。 >>例題 10, 11

(1) $a^2+ab-42b^2$
(2) $x^2+18xy+81y^2$
(3) $a^2-ab-72b^2$
(4) $x^2-11xy+24y^2$
(5) $a^2+16ab-80b^2$
(6) $a^2-14ab-32b^2$
(7) $x^2-4xy-45y^2$
(8) $x^2-10xy+24y^2$
(9) $a^2+12ab+32b^2$
(10) $a^2+5ab-50b^2$

16 次の式を因数分解しなさい。 >>例題 12

(1) $8x^2-2y^2$
(2) $5x^2-125$
(3) $-x^2+8x-7$
(4) $2x^2-18x+28$
(5) $-3y^2-6y+72$
(6) $5x^2+50x+45$
(7) $50x^2-60x+18$
(8) $2x^2+10xy-72y^2$

17 次の式を因数分解しなさい。 >>例題 12

(1) $-9x^2y+49y$　　(2) $-x^2+2xy+35y^2$

(3) $\frac{1}{2}x^2-2x+2$　　(4) $\frac{1}{2}x^2-10x+32$

(5) $\frac{1}{3}x^2+2x-24$　　(6) $-\frac{1}{3}x^2+5x-18$

18 次の式を因数分解しなさい。 >>例題 12

(1) $5x^2y-45y$　　(2) $-27x^2y+48y^3$

(3) $2a^3-8a^2+6a$　　(4) $3x^2y+18xy^2+27y^3$

(5) $ab^2+5ab-24a$　　(6) $x^2y-3xy-28y$

19 次の式を因数分解しなさい。 >>例題 13

(1) x^4-8x^2-20　　(2) x^6+6x^3+9

(3) $(x+y)^2-11(x+y)+18$　　(4) $(a+b)^2-8c(a+b)-33c^2$

(5) $(x-1)^2-15(x-1)-16$　　(6) $(2x+1)^2-5(2x+1)+6$

20 次の式を因数分解しなさい。 >>例題 13

(1) $(3x+2)^2-x^2$　　(2) $(a+b)^2-9(a-b)^2$

(3) $(-a+b)^2+8(a-b)+16$　　(4) $(x-y)^2-x+y-56$

(5) $-(a+b)^2+15a+15b-36$　　(6) $(x-2y)^2+5x-10y-14$

21 次の式を因数分解しなさい。 >>例題 14

(1) $x^2+4xy+4y^2-9$　　(2) $6x^2-3xy-2x+y$

(3) $x^2+2xy+y^2+6x+6y+5$　　(4) x^3+x^2-x-1

要点のまとめ

3 式の計算の利用

 数の計算への利用

数の計算において，展開や因数分解の **公式を利用** すると，計算が簡単になる場合がある。

例
① 展開（乗法）の公式の利用
$102^2=(100+2)^2=100^2+2\times100\times2+2^2=10404$
② 因数分解の公式の利用
$55^2-15^2=(55+15)(55-15)=70\times40=2800$

和の平方公式を利用。

平方の差は　和と差に因数分解。

 式の値への利用

式の値を計算するとき，**式を変形してから代入** すると，計算が簡単になる場合がある。

例
① $x=27$ のとき，x^2+6x+9 の値
$x^2+6x+9=(x+3)^2$ であるから，$x=27$ を代入して
$(27+3)^2=30^2=900$
② $a=8.75$，$b=1.25$ のとき，a^2-b^2 の値
$a^2-b^2=(a+b)(a-b)$ であるから，$a=8.75$，$b=1.25$ を代入して
$(8.75+1.25)(8.75-1.25)=10\times7.5=75$

式を簡単にしてから代入すると，計算がらくになるよ

 整数の問題への利用

整数の性質を証明するのに，性質を **文字 n（n は整数）などを用いて表し**，その式を変形することによって行うことがある。

例
文字 n（n は整数）を用いての整数の表し方
① 連続する整数：n，$n+1$，$n+2$，……
② 偶数：$2n$，　奇数：$2n+1$
③ 整数 a の倍数：an　← 3 の倍数なら $3n$

○ は整数とする。
○，○+1，○+2，…
次の数 +1　次の数 +1　次の数 +1

 図形の問題への利用

面積や周の長さなどの図形の性質を証明するとき，たとえば，辺の長さや円の半径などを **文字を用いて表し**，その式を変形する。

例
① 半径 r の円：**円周** $\ell=2\pi r$，　**面積** $S=\pi r^2$
② 半径 r，中心角 a° のおうぎ形：

弧の長さ $\ell=2\pi r\times\dfrac{a}{360}$，　**面積** $S=\pi r^2\times\dfrac{a}{360}$

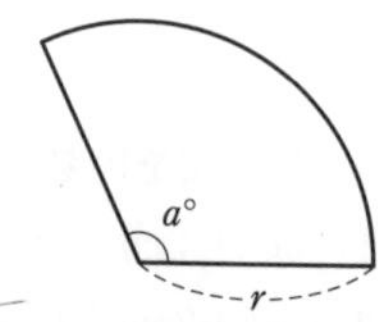

例題 15 数の計算のくふう

>>p. 28 1

レベル 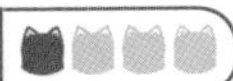

次の計算をしなさい。

(1) 96^2　　(2) 42×38

(3) 55^2-15^2　　(4) $777^2-776\times778$

ここに注目！

例題程度であれば，手計算も可能であるが，めんどうであることには変わりない。このような複雑な計算問題では，くふうをすることで，らくになる場合がある。その方法を学習しよう。

考え方 変形し，公式を利用してらくに計算

数や式の形を見て，**展開の公式**や**因数分解の公式を利用**し，計算のくふうをする。

(1) 10 や 100 などの **きりのいい数（一の位が 0 になる数）** で表して，展開の公式を利用する。

(2) $42\times38=(40+2)(40-2)$ で，和と差の積は平方の差。

(3) 55^2-15^2 は，平方の差の形であるから，和と差の積に因数分解。

(4) 776×778 の部分は，$776\times778=(777-1)(777+1)$ として，(2) と同じように変形する。

(1) $96=100-4$ と表す。$96=90+6$ でもよいが，100 で表す方が計算はらく。

解答

(1) $96^2=(100-4)^2=100^2-2\times4\times100+4^2$
$=10000-800+16$
$=\mathbf{9216}$ 答

$(x-a)^2=x^2-2ax+a^2$

(2) $42\times38=(40+2)(40-2)=40^2-2^2$
$=1600-4$
$=\mathbf{1596}$ 答

$(x+a)(x-a)=x^2-a^2$

(3) $55^2-15^2=(55+15)(55-15)$
$=70\times40=\mathbf{2800}$ 答

$x^2-a^2=(x+a)(x-a)$

(4) $777^2-776\times778=777^2-(777-1)(777+1)$
$=777^2-(777^2-1^2)$
$=777^2-777^2+1=\mathbf{1}$ 答

$(x-a)(x+a)=x^2-a^2$

別解 (4) 777 を n とおくと
$777^2-776\times778=n^2-(n-1)(n+1)$
$=n^2-(n^2-1)$
$=n^2-n^2+1=\mathbf{1}$ 答

別解 (4) 777 を n とおくと，式変形の見通しがよくなる。

解答➡別冊 p. 6

練習 15 次の計算をしなさい。

(1) 89^2　　(2) 95×85　　(3) 73^2-27^2

(4) 1000^2-999^2　　(5) $1234^2-1244\times1224$

例題 16 式の値

>>p. 28 2

次の式の値を求めなさい。

(1) $x=56$, $y=22$ のとき，$x^2-xy-6y^2$ の値

(2) $x=29$, $y=5$ のとき，$x(x+5y)-(x-y)(x+4y)$ の値

確認 **式の値**（中学 2 年）
複雑な式に代入するときは，**式を簡単にしてから代入する** と計算しやすい。

考え方

CHART 式の値　**変形して らくに計算**

直接代入して計算してもよいが，(1) は **因数分解**，(2) は **展開** の公式を利用して変形してから代入するとよい。

この手のタイプの問題は，直接代入すると，手間がかかるものと思ってよい。

解答

(1) $x^2-xy-6y^2=(x+2y)(x-3y)$

求める式の値は，$x=56$，$y=22$ を代入して

$$(56+2\times22)\times(56-3\times22)=(56+44)\times(56-66)$$
$$=100\times(-10)$$
$$=\mathbf{-1000}$$ 答

◀積が -6，和が -1 の 2 数は 2 と -3

(2) $x(x+5y)-(x-y)(x+4y)$
$$=x^2+5xy-(x^2+3xy-4y^2)$$
$$=2xy+4y^2$$

求める式の値は，$x=29$，$y=5$ を代入して

$$2\times29\times5+4\times5^2=2\times5\times29+4\times5\times5$$
$$=10\times29+20\times5$$
$$=290+100$$
$$=\mathbf{390}$$ 答

(2) $-(x^2+3xy-4y^2)$
$=-x^2-3xy+4y^2$
$-(\ )$ **符号が変わる**

◀$4\times5^2=4\times25=100$ としてもよい。

⚠ (2) $2xy+4y^2$ は，さらに $2xy+4y^2=2y(x+2y)$ と変形してから代入し，
$2\times5\times(29+2\times5)=10\times39=390$ としてもよい。
いずれの場合も $2y=2\times5=10$ が計算を簡単にしている。

練習 16 次の式の値を求めなさい。

解答➡別冊 p. 7

(1) $x=24$ のとき，$(x+5)(x-5)-(x-8)(x+9)$ の値

(2) $x=67$，$y=11$ のとき，$x^2-2xy-15y^2$ の値

(3) $x=3.75$，$y=1.25$ のとき，x^2-y^2 の値

(4) $a=\dfrac{2}{5}$ のとき，$(a+1)(a-4)-a(a+7)$ の値

例題 17 整数の性質と式の計算

≫p. 28 3 レベル 

連続する 2 つの奇数の大きい方の数の 2 乗から小さい方の数の 2 乗をひいた差は，8 の倍数になることを証明しなさい。

考え方 数を文字で表し，式をつくって計算

[1] **連続する 2 つの奇数の表し方**
[2] **(大きい方の奇数)^2−(小さい方の奇数)^2 =(8 の倍数) の証明の仕方**

がポイントになる。

[1] 連続する奇数とは，たとえば 3 と 5，17 と 19 のように，
(小さい方の奇数)=(大きい方の奇数)−2 である。
よって，大きい方の奇数を $\boldsymbol{2n+1}$ と表すと，小さい方の奇数は
$(2n+1)-2=\boldsymbol{2n-1}$ と表される。

[2] $(2n+1)^2-(2n-1)^2=8\times$**整数** の形を導く。
この計算において，展開の公式または因数分解の公式を利用する。

解答

n を整数とすると，連続する 2 つの奇数は

$$2n-1,\ 2n+1$$

と表される。2 つの奇数の 2 乗の差は

$$(2n+1)^2-(2n-1)^2=(4n^2+4n+1)-(4n^2-4n+1)$$
$$=8n$$

n は整数であるから，$8n$ は 8 の倍数である。
よって，連続する 2 つの奇数の 2 乗の差は，8 の倍数である。

別解 連続する 2 つの奇数を $2n+1$，$2n+3$ と表す。
このとき，2 つの奇数の 2 乗の差は

$$(2n+3)^2-(2n+1)^2=(4n^2+12n+9)-(4n^2+4n+1)$$
$$=8n+8=8(n+1)$$

n は整数であるから，$n+1$ も整数で，$8(n+1)$ は 8 の倍数である。

確認 整数の表し方
(中学 2 年：文字式の利用)
n は整数とする。
❶ **偶数は** $2n$
　奇数は $2n+1$ など
❷ **連続する 3 つの整数**
　$n,\ n+1,\ n+2$
　または $n-1,\ n,\ n+1$
❸ **□ の倍数：□$\times n$**

◀小さい方の奇数を $2n+1$ と表してもよい。このとき，大きい方の奇数は
$(2n+1)+2=2n+3$

◀**平方の差 ⟶ 和と差の積**を利用してもよい。
$(2n+1)^2-(2n-1)^2$
$=\{(2n+1)+(2n-1)\}$
$\times\{(2n+1)-(2n-1)\}$
$=4n\times2=8n$

解答➡別冊 p. 7

練習 17 次のことを証明しなさい。

(1) 連続する 2 つの偶数の大きい方の数の 2 乗から小さい方の数の 2 乗をひいた差は，4 の倍数になる。

(2) 連続する 3 つの整数のうち，もっとも大きい数の 2 乗からもっとも小さい数の 2 乗をひいた差は，中央の数の 4 倍になる。

例題 18 図形の性質と式の計算

≫p. 28 4

右の図のように，中心が同じで半径が異なる大，小 2 つの円がある。2 つの円の中心をOとし，大きい円の周上の点をA，線分 OA と小さい円の交点をBとする。

また，線分 AB の中点をMとし，点Mを通る同心円（図の赤い円）の周の長さを ℓ，大きい円と小さい円で囲まれた部分（図の黒く塗った部分）の面積を S とする。

このとき，$S=\ell\times AB$ であることを，$OA=a$，$OB=b$ として証明しなさい。

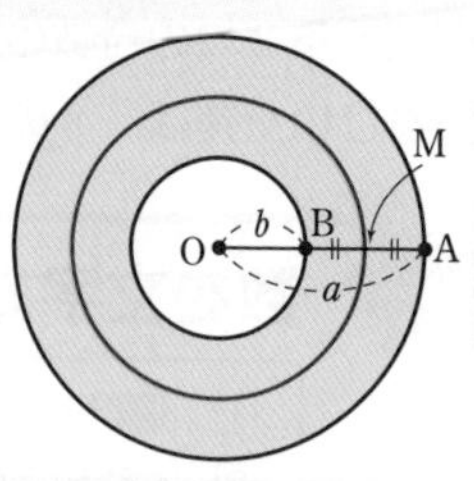

考え方

円周の長さ，円の面積を文字で表し，式をつくって計算。

> $S=$（**大円の面積**）$-$（**小円の面積**），
> $\ell=2\pi\times$（**赤い円の半径**），
> $AB=$（**大円の半径**）$-$（**小円の半径**）

これらを $OA=a$，$OB=b$ と円周の長さの公式，円の面積の公式を使って表し，S と $\ell\times AB$ が **同じ式で表されることを示す。**

確認 円周の長さと面積
円の半径を r とすると
円周の長さ $2\pi r$
円の面積 πr^2

解答

大円の半径は a，小円の半径は b であるから

$$S=\pi\times OA^2-\pi\times OB^2=\pi\times a^2-\pi\times b^2$$
$$=\pi(a^2-b^2)=\pi(a+b)(a-b) \quad \cdots\cdots ①$$

点Mを通る同心円の半径は線分 OM であり，Mは線分 AB の中点であるから

$$OM=OB+BM=OB+\frac{1}{2}AB$$
$$=b+\frac{1}{2}(a-b)=\frac{1}{2}(a+b)$$

よって $\ell=2\pi\times\frac{1}{2}(a+b)=\pi(a+b)$

したがって $\ell\times AB=\pi(a+b)(a-b) \quad \cdots\cdots ②$

①，② から $S=\ell\times AB$

◀ $a>b$ である。

◀平方の差は，和と差の積に因数分解。

◀ $OM=\frac{OA+OB}{2}$ と考えてもよい。

◀①と同じ式で表された。

練習 18 右の図のように，三角形のまわりに幅が a，真ん中を通る線の長さが ℓ の図形がある。この図形の面積を S とするとき，$S=a\ell$ であることを証明しなさい。

解答➡別冊 p. 7

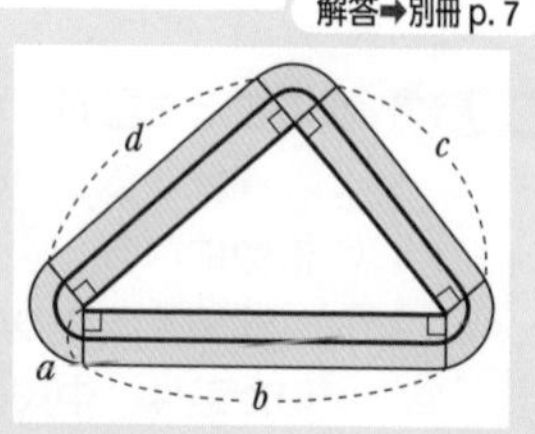

EXERCISES

解答➡別冊 p. 14

22 次の計算をしなさい。 >>例題 15

(1) 84×76

(2) $77^2-76^2+24^2-23^2$

(3) 2031^2-2029^2

(4) $\dfrac{201^2-199^2}{401^2-399^2}$

23 次の計算をしなさい。 >>例題 15, 16

(1) $(a+1)(a-1)+(a+1)^2-(a+2)(a-2)-(a-2)^2$

(2) $1001\times999+1001^2-1002\times998-998^2$

24 次の式の値を求めなさい。 >>例題 16

(1) $x=23$, $y=36$ のとき，$16x^2-9y^2$ の値

(2) $x=-\dfrac{1}{2}$ のとき，$(x+6)(x-2)+(4-x)(4+x)$ の値

(3) $x=0.4$, $y=0.3$ のとき，$5(2x^2+2xy+y^2)-(3x+y)^2$ の値

25 連続する 3 つの整数のうち，もっとも大きい数の 2 乗が，他の 2 数の積より 13 だけ大きい。この 3 つの数を求めなさい。 >>例題 17

26 連続する 5 つの整数がある。もっとも大きい数と 2 番目に大きい数の積から，もっとも小さい数と 2 番目に小さい数の積をひくと，中央の数の 6 倍になる。このことを，中央の数を n として証明しなさい。 >>例題 17

27 右の図で，線分 AB を直径とする円の周の長さは，線分 AC を直径とする円O と線分 BC を直径とする円 O′ の周の長さの和と等しいことを証明しなさい。 >>例題 18

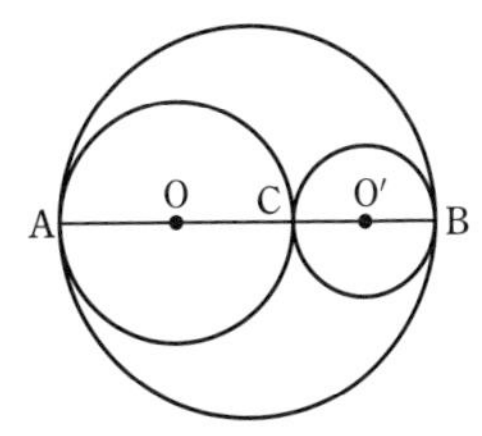

28 右の図において，点M は線分 AB の中点である。このとき，次のことを証明しなさい。

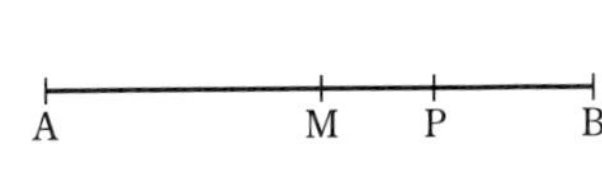

(1) 線分 AP，PB をそれぞれ 1 辺とする 2 つの正方形の面積の和は，線分 AM，MP をそれぞれ 1 辺とする 2 つの正方形の面積の和の 2 倍に等しい。

(2) 線分 AM，MP をそれぞれ 1 辺とする 2 つの正方形の面積の差は，線分 AP，BP を 2 辺とする長方形の面積に等しい。 >>例題 18

定期試験対策問題 解答➡別冊 p. 15

1 次の計算をしなさい。 >>例題 1

(1) $(2x-5)\times 4x$
(2) $2a(3a-5b)$
(3) $(-3x+y+z)\times(-2y)$
(4) $(6x^2y-8xy^2)\div 2xy$
(5) $(12x^2-8x)\times\dfrac{x}{4}$
(6) $\left(\dfrac{a^2}{2}-\dfrac{a}{3}\right)\div\left(-\dfrac{a}{6}\right)$

2 次の式を展開しなさい。 >>例題 2〜7

(1) $(a-b)(x+y)$
(2) $(2x-5)(3x+7)$
(3) $(x+2y)(x+3y-2)$
(4) $(x+1)(x+3)$
(5) $(a-3b)(a+8b)$
(6) $(2x-3y)(2x-5y)$
(7) $(3x+7)^2$
(8) $(x-5y)^2$
(9) $(x-1)(x+1)$
(10) $(2x+3y)(2x-3y)$
(11) $(x-2y+4)^2$
(12) $(a+b+c)(a-b-c)$

3 次の式を計算しなさい。 >>例題 8

(1) $(x+3)(x-8)+(2x-1)(x+2)$
(2) $(7x-2y)(3x-2y)-(2x-5y)^2$
(3) $(5a-2b)(5a+2b)-(3a+5b)(a-b)$

4 次の式を因数分解しなさい。 >>例題 9〜11

(1) x^2-3xy
(2) $15a^2b+9ab^2$
(3) x^2-4x
(4) $4a^2b-6ab^2+12ab$
(5) x^2-25
(6) $9a^2-25b^2$
(7) $x^2+8x+16$
(8) $4a^2-12ab+9b^2$
(9) x^2+5x+4
(10) $a^2-9ab+18b^2$
(11) $a^2+5a-24$
(12) $x^2-xy-42y^2$

5 次の式を因数分解しなさい。 >>例題 12〜14

(1) $5x^2-10x-15$
(2) a^3+4a^2+4a
(3) $x^2-y^2+2(x-y)^2$
(4) $x^2-1-xy+y$

6 次の計算をしなさい。 >>例題 15

(1) 3001×2999　　(2) $1428 \times 1572 - 428 \times 572$

7 次の式の値を求めなさい。 >>例題 16

(1) $x=67$ のとき，$x^2-14x+49$ の値

(2) $x=9.6$，$y=0.4$ のとき，x^2+xy の値

(3) $x=-\frac{1}{5}$，$y=\frac{1}{2}$ のとき，$6(x^2+4xy-y^2)-2(3x^2+2xy-3y^2)$ の値

8 連続する 2 つの整数では，大きい整数の平方から小さい整数の平方をひいた差は，初めの 2 つの整数の和に等しい。このことを証明しなさい。 >>例題 17

9 連続する 3 つの整数の中央の数の 2 乗から 1 をひいた数は，残りの 2 数の積に等しくなる。このことを証明しなさい。 >>例題 17

10 差が 2 である 2 つの自然数の平方の差 d は 4 の倍数であることを証明しなさい。また，d が 8 の倍数であるのはどんなときか答えなさい。 >>例題 17

11 右の図のように，3 つの正方形 A，B，C があり，それぞれの 1 辺の長さは a cm，b cm，$(a+b)$ cm である。斜線部分の面積を求めなさい。また，$a=b$ のとき，どんなことがいえますか。 >>例題 18

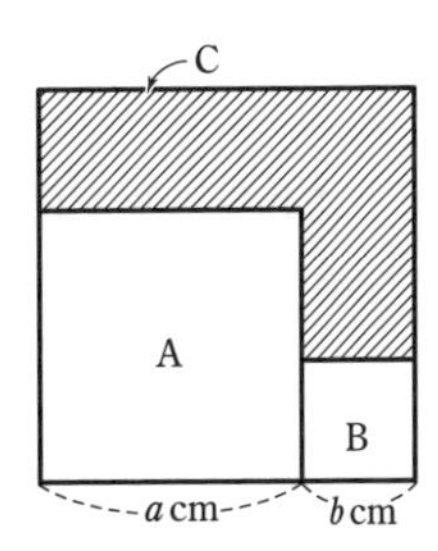

たすきがけの因数分解

展開の公式の左辺と右辺を入れかえると，因数分解の公式となる。ということは，
p. 17 EXERCISES 4 の展開の公式から，

$$acx^2+(ad+bc)x+bd=(ax+b)(cx+d)$$

のような因数分解の公式が導けるはずである。
これは（高校で学ぶ内容）どのように利用したらよいだろうか。因数分解であるから，左辺を右辺に変形すればよい。そのためには，次のような手順で考える。

1 **x^2 の係数を a と c の積に分ける。**
2 **定数項を b と d の積に分ける。**
3 **$ad+bc$ を計算して，x の係数と比べる。**一致すれば $(ax+b)(cx+d)$ と因数分解されたことになる。一致しなければ，1 の a と c，2 の b と d の組み合わせを変えて計算しなおす。

$$acx^2+(ad+bc)x+bd$$
$$=(ax+b)(cx+d)$$

x^2 の項	定数項	中央の項
a ╲╱	b →	bc
c ╱╲	d →	ad
ac	bd	$ad+bc$

例 $3x^2-4x-4$ を因数分解しなさい。

1 x^2 の係数 3 は 1×3 と表される。
2 定数項 -4 は $(-1)\times4$，$1\times(-4)$，$2\times(-2)$ の表し方がある。
3 ①～⑥ のように，順に調べて，中央の項の係数 -4 に一致するものを見つける。

① 1 ╳ -1 → -3 ／ 3 ╳ 4 → 4 ／ 合計 1

② 1 ╳ 4 → 12 ／ 3 ╳ -1 → -1 ／ 合計 11

③ 1 ╳ 1 → 3 ／ 3 ╳ -4 → -4 ／ 合計 -1

④ 1 ╳ -4 → -12 ／ 3 ╳ 1 → 1 ／ 合計 -11

⑤ 1 ╳ 2 → 6 ／ 3 ╳ -2 → -2 ／ 合計 4

⑥ 1 ╳ -2 → -6 … bc ／ 3 ╳ 2 → 2 … ad ／ 3　-4　-4 … $ad+bc$

⑥ のとき，$ad+bc=-4$ となった。
よって，$a=1$，$b=-2$，$c=3$，$d=2$ であり

$$3x^2-4x-4=(x-2)(3x+2)$$

⑥ 1 ╳ -2 → $(x-2)$ ／ 3 ╳ 2 → $(3x+2)$

これを「**たすきがけの因数分解**」ということがある。求める過程 a ╳ b ／ c ╳ d が背中にたすきをかけるように見えるからである。

第2章

平方根

4 平方根

1 平方根

❶ 2乗（平方）して a になる数を，a の **平方根** という。

[1] 正の数の平方根は2つある。

この2つの数は **絶対値が等しく，符号が異なる。**

[2] 0の平方根は0だけである。

❷ 記号 $\sqrt{\ }$ を **根号** という。以下，a は正の数とする。

[1] a の平方根のうち，

正の方を $\sqrt{a}$（「ルート a」と読む），**負の方を** $-\sqrt{a}$

と書く。なお，0の平方根は0だけであるから $\sqrt{0}=0$

$\sqrt{a}$ と $-\sqrt{a}$ をまとめて $\pm\sqrt{a}$ と書くことがある。

[2] 1 $(\sqrt{a})^2=a$　　2 $(-\sqrt{a})^2=a$

3 $\sqrt{a^2}=a$　　4 $\sqrt{(-a)^2}=a$

a を0以上の数とすると，a の平方根は，$x^2=a$ にあてはまる x の値のこと。

⚠ **負の数の平方根はない。**

± を **複号** といい，「プラスマイナス」と読む。

ちがいをはっきり！
a の平方根は　$\pm\sqrt{a}$
平方根 a は　$\sqrt{a}$

2 平方根の大小

a，b が正の数のとき　$a<b$ **ならば** $\sqrt{a}<\sqrt{b}$

$a<b$ **ならば** $-\sqrt{a}>-\sqrt{b}$

（参考） 正方形の面積と1辺の長さの大小（側注の図参照）を考えると

$a<b$ ならば $\sqrt{a}<\sqrt{b}$
$\sqrt{a}<\sqrt{b}$ ならば $a<b$
まとめて次のように書く。
$a<b \Leftrightarrow \sqrt{a}<\sqrt{b}$

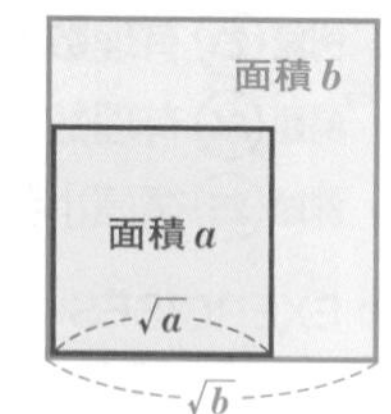

3 平方根の値

真の値に近い値を **近似値** という。平方根の近似値を求めるには，次のような方法がある。

① 電卓を利用する。　② 平方根表を利用する。

代表的な平方根の近似値の覚え方を紹介しておこう。

$\sqrt{2}$	1.41421356（ひとよひとよにひとみごろ）	（一夜一夜に人見頃）
$\sqrt{3}$	1.7320508（ひとなみにおごれや）	（人なみにおごれや）
$\sqrt{5}$	2.2360679（ふじさんろくおうむなく）	（富士山ろくおうむ鳴く）
$\sqrt{6}$	2.4494897（によよくよやくな）	（煮よよくよ焼くな）
$\sqrt{7}$	2.645751（なにむしいない）	（菜に虫いない）
$\sqrt{8}$	2.828427（にやにやよに）	（にやにや夜に）

とくに，$\sqrt{2}$，$\sqrt{3}$，$\sqrt{5}$ は覚えておこう。

4 有理数と無理数

❶ **有限小数**　小数第何位かで終わる小数。

❷ **無限小数**　小数点以下限りなく続く小数。

❸ **循環小数**　ある位以下では同じ数字の並びがくり返される小数。くり返される部分を，記号・を数字の上に書いて表す。

❹ **有理数**　分数の形に表される数。

❺ **無理数**　分数の形に表せない数。循環しない無限小数になる。$\sqrt{2}$，$\sqrt{3}$ などの平方根や円周率 π など。

有理数	整数 有限小数 循環小数	無限小数（循環小数・循環しない無限小数）
無理数……	循環しない無限小数	

参考　有理数と無理数を合わせた数全体を **実数** という（側注の図参照）。

❶ 0.27

❷ 5.3864………

❸ $0.666\cdots\cdots=0.\dot{6}$

$7.3451451\cdots=7.3\dot{4}5\dot{1}$

分数は整数または有限小数または循環小数になる。逆に，整数，有限小数，循環小数は分数の形に表すことができる。

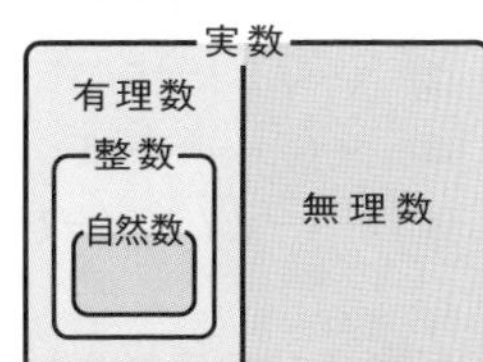

例題 19 平方根の表し方

>>p. 38 1

次の数の平方根を求めなさい。

(1)　49　　(2)　$\dfrac{16}{25}$　　(3)　0.09

1 から 16 までの平方数は，おぼえておこう。

……，$11^2=121$，
$12^2=144$，$13^2=169$，
$14^2=196$，$15^2=225$，
$16^2=256$

a の平方根とは 2 乗すると a になる数のこと

解答

(1)　$7^2=49$，　$(-7)^2=49$

よって，49 の平方根は　**±7**　答

(2)　$\left(\dfrac{4}{5}\right)^2=\dfrac{16}{25}$，　$\left(-\dfrac{4}{5}\right)^2=\dfrac{16}{25}$

よって，$\dfrac{16}{25}$ の平方根は　$\pm\dfrac{4}{5}$　答

(3)　$0.3^2=0.09$，　$(-0.3)^2=0.09$

よって，0.09 の平方根は　**±0.3**　答

(2)，(3)　1 より小さい正の数の平方根は，その絶対値がもとの数の絶対値より大きい。

練習 19　次の数の平方根を求めなさい。

解答➡別冊 p. 17

(1)　64　　(2)　$\dfrac{4}{9}$　　(3)　$\dfrac{121}{36}$　　(4)　2.25　　(5)　10　　(6)　0

例題 20 $(\sqrt{a})^2$, $(-\sqrt{a})^2$ の値

≫p. 38 1

次の値を求めなさい。

(1) $(\sqrt{5})^2$　(2) $(-\sqrt{5})^2$　(3) $-(\sqrt{6})^2$　(4) $-(-\sqrt{7})^2$

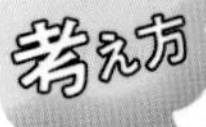

$a>0$ のとき　$(\sqrt{a})^2=a$,　$(-\sqrt{a})^2=a$

$(-\sqrt{a})^2=-a$ は誤り。

解答

(1) $(\sqrt{5})^2=\mathbf{5}$ 答

(2) $(-\sqrt{5})^2=\mathbf{5}$ 答

(3) $-(\sqrt{6})^2=\mathbf{-6}$ 答

(4) $-(-\sqrt{7})^2=\mathbf{-7}$ 答

$\sqrt{5}$ も $-\sqrt{5}$ も2乗すると5になるから，ともに5の平方根である。

解答➡別冊 p. 17

練習 20 次の値を求めなさい。

(1) $(\sqrt{11})^2$　(2) $(-\sqrt{15})^2$　(3) $-(\sqrt{17})^2$　(4) $-(-\sqrt{19})^2$

例題 21 $\sqrt{a^2}$, $\sqrt{(-a)^2}$ の値

≫p. 38 1

次の数を根号を使わずに表しなさい。

(1) $\sqrt{13^2}$　(2) $\sqrt{(-13)^2}$　(3) $\sqrt{\dfrac{9}{25}}$　(4) $-\sqrt{0.81}$

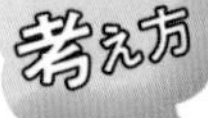

$a>0$ のとき　$\sqrt{a^2}=a$,　$\sqrt{(-a)^2}=a$

⟶ $\sqrt{\bigcirc^2}$ の形であれば，根号を使わずに表すことができる。

$\sqrt{(-a)^2}=-a$ は誤り。

解答

(1) $\sqrt{13^2}=\mathbf{13}$ 答

(2) $\sqrt{(-13)^2}=\sqrt{169}=\mathbf{13}$ 答　←$\sqrt{(-13)^2}=-13$ という誤りに注意！

(3) $\sqrt{\dfrac{9}{25}}=\sqrt{\left(\dfrac{3}{5}\right)^2}=\mathbf{\dfrac{3}{5}}$ 答

(4) $-\sqrt{0.81}=-\sqrt{0.9^2}=\mathbf{-0.9}$ 答

$a>0$ のとき，$\sqrt{a}$ はつねに正の数を表している。

$\sqrt{\bigcirc}$ は正の数

解答➡別冊 p. 18

練習 21 次の数を根号を使わずに表しなさい。

(1) $\sqrt{(-7)^2}$　(2) $-\sqrt{17^2}$　(3) $-\sqrt{(-1)^2}$　(4) $-\sqrt{\dfrac{49}{64}}$　(5) $\sqrt{900}$

例題 22 平方根の大小

>>p. 38 2 レベル 

次の各組の数の大小を，不等号を使って表しなさい。

(1) $2,\ \sqrt{2},\ \sqrt{3}$　　(2) $-10,\ -\sqrt{97},\ -\sqrt{101}$

(3) $\sqrt{0.2},\ \sqrt{\dfrac{1}{2}},\ \dfrac{1}{2}$

考え方

平方根の大小　各数を 2 乗して比較

$\sqrt{2}$ と $\sqrt{3}$ のように $\sqrt{\ }$ がついた数の大小は，$\sqrt{\ }$ の中の数の大小を比較すればよいが，$\sqrt{\ }$ がついていない数があるときは，

> a，b が正の数のとき　**$a<b$ ならば $\sqrt{a}<\sqrt{b}$**

であることを利用し，2 乗して大小を比較する。

(2) 負の数の大小を比べるときは，次のことに注意。

a，b が正の数のとき　**$a<b$ ならば $-\sqrt{a}>-\sqrt{b}$**

解答

(1) $2^2=4$，　$(\sqrt{2})^2=2$，　$(\sqrt{3})^2=3$

$2<3<4$ であるから　$\sqrt{2}<\sqrt{3}<\sqrt{4}$　←**小<中<大** とする。小<大>中はダメ！

よって　$\boldsymbol{\sqrt{2}<\sqrt{3}<2}$ 答

(2) $(-10)^2=100$，　$(-\sqrt{97})^2=97$，　$(-\sqrt{101})^2=101$

$97<100<101$ であるから　$\sqrt{97}<\sqrt{100}<\sqrt{101}$

よって　$-\sqrt{101}<-\sqrt{100}<-\sqrt{97}$

$\boldsymbol{-\sqrt{101}<-10<-\sqrt{97}}$ 答

(3) $(\sqrt{0.2})^2=0.2$，　$\left(\sqrt{\dfrac{1}{2}}\right)^2=\dfrac{1}{2}=0.5$，　$\left(\dfrac{1}{2}\right)^2=\dfrac{1}{4}=0.25$

$0.2<0.25<0.5$ であるから　$\sqrt{0.2}<\sqrt{0.25}<\sqrt{0.5}$

よって　$\boldsymbol{\sqrt{0.2}<\dfrac{1}{2}<\sqrt{\dfrac{1}{2}}}$ 答

⚠ (3) 1 より小さい正の数の平方根は，もとの数より大きいから，2 乗しなくても $\dfrac{1}{2}<\sqrt{\dfrac{1}{2}}$ であることはわかる。

確認 数の大小のポイント
正の数は，その数の絶対値が大きいほど大きい。
負の数は，その数の絶対値が大きいほど小さい。

⚠
負の数の大小は間違いやすい。$1<2$ だからといって $-1<-2$ ではない。
$-2<-1$ が正しい（数直線上で考えてみよう）。

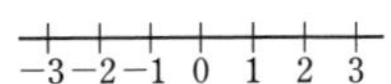

a，b が正の数のとき
$\sqrt{a}<\sqrt{b}$ ならば $a<b$
であるから，$\sqrt{\ }$ がついていない数を $\sqrt{\ }$ の形で表して，大小を比較してもよい。

(1) $2=\sqrt{2^2}=\sqrt{4}$ から
$\sqrt{2}<\sqrt{3}<\sqrt{4}$

(2) $-10=-\sqrt{10^2}$
$=-\sqrt{100}$ から
$-\sqrt{101}<-\sqrt{100}<-\sqrt{97}$

(3) $\dfrac{1}{2}=\sqrt{\dfrac{1}{2^2}}=\sqrt{\dfrac{1}{4}}$ から
$\sqrt{0.2}=\sqrt{\dfrac{1}{5}}<\sqrt{\dfrac{1}{4}}<\sqrt{\dfrac{1}{2}}$

解答➡別冊 p. 18

練習 22 次の各組の数の大小を，不等号を使って表しなさい。

(1) $4,\ \sqrt{15},\ \sqrt{17}$　　(2) $-\sqrt{0.5},\ -\sqrt{0.6},\ -0.5$

(3) $-\dfrac{1}{3},\ -\sqrt{0.1},\ -\sqrt{\dfrac{1}{7}}$

例題 23 有理数と無理数

>>p. 39 4 レベル 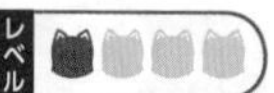

次の各数を，有理数と無理数に分けなさい。

$-\sqrt{36}$,　$\sqrt{35}$,　$-\dfrac{5}{4}$,　$\sqrt{\dfrac{25}{4}}$,　$-\sqrt{\dfrac{24}{4}}$,　2.4,　$(-\sqrt{6})^2$,　$-\pi$

考え方　分数の形に表すことができれば　有理数

有理数 は，整数 m と 0 でない整数 n を用いて，**分数 $\dfrac{m}{n}$ の形に表される**。整数 m は $\dfrac{m}{1}$ と表されるから有理数である。

つまり，**分数の形に表すことができなければ 無理数** である。

無理数には $\sqrt{2}$，$\sqrt{3}$，$\sqrt{5}$ などの平方根や円周率 π が知られているが，$\sqrt{}$ がついていれば無理数というわけではない。

中学までに学習する数は，有理数か無理数のどちらかです。

解答

$-\sqrt{36}=-\sqrt{6^2}=-6$ であるから，$-\sqrt{36}$ は有理数。

$\sqrt{35}$ は無理数。

$-\dfrac{5}{4}$ は有理数。

$\sqrt{\dfrac{25}{4}}=\sqrt{\left(\dfrac{5}{2}\right)^2}=\dfrac{5}{2}$ であるから，$\sqrt{\dfrac{25}{4}}$ は有理数。

$-\sqrt{\dfrac{24}{4}}=-\sqrt{6}$ であるから，$-\sqrt{\dfrac{24}{4}}$ は無理数。

$2.4=\dfrac{24}{10}=\dfrac{12}{5}$ であるから，2.4 は有理数。

$(-\sqrt{6})^2=6$ であるから，$(-\sqrt{6})^2$ は有理数。

π は無理数であるから，$-\pi$ も無理数。

答　**有理数**：$-\sqrt{36}$，$-\dfrac{5}{4}$，$\sqrt{\dfrac{25}{4}}$，2.4，$(-\sqrt{6})^2$

無理数：$\sqrt{35}$，$-\sqrt{\dfrac{24}{4}}$，$-\pi$

$\sqrt{}$ がついている数では，a が正の数のとき，$(\sqrt{a})^2=a$，$(-\sqrt{a})^2=a$，$\sqrt{a^2}=a$，$\sqrt{(-a)^2}=a$ の性質を利用して変形しても，分数の形に表されなければ無理数である。

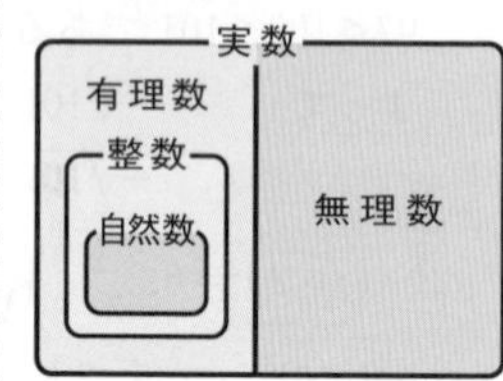

練習 23 次の各数を，有理数と無理数に分けなさい。 解答➡別冊 p. 18

$\sqrt{\dfrac{1}{9}}$,　$-\dfrac{1}{9}$,　1.9,　$\sqrt{\dfrac{9}{27}}$,　$\left(-\sqrt{\dfrac{1}{9}}\right)^3$,　$\left(-\sqrt{\dfrac{1}{3}}\right)^2$,　$\dfrac{1}{3}\pi$

例題24 有理数と小数

>>p. 39 4 レベル 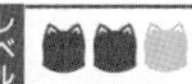

次の分数のうち，循環小数であるものを選び，循環する部分がわかるように，記号・を用いて表しなさい。

(1) $\dfrac{3}{8}$　　(2) $\dfrac{7}{9}$　　(3) $\dfrac{12}{11}$　　(4) $\dfrac{26}{111}$

確認 循環小数の表し方
循環する部分がわかるように，くり返しの最初の数字と最後の数字の上に記号・を書いて表す。たとえば

$0.555555\cdots\cdots=0.\dot{5}$

$0.343434\cdots\cdots=0.\dot{3}\dot{4}$

$0.54325432\cdots\cdots=0.\dot{5}43\dot{2}$

考え方

分数を小数で表すには，**分子÷分母を計算**

① わり切れるなら　**有限小数**
② わり切れなければ　**循環小数（無限小数）**
} **有理数**

…… 同じ余りが現れ，そこから先は同じ計算がくり返される。

解答

(1)

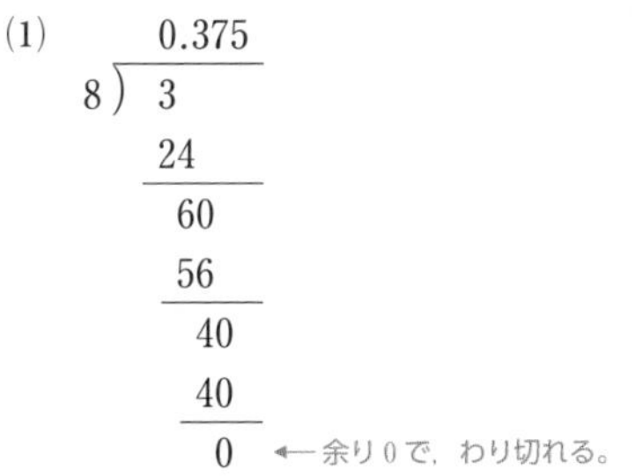

(2)

0.777
9) 7
63
70
63
70
63
7

— 同じ余りが現れ，その後同じ計算になる。

(3)

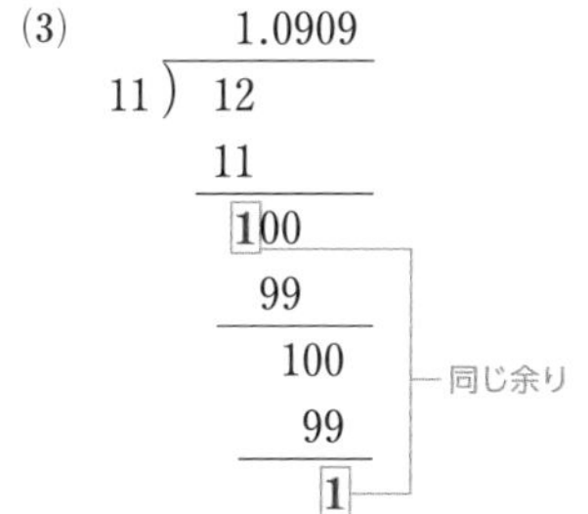

(4)

0.234
111) 26
222
380
333
470
444
26

— 同じ余り

答　**循環小数は**　(2) $\mathbf{0.\dot{7}}$，(3) $\mathbf{1.\dot{0}\dot{9}}$，(4) $\mathbf{0.\dot{2}3\dot{4}}$

(1) $\dfrac{3}{8}$ は有限小数であるが，それ以上約分できない分数の分母を素因数分解したときに，**2と5以外の素因数が出てこないときは，必ず有限小数になる。**
実際，$8=2^3$ である。

(2)〜(4) 余りはわる数より小さい正の数であるから，いつかは **同じ余り** が出てくる。

解答➡別冊 p. 18

練習24 次の分数のうち，循環小数であるものを選び，循環する部分がわかるように，記号・を用いて表しなさい。

(1) $\dfrac{31}{125}$　　(2) $\dfrac{9}{22}$　　(3) $\dfrac{11}{37}$　　(4) $\dfrac{5}{7}$

例題 25 循環小数を分数で表す

>>p. 39 4 レベル 

次の循環小数を分数で表しなさい。ただし，結果は，それ以上約分できない形で答えなさい。

(1) $0.\dot{6}$　　(2) $0.\dot{2}\dot{7}$　　(3) $0.4\dot{2}\dot{1}$

考え方　循環小数を分数で表すには　**循環する部分を消す**

循環小数を x とし，循環する部分のけた数に応じて $10x$，$100x$ などを考え，差をとって循環する部分を消す。後は x の 1 次方程式を解けばよい。

$0.\dot{2}$ を分数で表す。$x=0.\dot{2}$ とする。つまり

$x=0.22222\cdots\cdots$ …… ① とすると

$10x=2.22222\cdots\cdots$ …… ② である。

②−① (右の計算) から　$9x=2$

よって　$x=\dfrac{2}{9}$

$$\begin{array}{rr} & 10x=2.22222\cdots\cdots \\ -) & x=0.22222\cdots\cdots \\ \hline & 9x=2 \end{array}$$

解答

(1) $x=0.\dot{6}$ …… ① とすると　$10x=6.\dot{6}$ …… ②

②−① から　$9x=6$

$x=\dfrac{6}{9}=\dfrac{\mathbf{2}}{\mathbf{3}}$ 答

(2) $x=0.\dot{2}\dot{7}$ …… ① とすると　$100x=27.\dot{2}\dot{7}$ …… ②

②−① から　$99x=27$

$x=\dfrac{27}{99}=\dfrac{\mathbf{3}}{\mathbf{11}}$ 答

(3) $x=0.4\dot{2}\dot{1}$ とすると　$10x=4.\dot{2}\dot{1}$ …… ①

$1000x=421.\dot{2}\dot{1}$ …… ②

②−① から　$990x=417$

$x=\dfrac{417}{990}=\dfrac{\mathbf{139}}{\mathbf{330}}$ 答

別解　循環する部分は 2 けたであるから，$100x-x$ を考えてもよい。

$$\begin{array}{rr} & 100x=42.12121\cdots\cdots \\ -) & x=0.42121\cdots\cdots \\ \hline & 99x=41.7 \end{array}$$

参考　それ以上約分できない分数のことを **既約分数** ともいう（高校で学習）。

循環小数は，必ず分数で表すことができる。

循環する部分は 1 けた。10 倍して小数点をずらし，差をとる。
赤く塗った部分は同じ。引くと消えて 0

(1)
$$\begin{array}{rr} & 10x=6.6666\cdots\cdots \\ -) & x=0.6666\cdots\cdots \\ \hline & 9x=6 \end{array}$$

(2)
$$\begin{array}{rr} & 100x=27.2727\cdots\cdots \\ -) & x=0.2727\cdots\cdots \\ \hline & 99x=27 \end{array}$$

(3)
$$\begin{array}{rr} & 1000x=421.2121\cdots \\ -) & 10x=4.2121\cdots \\ \hline & 990x=417 \end{array}$$

$99x=41.7$ の両辺を 10 倍して　$990x=417$

練習 25　次の小数を分数で表しなさい。ただし，結果は，それ以上約分できない形で答えなさい。解答➡別冊 p. 18

(1) $0.\dot{7}$　　(2) $0.\dot{4}0\dot{5}$　　(3) $2.0\dot{3}\dot{1}$

EXERCISES

解答➡別冊 p. 23

29 次は正しい事柄であるか。誤りがあれば 〰〰 の部分を正しく直しなさい。

(1) 36 の平方根は 6 である。　(2) 9 は 81 の平方根である。

(3) $\sqrt{121}=\pm 11$　(4) $\sqrt{(-5)^2}=-5$　(5) $-\sqrt{(-1)^2}=1$

>>例題 19〜21

30 次の数の平方根を求めなさい。ただし，必要ならば根号を使って表しなさい。

(1) 3　(2) 144　(3) $\dfrac{49}{900}$

(4) 23　(5) 1.69　(6) 0.4

>>例題 19

31 次の数を，根号を使わずに表しなさい。

>>例題 20, 21

(1) $\sqrt{1}$　(2) $\sqrt{0}$　(3) $\sqrt{400}$　(4) $\sqrt{196}$

(5) $(\sqrt{29})^2$　(6) $(-\sqrt{35})^2$　(7) $\sqrt{(-9)^2}$　(8) $-\sqrt{(-12)^2}$

32 次の各組の数の大小を，不等号を使って表しなさい。

>>例題 22

(1) $3,\ \sqrt{7},\ \sqrt{10}$　(2) $-0.1,\ \sqrt{(-0.1)^2},\ -\sqrt{0.1}$

(3) $-1.4,\ -\sqrt{1.4},\ -\dfrac{3}{2},\ -\sqrt{\dfrac{3}{2}}$

33 次の不等式を満たす自然数 a をすべて求めなさい。

>>例題 22

(1) $\sqrt{a}<2$　(2) $3<\sqrt{a}<4$

34 次の各数を，有理数と無理数に分けなさい。

>>例題 23

$$\sqrt{10},\ \sqrt{100},\ \sqrt{\frac{10}{2}},\ \sqrt{\frac{20}{5}},\ \left(\sqrt{\frac{1}{10}}\right)^2,\ \sqrt{(-10)^2},\ \sqrt{0.01},\ \sqrt{0.02}$$

35 次の分数のうち，循環小数であるものを選び，循環する部分がわかるように，記号・を用いて表しなさい。

>>例題 24

(1) $\dfrac{1}{18}$　(2) $\dfrac{8}{27}$　(3) $\dfrac{1}{81}$

36 次の循環小数を分数で表しなさい。ただし，結果は，それ以上約分できない形で答えなさい。

(1) $0.0\dot{3}$　(2) $0.\dot{5}\dot{1}$　(3) $3.\dot{4}8\dot{0}$

>>例題 25

5 根号をふくむ式の計算

1 平方根の乗法・除法

a, b は正の数とする。

❶ $\sqrt{a}\times\sqrt{b}=\sqrt{ab}$, $\dfrac{\sqrt{a}}{\sqrt{b}}=\sqrt{\dfrac{a}{b}}$

❷ $\sqrt{a^2\times b}=a\times\sqrt{b}$ ← $a\sqrt{b}$ と書く。

計算結果に根号をふくむ場合，**根号の中の数は，できるだけ小さい自然数にしておく。**

❸ 分母に根号がある数は，分母と分子に同じ数をかけて，分母に根号をふくまない形に変えることができる。

$$\frac{1}{\sqrt{a}}=\frac{1\times\sqrt{a}}{\sqrt{a}\times\sqrt{a}}=\frac{\sqrt{a}}{a}$$

このことを，**分母を有理化する** という。

$$\frac{3}{\sqrt{5}}=\frac{3\times\sqrt{5}}{\sqrt{5}\times\sqrt{5}}=\frac{3\sqrt{5}}{5}$$

$\sqrt{a}\times\sqrt{b}$ は乗法の記号 $\times$ をはぶいて，$\sqrt{a}\sqrt{b}$ と書くこともある。

根号の中を簡単にする ということもある。

本書では，$3\div\sqrt{5}$ のような除法の計算における結果は，分母を有理化して，分母に根号をふくまない形にしておく。

2 根号をふくむ式の加法・減法

根号の中が同じ数の和や差は，文字式の同類項の計算と同じように，分配法則を使って計算できる。

a は正の数とする。 $m\sqrt{a}+n\sqrt{a}=(m+n)\sqrt{a}$,

$m\sqrt{a}-n\sqrt{a}=(m-n)\sqrt{a}$

$7\sqrt{3}+3\sqrt{3}=(7+3)\sqrt{3}=10\sqrt{3}$

$7\sqrt{3}-3\sqrt{3}=(7-3)\sqrt{3}=4\sqrt{3}$

復習

1つの多項式で，文字の部分が同じである項を **同類項** という。
同類項は，分配法則を使って1つの項にまとめることができる。

3 根号をふくむ式のいろいろな計算

根号のついた数を **文字とみて**，分配法則や展開の公式を，根号をふくむ式の計算に利用することもできる。

多項式の乗法（分配法則，展開の公式）

$m(a+b)=ma+mb$

$(x+a)(x+b)=x^2+(a+b)x+ab$

$(x+a)^2=x^2+2ax+a^2$ $(x-a)^2=x^2-2ax+a^2$

$(x+a)(x-a)=x^2-a^2$

展開の公式は，しっかり使いこなせるよね。

例題 26 根号をふくむ式の変形

>>p. 46 1 レベル ■□□□

(1) 次の数を $\sqrt{a}$ の形に表しなさい。

(ア) $3\sqrt{5}$　　(イ) $\dfrac{\sqrt{28}}{2}$

(2) 次の数を変形して，$\sqrt{}$ の中をできるだけ小さい自然数にしなさい。

(ア) $\sqrt{605}$　　(イ) $\sqrt{\dfrac{5}{36}}$　　(ウ) $\sqrt{0.24}$

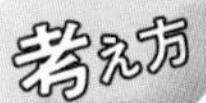

$\sqrt{}$ の外の a を，a^2 として $\sqrt{}$ の中に入れる

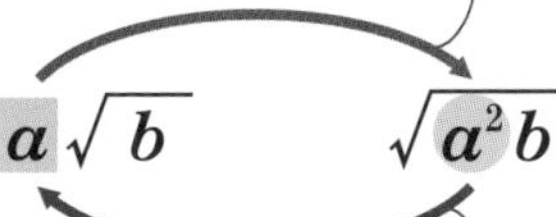

(a，b は正の数)

$\sqrt{}$ の中の a^2 を，a として $\sqrt{}$ の外に出す

◀ $a>0$ に注意。

(2) $\sqrt{}$ の中の数を **素因数分解** すると，$\sqrt{}$ の外に出す数が見つけやすくなる。

解答

(1) (ア) $3\sqrt{5}=\sqrt{3^2\times5}=\boldsymbol{\sqrt{45}}$ 答

(イ) $\dfrac{\sqrt{28}}{2}=\sqrt{\dfrac{28}{2^2}}=\boldsymbol{\sqrt{7}}$ 答

(2) (ア) $\sqrt{605}=\sqrt{121\times5}=\sqrt{11^2\times5}=\boldsymbol{11\sqrt{5}}$ 答

(イ) $\sqrt{\dfrac{5}{36}}=\sqrt{\dfrac{5}{6^2}}=\boldsymbol{\dfrac{\sqrt{5}}{6}}$ 答　　$=\dfrac{\sqrt{5}}{\sqrt{36}}=\dfrac{\sqrt{5}}{6}$ でもよい。

(ウ) $\sqrt{0.24}=\sqrt{\dfrac{24}{100}}=\sqrt{\dfrac{2^2\times6}{10^2}}=\dfrac{2\sqrt{6}}{10}=\boldsymbol{\dfrac{\sqrt{6}}{5}}$ 答

(1) $\sqrt{}$ の中に入れるときに2乗するのを忘れないように。

(2) (ア)
$$\begin{array}{r|l} 5 & 605 \\ 11 & 121 \\ & 11 \end{array}$$

解答➡別冊 p. 19

練習 26 (1) 次の数を $\sqrt{a}$ の形に表しなさい。

(ア) $5\sqrt{2}$　　(イ) $\dfrac{\sqrt{117}}{3}$

(2) 次の数を変形して，$\sqrt{}$ の中をできるだけ小さい自然数にしなさい。

(ア) $\sqrt{80}$　　(イ) $\sqrt{\dfrac{8}{81}}$　　(ウ) $\sqrt{2646}$　　(エ) $\sqrt{1.62}$

例題 27 平方根の乗法・除法

>>p. 46 1 レベル 

次の計算をしなさい。

(1) $\sqrt{12}\times\sqrt{98}$　　(2) $\sqrt{10}\times\sqrt{22}$

(3) $5\sqrt{6}\times2\sqrt{21}$　　(4) $(-3\sqrt{2})^3$

(5) $\sqrt{15}\div\sqrt{5}\times(-\sqrt{3})^2$　　(6) $\sqrt{56}\div2\sqrt{7}\times\sqrt{18}$

確認

a, b が正の数のとき

・$\sqrt{a}\times\sqrt{b}=\sqrt{ab}$

・$\dfrac{\sqrt{a}}{\sqrt{b}}=\sqrt{\dfrac{a}{b}}$

・$\sqrt{a^2b}=a\sqrt{b}$

考え方

平方根の乗法・除法は，次の方針で計算する。

① **根号の中を簡単にできないか** ということを考える。
⟶ 素因数分解をして，2 乗の形があれば **根号の外に出す**。

② 根号の外どうしを計算し，根号の部分は $\sqrt{a}\times\sqrt{b}=\sqrt{ab}$，$\dfrac{\sqrt{a}}{\sqrt{b}}=\sqrt{\dfrac{a}{b}}$ を使って，1 つの根号の **中に入れ**，根号の中どうしの計算をする。

③ 除法は逆数を用いて，**乗法に直してから** 計算する。

根号の中が簡単になる数として，次の変形はよく出てくるから，覚えておこう。

$\sqrt{8}=2\sqrt{2}$
$\sqrt{12}=2\sqrt{3}$
$\sqrt{18}=3\sqrt{2}$
$\sqrt{27}=3\sqrt{3}$
$\sqrt{32}=4\sqrt{2}$
$\sqrt{48}=4\sqrt{3}$

解答

(1) $\sqrt{12}\times\sqrt{98}=\sqrt{2^2\times3}\times\sqrt{2\times7^2}=2\sqrt{3}\times7\sqrt{2}$
$=2\times7\times\sqrt{3}\times\sqrt{2}=\mathbf{14\sqrt{6}}$ 答

(2) $\sqrt{10}\times\sqrt{22}=\sqrt{10\times22}=\sqrt{2\times5\times2\times11}=\sqrt{2^2\times5\times11}=\mathbf{2\sqrt{55}}$ 答

(3) $5\sqrt{6}\times2\sqrt{21}=5\times2\times\sqrt{6\times21}=10\times\sqrt{2\times3\times3\times7}$
$=10\times\sqrt{2\times3^2\times7}=10\times3\times\sqrt{2\times7}=\mathbf{30\sqrt{14}}$ 答

(4) $(-3\sqrt{2})^3=(-1)^3\times(3\sqrt{2})^3=(-1)\times3^3\times(\sqrt{2})^3$
$=-27\times2\sqrt{2}=\mathbf{-54\sqrt{2}}$ 答

(5) $\sqrt{15}\div\sqrt{5}\times(-\sqrt{3})^2=\dfrac{\sqrt{15}}{\sqrt{5}}\times3=3\times\sqrt{\dfrac{15}{5}}=\mathbf{3\sqrt{3}}$ 答

(6) $\sqrt{56}\div2\sqrt{7}\times\sqrt{18}=\dfrac{\sqrt{56}}{2\sqrt{7}}\times\sqrt{2\times3^2}$
$=\dfrac{1}{2}\times\sqrt{\dfrac{56}{7}}\times3\times\sqrt{2}=\dfrac{1}{2}\times\sqrt{8}\times3\times\sqrt{2}$
$=\dfrac{1}{2}\times2\sqrt{2}\times3\times\sqrt{2}=3\times2=\mathbf{6}$ 答

(1) $\sqrt{12}\times\sqrt{98}=\sqrt{12\times98}$
$=\sqrt{2^2\times3\times2\times7^2}$
$=\sqrt{14^2\times6}=14\sqrt{6}$
としてもよい。

◀ $(ab)^n=a^nb^n$
$(\sqrt{2})^3=(\sqrt{2})^2\times\sqrt{2}$
$=2\sqrt{2}$

(6) $2\sqrt{7}=\sqrt{28}$ であるから $\dfrac{\sqrt{56}}{\sqrt{28}}\times\sqrt{18}$
$=\sqrt{\dfrac{56}{28}}\times3\sqrt{2}$
$=\sqrt{2}\times3\sqrt{2}=6$
としてもよい。

練習 27 次の計算をしなさい。 解答➡別冊 p. 19

(1) $\sqrt{42}\times\sqrt{63}$　　(2) $3\sqrt{26}\times2\sqrt{39}$　　(3) $4\sqrt{15}\div\sqrt{20}$

(4) $\dfrac{\sqrt{6}}{2}\div\sqrt{7}\times\sqrt{\dfrac{5}{21}}$　　(5) $(-\sqrt{14})^2\div\sqrt{28}\div\sqrt{7}$　　(6) $(2\sqrt{3})^3\div(\sqrt{54}\times\sqrt{2})$

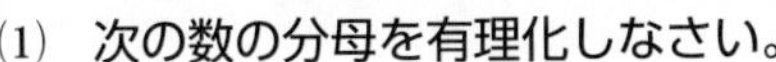

例題 28 分母の有理化

>>p. 46 1 レベル ■□□□

(1) 次の数の分母を有理化しなさい。

(ア) $\dfrac{1}{\sqrt{3}}$　　(イ) $\dfrac{\sqrt{2}}{\sqrt{11}}$　　(ウ) $\dfrac{6}{\sqrt{12}}$

(2) 次の計算をしなさい。

(ア) $8\div 2\sqrt{2}$　　(イ) $\dfrac{\sqrt{6}}{5}\times\dfrac{1}{\sqrt{14}}$

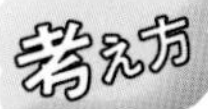

分母の有理化　$\dfrac{1}{\sqrt{a}}=\dfrac{1\times\sqrt{a}}{\sqrt{a}\times\sqrt{a}}=\dfrac{\sqrt{a}}{a}$

分母と同じ平方根を，分母と分子にかけることにより，分母に $\sqrt{\ }$ がない形にする。

分子へのかけ忘れに注意。
$\dfrac{1}{\sqrt{a}}=\dfrac{1}{\sqrt{a}\times\sqrt{a}}=\dfrac{1}{a}$
は大間違い。

解答

(1) (ア) $\dfrac{1}{\sqrt{3}}=\dfrac{1\times\sqrt{3}}{\sqrt{3}\times\sqrt{3}}=\dfrac{\sqrt{3}}{3}$ 答

(イ) $\dfrac{\sqrt{2}}{\sqrt{11}}=\dfrac{\sqrt{2}\times\sqrt{11}}{\sqrt{11}\times\sqrt{11}}=\dfrac{\sqrt{22}}{11}$ 答

(ウ) $\dfrac{6}{\sqrt{12}}=\dfrac{6}{2\sqrt{3}}=\dfrac{3}{\sqrt{3}}=\dfrac{3\times\sqrt{3}}{\sqrt{3}\times\sqrt{3}}=\sqrt{3}$ 答

(2) (ア) $8\div 2\sqrt{2}=\dfrac{8}{2\sqrt{2}}=\dfrac{4}{\sqrt{2}}=\dfrac{4\times\sqrt{2}}{\sqrt{2}\times\sqrt{2}}=\dfrac{4\sqrt{2}}{2}$

$=2\sqrt{2}$ 答

(イ) $\dfrac{\sqrt{6}}{5}\times\dfrac{1}{\sqrt{14}}=\dfrac{1}{5}\sqrt{\dfrac{6}{14}}=\dfrac{1}{5}\sqrt{\dfrac{3}{7}}=\dfrac{\sqrt{3}}{5\sqrt{7}}$

$=\dfrac{\sqrt{3}\times\sqrt{7}}{5\sqrt{7}\times\sqrt{7}}=\dfrac{\sqrt{21}}{35}$ 答

(1) (ウ) $\dfrac{6}{\sqrt{12}}=\dfrac{\sqrt{6^2}}{\sqrt{12}}$
$=\sqrt{\dfrac{36}{12}}=\sqrt{3}$
としてもよい。

(2) (ア) $\dfrac{4}{\sqrt{2}}=\dfrac{2\times(\sqrt{2})^2}{\sqrt{2}}$
$=2\sqrt{2}$
としてもよい。

解答➡別冊 p. 19

練習 28 (1) 次の数の分母を有理化しなさい。

(ア) $\dfrac{3}{\sqrt{2}}$　　(イ) $\dfrac{\sqrt{3}}{\sqrt{5}}$　　(ウ) $\dfrac{30}{\sqrt{20}}$

(2) 次の計算をし，分母を有理化して答えなさい。

(ア) $6\div\sqrt{18}$　　(イ) $\dfrac{\sqrt{14}}{6}\times\sqrt{\dfrac{4}{21}}$　　(ウ) $\sqrt{3}\div\sqrt{\dfrac{11}{15}}\times\sqrt{\dfrac{55}{6}}$

例題 29 根号をふくむ式の加法・減法

>>p. 46 2 レベル 

次の計算をしなさい。

(1) $3\sqrt{2}+5\sqrt{2}-9\sqrt{2}$　　(2) $\sqrt{75}-\sqrt{27}+\sqrt{12}$

(3) $\sqrt{20}-\dfrac{3}{\sqrt{5}}$　　(4) $4\sqrt{3}+12\sqrt{2}-\sqrt{27}-\sqrt{72}$

考え方

CHART $\sqrt{\bigcirc}$ を文字とみる　同類項をまとめる

$\sqrt{\ }$ の中が同じ数を同じ文字とみて，文字式と同じように計算する。

(1) $\sqrt{2}$ を **文字 x** とみると，$3x+5x-9x$ の計算と同じ。

(2)，(4) このままでは $\sqrt{\ }$ の中の数が異なるので計算できない。そこで，$\sqrt{\ }$ の中を簡単にしてみよう。

(3) **分母を有理化** してから計算する。

⚠ $\sqrt{2}+\sqrt{3}$ と $\sqrt{2+3}$ は同じものではない。たとえば，それぞれ 2 乗すると，異なることがわかる。
$(\sqrt{2}+\sqrt{3})^2=5+2\sqrt{6}$，
$(\sqrt{2+3})^2=5$

解答

(1) $3\sqrt{2}+5\sqrt{2}-9\sqrt{2}=(3+5-9)\sqrt{2}=\boldsymbol{-\sqrt{2}}$ 答

(2) $\sqrt{75}-\sqrt{27}+\sqrt{12}=\sqrt{5^2\times3}-\sqrt{3^2\times3}+\sqrt{2^2\times3}$

$=5\sqrt{3}-3\sqrt{3}+2\sqrt{3}=(5-3+2)\sqrt{3}$

$=\boldsymbol{4\sqrt{3}}$ 答

◀根号の中を簡単にする。

(3) $\sqrt{20}-\dfrac{3}{\sqrt{5}}=\sqrt{2^2\times5}-\dfrac{3\times\sqrt{5}}{\sqrt{5}\times\sqrt{5}}=2\sqrt{5}-\dfrac{3\sqrt{5}}{5}$

$=\left(2-\dfrac{3}{5}\right)\sqrt{5}=\boldsymbol{\dfrac{7\sqrt{5}}{5}}$ 答

◀分母の有理化。

(4) $4\sqrt{3}+12\sqrt{2}-\sqrt{27}-\sqrt{72}$

$=4\sqrt{3}+12\sqrt{2}-\sqrt{3^2\times3}-\sqrt{6^2\times2}$

$=4\sqrt{3}+12\sqrt{2}-3\sqrt{3}-6\sqrt{2}$

$=(4-3)\sqrt{3}+(12-6)\sqrt{2}$

$=\boldsymbol{\sqrt{3}+6\sqrt{2}}$ 答

◀$\sqrt{3}$，$\sqrt{2}$ をそれぞれ別の文字とみる。

解答➡別冊 p. 20

練習 29 次の計算をしなさい。

(1) $7\sqrt{3}+5\sqrt{2}-3\sqrt{3}$　　(2) $\sqrt{18}-\sqrt{50}+\sqrt{72}$

(3) $\sqrt{48}+\sqrt{300}-\sqrt{108}$　　(4) $\dfrac{1}{\sqrt{2}}-\dfrac{3}{\sqrt{8}}$

(5) $\sqrt{\dfrac{3}{2}}-\dfrac{4}{\sqrt{6}}$　　(6) $\sqrt{125}+10\sqrt{3}-\sqrt{180}+2\sqrt{3}$

例題 30 根号をふくむ式の計算 (1)

>>p. 46 3

レベル 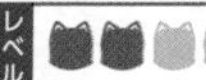

次の計算をしなさい。

(1) $\sqrt{2}(2-3\sqrt{2})$ (2) $(\sqrt{6}-3)(\sqrt{6}+5)$

(3) $(2\sqrt{2}+\sqrt{3})^2$ (4) $(\sqrt{3}+\sqrt{2})(\sqrt{3}-\sqrt{2})$

(5) $(2\sqrt{3}+\sqrt{5})(\sqrt{3}-2\sqrt{5})$

確認 展開の公式

$(x+a)(x+b)$
$=x^2+(a+b)x+ab$

$(x+a)^2=x^2+2ax+a^2$

$(x-a)^2=x^2-2ax+a^2$

$(x+a)(x-a)=x^2-a^2$

考え方

CHART $\sqrt{○}$ を文字とみる

平方根があるので複雑に見えるが，$\sqrt{○}$ **を文字とみると**，多項式の計算と同じように，分配法則や公式（右上の 確認 参照）を利用して展開することができる。

解答

(1) $\sqrt{2}(2-3\sqrt{2})=2\sqrt{2}-3(\sqrt{2})^2=2\sqrt{2}-3\times2$
$x(2-3x)$
$=\mathbf{2\sqrt{2}-6}$ 答

◀ $\sqrt{2}$ を x とみると
$x(2-3x)=2x-3x^2$

(2) $(\sqrt{6}-3)(\sqrt{6}+5)=(\sqrt{6})^2+(-3+5)\sqrt{6}+(-3)\times5$
$(x-3)(x+5)$
$=6+2\sqrt{6}-15$
$=\mathbf{-9+2\sqrt{6}}$ 答

◀ $\sqrt{6}$ を x とみると
$(x-3)(x+5)$
$=x^2+2x-15$

(3) $(2\sqrt{2}+\sqrt{3})^2=(2\sqrt{2})^2+2\times\sqrt{3}\times2\sqrt{2}+(\sqrt{3})^2$
$(x+a)^2$
$=2^2\times(\sqrt{2})^2+2\times2\times\sqrt{3\times2}+3$
$=4\times2+4\times\sqrt{6}+3=8+4\sqrt{6}+3$
$=\mathbf{11+4\sqrt{6}}$ 答

◀ $2\sqrt{2}$ を x，$\sqrt{3}$ を a とみると
$(x+a)^2=x^2+2ax+a^2$

(4) $(\sqrt{3}+\sqrt{2})(\sqrt{3}-\sqrt{2})=(\sqrt{3})^2-(\sqrt{2})^2=3-2=\mathbf{1}$ 答
$(x+a)(x-a)$

◀ $\sqrt{3}$ を x，$\sqrt{2}$ を a とみると
$(x+a)(x-a)=x^2-a^2$

(5) $(2\sqrt{3}+\sqrt{5})(\sqrt{3}-2\sqrt{5})$ （①②③④）
$=2(\sqrt{3})^2-2\sqrt{3}\times2\sqrt{5}+\sqrt{5}\times\sqrt{3}-2(\sqrt{5})^2$
$=2\times3-2\times2\times\sqrt{3\times5}+\sqrt{5\times3}-2\times5$
$=6-4\sqrt{15}+\sqrt{15}-10=\mathbf{-4-3\sqrt{15}}$ 答

◀ $(a+b)(c+d)$
$=ac+ad+bc+bd$

解答➡別冊 p. 20

練習 30 次の計算をしなさい。

(1) $\sqrt{3}(2\sqrt{3}-5)$ (2) $\sqrt{5}(\sqrt{20}-3)$

(3) $(\sqrt{2}+1)(\sqrt{2}-3)$ (4) $(\sqrt{5}-3)(\sqrt{5}-7)$

(5) $(\sqrt{2}+\sqrt{3})^2$ (6) $(\sqrt{3}-\sqrt{5})^2$

(7) $(3\sqrt{5}+2\sqrt{7})(3\sqrt{5}-2\sqrt{7})$ (8) $(2\sqrt{3}+\sqrt{2})(3\sqrt{3}-4\sqrt{2})$

例題 31 根号をふくむ式の計算 (2)

≫p. 46 3

次の計算をしなさい。

(1) $\dfrac{2\sqrt{7}}{\sqrt{3}}-\dfrac{5}{\sqrt{21}}-\dfrac{\sqrt{3}}{\sqrt{7}}$　(2) $(\sqrt{5}-\sqrt{2})^2+\dfrac{20}{\sqrt{10}}$

(3) $\dfrac{1}{1-\sqrt{3}}+\dfrac{1}{1+\sqrt{3}}$

確認

・根号の中を簡単にする

$\sqrt{a^2b}=a\sqrt{b}$
$(a>0,\ b>0)$

・分母を有理化する

$\dfrac{1}{\sqrt{a}}=\dfrac{\sqrt{a}}{\sqrt{a}\times\sqrt{a}}=\dfrac{\sqrt{a}}{a}$

考え方

$\sqrt{\ }$ のある式の計算

① **$\sqrt{\bigcirc}$ を文字とみる** ⟶ 分配法則や展開の公式の利用。
② **根号の中を簡単にする。**　③ **分母を有理化する。**
(3) 有理化できるが，その方法は未習なので，通分してみよう。

◀② 根号の中を簡単にするは，下の練習 (1)～(3) を参照。

解答

(1) $\dfrac{2\sqrt{7}}{\sqrt{3}}-\dfrac{5}{\sqrt{21}}-\dfrac{\sqrt{3}}{\sqrt{7}}$

$=\dfrac{2\sqrt{7}\times\sqrt{3}}{\sqrt{3}\times\sqrt{3}}-\dfrac{5\times\sqrt{21}}{\sqrt{21}\times\sqrt{21}}-\dfrac{\sqrt{3}\times\sqrt{7}}{\sqrt{7}\times\sqrt{7}}$

$=\dfrac{2\sqrt{21}}{3}-\dfrac{5\sqrt{21}}{21}-\dfrac{\sqrt{21}}{7}=\left(\dfrac{2}{3}-\dfrac{5}{21}-\dfrac{1}{7}\right)\sqrt{21}$

$=\dfrac{2\times7-5-3}{21}\sqrt{21}=\dfrac{6}{21}\sqrt{21}=\boldsymbol{\dfrac{2\sqrt{21}}{7}}$ 答

◀分母の有理化。

◀共通因数 $\sqrt{21}$ でくくると考える。

(2) $(\sqrt{5}-\sqrt{2})^2+\dfrac{20}{\sqrt{10}}$

$=(\sqrt{5})^2-2\times\sqrt{2}\times\sqrt{5}+(\sqrt{2})^2+\dfrac{20\times\sqrt{10}}{\sqrt{10}\times\sqrt{10}}$

$=5-2\sqrt{10}+2+2\sqrt{10}=\mathbf{7}$ 答

◀$(\sqrt{5}-\sqrt{2})^2$ は公式 $(x-a)^2=x^2-2ax+a^2$ を利用して展開。

(3) $\dfrac{1}{1-\sqrt{3}}+\dfrac{1}{1+\sqrt{3}}=\dfrac{(1+\sqrt{3})+(1-\sqrt{3})}{(1-\sqrt{3})(1+\sqrt{3})}=\dfrac{2}{1-(\sqrt{3})^2}$

$=\dfrac{2}{1-3}=\mathbf{-1}$ 答

◀分母が $\sqrt{a}+\sqrt{b}$ の形のものの有理化については，$p.61$ を参照。

練習 31 次の計算をしなさい。

解答⇒別冊 p. 21

(1) $\sqrt{20}-\dfrac{3}{2\sqrt{5}}-\dfrac{\sqrt{45}}{4}$　(2) $\dfrac{4+\sqrt{3}}{\sqrt{2}}-\dfrac{3}{\sqrt{6}}+\sqrt{18}$

(3) $\sqrt{18}(\sqrt{3}+\sqrt{2})-\sqrt{12}(\sqrt{3}+2\sqrt{2})$　(4) $(\sqrt{6}-2)^2+(\sqrt{3}+2\sqrt{2})^2$

(5) $(\sqrt{3}-2)^2-\dfrac{6}{\sqrt{3}}$　(6) $\dfrac{1}{3+\sqrt{5}}-\dfrac{1}{3-\sqrt{5}}$

例題 32 平方根と式の値

>>p. 46 3 レベル

(1) $x=\sqrt{7}-3$ のとき，x^2+6x の値を求めなさい。

(2) $x=\sqrt{5}+\sqrt{3}$，$y=\sqrt{5}-\sqrt{3}$ のとき，次の式の値を求めなさい。

(ア) $x+y$　　(イ) xy　　(ウ) x^2+y^2　　(エ) $\dfrac{1}{x}+\dfrac{1}{y}$

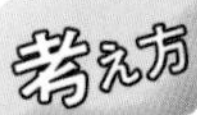

CHART 式の値

式を簡単にしてから数値を代入

そのまま代入して計算してもよいが，式を変形してから代入した方が計算がらくになることが多い。

復習 $p.30$ 例題 16 で，展開の公式や因数分解の公式を利用して変形してから代入することを学習している。

解答

(1) $x^2+6x=x(x+6)=(\sqrt{7}-3)(\sqrt{7}-3+6)$

$=(\sqrt{7}-3)(\sqrt{7}+3)=(\sqrt{7})^2-3^2=\mathbf{-2}$ 答

(2) (ア) $x+y=(\sqrt{5}+\sqrt{3})+(\sqrt{5}-\sqrt{3})=\mathbf{2\sqrt{5}}$ 答

(イ) $xy=(\sqrt{5}+\sqrt{3})(\sqrt{5}-\sqrt{3})=(\sqrt{5})^2-(\sqrt{3})^2=\mathbf{2}$ 答

(ウ) $x^2+y^2=(\sqrt{5}+\sqrt{3})^2+(\sqrt{5}-\sqrt{3})^2$

$=(\sqrt{5})^2\underline{+2\times\sqrt{3}\times\sqrt{5}}+(\sqrt{3})^2$

$+(\sqrt{5})^2\underline{-2\times\sqrt{3}\times\sqrt{5}}+(\sqrt{3})^2$

$=(5+3)+(5+3)=\mathbf{16}$ 答

別解 $(x+y)^2=x^2+2xy+y^2$ から

$\boldsymbol{x^2+y^2=(x+y)^2-2xy}$

求める式の値は，(ア) と (イ) の結果から

$(2\sqrt{5})^2-2\times2=20-4=\mathbf{16}$

(エ) $\dfrac{1}{x}+\dfrac{1}{y}=\dfrac{1}{\sqrt{5}+\sqrt{3}}+\dfrac{1}{\sqrt{5}-\sqrt{3}}$

$=\dfrac{(\sqrt{5}-\sqrt{3})+(\sqrt{5}+\sqrt{3})}{(\sqrt{5}+\sqrt{3})(\sqrt{5}-\sqrt{3})}$ ←通分している。

$=\dfrac{2\sqrt{5}}{(\sqrt{5})^2-(\sqrt{3})^2}=\dfrac{2\sqrt{5}}{2}=\mathbf{\sqrt{5}}$ 答

(1) 別解 $x=\sqrt{7}-3$ から

$x+3=\sqrt{7}$

$(x+3)^2=(\sqrt{7})^2$ ←2乗すると，根号が消える。

$x^2+6x+9=7$

$x^2+6x=-2$

◀下線部分は $+○-○$ なので，消えて 0 となる。つまり $(x+a)^2+(x-a)^2$ $=2(x^2+a^2)$

◀x^2+y^2 が $x+y$ と xy で表され，すでに求めた式の値が利用できる。

◀例題 31 (3) 参照。
$\dfrac{1}{x}+\dfrac{1}{y}=\dfrac{y}{xy}+\dfrac{x}{xy}$
$=\dfrac{x+y}{xy}$ として，(ア)，(イ) の結果を代入してもよい。

解答➡別冊 p. 21

練習 32 (1) $x=2+\sqrt{3}$ のとき，x^2-4x+3 の値を求めなさい。

(2) $x=\sqrt{7}+\sqrt{5}$，$y=\sqrt{7}-\sqrt{5}$ のとき，次の式の値を求めなさい。

(ア) $x+y$　　(イ) $x-y$　　(ウ) xy

(エ) x^2+y^2　　(オ) x^2-y^2　　(カ) $\dfrac{1}{x}+\dfrac{1}{y}$

例題 33 $\sqrt{\ }$ と自然数

≫p. 46 3 レベル 

$\sqrt{560-7n}$ が整数となるような自然数 n の値をすべて求めなさい。

考え方

$\sqrt{○}$ が整数ならば　○ は 2 乗した数

$\sqrt{560-7n}$ が整数（0 もふくまれる）となるのは，$\sqrt{\ }$ の中の数 $560-7n$ が 2 乗した数 ―(整数)^2― となるときである。
しかし，$560-7n=0^2$，1^2，2^2，3^2，…… と順に調べるのはめんどう。そこで，$560-7n=7(80-n)$ と変形できることに注目すると，

$$80-n=7\times\square^2 \ (\square \text{ は整数})$$

の形であれば，$560-7n=7^2\times\square^2$ となり，$\sqrt{560-7n}=7\times\square$，すなわち，$\sqrt{560-7n}$ は整数となる。

「$\sqrt{560-7n}$ が整数」とあるから，0 のときも考えるのかな？

解答

$$560-7n=7(80-n)$$

よって，$\sqrt{560-7n}$ が整数となるのは，k を 0 以上の整数として，

$$80-n=7k^2$$

と表されるときである。

- $k=0$ のとき　$80-n=7\times0^2$，$n=80$　← $80-n=0$
- $k=1$ のとき　$80-n=7\times1^2$，$n=73$　← $80-n=7$
- $k=2$ のとき　$80-n=7\times2^2$，$n=52$　← $80-n=28$
- $k=3$ のとき　$80-n=7\times3^2$，$n=17$　← $80-n=63$
- $k=4$ のとき　$80-n=7\times4^2$，$n=-32$　← $80-n=112$

k が 4 以上の整数のとき，n は負の数となり，問題に適さない。
求める n の値は　$\boldsymbol{n=17,\ 52,\ 73,\ 80}$ 答

◀ $\sqrt{560-7n}=0$ となるのは $k=0$ のとき。

◀ $\sqrt{560-7n}=\sqrt{0^2}=0$

◀ $\sqrt{560-7n}=\sqrt{7\times7}=7$

◀ $\sqrt{560-7n}=\sqrt{7\times7\times2^2}=14$

◀ $\sqrt{560-7n}=\sqrt{7\times7\times3^2}=21$

◀ n は自然数。

解答➡別冊 p. 22

練習 33 $\sqrt{582-6n}$ が整数となるような自然数 n の値をすべて求めなさい。

例題 34 無理数の整数部分，小数部分

レベル 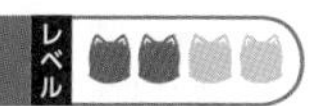

(1) $2\sqrt{3}$ の整数部分を a，小数部分を b とするとき，b と $b^2+2ab+2a^2$ の値を求めなさい。

(2) $1+\sqrt{5}$ の小数部分を b とするとき，$\dfrac{1}{b(b+4)}$ の値を求めなさい。

考え方

(数)＝(整数部分)＋(小数部分) であるから

(小数部分)＝(数)－(整数部分) …… (＊)

例
① 1.25＝1＋0.25 から，整数部分は 1，小数部分は 0.25
② $\sqrt{5}=2.2360679\cdots\cdots=2+0.2360679\cdots\cdots$ から，
整数部分は 2，小数部分は 0.2360679……？？

無理数の整数部分と小数部分は，次のようにして求める。

整数部分 不等式で $\sqrt{\ }$ の中の数に近い平方数ではさむ。

小数部分 無理数は循環しない無限小数なので，直接求めることができないから，上の (＊) のような表し方をする。

一般に，正の数 x に対して，
$n \leqq x < n+1$
(n は自然数)
ならば，x の
整数部分は n
小数部分は $x-n$

◀例 ② では近似値から，整数部分 2 としているが，正確な求め方ではない。

解答

(1) $2\sqrt{3}=\sqrt{12}$

$\sqrt{3^2}<\sqrt{12}<\sqrt{4^2}$ から　$3<2\sqrt{3}<4$

よって，$2\sqrt{3}$ の整数部分は $a=3$ であるから，その小数部分 b は，

$a+b=2\sqrt{3}$ より　$\boldsymbol{b=2\sqrt{3}-3}$ 答

また　$b^2+2ab+2a^2=(a+b)^2+a^2$

$a+b=2\sqrt{3}$，$a=3$ を代入して

$\boldsymbol{b^2+2ab+2a^2}=(2\sqrt{3})^2+3^2=\boldsymbol{21}$ 答

(2) $2<\sqrt{5}<3$ から　$2+1<\sqrt{5}+1<3+1$

したがって　$3<1+\sqrt{5}<4$

$1+\sqrt{5}$ の整数部分は 3 であるから，小数部分 b は

$b=(1+\sqrt{5})-3=\sqrt{5}-2$

また　$b+4=\sqrt{5}-2+4=\sqrt{5}+2$

よって　$\boldsymbol{\dfrac{1}{b(b+4)}}=\dfrac{1}{(\sqrt{5}-2)(\sqrt{5}+2)}=\dfrac{1}{5-4}=\boldsymbol{1}$ 答

◀$\sqrt{3}=1.732\cdots$ から
$2\sqrt{3}=3.464\cdots$
ともできるが，近似値を知らない数の場合には，お手上げ。

◀**式の値　式を簡単にしてから数値を代入**

◀各辺に同じ数をたしても不等号の向きは変わらない。

解答➡別冊 p. 22

練習 34 $4\sqrt{5}-1$ の整数部分を a，小数部分を b とするとき，次の値を求めなさい。

(1) a　　(2) b　　(3) b^2+8b

6 近似値と有効数字

1 近　似　値

❶ 真の値に近い値を **近似値** という。

$\sqrt{2}$ を小数で表すと，1.41421356…… と無限小数となり，正確に表すことができない。しかし，$\sqrt{2}$ のおよその値を用いたいときは，1.4 や 1.41 を $\sqrt{2}$ の近似値とすることがある。無理数（循環しない無限小数）は真の値を正しく小数で表すことができないから，およその値を近似値として用いる。

❷ 近似値から真の値をひいた差を **誤差** という。

誤差＝近似値－真の値 ←正，負の両方の値をとりうる。

⚠ 誤差の絶対値を，単に **誤差** ということもある。

ある長さの測定値 65.3 cm が小数第 2 位を四捨五入した近似値であるとき，真の値を a cm とすると，a は

$$65.25 \leqq a < 65.35$$

の範囲にあり，誤差の絶対値は 0.05 cm 以下である。

近似値の例として，3.14 は π の近似値である。

定規で長さを測ったり，温度計で温度を測ったりするとき，真の値を正確に読み取ることができるとは限らない。このような場合の測定値も近似値であることが多い。

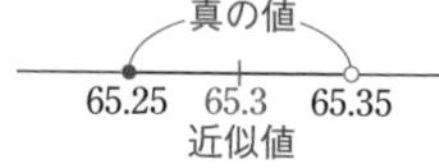

2 有 効 数 字

❶ 近似値を表す数のうち，信頼できる数字を **有効数字** という。

例

ある 2 点間の距離の測定値 170 m について，

[1]　1 m の位まで測定した値なら，1，7，0 はすべて有効数字である（有効数字は 3 けた）。

[2]　10 m の位まで測定した値なら，1，7 は有効数字であるが，一の位の 0 は有効数字でない（有効数字は 2 けた）。

真の値を a m とすると，
[1]　$169.5 \leqq a < 170.5$
[2]　$165 \leqq a < 175$
となり，170 m と同じように表されていても，それぞれの数の意味は異なる。

❷ 有効数字をはっきり示すために，整数の部分が 1 けたの数と，10 の累乗との積の形に表す。

近似値が 1 より大きいとき　　$○\times 10^{□}$

近似値が 1 より小さいとき　　$○\times \dfrac{1}{10^{□}}$

○ は有効数字で，○ の整数の部分は 1 けたの数。また，□ は自然数。

近似値が 2700 である数について

[1]　有効数字が 3 けた（2，7，0）のとき　　2.70×10^3

[2]　有効数字が 2 けた（2，7）のとき　　2.7×10^3

有効数字が 3 けたの場合，2.70×10^3 の 0 は省略できない。

例題 35 平方根の値

>>p. 56 1 レベル

$\sqrt{2}=1.414$, $\sqrt{20}=4.472$ とするとき，次の値を求めなさい。

(1) $\sqrt{200}$　(2) $\sqrt{2000}$　(3) $\sqrt{0.2}$

(4) $\sqrt{0.0002}$　(5) $\sqrt{98}$　(6) $\sqrt{5}$

与えられた値が利用できるように変形する

このとき，よく用いられるのは $\sqrt{a^2b}=a\sqrt{b}$，とくに

$$\sqrt{10^{2\times\square}}=10^{\square}\quad(\square \text{ は自然数})$$ である。

(1)～(4) では，$\sqrt{\ }$ の中の 0 の個数が偶数の場合に，10 の累乗を $\sqrt{\ }$ の外に出すことができることを利用して，

(1) $\sqrt{2|00|}$　(2) $\sqrt{20|00|}$　(3) $\sqrt{0.|20|}$　(4) $\sqrt{0.|00|02|}$

のように，小数点から 2 けたずつ区切ると $\sqrt{2}$，$\sqrt{20}$ のどちらを使うかがわかる。

(6) $5=20\div4$ であるから，$\sqrt{20}$ が使える形に変形できる。

小数の場合は，たとえば

$0.0001=\dfrac{1}{10000}$

のように，分数に直して

$\dfrac{1}{\sqrt{10^{2\times\square}}}=\dfrac{1}{10^{\square}}$

を用いる。

解答

(1) $\sqrt{200}=\sqrt{100\times2}=\sqrt{10^2\times2}=10\sqrt{2}$
$=10\times1.414=\mathbf{14.14}$ 答

(2) $\sqrt{2000}=\sqrt{100\times20}=\sqrt{10^2\times20}=10\sqrt{20}$
$=10\times4.472=\mathbf{44.72}$ 答

(3) $\sqrt{0.2}=\sqrt{\dfrac{20}{100}}=\sqrt{\dfrac{20}{10^2}}=\dfrac{\sqrt{20}}{10}=\dfrac{4.472}{10}$
$=\mathbf{0.4472}$ 答

(4) $\sqrt{0.0002}=\sqrt{\dfrac{2}{10000}}=\sqrt{\dfrac{2}{100^2}}=\dfrac{\sqrt{2}}{100}=\dfrac{1.414}{100}$
$=\mathbf{0.01414}$ 答

(5) $\sqrt{98}=\sqrt{7^2\times2}=7\sqrt{2}=7\times1.414=\mathbf{9.898}$ 答

(6) $\sqrt{5}=\sqrt{\dfrac{10}{2}}=\sqrt{\dfrac{20}{4}}=\dfrac{\sqrt{20}}{2}=\dfrac{4.472}{2}$
$=\mathbf{2.236}$ 答

参考

$\sqrt{2}=1.414$

$\sqrt{2|00|}=14.14$

2 けた　1 ずれる

$\sqrt{2|00|00|}=141.4$

2 けたずつ　2 ずれる

$\sqrt{\ }$ の中を，小数点から 2 けたずつ区切ると，1 区切りにつき，平方根で 1 位ずれる。

◀ $\sqrt{\dfrac{10}{2}}=\dfrac{\sqrt{10}}{\sqrt{2}}$ とすると，分母の有理化が必要になる。

練習 35 $\sqrt{3}=1.732$, $\sqrt{30}=5.477$ とするとき，次の値を求めなさい。

解答➡別冊 p. 22

(1) $\sqrt{300}$　(2) $\sqrt{3000}$　(3) $\sqrt{300000}$　(4) $\sqrt{0.3}$

(5) $\sqrt{0.000003}$　(6) $\sqrt{12}$　(7) $\sqrt{\dfrac{6}{5}}$

例題 36 真の値の範囲と誤差の範囲

>>p. 56 1 レベル 

あるものの長さを測ったところ，次の(1)，(2)のような測定値を得た。この長さの真の値を a mm とするとき，a の値の範囲を，不等号を使って表しなさい。
また，誤差の絶対値を求めなさい。

(1) 小数第2位を四捨五入した近似値が 27.8 mm である。

(2) 小数第3位を四捨五入した近似値が 27.80 mm である。

考え方 真の値の範囲は 数直線 で調べる

例 測定値 28 mm が小数第1位を四捨五入した近似値のとき，真の値 a の範囲を不等式で表すと

$$27.5 \leqq a < 28.5$$ ← ≦28.4 は誤り

また，誤差は　$28-28.5=-0.5$　（誤差の絶対値 0.5 未満）

$28-27.5=0.5$　（誤差の絶対値 0.5 以下）

よって，誤差の絶対値は 0.5 mm 以下となる。

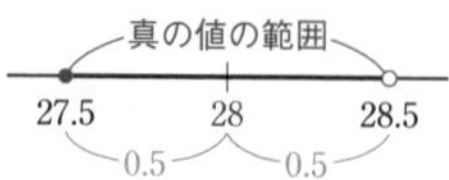

● はその点を含む
○ はその点を含まない

解答

(1) 小数第2位を四捨五入した近似値は 27.8 mm であるから，a の値の範囲は

$$\mathbf{27.75 \leqq a < 27.85}$$ 答

誤差の絶対値は　**0.05 mm 以下** 答

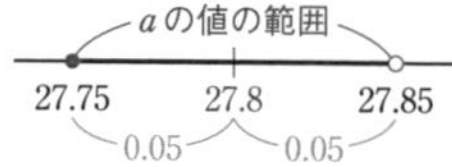

(2) 小数第3位を四捨五入した近似値は 27.80 mm であるから，a の値の範囲は

$$\mathbf{27.795 \leqq a < 27.805}$$ 答

誤差の絶対値は　**0.005 mm 以下** 答

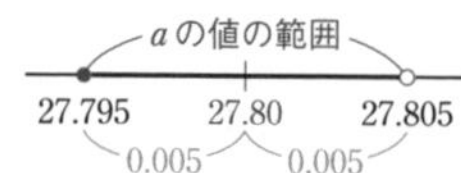

参考 **切り上げ，切り捨てたときの真の値の範囲**

[1] 小数第2位を**切り上げ**たときの近似値が 27.8 mm のとき，a の値の範囲は　$\mathbf{27.7 < a \leqq 27.8}$

[2] 小数第2位を**切り捨て**たときの近似値が 27.8 mm のとき，a の値の範囲は　$\mathbf{27.8 \leqq a < 27.9}$

解答➡別冊 p. 22

練習 36 あるものの重さを測ったところ，次の(1)，(2)のような測定値を得た。この長さの真の値を a g とするとき，a の値の範囲を，不等号を使って表しなさい。
また，誤差の絶対値を求めなさい。

(1) 小数第2位を四捨五入した近似値が 42.1 g である。

(2) 小数第3位を四捨五入した近似値が 42.10 g である。

例題 37 近似値と有効数字

>>p. 56 2 レベル

次の近似値の有効数字が（　）内のけた数であるとき，それぞれの近似値を，整数の部分の1けたの数と，10の累乗との積の形で表しなさい。

(1) 149600000　（5けた）　(2) 0.01240　（4けた）　(3) 0.00546　（2けた）

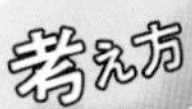

有効数字の表し方（nは自然数）

$$a\times10^n \text{ または } a\times\frac{1}{10^n} \text{ の形で表す}$$

aは整数の部分が1けたの数

① （　）で指定された，けた数分の有効数字を取り出す。

② ①で取り出した数を，整数の部分が1けたの数で表す。

③ もとの近似値と同じになるように，②の数に10^nまたは$\frac{1}{10^n}$をかける。

小数の乗除では，
×10で小数点は右に，
÷10で小数点は左に
動く。たとえば

$54.32 \xrightarrow{\times10} 543.2$

$54.32 \xrightarrow{\div10} 5.432$

解答

(1) 有効数字は5けたであるから　1，4，9，6，0

$149600000=1.496\times10^8$ であるから　$\mathbf{1.4960\times10^8}$ 答

(2) 有効数字は4けたであるから　1，2，4，0

よって　$0.01240=\frac{1.240}{100}=\mathbf{1.240\times\frac{1}{10^2}}$ 答

(3) 有効数字は2けたで，小数第3位と第4位の数は　5，4

しかし，小数第5位の数は6であるから，これを四捨五入すると，近似値は0.0055となり，有効数字は　5，5

よって　$0.0055=\frac{5.5}{1000}=\mathbf{5.5\times\frac{1}{10^3}}$ 答

別解　$0.00546=5.46\times\frac{1}{10^3}$ から（5.46 → 5.5）　$\mathbf{5.5\times\frac{1}{10^3}}$ 答

(3) 有効数字は2けたと指定されているので，これを5，4と考えて，$5.4\times\frac{1}{10^3}$とするのは間違い。解答のように，**指定された，けた数の1つ下の位の数に注意**が必要である。わかりにくいなら，別解のように，最初から$a\times\frac{1}{10^n}$の形に表すとよい。

参考　**負の指数**　高校の範囲であるが，$\frac{1}{10^n}$を10^{-n}と表すことがある。これを用いると，(2)は1.240×10^{-2}と表される。

解答➡別冊 p. 23

練習 37 次の近似値の有効数字が（　）内のけた数であるとき，それぞれの近似値を，整数の部分の1けたの数と，10の累乗との積の形で表しなさい。

(1) 830000　（3けた）　(2) 0.000478　（3けた）

(3) 50850　（3けた）　(4) 0.00784　（2けた）

EXERCISES

解答➡別冊 p. 24

37 次の数を $\sqrt{a}$ の形に表しなさい。 >>例題 26 (1)

(1) $4\sqrt{5}$　　(2) $\dfrac{\sqrt{21}}{3}$

38 次の数を変形して，$\sqrt{\ }$ の中をできるだけ簡単な自然数にしなさい。 >>例題 26 (2)

(1) $\sqrt{180}$　　(2) $\sqrt{\dfrac{25}{24}}$　　(3) $\sqrt{2205}$

39 次の計算をしなさい。 >>例題 27，28

(1) $\sqrt{42}\times\sqrt{28}$　　(2) $\sqrt{27}\times5\sqrt{3}$

(3) $(-3\sqrt{10})^3$　　(4) $7\div\sqrt{98}$

(5) $\sqrt{56}\div\sqrt{63}$　　(6) $2\sqrt{363}\div4\sqrt{3}\div3\sqrt{11}$

(7) $\sqrt{77}\times\dfrac{\sqrt{14}}{6}\times3\sqrt{22}$　　(8) $\dfrac{5}{\sqrt{3}}\div\dfrac{\sqrt{5}}{8}\times\dfrac{\sqrt{5}}{\sqrt{2}}$

40 次の計算をしなさい。 >>例題 29

(1) $\sqrt{75}+\sqrt{32}-\sqrt{18}-\sqrt{48}$

(2) $(-2\sqrt{13})^2+5\sqrt{(-13)^2}-7\sqrt{13^2}-\sqrt{9\times(-13)^2}$

(3) $\dfrac{2}{\sqrt{6}}(\sqrt{2}-\sqrt{3})+\sqrt{2}$　　(4) $\dfrac{\sqrt{2}+\sqrt{6}}{5\sqrt{8}}-\dfrac{\sqrt{5}-\sqrt{15}}{(2\sqrt{5})^3}$

41 次の計算をしなさい。 >>例題 30，31

(1) $(\sqrt{2}-\sqrt{3})(2\sqrt{2}+5\sqrt{3})$　　(2) $(2\sqrt{2}-1)(\sqrt{2}+2)$

(3) $(\sqrt{3}+1)(\sqrt{3}+2)-\dfrac{9}{\sqrt{3}}$　　(4) $(\sqrt{6}+\sqrt{3})^2$

(5) $(\sqrt{3}+\sqrt{5}+\sqrt{7})(\sqrt{3}+\sqrt{5}-\sqrt{7})$　　(6) $(1+\sqrt{2}+\sqrt{3})^2$

42 $x=4-2\sqrt{2}$ のとき，x^2-8x の値を求めなさい。 >>例題 32 (1)

43 $a=\sqrt{11}+\sqrt{5}$，$b=\sqrt{11}-\sqrt{5}$ のとき，次の式の値を求めなさい。 >>例題 32 (2)

(1) a^2-b^2　(2) $(a+b)^2-(a^2+b^2)$　(3) $\dfrac{a}{b}+\dfrac{b}{a}$

44 $\sqrt{\dfrac{504}{n}}$ が整数となるような自然数 n は何個あるか答えなさい。〔立命館〕 >>例題 33

45 $\sqrt{49-3n}$ が整数になるような自然数 n の値をすべて求めなさい。 >>例題 33

46 $\sqrt{10}-1$ の整数部分を a，小数部分を b とするとき，次の値を求めなさい。 >>例題 34

(1) a と b　(2) $(a-b)^2$　(3) $(3a+b)b$

47 $\sqrt{4.21}=2.052$，$\sqrt{42.1}=6.488$ とするとき，次の値を求めなさい。 >>例題 35

(1) $\sqrt{421}$　(2) $\sqrt{421000}$　(3) $\sqrt{0.421}$　(4) $\sqrt{0.000421}$

48 ある生徒の身長をはかり，小数第 2 位を四捨五入して得られた測定値は，157.4 cm であった。この真の値を a cm として，a の範囲を不等号を使って表しなさい。〔和歌山県〕 >>例題 36

49 ある年の全国の米の収穫量は，約 8439000 t であった。有効数字を 3 けたとして，この収穫量を，整数の部分が 1 けたの数と，10 の累乗との積の形で表しなさい。 >>例題 37

参考 $\dfrac{1}{\sqrt{a}+\sqrt{b}}$，$\dfrac{1}{\sqrt{a}-\sqrt{b}}$ **の形の分数の分母の有理化**

展開の公式 $(a+b)(a-b)=a^2-b^2$ を利用すると，$(\sqrt{a}+\sqrt{b})(\sqrt{a}-\sqrt{b})=a-b$ であることから，分母が $\sqrt{a}+\sqrt{b}$，$\sqrt{a}-\sqrt{b}$ である分数は，次のようにして分母を有理化することができる。

$$\frac{1}{\sqrt{a}+\sqrt{b}} \xrightarrow[\sqrt{a}-\sqrt{b}\text{ をかける}]{\text{分母と分子に}} =\frac{1\times(\sqrt{a}-\sqrt{b})}{(\sqrt{a}+\sqrt{b})(\sqrt{a}-\sqrt{b})}=\frac{\sqrt{a}-\sqrt{b}}{a-b}$$

$$\frac{1}{\sqrt{a}-\sqrt{b}} \xrightarrow[\sqrt{a}+\sqrt{b}\text{ をかける}]{\text{分母と分子に}} =\frac{1\times(\sqrt{a}+\sqrt{b})}{(\sqrt{a}-\sqrt{b})(\sqrt{a}+\sqrt{b})}=\frac{\sqrt{a}+\sqrt{b}}{a-b}$$

} 分母に $\sqrt{\ }$ がない形になる。

例

$$\frac{1}{\sqrt{3}+\sqrt{2}} \xrightarrow[\sqrt{3}-\sqrt{2}\text{ をかける}]{\text{分母と分子に}} =\frac{1\times(\sqrt{3}-\sqrt{2})}{(\sqrt{3}+\sqrt{2})(\sqrt{3}-\sqrt{2})}=\frac{\sqrt{3}-\sqrt{2}}{3-2}=\sqrt{3}-\sqrt{2}$$

$$\frac{1}{\sqrt{7}-2} \xrightarrow[\sqrt{7}+2\text{ をかける}]{\text{分母と分子に}} =\frac{1\times(\sqrt{7}+2)}{(\sqrt{7}-2)(\sqrt{7}+2)}=\frac{\sqrt{7}+2}{7-4}=\frac{\sqrt{7}+2}{3}$$

定期試験対策問題

解答➡別冊 p. 27

12 次の問いに答えなさい。 >>例題 19～21

(1) 121 の平方根を求めなさい。

(2) $-(-\sqrt{19})^2$ の値を求めなさい。

(3) $\sqrt{0.64}$ を根号を使わずに表しなさい。

13 次の各数について，次の問いに答えなさい。 >>例題 22, 23

$$-\sqrt{3},\quad -\pi,\quad -3,\quad -\frac{1}{\sqrt{3}},\quad -\sqrt{\frac{6}{3}},\quad -\frac{1}{3},\quad -\frac{\sqrt{8}}{\sqrt{2}}$$

(1) 有理数であるものをすべて答えなさい。

(2) 数の大小を，不等号を使って表しなさい。

14 次の分数のうち，循環小数であるものを選び，循環する部分がわかるように，記号・を用いて表しなさい。 >>例題 24

(1) $\dfrac{4}{7}$　　(2) $\dfrac{34}{111}$

15 次の計算をしなさい。 >>例題 27～29

(1) $\sqrt{12}\times\sqrt{6}$　　(2) $\sqrt{10}\times3\sqrt{15}$　　(3) $\sqrt{54}\div\sqrt{6}$

(4) $-8\sqrt{5}+5\sqrt{5}+2\sqrt{5}$　　(5) $\sqrt{75}-\sqrt{245}-\sqrt{108}+\sqrt{320}$

(6) $(\sqrt{80}+\sqrt{45})\div\sqrt{5}$　　(7) $-\dfrac{4\sqrt{5}}{\sqrt{10}}+\sqrt{18}$

16 次の計算をしなさい。 >>例題 30

(1) $\sqrt{2}(2\sqrt{3}+\sqrt{2})$　　(2) $\sqrt{3}(2\sqrt{15}-\sqrt{6})$

(3) $(4\sqrt{15}-\sqrt{24})\div(2\sqrt{3})^3$　　(4) $(\sqrt{56}-6\sqrt{10})\times(2\sqrt{2})^2\div4\sqrt{2}$

17 次の計算をしなさい。 >>例題 29, 30

(1) $(\sqrt{2}-\sqrt{7})^2$　(2) $(\sqrt{10}+\sqrt{3})(\sqrt{10}-2\sqrt{3})$

(3) $(\sqrt{5}+\sqrt{3})(\sqrt{5}-\sqrt{3})$　(4) $(2\sqrt{3}-\sqrt{2})(2\sqrt{3}+\sqrt{2})$

(5) $\dfrac{5}{\sqrt{2}}-\dfrac{3\sqrt{2}}{2}+\dfrac{2}{\sqrt{8}}$　(6) $\dfrac{2}{\sqrt{3}}+\dfrac{4}{\sqrt{27}}-\dfrac{5}{\sqrt{12}}$

18 次の計算をしなさい。 >>例題 31

(1) $(2-\sqrt{3})^2+\dfrac{12}{\sqrt{3}}$　(2) $\dfrac{6}{\sqrt{18}}-(\sqrt{2}-2)^2$

(3) $(\sqrt{5}-2)^2+\sqrt{5}(\sqrt{20}+4)$　(4) $(3+\sqrt{2})(3-\sqrt{2})-(\sqrt{3}+2)^2$

19 次の計算をしなさい。 >>例題 31

(1) $\sqrt{3}(\sqrt{32}-2\sqrt{12})-\sqrt{2}(\sqrt{75}-6\sqrt{2})$

(2) $(\sqrt{3}+\sqrt{12})(\sqrt{18}-\sqrt{2})-(\sqrt{3}-\sqrt{2})^2$

(3) $\dfrac{6}{\sqrt{3}}(\sqrt{3}-2)^2-(2\sqrt{3})^3$

(4) $\dfrac{(\sqrt{6}-\sqrt{2})^2-2\sqrt{27}}{(2\sqrt{5}+3\sqrt{2})(2\sqrt{5}-3\sqrt{2})}$

20 $x=2-\sqrt{10}$ のとき，x^2-x-2 の値を求めなさい。 >>例題 32 (1)

21 $x=\sqrt{3}+\sqrt{2}$，$y=\sqrt{3}-\sqrt{2}$ のとき，次の式の値を求めなさい。 >>例題 32 (2)

(1) $x+y$　(2) xy　(3) x^2+y^2　(4) x^2-y^2

22 $\sqrt{7}=2.65$，$\sqrt{70}=8.37$ とするとき，次の値を求めなさい。 >>例題 35

(1) $\sqrt{700}$　(2) $\sqrt{7000}$　(3) $\sqrt{0.7}$

(4) $\sqrt{0.07}$　(5) $\sqrt{28}$　(6) $\sqrt{3430}$

$\sqrt{2}$ が無理数であることの証明

証明に入る前に，まず次のことがらが成り立つことを確認しておこう。

m が整数のとき，m^2 が偶数ならば，m は偶数である。 …… ⊛

なぜならば，m が整数のとき，m は偶数か，奇数かのどちらかである。
すなわち (1) $m=2k$ または (2) $m=2k+1$（k は整数）と表すことができる。
(1) のとき $m^2=2\times 2k^2$ より，$2k^2$ は整数であるから，m^2 は偶数である。
(2) のとき $m^2=4k^2+4k+1=2(2k^2+2k)+1$
$2k^2+2k$ は整数であるから，m^2 は奇数である。
よって，m^2 が偶数ならば，m は偶数であることがわかる。

さて，もしも，$\sqrt{2}$ が無理数でない，すなわち，有理数であるとすると，次のように分数の形で表される。

$\sqrt{2}=\frac{m}{n}$ **（ただし，$\frac{m}{n}$ は，これ以上約分できない分数である。）** …… ①

ここで，「これ以上約分できない分数」という条件を加えたのは，ある分数を表すとき，$\frac{m}{n}=\frac{2m}{2n}=\frac{3m}{3n}=\cdots$ という無数の表し方があり，簡潔な証明のさまたげになるからである。$\sqrt{2}$ が分数で表されるならば，約分のすんだ $\frac{m}{n}$ という表し方が必ずできる。

① から $\sqrt{2}\,n=m$
両辺を 2 乗すると $2n^2=m^2$ …… ②
これより，m^2 は偶数であり，⊛ から，m は偶数である。
したがって，$m=2k$（k は整数）と表すことができる。これを ② に代入すると

$2n^2=4k^2$ よって $n^2=2k^2$

n^2 は偶数であり，⊛ から，n は偶数である。
ここで，m と n が偶数となってしまったから，$\frac{m}{n}$ がこれ以上約分できない分数であることに矛盾する。

なぜこのような矛盾が起こったのか。途中の証明に誤りはない。それにもかかわらず，このような不合理が起こった理由は「$\sqrt{2}$ が有理数である」としたことによる。
したがって，$\sqrt{2}$ は有理数ではない，すなわち無理数である。
このように，あることがらが成り立たないと仮定して不合理を導き，そのことがらが成り立つことを証明する方法を **背理法**（はいりほう）という。

第3章

2 次方程式

要点のまとめ

7 2次方程式

1 2次方程式とその解

移項して整理すると，$\boldsymbol{ax^2+bx+c=0}$（a，b，c は定数，$a \neq 0$）の形になる方程式を，x についての **2次方程式** という。

2次方程式を成り立たせる文字の値を，その2次方程式の **解** といい，解をすべて求めることを，その2次方程式を **解く** という。

1年生の復習
移項して整理すると $\boldsymbol{ax+b=0}$ の形になる方程式を，x についての **1次方程式** という。

2 2次方程式の解き方

❶ 因数分解を利用

方程式 $(x-a)(x-b)=0$ の解は　$\boldsymbol{x=a}$　**または**　$\boldsymbol{x=b}$

因数分解の利用では，次の性質を利用している。
$AB=0$ **ならば**
$A=0$ **または** $B=0$

方程式 $x^2-7x+12=0$ の解は
左辺を因数分解して　$(x-3)(x-4)=0$
$x-3=0$　または　$x-4=0$
よって　$\boldsymbol{x=3}$　または　$\boldsymbol{x=4}$

◀まとめて $\boldsymbol{x=3}$，$\boldsymbol{4}$ と表す。

❷ 平方根の考えを利用（以下，$k \geqq 0$ とする）

[1]　方程式 $x^2=k$ の解は　$\boldsymbol{x=\pm\sqrt{k}}$

[2]　方程式 $(x+m)^2=k$ の解は，$x+m=\pm\sqrt{k}$ から
$\boldsymbol{x=-m\pm\sqrt{k}}$

⚠
$\pm\sqrt{k}$ は $\sqrt{k}$ と $-\sqrt{k}$ をまとめて表したもの。

[1]　方程式 $x^2=9$ の解は　$\boldsymbol{x=\pm\sqrt{9}=\pm3}$

[2]　方程式 $(x+2)^2=3$ の解は，$x+2=\pm\sqrt{3}$ から
$\boldsymbol{x=-2\pm\sqrt{3}}$

別解 方程式 $x^2=9$ は
$x^2-9=0$ として
$(x+3)(x-3)=0$
$\boldsymbol{x=3,\ -3}$　$(x=\pm3)$
としてもよい。

このように，$x^2+px+q=0$ の形をした方程式は，$\boldsymbol{(x+m)^2=k}$ の形に変形することで解くことができる。

❸ 解の公式を利用

2次方程式 $ax^2+bx+c=0$ の解は　$\boldsymbol{x=\dfrac{-b\pm\sqrt{b^2-4ac}}{2a}}$

2次方程式 $ax^2+bx+c=0$ で，a，b，c の値がわかれば，解の公式にそれぞれの値を代入して，解を求めることができる。

方程式 $3x^2-5x+1=0$ の解は

$$x=\frac{-(-5)\pm\sqrt{(-5)^2-4\times3\times1}}{2\times3}=\boldsymbol{\frac{5\pm\sqrt{13}}{6}}$$

◀解の公式に，$a=3$，$b=-5$，$c=1$ を代入。

例題 38 2次方程式とその解

>>p. 66 1

(1) 次の方程式から，2次方程式をすべて選びなさい。

(ア) $2x^2=5x+3$　(イ) $x^2+6=5$　(ウ) $8x-2=7$

(エ) $(x-1)(x+3)=x^2+2$　(オ) $4x(x-2)=5$

(2) 0，1，2，3のうち，2次方程式 $x^2-3x+2=0$ の解であるものを答えなさい。

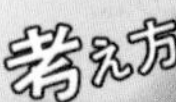

考え方

(1) 式を移項して整理したときに，**(xの2次式)=0** となるものを選ぶ。

(2) ある値が方程式の解かどうかを確かめるには，その値を方程式に代入して成り立つかどうかを調べればよい。

CHART　方程式の解　代入すると成り立つ

ただし，2次方程式の解は1つとは限らない。すべての解を求める必要がある。

復習

多項式の各項の次数のうち，もっとも大きいものを，その多項式の **次数** といい，x^2-3x+2 のように次数が2の式を **2次式** という。

解答

(1) 与えられた式を移項して整理すると

(ア) $2x^2-5x-3=0$

(イ) $x^2+1=0$

(ウ) $8x-9=0$　← 1次方程式

(エ) $x^2+2x-3=x^2+2$ から　$2x-5=0$　← 1次方程式

(オ) $4x^2-8x=5$ から　$4x^2-8x-5=0$

2次方程式であるものは　(ア)，(イ)，(オ) 答

(イ) $x^2+1=0$ から
$x^2=-1$
-1 の平方根はないので，$x^2+1=0$ は解をもたないが，$x^2+1=0$ 自体は2次方程式である。

(2) $x=0$ のとき　$x^2-3x+2=0^2-3\times0+2=2$

$x=1$ のとき　$x^2-3x+2=1^2-3\times1+2=0$

$x=2$ のとき　$x^2-3x+2=2^2-3\times2+2=0$

$x=3$ のとき　$x^2-3x+2=3^2-3\times3+2=2$

よって，解であるものは　**1，2** 答

◀ $x=1$ を代入すると $=0$ となり，$x=1$ はこの方程式の解であるが，2次方程式の解は1つとは限らないから，$x=1$ だけでやめてはいけない。

解答➡別冊 p. 30

練習 38 (1) 次の方程式から，2次方程式をすべて選びなさい。

(ア) $x^2=1$　(イ) $5x-7=2x$　(ウ) $2x^2+1=3x$

(エ) $(x-1)(x+2)=-x^2$　(オ) $3(x^2+2x)=5+3x^2$

(2) -3，-2，-1，0，1，2，3のうち，2次方程式 $x^2-2x-3=0$ の解であるものを答えなさい。

例題 39 因数分解による解き方

>>p. 66 2 レベル

因数分解を利用して，次の方程式を解きなさい。

(1) $(x+3)(x-5)=0$　(2) $3x^2-5x=0$　(3) $9x^2-16=0$

(4) $x^2-5x-14=0$　(5) $x^2+8x+16=0$　(6) $x(x+5)=6$

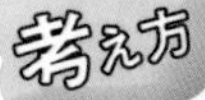

2 次方程式が（1 次式）×（1 次式）=0 の形のとき，

$AB=0$ ならば $A=0$ または $B=0$

の性質を使って解くことができる。

(2)～(5)　左辺を **因数分解** し，**積=0** の形にする。

(6)　（1 次式）×（1 次式）≠0 の形であるから，このままでは上の性質は使えない。よって，左辺を展開し，**（2 次式）=0** の形に整理する。

$AB=0$ が成り立つのは，
[1]　$A=0$，$B\neq0$
[2]　$A\neq0$，$B=0$
[3]　$A=0$，$B=0$
のいずれかの場合である。つまり，**A，B の少なくとも一方が 0** のときである。

解答

(1)　$(x+3)(x-5)=0$
$x+3=0$ または $x-5=0$
よって　　$\boldsymbol{x=-3,\ 5}$ 答

(2)　$3x^2-5x=0$
$x(3x-5)=0$
$x=0$ または $3x-5=0$
よって　　$\boldsymbol{x=0,\ \frac{5}{3}}$ 答

(3)　$9x^2-16=0$　← 左辺は平方の差
$(3x+4)(3x-4)=0$
$3x+4=0$ または $3x-4=0$
よって　　$\boldsymbol{x=-\frac{4}{3},\ \frac{4}{3}}$ 答

(4)　$x^2-5x-14=0$
$(x+2)(x-7)=0$
$x+2=0$ または $x-7=0$
よって　　$\boldsymbol{x=-2,\ 7}$ 答

(5)　$x^2+8x+16=0$
$(x+4)^2=0$　← ⚠参照
よって　　$x+4=0$
$\boldsymbol{x=-4}$ 答

(6)　$x(x+5)=6$
$x^2+5x-6=0$
$(x-1)(x+6)=0$
$x-1=0$ または $x+6=0$
よって　　$\boldsymbol{x=1,\ -6}$ 答

(1)　$x=-3,\ 5$ の「,」は「または」の意味。小数点と間違えないように。

(2)　$3x^2-5x=0$ を x でわって $3x-5=0$ としてはいけない。
$x=0$ のとき，x でわることはできない。

(3)　$x=-\frac{4}{3}$，$\frac{4}{3}$ を，まとめて $\boldsymbol{x=\pm\frac{4}{3}}$ と書いてもよい。

⚠ 解を 1 つしかもたない 2 次方程式

2 次方程式はふつう解を 2 つもつが，(5) の答え「$x=-4$」のように解を 1 つしかもたないものもある。

一般に，$(x-a)^2=0$ を $(x-a)(x-a)=0$ と考えると，「$x-a=0$ または $x-a=0$」より，「$x=a$ または $x=a$」となるが，これは同じ解 $x=a$ が **重なった** ものと考えられる。このようなとき，2 次方程式は **重解** をもつともいう。

0 の平方根は 0 だけ であるが，これは $x^2=0$ をみたす x は $x=0$ の 1 つしかないということである。
つまり，$(x-a)^2=0$ の解は，$x-a=0$ から，$x=a$ の 1 つだけである。

練習 39

解答➡別冊 p. 30

因数分解を利用して，次の方程式を解きなさい。

(1) $(x+2)(2x-1)=0$　(2) $2x^2=3x$　(3) $4x^2-1=0$

(4) $x^2-5x+6=0$　(5) $x^2-10x+25=0$　(6) $x(x+3)=28$

例題 40 平方根の考えを使った解き方 »p. 66 2 レベル

次の方程式を解きなさい。

(1) $x^2=5$　(2) $3x^2-48=0$　(3) $8x^2=9$

(4) $(x+2)^2=25$　(5) $(x-3)^2=27$

> **確認 平方根**
> k を 0 以上の数とするとき，k の平方根は，$x^2=k$ を満たす x の値のことである。

考え方

$x^2=k\ (k\geqq 0)$ の解は　$x=\pm\sqrt{k}$

x は k の平方根

◀ $k=0$ なら　$x=0$

◀ 負の数の平方根はないから，$k<0$ のとき $x^2=k$ の解はない。

(2)，(3)　$ax^2=b$ の形のものは，$x^2=k$ の形にするために，両辺を a でわると　$x^2=\dfrac{b}{a}$　よって　$x=\pm\sqrt{\dfrac{b}{a}}$

◀ $a\neq 0$，$\dfrac{b}{a}>0$ である。

(4)，(5)　$(x+m)^2=k$ の形のものは，$x+m=\pm\sqrt{k}$ から

$x=-m\pm\sqrt{k}$

慣れないうちは，$x+m=M$ とおいてもよいが，下の解答のように，おきかえは頭の中でできるようにしておこう。

◀ $M^2=k$ から $M=\pm\sqrt{k}$

解答

(1) $x^2=5$　$x=\pm\sqrt{5}$ 答

(2) $3x^2-48=0$　移項すると　$3x^2=48$

両辺を 3 でわると　$x^2=16$

よって　$x=\pm 4$ 答

◀ $3x^2-48=0$ の両辺を 3 でわって $x^2-16=0$ これを移項してもよい。

(3) $8x^2=9$ の両辺を 8 でわると　$x^2=\dfrac{9}{8}$

よって　$x=\pm\sqrt{\dfrac{9}{8}}=\pm\dfrac{3}{2\sqrt{2}}=\pm\dfrac{3\sqrt{2}}{4}$ 答

◀ 分母は有理化する。

(4) $(x+2)^2=25$　$x+2=\pm 5$　← $\sqrt{25}=5$

$x=-2\pm 5$

$x=-2+5$ から　$x=3$，　$x=-2-5$ から　$x=-7$

よって　$x=3,\ -7$ 答

◀ (4) $x+2=M$ とおくと $M^2=25$　$M=\pm 5$ Mをもとにもどすと $x+2=\pm 5$ としてもよい。

(5) $(x-3)^2=27$　$x-3=\pm 3\sqrt{3}$　← $\sqrt{27}=3\sqrt{3}$

よって　$x=3\pm 3\sqrt{3}$ 答

└ $x=3+3\sqrt{3}$ と $x=3-3\sqrt{3}$ をまとめて表したもの

◀ 根号がついているときは，これ以上計算できない。

解答➡別冊 p. 31

練習 40 次の方程式を解きなさい。

(1) $4x^2=9$　(2) $6x^2-42=0$　(3) $2x^2-25=0$

(4) $(x+3)^2=16$　(5) $(x-2)^2=18$

例題 41 $(x+m)^2=k$ の形に変形して解く

>>p. 66 2

レベル 

次の方程式を解きなさい。

(1) $x^2-2x-1=0$　　(2) $x^2+3x-3=0$

考え方

$x^2+px+q=0$ の形　**$(x+m)^2=k$ の形に変形して解く**

手順1　$x^2+px+q=0$ の定数項 q を右辺に移項する。……………… $x^2+px=-q$

手順2　両辺に x の係数 p の半分の 2 乗 $\left(\frac{p}{2}\right)^2$ を加える。……… $x^2+px+\left(\frac{p}{2}\right)^2=-q+\left(\frac{p}{2}\right)^2$

必ず両辺に同じ数を加える

手順3　左辺を因数分解し，平方（2 乗）の形にする。……………… $\left(x+\frac{p}{2}\right)^2=\frac{-4q+p^2}{4}$

$(x+m)^2=k$ の形！

あとは，$(x+m)^2=k$ のとき $x+m=\pm\sqrt{k}$ を利用して解くことができる。

解答

(1) -1 を右辺に移項すると　$x^2-2x=1$

両辺に $(-1)^2$ を加えると　$x^2-2x+(-1)^2=1+(-1)^2$

x の係数 -2 の半分の 2 乗

$$(x-1)^2=2$$

$$x-1=\pm\sqrt{2}$$

よって　$x=1\pm\sqrt{2}$　答

(2) -3 を右辺に移項すると　$x^2+3x=3$

両辺に $\left(\frac{3}{2}\right)^2$ を加えると　$x^2+3x+\left(\frac{3}{2}\right)^2=3+\left(\frac{3}{2}\right)^2$

x の係数 3 の半分の 2 乗

$$\left(x+\frac{3}{2}\right)^2=\frac{21}{4}$$

$$x+\frac{3}{2}=\pm\frac{\sqrt{21}}{2}$$

$$x=-\frac{3}{2}\pm\frac{\sqrt{21}}{2}$$

よって　$x=\frac{-3\pm\sqrt{21}}{2}$　答

確認　変形したら，もとの式と一致するかどうかを確認しよう。

$(x-1)^2=2$

$x^2-2x+1=2$

$x^2-2x-1=0$

……もとの式と一致！

参考　**平方完成**

2 次方程式の左辺が，x^2 または $(x+m)^2$ の形になっていない場合，その左辺を 2 乗の形に変形することを 平方完成 するという。

練習 41 次の方程式を解きなさい。

解答➡別冊 p. 31

(1) $x^2+4x-2=0$　　(2) $x^2-8x+13=0$　　(3) $x^2-7x+4=0$

例題 42 解の公式の利用

>>p. 66 2 レベル 

解の公式を利用して，次の方程式を解きなさい。

(1) $x^2+5x+3=0$　　(2) $2x^2-3x-3=0$

(3) $3x^2-7x+2=0$　　(4) $6x^2+4x-1=0$

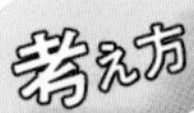

2 次方程式 $ax^2+bx+c=0$ の解は

解の公式　$x=\dfrac{-b\pm\sqrt{b^2-4ac}}{2a}$

解答

(1) $x=\dfrac{-5\pm\sqrt{5^2-4\times1\times3}}{2\times1}$　← $a=1,\ b=5,\ c=3$

$=\dfrac{-5\pm\sqrt{25-12}}{2}=\dfrac{-5\pm\sqrt{13}}{2}$ 答

(2) $x=\dfrac{-(-3)\pm\sqrt{(-3)^2-4\times2\times(-3)}}{2\times2}$　← $a=2,\ b=-3,\ c=-3$

$=\dfrac{3\pm\sqrt{9+24}}{4}=\dfrac{3\pm\sqrt{33}}{4}$ 答

(3) $x=\dfrac{-(-7)\pm\sqrt{(-7)^2-4\times3\times2}}{2\times3}$　← $a=3,\ b=-7,\ c=2$

$=\dfrac{7\pm\sqrt{49-24}}{6}=\dfrac{7\pm\sqrt{25}}{6}=\dfrac{7\pm5}{6}$

$x=\dfrac{7+5}{6}$ から　$x=2$,　$x=\dfrac{7-5}{6}$ から　$x=\dfrac{1}{3}$

よって　$x=2,\ \dfrac{1}{3}$ 答

(4) $x=\dfrac{-4\pm\sqrt{4^2-4\times6\times(-1)}}{2\times6}$　← $a=6,\ b=4,\ c=-1$

$=\dfrac{-4\pm\sqrt{16+24}}{12}=\dfrac{-4\pm\sqrt{40}}{12}=\dfrac{-4\pm2\sqrt{10}}{12}$

$=\dfrac{2(-2\pm\sqrt{10})}{12_{6}}=\dfrac{-2\pm\sqrt{10}}{6}$ 答

解の公式に a, b, c の値を代入して計算するとき，根号の中はできるだけ簡単にし，約分ができるときは約分をする。

(3) $p.36$ コラム「たすきがけの因数分解」により，左辺 $3x^2-7x+2$ を因数分解し，$(x-2)(3x-1)=0$ と変形して解くこともできる。

解答➡別冊 p. 32

練習 42 解の公式を利用して，次の方程式を解きなさい。

(1) $x^2+x-5=0$　　(2) $x^2-9x+7=0$

(3) $4x^2-7x+3=0$　　(4) $5x^2+8x+2=0$

例題 43 解の公式の利用（$b=2b'$）

>>p. 66 2

次の方程式を解きなさい。

(1) $x^2+2x-5=0$　　(2) $2x^2-4x+1=0$

(3) $x^2+\frac{3}{2}x-\frac{1}{4}=0$

考え方

2 次方程式 $ax^2+2b'x+c=0$ の解は

$$x=\frac{-b'\pm\sqrt{b'^2-ac}}{a}$$

x の係数が偶数 のときは，この公式を利用するとよい。

(3) 分母を払って **係数を整数に直してから**，解の公式に代入する。
分数のまま代入すると計算がめんどう。

前ページ例題 42 (4) を，この公式で解くと

$$x=\frac{-2\pm\sqrt{2^2-6\times(-1)}}{6}=\frac{-2\pm\sqrt{10}}{6}$$

解答

(1) $x^2+2\times1\times x-5=0$ であるから

$$x=\frac{-1\pm\sqrt{1^2-1\times(-5)}}{1}=-1\pm\sqrt{1+5}=\boldsymbol{-1\pm\sqrt{6}}$$ 答

◀$a=1$，$b'=1$，$c=-5$

(2) $2x^2+2\times(-2)\times x+1=0$ であるから

$$x=\frac{-(-2)\pm\sqrt{(-2)^2-2\times1}}{2}=\frac{2\pm\sqrt{4-2}}{2}=\boldsymbol{\frac{2\pm\sqrt{2}}{2}}$$ 答

◀$a=2$，$b'=-2$，$c=1$

(3) $x^2+\frac{3}{2}x-\frac{1}{4}=0$ の両辺に 4 をかけて　$4x^2+6x-1=0$

$4x^2+2\times3\times x-1=0$ であるから

$$x=\frac{-3\pm\sqrt{3^2-4\times(-1)}}{4}=\frac{-3\pm\sqrt{9+4}}{4}=\boldsymbol{\frac{-3\pm\sqrt{13}}{4}}$$ 答

◀$a=4$，$b'=3$，$c=-1$

確認 2 次方程式 $ax^2+2b'x+c=0$ に，前ページの解の公式を利用すると

$$x=\frac{-2b'\pm\sqrt{(2b')^2-4ac}}{2a}=\frac{-2b'\pm\sqrt{4b'^2-4ac}}{2a}$$
$$=\frac{-2b'\pm2\sqrt{b'^2-ac}}{2a}=\frac{-b'\pm\sqrt{b'^2-ac}}{a}$$

練習 43 次の方程式を解きなさい。

解答➡別冊 p. 32

(1) $x^2-4x+2=0$　　(2) $2x^2+6x+3=0$

(3) $x^2-\frac{8}{3}x+\frac{2}{3}=0$　　(4) $0.7x^2+x-0.1=0$

例題 44 複雑な 2 次方程式

>>p. 66 2 レベル

次の方程式を解きなさい。

(1) $(2x+1)(x-2)=x^2+3x$　　(2) $(x-2)(x+1)=2$

(3) $(x-1)(x+2)=-3x+10$　　(4) $(x+2)^2-(x+2)(2x+1)=0$

複雑な 2 次方程式は，**展開・整理して**，$ax^2+bx+c=0$ **の形にしてから解く**。その形にしたら，左辺 ax^2+bx+c が **因数分解** できないかを考え，できそうにないなら **解の公式** を利用する。

確認 2 次方程式の解き方は，次のようにまとめられる。
① **因数分解**
② **解の公式**
③ **平方根の考えを利用**

解答

(1) $(2x+1)(x-2)=x^2+3x$ の左辺を展開して整理すると

$2x^2-4x+x-2=x^2+3x$　　$x^2-6x-2=0$

$x^2+2\times(-3)\times x-2=0$ であるから

$$x=\frac{-(-3)\pm\sqrt{(-3)^2-1\times(-2)}}{1}=\mathbf{3\pm\sqrt{11}}$$ 答

◀ $ax^2+2b'x+c=0$ の解 $x=\dfrac{-b'\pm\sqrt{b'^2-ac}}{a}$

(2) $(x-2)(x+1)=2$ の左辺を展開して整理すると

$x^2-x-2=2$　　$x^2-x-4=0$

よって　$$x=\frac{-(-1)\pm\sqrt{(-1)^2-4\times1\times(-4)}}{2}=\mathbf{\frac{1\pm\sqrt{17}}{2}}$$ 答

⚠ (2) について
$(x-2)(x+1)=2$ と
$2=1\times2$ から
$\begin{cases}x-2=1\\x+1=2\end{cases}$，$\begin{cases}x-2=2\\x+1=1\end{cases}$
とするのは大間違い。

(3) $(x-1)(x+2)=-3x+10$ の左辺を展開して整理すると

$x^2+x-2=-3x+10$　　$x^2+4x-12=0$

左辺を因数分解すると　　$(x-2)(x+6)=0$

よって　$\mathbf{x=2,\ -6}$ 答　← $x-2=0$ または $x+6=0$

(4) $(x+2)^2-(x+2)(2x+1)=0$ の左辺を展開して整理すると

$x^2+4x+4-(2x^2+x+4x+2)=0$

$-x^2-x+2=0$

両辺に -1 をかけて　　$x^2+x-2=0$

左辺を因数分解すると　　$(x-1)(x+2)=0$

よって　$\mathbf{x=1,\ -2}$ 答　← $x-1=0$ または $x+2=0$

◀ x^2 **の係数は正の数** にした方がわかりやすいので，両辺に -1 をかけて正の数にする。

別解　$(x+2)^2-(x+2)(2x+1)=0$

$(x+2)\{(x+2)-(2x+1)\}=0$　← 共通因数 $x+2$ をくくり出す。

$(x+2)(-x+1)=0$

よって，$x+2=0$ または $-x+1=0$ から　　$\mathbf{x=-2,\ 1}$ 答

◀ $-x+1=-(x-1)$

解答➡別冊 p. 32

練習 44 次の方程式を解きなさい。

(1) $(3x-1)(x+9)=26x$　　(2) $x(x+2)=5x-1$

(3) $(x-6)(x+6)=20-x$　　(4) $(x-4)(x-1)=2(x^2+3)$

例題 45 解が与えられた2次方程式

>>p. 66 1  

(1)　2次方程式 $x^2+ax-10=0$ の1つの解が -2 であるとき，a の値を求めなさい。また，もう1つの解を求めなさい。

(2)　2次方程式 $x^2+ax+b=0$ の2つの解が 2，-3 であるとき，a，b の値を求めなさい。

考え方

CHART　方程式の解　代入すると成り立つ

(1)　$x^2+ax-10=0$ に $x=-2$ を代入すると　$(-2)^2+a\times(-2)-10=0$
これは a についての1次方程式であるから，これを解いて a の値を求める。

(2)　$x^2+ax+b=0$ に $x=2$ と $x=-3$ を代入すると
$2^2+a\times2+b=0$ ……①，　$(-3)^2+a\times(-3)+b=0$ ……②
⟶ a，b の連立方程式①，②を解いて，a，b の値を求める。

方程式の解とは，方程式を成り立たせる文字の値のことである。

解答

(1)　$x=-2$ が $x^2+ax-10=0$ の解であるから，代入すると
$(-2)^2+a\times(-2)-10=0$　　$-2a-6=0$
$2a=-6$　　$\boldsymbol{a=-3}$ 答
このとき，もとの方程式は $x^2-3x-10=0$ となるから
$(x+2)(x-5)=0$
よって，$x=-2$，5 から，もう1つの解は　**5** 答

p. 76 のコラムも参考になるよ。

(2)　$x^2+ax+b=0$ の2つの解が 2，-3 であるから
$2^2+a\times2+b=0$ より　　$2a+b=-4$ ……①
$(-3)^2+a\times(-3)+b=0$ より　　$-3a+b=-9$ ……②
①−② から　　$5a=5$　　$a=1$
① に代入して　　$2\times1+b=-4$　　$b=-6$
よって　　$\boldsymbol{a=1}$，$\boldsymbol{b=-6}$ 答

$a=1$，$b=-6$ から
$x^2+x-6=0$
因数分解すると
$(x-2)(x+3)=0$
よって，方程式が $x=2$，-3 を解にもつことがわかる。

参考　2次方程式 $(x-2)(x+3)=0$ は 2 と -3 を解にもつ。方程式の両辺に 2 を掛けて $2(x-2)(x+3)=0$ としても，2 と -3 を解にもつ。
このように考えると，2つの解が $x=2$，-3 であるような2次方程式は無数にあり，$a(x-2)(x+3)=0$（a は0以外の定数）の形で表されることがわかる。

解答➡別冊 p. 33

練習 45　(1)　$x^2-x+a=0$ の解の1つが4のとき，a の値を求めなさい。また，他の解を求めなさい。

(2)　2次方程式 $x^2+ax+b=0$ の2つの解が -1，2 であるとき，a，b の値を求めなさい。

EXERCISES

解答➡別冊 p. 34

50 次の方程式を因数分解を利用して解きなさい。 >>例題 39

(1) $x^2-3x-4=0$　(2) $x^2-6x+8=0$　(3) $x^2+3x-10=0$

(4) $x^2+12x+36=0$　(5) $x^2-7x+10=0$　(6) $x^2+5x-36=0$

51 次の方程式を解きなさい。 >>例題 40

(1) $x^2=32$　(2) $9x^2=20$　(3) $2x^2-49=0$

(4) $(x-1)^2=4$　(5) $(x+3)^2=6$　(6) $(2x-1)^2=7$

52 解の公式を利用して，次の方程式を解きなさい。 >>例題 42, 43

(1) $x^2+3x-6=0$　(2) $x^2-5x+3=0$　(3) $2x^2-5x+1=0$

(4) $x^2+6x-1=0$　(5) $x^2-8x+3=0$　(6) $x^2+\frac{4}{3}x-\frac{2}{3}=0$

53 次の方程式を解きなさい。 >>例題 44

(1) $0.1x^2-0.4x-1.2=0$　(2) $0.1x^2-x-2=0$

(3) $(x-2)(x-3)=2x^2$　(4) $(x-2)^2=6-2x$

(5) $(x+4)(x-4)=3x-6$　(6) $x(x+2)=x+2$

(7) $(x-3)^2=x-3$　(8) $(x+1)^2=5(x+1)+14$

(9) $\frac{1}{4}(x+1)^2=\frac{1}{3}(x+1)(x-1)+\frac{1}{2}$

54 2次方程式 $x^2-6x+a=0$ の解の1つは $3-\sqrt{7}$ であり，もう1つは x の1次方程式 $2x-3a+b=0$ の解になっている。このとき，a，b の値を求めなさい。 >>例題 45

55 2次方程式 $x^2-5ax+6a^2=0$ の解の1つが6であるとき，a の値と他の解を求めなさい。 >>例題 45

56 2次方程式 $x^2+ax+b=0$ の2つの解が -5，3であるとき，a，b の値を求めなさい。 >>例題 45

2 次方程式の解と係数の関係

2 次方程式 $ax^2+bx+c=0$ の解は，解の公式により

$$x=\frac{-b\pm\sqrt{b^2-4ac}}{2a}$$

$\alpha=\dfrac{-b-\sqrt{b^2-4ac}}{2a}$，$\beta=\dfrac{-b+\sqrt{b^2-4ac}}{2a}$ とおくと

$$\alpha+\beta=\frac{-b-\sqrt{b^2-4ac}}{2a}+\frac{-b+\sqrt{b^2-4ac}}{2a}$$

$$=\frac{-2b}{2a}=-\frac{b}{a}$$

$$\alpha\beta=\frac{-b-\sqrt{b^2-4ac}}{2a}\times\frac{-b+\sqrt{b^2-4ac}}{2a}=\frac{(-b)^2-(\sqrt{b^2-4ac})^2}{(2a)^2}$$

$$=\frac{b^2-(b^2-4ac)}{4a^2}=\frac{4ac}{4a^2}=\frac{c}{a}$$

◀α，β はギリシャ文字で，α をアルファ，β をベータと読む。

したがって，次のことが成り立つ。

> 2 次方程式 $ax^2+bx+c=0$ の 2 つの解を α，β とすると
>
> $$\boldsymbol{\alpha+\beta=-\frac{b}{a}},\qquad \boldsymbol{\alpha\beta=\frac{c}{a}}$$

これを，2 次方程式の **解と係数の関係** という。
解と係数の関係を利用すると，74 ページの例題 45 は，次のように簡単に解くことができる。

(1)　2 次方程式 $x^2+ax-10=0$ の 1 つの解が -2 であるから，もう 1 つの解を p とすると，解と係数の関係により

$$-2+p=-\frac{a}{1}\ \cdots\cdots ①,\qquad -2\times p=\frac{-10}{1}\ \cdots\cdots ②$$

② から　　$p=5$

① に代入して　　$-2+5=-a$　　よって　　$\boldsymbol{a=-3}$ 答

(2)　2 次方程式 $x^2+ax+b=0$ の 2 つの解が 2，-3 であるから，解と係数の関係により

$$2+(-3)=-\frac{a}{1},\qquad 2\times(-3)=\frac{b}{1}$$

したがって　　$a=1$，　　$b=-6$　　答 $\boldsymbol{a=1}$，$\boldsymbol{b=-6}$

8 2次方程式の利用

1 文章題を解く手順

2次方程式を利用して文章題を解くとき，次の手順で進める。基本的には，**1次方程式**（中1），**連立方程式**（中2）のときと同じ手順である。ただし，手順2 の文字は1つで，方程式は2次となる。

手順1 数量を文字で表す

求める数量を x とすることが多いが，それ以外の数量を x とした方が，式が簡単になることもある。

▼

手順2 方程式をつくる

等しい数量を見つけて，方程式に表す。

▼

手順3 方程式を解く

▼

手順4 解を確認する

解が問題に適しているかを確かめる。

問題文を読むコツ

問題文を読むときに，
●求めるものは何か
●問題文に与えられているものは何か
をおさえる。

例題 46〜48 の解答では，その左横に，どの手順に該当しているかを示した。

2次方程式はふつう2つの解をもつ。このため，いずれかの解が問題に適さない可能性が1次方程式と比べて高くなる。
よって，手順4 の確認は大事である。

2 よく利用される関係式

❶ **整数の問題**　n は整数とする。

連続する3整数　$n-1$，n，$n+1$　や　n，$n+1$，$n+2$

連続する3つの偶数　$2n-2$，$2n$，$2n+2$　や　$2n$，$2n+2$，$2n+4$

連続する3つの奇数　$2n-1$，$2n+1$，$2n+3$　など。

❷ **速さの問題**　**距離＝速さ×時間**

❸ **面積の問題**　**長方形の面積＝縦×横，**

三角形の面積$=\frac{1}{2}\times$**底辺×高さ**

❹ **体積の問題**　**角柱，円柱の体積＝底面積×高さ**

角錐，円錐の体積$=\frac{1}{3}\times$**底面積×高さ**

速さ$=\frac{距離}{時間}$

時間$=\frac{距離}{速さ}$

⚠ 単位があるときは単位を忘れないようにする。
単位はそろえること！

例題 46　2次方程式の利用（整数）

≫p. 77 1 2　レベル

連続する3つの正の偶数がある。もっとも小さい数ともっとも大きい数の積が192であるとき，この3つの整数を求めなさい。

考え方　等しい数量を見つけて　＝　で結ぶ

まず，「連続する3つの正の偶数」を文字で表す。たとえば

① もっとも小さい偶数をxとする　⟶ x，$x+2$，$x+4$

② 真ん中の偶数をxとする　⟶ $x-2$，x，$x+2$

のどちらでもよいが，②の方が計算がらく。

また，方程式の解がそのまま答えになるとは限らないから，最後の「**解の確認**」を忘れないように。……**はじめにかえって解を検討**

◀連続する偶数は2ずつ大きくなる。

◀①，②以外にも 別解 のように，偶数を$2n$と表してもよい。

解答

手順1 連続する3つの正の偶数は，真ん中の偶数をxとすると，小さい数から順に$x-2$，x，$x+2$と表される。

手順2 もっとも小さい数ともっとも大きい数の積は192であるから

$$(x-2)(x+2)=192$$

手順3 方程式を解くと　$x^2-4=192$　　$x^2=196$

$$x=\pm 14$$

手順4 xは正の偶数であるから，$x=-14$は問題に適さない。
$x=14$のとき，連続する3つの正の偶数は12，14，16となり，問題に適する。　答 **12，14，16**

連続する3つの正の偶数をx，$x+2$，$x+4$と表すと

$$x(x+4)=192$$
$$x^2+4x-192=0$$
$$(x-12)(x+16)=0$$

よって　$x=12，-16$
となるが，計算が少しめんどう。

別解 **手順1** 連続する3つの正の偶数は，真ん中の偶数を$2n$（nは整数）とすると，小さい数から順に$2n-2$，$2n$，$2n+2$と表される。

手順2 よって　$(2n-2)(2n+2)=192$

手順3 方程式を解くと　$2(n-1)\times 2(n+1)=192$

$(n-1)(n+1)=48$　　$n^2-1=48$

$n^2=49$　　$n=\pm 7$

手順4 $2n$は正の偶数であるから，$n=-7$は問題に適さない。
$n=7$のとき，連続する3つの正の偶数は12，14，16となり，問題に適する。　答 **12，14，16**

◀もっとも小さい数を$2n$として，連続する3つの正の偶数を$2n$，$2n+2$，$2n+4$と表してもよい。

◀7も-7も奇数なので，問題に適さないと早合点しないように。

解答⇒別冊 p. 33

練習 46 (1) ある数から3をひいて2乗した数が，ある数を2倍して3をひいた数に等しくなった。ある数を求めなさい。

(2) 連続する3つの正の奇数がある。3つの奇数の2乗の和を計算すると515になった。この3つの奇数を求めなさい。

例題 47　2次方程式の利用（点の移動）

>>p. 77 1 2　レベル

AB＝10 cm，AD＝20 cm の長方形 ABCD において，点Pは辺 AB 上を秒速 1 cm で点Aから点Bまで移動し，点Qは辺 BC 上を秒速 2 cm で点Bから点Cまで移動する。点Pと点Qが同時に出発したとき，△PBQ の面積が 16 cm^2 になるのは出発してから何秒後か求めなさい。

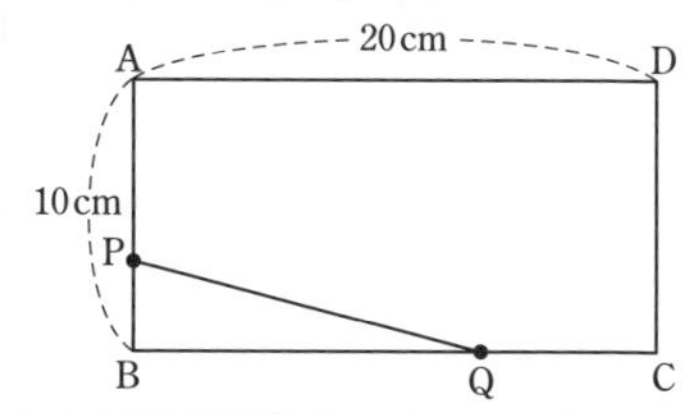

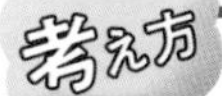

問われていることを等式に表すと，△PBQ＝16 より，

$\frac{1}{2}$×PB×BQ＝16であるから，線分 PB，BQ の長さを文字で表す。

点 P，Q がそれぞれ点 A，B を**出発してから x 秒後の移動距離は**，

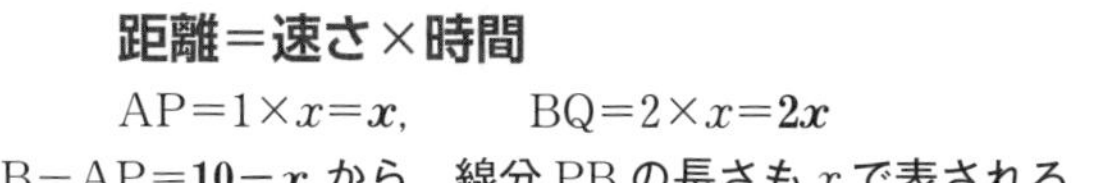

より　　AP＝1×x＝x，　　BQ＝2×x＝$2x$

PB＝AB－AP＝**10－x** から，線分 PB の長さも x で表される。

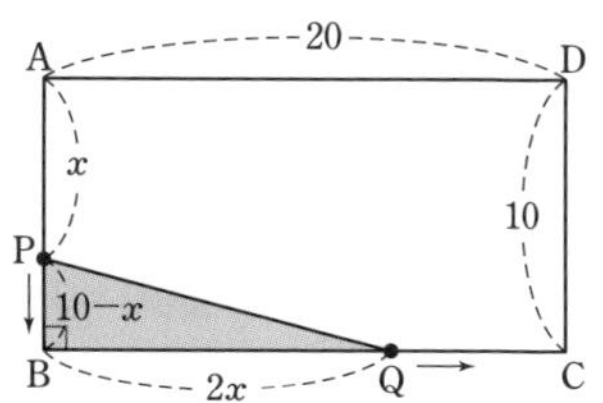

解答

手順1　点Pと点Qが出発してから x 秒後の移動距離は

AP＝x，　BQ＝$2x$

手順2　出発してから x 秒後に，△PBQ＝16 cm^2 になるとすると，

PB＝AB－AP＝10－x であるから

$$\frac{1}{2}\times(10-x)\times 2x=16$$

手順3　$(10-x)x=16$　　$x^2-10x+16=0$

$(x-2)(x-8)=0$　　$x=2,\ 8$

手順4　$x=2,\ 8$ のときに点P，点Qはそれぞれ辺 AB，BC 上にあるから，問題に適している。

よって　　**2 秒後，8 秒後**　答

点Pは辺 AB 上，点Qは辺 BC 上にあるから

$0\leqq PB\leqq 10$，

$0\leqq BQ\leqq 20$

よって　$0\leqq x\leqq 10$

解答➡別冊 p. 34

練習 47　右の図のような，BC＝10 cm，AC＝8 cm の直角三角形 ABC がある。2点 P，Q が同時に頂点Cを出発して，点Pは辺 AC 上を頂点Cから頂点Aまで，点Qは辺 BC 上を頂点Cから頂点Bまでそれぞれ毎秒 1 cm の速さで進む。このとき，△PBQ の面積が 12 cm^2 となるのは，点 P，Q が頂点Cを出発してから何秒後か求めなさい。

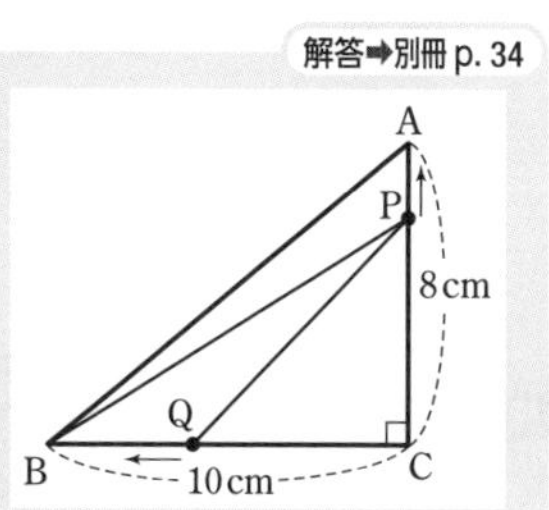

第3章　2次方程式

例題 48 2次方程式の利用（面積）

>>p. 77 1 2 レベル 

長方形の土地があり，縦の長さは 15 m，横の長さは 28 m である。縦と横に同じ幅の道をつくり，残りで面積 300 m^2 の花だんをつくりたい。道幅を何 m にすればよいですか。

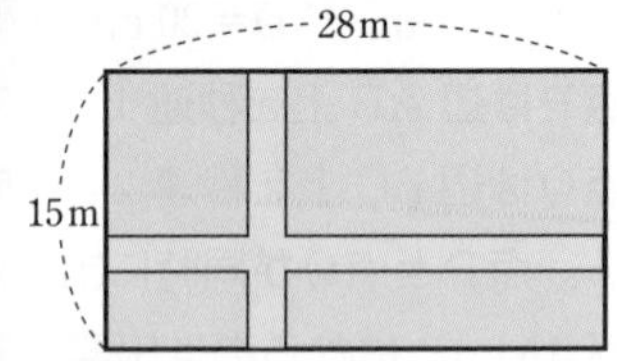

考え方 道を平行移動しても花だんの面積は変わらない

道幅を x m とし，右の図のように，道を端に平行移動させて，花だんを長方形で表すと，

(花だんの面積)＝300 m^2

の方程式がつくりやすくなる。

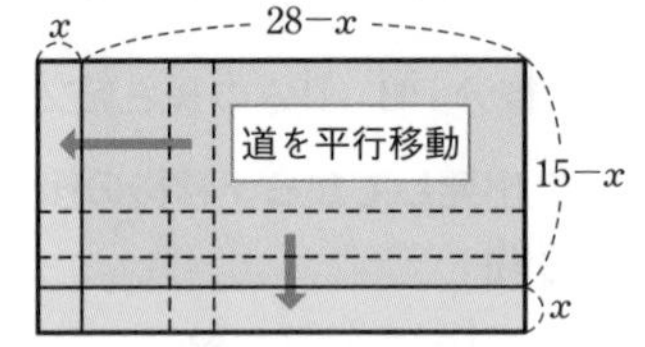

◀問題文の図では，花だんが 4 つに分かれていて，面積が求めにくい。
そこで，道を端によせて面積を求めやすくする。

解答

手順1 道幅を x m とする。

手順2 右の図のように，道を端によせて考えても，花だんの面積は変わらない。よって

$$(15-x)(28-x)=300$$

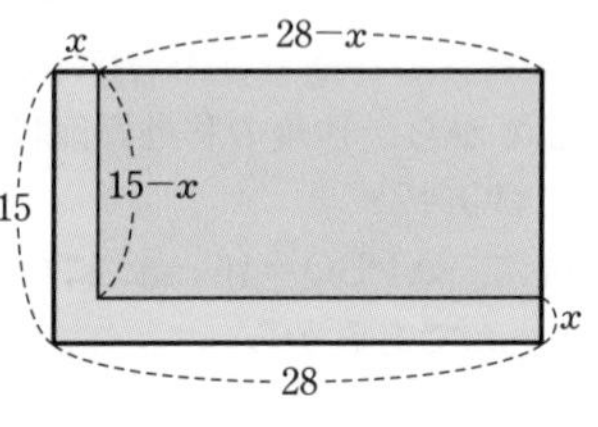

手順3

$$420-43x+x^2=300$$

$$x^2-43x+120=0$$

$$(x-3)(x-40)=0 \qquad x=3,\ 40$$

手順4 道幅は 15 m 以上にならないから，$x=40$ はこの問題には適さない。$x=3$ は問題に適する。

答　3 m

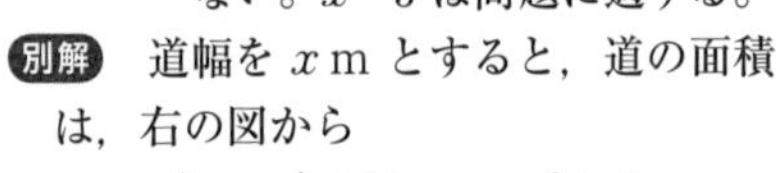

別解 道幅を x m とすると，道の面積は，右の図から

$$x(15-x)+28x=-x^2+43x$$

長方形の面積から道の面積をひくと 300 m^2 であるから

$$15\times28-(-x^2+43x)=300$$

$$x^2-43x+120=0$$

［以下，上の解答と同じ］

◀ **別解** のように，道の面積に注目して，方程式をつくることもできる。

解を確認するときには，道幅 x は **正の数** であること以外に，長方形の短い辺である縦の長さ **15 m 未満** であることに注意。

解答➡別冊 p. 34

練習 48 正方形の縦の長さを 5 cm 長くし，横の長さを 12 cm 短くして長方形をつくったところ，その面積は正方形の面積の半分になった。正方形の 1 辺の長さを求めなさい。

例題 49 2次方程式の利用（速さ）

≫p. 77 1 2 レベル

36 km 離れている2地点A，Bがある。PさんはAを出発し，時速 5 km でBへ向かった。QさんはPさんと同時にBを出発し，一定の速さでAへ向かったところ，途中でPさんとすれちがい，その5時間後にAに到着した。2人がすれちがったのは，同時に出発してから何時間後ですか。

考え方 **距離＝速さ×時間**　**図をかいて，等しい数量を見つける**

出発してから x 時間後 に地点Cですれちがうとして，問題の内容を **図に表すと**，右のようになる。

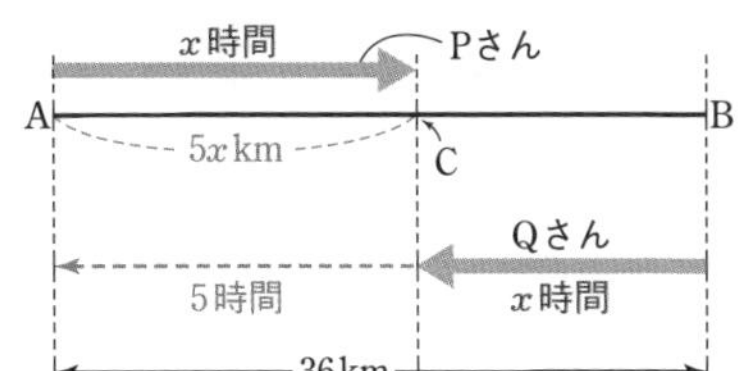

① Pさんは，AからCまで時速 5 km で移動するから

　　AC＝$5x$ km

② Qさんは，①の AC＝$5x$ km を5時間かけて移動する。よって，Qさんの速さは，$5x \div 5$ より　**時速 x km**

③ ②から，QさんがBからCまで移動した距離は x で表され，あとは　**AC＋CB＝36 km**

解答

出発してから x 時間後に2人がすれちがうとする。

PさんがQさんとすれちがうまでに進む距離は

$$5 \times x = 5x \text{ km}$$

また，Qさんは，Pさんとすれちがってから5時間後にAに到着しているから，Qさんの速さは，$5x \div 5 = x$ より

時速 x km

よって，QさんがPさんとすれちがうまでに進んだ距離は

$$x \times x = x^2 \text{ km}$$

すれちがうまでにPさんとQさんが進んだ距離の合計は 36 km であるから　$5x + x^2 = 36$

$$x^2 + 5x - 36 = 0$$

$$(x-4)(x+9) = 0 \qquad x = 4,\ -9$$

x は正の数であるから　$x = 4$　　答　**4時間後**

速さの公式

距離＝速さ×時間

速さ＝$\dfrac{距離}{時間}$

時間＝$\dfrac{距離}{速さ}$

全部丸暗記するより，1つの公式から，他の公式を導けるようにしておこう。

◀ Qさんの速さは時速 4 km

練習 49 90 km 離れた2地点A，Bがある。自転車PはAからBへ，バイクQはBからAへ同時に出発した。バイクQの速さは時速 30 km で，自転車PとバイクQがすれちがった後，自転車PがBに着くのに4時間かかった。同時に出発してから，自転車PとバイクQがすれちがうまでの時間を求めなさい。

解答➡別冊 p. 34

例題 50 2次方程式の利用（座標）

≫p. 77 1 2 レベル

右の図のように，2点 A(10, 0)，B(0, 10) を両端とする線分 AB 上に点Pをとり，点Pから x 軸にひいた垂線と x 軸との交点をQ，点Pから y 軸にひいた垂線と y 軸との交点をRとする。長方形 OQPR の面積が 21 であるとき，Pの座標をすべて求めなさい。

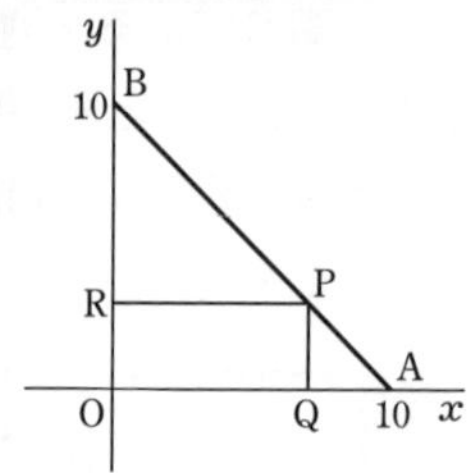

考え方 傾き a，切片 b の直線の式は　$y=ax+b$

「長方形 OQPR の面積が 21」を等式で表すと，図から，Pの x 座標と y 座標はともに正の数で，OQ×OR＝21 より

(Pの x 座標)×(Pの y 座標)＝21

Pは2点 A，B を通る直線上にあるから，Pの座標を文字で表すために，直線 AB の式を求める。

◀OQ⊥PQ，OR⊥PR
Pの座標を $(x,\ y)$ とすると
Q$(x,\ 0)$，R$(0,\ y)$

解答

2点 A，B を通る直線の傾きは $\dfrac{10-0}{0-10}=-1$，

切片は 10 であるから，直線 AB の式は

$y=-x+10$

点Pの x 座標を p とすると，点Pの座標は

$(p,\ -p+10)$

このとき　Q$(p,\ 0)$，　R$(0,\ -p+10)$

長方形 OQPR の面積は 21 であるから，OQ×OR＝21 より

$p(-p+10)=21$　　　$p^2-10p+21=0$

$(p-3)(p-7)=0$　　　$p=3,\ 7$

$p=3$ のとき　$-p+10=7$，　$p=7$ のとき　$-p+10=3$

点 (3, 7) と点 (7, 3) は線分 AB 上にあり，問題に適している。

よって，Pの座標は　　**(3, 7)，(7, 3)**　答

◀直線 AB の式は

$\dfrac{x}{10}+\dfrac{y}{10}=1$

と表すこともできる。

答えは2つあるが，ともに正しく，Pが下の図のような場合である。

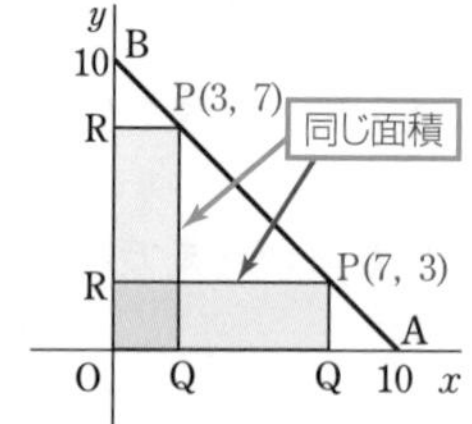

解答➡別冊 p. 34

練習 50 右の図のように，点Pは直線 $y=x+2$ 上の点であり，点Aは PO＝PA となる x 軸上の点であるとする。△POA の面積が 24 であるとき，点Pの x 座標 a を求めなさい。ただし，a は正の数とする。

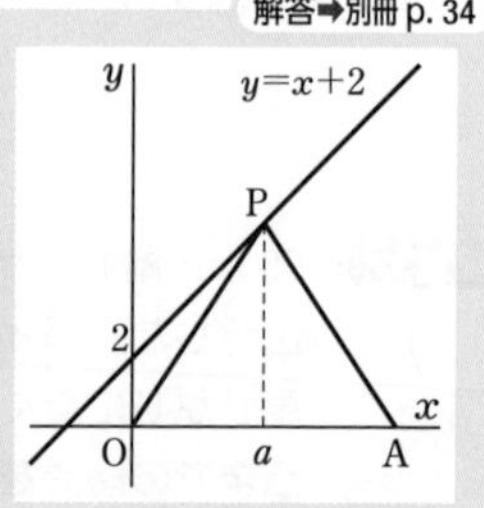

EXERCISES

57 連続する3つの整数がある。3つの整数の和の2倍は，大きい方の2つの整数の積に等しくなる。これら3つの整数を求めなさい。 >>例題46

58 連続する2つの自然数があり，それぞれの2乗の和は，この2つの自然数の積の3倍から55をひいた数に等しい。この連続する2つの自然数を求めなさい。 〔東明館高〕

>>例題46

59 右のように，自然数を1から順に4つずつ順に並べていくと，ある段の左端の数Aと左から3番目の数Bの積が899になった。A，Bを求めなさい。 >>例題46

1	2	3	4
5	6	7	8
…	…	…	…
A	…	B	…

60 右のカレンダーで，1つの数の上下左右の4つの数の平方の和について考える。
たとえば，9については

$$2^2+8^2+10^2+16^2=424$$

となる。ある数nの上下左右の4つの数の平方の和が500である数nを求めなさい。 >>例題46

日	月	火	水	木	金	土
	1	2	3	4	5	6
7	8	⑨	10	11	12	13
14	15	16	17	18	19	20
21	22	23	24	25	26	27
28	29	30	31			

61 1辺が8 cmの正方形ABCDがある。点PはAを出発して辺AB上をBまで，点QはBを出発して辺BC上をCまで，点RはCを出発して辺CD上をDまで動く。ただし，点P，Q，Rは同時に出発し，同じ速さである。△PQRの面積が17 cm²になるのは，点PがAから何cm動いたときですか。 >>例題47

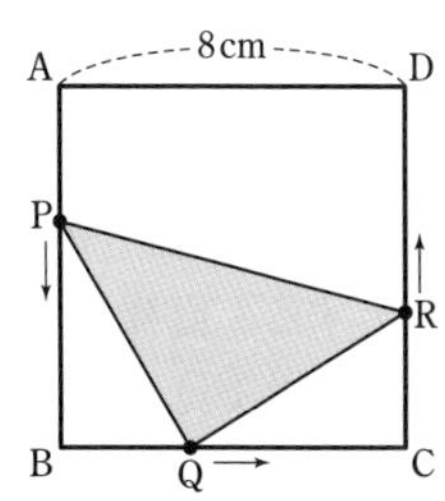

62 周囲の長さが 50 m，面積が 156 m^2 の長方形の土地がある。となり合う 2 辺の長さを求めなさい。

>>例題 48

63 横の長さが縦の長さより 3 cm 長い長方形の紙がある。この紙の四すみから 1 辺が 4 cm の正方形を切り取ってできる直方体の容器の体積が 112 cm^3 になった。紙の縦，横の長さは何 cm ですか。

>>例題 48

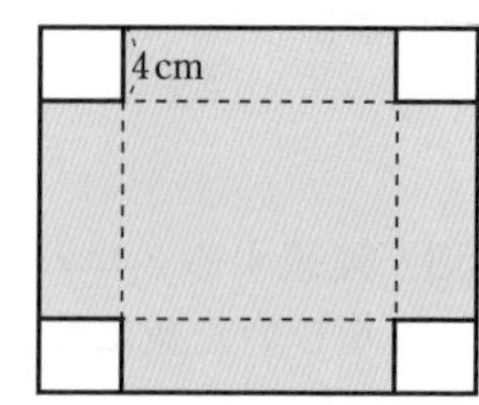

64 右の図のように，縦 8 cm，横 30 cm の長方形の白い用紙に，縦に 2 本，横に 1 本，同じ幅で黒くぬる。
白い部分の面積と黒くぬった部分の面積が等しくなるのは，黒くぬった部分の幅が何 cm のときか求めなさい。〔佐賀県〕

>>例題 48

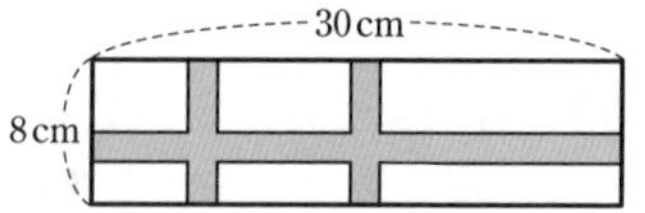

65 面積が 8400 m^2 の長方形の公園がある。A さんが，この公園の縦の 1 辺を一定の速さで歩いたら 2 分かかり，B さんが，この公園の横の 1 辺を A さんよりも毎分 10 m 速い速さで歩いたら 1 分かかった。このとき，A さんの歩いた速さは，毎分何 m ですか。〔芝浦工業大学柏〕

>>例題 49

66 高速道路上に 120 km 離れた 2 つの地点 P，Q がある。P 地点を出発して，はじめは時速 90 km で 1 時間進み，その後，速さを x % だけ落として進み，Q 地点に到着した。このとき，P 地点から Q 地点まで移動するのに $\frac{x}{30}$ 時間かかった。x の値を求めなさい。〔桐朋〕

>>例題 49

67 座標平面上の原点を O として，直線 $y=2x+4$ が x 軸，y 軸と交わる点をそれぞれ A，B とする。直線 $y=2x+4$ 上に x 座標が正の点 P をとり，点 P から x 軸，y 軸にひいた垂線をそれぞれ PQ，PR とする。このとき，長方形 OQPR の面積が △OAB の面積と等しくなるような点 P の x 座標を求めなさい。

>>例題 50

定期試験対策問題 （解答➡別冊 p. 39）

23 因数分解を利用して，次の方程式を解きなさい。 >>例題 39

(1) $x^2-7x+12=0$　　(2) $x^2+5x-14=0$

24 平方根の考え方を利用して，次の方程式を解きなさい。 >>例題 40

(1) $x^2=8$　　(2) $(x+3)^2=5$

25 次の方程式を，$(x+m)^2=k$ の形に変形して解きなさい。 >>例題 41

(1) $x^2-6x+7=0$　　(2) $x^2+5x+5=0$

26 解の公式を利用して，次の方程式を解きなさい。 >>例題 42, 43

(1) $x^2-3x-3=0$　　(2) $3x^2+5x+1=0$

(3) $2x^2-4x-3=0$　　(4) $x^2+8x+4=0$

27 次の方程式を解きなさい。 >>例題 41～43

(1) $x^2-3x-4=0$　　(2) $x^2-3x-2=0$

(3) $y^2-y-2=0$　　(4) $t^2-4t-4=0$

28 次の方程式を解きなさい。 >>例題 44

(1) $x(x+1)=1$　　(2) $(x+4)(x+6)=35$

(3) $3(2x-1)(x+2)=5x^2-14$　　(4) $(x-7)^2=6x+13$

(5) $(x+3)(x-3)=2x-5$　　(6) $(3x+2)(x-2)=2x^2-7$

29 2 次方程式 $x^2-ax-5a+1=0$ の 1 つの解が $x=-3$ のとき，a の値を求めなさい。また，他の解を求めなさい。 >>例題 45

30 2 次方程式 $x^2+ax+b=0$ の 2 つの解が $x=7,\ -9$ であるとき，a，b の値を求めなさい。 >>例題 45

31 ある正の数 x に 4 を加えて 2 乗するところを，誤って，x に 2 を加えて 4 倍したため，正しい答えより 29 小さくなった。この正の数 x を求めなさい。 〔千葉県〕 >>例題 46

32 連続する 3 つの正の整数がある。もっとも小さい整数の 2 乗と真ん中の整数の 2 乗の和は，3 つの整数の和の 10 倍より 1 大きい。このとき，もっとも大きい整数を求めなさい。 〔芝浦工業大学柏〕 >>例題 46

33 大小 2 つの正方形がある。大きい方の正方形の 1 辺の長さは，小さい方の正方形の 1 辺の長さより 2 cm 長い。2 つの正方形の面積の和が 74 cm^2 のとき，小さい方の正方形の 1 辺の長さを求めなさい。

〔改 佐賀県〕 >>例題 47

34 右の図のような直角三角形 ABC において，点Pは，点Aを出発して辺 AB 上を点Bまで動く。また，点Qは，点Pが点Aを出発するのと同時に点Cを出発し，Pと同じ速さで辺 BC 上を点Bまで動く。△PBQ の面積が 3 cm^2 になるときの線分 AP の長さを求めなさい。

>>例題 47

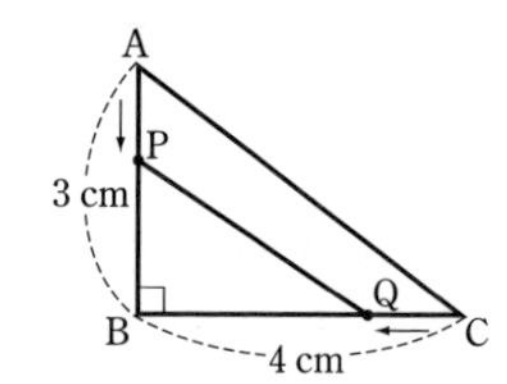

35 右の図のような，縦の長さが横の長さより 6 cm 長い長方形の厚紙がある。この厚紙の 4 すみから 1 辺が 2 cm の正方形を切り取り，直方体の容器をつくると，容積が 80 cm^3 になった。

(1) はじめの厚紙の横の長さを x cm として，直方体の容器の容積を x を用いて表しなさい。

(2) はじめの厚紙の横の長さを求めなさい。

〔広陵〕 >>例題 48

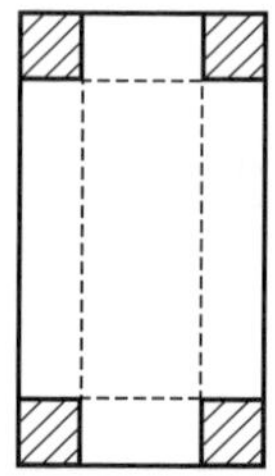

36 2.8 km 離れている 2 地点 A，B がある。午前 8 時にPさんは，徒歩でAを出発し，分速 80 m でBへ向かった。同じ時刻にQさんは，自転車でBを出発し，一定の速さでAに向かったところ，途中でPさんとすれちがい，その 4 分後にAに到着した。2 人が同時に出発してから，すれちがった時刻とQさんの自転車の速さを求めなさい。

>>例題 49

37 右の図において，点Pは関数 $y=-x+12$ のグラフ上の点であり，点Aは PO=PA となる x 軸上の点である。
点Pの x 座標を a として，次の問いに答えなさい。ただし，$0<a<12$ とする。

(1) △POA の面積を a で表しなさい。

(2) △POA の面積が 35 となるとき，a の値を求めなさい。

>>例題 50

第4章

関数 $y=ax^2$

9 関数 $y=ax^2$ とそのグラフ

1 関数 $y=ax^2$

❶ y が x の関数で，$y=ax^2$（a は 0 でない定数）と表されるとき，**y は x の 2 乗に比例する** という。また，この定数 a を **比例定数** という。

❷ x の値が 2 倍，3 倍，……，p 倍になると，
y の値は 2^2 倍，3^2 倍，……，p^2 倍になる。

例 x，y の関係を表した右の表では，y が x^2 に比例しているという。

x	0	1	2	3	4	5	……
y	0	4	(ア)	(イ)	(ウ)	100	……

x の値が 2 倍，3 倍，4 倍になると，y の値は 2^2 倍，3^2 倍，4^2 倍になるから，(ア)～(ウ) にあてはまる数は，

(ア) $4\times2^2=16$　(イ) $4\times3^2=36$　(ウ) $4\times4^2=64$

また，$x=1$ のとき，$y=4$ であるから，y を x の式で表すと，$y=4x^2$ となり，比例定数は 4 である。

復習 関数
x の値が 1 つ決まると，それに対応して y の値がただ 1 つに決まるとき，
y は x の関数である
という。

◀ x の値が 2 倍，3 倍，4 倍になると，y の値は 2 倍，3 倍，4 倍になるとしてはいけない。y は x の 2 乗に比例するから，2^2 倍，3^2 倍，4^2 倍となる。

2 関数 $y=ax^2$ のグラフ

❶ **関数 $y=ax^2$ のグラフの特徴**（とくちょう）

[1] 原点を通り，y 軸について対称な曲線である。

[2] $a>0$ のとき，上に開いている。
$a<0$ のとき，下に開いている。

[3] a の絶対値が大きいほど，グラフの開きぐあいは小さくなる。

[4] 2 つの関数 $y=ax^2$，$y=-ax^2$ のグラフは，x 軸について対称である。

$a>0$ 上に開く

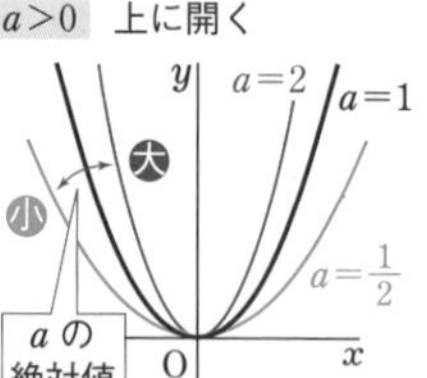

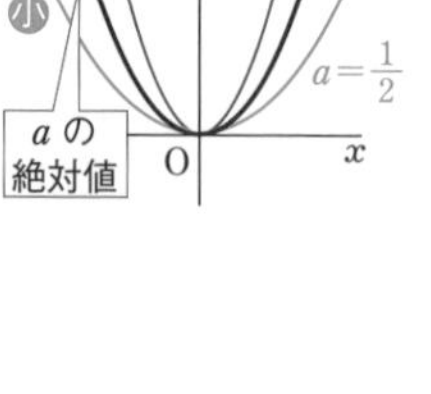

$a<0$ 下に開く

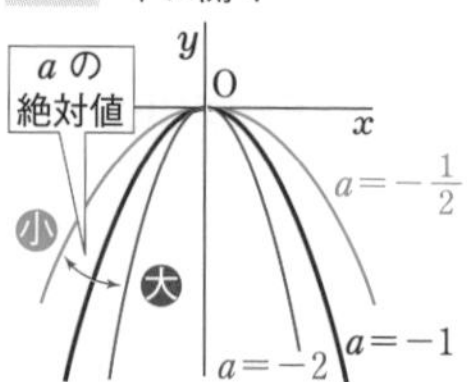

❷ 関数 $y=ax^2$ のグラフは，**放物線**（ほうぶつせん）とよばれる曲線である。
放物線の対称軸を，その放物線の **軸**（じく） といい，放物線と軸との交点を，その放物線の **頂点**（ちょうてん） という。
関数 $y=ax^2$ のグラフを放物線 $y=ax^2$ といい，$y=ax^2$ を放物線の式という。

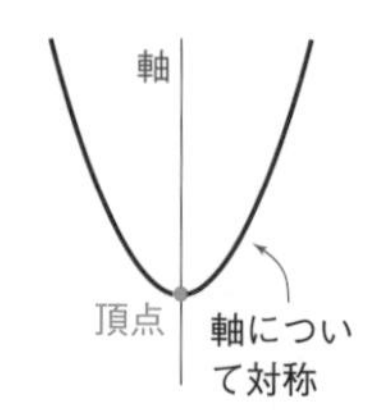

放物線 $y=ax^2$ の軸は y 軸，頂点は原点である。

3 関数 $y=ax^2$ の値の変化

❶ 関数 $y=ax^2$ の値の増減

[1]　**$a>0$ のとき**

x の値が増加すると，y の値は

$x<0$ の範囲で **減少**

$x>0$ の範囲で **増加**

$x=0$ のときは $y=0$ となり，$x=0$ の前後で減少から増加に変わる。

$a>0$

[1]　$a>0$ のとき，グラフは原点を通り，x 軸の上側にあるから　$y \geqq 0$
原点はもっとも低い点になる（**最小値**）。

[2]　**$a<0$ のとき**

x の値が増加すると，y の値は

$x<0$ の範囲で **増加**

$x>0$ の範囲で **減少**

$x=0$ のときは $y=0$ となり，$x=0$ の前後で増加から減少に変わる。

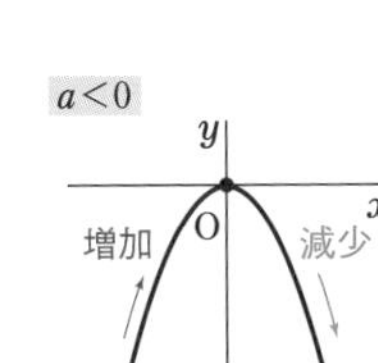

[2]　$a<0$ のとき，グラフは原点を通り，x 軸の下側にあるから　$y \leqq 0$
原点はもっとも高い点になる（**最大値**）。

❷ 関数 $y=ax^2$ の変域

関数 $y=ax^2$ の x の変域が $p \leqq x \leqq q$ であるとき，y の変域を求めるにはグラフを利用する。

また，関数のとる値のうち，もっとも大きいものを **最大値** といい，もっとも小さいものを **最小値** という。

参考
x の変域をこの関数の **定義域**，y の変域を **値域** という。

例　関数 $y=x^2$ について，x の変域が $-2 \leqq x \leqq 1$ であるときの y の変域を求める。

$x=-2$ のとき $y=4$，$x=1$ のとき $y=1$

グラフは右の図の実線部分。

よって，y の変域は　　$0 \leqq y \leqq 4$

また，関数 $y=x^2$ $(-2 \leqq x \leqq 1)$ は $x=-2$ のとき最大値 $y=4$，$x=0$ のとき最小値 $y=0$ をとる。

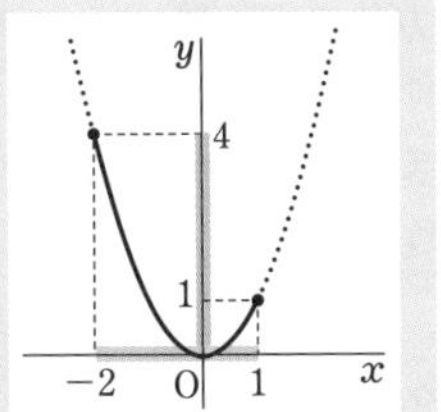

◀ x の変域の端の値（$x=-2$，1）を代入して求めた y の値から，y の変域は $1 \leqq y \leqq 4$ であるとしてはいけない。
必ずグラフをかいて確かめること。

4 関数 $y=ax^2$ の変化の割合

x の増加量に対する y の増加量の割合を，関数の **変化の割合** という。
すなわち

$$(\text{変化の割合})=\frac{(y\text{ の増加量})}{(x\text{ の増加量})}$$

これは，関数のグラフ上の 2 点を結ぶ線分の傾きと考えることができる。

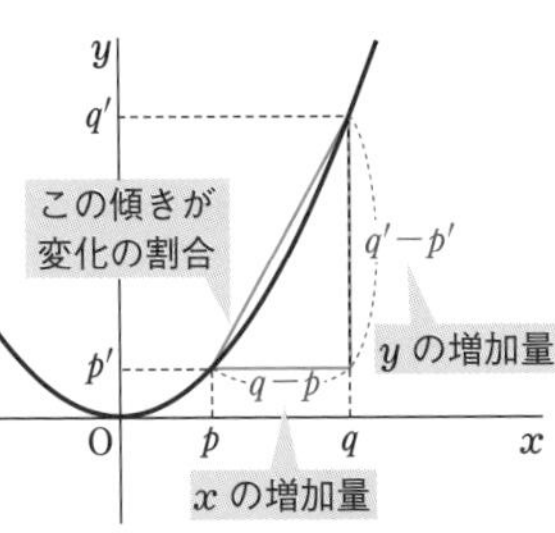

⚠
1 次関数 $y=ax+b$ の変化の割合は a で一定であったが，2 乗に比例する関数 $y=ax^2$ では一定でない。

◀右の図で　$\dfrac{q'-p'}{q-p}$

例題 51 2乗に比例する関数とその表し方 »p. 88 1 レベル

(1) 次の(ア), (イ)について，y を x の式で表しなさい。また，y が x の2乗に比例するものは，その比例定数を答えなさい。

(ア) 1辺が x cm の立方体の表面積を $y\text{ cm}^2$ とする。

(イ) 1辺が x cm の立方体の体積を $y\text{ cm}^3$ とする。

(2) y は x の2乗に比例し，$x=-2$ のとき $y=12$ である。y を x の式で表しなさい。また，$x=\sqrt{6}$ のときの y の値を求めなさい。

変数　変数

$y = a x^2$

比例定数

変数は **変**わる**数**
定数は **定**まった**数**

考え方

y は x^2 に比例 ⟶ $y=ax^2$ と表される

(1) y が x^2 に比例するかどうかは，**$y=ax^2$ の形で表されるかどうか**で判断する。

(2) $y=ax^2$ に1組の x, y の値（この問題では $x=-2$, $y=12$）を代入すると，比例定数 a の値が求められる。

1組の $x=○$, $y=△$ を $y=ax^2$ に代入してできる a の1次方程式 $△=a×○^2$ を解く。

解答

(1) (ア) 立方体の1つの面は正方形で，その面積は

$x^2\text{ cm}^2$

面は6つあるから，立方体の表面積は　$\boldsymbol{y=6x^2}$ 答

よって，y は x^2 に比例し，比例定数は　**6** 答

(イ) 立方体の体積については　$\boldsymbol{y=x^3}$ 答

よって，y は x^2 に比例しない。

◀$y=ax^2$ の形に表された。

◀$y=1×x^3$ で，$y=ax^2$ の形ではない。

(2) 比例定数を a とすると，$y=ax^2$ と表される。

$x=-2$ のとき $y=12$ であるから　$12=a\times(-2)^2$

よって　$a=3$

したがって　$\boldsymbol{y=3x^2}$ 答

また，$x=\sqrt{6}$ のとき　$y=3\times(\sqrt{6})^2=\boldsymbol{18}$ 答

◀負の数を代入するときは，必ず（　）をつけて代入する。

解答➡別冊 p. 42

練習 51 (1) 次の(ア)〜(ウ)について，y を x の式で表しなさい。また，y が x の2乗に比例するものは，その比例定数を答えなさい。

(ア) 周の長さが 10 cm，縦の長さが x cm の長方形の面積を $y\text{ cm}^2$ とする。

(イ) 底面の半径が x cm，高さが 5 cm の円柱の体積を $y\text{ cm}^3$ とする。

(ウ) 底面が1辺 x cm の正方形で，高さが 15 cm の正四角錐の体積を $y\text{ cm}^3$ とする。

(2) y は x の2乗に比例し，$x=2$ のとき $y=-8$ である。y を x の式で表しなさい。また，$x=-1$ のときの y の値を求めなさい。

例題 52 関数 $y=ax^2$ のグラフ (1)

≫p. 88 2 レベル

次の関数のグラフをかきなさい。

(1) $y=x^2$　　(2) $y=\frac{1}{2}x^2$

考え方

関数 $y=ax^2$ のグラフをかくときの基本的な手順

① **x と y の対応表** をつくる。

② ① の対応表の x と y の値の組をそれぞれ座標とする **点 (x, y)** をかき入れる。

③ ② でかき入れた点を **なめらかな曲線** で結ぶ。

解答

(1)

x	…	-4	-3	-2	-1	0	1	2	3	4	…
y	…	16	9	4	1	0	1	4	9	16	…

(2)

x	…	-4	-3	-2	-1	0	1	2	3	4	…
y	…	8	$\frac{9}{2}$	2	$\frac{1}{2}$	0	$\frac{1}{2}$	2	$\frac{9}{2}$	8	…

(1)

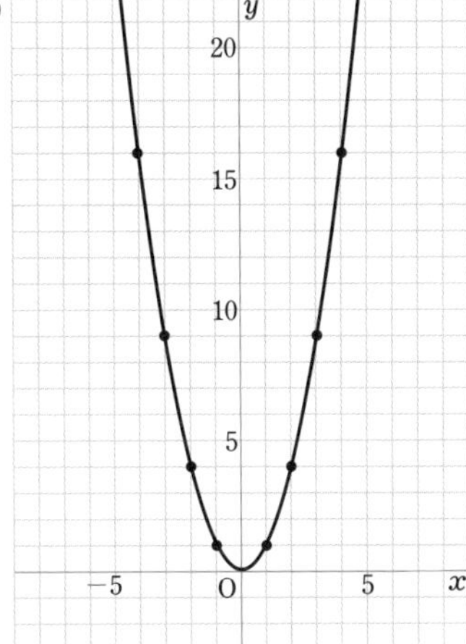

(2)

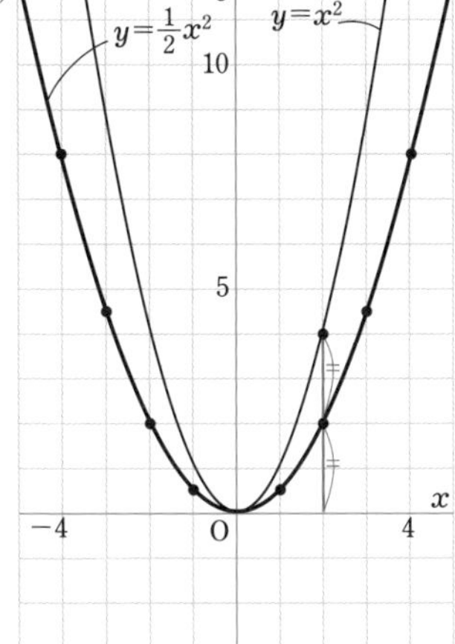

$y=ax^2$ について，

(1) $a=1$　(2) $a=\frac{1}{2}$

の場合である。

・a の値 (x^2 の係数) はともに **正の数** であるから，グラフは **x 軸の上側にあり，上に開く。**

・$1>\frac{1}{2}$ であるから，グラフの開きぐあいは，(1) より (2) の方が大きい。

グラフは，**y 軸について対称** であるから，$x \geqq 0$ で対応表をつくってグラフをかき，その各点について x 座標の符号を反対にした点をとってかいてもよい。

$y=ax^2$ のグラフをかくときの注意点

① **原点を通る。**

② y 軸について対称にかく。

③ かき入れた点はなめらかな曲線で結ぶ。下の図のように，点と点を線分で結ばない。

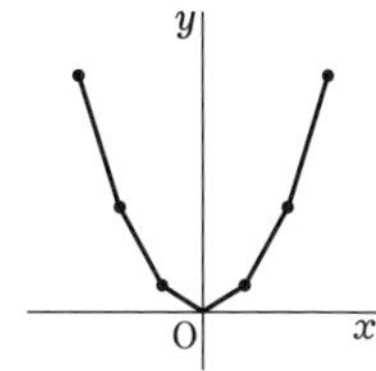

⚠ (2) の関数 $y=\frac{1}{2}x^2$ のグラフは，(1) の関数 $y=x^2$ のグラフ上の各点について，その y 座標を $\frac{1}{2}$ 倍した点の集まりである。

解答➡別冊 p. 43

練習 52 次の関数のグラフをかきなさい。

(1) $y=3x^2$　　(2) $y=\frac{1}{3}x^2$

例題 53 関数 $y=ax^2$ のグラフ (2)

≫p. 88 2

レベル 

次の関数のグラフをかきなさい。

(1) $y=-2x^2$　　(2) $y=-\frac{1}{2}x^2$

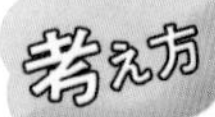

関数 $y=ax^2$ のグラフは，関数 $y=x^2$ **のグラフをもとにしてかく**こともできる。

(1) $y=-2x^2$ のグラフは，$y=x^2$ のグラフ上の各点について，y 座標を -2 倍した点の集まりである。

(2) 同様に，$y=x^2$ のグラフ上の y 座標を $-\frac{1}{2}$ 倍した点の集まりである。

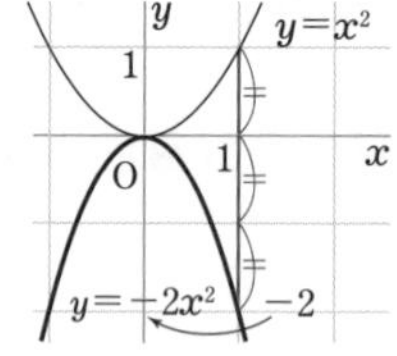

⚠

$y=x^2$ のグラフと $y=-x^2$ のグラフは **x 軸について対称** であるから，$y=-x^2$ のグラフをもとに考えてもよい。

$y=ax^2$ について，
(1) $a=-2$　(2) $a=-\frac{1}{2}$
の場合である。
・a の値（x^2 の係数）はともに **負の数** であるから，グラフは **x 軸の下側にあり，下に開く**。
・$(-2$ の絶対値$)>\left(-\frac{1}{2}\text{ の絶対値}\right)$ であるから，グラフの開きぐあいは，(1) より (2) の方が大きい。

解答

(1)

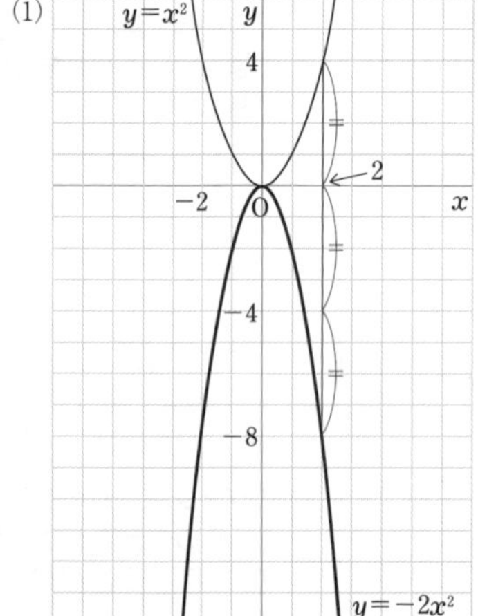

(2)

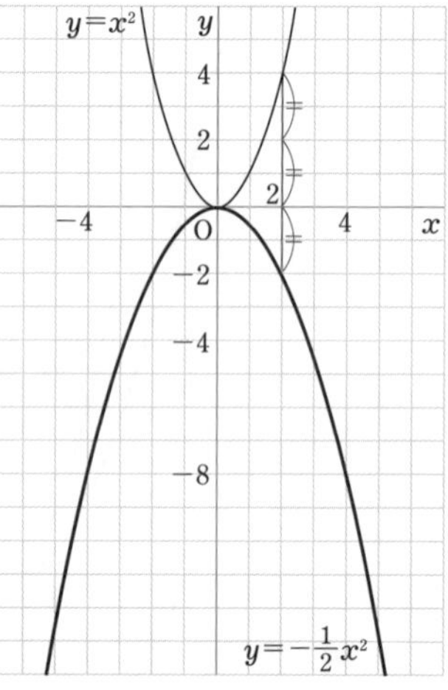

(2) $y=-\frac{1}{2}x^2$ のグラフは，$y=\frac{1}{2}x^2$ のグラフと x 軸について対称であるから，前ページ例題 52 (2) の $y=\frac{1}{2}x^2$ のグラフを x 軸で折り返してかくこともできる。

解答➡別冊 p. 43

練習 53 次の関数のグラフをかきなさい。

(1) $y=-4x^2$　　(2) $y=-\frac{1}{4}x^2$

例題 54 $y=ax^2$ $(p \leqq x \leqq q)$ の変域 ≫p. 89 3 レベル 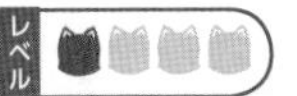

x の変域が（　）内の範囲であるとき，次の関数の y の変域と，最大値と最小値を求めなさい。

(1)　$y=2x^2$ $(-1 \leqq x \leqq 2)$　　　(2)　$y=-\dfrac{2}{3}x^2$ $(1 \leqq x \leqq 3)$

$a>0$　減少　増加　最小値 0

$a<0$　最大値 0　増加　減少

関数 y の変域　グラフを利用する

x の変域において，グラフが
もっとも上の点の y 座標
もっとも下の点の y 座標
を読みとる。

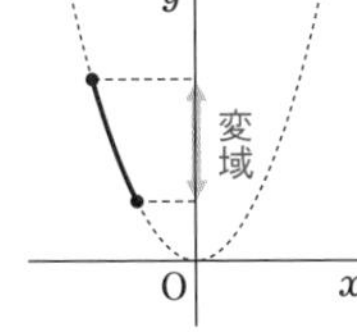

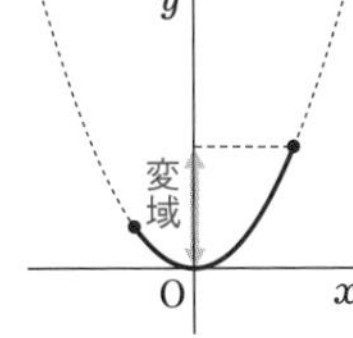

$y=ax^2$ で $a>0$ の場合は，図のように y は x の変域の端で最大値をとる。ただし，最小値は **x の変域に 0 を含むかどうか** で変わる。

解答

(1)　$x=-1$ のとき　　$y=2$
　　$x=2$　のとき　　$y=8$
　$y=2x^2$ $(-1 \leqq x \leqq 2)$ のグラフは，右の図のようになる。よって

答 $\begin{cases} y\text{ の変域は} & 0 \leqq y \leqq 8 \\ x=2\text{ のとき最大値 } 8 \\ x=0\text{ のとき最小値 } 0 \end{cases}$

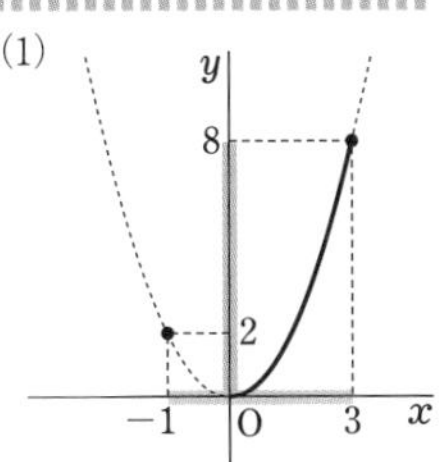

◀ x の変域の端の値に対応する y の値を求める。

◀ x の変域 $-1 \leqq x \leqq 2$ に **0 が含まれるから**，y は $x=0$ のとき最小値 0 をとる。

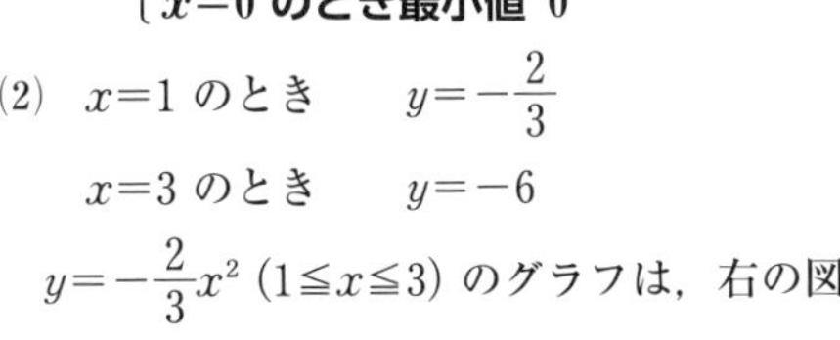

(2)　$x=1$ のとき　　$y=-\dfrac{2}{3}$
　　$x=3$ のとき　　$y=-6$
　$y=-\dfrac{2}{3}x^2$ $(1 \leqq x \leqq 3)$ のグラフは，右の図のようになる。よって

答 $\begin{cases} y\text{ の変域は} & -6 \leqq y \leqq -\dfrac{2}{3} \\ x=1\text{ のとき最大値 } -\dfrac{2}{3} \\ x=3\text{ のとき最小値 } -6 \end{cases}$

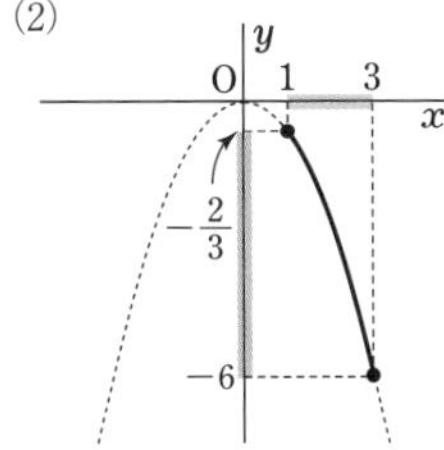

◀ x の変域 $1 \leqq x \leqq 3$ に **0 は含まれない。**(2) の関数は $1 \leqq x \leqq 3$ の範囲で x の値が増加すると y の値は減少する。よって
　$x=1$ のとき y は最大，
　$x=3$ のとき y は最小
となる。

解答➡別冊 p. 43

練習 54　x の変域が（　）内の範囲であるとき，次の関数の y の変域と，最大値と最小値を求めなさい。

(1)　$y=x^2$ $(1 \leqq x \leqq 3)$　　　(2)　$y=2x^2$ $(-2 \leqq x \leqq 1)$

(3)　$y=-x^2$ $(-2 \leqq x \leqq 2)$　　　(4)　$y=-3x^2$ $(-3 \leqq x \leqq 1)$

例題 55 関数の変域から定数の値を求める

≫p. 89 3

関数 $y=ax^2$ について，x の変域が $-2\leqq x\leqq 1$ であるときの y の変域は $b\leqq y\leqq 8$ である。このとき，定数 a，b の値を求めなさい。

考え方 変域の問題 グラフを利用する

問題文からわかっていることは

関数 $y=ax^2$ $(-2\leqq x\leqq 1)$ ……① の

y の変域は　$b\leqq y\leqq 8$ ……②

① **x の変域に 0 が含まれる。**

② 最大値は 8 で正の数であるから，**グラフは上に開く ($a>0$)。**

① と ② から，$x=0$ で y は最小値 0 をとり，**$x=0$ より遠い端の値** $x=-2$ で y は最大値をとる。よって，グラフは右の図のようになる。

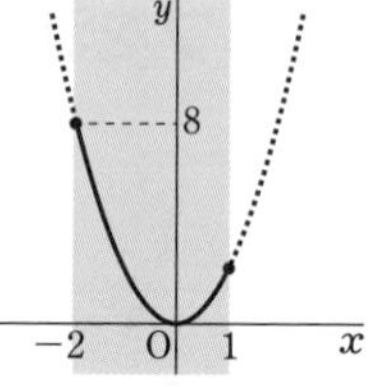

◀変域の端の値を代入して，$x=-2$ のとき $y=b$ などとしてはいけない。

◀グラフは，y 軸について対称。

解答

関数 $y=ax^2$ $(-2\leqq x\leqq 1)$ の y の変域 $b\leqq y\leqq 8$ には正の数がふくまれるから　$a>0$

$y=ax^2$ について

$x=-2$ のとき　$y=a\times(-2)^2=4a$

$x=1$　のとき　$y=a\times 1^2=a$

グラフから，y の変域は

$0\leqq y\leqq 4a$

これが $b\leqq y\leqq 8$ となるから　$b=0$，$4a=8$

よって　**$a=2$，$b=0$** 答

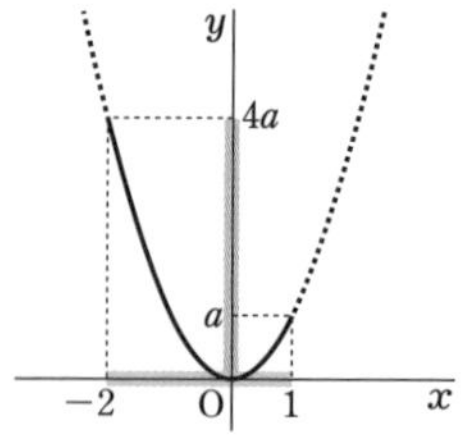

$y=ax^2$ について，
$a>0$ のとき 0 以上，
$a<0$ のとき 0 以下
となり，正と負にまたがることはない。
もし，$a<0$ (下に開く) なら，関数 $y=ax^2$ $(-2\leqq x\leqq 1)$ の変域は $4a\leqq y\leqq 0$ となり，正の値をとらない。

CHART **関数 $y=ax^2$ $(p\leqq x\leqq q)$ の y の変域，最大・最小**

① **グラフ利用**　**$a>0$ なら上に開く，$a<0$ なら下に開く**

② **x の変域に 0 を含むかどうか**

頂点 [点 $(0,\ 0)$] と x の変域の端における値に注目

解答➡別冊 p. 44

練習 55 関数 $y=ax^2$ について，x の変域が $-\dfrac{3}{2}\leqq x\leqq 4$ であるときの y の変域は $-8\leqq y\leqq b$ である。このとき，定数 a，b の値を求めなさい。

例題 56 関数 $y=ax^2$ の変化の割合

>>p. 89 4 レベル 

関数 $y=3x^2$ について，x の値が次のように増加するときの変化の割合を求めなさい。

(1)　1 から 2 まで　　(2)　-2 から -1 まで　　(3)　-1 から 3 まで

考え方

$$(\text{変化の割合})=\frac{(y\text{の増加量})}{(x\text{の増加量})}$$

関数 $y=ax^2$ の x の値が p から q まで増加するときの変化の割合は　$\dfrac{aq^2-ap^2}{q-p}$

y	$ap^2 \longrightarrow aq^2$
x	$p \longrightarrow q$

⚠ x の増加量は正になるように考えるが，y の増加量は「増加量」とはいっても，正であるとは限らない。0 や負の場合［例題の (2)］もある。

解答

(1)　$x=1$ のとき　　$y=3\times1^2=3$

　　$x=2$ のとき　　$y=3\times2^2=12$

よって，変化の割合は

$$\frac{12-3}{2-1}=9 \quad \text{答}$$

(2)　$x=-2$ のとき　　$y=3\times(-2)^2=12$

　　$x=-1$ のとき　　$y=3\times(-1)^2=3$

よって，変化の割合は

$$\frac{3-12}{-1-(-2)}=\frac{-9}{1}=-9 \quad \text{答}$$

← y の増加量は負の場合もある。

(3)　$x=-1$ のとき　　$y=3$

　　$x=3$　のとき　　$y=3\times3^2=27$

よって，変化の割合は　$\dfrac{27-3}{3-(-1)}=\dfrac{24}{4}=6$　答

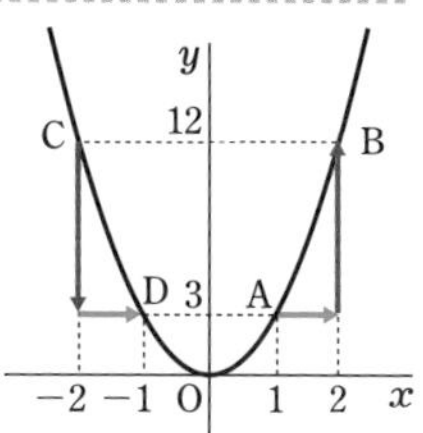

A(1, 3)，B(2, 12)，C(−2, 12)，D(−1, 3) とすると，(1) で求めた変化の割合 9 は直線 AB の傾きを表し，(2) で求めた変化の割合 −9 は直線 CD の傾きを表している。なお，図では省略したが，(3) の変化の割合 6 は点 D と点 (3, 27) を通る直線の傾きを表す。

参考　1 次関数 $y=ax+b$ の x の値が p から q まで増加するときの変化の割合は

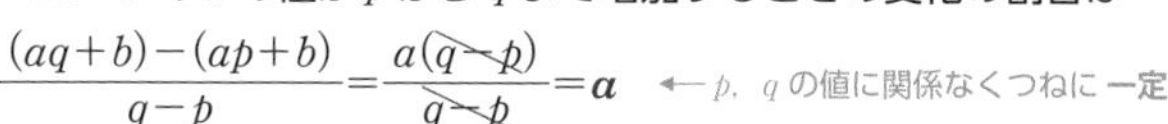

$$\frac{(aq+b)-(ap+b)}{q-p}=\frac{a(q-p)}{q-p}=a$$

← p，q の値に関係なくつねに一定

また，関数 $y=ax^2$ の x の値が p から q まで増加するときの変化の割合は

$$\frac{aq^2-ap^2}{q-p}=\frac{a(q^2-p^2)}{q-p}=\frac{a(q+p)(q-p)}{q-p}=a(q+p)$$

p，q の値が変われば $a(p+q)$ の値も変化するから，関数 $y=ax^2$ の変化の割合は一定ではない。

解答➡別冊 p. 44

練習 56　関数 $y=-2x^2$ について，x の値が次のように増加するときの変化の割合を求めなさい。

(1)　1 から 2 まで　　(2)　-4 から -2 まで　　(3)　-2 から 5 まで

例題 57 変化の割合から定数の値を求める 

>>p. 89 4 レベル

(1) 関数 $y=ax^2$ について，x の値が -2 から 1 まで増加するときの変化の割合が -4 であるという。このとき，定数 a の値を求めなさい。

(2) 関数 $y=ax^2$ について，x の値が a から $a+3$ まで変化したときの変化の割合が $2a$ であるという。このとき，定数 a の値を求めなさい。ただし，$a\neq 0$ とする。

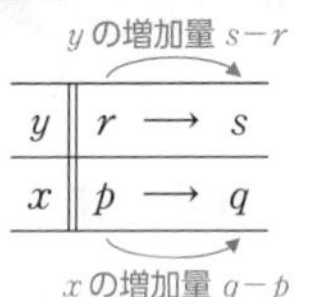

変化の割合は $\dfrac{s-r}{q-p}$

考え方

$$(\text{変化の割合})=\frac{(y\text{の増加量})}{(x\text{の増加量})}$$

変化の割合を a を使った式で表し，a についての方程式をつくる。

⚠ 「a から b まで増加」とあったら，**増加量は $b-a$**（値が負の数でも同様）

解答

(1) $x=-2$ のとき　$y=a\times(-2)^2=4a$

$x=1$ 　のとき　$y=a\times 1^2=a$

y	$4a \longrightarrow a$
x	$-2 \longrightarrow 1$

よって，変化の割合は　$\dfrac{a-4a}{1-(-2)}=\dfrac{-3a}{3}=-a$

これが -4 であるから　$-a=-4$

したがって　$\boldsymbol{a=4}$ 答

(1) $\dfrac{a-4a}{1-(-2)}$ を $\dfrac{a-4a}{-2-1}$ や $\dfrac{4a-a}{1-(-2)}$ などと間違えないようにしよう。解答の右横のような表をつくると，変化のようすがわかりやすい。

(2) $x=a$ 　のとき　$y=a\times a^2=a^3$

$x=a+3$ のとき　$y=a\times(a+3)^2$

$=a^3+6a^2+9a$

y	$a^3 \longrightarrow a(a+3)^2$
x	$a \longrightarrow a+3$

よって，変化の割合は　$\dfrac{a^3+6a^2+9a-a^3}{a+3-a}=\dfrac{6a^2+9a}{3}=2a^2+3a$

これが $2a$ であるとき　$2a^2+3a=2a$　　$2a^2+a=0$

$a(2a+1)=0$　　$a=0,\ -\dfrac{1}{2}$

◀ a についての 2 次方程式を解く。

$a\neq 0$ であるから　$\boldsymbol{a=-\dfrac{1}{2}}$ 答

⚠ 前ページ（参考）で，$y=ax^2$ の x の値が p から q まで増加するときの変化の割合は $a(p+q)$ になることを示した。このことを使うと，(1) は $a(-2+1)=-a$，(2) は $a(a+a+3)=2a^2+3a$ と求められる。
ただし，教科書では公式として示されていないので，解答にはかかず，検算にのみ利用するようにしよう。

解答➡別冊 p. 44

練習 57 関数 $y=ax^2$ について，x の値が a から $a+2$ まで変化するときの変化の割合が 4 であるという。このとき，定数 a の値を求めなさい。

まとめ　1次関数 $y=ax+b$ と関数 $y=ax^2$ の比較

これまでに学んだ1次関数 $y=ax+b$，2乗に比例する関数 $y=ax^2$ の特徴をまとめておこう。

関　数	1次関数 $y=ax+b$	関数 $y=ax^2$
グラフの形	直　線	放物線
グラフの特徴	y 軸上の点 $(0,\ b)$ を通る	原点 $(0,\ 0)$ を通る y 軸について対称
y の値の増減 $(a>0)$	$a>0$ 増加 右上がりの直線	$a>0$ 減少　増加 上に開いた放物線
$(a<0)$	$a<0$ 減少 右下がりの直線	$a<0$ 増加　減少 下に開いた放物線
x の変域	数全体	数全体
y の変域	数全体	$a>0$ のとき　$y \geqq 0$ $a<0$ のとき　$y \leqq 0$
変化の割合	つねに一定で a に等しい	一定ではない

参考　$y=ax+b$ で $a=0$ とすると
$y=b$（定数）となり，その**グラフ**は
　点 $(0,\ b)$ を通り，x 軸に平行な直線
である。また，$x=p$ の**グラフ**は
　点 $(p,\ 0)$ を通り，y 軸に平行な直線
である。

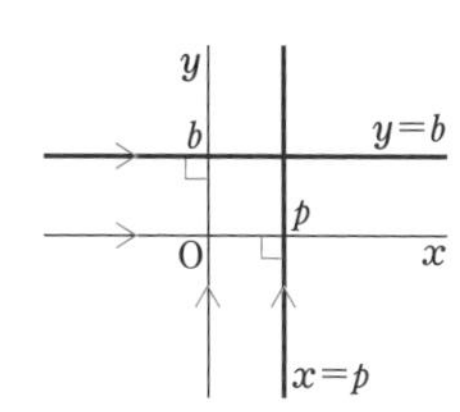

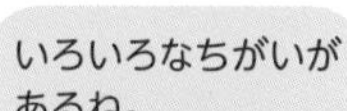

EXERCISES 解答➡別冊 p. 47

68 次の ①～⑤ のそれぞれの場合について，y を x の式で表しなさい。また，y が x の 2 乗に比例するものをすべて選びなさい。 >>例題 51

① 底辺の長さ x cm，高さ 6 cm の平行四辺形の面積を y cm^2 とする

② 直角二等辺三角形の等しい辺の長さを x cm，面積を y cm^2 とする

③ 面積が 18 cm^2 の長方形の縦の長さを x cm，横の長さを y cm とする

④ 半径が x cm の球の表面積を y cm^2 とする

⑤ 底面が半径 x cm の円，高さが 12 cm の円錐の体積を y cm^3 とする

69 y は x の 2 乗に比例し，その関数のグラフは点 $(-3,\ -1)$ を通るとき，y を x の式で表しなさい。また，$x=\dfrac{3}{2}$ のとき，y の値を求めなさい。 >>例題 51

70 次の関数のグラフをかきなさい。 >>例題 52, 53

(1) $y=2.5x^2$　　(2) $y=0.4x^2$　　(3) $y=-0.2x^2$

71 右の図の放物線 ①～④ は，次の関数のグラフである。グラフが ①～④ になる関数の式を，(ア)～(エ) の中から選びなさい。

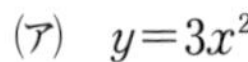

(ア) $y=3x^2$　　(イ) $y=-2x^2$

(ウ) $y=-x^2$　　(エ) $y=\dfrac{1}{2}x^2$

>>例題 52, 53

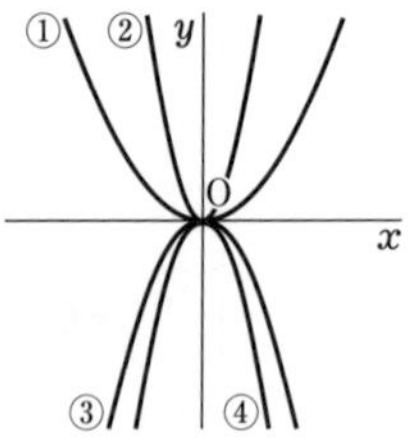

72 次の関数 ①～④ について，下の問いに番号で答えなさい。 >>例題 52, 53

① $y=-x^2$　　② $y=2x^2$　　③ $y=\dfrac{1}{2}x^2$　　④ $y=-\dfrac{3}{2}x^2$

(1) グラフが上に開いているものをすべて答えなさい。

(2) グラフの開き方がもっとも大きいものを答えなさい。

(3) グラフが点 (2, 2) を通るものを答えなさい。

(4) 最大値をもつものはどれか。すべて答えなさい。

(5) 最小値をもつものはどれか。すべて答えなさい。

73 次の $\square$ をうめなさい。

(1) 関数 $y=-3x^2$ において，$y=-24$ とすると $x=$ ア$\square$ である。

(2) 関数 $y=\frac{1}{5}x^2$ のグラフは点 (－イ$\square$，20)，(イ$\square$，20) を通る。また，点 (ウ$\square$，イ$\square$) を通る。ただし，イ$\square$，ウ$\square$ は正の数である。

(3) 関数 $y=ax^2$ のグラフが点 (2，－20) を通るとき，定数 a の値は エ$\square$ である。

>>例題 52, 53

74 x の変域が（ ）内の範囲であるとき，次の関数の y の変域を求めなさい。また，y の最大値と最小値を求めなさい。 >>例題 54

(1) $y=\frac{1}{2}x^2$ $(-4\leqq x\leqq -2)$

(2) $y=-2x^2$ $(-3\leqq x\leqq 5)$

75 関数 $y=x^2$ は，x の変域が $a\leqq x\leqq 3$ のとき，y の変域は $b\leqq y\leqq 16$ である。このとき，定数 a，b の値を求めなさい。 〔愛知〕 >>例題 55

76 関数 $y=ax^2$ について，x の変域が $-3\leqq x\leqq -1$ であるときの y の変域は $b\leqq y\leqq 6$ である。このとき，定数 a，b の値を求めなさい。 〔名古屋〕 >>例題 55

77 x の変域が $-1\leqq x\leqq 2$ のとき，関数 $y=x^2$ と 1 次関数 $y=ax+b$ $(a>0)$ の y の変域が一致するような定数 a，b の値を求めなさい。 〔国学院大久我山〕 >>例題 55

78 (1) 関数 $y=2x^2$ について，x の値が 1 から 3 まで増加するときの変化の割合を求めなさい。

(2) 関数 $y=x^2$ について，x の値が a から $a+2$ まで増加するときの変化の割合は 4 であるという。このとき，定数 a の値を求めなさい。 >>例題 56, 57

79 関数 $y=ax^2$ について，x の値が a から $a+3$ まで増加するときの変化の割合が $6a+2$ であるという。このとき，定数 a の値を求めなさい。 〔智弁学園和歌山〕 >>例題 57

10 関数の利用

例題 58 落下運動

>>p. 89 4 レベル 

物体を落下させるとき，落下し始めてから x 秒後までに落下する距離を y m とすると，x と y の関係は，$y=5x^2$ で表される。

(1) 落下し始めてから 3 秒後までに，物体が落下する距離を求めなさい。

(2) 次の場合の平均の速さを求めなさい。

① 落下し始めてから 1 秒後　② 1 秒後から 2 秒後

③ 2 秒後から 3 秒後

(3) 90 m の高さから物体を落下させるとき，地面に到達するまで何秒かかりますか。

◀実際には，$y=4.9x^2$ と表されることが知られている。なお，$y=4.9x^2$ の比例定数 4.9 を **重力加速度** という。

(2) では，落下する物体の速さは一定でないから，「平均の速さ」について考える。

考え方

与えられた関係式 $y=5x^2$ を用いて考える。

(2) $(\text{平均の速さ})=\dfrac{(\text{移動距離})}{(\text{かかった時間})}$ $\cdots\dfrac{(y\text{の増加量})}{(x\text{の増加量})}$

つまり，平均の速さは **変化の割合** と同じ方法で求めることができる。

解答

(1) $x=3$ のとき　$y=5\times3^2=45$　答 **45 m**

(2) $x=0$ のとき　$y=0$，$x=1$ のとき　$y=5$，
$x=2$ のとき　$y=20$，$x=3$ のとき　$y=45$

① $\dfrac{5-0}{1-0}=5$　答 **秒速 5 m**

② $\dfrac{20-5}{2-1}=15$　答 **秒速 15 m**

③ $\dfrac{45-20}{3-2}=25$　答 **秒速 25 m**

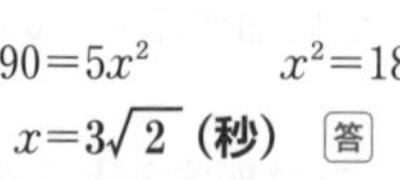

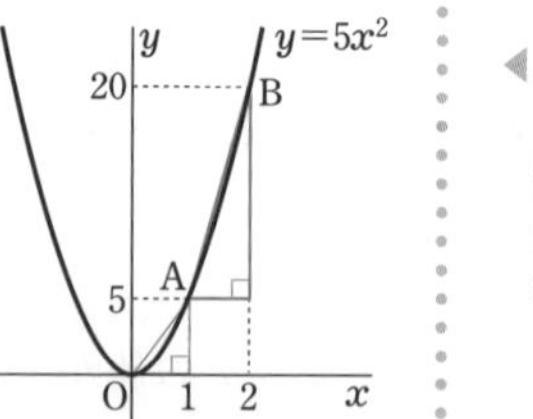

◀A(1, 5)，B(2, 20) とすると，①，② の平均の速さは，それぞれ直線 OA，直線 AB の傾きに等しい。

(3) $y=90$ とすると　$90=5x^2$　$x^2=18$
$x>0$ であるから　$x=3\sqrt{2}$ **(秒)** 答

解答➡別冊 p. 44

練習 58 上の例題において，次の問いに答えなさい。

(1) 次の場合の平均の速さを求めなさい。

① 落下し始めてから 2 秒後　② 2 秒後から 4 秒後

③ 4 秒後から 6 秒後

(2) 120 m の高さから物体を落下させるとき，地面に到達するまで何秒かかりますか。

例題 59 ボールが転がる距離

>>p. 89 4 レベル 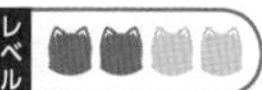

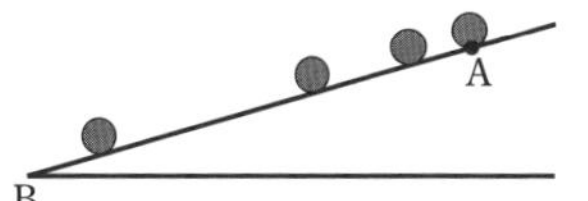

ある坂道でボールを転がすとき，転がし始めてからの移動距離は，転がる時間の 2 乗に比例する。また，転がり始めてから 1 秒後に 0.8 m 移動するという。
Pさんは，この坂の上からボールを転がし，ボールが転がり始めると同時に，秒速 4 m で坂を降り始めた。このとき，Pさんは坂を降り始めてから何秒後にボールに追いつかれますか。

グラフに表す

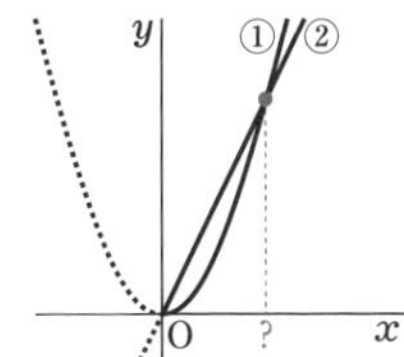

x 秒後の移動距離を y m とする。
ボールについては，問題文から

$y=0.8x^2$ ……①

Pさんは，秒速 4 m で移動するから

$y=4x$ ……②

$x \geqq 0$ の範囲でグラフに表すと，右の図のようになり，Pさんがいつボールに追いつかれたかは，放物線 ① と直線 ② の**原点以外の交点の x 座標**を調べるとわかる。

◀ボールの移動距離は，時間の 2 乗に比例する。

◀(距離)=(速さ)×(時間)

◀ボールとPさんの移動距離が同じになるときである。

解答

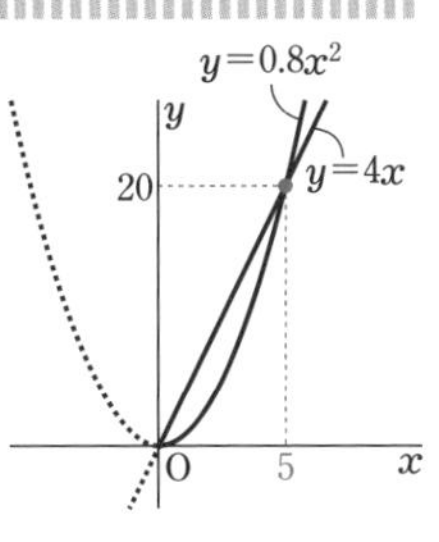

ボールが転がり始めてからの x 秒後の移動距離を y m とすると，条件から

$y=0.8x^2$ ……①

Pさんが x 秒間に移動した距離を y m とすると $y=4x$ ……②

Pさんがボールに追いつかれるのは，それぞれの移動距離が同じになるときであるから，① と ② のグラフの交点の x 座標を調べればよい。

よって　$0.8x^2=4x$　　$8x^2=40x$　　$x^2=5x$

$x^2-5x=0$　　$x(x-5)=0$　　$x=0,\ 5$

$x=0$ は問題に適さない。$x=5$ は問題に適する。

したがって　　**5 秒後**　答

◀比例定数を a とすると，1 秒後に 0.8 m 移動するから，$0.8=a\times1^2$ より　$a=0.8$

◀グラフの x 軸は時間を表し，y 軸は移動距離を表す。

◀$x=5$ を $y=4x$ に代入すると　$y=20$
つまり，5 秒後の移動距離は 20 m である。

解答➡別冊 p. 45

練習 59 Aさんと B さんは同時にスタートし，Aさんは秒速 5 m で走る。また，B さんが x 秒間に走った距離を y m とすると，$y=\dfrac{5}{8}x^2$ で表される。Aさんはスタートしてから何秒後に B さんに追いつかれますか。

例題 60 制動距離の問題

>>p. 88 1

レベル 

走っている自動車が，ブレーキをかけ始めてから停止するまでの距離を **制動距離** といい，この制動距離は速さの 2 乗に比例することが知られている。ある自動車が時速 40 km で走っているときの制動距離が 10 m であるとき，次の問いに答えなさい。

(1) 自動車が時速 x km で走っているときの制動距離を y m とするとき，y を x の式で表しなさい。

(2) 自動車が時速 80 km で走っているときの制動距離は何 m ですか。

(3) 制動距離が 5 m であるとき，自動車の速さは時速何 km ですか。

問題を整理しよう！

制動距離が速さの 2 乗に比例するということは，速さが 2 倍，3 倍，…… になると，制動距離は 2^2 倍，3^2 倍，…… となる，ということである。

y は x^2 に比例 ⟶ $y=ax^2$ と表される

(2), (3) (1) で求めた関係式を利用する。

解答

(1) 比例定数を a とすると，$y=ax^2$ と表すことができる。

$x=40$ のとき $y=10$ であるから，$10=a\times40^2$ より　$10=1600a$

$160a=1$ から　$a=\dfrac{1}{160}$　　よって　$\boldsymbol{y=\dfrac{1}{160}x^2}$ 答

◀制動距離 y は速さ x の 2 乗に比例する。

(2) $x=80$ のとき　$y=\dfrac{1}{160}\times80^2=\dfrac{80}{2}=40$

よって，制動距離は　**40 m** 答

◀時速 40 km ⟶ 80 km（2 倍）であるから，制動距離は 2^2 倍になり，
$10\times2^2=40$ (m)
としても求められる。

(3) $y=5$ のとき　$5=\dfrac{1}{160}x^2$

$x^2=5\times160=5^2\times4^2\times2$

よって　$x=\pm\sqrt{5^2\times4^2\times2}=\pm20\sqrt{2}$

$x>0$ であるから　$x=20\sqrt{2}$　　答 **時速 $20\sqrt{2}$ km**

解答➡別冊 p. 45

練習 60 走っている自転車の制動距離は速さの 2 乗に比例することが知られている。A さんの乗った自転車が秒速 2 m で走っているときの制動距離は 0.5 m であった。次の問いに答えなさい。

(1) A さんの乗った自転車が秒速 x m で走っているときの制動距離を y m とする。y を x の式で表しなさい。

(2) 自転車が秒速 3 m で走っているときの制動距離は何 m ですか。

(3) 制動距離が 0.4 m であるとき，自転車の速さは秒速何 m ですか。

例題 61 図形の面積 (1)

>>p. 88 1 レベル

AB=BC=12 cm, ∠ABC=90° の直角二等辺三角形 ABC がある。点Pは秒速 2 cm で三角形の周上をAからBを通ってCまで移動し，点Qは秒速 1 cm で辺 BC 上をBからCまで移動する。点P，Q はそれぞれ点 A，B を同時に出発し，出発してから x 秒後の △APQ の面積を y cm² とする。x の変域が次の [1]，[2] のそれぞれの場合について，y を x の式で表しなさい。

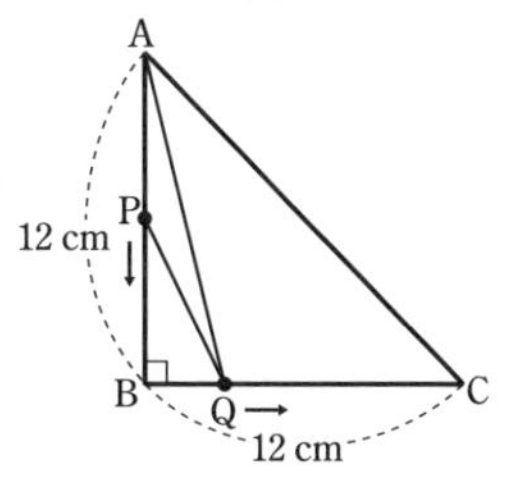

[1] $0 \leqq x \leqq 6$　　[2] $6 \leqq x \leqq 12$

三角形の面積　$\frac{1}{2}\times$(底辺の長さ)$\times$(高さ)　← 底辺の長さと高さを x で表す。

解答

[1] $0 \leqq x \leqq 6$ のとき，点Pは辺 AB 上にあり，

$AP=2x$ cm,　$BQ=x$ cm

であるから

$$y=\frac{1}{2}\times AP\times BQ=\frac{1}{2}\times 2x\times x$$

よって　$\boldsymbol{y=x^2}$ 答

[2] $6 \leqq x \leqq 12$ のとき，点Pは辺 BC 上にあり，$BP=2x-12$ (cm),　$BQ=x$ cm

であるから

$PQ=x-(2x-12)=-x+12$ (cm)

したがって

$$y=\frac{1}{2}\times PQ\times AB=\frac{1}{2}\times(-x+12)\times 12$$

よって　$\boldsymbol{y=-6x+72}$ 答

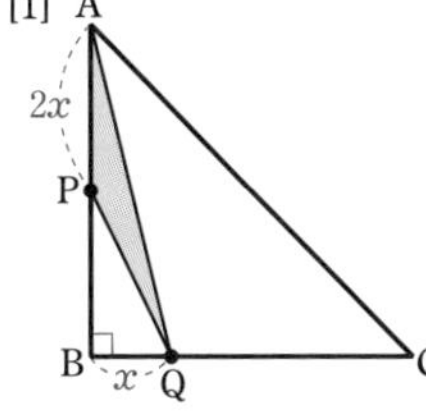

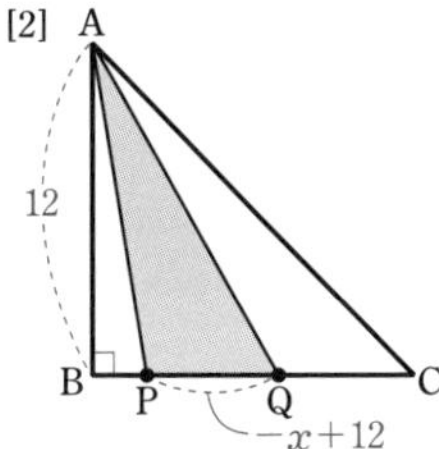

x 秒間に，点Pは
$2\times x=2x$ (cm),
点Qは $1\times x=x$ (cm)
移動する。

[1] $0 \leqq x \leqq 6$ のとき
$0 \leqq 2x \leqq 12$
よって，点Pは辺 AB 上にあり，点Qは辺 BC の中点と点Bを結ぶ線分上にある。

[2] $6 \leqq x \leqq 12$ のとき
$12 \leqq 2x \leqq 24$
よって，点Pは辺 BC 上にあり，点Qは辺 BC の中点と点Cを結ぶ線分上にある。

解答➡別冊 p. 45

練習 61 AB=24 cm, BC=12 cm, ∠ABC=90° の直角三角形 ABC がある。点Pは秒速 3 cm で辺 BA 上をBからAまで移動する。また，点Qは秒速 2 cm で辺 BC 上をBからCまで移動し，Cに到達すると停止する。

2点P，Q は同時にBを出発し，出発してから x 秒後の △BPQ の面積を y cm² とする。x の変域が次の [1]，[2] のそれぞれの場合について，y を x の式で表しなさい。

[1] $0 \leqq x \leqq 6$　　[2] $6 \leqq x \leqq 8$

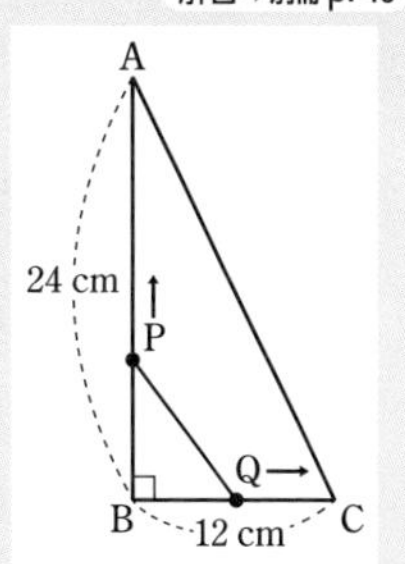

例題 62 図形の面積 (2)

>>p. 88 1

右の図のような，縦 8 cm，横 6 cm の長方形 ABCD がある。点Pは頂点Aを出発し，辺 AB 上を秒速 1 cm でAからBまで移動し，Bで停止する。また，点Qは頂点Bを出発し，秒速 2 cm で辺 BC，CD，DA 上をそれぞれBからC，CからD，DからAまで移動する。2点P，Qが同時に出発してから x 秒後の △APQ の面積を y cm^2 とする。

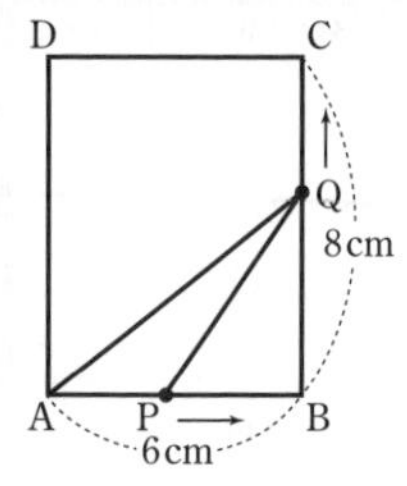

(1) y を x の式で表し，そのグラフをかきなさい。

(2) $y=12$ となる x の値をすべて求めなさい。

考え方

前ページの例題61と同じように，△APQ の面積 y は x の関数で表されると考えられるが，この問題では，x の変域が指定されていない。そこで，まず，**x の変域を求める**。

それには，2点が出発してから長方形の各頂点に到達するまで何秒かかるか，右の図のように書き込むとわかりやすい。

点P，Q それぞれの位置により，x の変域は次の [1]～[4] の場合に分けられるから，各変域ごとに図をかき，面積について立式する。

	[1]	[2]	[3]	[4]
Pの位置	辺 AB 上	辺 AB 上	Bで停止	Bで停止
Qの位置	辺 BC 上	辺 CD 上	辺 CD 上	辺 DA 上
x の変域	**$0 \leqq x \leqq 4$**	**$4 \leqq x \leqq 6$**	**$6 \leqq x \leqq 7$**	**$7 \leqq x \leqq 11$**

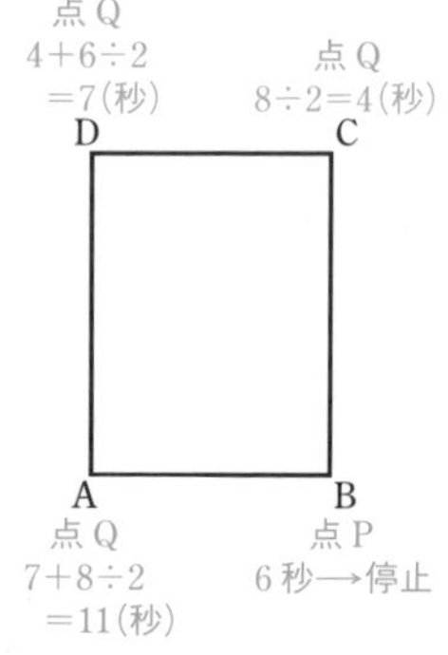

◀ x の変域など，条件によって式や計算方法を変えることがある。このように条件を分けて計算することを **場合に分ける** ということもある。

解答

(1) x 秒間に，点Pは $1\times x=x$ (cm) 移動し，点Qは $2\times x=2x$ (cm) 移動する。

点Pは，$6\div1=6$ (秒) かかって点Bに到達し，停止する。

点Qは，8 cm の辺を $8\div2=4$ (秒)，6 cm の辺を $6\div2=3$ (秒) かけて移動する。

よって，点Bを出発してから 4 秒，7 秒，11 秒でそれぞれ点C，D，A に到達する。

[1] $0 \leqq x \leqq 4$ のとき，点Pは辺 AB 上，点Qは辺 BC 上にあり，

$\mathrm{AP}=x$ cm,　$\mathrm{BQ}=2x$ cm

であるから

$$y=\frac{1}{2}\times x\times 2x=x^2$$

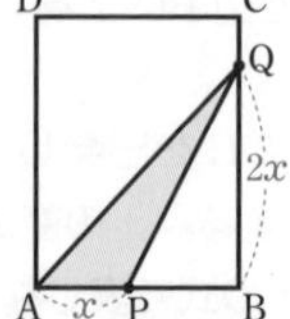

◀ △APQ の底辺は線分 AP，高さは線分 BQ
$y=\frac{1}{2}\times\mathrm{AP}\times\mathrm{BQ}$

[2]　$4 \leqq x \leqq 6$ のとき，点Pは辺 AB 上，点Qは辺 CD 上にあり，

$AP=x$ cm，　$BC=8$ cm

であるから

$$y=\frac{1}{2}\times x\times 8=4x$$

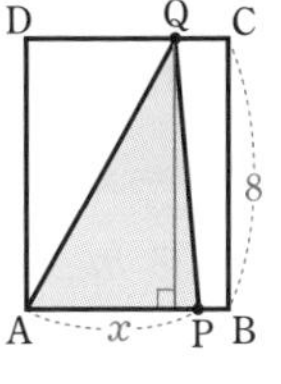

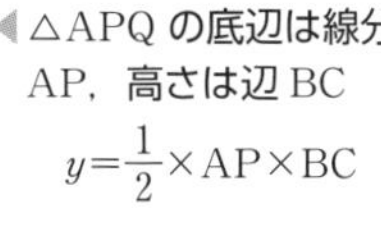

◀ △APQ の底辺は線分 AP，高さは辺 BC

$y=\frac{1}{2}\times AP\times BC$

[3]　$6 \leqq x \leqq 7$ のとき，点Pは点Bで停止し，点Qは辺 CD 上にある。

$AB=6$ cm，　$BC=8$ cm

であるから

$$y=\frac{1}{2}\times 6\times 8=24$$

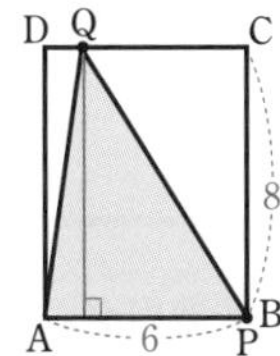

◀ △APQ の底辺は辺 AB，高さは辺 BC

$y=\frac{1}{2}\times AB\times BC$

[4]　$7 \leqq x \leqq 11$ のとき，点Pは点Bで停止し，点Qは辺 DA 上にある。

$AB=6$ cm，

$AQ=8+6+8-2x=22-2x$ (cm)

であるから

$$y=\frac{1}{2}\times 6\times (22-2x)=-6x+66$$

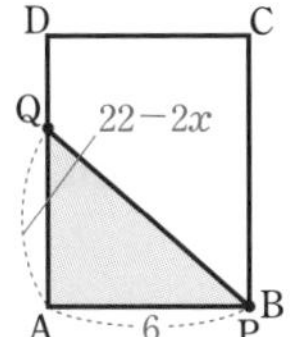

◀ △APQ の底辺は辺 AB，高さは線分 AQ

$AQ=8-2x$ とするのは誤り。これはQがDを出発してから x 秒後の線分 AQ の長さを意味する。Qは B を出発して 7 秒後にDに到達するから，正確には $AQ=8-2(x-7)$ と考える。

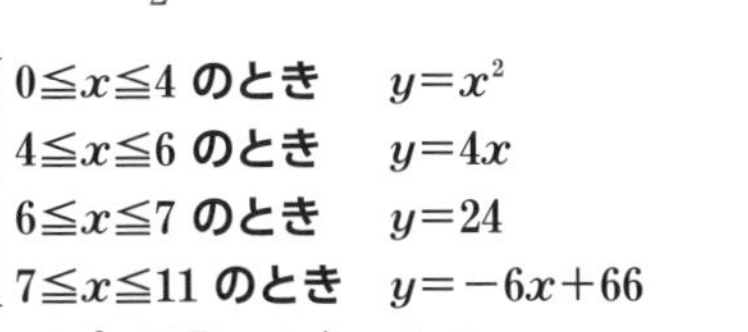

答 $\begin{cases} 0 \leqq x \leqq 4 \text{ のとき} & y=x^2 \\ 4 \leqq x \leqq 6 \text{ のとき} & y=4x \\ 6 \leqq x \leqq 7 \text{ のとき} & y=24 \\ 7 \leqq x \leqq 11 \text{ のとき} & y=-6x+66 \end{cases}$

グラフは **右の図** のようになる。

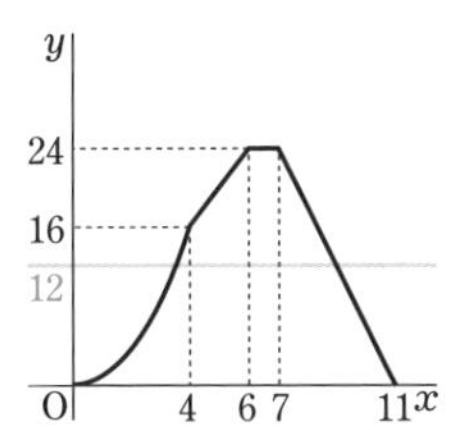

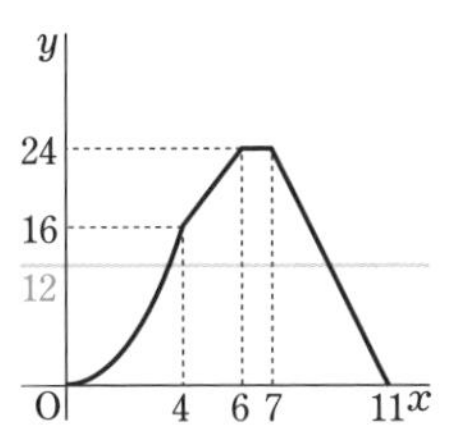

(2)　$y=12$ となるのは，(1) の [1] と [4] のときである。

$x^2=12$ とすると　$x=\pm 2\sqrt{3}$　　$0 \leqq x \leqq 4$ であるから　$x=2\sqrt{3}$

$-6x+66=12$ とすると　$x=9$　　$x=9$ は $7 \leqq x \leqq 11$ を満たす。

したがって　　$x=2\sqrt{3}$，9　答

(2)　(1) の面積 y のグラフと直線 $y=12$ の交点に注目する。

解答➡別冊 p. 46

練習 62　右の図のような，1 辺の長さが 4 cm の正方形 ABCD がある。点Pは頂点Aを出発して，辺 AB，BC 上をAからBを通過してCの方向に秒速 $\frac{1}{2}$ cm で移動する。また，点Qは頂点Bを出発して，辺 BC，CD，DA 上をそれぞれBからC，CからD，DからAまで秒速 1 cm で移動し，Aで停止する。2 点 P，Q がそれぞれ A，B を同時に出発してからQが停止するまでの，x 秒後の △APQ の面積を y cm^2 とする。

(1)　y を x の式で表し，そのグラフをかきなさい。

(2)　$y=3$ となる x の値をすべて求めなさい。

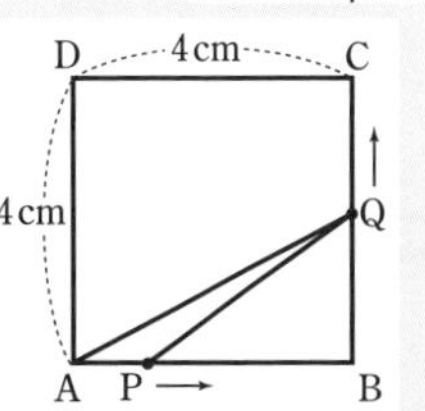

例題 63 放物線と直線の交点

>>p. 88 1 2 レベル 

右の図において，m は関数 $y=3x^2$ のグラフを表し，n は関数 $y=2x^2$ のグラフを表す。A は m 上の点であり，その x 座標は 2 である。B は n 上の点であり，その x 座標は -2 である。ℓ は 2 点 A，B を通る直線であり，C は ℓ と y 軸との交点である。C の y 座標を求めなさい。 〔改 大阪府〕

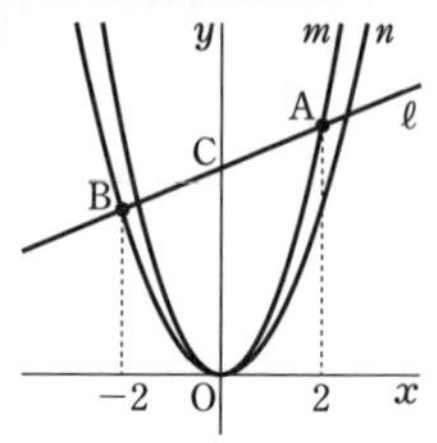

考え方

点 P$(p,\ q)$ が，ある関数のグラフ上にあるとき，点 P の x 座標と y 座標を関数の式に代入すると，等式が成り立つ。具体的には，点 P$(p,\ q)$ が

関数 $y=ax^2$ のグラフ上にある ⟶ $q=ap^2$

1 次関数 $y=ax+b$ のグラフ上にある ⟶ $q=ap+b$

解答

A は m 上の点であるから，$y=3x^2$ に $x=2$ を代入すると

$$y=3\times2^2=12$$

よって，点 A の座標は　$(2,\ 12)$

B は n 上の点であるから，$y=2x^2$ に $x=-2$ を代入すると

$$y=2\times(-2)^2=8$$

よって，点 B の座標は　$(-2,\ 8)$

直線 ℓ の式を $y=ax+b$ とすると $\begin{cases}12=2a+b & \cdots\cdots ① \\ 8=-2a+b & \cdots\cdots ②\end{cases}$

①＋② から　$20=2b$　　$b=10$

① に代入して　$12=2a+10$　　$2a=2$　　$a=1$

よって，直線 ℓ の式は　$y=x+10$

直線 ℓ の切片は 10 であるから，点 C の y 座標は　**10** 答

2 点 A，B を通る直線 ℓ の式は，まず傾きを $\dfrac{12-8}{2-(-2)}=1$ と求め，次に $y=1\times x+b$ に点 A または点 B の座標を代入して，切片 b を求めてもよい。

練習 63

解答➡別冊 p. 46

右の図のように，関数 $y=2x^2$ のグラフと直線 ℓ が 2 点 A，B で交わっていて，点 A の x 座標は -1，点 B の x 座標は 2 であるという。次の問いに答えなさい。

(1) 直線 ℓ の式を求めなさい。

(2) 点 C$(3,\ 0)$ を通り y 軸に平行な直線と直線 ℓ，関数 $y=2x^2$ のグラフの交点をそれぞれ D，E とするとき，線分 DE の長さを求めなさい。

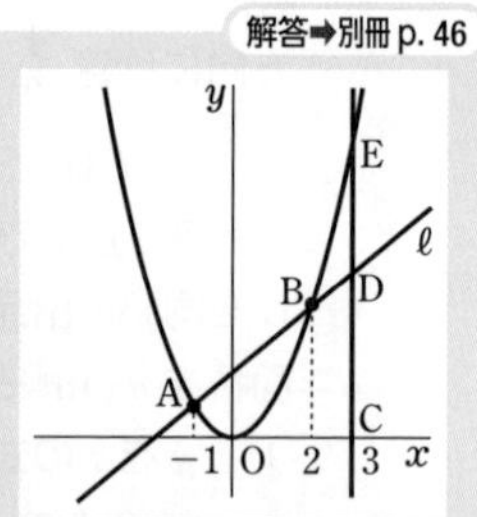

例題 64 放物線と直線でできる三角形の面積

>>p. 88 1 2 レベル 

右の図のように，関数 $y=ax^2$ のグラフと直線 ℓ が，2点A，Bで交わっている。Aの座標は $(-1,\ 2)$ で，Bの x 座標は2である。このとき，次の問いに答えなさい。

(1) a の値を求めなさい。

(2) 直線 ℓ の式を求めなさい。

(3) △AOB の面積を求めなさい。 〔岐阜県〕

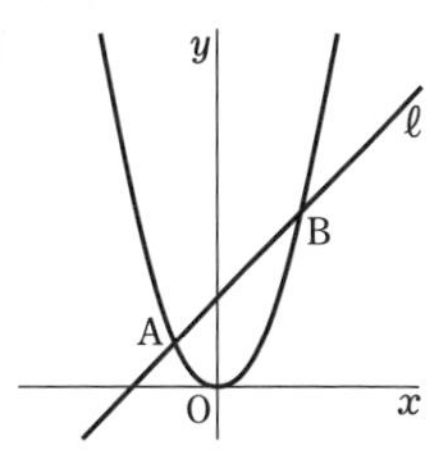

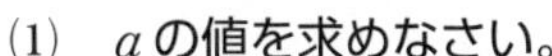

考え方 (3) 底辺の長さや高さが求めにくい三角形の面積

2つの三角形に分けて，底辺や高さは座標軸と平行な線分にとる。

△AOB の底辺の長さや高さは求めにくいから，右の図のように，直線 ℓ の切片をCとし，△AOC と △BOC の面積の和として求める。

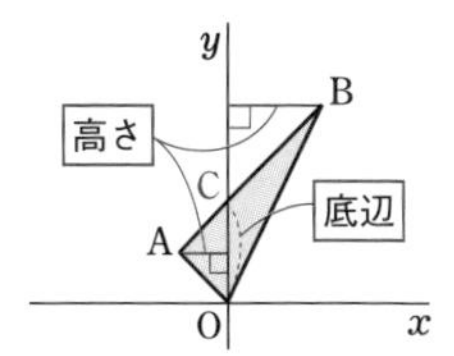

解答

(1) 点 $A(-1,\ 2)$ は関数 $y=ax^2$ のグラフ上にあるから

$2=a\times(-1)^2$ よって $\boldsymbol{a=2}$ 答

◀$x=-1$，$y=2$ を代入。

(2) 点Bは関数 $y=2x^2$ のグラフ上にあるから $y=2\times2^2=8$

◀$x=2$ を代入。

したがって，点Bの座標は $(2,\ 8)$

直線 ℓ の式を $y=mx+n$ とすると $\begin{cases} 2=-m+n & \cdots\cdots ① \\ 8=2m+n & \cdots\cdots ② \end{cases}$

②－① から $6=3m$ $m=2$

① に代入して $2=-2+n$ $n=4$

よって，直線 ℓ の式は $\boldsymbol{y=2x+4}$ 答

(3) 直線 ℓ と y 軸の交点をCとすると OC＝4

よって △AOB＝△AOC＋△BOC

$=\dfrac{1}{2}\times4\times1+\dfrac{1}{2}\times4\times2=\boldsymbol{6}$ 答

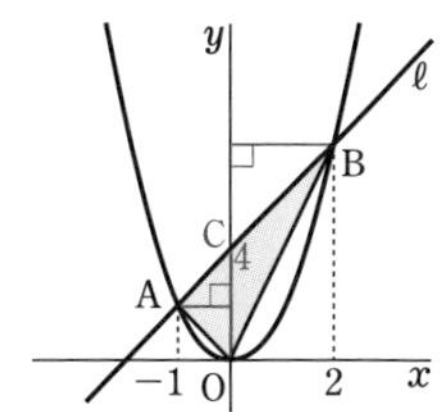

解答➡別冊 p. 47

練習 64 右の図のように，放物線 $y=ax^2$ 上に2点A，Bがある。A，Bの x 座標はそれぞれ -2 と4で，直線 AB の傾きは $\dfrac{1}{2}$ である。このとき，次の問いに答えなさい。

(1) 定数 a の値を求めなさい。

(2) 直線 AB の式を求めなさい。

(3) △OAB の面積を求めなさい。 〔改 滝川〕

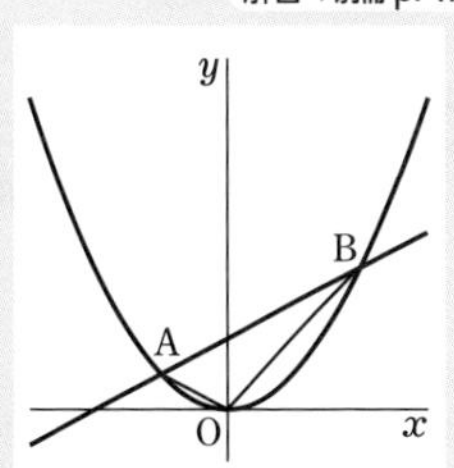

例題 65 xの変域によって異なる関数のグラフ

≫p. 97

週刊の冊子などを送付する第三種郵便物の料金は 50 g までが 63 円，50 g をこえて 100 g までが 71 円，以下 50 g 増えるごとに 8 円ずつ加算され，上限が 1 kg までの 215 円である。重さが x g の第三種郵便物の料金を y 円として，$0<x\leqq 250$ のときの x と y の関係をグラフに表しなさい。

考え方　変域を分けて，グラフに表す

郵便物の重さ x g が決まると，その料金 y 円がわかる。この x と y の関係について，**x の値が 1 つ決まると，y の値もただ 1 つ決まるから，y は x の関数である。**

しかし，x と y の関係を 1 つの式で表すことができないから，**x の変域を分けて，変域ごとの関数を考える。**

$0<x\leqq 50$　のとき　$y=63$

$50<x\leqq 100$ のとき　$y=71$　……

同様に，x が 50 g 増えるごとに y は 8 円ずつ増える。

$y=p$ のグラフは，点 $(0,\ p)$ を通り，x 軸に平行な直線となる。

解答

$0<x\leqq 50$　のとき　$y=63$

$50<x\leqq 100$ のとき　$y=71$

$100<x\leqq 150$ のとき　$y=79$

$150<x\leqq 200$ のとき　$y=87$

$200<x\leqq 250$ のとき　$y=95$

y は x の関数である。

グラフは **右の図** 答

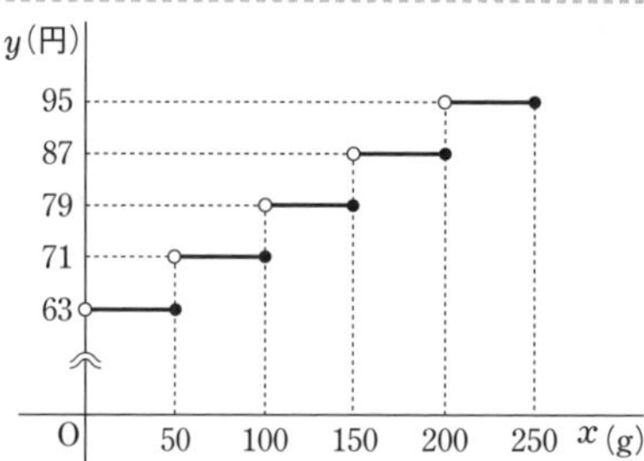

○はグラフが端をふくまないことを表し，●はグラフが端をふくむことを表す。
また，≈はめもりを省略していることを表す。
なお，グラフは階段のような形になる。

練習 65　解答➡別冊 p. 47

次の表は，ある鉄道会社の，片道が 21 km までの電車運賃を示したものである。運賃を計算するときの距離を x km，運賃を y 円として，$0<x\leqq 21$ のときの x と y の関係をグラフに表しなさい。

距離（km）	～4	～7	～11	～16	～21
運賃（円）	130	150	160	210	290

EXERCISES

解答➡別冊 p. 49

80 真上にボールを秒速 x m で投げたとき，ボールの到達する高さを y m とすると，y は x の 2 乗に比例する。いま，真上に秒速 10 m で投げたボールが高さ 5 m まで達した。 >>例題 58

(1) y を x の式で表しなさい。

(2) 秒速 30 m で投げたボールが到達する高さを求めなさい。

81 点Oを同時に出発して，同じ方向に進む 2 点 A，B がある。Aの進む距離は，かかった時間に比例し，Bの進む距離もかかった時間の 2 乗に比例する。ただし，Aは 2 秒間で 3 m 進む。また，出発してからAとBは 6 秒後に再び出会った。 >>例題 59

(1) Aが出発してからの時間を x 秒とし，進んだ距離を y m とする。このとき，y を x の式で表しなさい。

(2) AとBが再び出会った地点は，点Oから何 m の距離ですか。

(3) Bが出発してからの時間を x 秒とし，進んだ距離を y m とする。このとき，y を x の式で表しなさい。

(4) 2 点 A，B の進むようすを 1 つのグラフ上に表しなさい。 〔改 暁〕

82 ふりこが 1 往復するのにかかる時間を周期という。周期はおもりの重さやふり幅に関係しない。周期が x 秒のふりこの長さを y m とすると，y は x の 2 乗に比例することが知られている。また，周期が 2 秒のふりこの長さは 1 m であるという。このとき，次の問いに答えなさい。 >>例題 60

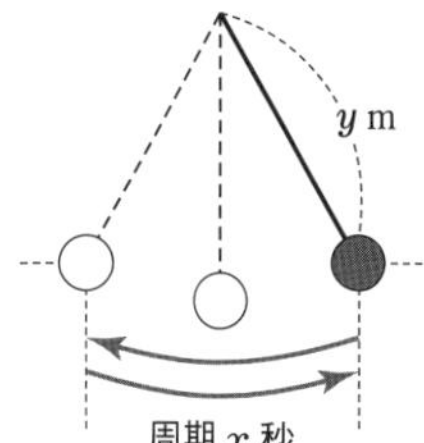

(1) y を x の式で表しなさい。

(2) ある博物館には，ふりこの長さが 5.76 m のふりこの時計がある。このふりこの周期を求めなさい。

83 関数 $y=-2x^2$ が表すグラフ上に点Aがあり，点Aの x 座標は 3 である。点Pは秒速 1 の速さで x 軸上を点 $(-4,\ 0)$ から点 $(4,\ 0)$ まで移動する。点Pが点 $(-4,\ 0)$ を出発してから x 秒後の △OAP の面積を y とする。次の [1]，[2] について，y を x の式で表しなさい。ただし，Oは原点である。 >>例題 61

[1] $0 \leqq x < 4$ のとき　　[2] $4 < x \leqq 8$ のとき

84　右の図のような，1辺の長さが 6 cm の正方形 ABCD がある。
2点 P，Q は，同時に頂点Aを出発し，点Pは正方形の辺上を点 B，C の順に通って点Dまで毎秒 1 cm の速さで進んで止まる。点Qは正方形の辺上を点Dまで毎秒 1 cm の速さで進んで止まる。
2点 P，Q が同時に出発してから，x 秒後の △APQ の面積を y cm^2 とする。

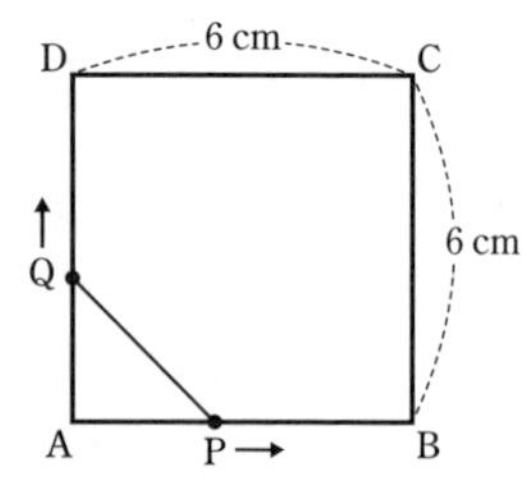

(1)　y を x の式で表し，そのグラフをかきなさい。
(2)　$y=16$ となる x の値をすべて求めなさい。　>>例題 62

85　2つの関数 $y=ax^2$ $(a>0)$，$y=-x^2$ のグラフがある。それぞれのグラフ上の，x 座標が2である点を A，B とする。AB=10 となるときの a の値を求めなさい。　〔改 栃木県〕
>>例題 63

86　図で，Oは原点，A，B はそれぞれ関数 $y=\frac{1}{3}x^2$，$y=ax^2$（a は定数，$a>0$）のグラフ上の点で，Cは直線 AB と y 軸との交点である。点Aの x 座標が 3，点Cの y 座標が 1，Bが線分 AC の中点であるとき，次の問いに答えなさい。　〔愛知県〕

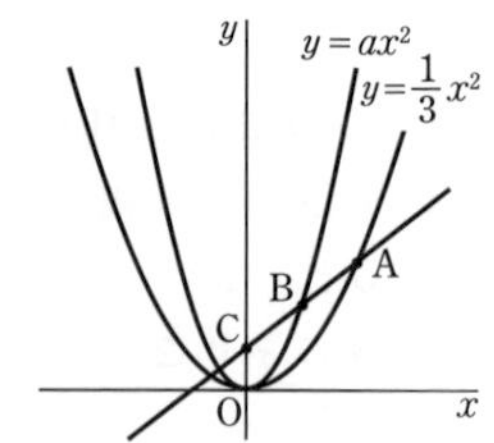

(1)　直線 AB の式を求めなさい。
(2)　a の値を求めなさい。　>>例題 63

87　右の図のように，関数 $y=ax^2$ のグラフと直線 ℓ が点 A，B で交わっている。点 A，B の x 座標がそれぞれ -2，3 であり，△OAB の面積が 10 であるとき，次の問いに答えなさい。

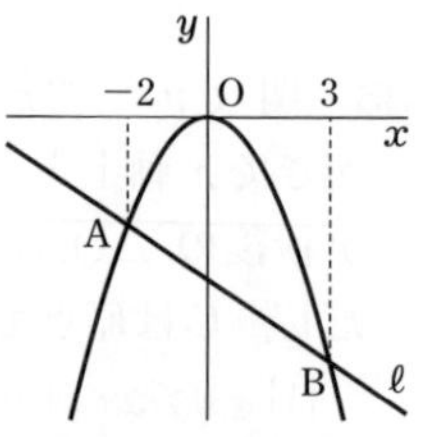

(1)　直線 ℓ と y 軸との交点の y 座標を求めなさい。
(2)　a の値と直線 AB の式を求めなさい。　>>例題 64

定期試験対策問題 (解答➡別冊 p. 52)

38 次の関数のグラフをかきなさい。 >>例題 52, 53

(1) $y=\frac{3}{2}x^2$　　(2) $y=-\frac{2}{5}x^2$

39 次の(1)～(4)にあてはまるものを，それぞれ(ア)～(エ)の中からすべて選び出しなさい。

(ア) $y=x^2$　(イ) $y=2x^2$　(ウ) $y=-2x^2$　(エ) $y=-2x$

(1) グラフは下に開いた放物線である。　(2) 関数の変化の割合は一定である。

(3) グラフは点 $(-1,\ 2)$ を通る。　(4) 最小値をもつ。 >>例題 52, 53

40 y は x の 2 乗に比例する関数で，$x=3$ のとき $y=6$ である。

(1) y を x の式で表しなさい。

(2) x の値が -2 から 3 まで増加するとき，変化の割合を求めなさい。

(3) x の変域が $-2 \leqq x \leqq 3$ のとき，最大値と最小値を求めなさい。

(4) x の変域が $-4 \leqq x \leqq -1$ のとき，y の変域を求めなさい。 >>例題 51, 54

41 右の図の直角三角形において，高さは底辺の長さの 2 倍である。次の問いに答えなさい。

(1) 底辺の長さを x，直角三角形の面積を y とするとき，y を x の式で表しなさい。

(2) 面積が 5 のとき，底辺の長さを求めなさい。 >>例題 52, 54

42 関数 $y=ax^2$ について，x の変域が $-7 \leqq x \leqq 5$ のときの y の変域は $b \leqq y \leqq 35$ である。このとき，定数 a，b の値を求めなさい。 >>例題 55

43 関数 $y=ax^2$ について，(1)～(3)のそれぞれの条件をみたす定数 a の値を求めなさい。

(1) グラフは点 $(-2,\ 8)$ を通る。

(2) x の変域が $-1 \leqq x \leqq 2$ であるときの y の最小値は -4 である。

(3) x の値が 1 から 3 まで増加するとき，変化の割合は 6 である。 >>例題 55, 56

44 a は定数とする。2 つの関数 $y=ax^2$ と $y=-12x+3$ について，x の値が 1 から 5 まで増加するときの変化の割合が等しいとき，a の値を求めなさい。 >>例題 57

45 物体を落下させるとき，落下し始めてから x 秒後までに落下する距離を y m とすると，y は x の 2 乗に比例し，落下し始めてから 2 秒後までに 19.6 m 落下する。

(1) y を x の式で表しなさい。

(2) 落下し始めてから 2 秒後から 3 秒後の平均の速さを求めなさい。

(3) 98 m の高さから物体を落下させるとき，地面に到達するまでに何秒かかりますか。

>>例題 58

46 1 辺の長さが 6 cm の正方形 ABCD がある。点 P は A を出発し，秒速 2 cm で，正方形の周上を D，C を通り B に向かって動く。

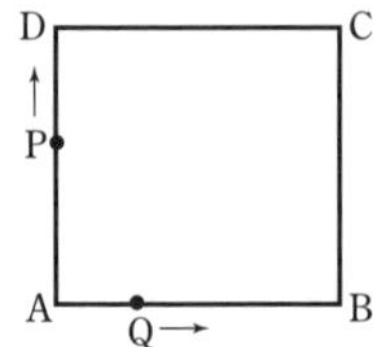

また，点 Q は点 P と同時に A を出発し，秒速 1 cm で，正方形の周上を B を通り C に向かって動く。2 点 P，Q が点 A を同時に出発してから x 秒後の △APQ の面積を y cm^2 とする。ただし，P と Q が A を出発してから出会うまでの範囲で考えるものとする。点 P が辺 AD，DC，CB 上にあるときのそれぞれについて，x と y の関係を式で表し，そのグラフをかきなさい。

>>例題 61，62

47 右の図のように，放物線 $y=\frac{1}{2}x^2$ 上に，2 点 A，B があり，点 A の x 座標は -2，点 B の x 座標が 4 であるとする。また，放物線 $y=\frac{1}{2}x^2$ 上に点 P を，直線 AB 上に点 Q をとる。2 点 P，Q の x 座標はともに t とし，$-2 \leqq t \leqq 4$ とする。 〔大手前〕

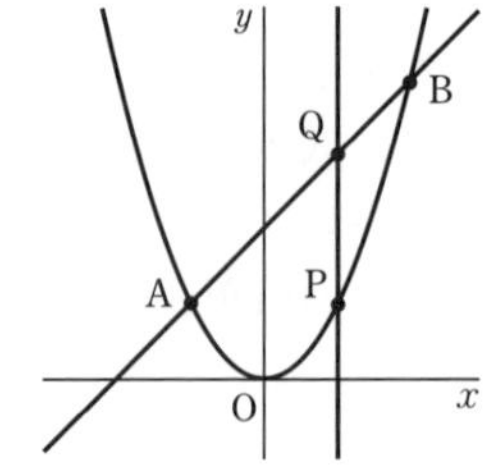

(1) 点 Q の座標を t を用いて表しなさい。

(2) 線分 PQ の長さが $\frac{5}{2}$ となるような t の値をすべて求めなさい。

>>例題 63

48 右の図のように，放物線 $y=ax^2$ $(a>0)$ と直線 ℓ が 2 点 A，B で交わり，点 A，B の x 座標はそれぞれ -1 と 3 である。△OAB の面積が 8 であるとき，定数 a の値を求めなさい。 〔関西学院高等部〕

>>例題 64

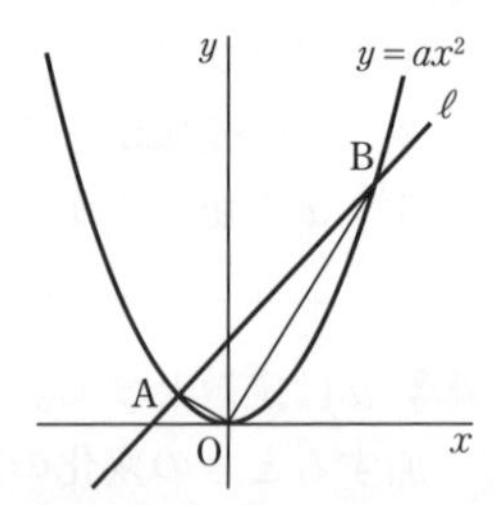

第5章

相　似

11 相似な図形

1 相似

❶ **相似**　2つの図形の一方を拡大または縮小した図形が，他方と合同になるとき，この2つの図形は **相似** であるという。
2つの図形が相似であることを，記号 ∽ を使って表す。たとえば，四角形 ABCD と四角形 EFGH が相似であることは

四角形 ABCD∽四角形 EFGH

と表し，「四角形 ABCD 相似 四角形 EFGH」と読む（❷ の図参照）。

図形をその形を変えずに大きくすることを **拡大** する，小さくすることを **縮小** するという。

記号∽を使って表すとき，対応する頂点を周にそって順に並べて書く。

四角形 ABCD
∽　↕↕↕↕ 対応
四角形 EFGH

❷ **相似な図形の性質**　相似である2つの図形では

[1]　**対応する線分の長さの比はすべて等しい。**

[2]　**対応する角の大きさはそれぞれ等しい。**

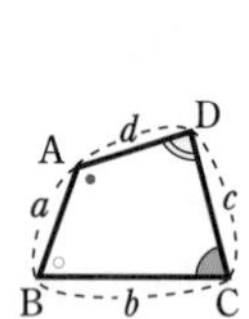

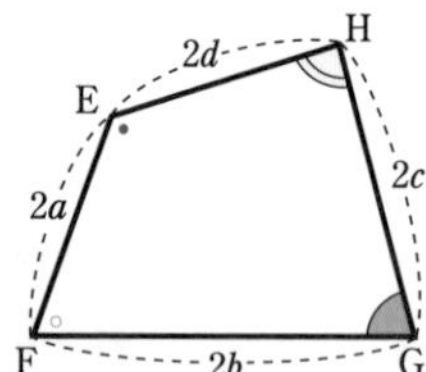

❸ **相似比**　相似な図形で，対応する線分の長さの比を **相似比** という。上の図の四角形 ABCD と四角形 EFGH の相似比は 1：2 である。

相似比が 1：1 である2つの図形は **合同** である。

❹ **相似の位置**　2つの図形の対応する点を通る直線がすべて1点Oで交わり，Oから対応する点までの距離の比がすべて等しいとき，2つの図形は **相似の位置** にあるといい，Oを **相似の中心** という。

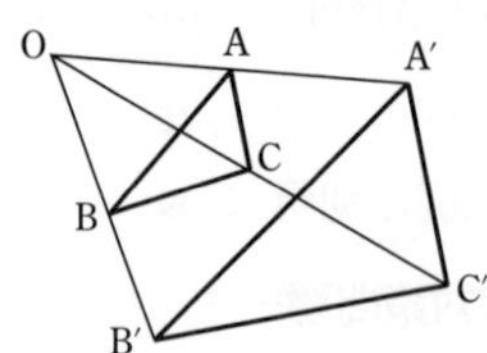

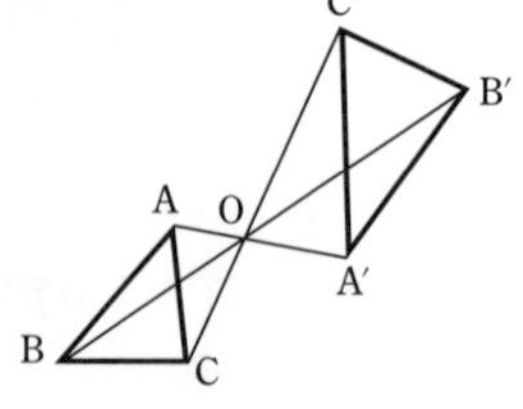

右の図で，
△ABC∽△A′B′C′
であり
OA：OA′=OB：OB′
=OC：OC′
= **相似比**

2 三角形の相似条件

2 つの三角形は，次のどれかが成り立つとき相似である。

[1]　**3 組の辺の比** がすべて等しい。

$a : a' = b : b' = c : c'$

[1]

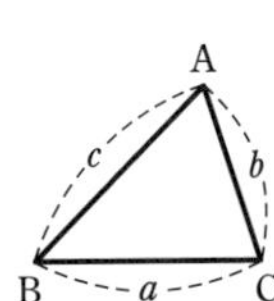

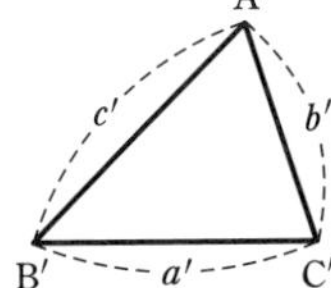

[2]　**2 組の辺の比とその間の角** がそれぞれ等しい。

$a : a' = c : c'$

$\angle B = \angle B'$

[2]

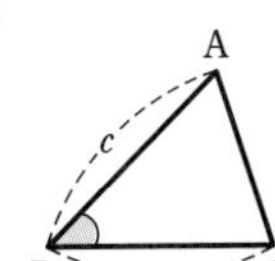

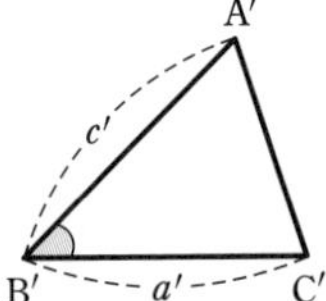

[3]　**2 組の角** がそれぞれ等しい。

$\angle B = \angle B'$

$\angle C = \angle C'$

[3]

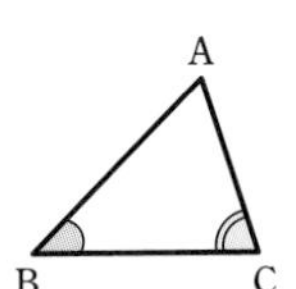

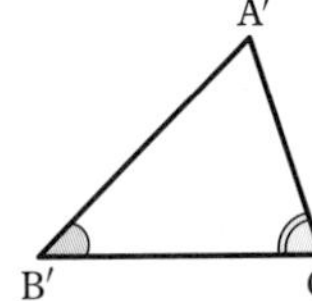

確認　比について，次の性質が成り立つ。

[1]　$a : b = c : d$ のとき

$ad = bc$

外項の積

$\overset{ad}{a : b = c : d}$　（bc：内項の積）

[2]　$a : b = c : d$ のとき

$a : c = b : d$

相似条件 [3] は，三角形の内角の和が 180° であることを考えると，「3 組の角がそれぞれ等しい」ことを表している。

⚠ 三角形の合同条件と三角形の相似条件の比較

	三角形の合同条件	三角形の相似条件
3 組の辺	3 組の **辺** がそれぞれ等しい	3 組の **辺の比** がすべて等しい
2 組の辺と間の角	2 組の **辺** とその間の角がそれぞれ等しい	2 組の **辺の比** とその間の角がそれぞれ等しい
2 組の角	1 組の辺とその両端の角がそれぞれ等しい	2 組の角がそれぞれ等しい

◀「辺」と「辺の比」が対応しているともいえる。
2 組の角が等しいところが少し異なるが，相似では「1 組の辺の比が等しい」というのは意味がない。

参考　三角形の相似条件の [2] は，次のように証明される。

△ABC と △DEF があり，$AB : DE = AC : DF = 1 : k$，$\angle A = \angle D$ であるとする。
右の図のように，直線 AB，AC 上にそれぞれ P，Q を $AP = kAB$，$AQ = kAC$ にとると，△APQ は点Aを相似の中心として △ABC を k 倍に拡大または縮小したものになる。

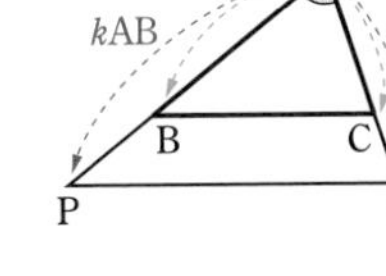

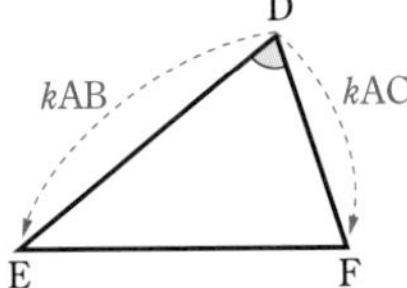

一方，$DE = kAB$，$DF = kAC$ であるから　　$DE = AP$，$DF = AQ$

また，$\angle D = \angle A$ であるから　　$\triangle DEF \equiv \triangle APQ$　（2 辺とその間の角）

よって　　$\triangle ABC \backsim \triangle DEF$

◀相似の定義については，前ページを参照。
一方の三角形を拡大または縮小したものが，他方の三角形と合同になることを示す。

第 5 章　相似

例題 66 相似な図形の性質

>>p. 114 1 レベル

右の図において，四角形 ABCD∽四角形 EFGH である。このとき，次のものを求めなさい。

(1) 四角形 ABCD と四角形 EFGH の相似比

(2) ∠H の大きさ

(3) 辺 AB に対応する四角形 EFGH の辺の長さ

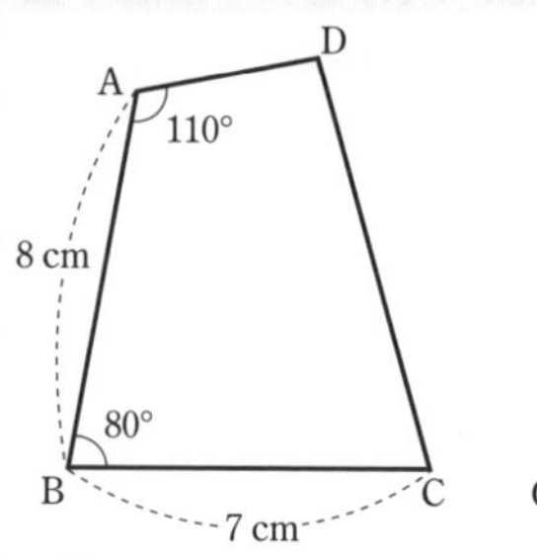

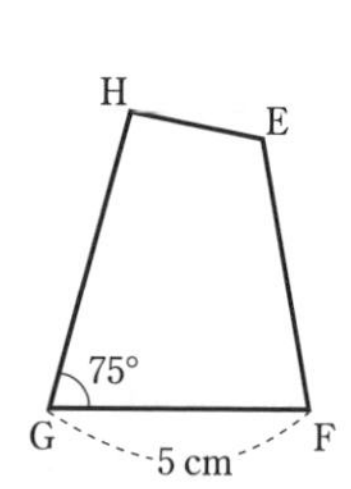

考え方 相似比 ⟶ 対応する線分の長さの比

$p.114$〜115 の要点のまとめを参照。

相似な図形の性質 相似である 2 つの図形では

[1] **対応する線分の長さの比はすべて等しい。**

[2] **対応する角の大きさはそれぞれ等しい。**

解答

(1) 相似な図形の 対応する線分の長さの比が相似比 である。

辺 BC に対して，辺 FG が対応するから

BC：FG＝**7：5** 答

四角形の向きが違うので，対応する辺を間違えないように。

(2) 対応する角の大きさは等しい から

∠E＝∠A＝110°，∠F＝∠B＝80°

よって　∠H＝360°－∠E－∠F－∠G

＝360°－110°－80°－75°

＝**95°** 答

(3) 四角形 ABCD∽四角形 EFGH であるから，辺 AB に対応する辺は，辺 EF である。

(1) より，相似比は 7：5 であるから　8：EF＝7：5

7×EF＝8×5　　EF＝$\mathbf{\frac{40}{7}}$ **(cm)** 答

別解 (3) 相似な図形では，となり合う 2 辺の長さの比も等しい。つまり，

AB：BC＝EF：FG から

8：7＝EF：5

よって　EF＝$\frac{40}{7}$

練習 66 右の図の四角形 EFGH は，点 O を相似の中心として，四角形 ABCD を縮小したものである。このとき，次のものを求めなさい。

解答➡別冊 p. 55

(1) 四角形 ABCD と四角形 EFGH の相似比

(2) ∠B の大きさ

(3) 辺 BC に対応する四角形 EFGH の辺の長さ

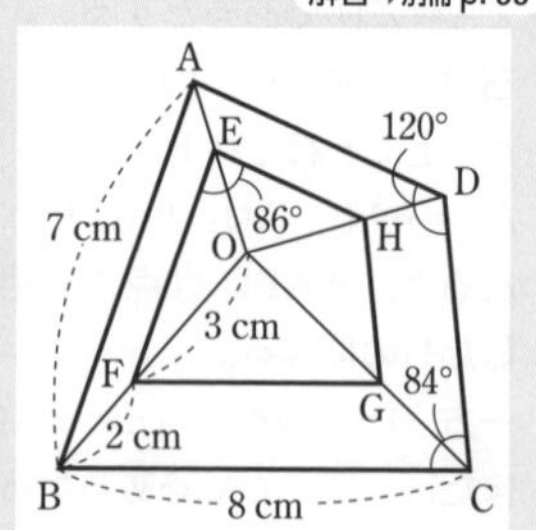

例題 67 三角形の相似条件

≫p. 115 2 レベル 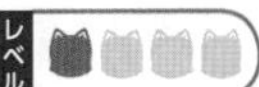

次の図において，相似な三角形を見つけ，記号∽を使って表しなさい。また，そのときに使った相似条件をいいなさい。

(1)
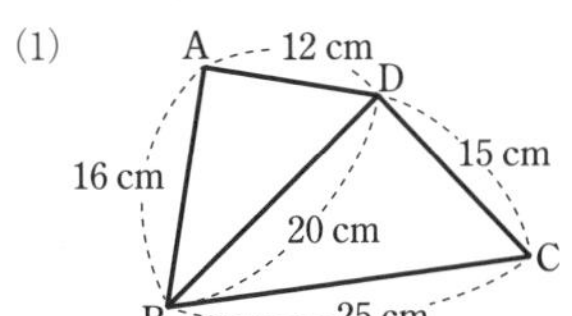

(2)
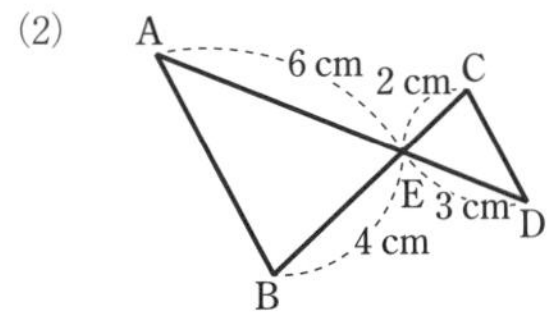

(3)
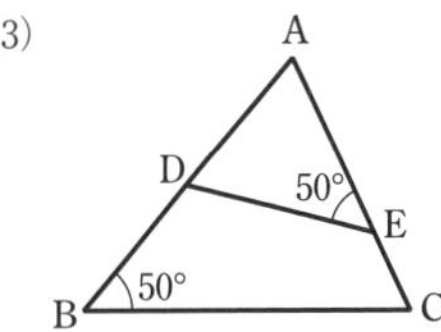

考え方

三角形の相似条件

[1]　**3 組の辺の比**　[2]　**2 組の辺の比とその間の角**　[3]　**2 組の角**

対応しそうな 2 つの三角形の 辺の長さの比 と 角の大きさ を比べて，相似条件 [1]～[3] が満たされているかどうかを調べる。

[1]，[2]，[3] の 3 つの相似条件のうち，いずれか 1 つが満たされていればよい。

解答

(1)　△ABD と △DBC において

AB：DB＝16：20＝4：5,　BD：BC＝20：25＝4：5,

AD：DC＝12：15＝4：5

3 組の辺の比 がすべて等しいから　**△ABD∽△DBC** 答

(2)　△EAB と △EDC において

EA：ED＝6：3＝2：1,　EB：EC＝4：2＝2：1,

∠AEB＝∠DEC（対頂角）

2 組の辺の比とその間の角 がそれぞれ等しいから

△EAB∽△EDC 答

(3)　△ABC と △AED において

∠BAC＝∠EAD（共通），　∠ABC＝∠AED＝50°

2 組の角 がそれぞれ等しいから　**△ABC∽△AED** 答

記号∽を使って表すときは，それぞれの頂点が対応するように，各頂点のアルファベットを書く。
(1) では，短い辺から順に並べてみると，対応がわかりやすい。
$\begin{cases}AD\\DC\end{cases}$, $\begin{cases}AB\\DB\end{cases}$, $\begin{cases}BD\\BC\end{cases}$

解答➡別冊 p. 55

練習 67　次の図において，相似な三角形を見つけ，記号∽を使って表しなさい。また，そのときに使った相似条件をいいなさい。

(1)
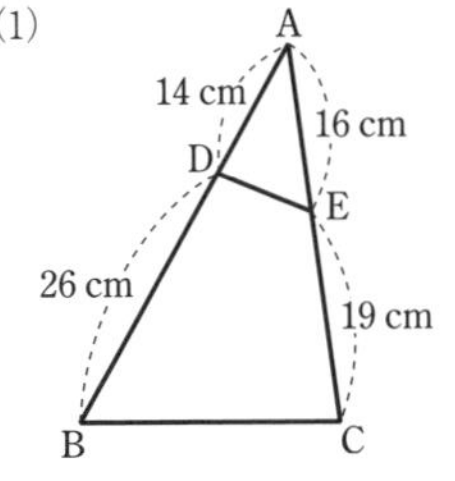

(2)
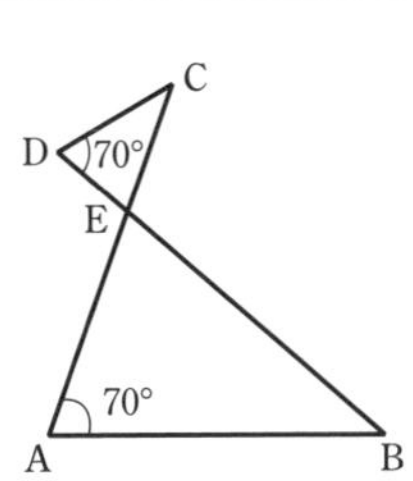

(3)
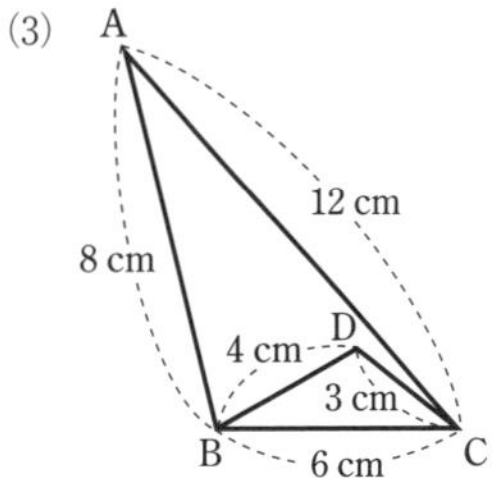

例題 68 直角三角形と相似

≫p. 115 2 レベル 

∠A＝90° の直角三角形 ABC において，頂点Aから辺 BC に垂線 AD をひく。このとき，次のことを証明しなさい。

(1) △DBA∽△ABC，　AB^2＝BC×BD

(2) △DBA∽△DAC，　AD^2＝BD×CD

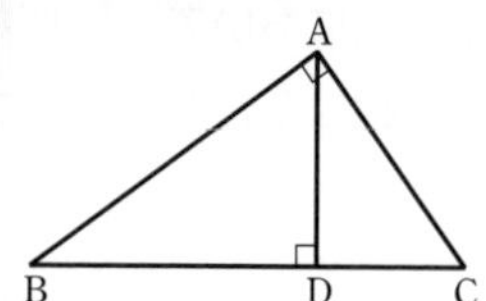

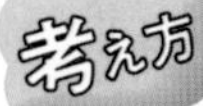

直角三角形と相似　**直角以外の角が等しい**

相似な直角三角形において，すでに 1 組の角が 90° で等しいから，もう 1 組の鋭角が等しければ，相似条件 [3] **2 組の角がそれぞれ等しい** が満たされる。
また，**共通の角** や **直角以外の 2 つの角の和が** 90° であることに注意して，図のように記号を入れていくと，等しい角がわかりやすい。

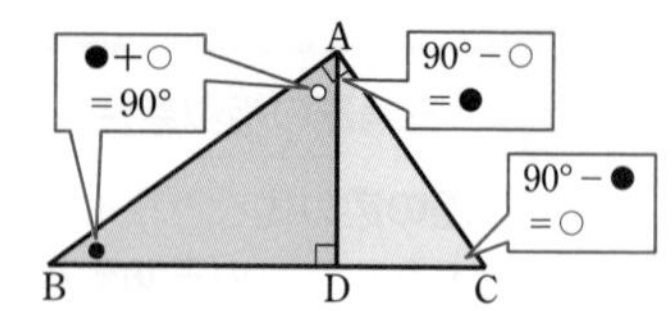

解答

(1) △DBA と △ABC において

∠BDA＝∠BAC＝90°，∠DBA＝∠ABC (共通)

2 組の角 がそれぞれ等しいから

△DBA∽△ABC

相似な三角形の対応する辺の長さの比は等しいから

DB : AB＝BA : BC　　AB×BA＝DB×BC

よって　　AB^2＝BC×BD　　← このように，線分 AB の長さの 2 乗を AB^2 と表す。

(2) △DBA と △DAC において

∠ADB＝∠CDA＝90°

∠ABD＝90°−∠ACD＝∠CAD

2 組の角 がそれぞれ等しいから

△DBA∽△DAC

相似な三角形の対応する辺の長さの比は等しいから

AD : CD＝BD : AD　　AD×AD＝CD×BD

よって　　AD^2＝BD×CD

分解図

(1)

(2)

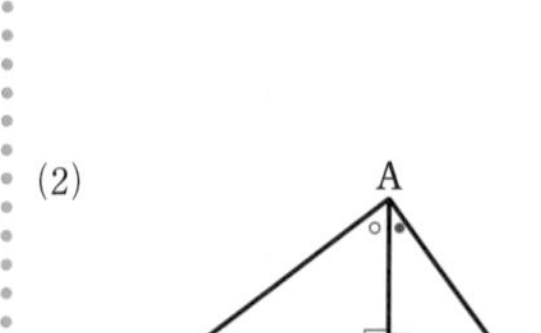

解答➡別冊 p. 55

練習 68 右の図のように，直角三角形 ABC の斜辺 BC 上に点Dをとり，Dを通り BC に垂直な直線と，辺 AB との交点をE，辺 CA の延長との交点をFとする。このとき，次のことを証明しなさい。

(1) △ABC∽△DBE　　(2) △ABC∽△DFC

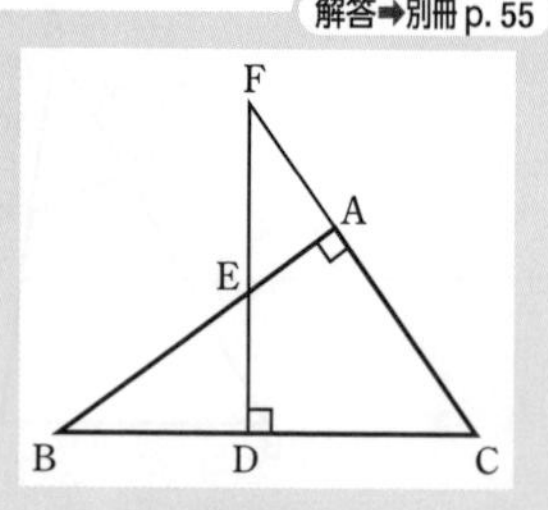

例題 69 相似な三角形の証明

>>p. 115 2 レベル

右の図の △ABC において，点Dは辺 AC 上の点であるとする。

(1)　△ABC∽△ADB であることを証明しなさい。

(2)　辺 BC の長さを求めなさい。

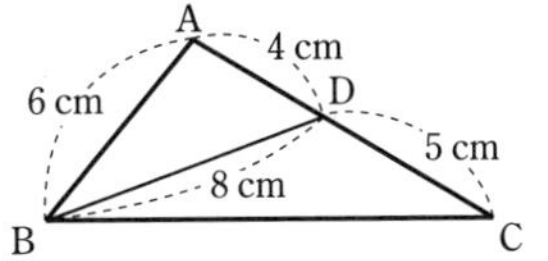

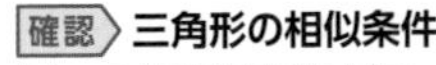

三角形の相似条件

[1]　**3 組の辺の比** がすべて等しい。

[2]　**2 組の辺の比とその間の角** がそれぞれ等しい。

[3]　**2 組の角** がそれぞれ等しい。

考え方

(1)　三角形の相似条件 [1]，[2]，[3]（右の 確認 参照）のうち，よく使われるのは，[3] **2 組の角** であるが，∠A が共通以外に等しい角の条件はないから使えない。ここでは，[2] の利用を考える。

⟶ **共通な ∠A が間の角** になるように，**2 組の辺の比** を考える。

(2)　相似な図形の対応する線分の長さの比はすべて等しいから，(1) より

AB：AD＝AC：AB＝BC：DB

このうち，条件から利用できるものを選んで，式をつくる。

◀辺 BC の長さがわからないから，[1] 3 組の辺も使えない。

◀**(1) は (2) のヒント** になっている。

解答

(1)　△ABC と △ADB において

AB：AD＝6：4＝3：2,

AC：AB＝(4＋5)：6＝3：2

よって　　AB：AD＝AC：AB　……①

共通な角であるから　∠BAC＝∠DAB　……②

①，② より，2 組の辺の比とその間の角 がそれぞれ等しいから

△ABC∽△ADB

(2)　相似な三角形の対応する辺の長さの比は等しいから

AB：AD＝BC：DB

3：2＝BC：8

2BC＝3×8

BC＝12 (cm)　答

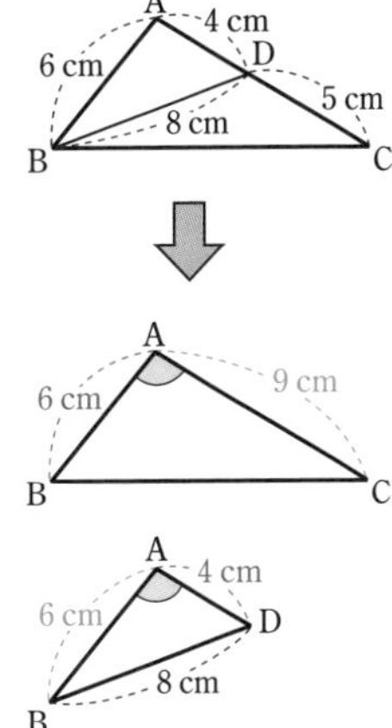

第 5 章 相似

解答➡別冊 p. 56

練習 69　右の図の △ABC において，点Dは辺 AB 上の点であり，∠ABC＝∠ACD であるとする。

(1)　△ABC∽△ACD であることを証明しなさい。

(2)　線分 AD の長さを求めなさい。

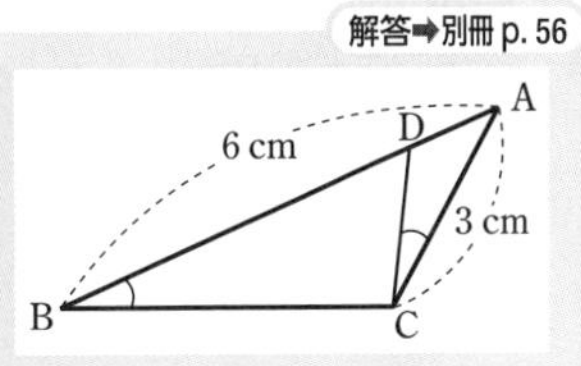

例題 70 相似と線分の角，長さ

≫p. 115 2 レベル 

右の図のような △ABC において，∠B の二等分線と辺 AC の交点を D とし，線分 BD 上に，AE＝AD となるように点 E をとる。

(1) ∠AEB＝∠CDB であることを証明しなさい。

(2) 線分 CD の長さを求めなさい。

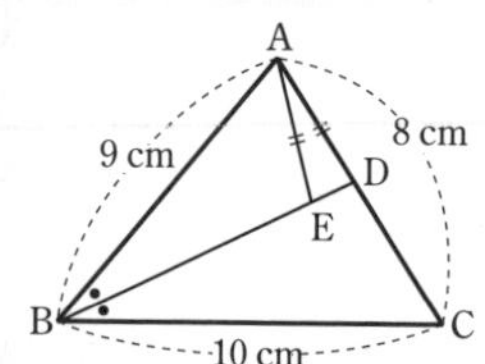

考え方

(1)，(2) の問題　**(1) は (2) のヒント**

(1) AE＝AD から，△AED は二等辺三角形 ⟶ **等角 2 つ**

(2) 求める線分の長さをふくむ三角形と相似になりそうな三角形について考えると，(1) から，△ABE∽△CBD がいえないか？
相似であることがわかれば，前ページ例題 69 (2) のように，対応する線分の長さについての式をつくって解く。

◀二等辺三角形の性質。二等辺三角形の 2 つの底角は等しい

◀$a : b = c : d$ のとき $\boldsymbol{ad = bc}$

解答

(1) △AED において，AE＝AD から
　∠AED＝∠ADE
また　∠AEB＝180°−∠AED
　∠CDB＝180°−∠ADE
よって　∠AEB＝∠CDB　……①

(2) 仮定から　∠ABE＝∠CBD　……②
△ABE と △CBD において，①，② より，2 組の角がそれぞれ等しいから
　△ABE∽△CBD
よって　AB : CB＝AE : CD
AE＝AD であり，AD＝AC−DC＝8−CD であるから
　9 : 10＝(8−CD) : CD
　9CD＝10(8−CD)
　19CD＝80　　**CD＝$\frac{80}{19}$ (cm)**　答

180° − ∠AED
180° − ∠ADE

◀相似な三角形の対応する辺の長さの比は等しい。

練習 70 右の図のような △ABC において，∠A の二等分線と辺 BC の交点を D とすると，AD＝BD が成り立つ。

(1) ∠A の大きさと等しい角を答えなさい。

(2) 辺 AB の長さを求めなさい。

解答➡別冊 p. 56

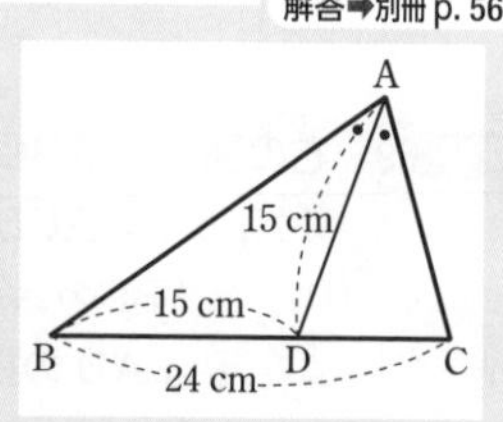

例題 71 合同と相似を利用した証明

>>p. 115 2

右の図のように，四角形 ABCD と四角形 GCEF はともに正方形で，線分 ED と線分 BG の延長との交点をHとする。

(1) △BCG≡△DCE であることを証明しなさい。

(2) BH⊥ED であることを証明しなさい。

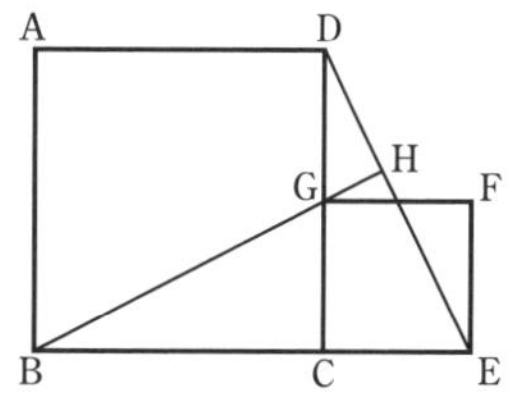

考え方 (1), (2) の問題 **(1) は (2) のヒント**

(1) 四角形 ABCD, GCEF はともに 正方形 であることがポイント。

(2) BH⊥ED のとき ∠DHG=90° であるが，直接の証明は難しい。
そこで，相似の性質（対応する角の大きさは等しい）を利用する。
⟶ △BCG∽△DHG がいえれば　∠BCG=∠DHG=90°
相似であることを証明するために，(1) の結果を利用する。

2つの合同・相似な図形では，対応する角の大きさはそれぞれ等しい。
このことが問題解決のカギとなる。

解答

(1) △BCG と △DCE において
四角形 ABCD と四角形 GCEF は正方形であるから
BC=DC ……①，CG=CE ……②
∠BCG=∠DCE=90° ……③
①〜③ より，2組の辺とその間の角 がそれぞれ等しいから　△BCG≡△DCE

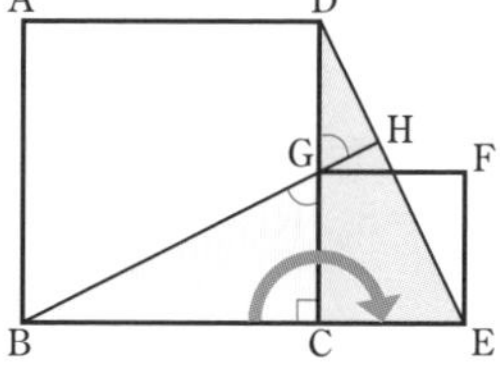

(2) △BCG と △DHG において
(1) から　∠CBG=∠HDG ……④
対頂角は等しいから　∠BGC=∠DGH ……⑤
④, ⑤ より，2組の角 がそれぞれ等しいから　△BCG∽△DHG
よって　∠DHG=∠BCG=90°
したがって　BH⊥ED

参考 △BCG を，点Cを回転の中心にして，**時計回りに 90° 回転移動すると，**△DCE に**重なる。**このとき，2つの合同な三角形の対応する辺 BG と DE の**なす角は，回転の角度である 90° に等しい。**

解答➡別冊 p. 56

練習 71 右の図において，△ABC は AB=AC の二等辺三角形である。辺 BC の中点をMとし，点Bを通り辺 AC に垂直な直線と線分 AM との交点をDとする。また，直線 BD と辺 AC との交点をEとする。さらに，直線 BD と点Cを通り辺 AB に平行な直線との交点をFとする。

(1) △ABD≡△ACD であることを証明しなさい。

(2) CD⊥CF であることを証明しなさい。

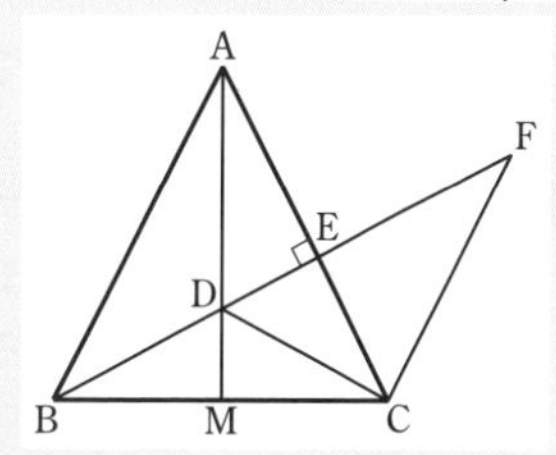

EXERCISES

88 右の図において，
四角形 ABCD∽四角形 HGFE である。
次のものを求めなさい。 >>例題 66
(1) ∠A，∠E の大きさ
(2) 辺 FG の長さ

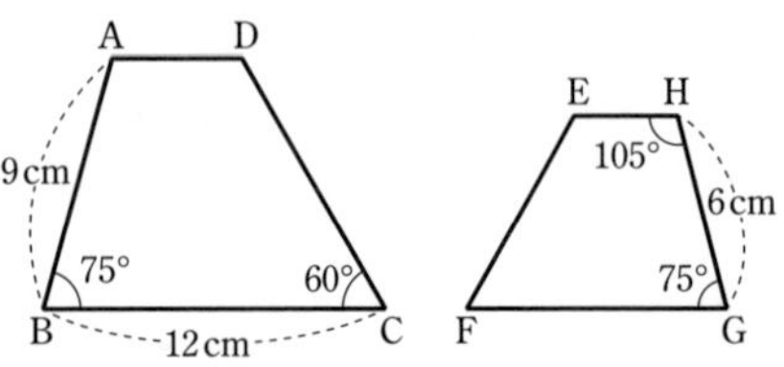

89 次の ①～⑥ の三角形のうち，相似な三角形を見つけ，記号∽を使って表しなさい。また，そのときの相似条件をいいなさい。 >>例題 67

① △ABC で ∠B=40°，∠C=60°，AB=2
② △DEF で DE=10，EF=7，FD=6
③ △GHI で GH=5，GI=3.5，∠G=60°
④ △JKL で ∠J=60°，∠K=80°，∠L=40°
⑤ △OMN で OM=10，ON=7，∠O=60°
⑥ △PQR で PQ=3，QR=5，RP=3.5

90 右の図は，点Oを中心として，△ABC を2倍に拡大した △A′B′C′ を示している。
このとき，次のことを証明しなさい。
(1) A′B′：AB=2：1　　(2) A′B′∥AB
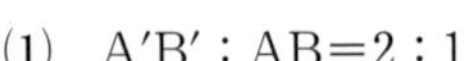
 >>例題 67

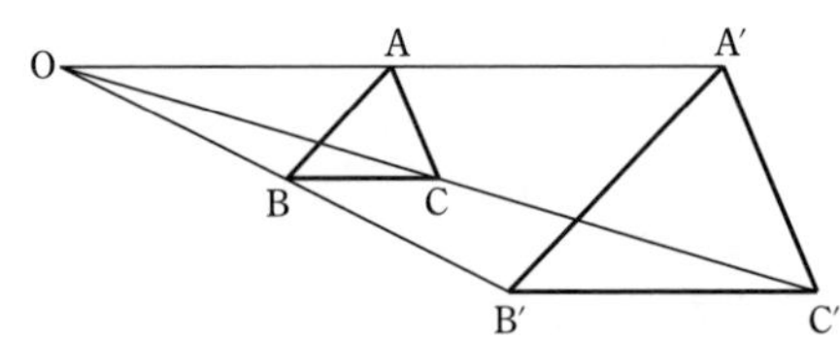

91 ∠A=90° である直角三角形 ABC において，Aから辺 BC に垂線 AH をひく。また，∠B の二等分線が垂線 AH，辺 AC と交わる点をそれぞれ D，E とする。このとき，次のことを証明しなさい。 >>例題 68, 69

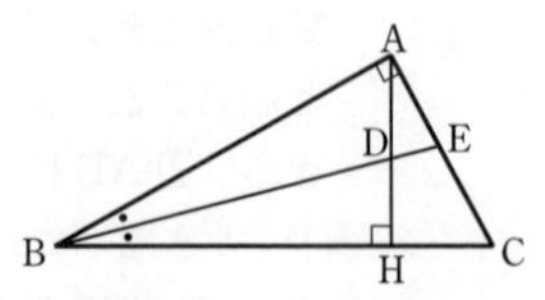

(1) △ABE∽△HBD　　(2) △ABD∽△CBE　　(3) AD=AE

92 右の図のように，AB＝AC である二等辺三角形 ABC の辺 BC のCを越える延長上に，AD＝BD となるような点Dをとる。

(1) △ABC∽△DAB であることを証明しなさい。

(2) ∠BDA＝36° のとき，∠BCA の大きさを求めなさい。

>>例題 69

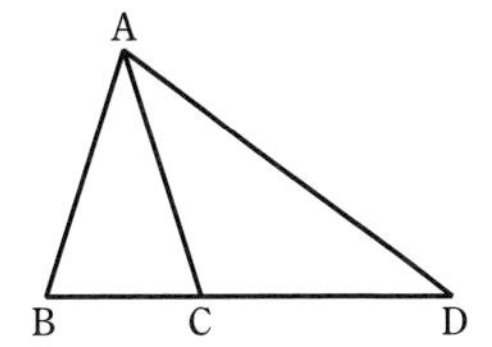

93 右の図のような △ABC において，点Dは辺 BC 上の点で

∠BAD＝∠CAD＝∠ABD

であるとする。BC＝8 cm，AC＝6 cm であるとき，辺 AB の長さを求めなさい。

>>例題 70

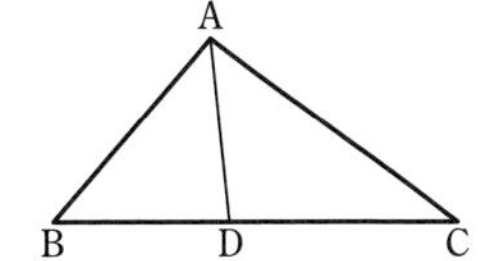

94 △ABC の辺 BC 上の点をDとし，点 B，C から線分 AD またはその延長上にそれぞれ垂線 BE，CF をひく。このとき，BD×CF＝BE×CD であることを証明しなさい。

>>例題 70

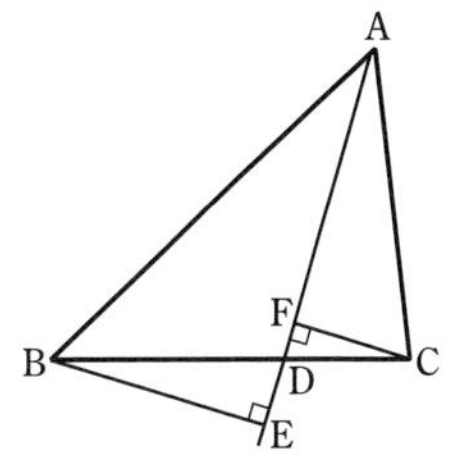

95 右の図で，△ABC は ∠ABC＝90°，AB＝5 cm，BC＝12 cm の直角三角形である。また，点Pは辺 AB 上，点Qは辺 BC 上，点Rは辺 AC 上の点で，四角形 PBQR は正方形である。このとき，線分AP の長さを求めなさい。

〔専修大学松戸〕 >>例題 70

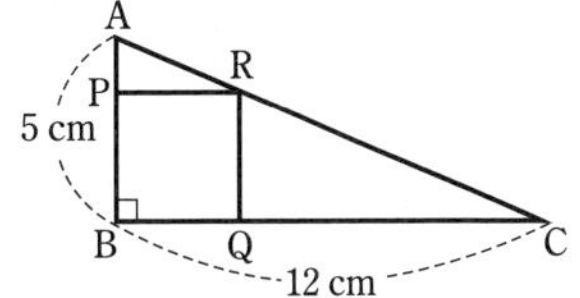

96 右の図のように，△ABC の ∠B の二等分線が辺 AC と交わる点をDとし，辺 AB の中点をEとする。△ABC∽△BDC のとき，△ADE≡△BDE であることを証明しなさい。 >>例題 71

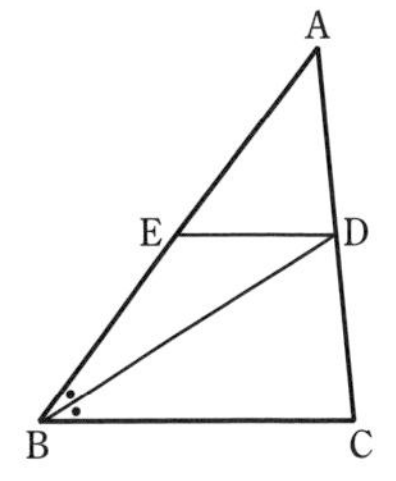

12 相似な図形の面積比，体積比

1 線分の比と面積の比

① **高さが等しい2つの三角形の面積の比は，底辺の長さの比に等しい。**

② **底辺の長さが等しい2つの三角形の面積の比は，高さの比に等しい。**

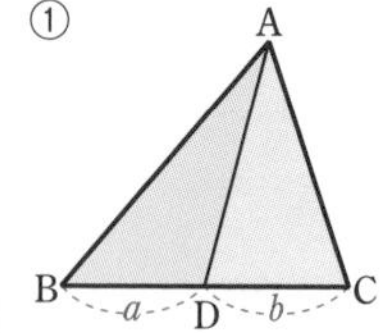

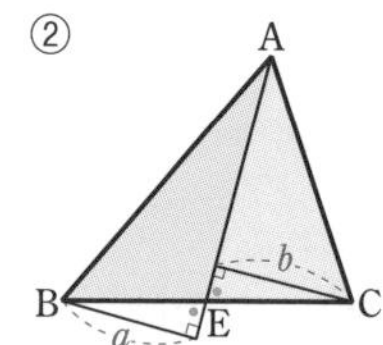

例 右の図において　① △ABD：ACD$=a:b$
② △ABE：ACE$=a:b$

2 相似な図形の面積の比

2つの相似な図形の相似比が $m:n$ であるとき，それらの **面積比は $m^2:n^2$** である。

◀以後，「面積比」と表す。

◀相似比が $1:k$ であるとき，面積比は $1:k^2$ である。

例 △ABC∽△A′B′C′，相似比は $m:n$ であるとする。
△ABC の底辺 BC の長さを ma，高さを mh とすると，
△A′B′C′ の底辺 B′C′ の長さは na，高さは nh である。
△ABC の面積を S，△A′B′C′ の面積を S' とすると

$$S=\frac{1}{2}\times ma\times mh=\frac{1}{2}m^2ah,\quad S'=\frac{1}{2}\times na\times nh=\frac{1}{2}n^2ah$$

よって　$S:S'=\frac{1}{2}m^2ah:\frac{1}{2}n^2ah=m^2:n^2$

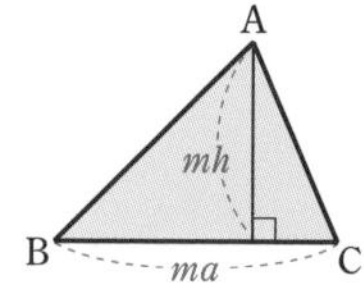

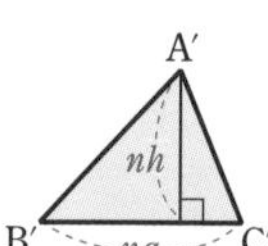

3 相似な図形の体積の比

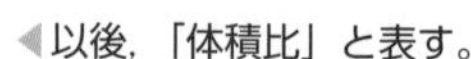

① 1つの立体を一定の割合で拡大または縮小した立体は，もとの立体と **相似** であるという。

② 2つの相似な立体の相似比が $m:n$ であるとき，それらの **表面積の比は $m^2:n^2$** であり，**体積比は $m^3:n^3$** である。

◀以後，「体積比」と表す。

◀相似な立体では，対応する線分の長さの比はすべて等しく，対応する角の大きさはそれぞれ等しい。

例 2つの直方体 P と P' は相似で，相似比は $m:n$ であるとする。
直方体 P の縦，横，高さをそれぞれ ma，mb，mc とすると，
直方体 P' の縦，横，高さはそれぞれ na，nb，nc である。
直方体 P，P' の体積をそれぞれ V，V' とすると

$$V=ma\times mb\times mc=m^3abc,\quad V'=na\times nb\times nc=n^3abc$$

よって　$V:V'=m^3abc:n^3abc=m^3:n^3$

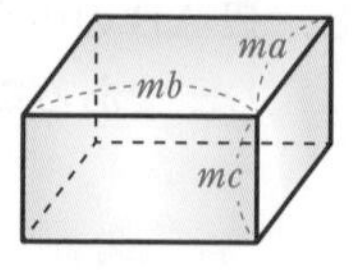

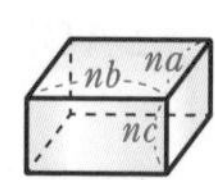

例題 72 線分の比と三角形の面積比

>>p. 124 1

レベル 

平行四辺形 ABCD において，辺 AD の中点をEとし，対角線 AC と直線 BE の交点をFとする。

(1) AF：FC を求めなさい。

(2) △ACD と △FBC の面積比を求めなさい。

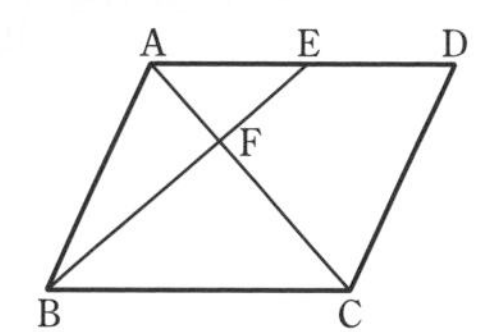

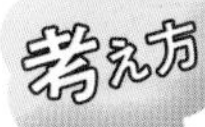

高さが等しい 2 つの三角形の面積比は，底辺の長さの比に等しい

(2) 平行四辺形の中に現れる，相似な三角形や高さが等しい三角形に注目する。△ACD と △FBC の関係がわかりにくいので，△ACD＝△ABC であることを利用する。

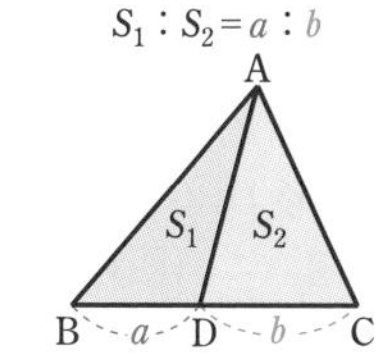

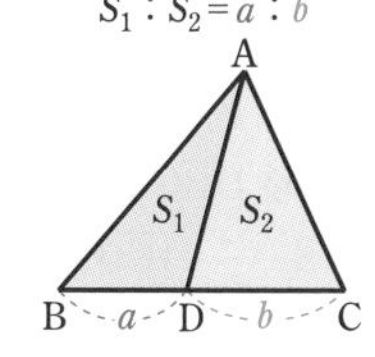

解答

(1) △FEA と △FBC において

∠AFE＝∠CFB （対頂角）

AE∥BC から　∠FAE＝∠FCB （錯角）

2 組の角がそれぞれ等しいから　△FEA∽△FBC

よって　AF：CF＝AE：CB

2AE＝AD，AD＝BC であるから

AF：FC＝AE：BC＝**1：2** 答

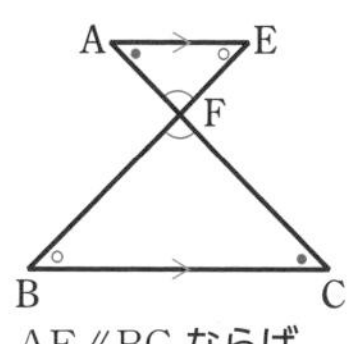

(1) AE∥BC ならば AF：FC＝AE：BC （次の節で学習）

(2) △ABC と △ACD の面積は，ともに平行四辺形 ABCD の面積の半分である。このことと，(1) から

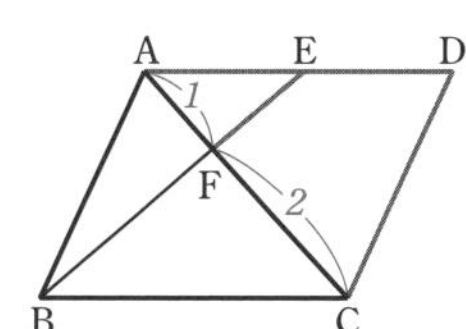

△ACD：△FBC＝△ABC：△FBC

$=AC：FC$

$=(AF+FC)：FC$

$=\left(\frac{1}{2}FC+FC\right)：FC$

$=$**3：2** 答

◀ △ABC と △FBC の底辺をそれぞれ，辺 AC，FC とみると高さが等しい。

解答➡別冊 p. 57

練習 72 右の図の平行四辺形 ABCD において，辺 BC を 1：2 に分ける点をEとし，直線 DE と対角線 AC の交点をFとする。

(1) AF：FC を求めなさい。

(2) △FEC と平行四辺形 ABCD の面積比を求めなさい。

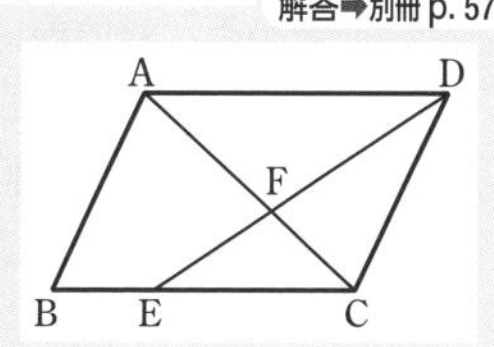

例題 73 相似な図形の面積比

≫p. 124 2

右の図の △ABC において，DE∥BC，AD：DB＝3：2 であり，△ABC の面積は 25 cm^2 である。このとき，四角形 DBCE の面積を求めなさい。

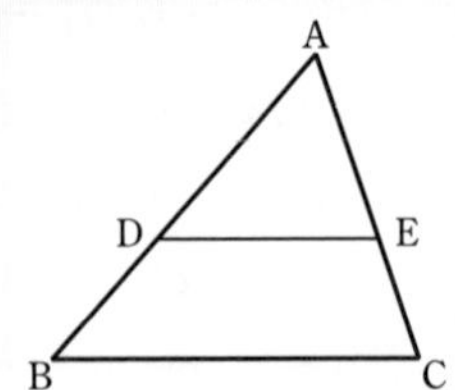

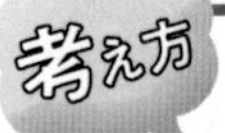

相似な図形の面積比は　相似比の 2 乗

四角形 DBCE は，△ABC より △ADE を取り除いたものであるから

(四角形 DBCE の面積)＝△ABC－△ADE

DE∥BC より，△ABC∽△ADE であるから，2 つの三角形の対応する辺の長さの比から相似比を求め，面積比を求める。

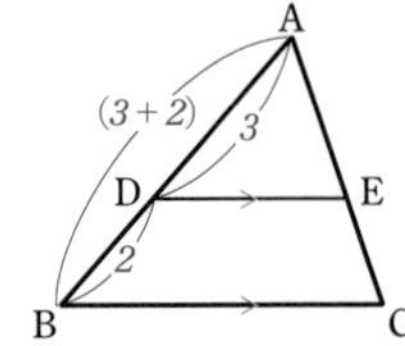

解答

△ADE と △ABC において

∠DAE＝∠BAC　(共通)

DE∥BC から　∠ADE＝∠ABC　(同位角)

2 組の角 がそれぞれ等しいから　△ADE∽△ABC

AD：DB＝3：2 であるから　AD：AB＝3：5

よって，△ADE と △ABC の相似比は　3：5

△ADE と △ABC の面積比は

△ADE：△ABC＝3^2：5^2＝9：25

△ABC の面積は 25 cm^2 であるから

△ADE：25＝9：25

△ADE×25＝25×9

△ADE＝9 (cm^2)

よって，四角形 DBCE の面積は

△ABC－△ADE＝25－9＝16 (cm^2)

答　**16 cm^2**

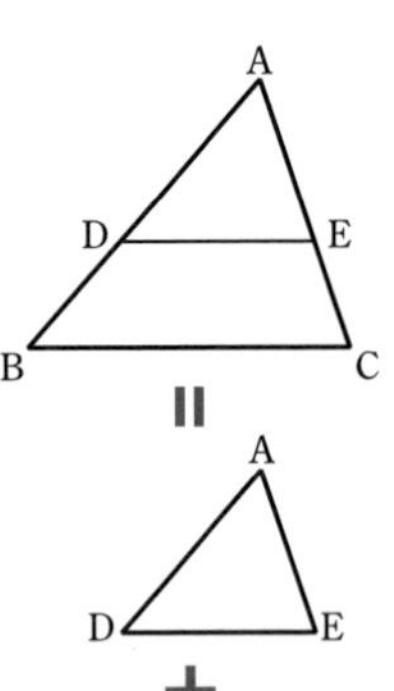

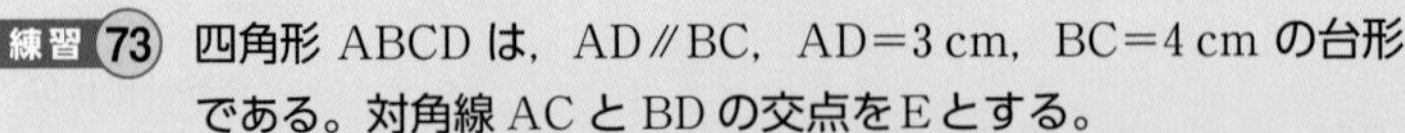

解答➡別冊 p. 57

練習 73 四角形 ABCD は，AD∥BC，AD＝3 cm，BC＝4 cm の台形である。対角線 AC と BD の交点を E とする。

(1)　△ABE の面積は △AED の面積の何倍ですか。

(2)　△BCE の面積は △AED の面積の何倍ですか。

(3)　四角形 ABCD の面積が 98 cm^2 のとき，△AED の面積を求めなさい。

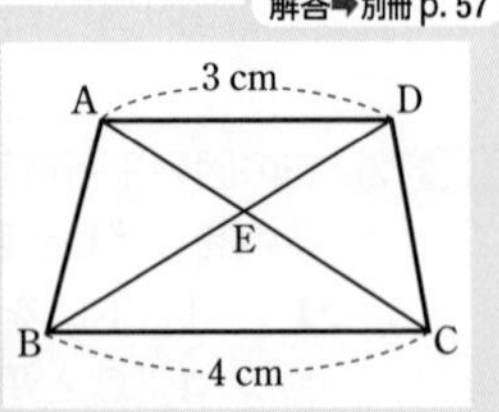

例題 74 相似な立体の表面積の比と体積比

≫p. 124 3

(1) 相似な 2 つの立体 P, Q があり，その表面積の比は 16：9 である。Pの体積が 192 cm³ のとき，Qの体積は何 cm³ か求めなさい。

(2) 右の図のように，正四角錐 OABCD の辺 OA，OB，OC，OD の中点をそれぞれ E，F，G，H とし，正四角錐 OABCD から正四角錐 OEFGH を切り取って立体Kをつくる。立体Kの体積は，正四角錐 OABCD の体積の何倍になるか，求めなさい。

(2)

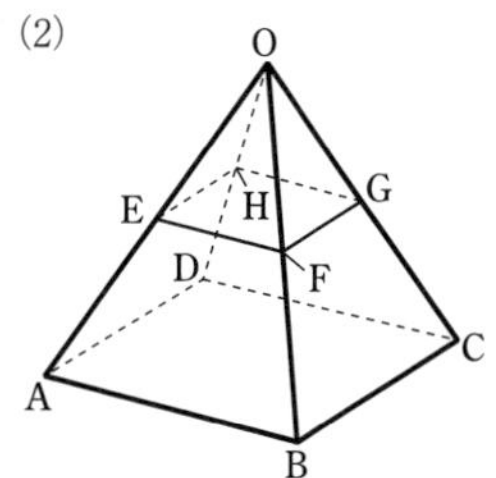

第5章 相似

考え方 相似な 2 つの立体の相似比が $m:n$ のとき

表面積の比は $m^2:n^2$ 体積比は $m^3:n^3$

(2) 底面に平行な平面で切り取っているから，もとの正四角錐 OABCD と小さい正四角錐 OEFGH は相似である。2 つの相似な正四角錐の対応する辺の長さの比から相似比を求め，体積比を求める。

CHART
相似形
面積比は 2 乗の比
体積比は 3 乗の比

解答

(1) 相似な 2 つの立体 P, Q の表面積の比は $16:9=4^2:3^2$ であるから，

相似比は $4:3$

2 つの立体 P, Q の体積比は $4^3:3^3=64:27$

よって，立体Qの体積は $192\times\dfrac{27}{64}=\mathbf{81\ (cm^3)}$ 答

◀192：(立体Qの体積)$=64:27$

(2) 正四角錐 OABCD と正四角錐 OEFGH は相似で，相似比は，

OA：OE＝2：1 であるから，体積比は $2^3:1^3=8:1$

立体Kと正四角錐 OABCD の体積比は $(8-1):8=7:8$

よって，立体Kの体積は正四角錐 OABCD の体積の $\dfrac{7}{8}$ **倍** 答

2 つの正四角錐は，点Oを相似の中心として，相似の位置にある。

解答➡別冊 p. 57

練習 74 右の図のように，正四面体 ABCD の辺 AC 上の点Pを通り，底面 BCD に平行な平面でこの四面体を切ると，切り口の面積が △BCD の面積の $\dfrac{1}{4}$ になるという。

(1) AP：PC を求めなさい。

(2) 分けられた 2 つの立体のうち，頂点Aをふくまない方の立体の体積は，正四面体 ABCD の体積の何倍であるか答えなさい。

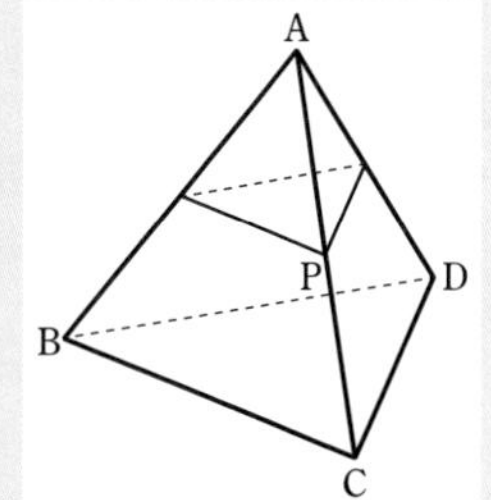

例題 75 相似な立体の体積比

>>p. 124 3

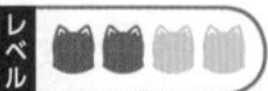

円錐の形をした深さが 12 cm の容器がある。この容器にコップ 1 杯の水を入れ，右の図のように，水面が容器の底面と平行になるようにしたとき，水面の高さが 4 cm になった。この容器を水でいっぱいにするには，あとコップ何杯分の水を入れるとよいか，答えなさい。

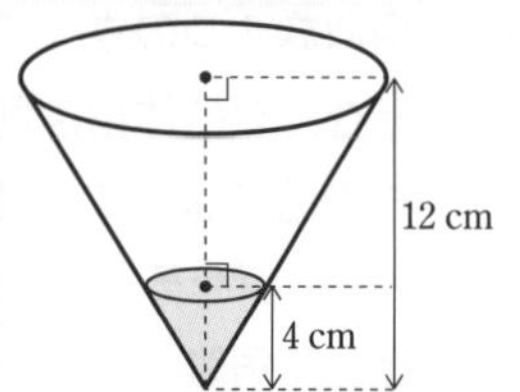

考え方

図の赤い部分にコップ何杯分の水が入るか，つまり，赤い部分の立体の体積を，次のことを利用して考える。

⟶ 図の赤い部分の立体は，大きい円錐から，底面に平行な平面で切ったときにできる小さい円錐を取り除いたものであり，**大きい円錐と小さい円錐は相似** である。

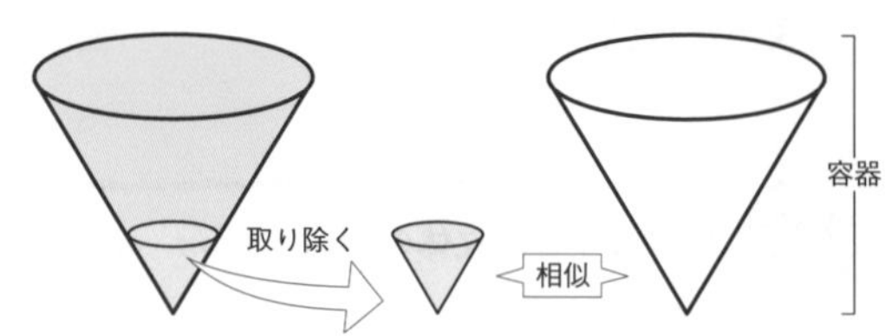

解答

容器の円錐をAとし，コップ 1 杯の水を入れたとき，水が入った部分の円錐をBとする。

このとき，円錐Aと円錐Bは相似で，その相似比は $12:4=3:1$ であるから，

体積比は　　$3^3:1^3=27:1$

よって，容器を水でいっぱいにするためには，あと $27-1=26$ (杯) 分の水を入れるとよい。

答　**コップ 26 杯分**

練習 75

解答➡別冊 p. 57

右の図のように，円錐を底面に平行な平面で，高さが 3 等分となるように 3 つの立体に分ける。
真ん中の立体の体積が $28\pi\ \text{cm}^3$ であるとき，一番下の立体の体積を求めなさい。

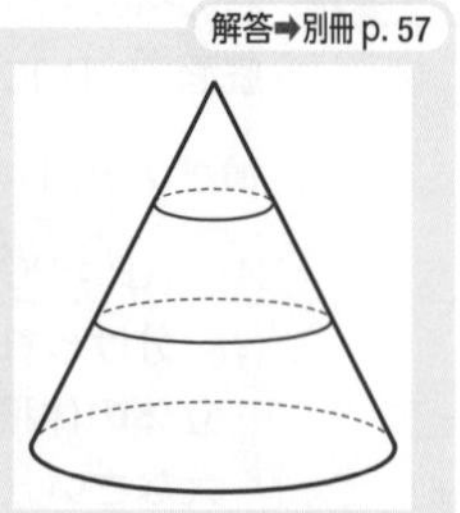

EXERCISES

解答➡別冊 p. 63

97 右の図の平行四辺形 ABCD において，AB=5 cm, AD=7 cm であり，辺 BC 上の点 E は，BE=3 cm となる点である。直線 AB と直線 DE との交点を F とする。

(1) △BFE の面積 S と △CDE の面積 S' の比 $S : S'$ を，もっとも簡単な整数比で表しなさい。

(2) △BFE の面積 S と平行四辺形 ABCD の面積 T の比 $S : T$ を，もっとも簡単な整数比で表しなさい。 >>例題 72, 73

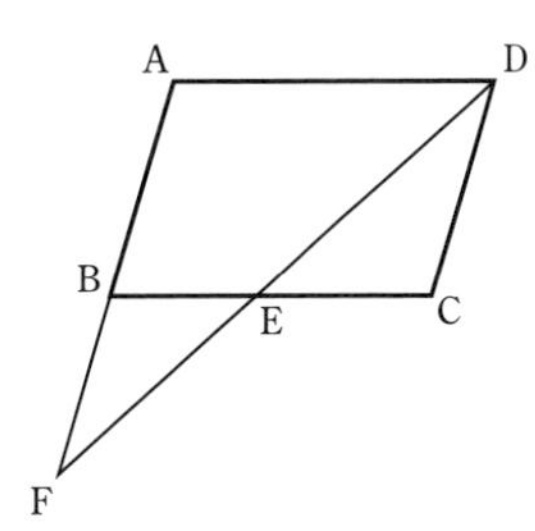

98 右の図の △ABC において，点 P，Q は辺 AB を 3 等分する点で，点 R，S は辺 AC を 3 等分する点である。このとき，△APR と四角形 QBCS の面積の比を求めなさい。 >>例題 73

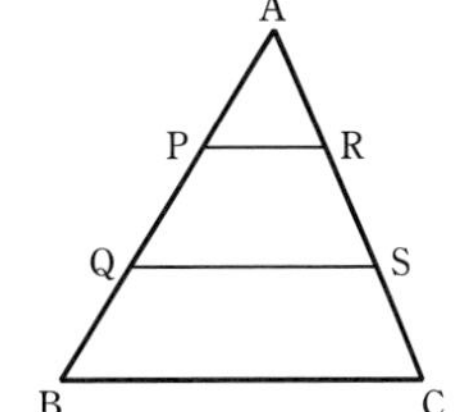

99 右の図の △ABC において，∠BCD=∠CAD のとき，△ADC と △DBC の面積比を，もっとも簡単な整数の比で答えなさい。 >>例題 73

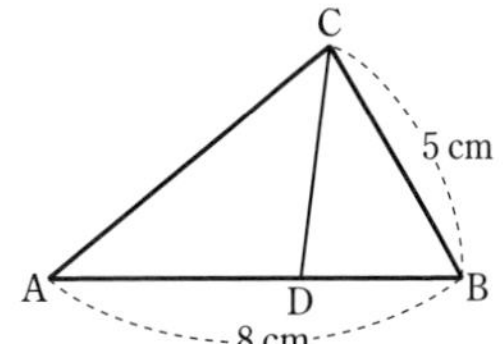

100 1 辺の長さが 8 cm の正四面体を P，1 辺の長さが 6 cm の正四面体を Q とする。

(1) 正四面体 P の表面積は，正四面体 Q の表面積の何倍ですか。

(2) 正四面体 P の体積は，正四面体 Q の体積の何倍ですか。 >>例題 74

101 右の図の立体は，底面の半径 6 cm の円錐を，母線 OB の中点 A をふくみ，底面に平行な平面で切り，小さな円錐を取り除いたものである。また，点 H はもとの円錐の底面の中心である。 >>例題 75

(1) 切り口の図形の面積を求めなさい。

(2) この立体の体積は，もとの円錐の体積の何倍ですか。

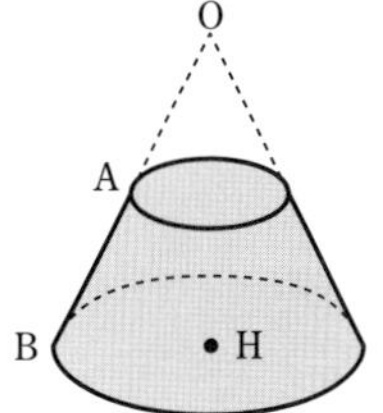

13 平行線と線分の比

1 三角形と線分の比 (1)

【定理】 △ABC の辺 AB，AC 上に，それぞれ点 D，E をとるとき，次のことが成り立つ。

[1] **DE∥BC ならば**

AD：AB＝AE：AC＝DE：BC

[2] **DE∥BC ならば**

AD：DB＝AE：EC

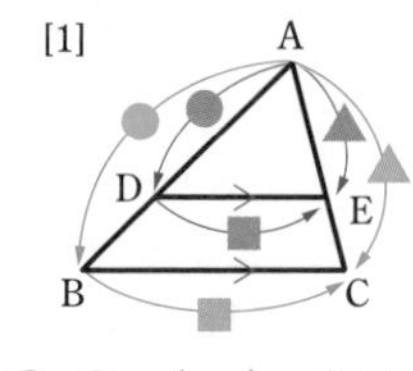

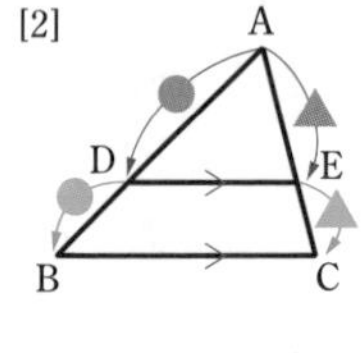

右の図のように，上の定理は，2 点 D，E がそれぞれ辺 AB，AC の延長上にあるときにも成り立つ。

[1] DE∥BC ならば

AD：AB＝AE：AC＝DE：BC

[2] DE∥BC ならば

AD：DB＝AE：EC

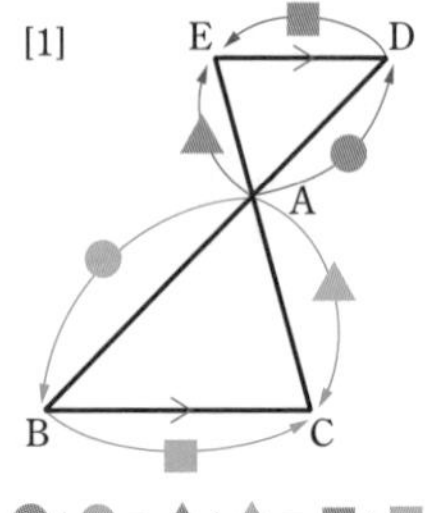

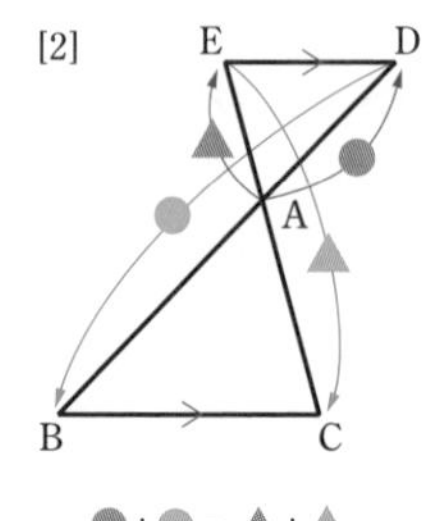

2 三角形と線分の比 (2)

【定理】 △ABC の辺 AB，AC 上に，それぞれ点 D，E をとるとき，次のことが成り立つ。

[1] **AD：AB＝AE：AC　ならば　DE∥BC**

[2] **AD：DB＝AE：EC　ならば　DE∥BC**

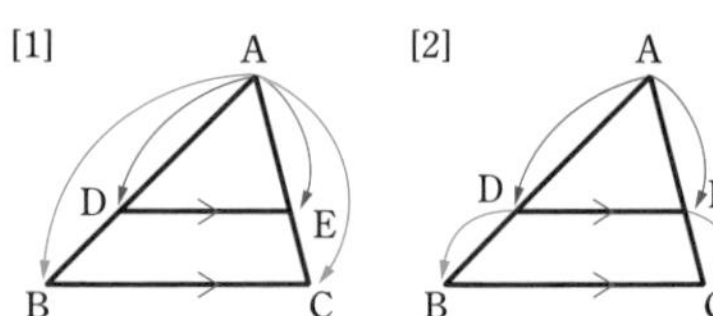

この定理は，2 点 D，E がそれぞれ辺 AB，AC の延長上にあるときにも成り立つ。

また，この定理は 1 の定理の **逆** である。

◀ ○○○ ならば △△△ の逆は △△△ ならば ○○○

⚠ 右の図のような場合があるから，「AD：AB＝DE：BC ならば DE∥BC」は，いつも正しいとは限らない。

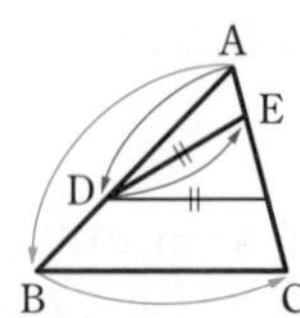

3 中点連結定理

△ABC の辺 AB，AC の **中点** をそれぞれ M，N とすると

❶ **中点連結定理**

$$\mathbf{MN /\!/ BC,\ MN=\frac{1}{2}BC}$$

❷ **中点** M を通り辺 BC に平行な直線は，**中点** N を通る。

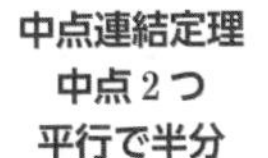

上のように表し，内容を理解するとよい。

❷ を **中点連結定理の逆** ということもある。

[❶ の証明]　AM：AB＝AN：AC＝1：2 であるから，**2** [1] の定理より　MN // BC

このとき　MN：BC＝AM：AB＝1：2

よって　$\mathrm{MN}=\frac{1}{2}\mathrm{BC}$

相似

4 平行線と線分の比

平行な 3 直線 ℓ，m，n に直線 p がそれぞれ点 A，B，C で交わり，直線 q がそれぞれ点 D，E，F で交わるとき，次のことが成り立つ。

AB：BC＝DE：EF

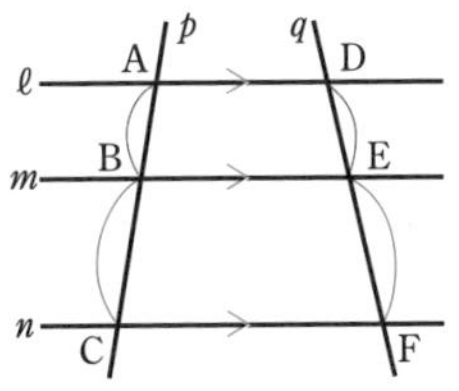

[証明]　右の図のように，直線 DEF を，点Dが点Aに重なるように平行移動すると，**1** の定理 [2] の場合になる。

よって　AB：BC＝DE：EF

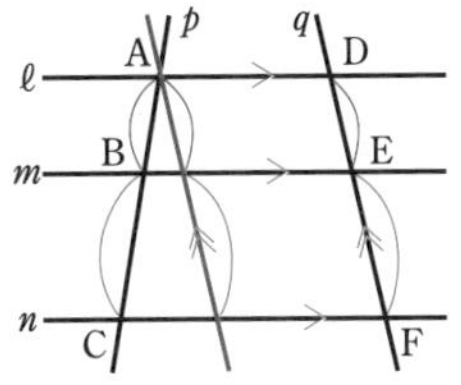

5 角の二等分線と線分の比

【定理】　△ABC において，∠A の二等分線と辺 BC の交点をDとすると，次のことが成り立つ。

AB：AC＝BD：DC

右の図で，∠BAD＝∠DAC，AB＝10，AC＝5 のとき

BD：DC＝10：5＝2：1

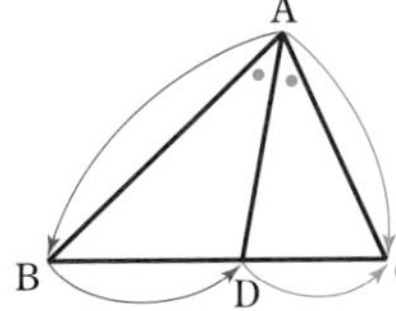

AB＝AC の二等辺三角形 ABC について，頂角Aの二等分線と辺 BC の交点をDとすると

BD：DC＝1：1

二等辺三角形においても左の定理は成り立つ。

例題 76 三角形と線分の比 (1)

>>p. 130 1 レベル 

右の図のように，△ABC の辺 AB，AC 上にそれぞれ点 D，E をとる。このとき，DE∥BC ならば，次のことが成り立つことを証明しなさい。

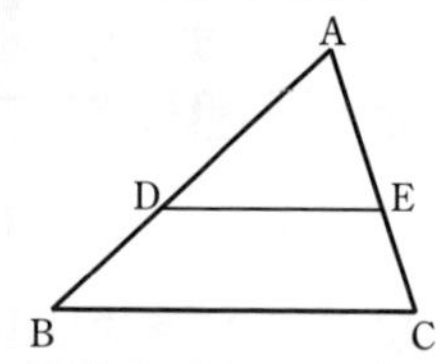

(1)　AD : AB＝AE : AC＝DE : BC

(2)　AD : DB＝AE : EC

考え方

CHART 平行線には　同位角・錯角

(1)　△ADE と △ABC において，∠A が共通で，DE∥BC より同位角が等しい。すなわち **2 組の角がそれぞれ等しい** ことから，△ADE∽△ABC はすぐわかる。

◀ 2 直線が平行ならば，同位角，錯角は等しい。

解答

(1)　△ADE と △ABC において

∠DAE＝∠BAC (共通)

DE∥BC より　∠ADE＝∠ABC (同位角)

2 組の角 がそれぞれ等しいから　△ADE∽△ABC

よって　AD : AB＝AE : AC＝DE : BC

p. 130 定理 1 [1]，[2] の証明である。

◀相似な三角形の対応する辺の長さの比は，すべて等しい。

(2)　点 E を通り辺 AB に平行な直線と辺 BC の交点を F とする。

△ADE と △EFC において

AB∥EF より　∠DAE＝∠FEC (同位角)

DE∥BC より　∠AED＝∠ECF (同位角)

2 組の角 がそれぞれ等しいから

△ADE∽△EFC

よって　AD : EF＝AE : EC　……①

DB∥EF，DE∥BF より，四角形 DBFE は平行四辺形であるから

DB＝EF　……②

①，② から　AD : DB＝AE : EC

◀ 2 組の対辺はそれぞれ等しい。

解答➡別冊 p. 58

練習 76　右の図のように，△ABC の辺 AB，AC 上にそれぞれ点 D，E をとる。このとき，次のことが成り立つことを証明しなさい。

(1)　AD : AB＝AE : AC　ならば　DE∥BC

(2)　AD : DB＝AE : EC　ならば　DE∥BC

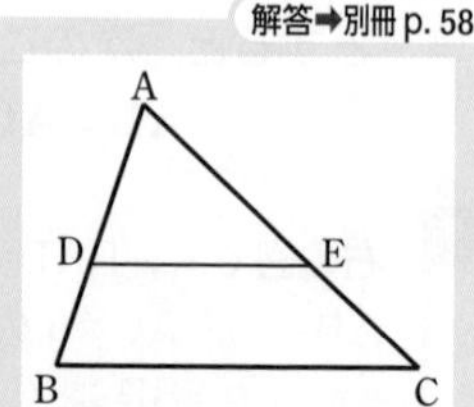

例題 77 三角形と線分の比 (2)

≫p. 130 1 レベル 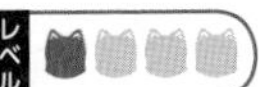

次の図において，DE∥BC のとき，x の値を求めなさい。

(1)

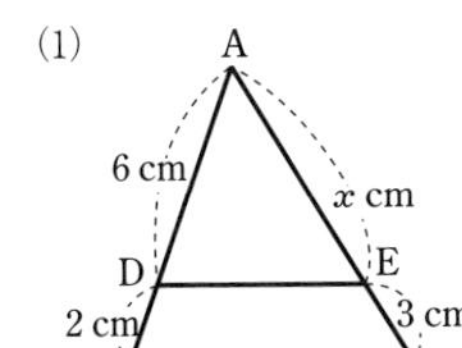

(2)

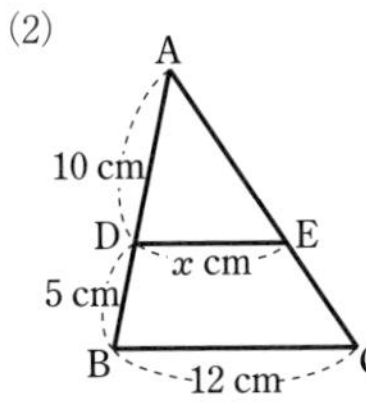

(3)

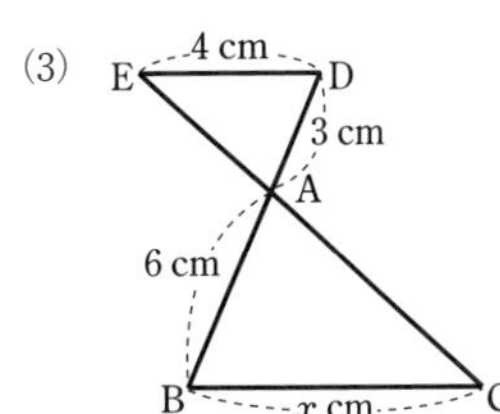

考え方

CHART 平行線と比 **基本の図形を見つける**

DE∥BC であるから，右の図の $a:b$ と $c:d$ が等しい。このことを利用して求める。

(1)

(2)

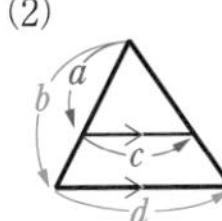

(3)

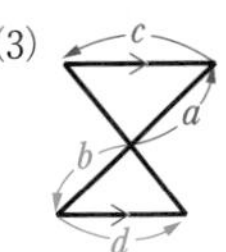

①

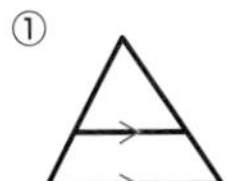

②

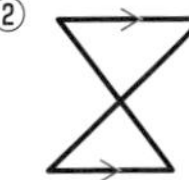

解答

(1) DE∥BC であるから　AD：DB＝AE：EC

よって　$6:2=x:3$　　$2x=6\times3$

$x=9$ 答

(2) DE∥BC であるから　AD：AB＝DE：BC

よって　$10:(10+5)=x:12$　　$15x=10\times12$

$x=8$ 答

(3) DE∥BC であるから　AD：AB＝DE：BC

よって　$3:6=4:x$　　$6\times4=3x$

$x=8$ 答

平行線に交わる線分の長さや比を求めるときは，上の 2 つの図形を見つけることが基本となる。本書では，この 2 つの図形を **基本の図形** ①，② とよぶことにする。

解答➡別冊 p. 58

練習 77 次の図において，DE∥BC のとき，x，y の値を求めなさい。

(1)

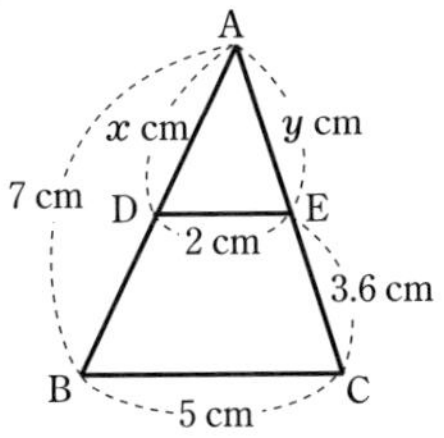

(2)

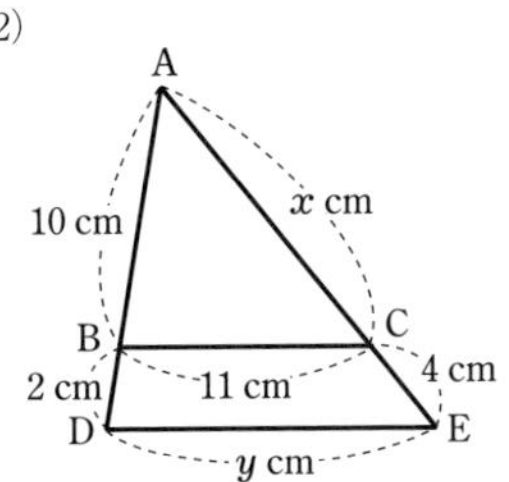

(3)

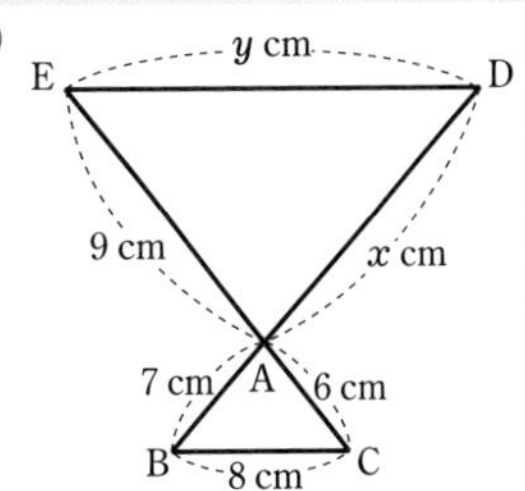

例題 78 三角形と線分の比 (3)

>>p. 130 1 レベル

右の図において，AB∥CD である。線分 AD，BC の交点をEとし，Eを通り，線分 AB に平行な直線と線分 BD の交点をFとする。
AB=3 cm，CD=6 cm のとき，次のものを求めなさい。

(1) AE : ED　　　(2) 線分 EF の長さ

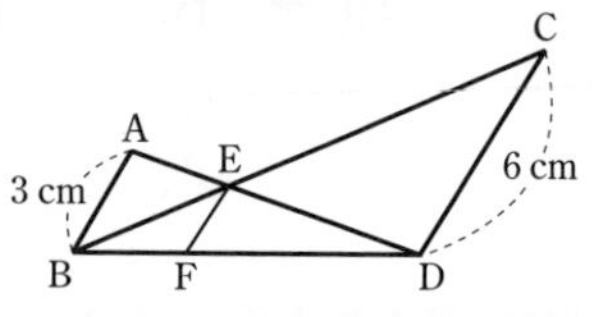

考え方

CHART 平行線と比
基本の図形を見つける

長さがわかっている線分 AB，CD をふくむ三角形－△EAB，△EDC など－に注目し，三角形と線分の比の定理（*p*. 130 **1** [1]）を利用する。

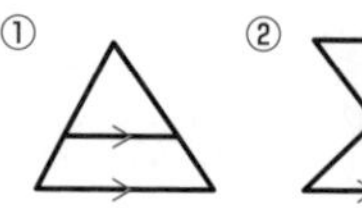

解答

(1) AB∥CD から
　　AE : ED=AB : CD
　よって
　　AE : ED=3 : 6
　　　　　=**1 : 2** 答

◀△EAB と △EDC が基本の図形 ② の形。

(2) AB∥EF から
　AB : EF=AD : DE
　　3 : EF=(1+2) : 2
　　3 : EF=3 : 2
　よって　EF=**2 (cm)** 答

◀△DAB と △DEF が基本の図形 ① の形。

別解 AB∥CD から　BE : EC=AB : CD=1 : 2
　　EF∥CD から　EF : CD=BE : BC=1 : (1+2)
　EF : 6=1 : 3 であるから　EF=**2 (cm)** 答

◀△BCD と △BEF が基本の図形 ① の形。

参考 上の例題において，$\frac{1}{AB}+\frac{1}{CD}=\frac{1}{EF}$ が成り立つ。

解答➡別冊 p. 58

練習 78 右の図において，AB，CD，EF が平行で，AB=15 cm，EF=3 cm である。線分 CD の長さを求めなさい。

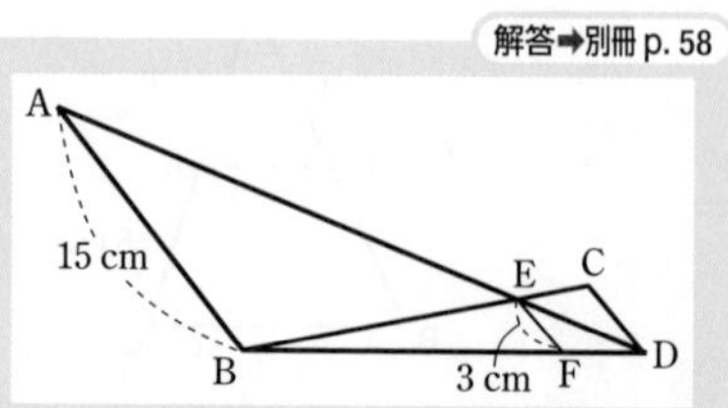

例題 79 中点連結定理

>>p. 131 3

右の図の △ABC において，Dは辺 AB の中点，E，F は辺 BC の 3 等分点である。また，線分 AF と DC の交点をPとする。DE=12 cm のとき，線分 AP の長さを求めなさい。

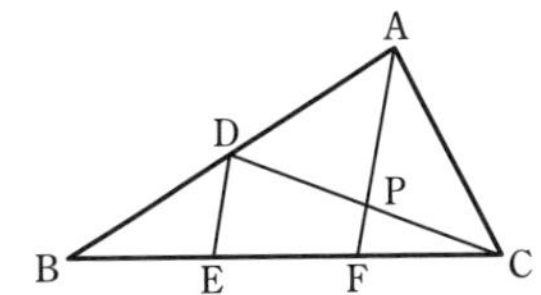

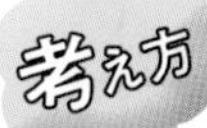

CHART 中点連結定理
中点 2 つ　平行で半分

問題に与えられた中点はDだけであるが，「E，F は辺 BC の 3 等分点」ということは，BE=EF=FC であるから，E は線分 BF の中点，F は線分 EC の中点である。
したがって，中点連結定理が使える三角形が現れる。

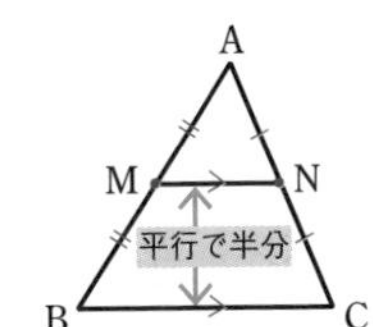

解答

△ABF において，Dは辺 BA の中点，E は辺 BF の中点であるから，中点連結定理により　AF∥DE

AF=2DE
=2×12
=24 (cm)

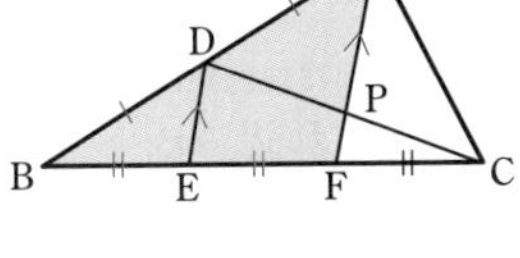

△CDE において，PF∥DE であるから

CF：CE=PF：DE

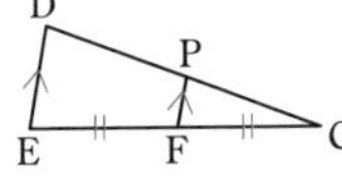

◀注目する △CDE を取り出す。

CF：CE=1：2 であるから

PF：DE=1：2

PF=$\frac{1}{2}$DE=$\frac{1}{2}$×12=6 (cm)

◀中点連結定理の逆 により，Pは線分 CD の中点であるから，DE=2PF としてもよい。

よって　AP=AF−PF=24−6
=**18 (cm)**　答

解答➡別冊 p. 58

練習 79 右の図の △ABC において，辺 AB を 3 等分する点をAに近い方から D，E とし，辺 BC の中点をFとする。線分 AF と線分 CD の交点をGとするとき，CG：GD を求めなさい。

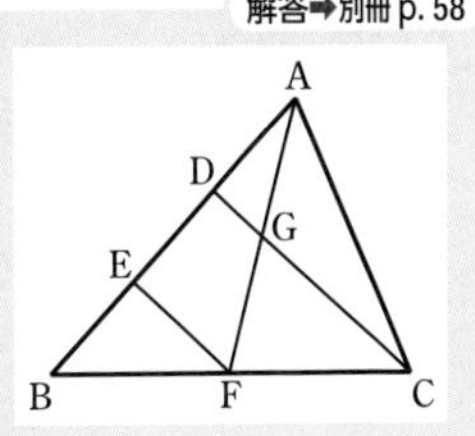

例題 80 中点連結定理の利用

≫p. 131 3 レベル 

△ABC において，辺 BC を 2：1 に分ける点を D とし，辺 AB の中点を E，線分 AD の中点を F とする。このとき，四角形 EDCF は平行四辺形であることを証明しなさい。

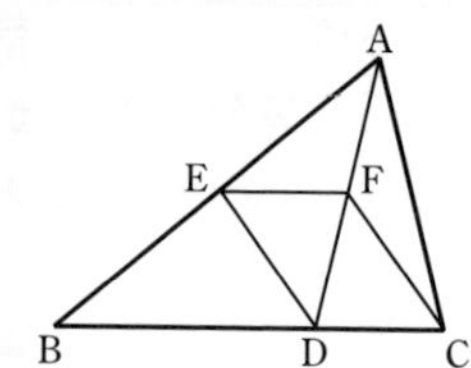

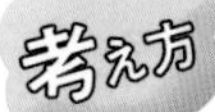

CHART **中点連結定理**
中点 2 つ　平行で半分

E は辺 AB の中点，F は線分 AD の中点で，**中点が 2 つ** あるから，△ABD において **中点連結定理** を利用する。
また，四角形が平行四辺形であることを証明するためには，5 つの条件 (解答右横の 復習 参照) のうち，どれか 1 つを示せばよい。
ここでは，EF∥DC であることがわかるので，線分 EF と線分 DC の長さに着目する。

問題の図から，四角形 EDCF は平行四辺形に見えるが，きちんと証明しなければならない。

解答

△ABD において，E，F はそれぞれ辺 AB，AD の中点であるから，中点連結定理 により

EF∥BD　……①

$EF=\frac{1}{2}BD$　……②

① から　EF∥DC　……③

BD：DC=2：1 から，BD=2DC であり，このことと ② より

EF=DC　……④

③，④ より，1 組の対辺が平行でその長さが等しいから，四角形 EDCF は平行四辺形である。

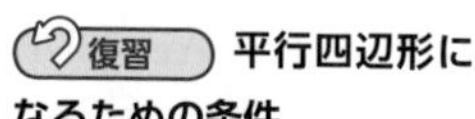

平行四辺形になるための条件

① **2 組の対辺がそれぞれ平行** (定義)
② **2 組の対辺がそれぞれ等しい。**
③ **2 組の対角がそれぞれ等しい。**
④ **対角線がそれぞれの中点で交わる。**
⑤ **1 組の対辺が平行でその長さが等しい。**

解答➡別冊 p. 59

練習 80 四角形 ABCD の辺 AB，BC，CD，DA の中点をそれぞれ P，Q，R，S とする。
四角形 ABCD の対角線について，AC=BD であるとき，四角形 PQRS はひし形であることを証明しなさい。

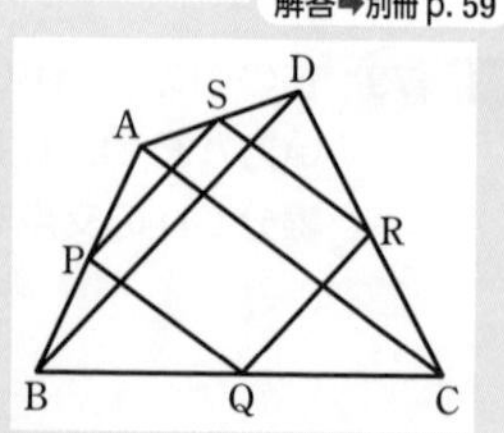

例題 81 台形の中点連結定理

>>p. 131 3

レベル 

AD∥BC である台形 ABCD において，辺 AB，DC の中点をそれぞれ M，N とする。このとき MN∥BC，MN$=\frac{1}{2}$(AD+BC) であることを証明しなさい。

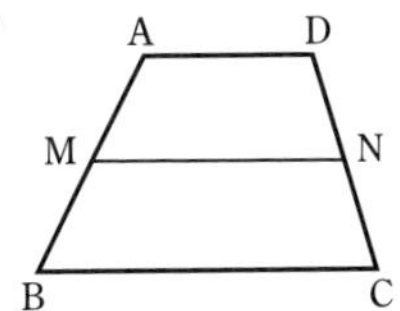

CHART 中点連結定理
中点 2 つ　平行で半分

AD+BC が出てくるから，図の中に AD+BC をつくる **方針** で考える。直線 AN と辺 BC の延長の交点を E として，まず，AD=EC を証明する (BE=AD+BC となる)。次に，△ABE において，**中点連結定理** を利用する。

線分の和や差を考えるときは，**和や差と等しい長さの線分をつくる** とよい。

解答

直線 AN と辺 BC の延長の交点を E とする。

△AND と △ENC において

DN=CN　(仮定)

∠AND=∠ENC　(対頂角)

AD∥BE であるから

∠ADN=∠ECN　(錯角)

1 組の辺とその両端の角 がそれぞれ等しいから

△AND≡△ENC

よって　AN=EN　…… ①

AD=EC　…… ②

△ABE において，仮定と ① から，M，N はそれぞれ辺 AB，AE の中点である。

したがって，中点連結定理 により

$$\text{MN}\parallel\text{BC},\ \text{MN}=\frac{1}{2}\text{BE}=\frac{1}{2}(\text{BC}+\text{CE})$$

これと ② から　$\text{MN}=\frac{1}{2}(\text{AD}+\text{BC})$

別解
対角線 AC の中点を L とし，△ABC と △CDA において，中点連結定理を利用することにより，証明することもできる (解答編 *p.* 59 参照)。

◀中点が 2 つ

◀平行で半分

解答➡別冊 p. 59

練習 81 AD∥BC である台形 ABCD において，辺 AB の中点を M とし，M を通り BC に平行な直線と CD との交点を N とする。このとき，DN=NC であることを証明しなさい。

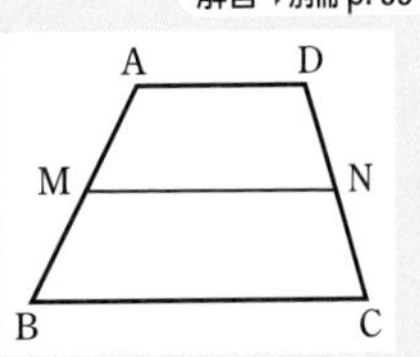

例題 82 平行線と線分の長さ

>>p. 131 4 

右の図において，3 直線 ℓ，m，n が平行であるとき，x，y の値を求めなさい。

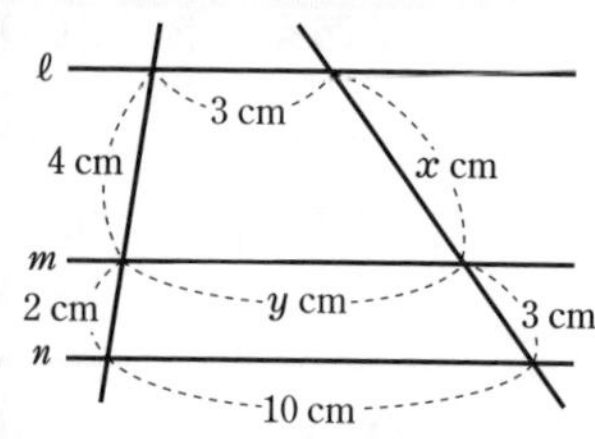

考え方

CHART 平行線と比 **基本の図形を見つける**

① 三角形

[1]

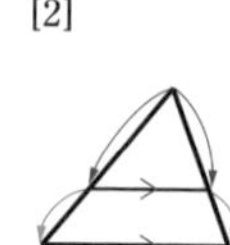

[2]

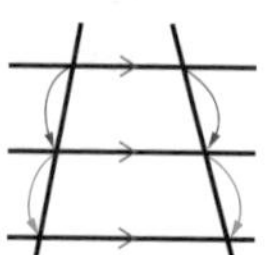

② 直線

解答

ℓ，m，n は平行であるから

$4:2=x:3$

$\boldsymbol{x=6}$ 答

右の図のように，点 A，B，C をとり，線分 AB の長さを a cm，線分 BC の長さを b cm とする。

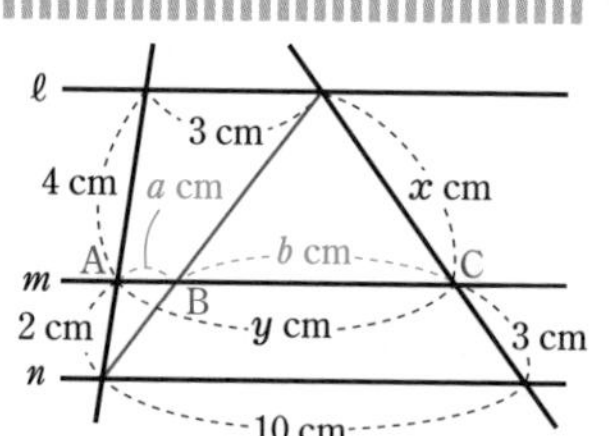

$\ell /\!/ m$ から　$a:3=2:(2+4)$ ……①

$6a=6$　　$a=1$

$m /\!/ n$ から　$b:10=6:(6+3)$ ……②

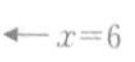

$9b=60$　　$b=\dfrac{20}{3}$

よって　$\boldsymbol{y}=1+\dfrac{20}{3}=\boldsymbol{\dfrac{23}{3}}$ 答

①

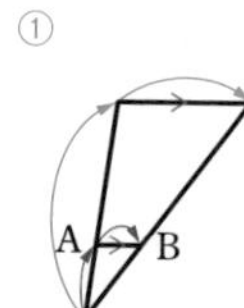

②

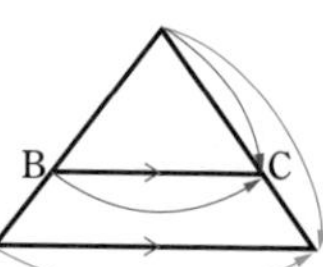

練習 82 次の図において，3 直線 ℓ，m，n が平行であるとき，x，y の値を求めなさい。

解答➡別冊 p. 59

(1)

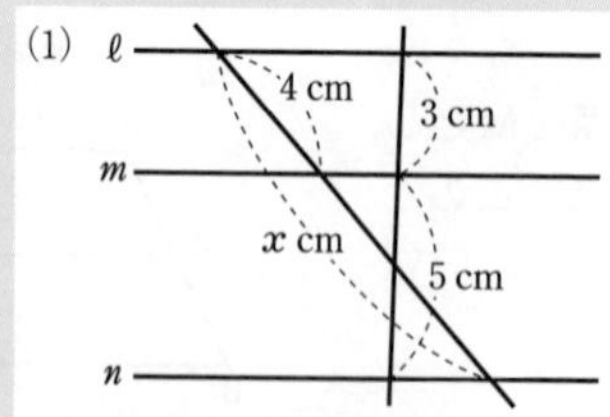

(2)

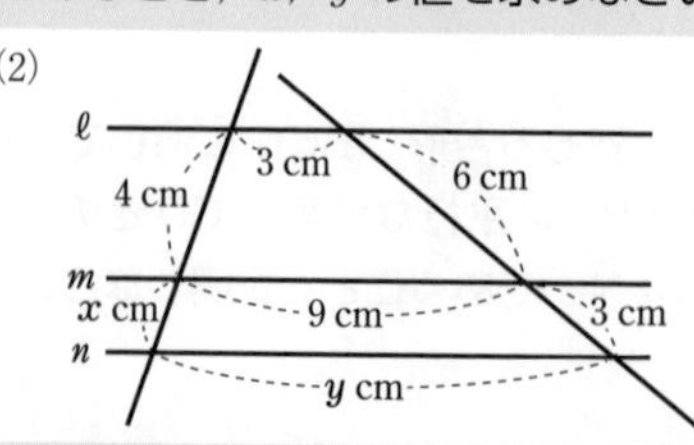

例題 83 平行線と線分の比の利用 (1)

>>p. 130 1 2 レベル

右の図のように，三角錐 O-ABC の辺 OA，OB，OC 上にそれぞれ点 P，Q，R がある。このとき

PQ∥AB，QR∥BC　ならば　PR∥AC

であることを証明しなさい。

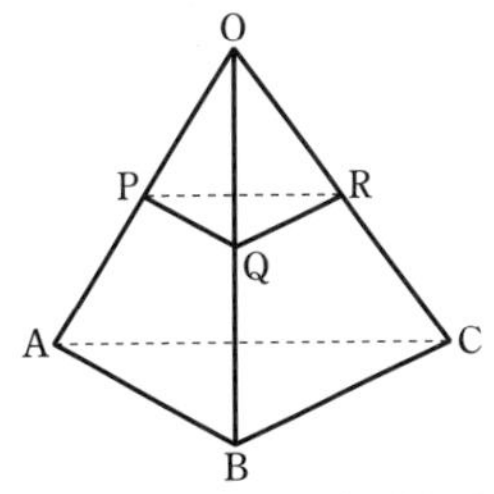

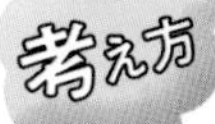

CHART　立体の問題　**平面上の図形で考える**

⟶ **結論 PR∥AC** を，△OAC の 平面の上でとらえる。
△OAC において，結論から逆に考えると

OP：PA＝OR：RC　ならば　PR∥AC　…… Ⓐ

そこで，仮定 PQ∥AB，QR∥BC から，Ⓐ が導けないかと考える。
△OAB において，PQ∥AB から　　OP：PA＝OQ：QB
△OBC において，QR∥BC から　　OQ：QB＝OR：RC
この 2 つの等式より Ⓐ が導かれる。

解答

△OAB において，PQ∥AB であるから

OP：PA＝OQ：QB　…… ①

△OBC において，QR∥BC であるから

OQ：QB＝OR：RC　…… ②

①，② から

OP：PA＝OR：RC

よって，△OAC において　　PR∥AC

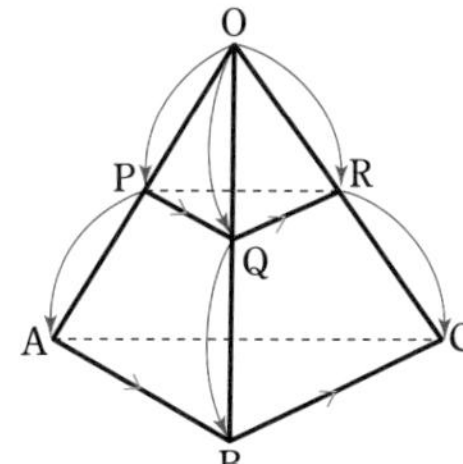

基本の図形 ① [2]

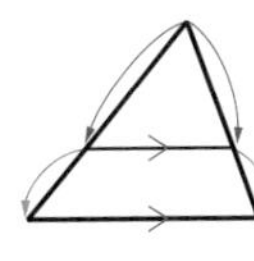

解答➡別冊 p. 60

練習 83　3 つの平行な平面 P，Q，R に，2 つの直線 ℓ，m がそれぞれ A，B，C および A′，B′，C′ で交わっているとき

AB：BC＝A′B′：B′C′

である。このことを証明しなさい。

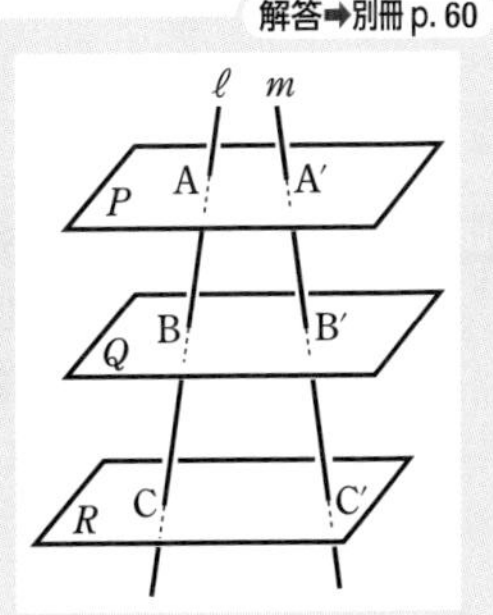

例題 84 平行線と線分の比の利用 (2)

>>p. 131 3 4 レベル 

右の図の △ABC において，辺 AB の中点を M，辺 BC を 2：1 に分ける点を N とする。MD∥BC となる点 D を線分 AN 上にとり，線分 AN と CM の交点を E とする。このとき，AD：DE をもっとも簡単な整数の比で表しなさい。

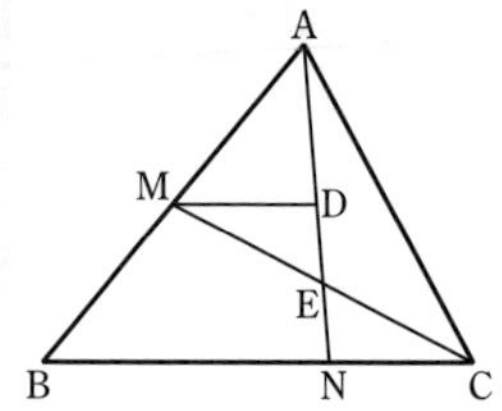

考え方

平行線と線分の比　**基本の図形を見つける**

① 中点と平行線

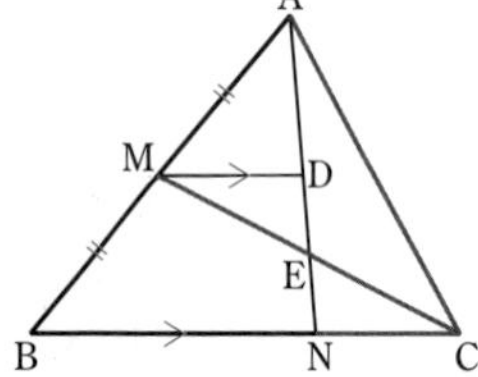

② 平行線と比

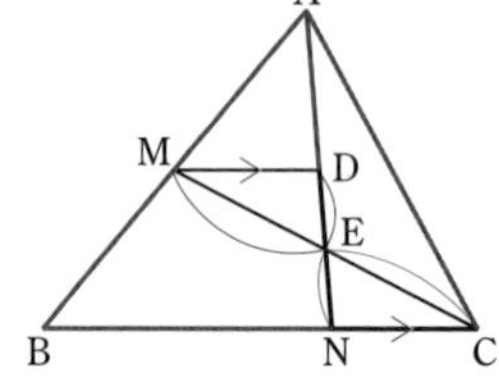

① MD∥BN ならば
AM：MB＝AD：DN
M は辺 AB の中点であるから　1：1＝AD：DN
よって，D も中点。
これは，中点連結定理の逆（p. 131 3 参照）である。

解答

△ABN において，MD∥BN，M は辺 AB の中点であるから，D は辺 AN の中点であり

AD＝DN　……①

MD＝$\frac{1}{2}$BN

BN＝2NC であるから　MD＝NC

また，MD∥NC であるから

DE：NE＝MD：CN

MD＝NC から　DE＝NE　……②

①，② から　AD：DE＝**2：1**　答

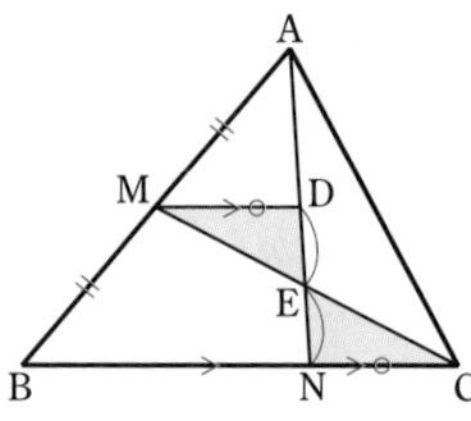

BN：NC＝2：1 から
BN＝2NC
① から　AD＝DN
② から　DN＝DE＋EN
＝2DE
よって　AD＝2DE

解答➡別冊 p. 60

練習 84 右の図の △ABC において，辺 BC を 3 等分する点を D，E とする。EF∥DA となる点 F を辺 CA 上にとり，直線 BF と直線 AD，直線 AE との交点をそれぞれ G，H とする。このとき，GH：HF を求めなさい。

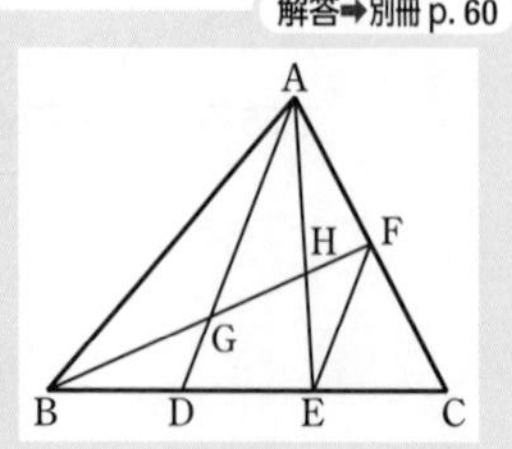

例題 85 線分の比と面積

>>p. 131 4 レベル 

右の図の平行四辺形 ABCD において，点Eは辺 AD の中点であり，CF : FD = 1 : 2 である。また，直線 BE と直線 CD の交点をGとし，直線 AF と直線 BG の交点をHとする。
△ABH の面積が 18 cm² のとき，△HFD の面積を求めなさい。

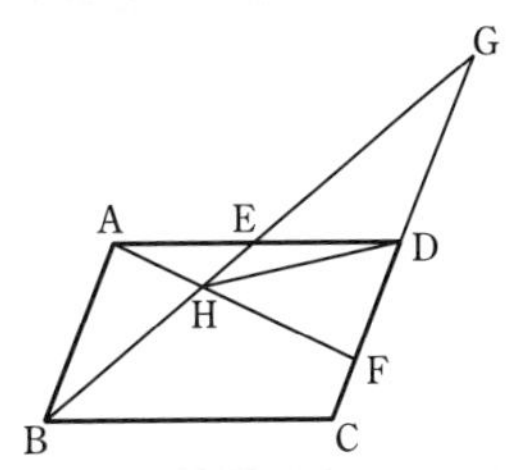

考え方

① **高さが等しい** 2 つの三角形の面積比は，
底辺の長さの比に等しい。

② 相似な図形の面積比は **相似比の 2 乗**

p. 124 要点のまとめを参照。

解答

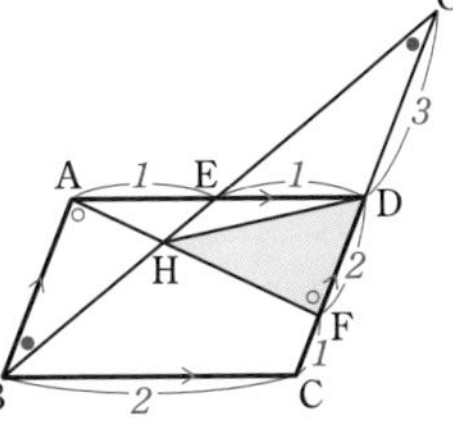

AE = ED，AD = BC であるから

BC = 2ED

ED∥BC から　GD : GC = ED : BC

= 1 : 2

よって　GD = DC

また，AB = DC，DF : FC = 2 : 1 であるから　AB : FG = AB : (GD + DF) = 3 : 5

△ABH と △FGH において

AB∥FG であるから

∠HAB = ∠HFG，∠HBA = ∠HGF　(ともに錯角)

2 組の角 がそれぞれ等しいから　△ABH∽△FGH

よって　$\triangle ABH : \triangle FGH = 3^2 : 5^2 = 9 : 25$

$\triangle FGH = \frac{25}{9}\triangle ABH = \frac{25}{9} \times 18 = 50\ (\mathrm{cm}^2)$

◀相似比は
AB : FG = 3 : 5

△HFD と △HDG について　△HFD : △HDG = 2 : 3

よって　$\triangle HFD = \triangle FGH \times \frac{2}{2+3} = 50 \times \frac{2}{5} = \mathbf{20\ (cm^2)}$　答

◀底辺をそれぞれ FD，DG とみると，**高さが等しい。**

解答➡別冊 p. 60

練習 85 右の図の △ABC において，点 D，E はそれぞれ辺 AB，CA の中点であり，BF : FC = 3 : 1 であるとする。線分 BF 上に点Gをとり，線分 DF と EG の交点をHとすると，DH : HF = 3 : 1 であるという。△EFC の面積を 12 cm² とするとき，四角形 DBGH の面積を求めなさい。

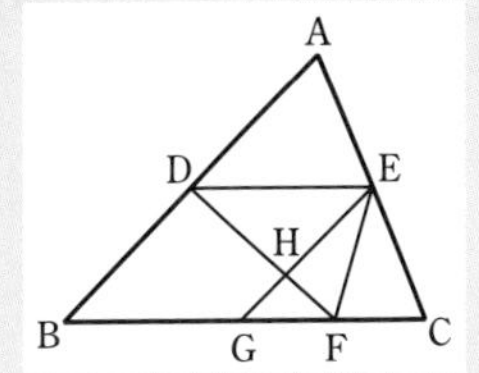

例題 86 角の二等分線と線分の比

≫p. 131 5

【定理】 △ABC において，∠A の二等分線と辺 BC の交点をD とすると，AB：AC＝BD：DC が成り立つ。
このことを証明しなさい。

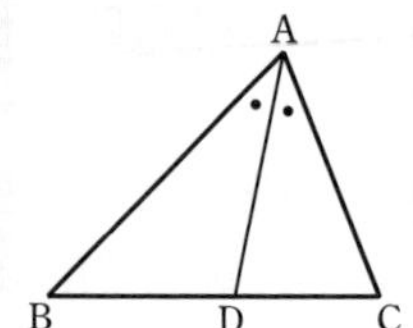

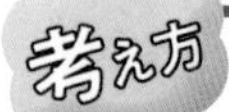

補助線として，平行線をひく

3点A，B，C は一直線上にないから，AB：AC を求めるために，辺 AC を直線 AB 上に移すことを考える。そこで，点C を通り AD に平行な直線と辺 BA の延長との交点をE として，**辺 AC を辺 BA の延長に移す**。このように，平行線をひくことによって，相似な図形が現れ，比例についての等式が証明できる。

問題に与えられていないが，証明のためにかき加えた線を **補助線** という。

解答

点C を通り AD に平行な直線と辺 BA の延長との交点をE とする。

AD∥EC から

∠AEC＝∠BAD （同位角）

∠DAC＝∠ACE （錯角）

また，仮定から

∠BAD＝∠DAC

したがって

∠AEC＝∠ACE

よって，△ACE において　AE＝AC　……①

AD∥EC であるから　BA：AE＝BD：DC　……②

①，② から　AB：AC＝BD：DC

下の図のように，補助線 CE (AB∥CE) をひいて，証明することもできる。

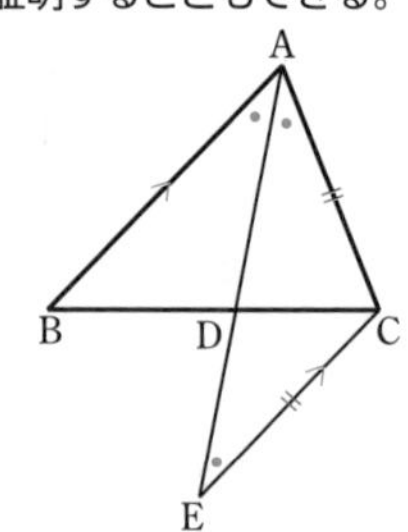

練習 86 上の例題の定理を，頂点B，C から線分 AD またはその延長に垂線をひくことによって証明しなさい。

解答➡別冊 p. 60

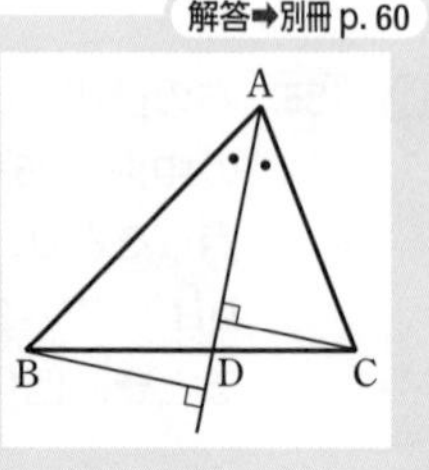

例題 87 角の二等分線と線分の長さ

>>p. 131 4 レベル

右の図の △ABC において，AB=10 cm，BC=8 cm，CA=6 cm であり，点 I は ∠B の二等分線と ∠C の二等分線の交点である。直線 AI と辺 BC の交点を D とするとき，AI：ID を求めなさい。

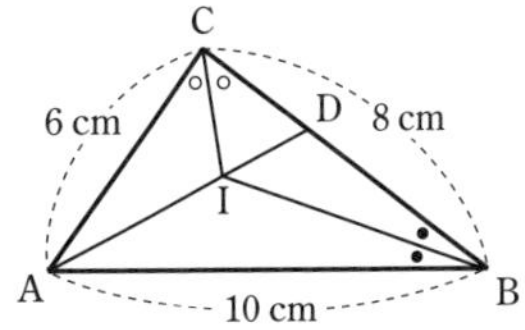

角の二等分線の問題

角の二等分線と線分の比の定理

この定理を利用して，比 AI：ID を 2 通りに表す（下の図を参照）。

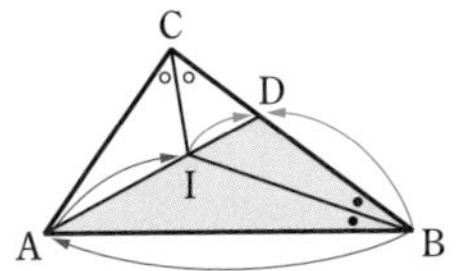

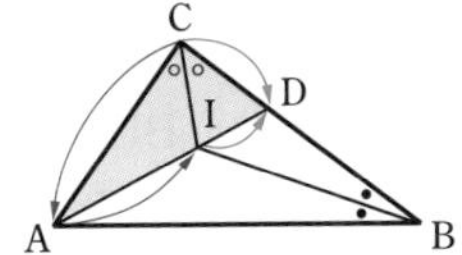

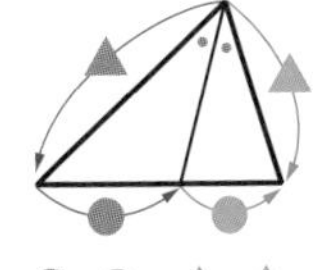

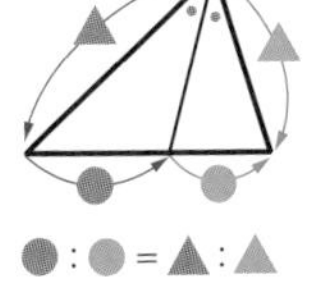

解答

CD=x cm とおく。

△ABD において，線分 BI は ∠B の二等分線であるから

BA：BD=AI：ID

よって　AI：ID=10：$(8-x)$　…… ①

△ACD において，線分 CI は ∠C の二等分線であるから　CA：CD=AI：ID

よって　AI：ID=6：x　…… ②

①，② から　10：$(8-x)$=6：x　$6(8-x)=10x$

$-16x=-48$　$x=3$

$x=3$ を ② に代入して　AI：ID=6：3=**2：1**　答

三角形の 3 つの内角の二等分線は 1 点で交わる（この点を，三角形の **内心** という）。

この問題で，線分 AD は ∠A の二等分線であり，3 つの内角の二等分線の交点が I（内心）である。

◀両辺を 2 でわって $3(8-x)=5x$ としてもよい。

解答➡別冊 p. 61

練習 87 次の図において，x，y の値を求めなさい。

(1)

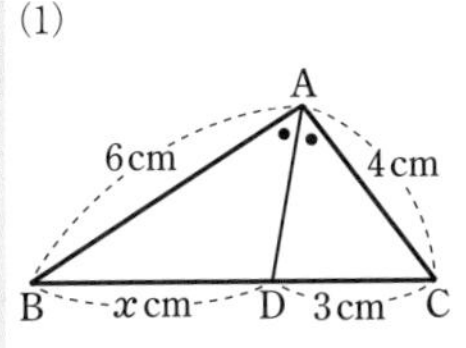

AD は ∠A の二等分線

(2)

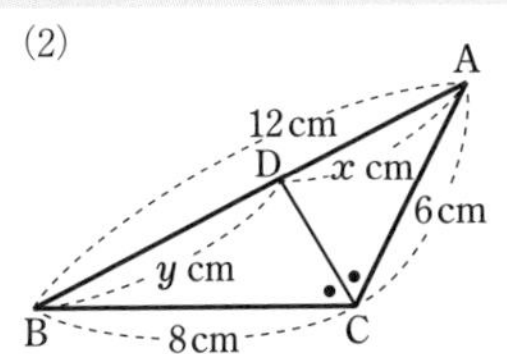

CD は ∠C の二等分線

(3)

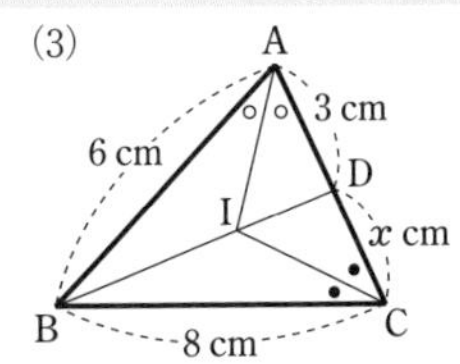

AI は ∠A の二等分線，CI は ∠C の二等分線

第5章 相似

EXERCISES 解答➡別冊 p. 64

102 次の図において，x，y の値を求めなさい。 >>例題 77

(1) DE∥BC

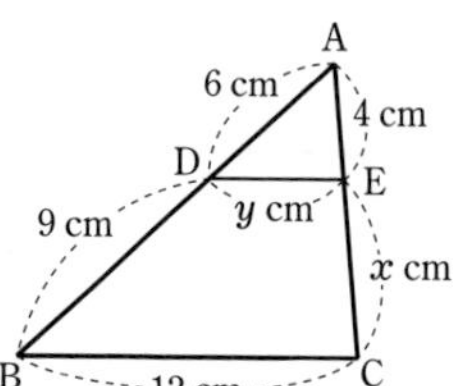

(2) DE∥BA

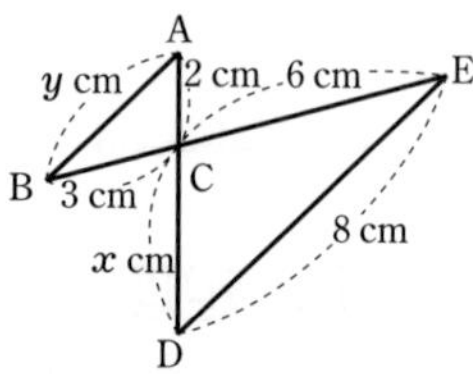

(3) AB∥DE

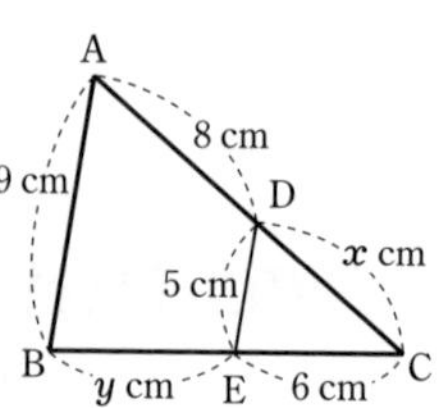

103 右の図のように，△ABC の辺 BC 上に，BD：DC＝3：2 となるような点Dをとる。点Dを通り辺 CA に平行な直線と辺 AB の交点をEとし，線分 DE の中点をM，直線 AM と辺 BC の交点をFとする。このとき，次の比をもっとも簡単な整数の比で表しなさい。 〔帝塚山泉ヶ丘〕

(1) MD：AC (2) BF：FD >>例題 78

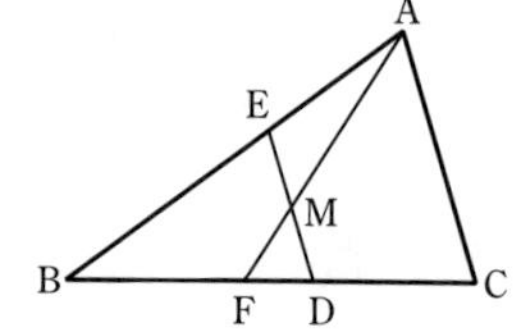

104 右の図において，x の値を求めなさい。 〔改 西武学園文理〕

（ヒント） 点Qを通り，線分 CR に平行な直線と辺 AB の交点をD，線分 AP に平行な直線と辺 BC の交点をE，線分 AP と線分 BQ の交点をSとする。 >>例題 78

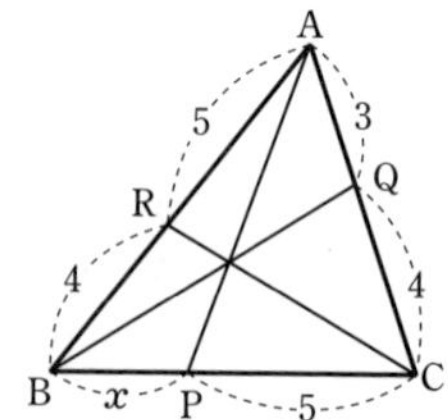

105 右の図の △ABC において，点D，E はそれぞれ辺 AB，BC の中点である。このとき，次のものを求めなさい。

(1) DF：FC (2) △FDB：△FCA

>>例題 79

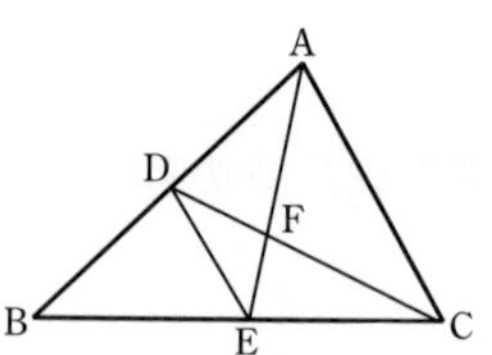

106 右の図のような AB＝CD の四角形 ABCD において，対角線 AC，辺 AD，BC の中点をそれぞれ P，Q，R とする。このとき，△PQR は二等辺三角形であることを証明しなさい。 >>例題 80

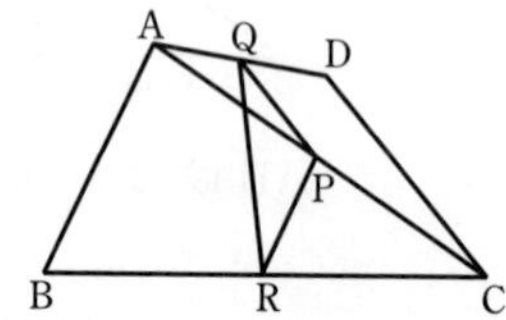

107　AD∥BC の台形 ABCD において，辺 AB の中点Mから辺 BC に平行な直線をひき，辺 CD との交点をNとする。また，対角線 AC，DB と MN の交点をそれぞれ Q，P とする。
AD=6 cm，BC=10 cm のとき，線分 PQ，MN のそれぞれの長さを求めなさい。
>>例題 81，82

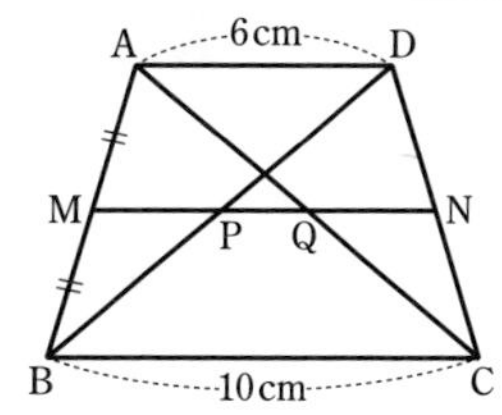

108　正四面体 ABCD において，辺 BC，CD，AD の中点をそれぞれ E，F，G とするとき，∠EFG の大きさを求めなさい。
〔西大和学園〕
>>例題 83

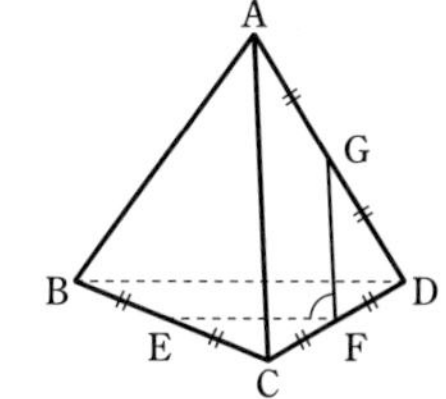

109　右の図の平行四辺形 ABCD において，AE：EB=1：5，CF：FD=1：2 である。直線 EF と対角線 BD，辺 BC の延長との交点をそれぞれ G，H とするとき，次のものを求めなさい。
(1)　EG：GF　　(2)　GF：FH
(3)　△DGF：△FCH
>>例題 84，85

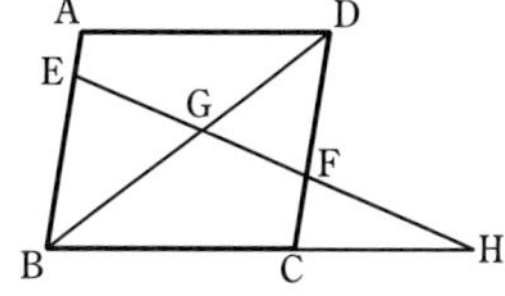

110　右の図のように，△ABC の線分 AB を点Aの方向に延長した直線上に点Dをとり，線分 BC を点Cの方向に延長した直線上に ∠CAE=∠DAE となる点Eをとる。また，点Cを通り，直線 AE に平行な直線と辺 AB の交点をFとする。
AB=8 cm，BE=10 cm，CE=6 cm のとき，線分 AC の長さを求めなさい。
〔常総学院〕
>>例題 86，87

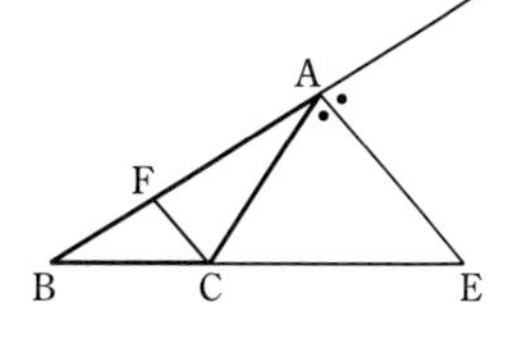

111　右の図のような，∠C=90° である直角三角形 ABC がある。点Cから辺 AB にひいた垂線と辺 AB との交点をD，∠ABC の二等分線と辺 AC との交点をEとすると，AE=3，EC=2 となった。線分 BE と線分 CD との交点をFとするとき，線分 DF の長さを求めなさい。
〔西大和学園〕
>>例題 86，87

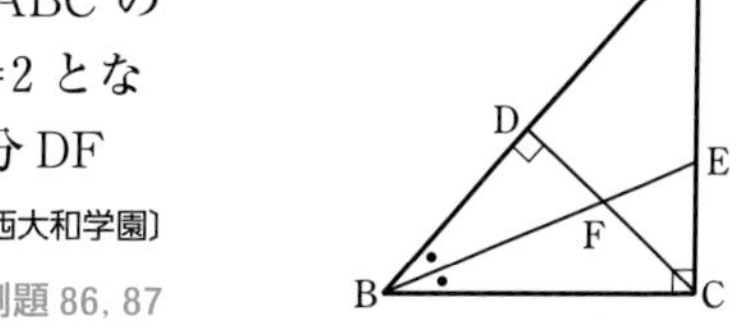

14 相似の利用

例題 88 縮図の利用（1）

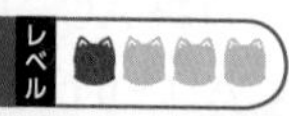

地点Aから川の対岸にある地点Bまでの距離 AB を求めたい。地点Bを見通すことができる地点Pを決め，2地点A，P間の距離と $\angle BAP$，$\angle BPA$ の大きさを測ると，AP＝50 m，$\angle BAP=62°$，$\angle BPA=57°$ であった。縮図をかいて，距離 AB を求めなさい。

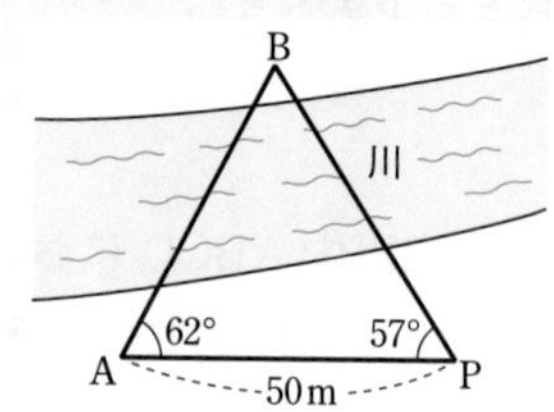

考え方　縮図をかいて長さを測る

縮図をかくときは，あとの計算がらくになるような縮尺でかく。
たとえば，A′P′＝10 cm とすると，5000 cm：10 cm＝500：1 から 500 分の 1 の縮図となり，A′P′＝5 cm とすると，5000 cm：5 cm＝1000：1 から，1000 分の 1 の縮図となる。

◀単位をそろえ，50 m＝5000 cm としている。

解答

A′P′＝5 cm として，$\angle A'=\angle A=62°$，$\angle P'=\angle P=57°$ の $\triangle A'P'B'$ をかくと，2組の角がそれぞれ等しいから

$\triangle APB \backsim \triangle A'P'B'$

相似比は　AP：A′P′＝5000 cm：5 cm
＝1000：1

辺 A′B′ の長さを測ると，約 4.8 cm であるから

AB＝4.8×1000＝4800 (cm)

よって　**約 48 m**　答

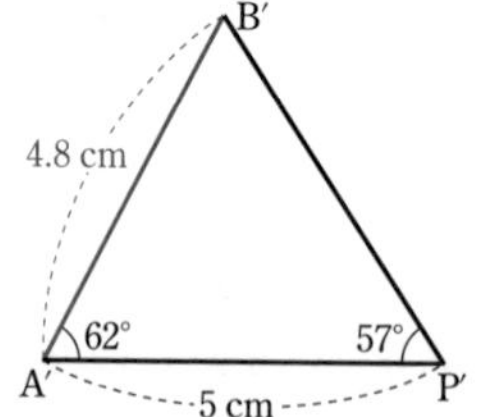

A′P′＝10 cm とすると，500 分の 1 の縮図となる。このとき，$\triangle A'P'B'$ の辺 A′B′ の長さを測ると，約 9.6 cm であるから
AB＝9.6×500
＝4800 (cm)
となる。

練習 88

解答➡別冊 p. 61

池をはさんだ2つの地点A，B間の距離を求めたい。地点A，Bを見通すことができる地点Pを決め，2地点A，PおよびB，P間の距離と $\angle APB$ の大きさを測ると，AP＝30 m，BP＝39 m，$\angle APB=95°$ であった。縮図をかいて，距離 AB を求めなさい。

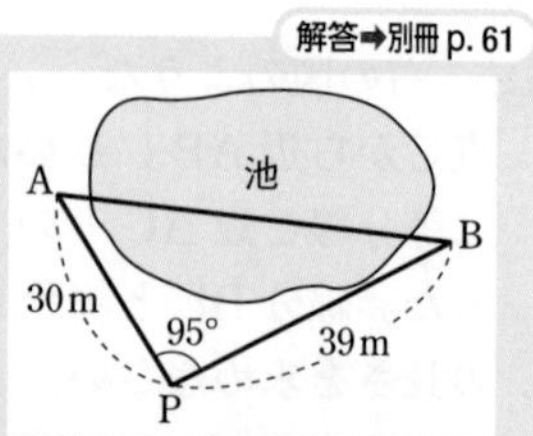

例題 89 縮図の利用 (2)

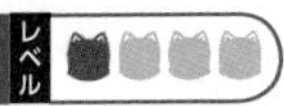

公園のケヤキの高さ AB を測るため，根元から 20 m 離れた地点Pに立ち，ケヤキの先端を見上げると，水平面から 48° の角度になった。目の高さを 1.5 m とするとき，ケヤキの高さ AB を，縮図をかいて求めなさい。

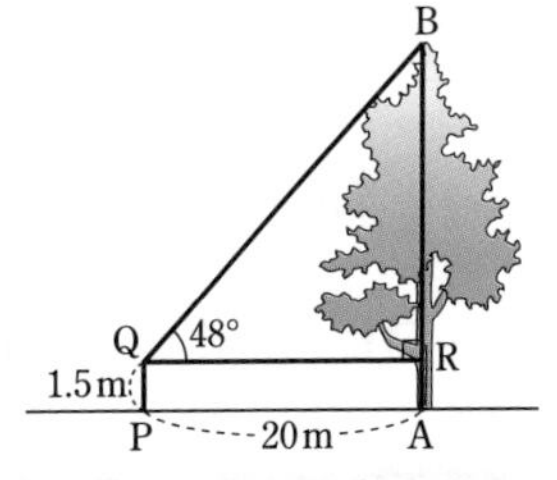

相似な三角形をつくり，対応する辺の長さを比べる

目の位置よりも上の部分の直角三角形 BQR の縮図 △B′Q′R′ をかいて，辺の長さの比から線分 BR の長さを求める。
ただし，これで終わりにしてはいけない。求めた線分 BR の長さに，目の高さ PQ を加えることを忘れないように注意しよう。

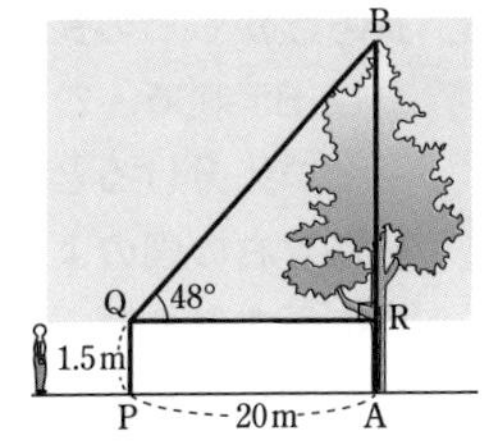

解答

Q′R′＝10 cm として，∠Q′＝∠Q＝48°，
∠R′＝∠R＝90° の △B′Q′R′ をかくと，
2 組の角がそれぞれ等しいから

$\triangle BQR \backsim \triangle B'Q'R'$

相似比は　QR：Q′R′＝2000 cm：10 cm
＝200：1

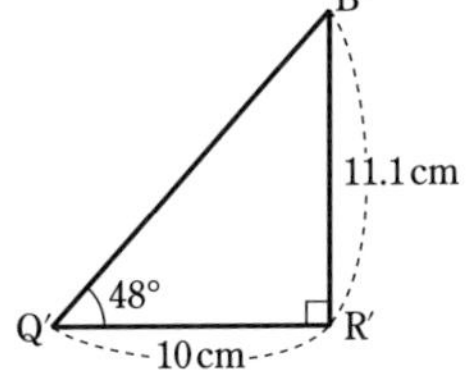

辺 B′R′ の長さを測ると，約 11.1 cm であるから

$BR = 11.1 \times 200 = 2220$ (cm)

よって，求める高さは

$AB = AR + RB = PQ + RB$
$= 1.5 + 22.2 = 23.7$ (m)

答　**約 23.7 m**

目の高さをたすのを忘れないでね。

解答➡別冊 p. 61

練習 89 あるときの校舎の影が右の図のようになった。

影 AP＝13.5 m，∠BPA＝56°

であるとき，校舎の高さ AB を，縮図をかいて求めなさい。

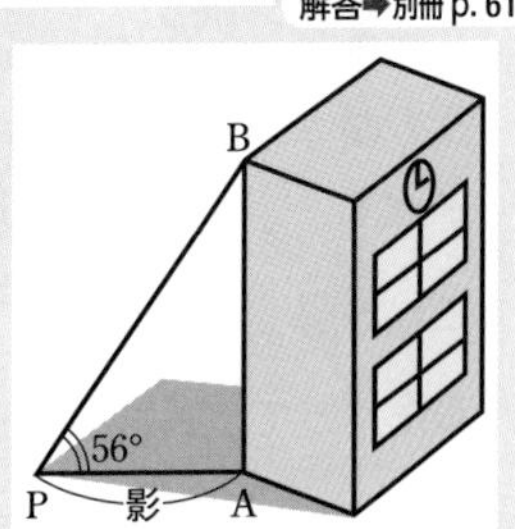

第5章 相似

コラム

日常生活における相似な長方形（A判，B判と名刺サイズ）

日常生活の中で使われている相似な長方形の例を 2 つ紹介しておこう。

1　コピー用紙など（A判，B判）

コピー用紙にはA判，B判という 2 つの規格がある。A判は面積が $1\,\mathrm{m}^2$ のものを A0 判，B判は面積が $1.5\,\mathrm{m}^2$ のものを B0 判とし，A判，B判ともにもとの長方形を 2 等分してできる長方形がもとの長方形と相似である。たとえば，中学数学の教科書は B5 判で，これを 2 冊横に並べた大きさが B4 判，逆に，上下 2 つに分けると B6 判となる。これら B6 判，B5 判，B4 判の関係は右の図のようになり，それぞれが **相似** である。

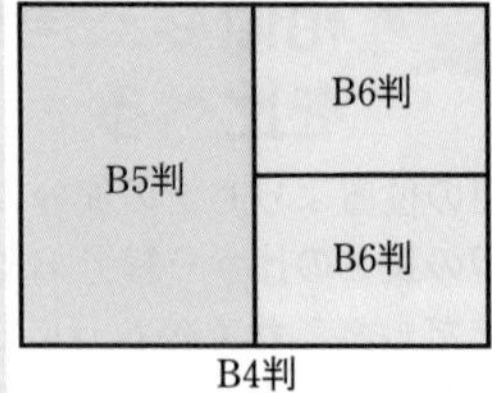

この長方形の縦，横の長さの比を調べてみよう。

右の図のように，B5 判の縦，横の長さをそれぞれ x，1 とすると，対応する B4 判の縦，横の長さはそれぞれ 2，x であるから

$$x:1=2:x \qquad x^2=2 \qquad x=\sqrt{2}\ (x>0)$$

よって　　**縦：横 $=\sqrt{2}:1$** である。

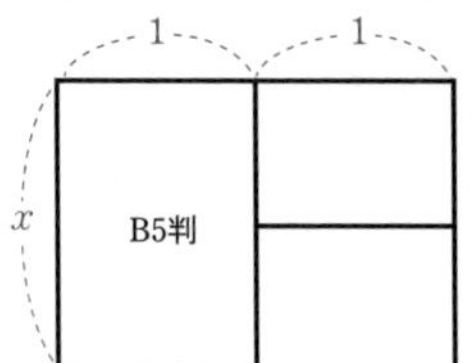

また，B4 判と B5 判の相似比も $\sqrt{2}:1$ であるから，面積比は 2：1 となり，もとの長方形を 2 等分していることが確認できる。

この紙の規格は，半分に裁断しても無駄なくはじめの形と相似な 2 枚にすることができるようになっている。

2　名刺，ポイントカードなど

名刺，ポイントカード，銀行のキャッシュカードなどで用いられる長方形は，長方形から短い方の辺の長さを 1 辺とする正方形を切り取った残りの長方形が，もとの長方形と **相似** である。

この長方形の縦，横の長さの比を調べてみよう。

右の図のように，長方形 ABCD の辺の長さを $AB=1$，$AD=x$ とすると　　$FC=x-1$，$FE=CD=1$

長方形 ABCD∽長方形 FCDE であるから　　$1:(x-1)=x:1$

よって　　$x(x-1)=1$　　$x^2-x-1=0$

これを解くと　　$x=\dfrac{1\pm\sqrt{5}}{2}$　　$x>1$ であるから　　$x=\dfrac{1+\sqrt{5}}{2}$

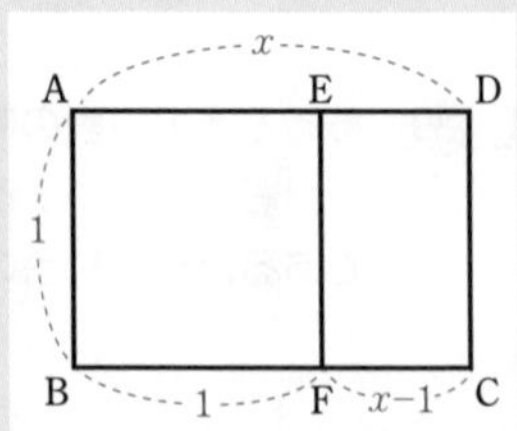

したがって，長方形 ABCD の縦，横の長さの比は

$1:x=1:\dfrac{1+\sqrt{5}}{2}$ である。この比を **黄金比** という。

定期試験対策問題 （解答➡別冊 p. 67）

49 次の図において，相似な三角形を記号∽を用いて表しなさい。 >>例題 67

(1)

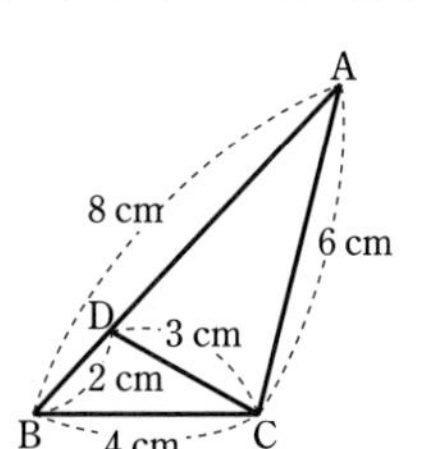

(2)

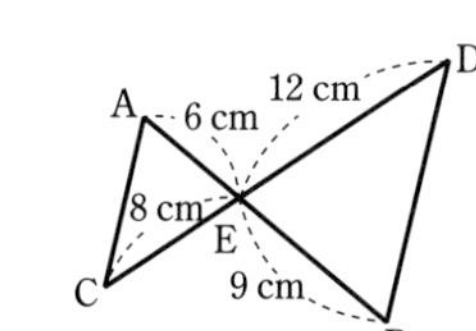

(3)

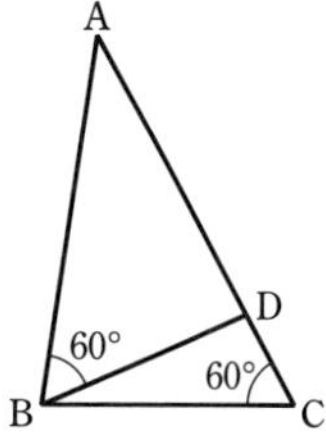

50 右の図で，△ABC は AB＝AC の直角二等辺三角形であり，△ADE は AD＝AE の直角二等辺三角形である。次のことを証明しなさい。

(1) △ABD∽△AEF (2) AB×AF＝AD×AE

>>例題 68

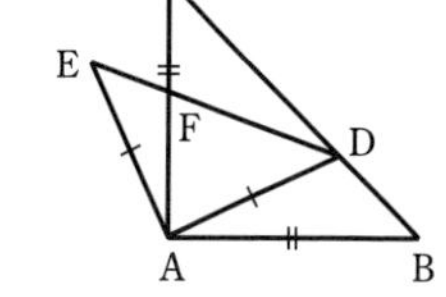

51 右の図において，x，y の値を求めなさい。 >>例題 67, 69

(1)

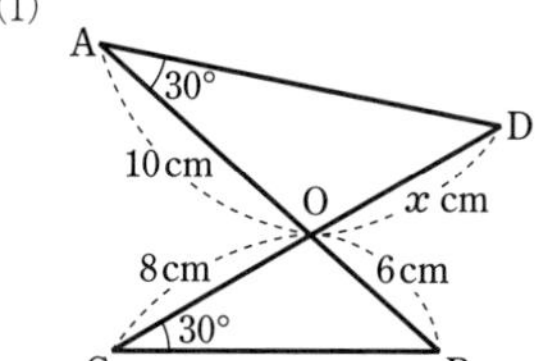

(2)

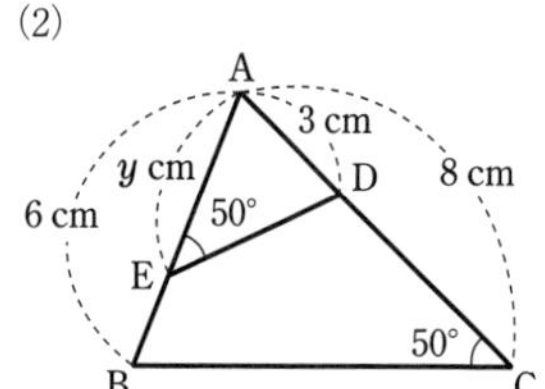

52 AB＝8 cm，BC＝12 cm，CA＝16 cm の △ABC と，2 辺の長さが 18 cm，24 cm の △DEF があり，△ABC∽△DEF である。このとき，次のものを求めなさい。

(1) △DEF の 3 辺の長さ (2) △ABC と △DEF の面積の比 >>例題 67, 73

53 図(1)，(2)において，次の三角形の面積の比を求めなさい。

(1) DE∥BC のとき

(ア) △ADE と △DBE

(イ) △ADE と △ABC

(2) AD∥BC のとき

(ウ) △ODA と △OAB

(エ) △ODA と △OBC >>例題 72, 73

(1)

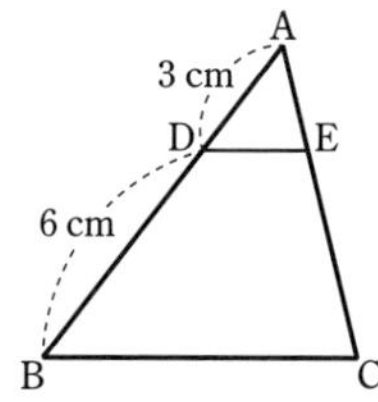

(2)

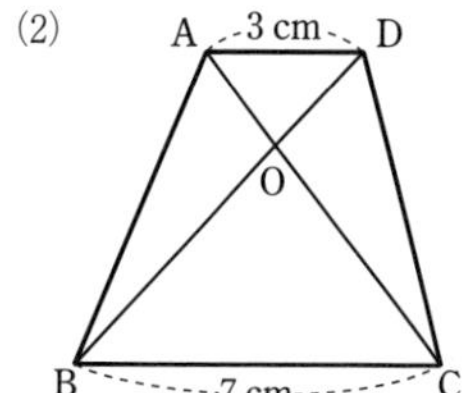

54 右の図のような円錐形の容器に 810 cm^3 の水を入れると深さが 27 cm になる。この容器に深さが 9 cm になるまで水を入れたときの水の体積を求めなさい。〔熊本〕 >>例題 75

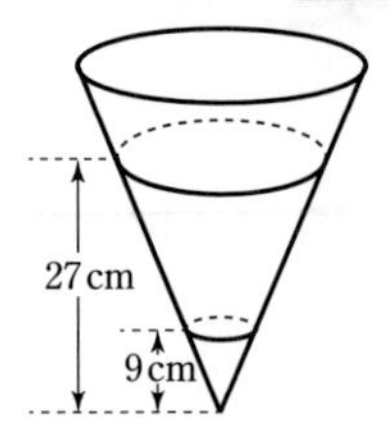

55 次の図において，DE∥BC のとき，x，y の値を求めなさい。 >>例題 77

(1)

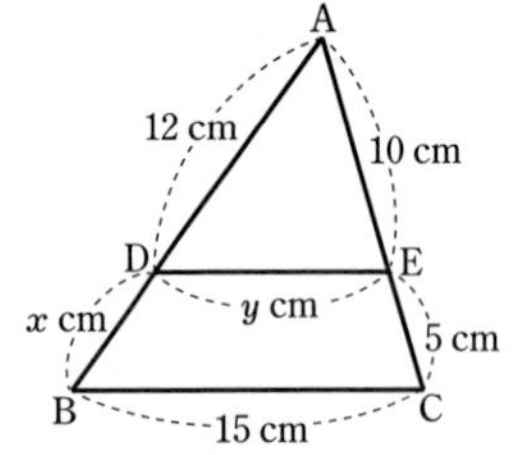

(2)

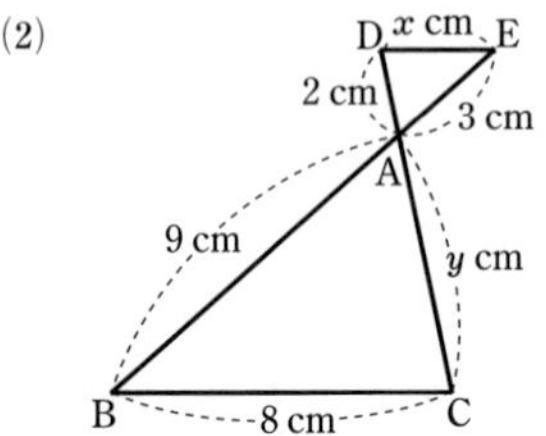

56 次の図において，ℓ∥m∥n のとき，x，y の値を求めなさい。 >>例題 82

(1)

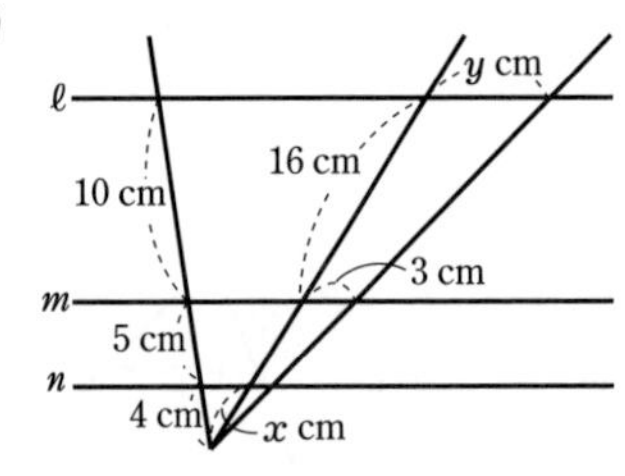

(2)

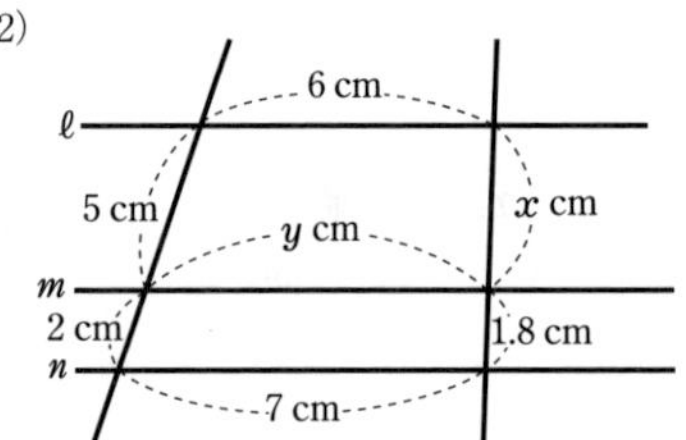

57 右の図のように，△ABC の辺 AB，AC の中点をそれぞれ D，E とする。点Fを線分 DE の延長上に DE：EF＝3：2 となるようにとり，辺 AC と線分 BF の交点をGとする。

(1) GE：GC を求めなさい。

(2) △GFE と △ABC の面積の比を求めなさい。 >>例題 79, 85

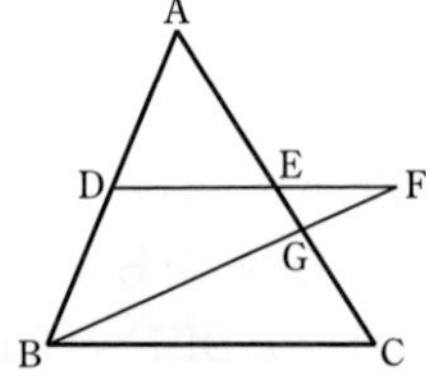

58 △ABC がある。辺 BC 上に BD：DC＝2：3 となる点Dをとる。また，四角形 AEDF が平行四辺形となるように，辺 AB 上に点E，辺 AC 上に点Fをとる。 >>例題 85

(1) △EBD∽△ABC であることを証明しなさい。

(2) △DEF の面積が 30 cm^2 のとき，△ABC の面積を求めなさい。

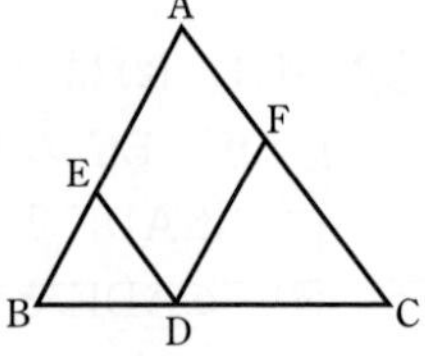

59 地面に垂直に立っている 1.5 m の棒の影の長さが 1.8 m であるとき，影の長さが 30 m の木の高さは何 m ですか。 >>例題 89

第6章

円

15 円周角の定理

1 円周角の定理

① 円の $\overset{\frown}{AB}$ に対して，両端 A，B と $\overset{\frown}{AB}$ 以外の円周上の点Pを結ぶとき，$\angle APB$ を $\overset{\frown}{AB}$ に対する **円周角** という。
また，$\overset{\frown}{AB}$ を円周角 $\angle APB$ に対する弧という。
$\angle AOB$ は $\overset{\frown}{AB}$ に対する **中心角** である。

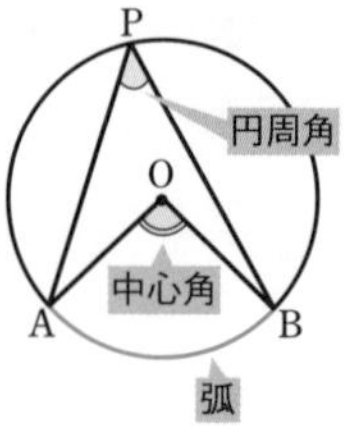

② **円周角の定理**

[1] **1つの弧に対する円周角の大きさは，その弧に対する中心角の大きさの半分である。**
右の図において　　$\angle APB=\frac{1}{2}\angle AOB$

[2] **同じ弧に対する円周角の大きさは等しい。**
右の図において　　$\angle APB=\angle AQB$

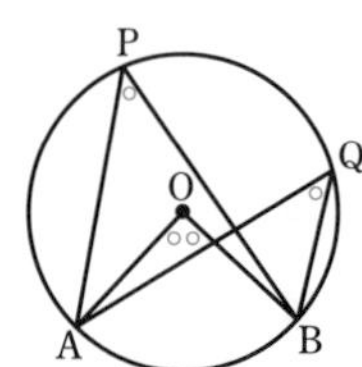

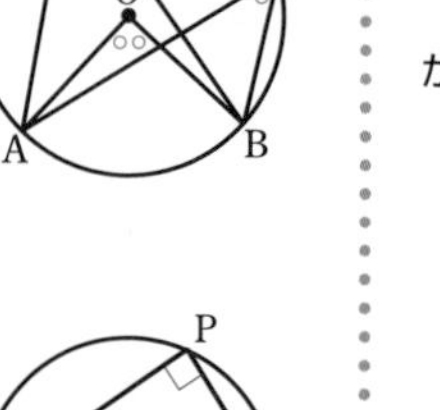

③ **直径と円周角**

[1] **半円の弧に対する円周角の大きさは 90° である。**

[2] **円周角の大きさが 90° である弧は半円（弦は直径）である。**

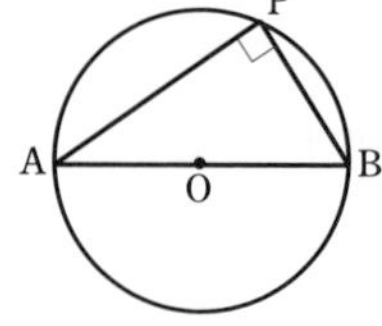

右の図において，$\overset{\frown}{AB}$ に対する中心角は 180° であるから
$\angle APB=90°$

中心角 $\angle AOB$ が 180° 以上の場合の円周角

点Pが下の図のような位置にある場合にも，
$\angle APB=\frac{1}{2}\angle AOB$
が成り立つ。

◀ $\angle APB=\frac{1}{2}\angle AOB$
$=\frac{1}{2}\times 180°=90°$

2 円周角と弧

1つの円において

[1] **等しい円周角に対する弧の長さは等しい。**
右の図で，$\angle APB=\angle CQD$ のとき　$\overset{\frown}{AB}=\overset{\frown}{CD}$

[2] **長さの等しい弧に対する円周角は等しい。**
右の図で，$\overset{\frown}{AB}=\overset{\frown}{CD}$ のとき　$\angle APB=\angle CQD$
このことは，半径が等しい2つの円においても成り立つ。また，1つの円または半径が等しい2つの円において，弧の長さは円周角の大きさに比例する。

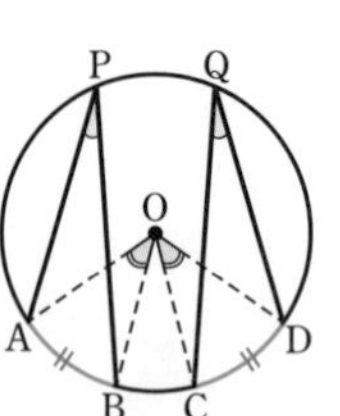

[2]　1つの円において，等しい長さの弧をもつおうぎ形は合同になる。
よって，$\overset{\frown}{AB}=\overset{\frown}{CD}$ ならば　$\angle AOB=\angle COD$

3 円の内部と外部と円周角

円周上に 3 点 A，B，C があり，∠ACB＝∠a とする。

直線 AB について，点Cと同じ側に点Pをとる。このとき，∠APB と ∠a の大小は次のようになる。

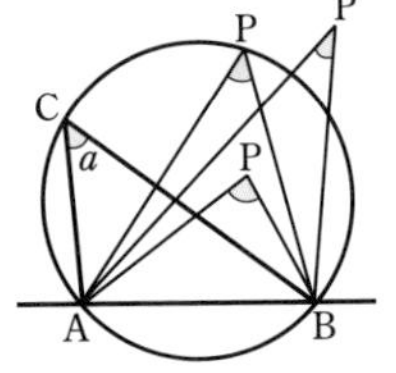

[1]　点Pが **円周上** にあるとき　　∠APB＝∠a

[2]　点Pが円の **内部** にあるとき　∠APB＞∠a

[3]　点Pが円の **外部** にあるとき　∠APB＜∠a

[証明]　[1]　円周角の定理から，∠APB＝∠a が成り立つ。

[2]　線分 AP の延長と円周との交点をQとすると，円周角の定理により

∠AQB＝∠ACB＝∠a

△PBQ の内角と外角の性質から

∠APB＝∠a＋∠PBQ

よって　　∠APB＞∠a

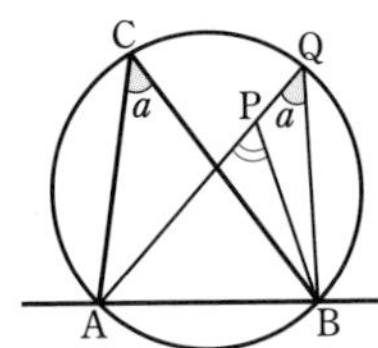

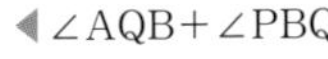
◀∠AQB＋∠PBQ

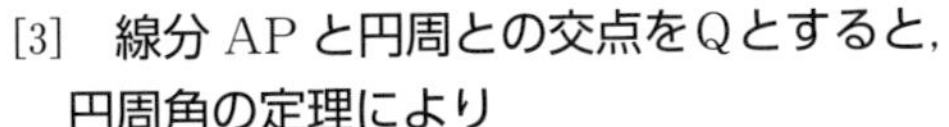
[3]　線分 AP と円周との交点をQとすると，円周角の定理により

∠AQB＝∠ACB＝∠a

△PBQ の内角と外角の性質から

∠APB＝∠AQB－∠PBQ

＝∠a－∠PBQ

よって　　∠APB＜∠a

下のような場合には，図のように補助線をひいて考えるとよい。

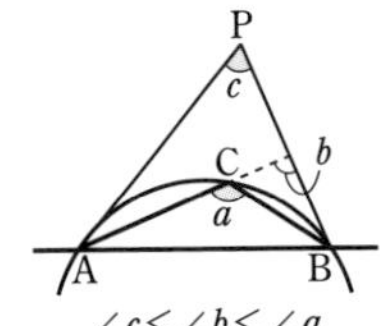

∠c＜∠b＜∠a

4 円周角の定理の逆

2 点 C，P が直線 AB について同じ側にあるとき　　**∠APB＝∠ACB**

ならば，**4 点 A，B，C，P は 1 つの円周上**にある。

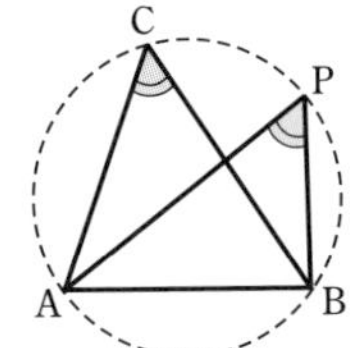

⚠

4 は，4 点 A，B，C，P が 1 つの円周上にあるための条件を表している。

5 円の接線

① **半径と接線**　　**円の接線は，接点を通る半径に垂直である** (右の図で OA⊥ℓ)。

② **円の接線の長さ**　　円の外部の点から，その円にひいた 2 つの **接線の長さは等しい** (右の図で PA＝PB)。

①

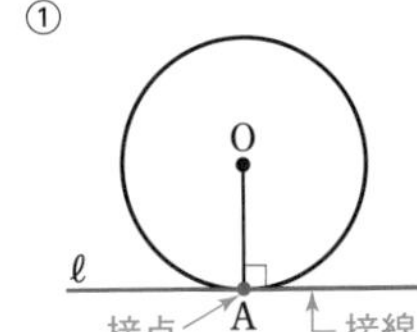

②

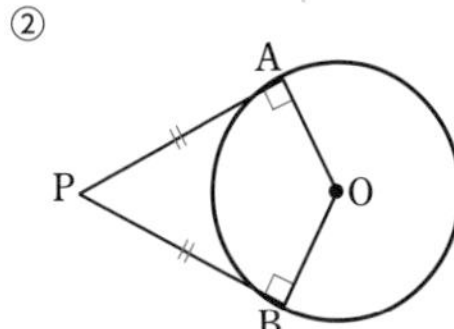

例題 90 円周角の定理 (1)

>>p. 152 1

レベル 

次の図において，$\angle x$，$\angle y$ の大きさを求めなさい。ただし，O は円の中心である。

(1) P, x, O, 54°, A, B

(2)
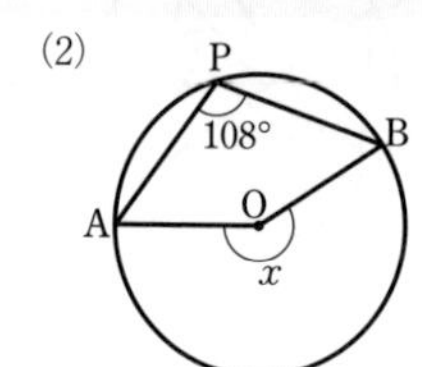

(3)
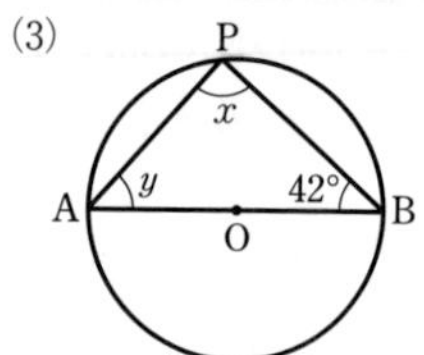

(4)
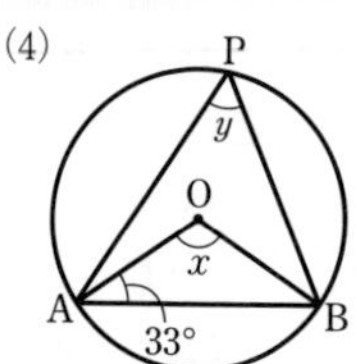

考え方

円周角の性質

1　円周角 $=\frac{1}{2}\times$ 中心角　　つまり　中心角 $=2\times$ 円周角

2　同じ弧に対する円周角の大きさは等しい

3　半円の弧に対する円周角の大きさは 90°

(4)　1つの円において，どの半径も同じ長さであるから，2つの半径 OA，OB を2辺とする三角形 OAB は 二等辺三角形 となる。

解答

(1)　円周角の定理により　　$\angle x=\frac{1}{2}\times 54^\circ=\mathbf{27^\circ}$　答

◀円周角 $=\frac{1}{2}\times$ 中心角

(2)　$\angle$AOB は $\overset{\frown}{\text{AB}}$ に対する中心角であるから

$\angle x=2\times 108^\circ=\mathbf{216^\circ}$　答

◀中心角 $=2\times$ 円周角

(3)　$\angle$APB は半円の弧に対する円周角であるから

$\angle x=\mathbf{90^\circ}$，　$\angle y=180^\circ-(42^\circ+90^\circ)=\mathbf{48^\circ}$　答

(3)　**直径は直角** により，$\angle x$ は，すぐ求められる。$\angle y$ は，三角形の内角の和は 180° から。

(4)　$\triangle$OAB において，OA＝OB であるから

$\angle\text{OAB}=\angle\text{OBA}=33^\circ$

よって　　$\angle x=180^\circ-2\times 33^\circ=\mathbf{114^\circ}$，　$\angle y=\frac{1}{2}\times 114^\circ=\mathbf{57^\circ}$　答

● 3　弧 AB が半円であるとき，弦 AB は直径。つまり，「**直径** なら円周角は **直角**」となり，「円周角が **直角** なら **直径**」になる。これはよく利用される性質なので，覚えておこう。

練習 90

解答➡別冊 p. 70

次の図において，$\angle x$ の大きさを求めなさい。ただし，O は円の中心である。

(1)
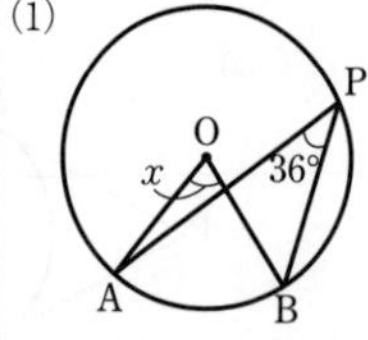

(2)
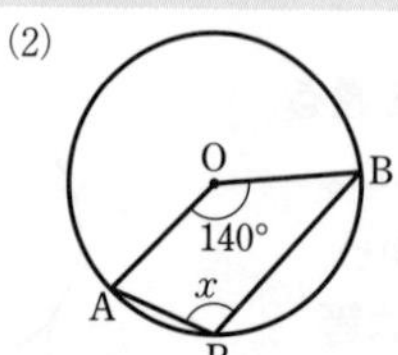

(3)
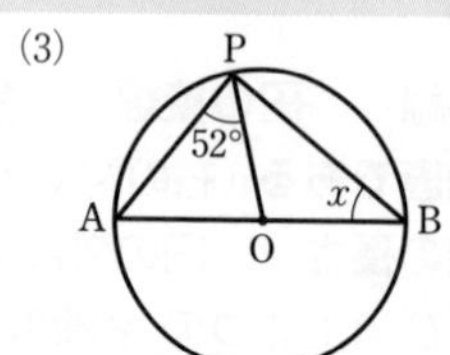

例題 91 円周角の定理 (2)

>>p. 152 1

次の図において，$\angle x$，$\angle y$ の大きさを求めなさい。

(1)
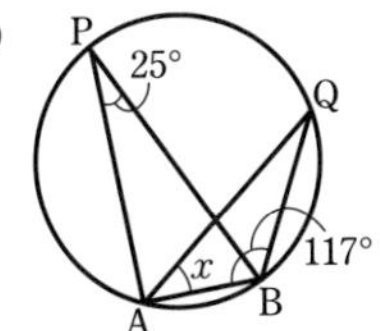

(2)
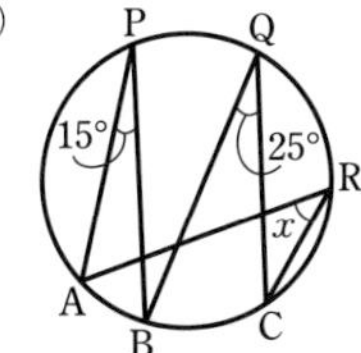

(3)
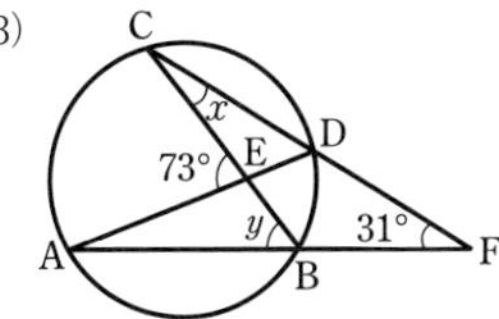

考え方 同じ弧に対する円周角の大きさは等しい

(2) $\overset{\frown}{AB}$ に対する円周角について　　$\angle APB=\angle ARB$
$\overset{\frown}{BC}$ に対する円周角について　　$\angle BQC=\angle BRC$

(3) $\triangle CBF$ と $\triangle EAB$ のそれぞれの 内角と外角の性質 により，$\angle x$ と $\angle y$ についての連立方程式をつくり，それを解く。

CHART

円周角は自由に動く

同じ弧の上にあれば，円周角をどのようにとっても，その大きさは変わらない。これは大事な性質なので，上のチャートのように，**「円周角は自由に動く」**と表現しておく。

解答

(1) $\overset{\frown}{AB}$ に対する円周角について　　$\angle AQB=\angle APB=25°$
$\triangle QAB$ において　　$\angle \boldsymbol{x}=180°-(25°+117°)=\mathbf{38°}$ 答

(2) $\overset{\frown}{AB}$ に対する円周角について　　$\angle ARB=\angle APB=15°$
$\overset{\frown}{BC}$ に対する円周角について　　$\angle BRC=\angle BQC=25°$
$\angle \boldsymbol{x}=\angle ARB+\angle BRC=15°+25°=\mathbf{40°}$ 答

(3) $\triangle CBF$ の 内角と外角の性質 により　$\angle CBA=\angle FCB+\angle CFB$
よって　　$\angle y=\angle x+31°$　……①
$\overset{\frown}{BD}$ に対する円周角について　　$\angle BAE=\angle BCD=\angle x$
$\triangle EAB$ の 内角と外角の性質 により　$\angle CEA=\angle BAE+\angle ABE$
よって　　$73°=\angle x+\angle y$　……②
① を ② に代入して　　$73°=2\angle x+31°$　　$\angle \boldsymbol{x}=\mathbf{21°}$ 答
① から　　$\angle \boldsymbol{y}=\mathbf{52°}$ 答

(2)
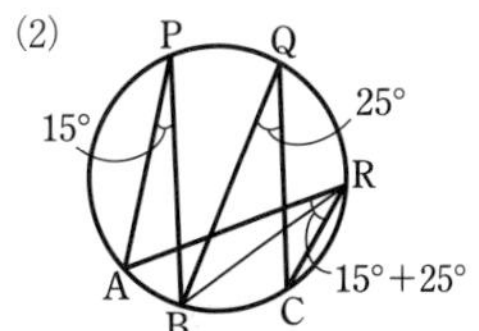

(3)
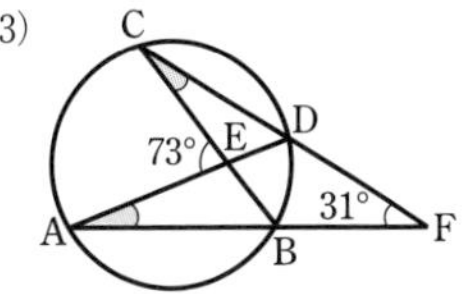

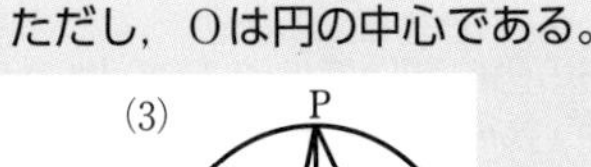
解答➡別冊 p. 70

練習 91 次の図において，$\angle x$，$\angle y$ の大きさを求めなさい。ただし，O は円の中心である。

(1)
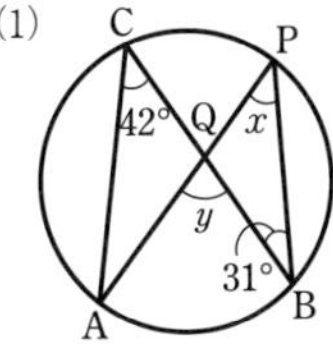

(2)
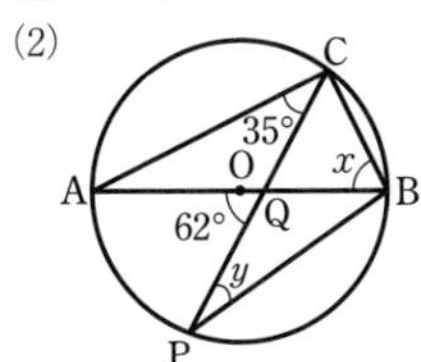

(3)
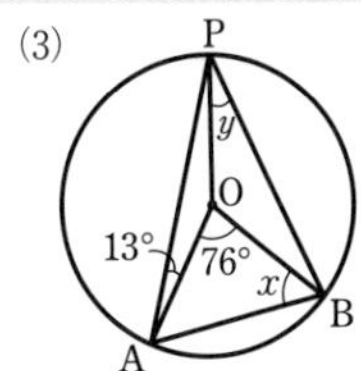

第6章 円

例題 92 円周角と弧

>>p. 152 2 レベル

右の図のように，点Oを中心とする円がある。$\overset{\frown}{BE}:\overset{\frown}{CE}=1:2$，$\angle BAE=20^\circ$ のとき，$\angle OFD$ の大きさを求めなさい。

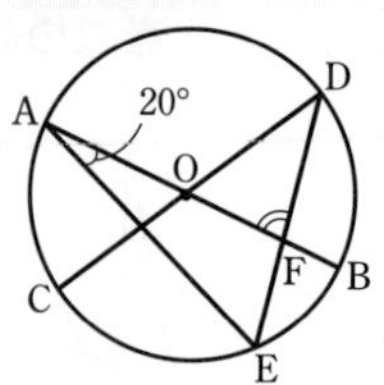
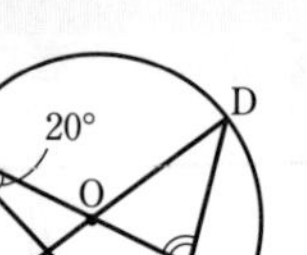

確認 円周角と弧

1つの円において

[1] 等しい円周角に対する弧の長さは等しい。

[2] 長さの等しい弧に対する円周角は等しい。

考え方

1つの円からできるおうぎ形の弧の長さは，中心角の大きさに比例するから，**円周角は中心角の半分** により，

円周角の大きさは弧の長さに比例する

条件より，$\overset{\frown}{BE}:\overset{\frown}{CE}=1:2$ であるから，$\overset{\frown}{BE}$，$\overset{\frown}{CE}$ に対するそれぞれの円周角の大きさの比も $1:2$ となる。

弧の長さが2倍，3倍，… になると，円周角の大きさも2倍，3倍，… となる。

解答

$\overset{\frown}{BE}:\overset{\frown}{CE}=1:2$ から

$\angle BAE:\angle CDE=1:2$

よって　$\angle CDE=2\angle BAE$

$=2\times 20^\circ=40^\circ$

$\triangle OED$ は二等辺三角形であるから

$\angle OED=\angle ODE=40^\circ$

$\overset{\frown}{BE}$ に対する中心角について

$\angle BOE=2\angle BAE=2\times 20^\circ=40^\circ$　← 中心角＝2×円周角

$\triangle OEF$ の内角と外角の性質から

$\angle OFD=\angle OEF+\angle FOE$　← $\angle OEF=\angle OED$，$\angle FOE=\angle BOE$

$=40^\circ+40^\circ=$ **80°** 答

$\angle OFD$ は円周角でも中心角でもないから，三角形の内角と外角の性質を利用して，その大きさを求める。
⟶ 三角形をつくるために，円の中心OとEを結ぶ。

練習 92 右の図において，$\triangle ABC$ は $AB=AC$ の二等辺三角形で，点Oは $\triangle ABC$ の3つの頂点A，B，Cを通る円の中心である。$\overset{\frown}{AD}:\overset{\frown}{DC}=1:3$ のとき，$\angle ABD$ の大きさを求めなさい。

解答➡別冊 p. 70

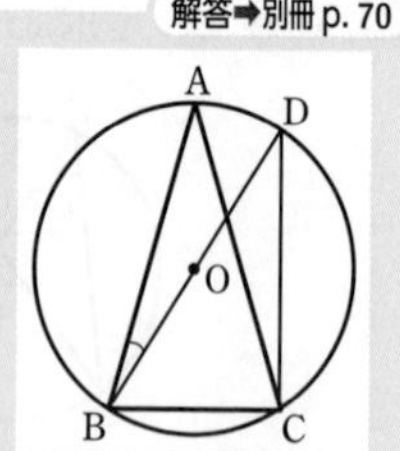

例題 93 1つの円周上にある4点

>>p. 153 4 レベル 

(1) 図(1)において，4点A，B，C，Dは1つの円周上にあることを証明しなさい。

(2) 図(2)の四角形ABCDにおいて，$\angle x$ の大きさを求めなさい。

(1)

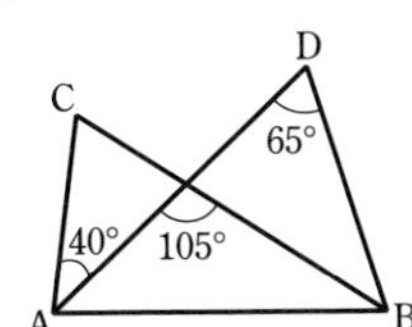

(2)

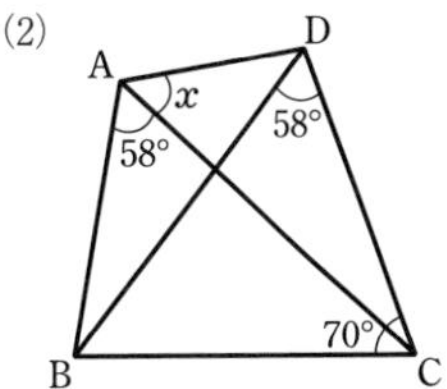

考え方

4点が1つの円周上にあることを示すには，次の **円周角の定理の逆** を利用する。

円周角の定理の逆

2点C，Pが直線ABについて同じ側にあるとき

$\angle \mathrm{APB} = \angle \mathrm{ACB}$

ならば，**4点A，B，C，Pは1つの円周上** にある。

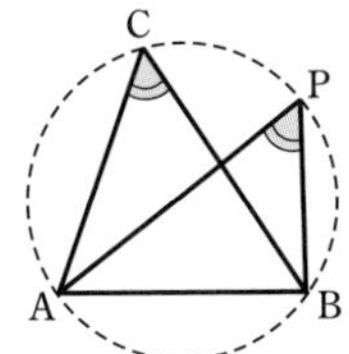

(2) 四角形の頂点が同じ円周上にあるかを，円周角の定理の逆により確認し，同じ弧に対する円周角を見つける。

解答

(1) ADとBCの交点をEとすると，△AECにおいて

$\angle \mathrm{ACB} = 105° - 40° = 65°$

2点C，Dは直線ABについて同じ側にあり，$\angle \mathrm{ACB} = \angle \mathrm{ADB}$ であるから，円周角の定理の逆 により，4点A，B，C，Dは1つの円周上にある。

(2) 2点A，Dは直線BCについて同じ側にあり，

$\angle \mathrm{BAC} = \angle \mathrm{BDC} = 58°$ であるから，円周角の定理の逆 により，4点A，B，C，Dは1つの円周上にある。

よって，$\overset{\frown}{\mathrm{CD}}$ に対する円周角について　$\angle \mathrm{DBC} = \angle x$

△DBCにおいて　$\angle \mathrm{DBC} = 180° - (\angle \mathrm{BCD} + \angle \mathrm{BDC})$

したがって　$\angle x = 180° - (70° + 58°) = \mathbf{52°}$ 答

(1) △AECの内角と外角の性質により

$\angle \mathrm{ACE}$

$= \angle \mathrm{AEB} - \angle \mathrm{CAE}$

(2)

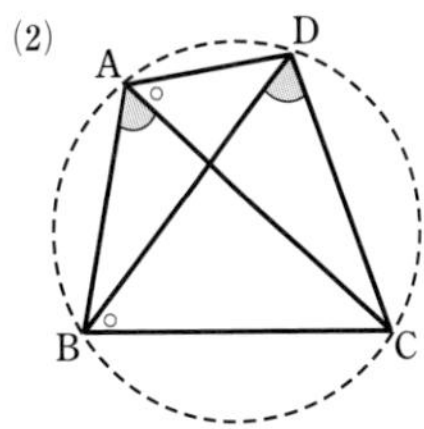

解答➡別冊 p. 71

練習 93 右の図の四角形ABCDにおいて，$\angle x$ の大きさを求めなさい。

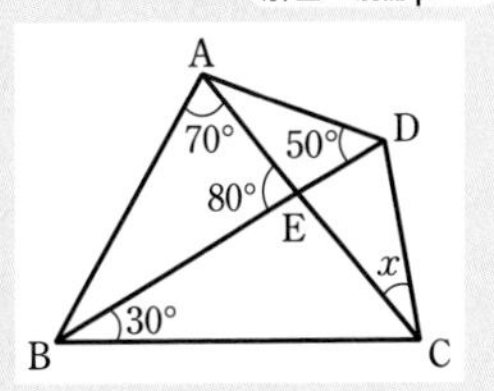

第6章 円

例題 94 円の接線の長さ，角の大きさ

>>p. 153 5 レベル 

(1) 図(1)のように，△ABC の 3 つの辺すべてに接する円がある。この円が，辺 AB，BC，CA と接する点を，それぞれ P，Q，R とする。辺 AB の長さを求めなさい。

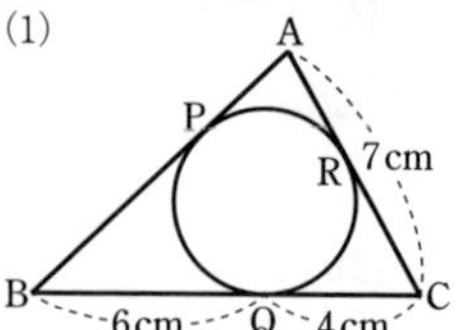

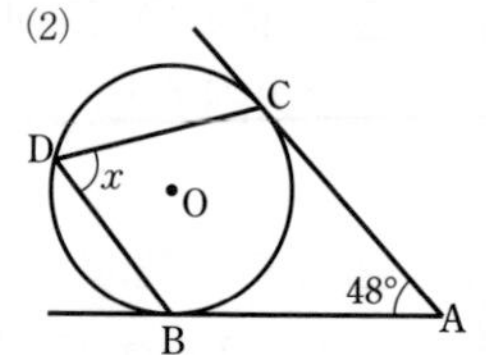

(2) 図(2)において，AB，AC は B，C を接点とする円 O の接線である。$\angle x$ の大きさを求めなさい。

考え方

次の **円の接線の性質** を利用する。

① **円の接線は，接点を通る半径に垂直である。** ⟶ (2)で利用。

② **円の外部の点からその円にひいた 2 つの接線の長さは等しい。** ⟶ (1)で利用。

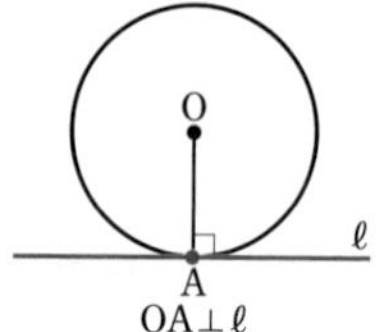

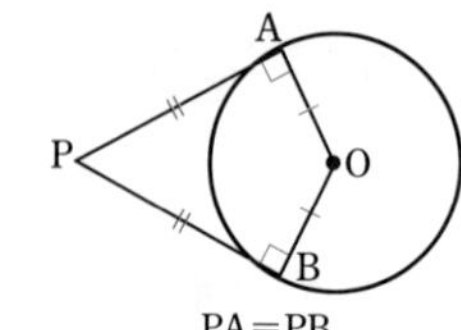

解答

(1) AB，BC，CA は円の接線であるから

BP=BQ=6 cm，CR=CQ=4 cm，

AP=AR=AC−CR=7−4=3 (cm)

よって　AB=AP+BP=3+6=9 (cm)

答　**9 cm**

(2) AB，AC は接線であるから　$\angle ABO=\angle ACO=90°$

四角形 ABOC の内角の和は 360° であるから

$\angle BOC=360°-(48°+90°+90°)=132°$

$\overset{\frown}{BC}$ に対する円周角について

$\angle x=\frac{1}{2}\angle BOC=\frac{1}{2}\times 132°=$**66°** 答

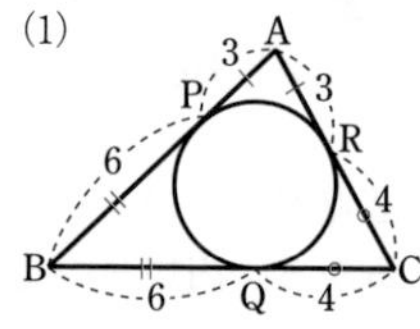

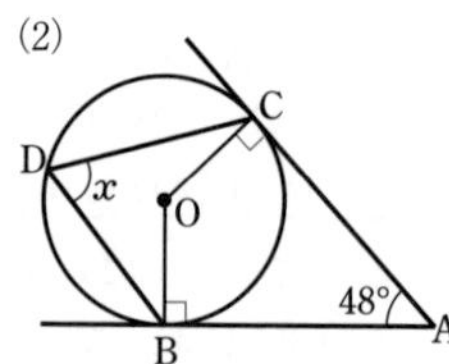

練習 94

解答➡別冊 p. 71

(1) 図(1)のように，△ABC の 3 つの辺すべてに接する円がある。この円が，辺 AB，BC，CA と接する点を，それぞれ P，Q，R とする。辺 AC の長さを求めなさい。

(2) 図(2)のように，円 O が 2 直線とそれぞれ点 A，B で接している。このとき，$\angle x$，$\angle y$ の大きさを求めなさい。

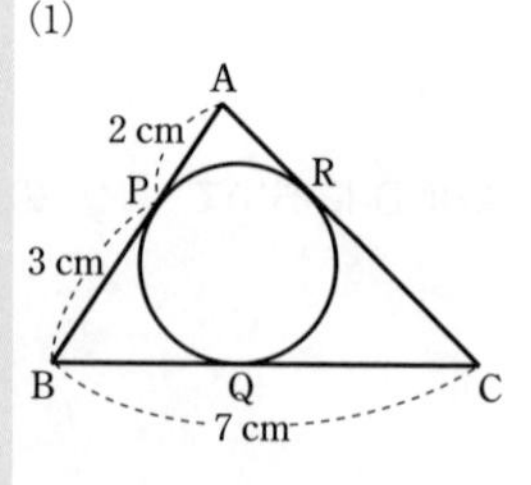

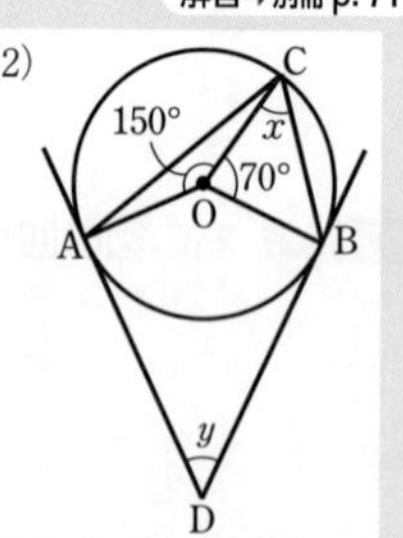

例題 95 直線に接する円の作図

≫p. 153 5 レベル 

右の図のように，線分 AB と，点A を通る直線 ℓ がある。円Oは，線分 AB 上に中心があり，直線 ℓ に接し，さらに，円周上に点Bがある。このとき，円Oを作図しなさい。

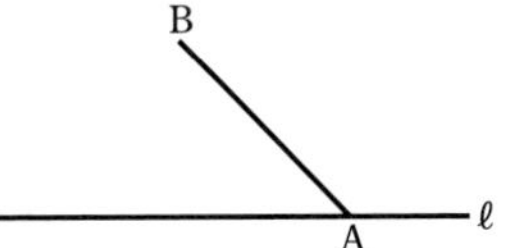

考え方　接線のもつ性質を利用 ⟶ 接線⊥半径

作図ができたものとして考える。

[1]　円Oと直線 ℓ の接点をHとすると
　　$OH \perp \ell$

[2]　中心Oは線分 AB 上にあるから，Bを接点とする円Oの接線を m とすると
　　$OB \perp m$

[3]　OH＝OB で，Oは 2 つの接線 ℓ，m からの **距離が等しい。**
つまり，2 直線 ℓ，m が交わってできる **角の二等分線上にある。**

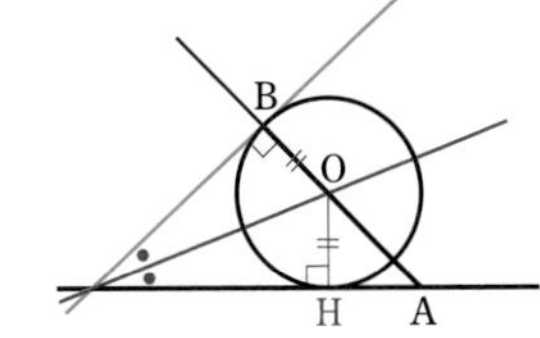

解答

① 点Bを通る，直線 AB の垂線をひき，その垂線と直線 ℓ との交点をCとする。

② ∠BCA の二等分線をひき，その二等分線と線分 AB との交点をOとする。

③ 点Oを中心として，半径 OB の円をかく。

この円が求める円Oである。

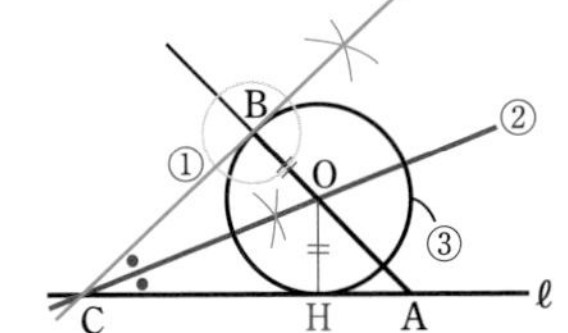

復習　①の「点Bを通る，直線 AB の垂線」の作図については，本書のシリーズ中学 1 年の例題 104 を参照。

復習　作図

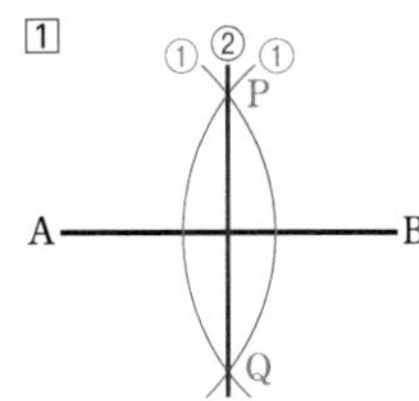

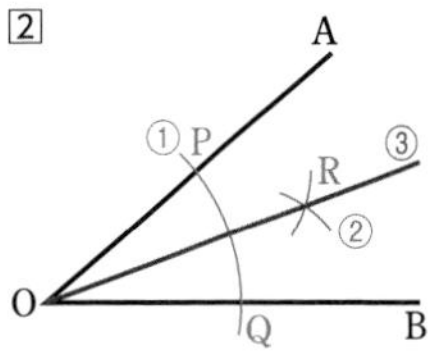

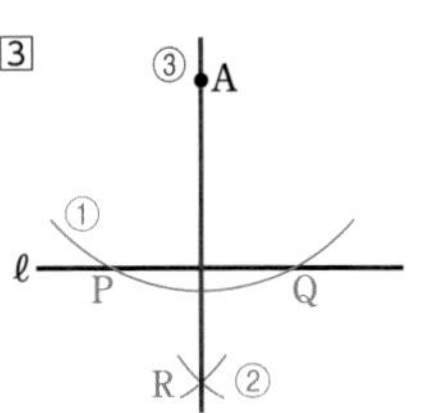

1 **垂直二等分線**
2 **角の二等分線**
3 **点を通る垂線**
の作図は，**基本作図** ともよばれ，問題で要求がなければ，**作図の手順の説明なしで使ってよい。**

円Oと直線 ℓ の接点をHとすると　OB＝OH

第 6 章　円

解答➡別冊 p. 71

練習 95　右の図のようなおうぎ形 OAB において，直線 OA 上の点Pを通る $\overset{\frown}{AB}$ の接線を作図しなさい。〔沖縄県〕

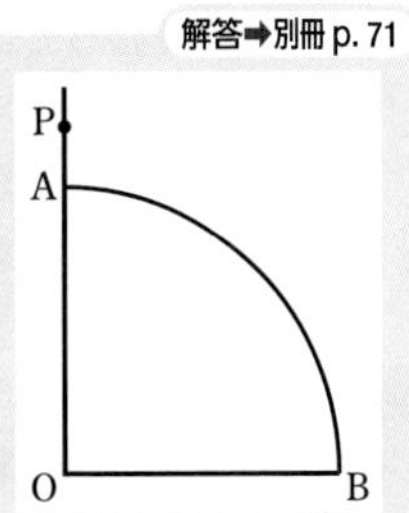

例題 96 円と相似な三角形 (1)

レベル ■□□□

右の図のように，2つの弦 AB，CD が点 P で交わっている。

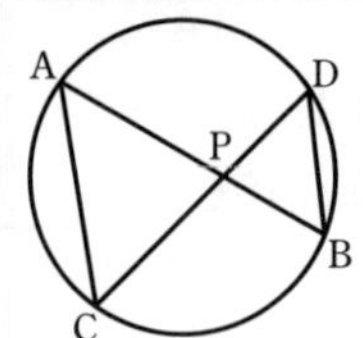

(1) △PAC∽△PDB であることを証明しなさい。

(2) PA=6 cm，PB=4 cm，PC=5 cm のとき，線分 PD の長さを求めなさい。

ここに注目！

交わる2つの弦でできる三角形には，CHART

円周角は自由に動く
—同じ弧に対する円周角の大きさは等しい—

により，大きさの等しい角が現れる。このため，2組の角がそれぞれ等しくなるから，2つの三角形は相似となる。

考え方　交わる2つの弦 ⟶ **三角形の相似にもちこむ**

(1) △PAC と △PDB において，対頂角が等しいことはすぐにわかる。もう1組の角が等しいことは，$\overset{\frown}{CB}$ に対する円周角が等しいことから示される。

(2) (1) より，相似な三角形の対応する辺の長さの比は等しいから

PA：PD=PC：PB

解答

(1) △PAC と △PDB において

∠APC=∠DPB （対頂角）

$\overset{\frown}{CB}$ に対する円周角について　∠PAC=∠PDB ……(＊)

2組の角がそれぞれ等しいから

△PAC∽△PDB

(2) (1) から　PA：PD=PC：PB

6：PD=5：4

5PD=6×4

よって　$PD=\frac{24}{5}$ (cm)　　答 $\frac{24}{5}$ **cm**

(1)

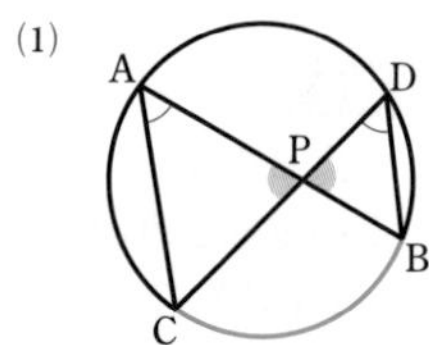

(＊) $\overset{\frown}{AD}$ に対する円周角が等しいことから，

∠ACP=∠DBP

であることを利用してもよい。

解答➡別冊 p.71

練習 96 右の図のように，2つの弦 AB，CD を延長した直線が点 P で交わっている。

(1) △PAD∽△PCB であることを証明しなさい。

(2) PA=15 cm，PB=8 cm，PC=12 cm のとき，線分 PD の長さを求めなさい。

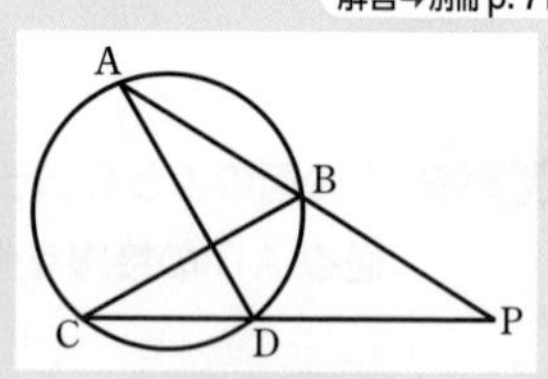

参考 上の例題と練習 96 から，PA：PD=PC：PB　すなわち　PA×PB=PC×PD　が成り立つ。
この性質を **方べきの定理** といい，次のようにまとめられる（p.165，168 参照）。

円の2つの弦 AB，CD，またはそれらの延長の交点を P とするとき，PA×PB=PC×PD が成り立つ。

例題 97 円と相似な三角形 (2)

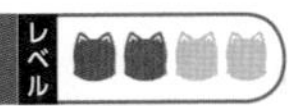

右の図のように，線分 AB を直径とする半円があり，線分 AB の中点を点Oとする。
また，点Cを $\overset{\frown}{AB}$ 上の点とし，線分 BC 上に点Dをとる。ただし，Cは A，B と異なる点であり，Dは B，C と異なる点である。
さらに，線分 OC と線分 AD との交点をEとし，∠AOC の二等分線と線分 AD との交点をFとする。このとき，△CDE∽△OFE であることを証明しなさい。〔改 北海道〕

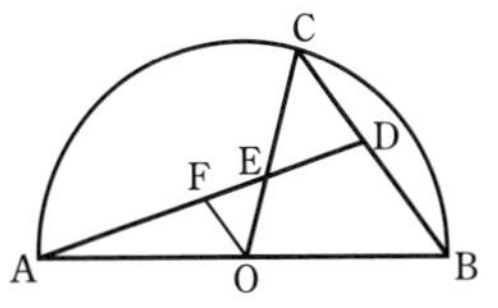

考え方 CHART **円周角は中心角の半分**

2組の角がそれぞれ等しいことを利用するしかないが，対頂角以外のもう1組の角については，Oが半円の中心であることに注目する。

・∠AOC は $\overset{\frown}{AC}$ に対する中心角 ⟶ $\overset{\frown}{AC}$ に対する円周角は？
・OA＝OB＝OC である。つまり，半径で二等辺三角形ができる。

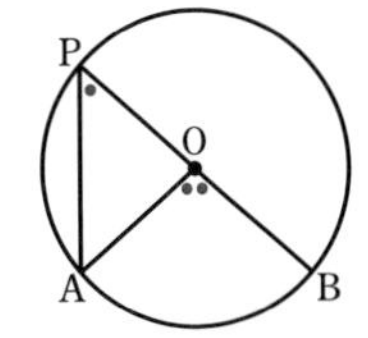

点Pが上の図のような位置にある場合にも，

$\angle APB=\frac{1}{2}\angle AOB$

が成り立つ。

解答

△CDE と △OFE において
対頂角は等しいから
　　∠CED＝∠OEF　……①
円周角の定理により
　　$\angle OBC=\frac{1}{2}\angle AOC$
仮定より，$\angle EOF=\frac{1}{2}\angle AOC$ であるから
　　∠OBC＝∠EOF　……②
△OBC は OB＝OC の二等辺三角形であるから
　　∠ECD＝∠OBC　……③
②，③ より　∠ECD＝∠EOF　……④
①，④ より，2組の角がそれぞれ等しいから
　　△CDE∽△OFE

解答➡別冊 p. 71

練習 97 右の図のように，円Oの周上に3点 A，B，C を AB>BC となるようにとり，線分 AC の中点をDとする。
また，線分 BD の延長と円Oとの交点で，点Bとは異なる点をEとし，線分 AE の中点をFとする。このとき，△ABC∽△DFE であることを証明しなさい。〔神奈川県〕

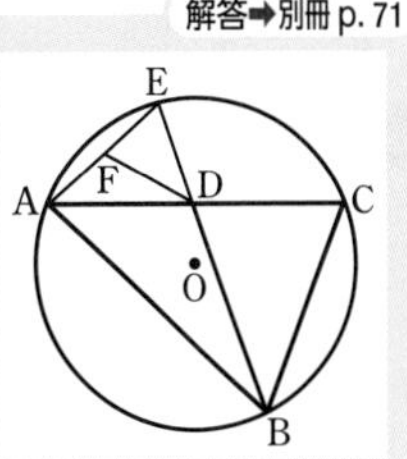

例題 98 1つの円周上にあることの証明

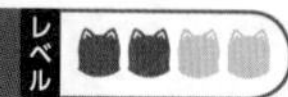

右の図において，△ABC は AC=BC の直角二等辺三角形であり，△EDC は DC=EC の直角二等辺三角形である。

(1) △ACE≡△BCD であることを証明しなさい。

(2) 4点 A，B，C，F は1つの円周上にあることを証明しなさい。

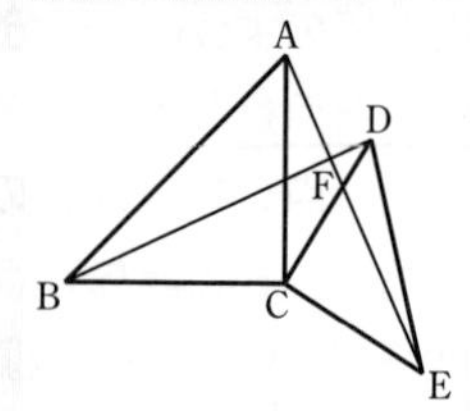

考え方 (1)，(2) の問題 **(1) は (2) のヒント**

(2) 4点が1つの円周上にあることを示すには，**円周角の定理の逆** を利用する。(1) の合同な三角形において，対応する角のうち，円周角の定理の逆が利用できる等しい1組の角をさがす。

p.121 例題 71 で似た問題を学習している。

解答

(1) △ACE と △BCD において

△ABC と △EDC は直角二等辺三角形であるから

AC=BC ……①

EC=DC ……②

∠ACB=∠DCE=90°

また　∠ACE=∠DCE+∠ACD

=90°+∠ACD

∠BCD=∠ACB+∠ACD=90°+∠ACD

よって　∠ACE=∠BCD ……③

①，②，③ より，2組の辺とその間の角 がそれぞれ等しいから

△ACE≡△BCD

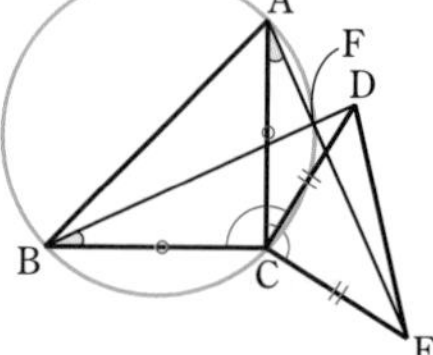

(2) △ACE と △BCD において，(1) から　∠EAC=∠DBC

2点 A，B は直線 FC の同じ側にあり，∠FAC=∠FBC である。

したがって，円周角の定理の逆 により，4点 A，B，C，F は1つの円周上にある。

円周角の定理の逆を利用するとき，(2) のように，「**2点 A，B は直線 FC の同じ側にあり**」と必ず書くこと。なぜなら，下の図のように，4点が1つの円周上にない場合があるからである。

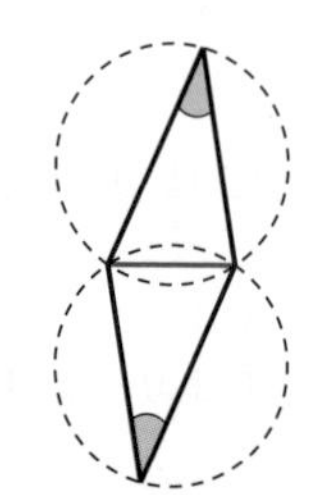

解答➡別冊 p. 72

練習 98 右の図において，L，M，N はそれぞれ四角形 ABCD の辺 AB，BC，AD の中点である。

直線 DA と直線 ML の交点を P，直線 CB と直線 NL の交点を Q とするとき，4点 M，N，P，Q は1つの円周上にあることを証明しなさい。

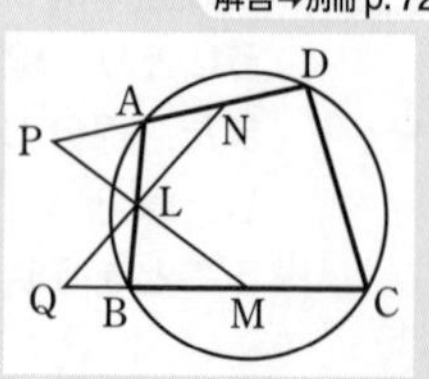

EXERCISES

解答➡別冊 p. 73

112　次の図において，$\angle x$，$\angle y$ の大きさを求めなさい。ただし，O は円の中心である。

>>例題 90, 91

(1)

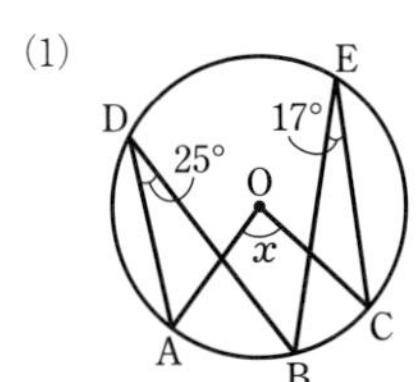

(2)

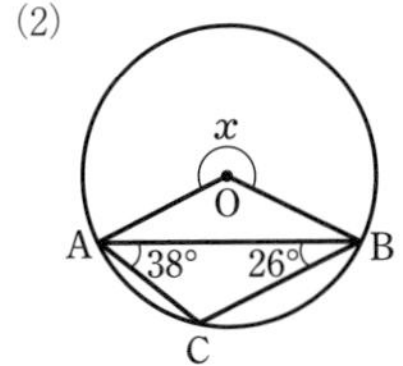

(3)

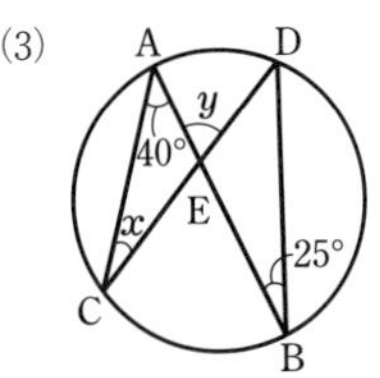

(4)

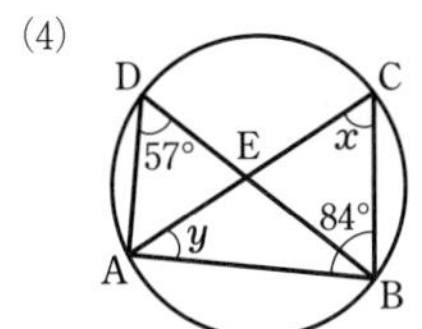

(5)

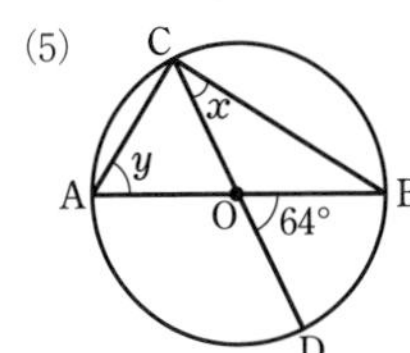

(6)

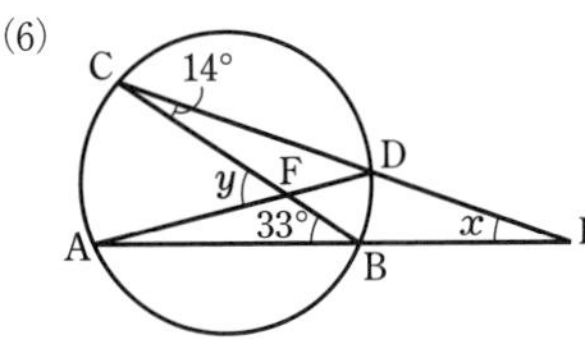

113　右の図において，点 C，D は，O を中心とし，線分 AB を直径とする半円の弧の上の点である。$\overset{\frown}{BC}:\overset{\frown}{CD}=2:3$ であるとき，$\angle x$ の大きさを求めなさい。〔成蹊〕

>>例題 92

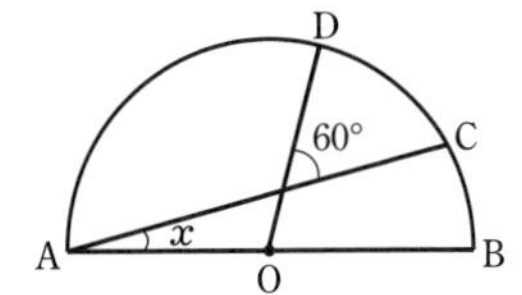

114　次の図で，4 点 A，B，C，D が 1 つの円周上にあるものをすべて選びなさい。

>>例題 93

①

A　D　35°　85°　65°　B　C

②

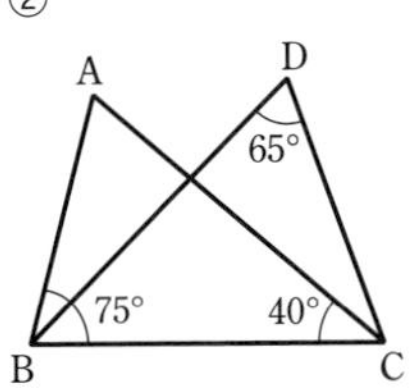

③

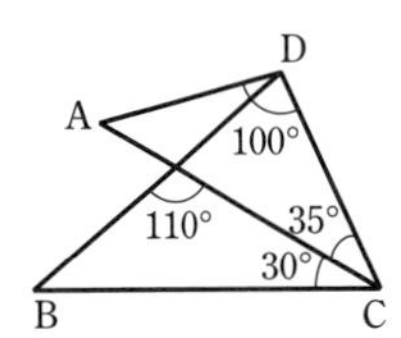

115　右の図のような四角形 ABCD があり，対角線 AC と対角線 BD が点 E で交わっている。$\angle BAC=55°$，$\angle ADB=48°$，$\angle CBD=25°$，$\angle CED=73°$ のとき，$\angle ACD$ の大きさを求めなさい。

>>例題 93

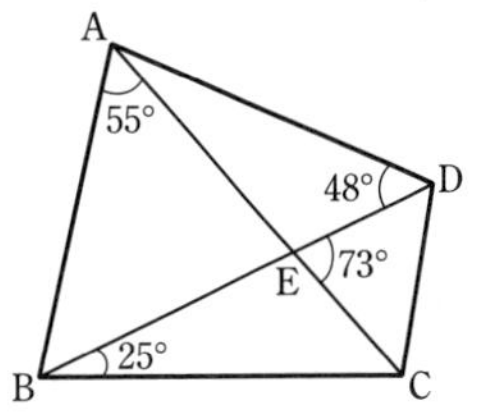

116 右の図で，$\overset{\frown}{AB}:\overset{\frown}{BC}:\overset{\frown}{CA}=6:5:4$ であるとき，△ABC の 3 つの角の大きさを求めなさい。

>>例題 94

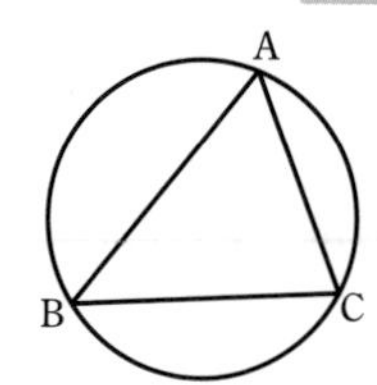

117 右の図のように，△ABC の辺 AB，BC，CA に接する円がある。それぞれの接点を R，S，T とするとき，x の値を求めなさい。 〔四條畷学園〕

>>例題 94

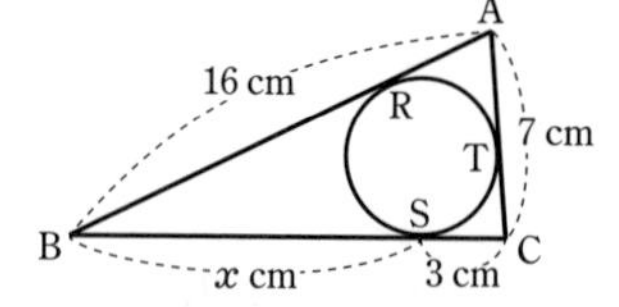

118 右の図のように，四角形 ABCD の各辺が円に接するとき

AB＋CD＝BC＋DA

であることを証明しなさい。

>>例題 94

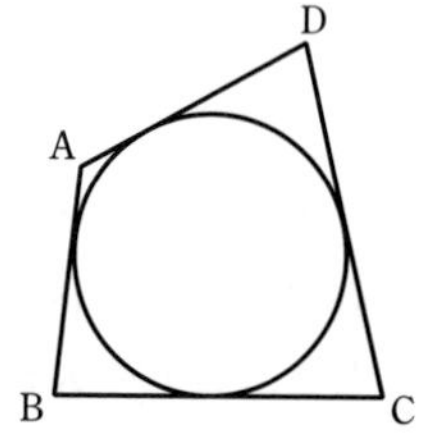

119 右の図のように，線分 AB を直径とする円の円周上に点 A，B とは異なる点 P がある。点 A における円の接線上に点 Q をとり，直線 AP と直線 BQ の交点を C とすると，AC＝QC である。このとき，AB：PA＝BQ：AB であることを証明しなさい。 〔岡山白陵〕

>>例題 96，97

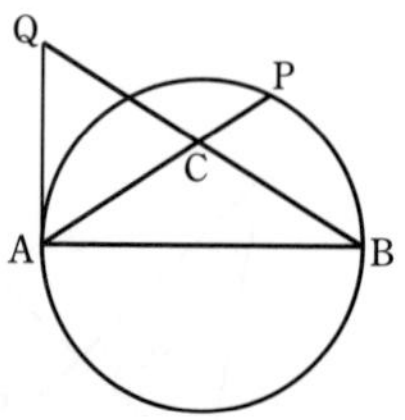

120 右の図のように，円 O の周上に 4 点 A，B，C，D があり，AB＝AC，∠BAC＝∠CAD である。また，線分 AC と線分 BD との交点を E とする。 〔富山県〕

(1) △ABE≡△ACD であることを証明しなさい。

(2) AB＝AC＝4 cm，AD＝3 cm とする。このとき，線分 BD の長さを求めなさい。

>>例題 96，97

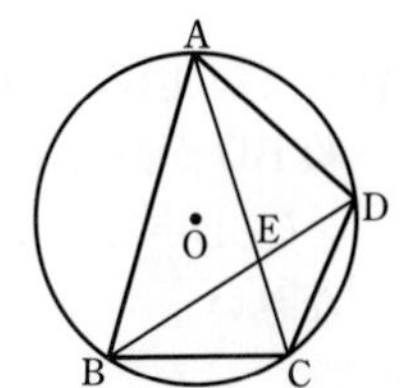

16 円のいろいろな問題

◎この節では，円についての発展問題を扱った。

1 円に内接する四角形

① 多角形のすべての頂点が 1 つの円周上にあるとき，その多角形は円に **内接する** といい，その円を多角形の **外接円** という。

② **円に内接する四角形の性質**

円に内接する四角形において

[1] **対角の和は 180° である。**

[2] **外角はそれととなり合う内角の対角に等しい。**

[証明] [1] 四角形 ABCD の外接円の中心をOとし，

$\angle BAD=\angle x$，$\angle BCD=\angle y$ とする。

$\overset{\frown}{BAD}$，$\overset{\frown}{BCD}$ に対する円周角の定理により，

$2\angle x+2\angle y=360°$ であるから　　$\angle x+\angle y=180°$

[2] また，$\angle x=180°-\angle y$ となり，これは $\angle BCD$ の外角 $\angle DCE$ に等しい。

③ ② の逆も成り立つ。

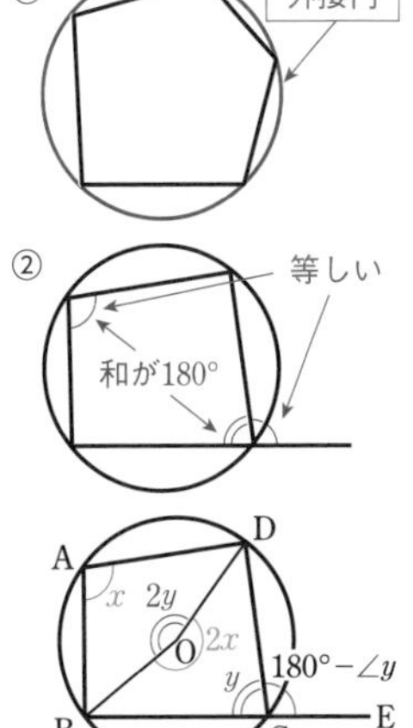

2 円の接線と弦のつくる角

円の接線とその接点を通る弦のつくる角は，その角の内部にある弧に対する円周角に等しい。

右の図において　　$\angle BAT=\angle ACB$

3 方べきの定理

① 円の 2 つの弦 AB，CD，またはそれらの延長の交点をPとするとき

$$PA\times PB=PC\times PD$$

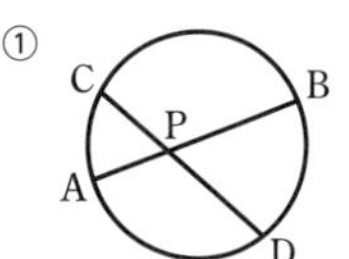

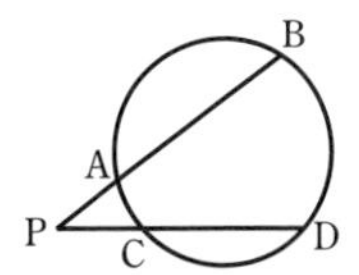

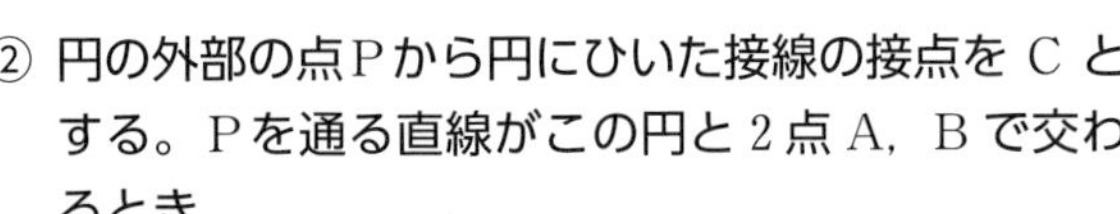

② 円の外部の点Pから円にひいた接線の接点を C とする。Pを通る直線がこの円と 2 点 A，B で交わるとき

$$PA\times PB=PC^2$$

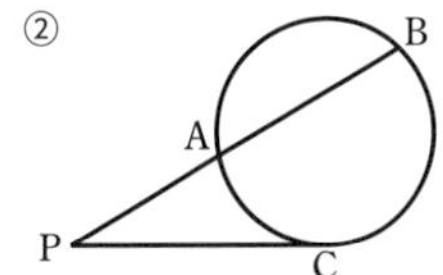

例題 99 円に内接する四角形と角

>>p. 165 1 レベル

次の図において，$\angle x$ の大きさを求めなさい。Oは円の中心である。

(1) (2) (3)

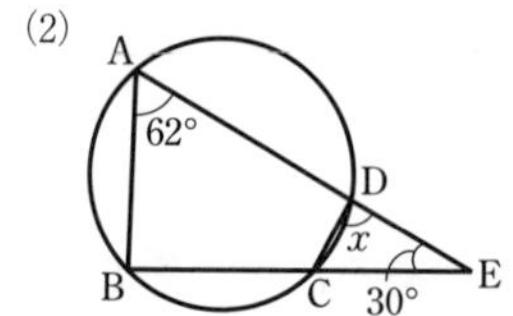

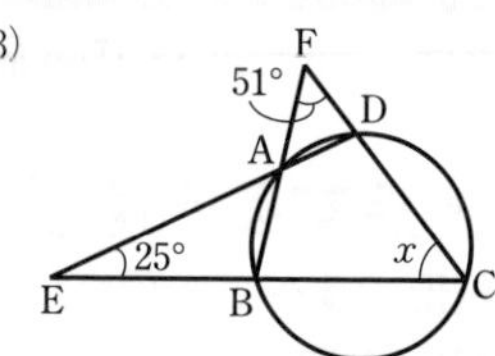

考え方

円に内接する四角形の性質を利用する。

[1]　対角の和は 180° である。

[2]　外角はそれととなり合う内角の対角に等しい。

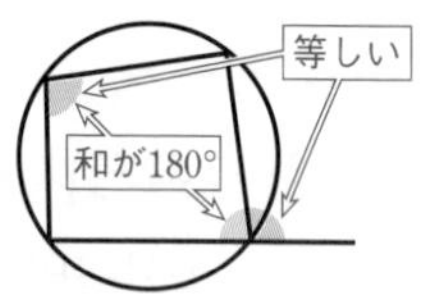

解答

(1)　四角形 ABCD は円に内接するから　　$\angle \mathrm{BAD}+115°=\mathbf{180°}$

よって　　$\angle \mathrm{BAD}=65°$

円周角の定理により　　$\angle x=65°\times2=\mathbf{130°}$　答

(1)　上の性質 [1]
$\angle \mathrm{A}+\angle \mathrm{C}=180°$

(2)　四角形 ABCD は円に内接するから　　$\angle \mathrm{DCE}=\mathbf{62°}$

△DCE において　　$\angle x+62°+30°=180°$　← 三角形の内角の和は 180°

よって　　$\angle x=\mathbf{88°}$　答

(2)　上の性質 [2]
$\angle \mathrm{DCE}=\angle \mathrm{BAD}$

(3)　四角形 ABCD は円に内接するから

$\angle \mathrm{FAD}=\angle x$

△FAD の内角と外角の性質により

$\angle \mathrm{EDC}=\angle x+51°$

△DEC において

$\angle x+51°+25°+\angle x=180°$

よって　　$\angle x=\mathbf{52°}$　答

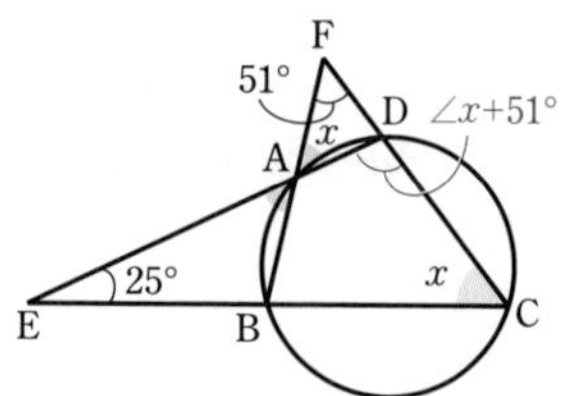

(3)　上の性質 [2]
$\angle \mathrm{FAD}=\angle \mathrm{DCB}$
なお，内角と外角の性質により
$\angle \mathrm{ADC}=\angle x+51°$,
$\angle \mathrm{ABC}=\angle x+25°$
上の性質 [1] から
$\angle \mathrm{ADC}+\angle \mathrm{ABC}=180°$
としてもよい。

練習 99 次の図において，$\angle x$ の大きさを求めなさい。

解答➡別冊 p. 72

(1) (2) (3)

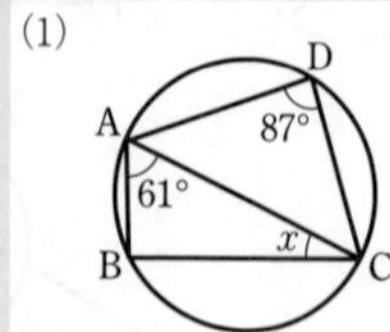

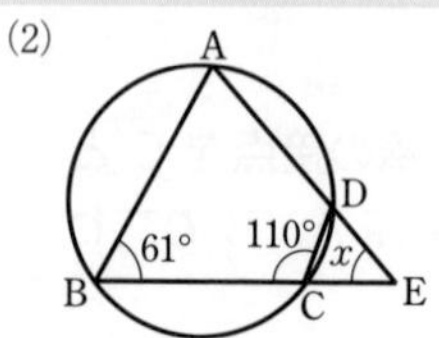

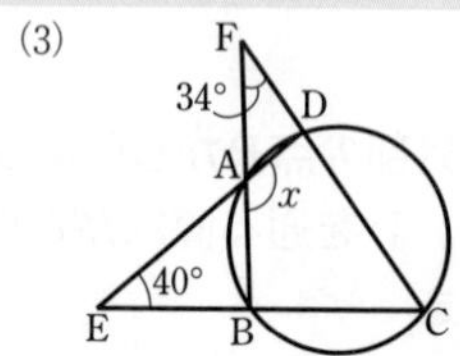

例題 100 円の接線と弦のつくる角

≫p. 165 2 レベル 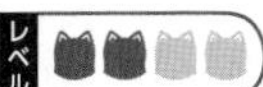

右の図において，直線 AD は点Aを接点とする円の接線で，AB＝BD，CA＝CB である。このとき，∠ADB の大きさを求めなさい。

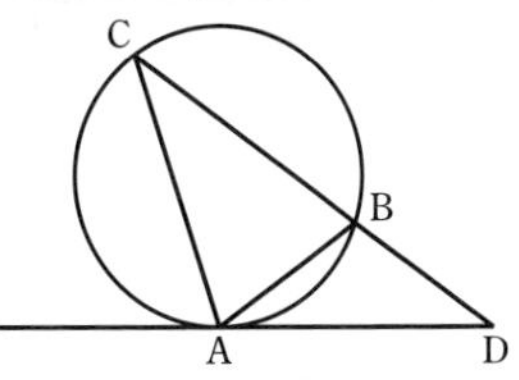

考え方 次の定理を利用する。

【定理】 円の弦 AB と，点Aにおける接線 AT がつくる角 ∠BAT の大きさは，その内部にある $\overset{\frown}{AB}$ に対する円周角 ∠ACB の大きさに等しい。

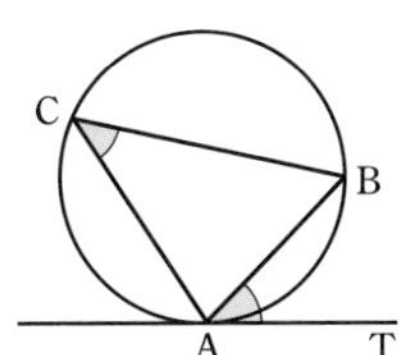

この定理や二等辺三角形の性質から，大きさが等しい角を見つけ，角についての方程式を導く。

この定理を **接弦定理** ともいう。

解答

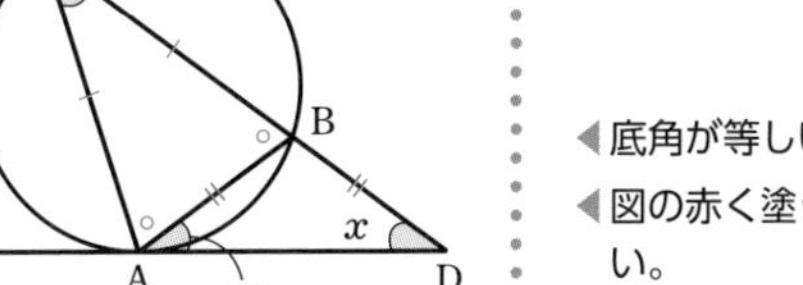

∠ADB＝∠x とする。

△ABD は AB＝BD の二等辺三角形であるから

∠DAB＝∠ADB＝∠x ◀底角が等しい。

接線と弦のつくる角の定理 により ◀図の赤く塗った角が等しい。

∠ACB＝∠x

また，△ADB において，内角と外角の性質から

∠CBA＝∠x＋∠x＝2∠x

△CAB は CA＝CB の二等辺三角形であるから

∠CAB＝∠CBA＝2∠x ◀底角が等しい。

△CAD において，∠x＋2∠x＋∠x＋∠x＝180° より　∠x＝36° ◀三角形の内角の和は 180°

よって　∠ADB＝**36°** 答

解答➡別冊 p. 72

練習 100 次の図において，直線 AT は点Aを接点とする円Oの接線である。∠x の大きさを求めなさい。ただし，(3) において $\overset{\frown}{AB}$：$\overset{\frown}{BC}$＝2：3 である。

(1)
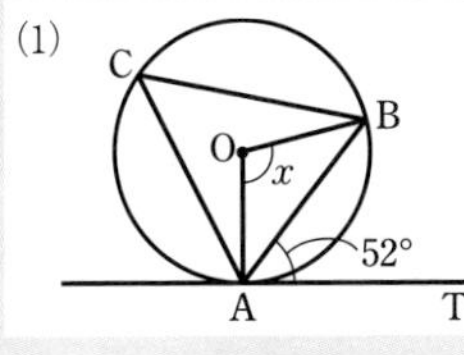

(2)
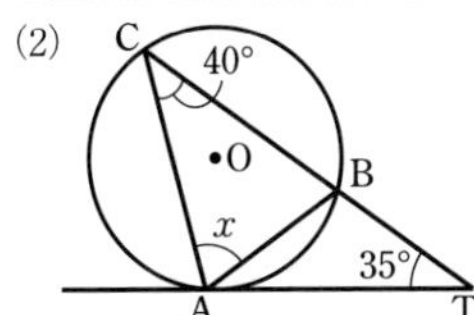

(3)
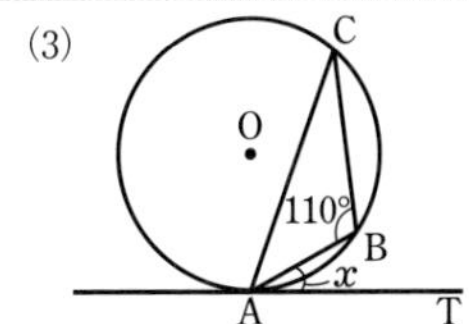

第6章 円

例題 101 方べきの定理と線分の長さ

>>p. 165 3 レベル 

次の図において，x の値を求めなさい。ただし，(3) において，直線 PC は C における接線である。

(1)
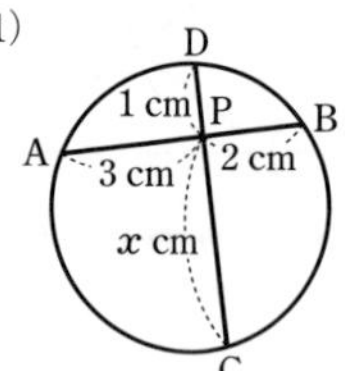

(2)
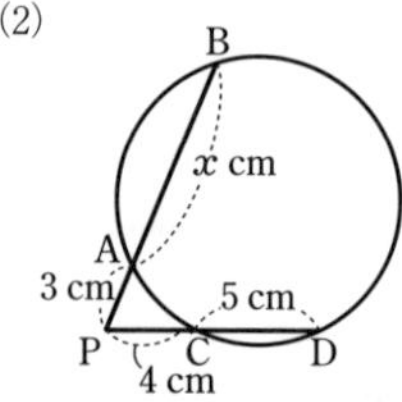

(3)
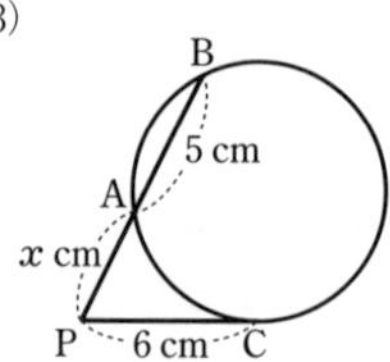

考え方

方べきの定理 ① $PA \times PB = PC \times PD$ ② $PA \times PB = PC^2$

①
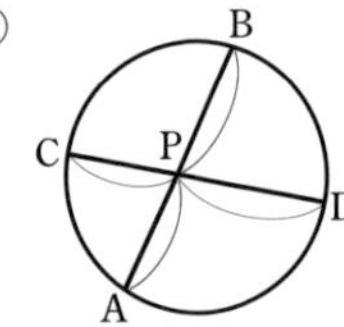

①

②
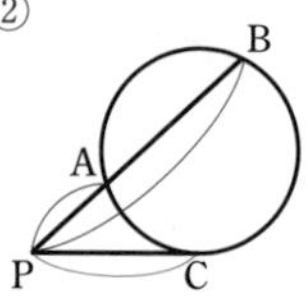

◀図 ② において，直線 PC は C における接線である。

解答

(1) 方べきの定理により $PA \times PB = PC \times PD$

よって $3 \times 2 = x \times 1$

これを解くと $\boldsymbol{x=6}$ 答

(2) 方べきの定理により $PA \times PB = PC \times PD$

よって $3 \times (3+x) = 4 \times (4+5)$

これを解くと $\boldsymbol{x=9}$ 答

(3) 方べきの定理により $PA \times PB = PC^2$

よって $x \times (x+5) = 6^2$　　$x^2+5x-36=0$

$(x-4)(x+9)=0$

$x>0$ であるから $\boldsymbol{x=4}$ 答

(1)，(2) 方べきの定理 ① を利用する。

(3) 方べきの定理 ② を利用する。
② は，① の右の図において，PC=PD となる場合である。

解答➡別冊 p. 73

練習 101 次の図において，x の値を求めなさい。ただし，(3) において，直線 PC は C における接線である。

(1)
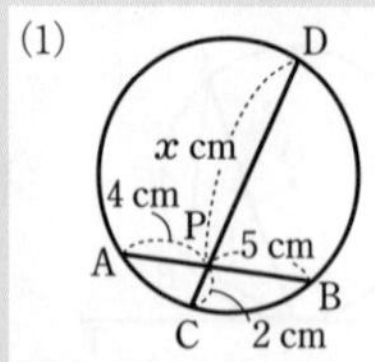

(2)
B
A
5 cm
x cm
2 cm
P
4 cm
C
D

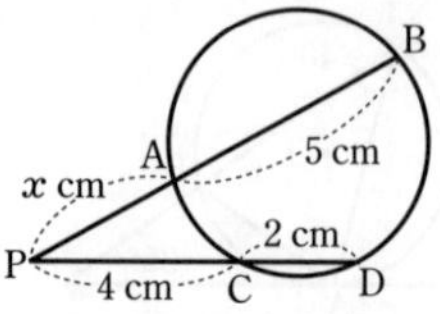

(3)
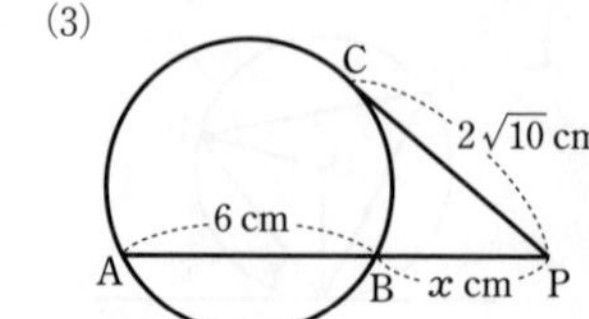

EXERCISES

解答➡別冊 p. 75

121 次の図において，$\angle x$，$\angle y$ の大きさを求めなさい。ただし，O は円の中心である。

>>例題 99

(1)

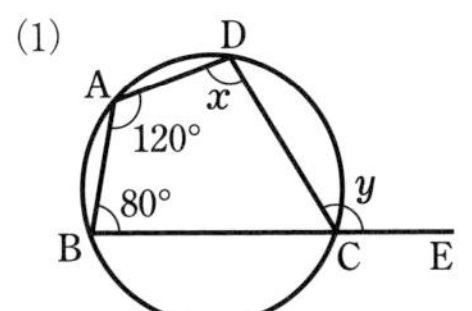

(2)

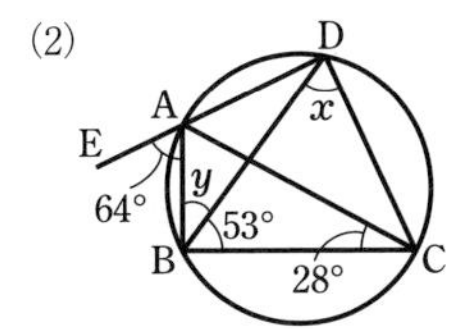

(3)

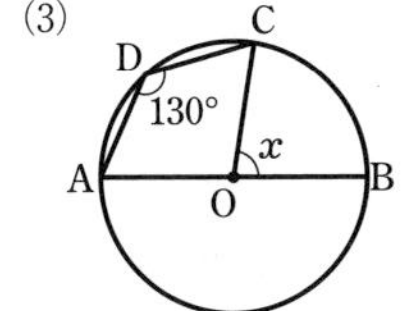

(4)

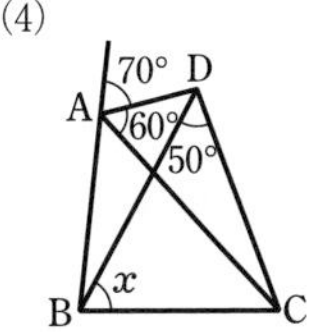

122 次の図において，$\angle x$ の大きさを求めなさい。ただし，直線 ℓ，m はそれぞれ点 T，S で円に接している。また，O は円の中心である。

>>例題 100

(1)

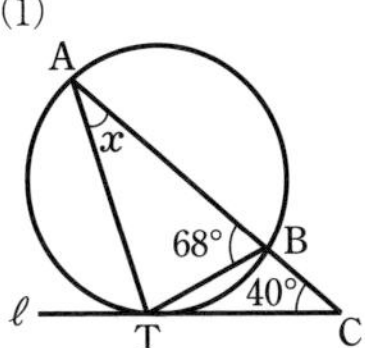

(2)

(3)

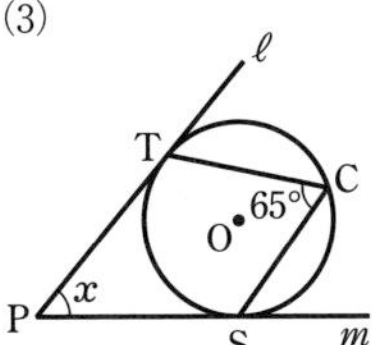

(4)

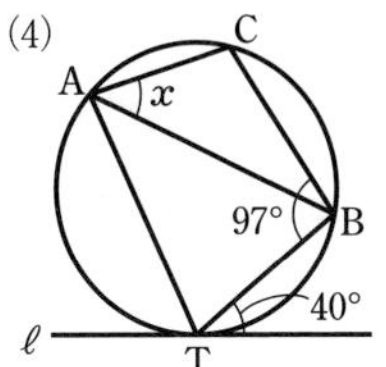

123 次の図において，x の値を求めなさい。ただし，(3) において，直線 TP は T における接線である。

>>例題 101

(1)

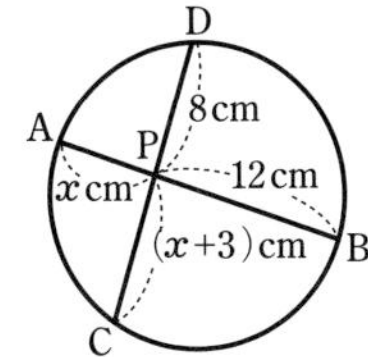

(2)

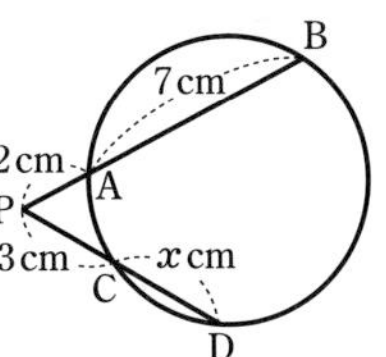

(3)

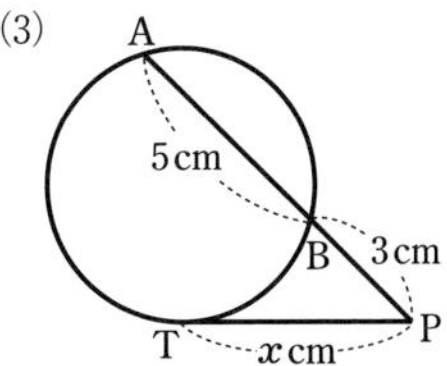

124 右の図のように，2円 O，O′ が2点 A，B で交わり，直線 TS が点 T で円 O に接しているとき，直線 TA，TB と円 O′ の交点をそれぞれ C，D とする。このとき，CD // TS であることを証明しなさい。

>>例題 99, 100

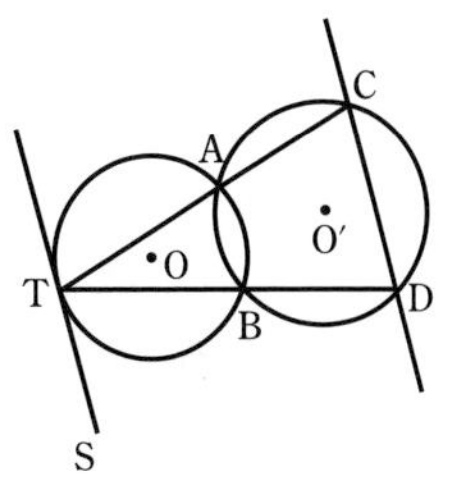

三角形の外心・垂心

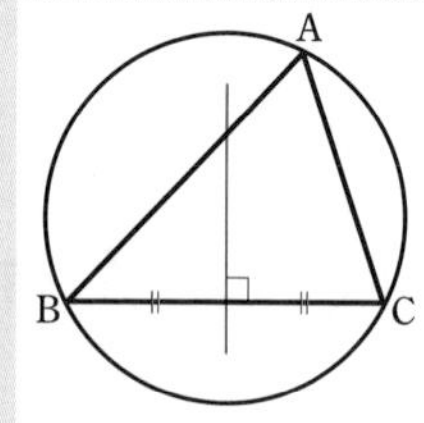

3点A，B，Cが1つの円周上にあるとき，その円を△ABCの**外接円**といい，その中心を**外心**という。
右の図の△ABCにおいて，外心Oを作図してみよう。
円の中心は，その円の弦の両端の点から等距離にある。この性質を利用する。辺BC，CAの**垂直二等分線**の交点をOとすると，
OA＝OB＝OCとなり，Oは△ABCの3頂点から等距離にある。
よって，Oが**外接円の中心**である。また，OA＝OBから，Oは辺ABの垂直二等分線上にある。したがって，

△ABCの3辺の垂直二等分線は1点Oで交わり，
Oは△ABCの3頂点から等距離にある。

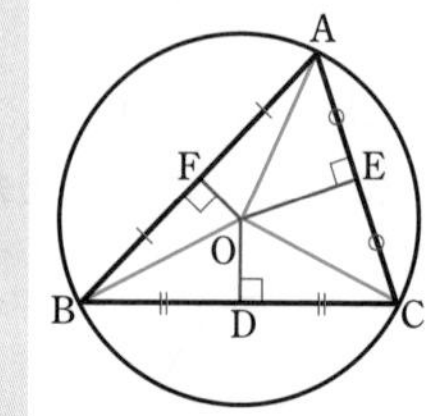

次に，OからBC，CA，ABの各辺に垂線OD，OE，OFをひくと，点F，Eはそれぞれ辺AB，CAの中点であるから，中点連結定理により　　　　FE∥BC
また，OD⊥BCであるから　　OD⊥FE
同様に考えると　　OE⊥FD，OF⊥DE
このことから，△DEFにおいて，3つの頂点から対辺にひいた垂線がOで交わることがわかる。
このことを整理すると，次のようになる。

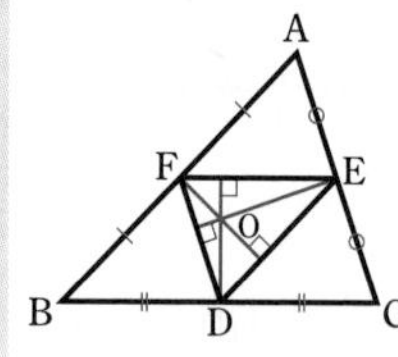

△ABCにおいて，その3つの頂点からそれぞれの対辺，
またはその延長にひいた垂線は1点Hで交わる。

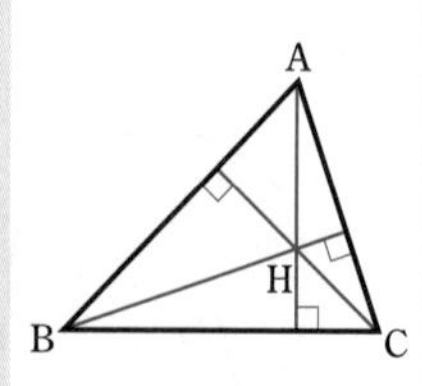

この点Hを△ABCの**垂心**という。
なお，三角形の垂心について，次のような性質がある。
△ABCの3つの頂点から，直線BC，CA，ABにそれぞれ垂線AD，BF，CFをひく。

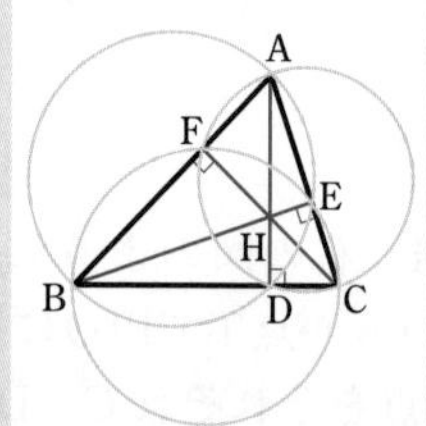

(1)　2点F，Eは直線BCについて同じ側にあり，∠BFC＝∠BECであるから，**4点B，C，E，Fは1つの円周上にある。**
同様に考えると，**4点C，A，F，Dと4点A，B，D，Eもそれぞれ1つの円周上にある。**

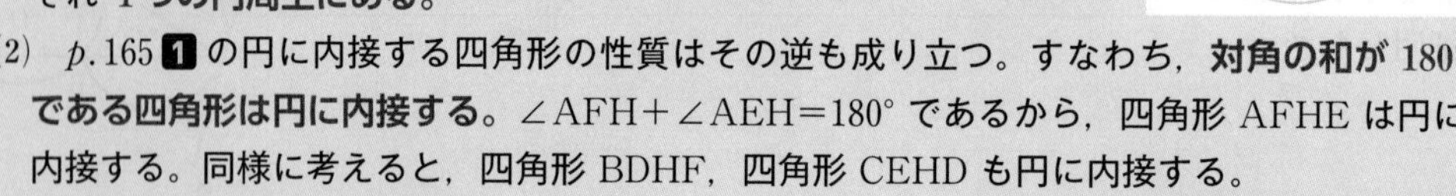

(2)　*p*.165 **1**の円に内接する四角形の性質はその逆も成り立つ。すなわち，**対角の和が180°である四角形は円に内接する。**∠AFH＋∠AEH＝180°であるから，四角形AFHEは円に内接する。同様に考えると，四角形BDHF，四角形CEHDも円に内接する。

定期試験対策問題 （解答➡別冊 p. 77）

60 次の図において，$\angle x$ の大きさを求めなさい。ただし，Oは円の中心である。また，(6) は AE∥BD である。

>>例題 90, 91

(1)

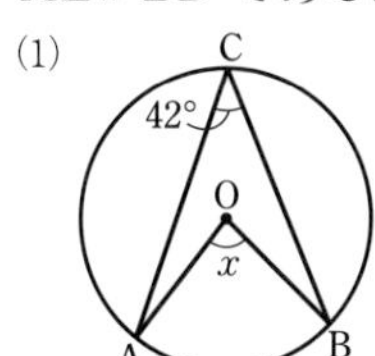

(2)

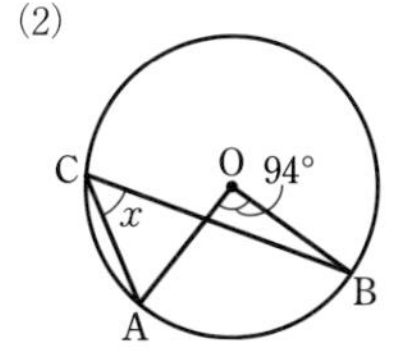

(3)

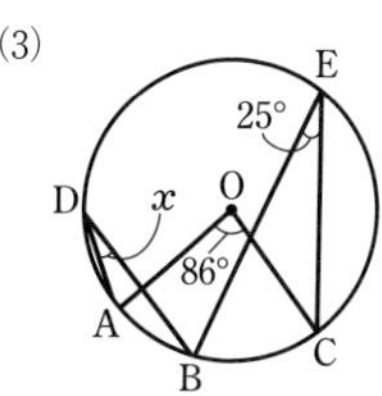

(4)

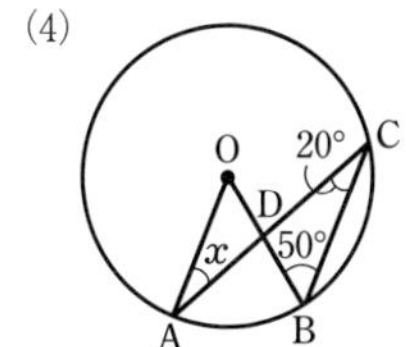

(5)

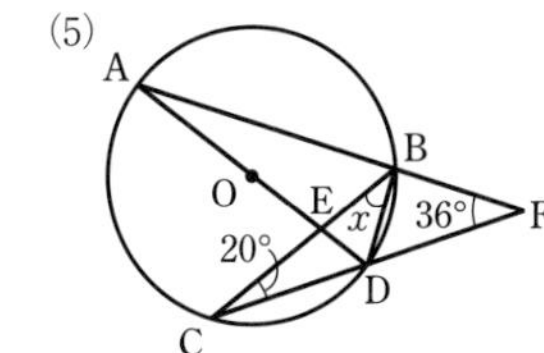

(6)

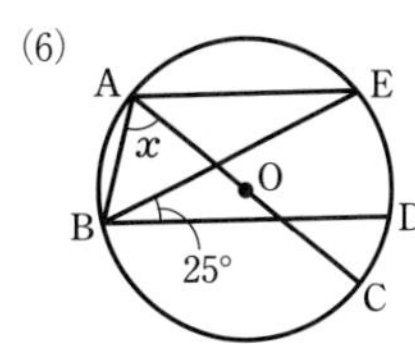

61 右の図において，線分 OA は円Oの半径であり，2点 B，C は円Oの周上の点で，線分 OA と線分 BC は垂直である。また，点Dは点Aをふくまない $\overset{\frown}{BC}$ 上の点である。

OA＝10 cm，$\angle ACB=34°$，$\angle OBD=41°$ のとき，点Aをふくまない $\overset{\frown}{CD}$ の長さを求めなさい。

>>例題 92

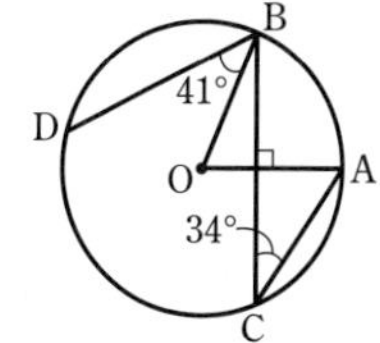

62 次の ①～③ の図において，4点 A，B，C，D が1つの円周上にあるものをすべて選びなさい。

>>例題 93

①

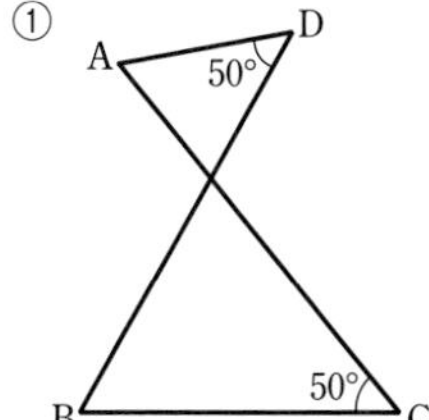

②

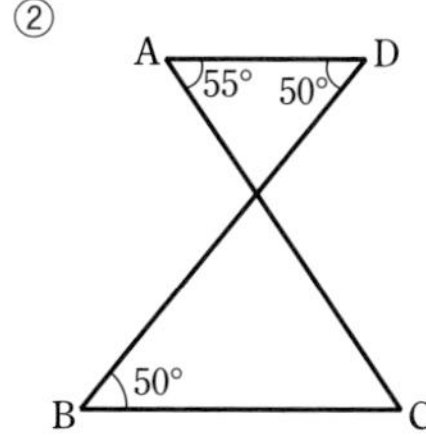

③

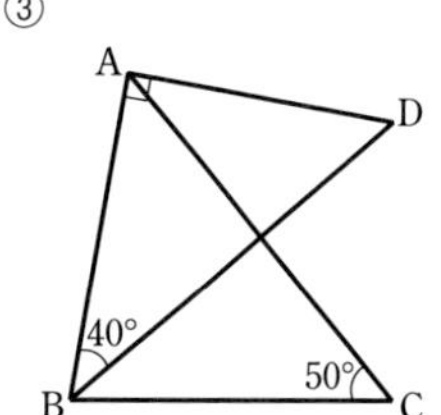

63 右の図において，$\angle x$ の大きさを求めなさい。ただし，(2) では AD＝CD である。

>>例題 93

(1)

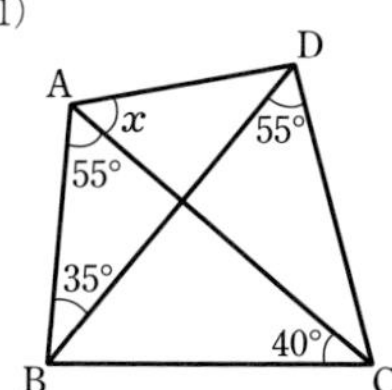

(2)

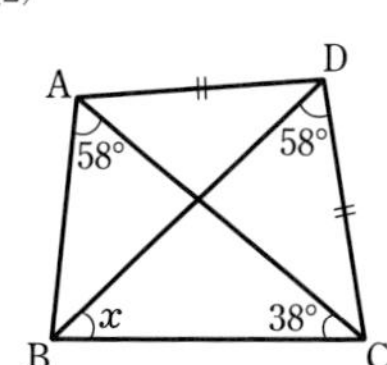

第6章 円

64 (1)　図(1)の △ABC の 3 辺は 3 点 P，Q，R で円に接している。このとき，線分 AP，BQ，CR の長さをそれぞれ求めなさい。

(2)　図(2)において，PA，PB は円 O の接線である。$\angle x$ の大きさを求めなさい。

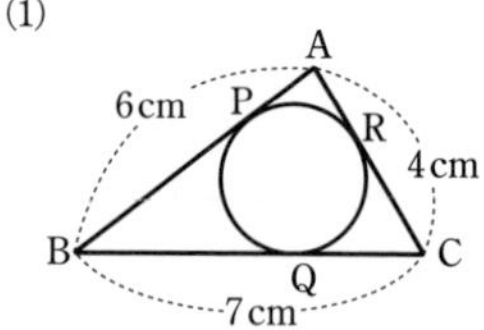

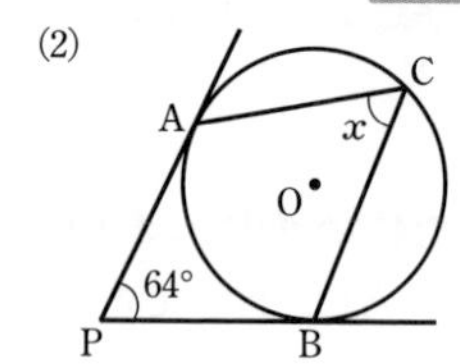

>>例題 94

65 右の図のように，円と直線 ℓ が点 A で接している。図をもとにして，次の 3 つの条件をすべて満たす △ABC を 1 つ，定規とコンパスを用いて作図し，頂点 B，C の位置を示す文字 B，C も書きなさい。

【条件】　・頂点 B，C はともに円の周上にある。
　　　　　・$\angle ACB=90°$ である。
　　　　　・$\angle ABC=60°$ である。

>>例題 95

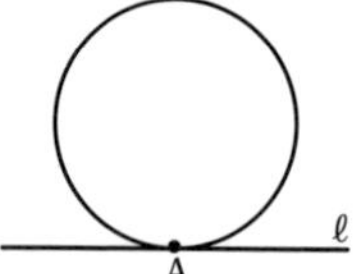

66 右の図のように，円の周上に 4 点 A，B，C，D があり，AB=BC である。線分 AC と BD の交点を E とする。

(1)　△BCD∽△BEC であることを証明しなさい。

(2)　BC=7 cm，CD=5 cm，BD=10 cm のとき，線分 AD の長さを求めなさい。

>>例題 96，97

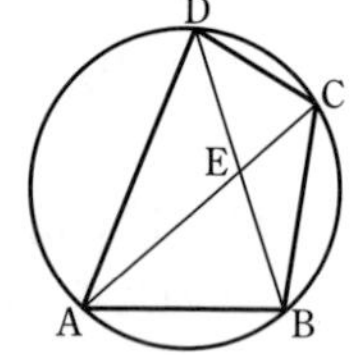

67 右の図のように，△ABC の外側に，辺 AB を 1 辺とする正三角形 ADB と，辺 CA を 1 辺とする正三角形 ACE がある。線分 DC と BE との交点を F とするとき，4 点 A，D，B，F は 1 つの円周上にあることを証明しなさい。 >>例題 98

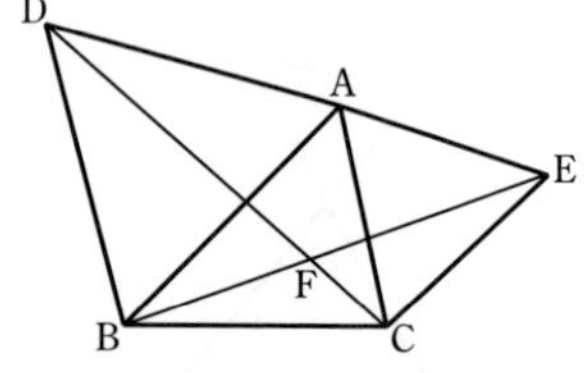

68 (1)　図(1)で，$\angle x$ の大きさを求めなさい。

(2)　図(2)で，x の値を求めなさい。

>>例題 99，101

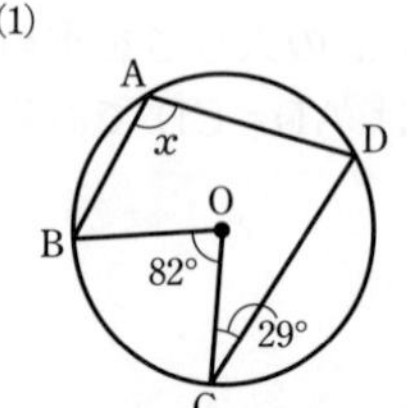

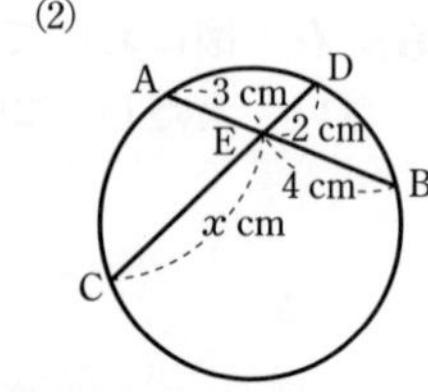

第7章

三平方の定理

17 三平方の定理

1 三平方の定理

❶ 三平方の定理

直角三角形 の直角をはさむ 2 辺の長さを a, b, 斜辺の長さを c とすると, 次の等式が成り立つ。

$$a^2+b^2=c^2$$

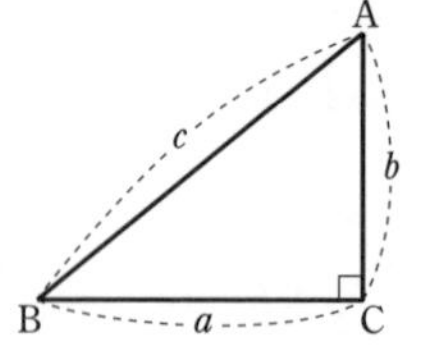

復習
直角三角形において, 直角に対する辺を **斜辺** という。

❷ 三平方の定理の逆

3 辺の長さが a, b, c である三角形において, $a^2+b^2=c^2$ が成り立つならば, その三角形は, 長さ c の辺を斜辺とする直角三角形である。

[証明] ❶ 右の図のように, $\angle C=90°$ の直角三角形 ABC と, △ABC と合同な直角三角形を, 辺 AB を 1 辺とする正方形の外側にかき加えて, 正方形 CDEF をつくる。

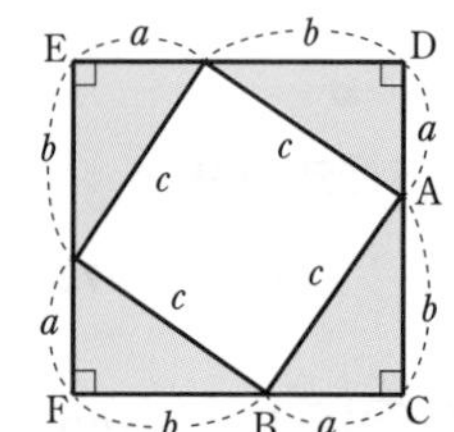

正方形 CDEF の面積は, 辺 AB を 1 辺とする正方形と 4 つの直角三角形の面積の和に等しいから $(a+b)^2=c^2+\frac{1}{2}ab\times4$

$$a^2+2ab+b^2=c^2+2ab$$

両辺から $2ab$ をひいて $a^2+b^2=c^2$

三平方の定理 は, 3 つの線分の平方についての等式であることから名付けられた。三平方の定理は, 古代ギリシャの数学者であり, 哲学者である **ピタゴラス** が発見したものといわれている。このため,「三平方の定理」を「ピタゴラスの定理」ということもある。

❷ △ABC に対して, $B'C'=a$, $C'A'=b$, $\angle C'=90°$ であるような △A′B′C′ をかき, $A'B'=x$ とする。

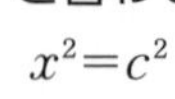

❶ により $a^2+b^2=x^2$

また, $a^2+b^2=c^2$ と合わせて

$$x^2=c^2$$

$x>0$ であるから $x=c$

したがって, 3 組の辺がそれぞれ等しいから

$$\triangle ABC\equiv\triangle A'B'C'$$

よって $\angle C=\angle C'=90°$, すなわち, △ABC は長さ c の辺を斜辺とする直角三角形である。

例題 102 直角三角形と辺の長さ

>>p. 174 1

レベル 

次の図の直角三角形において，x の値を求めなさい。

(1)
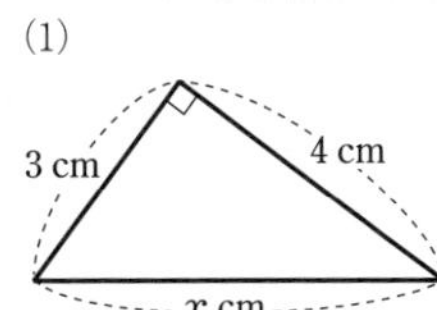

(2)
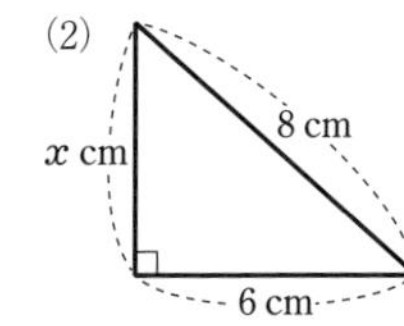

(3)
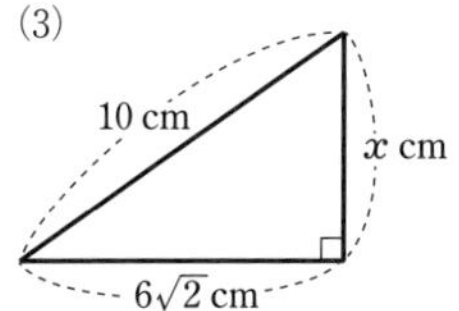

ここに注目！

(1)～(3) のどの三角形も直角三角形である。直角三角形では，三平方の定理が必ず成り立つ。

考え方　直角三角形には　三平方の定理

右の図のような直角三角形において，$a^2+b^2=c^2$ が成り立つことを利用する。
どの辺が斜辺になるか を確かめて，$a^2+b^2=c^2$ に代入すると，x の2次方程式となる。
ただし，x は辺の長さを表すから，$x>0$ である。

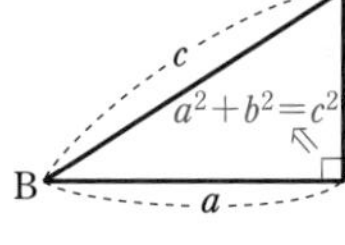

$BC=a$，$CA=b$，$AB=c$ とおくと，$a^2+b^2=c^2$ は，

$$BC^2+CA^2=AB^2$$

と表すこともできる。

解答

(1)　三平方の定理により　$3^2+4^2=x^2$

$25=x^2$

$x>0$ であるから　$x=5$　答

(2)　三平方の定理により　$x^2+6^2=8^2$

$x^2+36=64$

$x^2=28$

$x>0$ であるから　$x=\sqrt{28}=2\sqrt{7}$　答　←$\sqrt{2^2\times7}$

(3)　三平方の定理により　$(6\sqrt{2})^2+x^2=10^2$

$72+x^2=100$

$x^2=28$　←(2) と同じ。

$x>0$ であるから　$x=2\sqrt{7}$　答

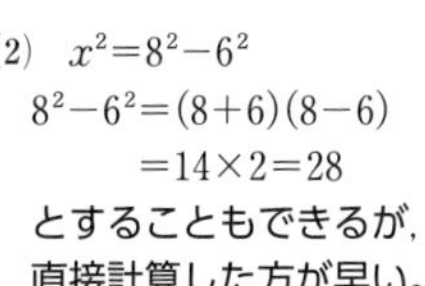

(2)　$x^2=8^2-6^2$

$8^2-6^2=(8+6)(8-6)$
$=14\times2=28$

とすることもできるが，直接計算した方が早い。
(3) でも同様。

練習 102

解答➡別冊 p. 79

次の図の直角三角形において，x の値を求めなさい。

(1)
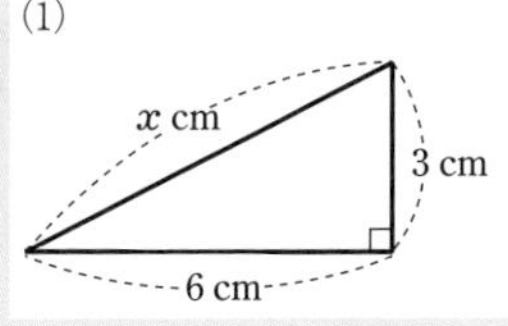

(2)
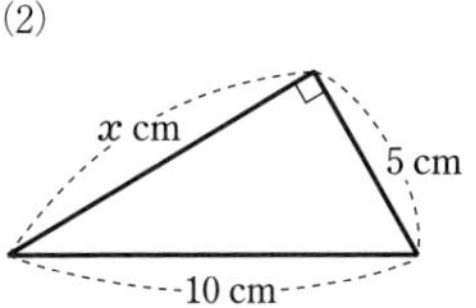

(3)
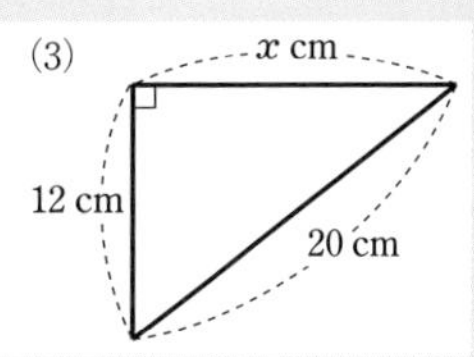

例題 103 三平方の定理の逆

>>p. 174 1

3 辺の長さが次のような三角形がある。この中から，直角三角形をすべて選びなさい。

(1) 1 cm，$\sqrt{3}$ cm，2 cm　(2) 5 cm，6 cm，7 cm

(3) 5 cm，12 cm，13 cm　(4) 7 cm，11 cm，14 cm

ここに注目！

三平方の定理の逆
3 辺の長さが a，b，c である三角形において
$$a^2+b^2=c^2$$
が成り立つとき，その三角形は，長さ c の辺を斜辺とする **直角三角形** である。

考え方 $a^2+b^2=c^2$ が成り立つならば　直角三角形

ある三角形が，直角三角形であるかどうかを調べるには，**三平方の定理の逆** を利用する。
直角三角形では，**斜辺がもっとも長い辺** であるから，与えられた 3 辺の長さの中で最大のものを c，残りを a，b として，等式 $a^2+b^2=c^2$ が成り立つかどうかを調べる。

解答

(1) $1^2=1$，$(\sqrt{3})^2=3$，$2^2=4$ であるから　$1^2+(\sqrt{3})^2=2^2$
よって，斜辺の長さが 2 cm の直角三角形である。

(2) $5^2=25$，$6^2=36$，$7^2=49$ であるから　$5^2+6^2\neq7^2$
よって，直角三角形ではない。

(3) $5^2=25$，$12^2=144$，$13^2=169$ であるから　$5^2+12^2=13^2$
よって，斜辺の長さが 13 cm の直角三角形である。

(4) $7^2=49$，$11^2=121$，$14^2=196$ であるから　$7^2+11^2\neq14^2$
よって，直角三角形ではない。

答　(1)，(3)

(2) もっとも長いのは 7 cm の辺である。
$5^2+6^2\neq7^2$ であるから，この三角形は直角三角形ではない。
(4) も同様。

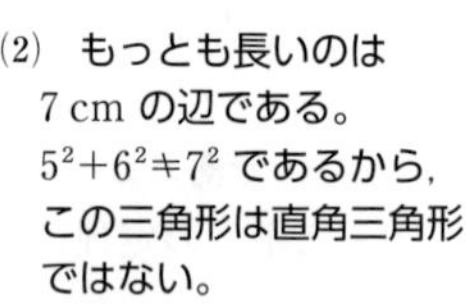

参考　直角三角形の 3 辺になるような整数の組，すなわち，$a^2+b^2=c^2$ をみたす整数の組 (a, b, c) を **ピタゴラス数** という。
ピタゴラス数には，たとえば，(3, 4, 5)，(5, 12, 13) ← 上の例題 (3)
(8, 15, 17) などがある。

◀EXERCISES 129 (p. 178) に関連した問題を扱っている。

解答➡別冊 p. 79

練習 103 3 辺の長さが次のような三角形がある。この中から，直角三角形をすべて選びなさい。

(1) 6 cm，3 cm，7 cm　(2) 6 cm，8 cm，10 cm

(3) 1 cm，$\frac{4}{3}$ cm，$\frac{5}{3}$ cm　(4) $\frac{3}{2}$ cm，$\frac{\sqrt{13}}{4}$ cm，$\frac{7}{4}$ cm

例題 104 三平方の定理と方程式

>>p. 174 1 レベル 

直角三角形 ABC において，辺 AB の長さは辺 BC より 3 cm 長く，辺 BC の長さは辺 CA よりも 3 cm 長い。このとき，直角三角形 ABC の 3 辺の長さを求めなさい。

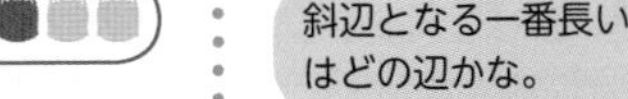

考え方　三平方の定理　もっとも長い斜辺に注目

辺の長さについて，AB=BC+3，BC=CA+3 であるから，
AB>BC>CA より，3 辺の中で一番長い辺 AB が **斜辺** となる。
よって，三平方の定理により　$\mathbf{BC^2+CA^2=AB^2}$　……①
辺 CA の長さを x cm とすると，3 辺の長さを x で表すことができて，
① に代入すると，x の 2 次方程式となる。

解答

直角三角形 ABC において，

$$AB>BC,\quad BC>CA$$

であるから，斜辺は辺 AB である。
三平方の定理により

$$BC^2+CA^2=AB^2 \quad \cdots\cdots ①$$

辺 CA の長さを x cm とすると

$$BC=x+3,$$
$$AB=(x+3)+3=x+6$$

① に代入して　$(x+3)^2+x^2=(x+6)^2$

$$x^2+6x+9+x^2=x^2+12x+36$$
$$x^2-6x-27=0$$
$$(x+3)(x-9)=0$$
$$x=-3,\ 9$$

$x>0$ であるから，$x=-3$ は問題に適さない。
$x=9$ は問題に適している。
$x=9$ のとき　$x+3=12$，$x+6=15$
よって　**AB=15 cm，BC=12 cm，CA=9 cm**　答

文章題を解く手順

手順 1
数量を文字で表す。
手順 2
方程式をつくる。
手順 3
方程式を解く。
手順 4
解を確認する。
x は辺の長さを表すから，$x>0$ である。

◀これで終わりにしてはいけない。

第 7 章 三平方の定理

解答➡別冊 p. 79

練習 104 周の長さが 40 cm の直角三角形があり，斜辺の長さは 17 cm であるという。この直角三角形の斜辺でない 2 辺の長さを求めなさい。

EXERCISES

(解答➡別冊 p. 83)

125　右の表には，直角三角形(1)～(5)の3辺の長さ a，b，c が示されており，c は斜辺の長さである。
この表の空らんをうめなさい。　>>例題 102

	(1)	(2)	(3)	(4)	(5)
a	3		$5\sqrt{2}$	5	7
b		15		$5\sqrt{3}$	
c	5	17	10		25

126　3辺の長さが次のような三角形がある。この中から，直角三角形をすべて選びなさい。

(1)　8 cm，3 cm，$5\sqrt{2}$ cm　　(2)　$\frac{3}{2}$ cm，2 cm，$\frac{5}{2}$ cm

(3)　9 cm，7 cm，$4\sqrt{2}$ cm

>>例題 103

127　直角三角形において，斜辺の長さが $3\sqrt{5}$ cm であり，他の2辺の長さが x cm，$(x+3)$ cm であるとき，x の値を求めなさい。　〔清風〕　>>例題 104

128　周の長さが 14 cm の直角三角形があり，斜辺の長さは 6 cm であるという。この直角三角形の斜辺でない2辺の長さを求めなさい。

>>例題 104

129　△ABC の ∠A，∠B，∠C に向かい合う辺の長さを a，b，c とする。a，b，c が次の式で表されているとき，△ABC は直角三角形であることを証明しなさい。　>>例題 103, 104

(1)　$a=2n$，$b=n^2-1$，$c=n^2+1$　(ただし $n>1$)

(2)　$a=m^2-n^2$，$b=2mn$，$c=m^2+n^2$　(ただし $m>n>0$)

130　右の図のような直角三角形 ABC において，∠BAC の二等分線と辺 BC の交点をDとする。BD=3 cm，DC=2 cm のとき，辺 AC の長さを求めなさい。　〔桐光学園〕

>>例題 104

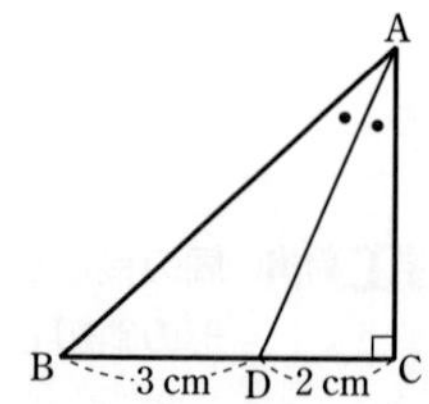

三平方の定理のいろいろな証明

三平方の定理にはいろいろな証明法が示されている。174 ページで示した証明のほかに，いくつかの証明法を示してみよう。

[1]　**正方形の面積を移動**　右の図において，正方形 HIAC と GCBF の面積の和 a^2+b^2 が，正方形 ADEB の面積 c^2 に等しいことを示す。

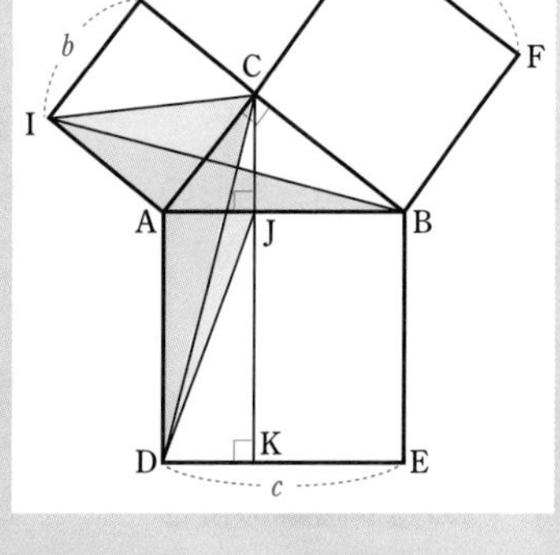

$\triangle$CIA$=\triangle$BIA　(CB$/\!/$IA より)

$\triangle$BIA$\equiv\triangle$DCA　(2 組の辺とその間の角)

$\triangle$DCA$=\triangle$DJA　(CJ$/\!/$AD より)

であるから　　$\triangle$CIA$=\triangle$DJA

両辺を 2 倍すると

(正方形 HIAC)$=$(長方形 ADKJ)　…… ①

同様にして

(正方形 GCBF)$=$(長方形 JKEB)　…… ②

①$+$② から　　$a^2+b^2=c^2$

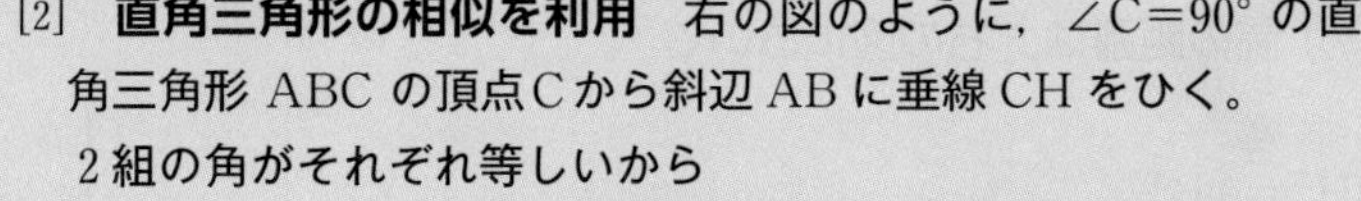

[2]　**直角三角形の相似を利用**　右の図のように，$\angle$C$=90°$ の直角三角形 ABC の頂点 C から斜辺 AB に垂線 CH をひく。

2 組の角がそれぞれ等しいから

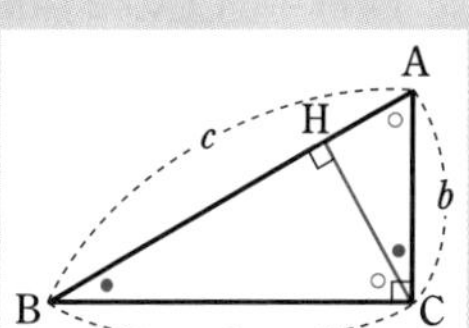

$\triangle$ABC$\backsim\triangle$CBH,　　$\triangle$ABC$\backsim\triangle$ACH

よって　　BC : BH$=$BA : BC,　　AC : AH$=$AB : AC

すなわち　　BC$^2=$BH$\times$AB,　　AC$^2=$AH$\times$AB

したがって　　BC$^2+$AC$^2=$BH$\times$AB$+$AH$\times$AB

$=$(BH$+$AH)$\times$AB$=$AB^2

よって　　$a^2+b^2=c^2$

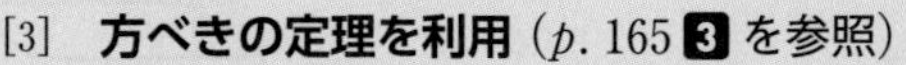

[3]　**方べきの定理を利用** (p. 165 **3** を参照)

右の図のように，点 A を中心として半径 b の円をかき，直線 AB と円の交点を P，Q とすると，直線 CB は円の接線であるから，方べきの定理により，BP$\times$BQ$=$BC^2 が成り立つ。

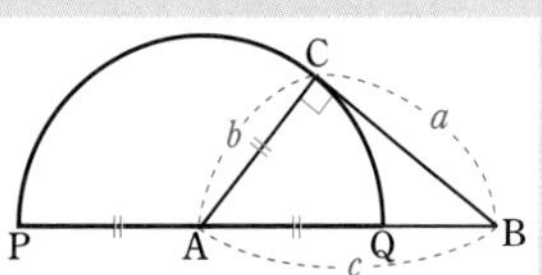

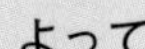

よって　　$(c+b)(c-b)=a^2$

$c^2-b^2=a^2$　すなわち　$a^2+b^2=c^2$

要点のまとめ

18 三平方の定理の利用

1 平面図形への利用

① **長方形の対角線**　となり合う 2 辺の長さが a, b である長方形の対角線の長さ ℓ は

$$\ell=\sqrt{a^2+b^2}$$

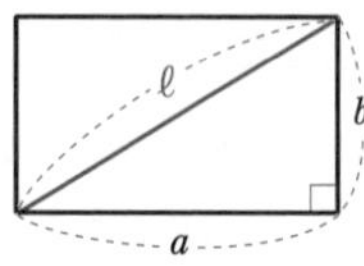

② **正三角形の高さ・面積**

1 辺の長さが a の正三角形の高さ h と面積 S は

$$h=\frac{\sqrt{3}}{2}a,\qquad S=\frac{\sqrt{3}}{4}a^2$$

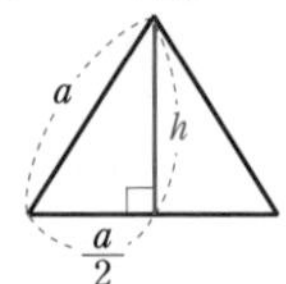

③ **特別な直角三角形の 3 辺の長さの比**

[1]　3 つの角が 45°, 45°, 90° の直角三角形の辺の比は　　$1:1:\sqrt{2}$

[2]　3 つの角が 30°, 60°, 90° の直角三角形の辺の比は　　$1:2:\sqrt{3}$

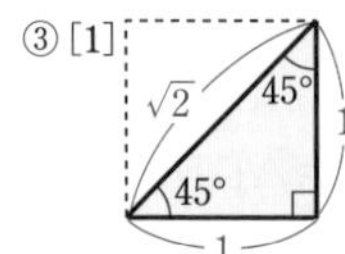

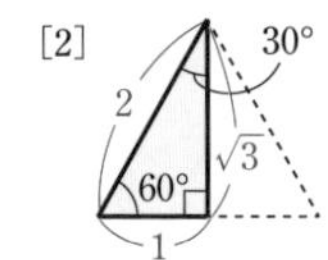

④ **円の弦や接線の長さ**

直角を見つけて三平方の定理を利用する。

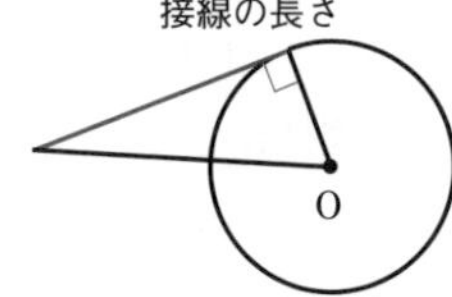

⑤ **座標平面上の 2 点間の距離**

2 点 $\mathrm{A}(x_1,\ y_1)$, $\mathrm{B}(x_2,\ y_2)$ 間の距離は，右の図において，三平方の定理により

$$\mathrm{AH}^2+\mathrm{BH}^2=\mathrm{AB}^2$$

$$(x_2-x_1)^2+(y_2-y_1)^2=\mathrm{AB}^2$$

AB>0 であるから　　$\mathrm{AB}=\sqrt{(x_2-x_1)^2+(y_2-y_1)^2}$

$\sqrt{(x\text{ 座標の差})^2+(y\text{ 座標の差})^2}$

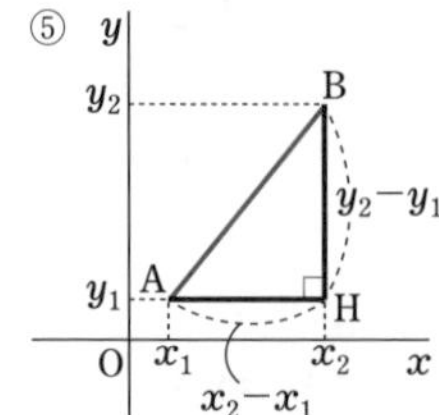

2 空間図形への利用

① **直方体の対角線の長さ**　縦が a，横が b，高さが c の直方体の対角線の長さ ℓ は

$$\ell=\sqrt{a^2+b^2+c^2}$$

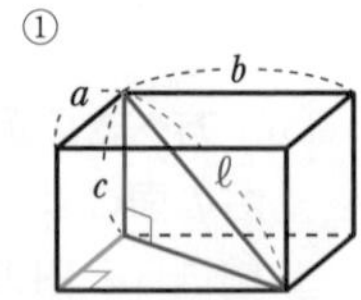

② **角錐や円錐の体積**　角錐や円錐の高さをふくむような直角三角形を見つけ，三平方の定理を利用して高さを計算し，体積を求める。

角錐や円錐の体積は　　$\frac{1}{3}\times$(**底面積**)$\times$(**高さ**)

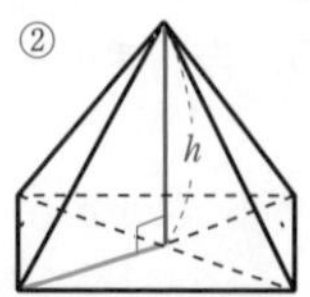

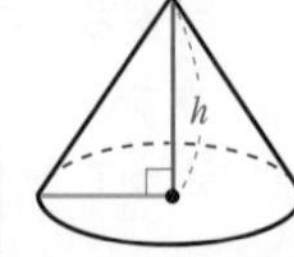

例題105 対角線・線分の長さ

>>p. 180 1 レベル 

(1) 1辺の長さが 3 cm のひし形において，1本の対角線の長さが 2 cm であるとき，もう一方の対角線の長さを求めなさい。

(2) 右の図(2)の直角三角形 ABC において，辺 BC の中点をDとするとき，線分 AD の長さを求めなさい。

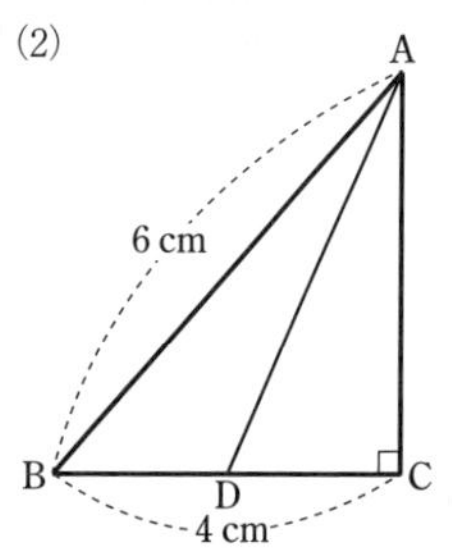

考え方 図形の中に現れる **直角** を見つける

(1) ひし形の対角線はたがいに他を **垂直** に2等分する。

(2) 2つの **直角三角形** ABC，ACD にそれぞれ **三平方の定理** を用いる。

解答

(1) ひし形の対角線は，たがいに他を垂直に2等分する。
求める対角線の長さを x cm とすると，三平方の定理により

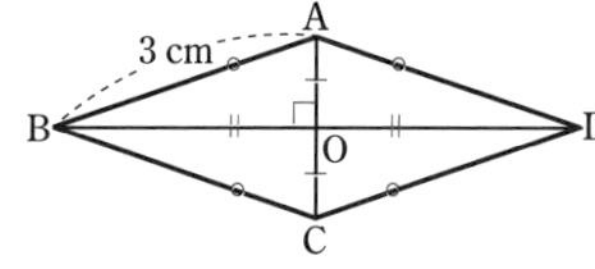

$\left(\frac{x}{2}\right)^2+1^2=3^2$　　$\frac{x^2}{4}+1=9$

$x^2+4=36$　　$x^2=32$　　$x=\pm4\sqrt{2}$

$x>0$ であるから　$x=4\sqrt{2}$　　　答 **$4\sqrt{2}$ cm**

(2) △ABC において，三平方の定理により

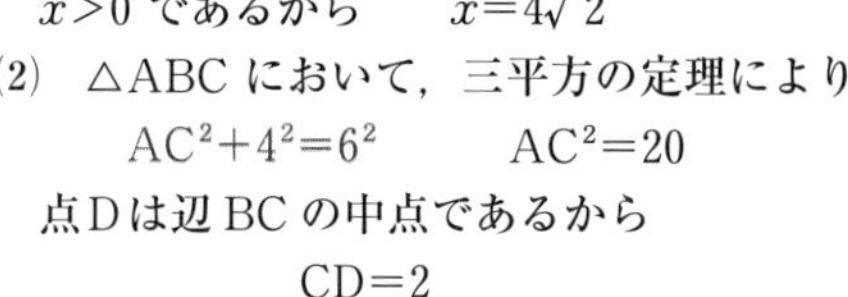

$AC^2+4^2=6^2$　　$AC^2=20$

点Dは辺 BC の中点であるから

$CD=2$

△ACD において，三平方の定理により

$AD^2=AC^2+CD^2$

$AD^2=20+4$　　$AD^2=24$

$AD>0$ であるから　$AD=$**$2\sqrt{6}$ (cm)** 答

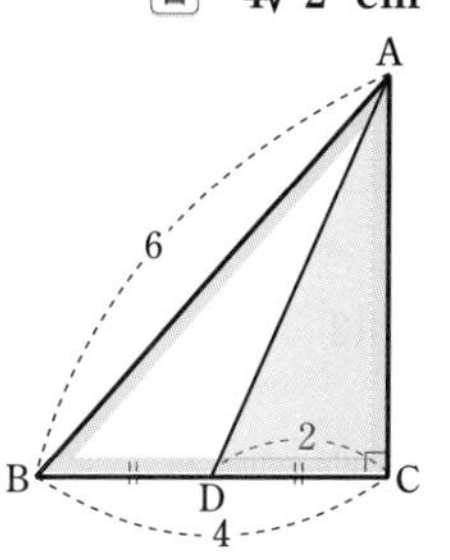

解答の図のように，ひし形 ABCD の対角線の交点を O とすると
OA＝OC，OB＝OD
AC⊥BD

◀△OAB など。

◀$\sqrt{32}=\sqrt{4^2\times2}=4\sqrt{2}$

◀$AC=2\sqrt{5}$ と求めてもよいが，後でまた AC^2 を考えるから，このままの方が計算がらく。

◀$\sqrt{24}=\sqrt{2^2\times6}=2\sqrt{6}$

練習105

解答➡別冊 p. 80

(1) 対角線の長さが 4 cm と 6 cm であるひし形の1辺の長さを求めなさい。

(2) 右の図において，x の値を求めなさい。

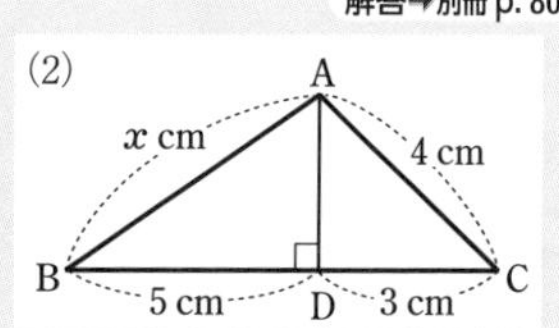

第7章 三平方の定理

例題 106 三角形の高さと面積

>>p. 180 1 レベル

$AB=5$ cm, $BC=6$ cm, $CA=7$ cm
である $\triangle ABC$ の面積を求めなさい。

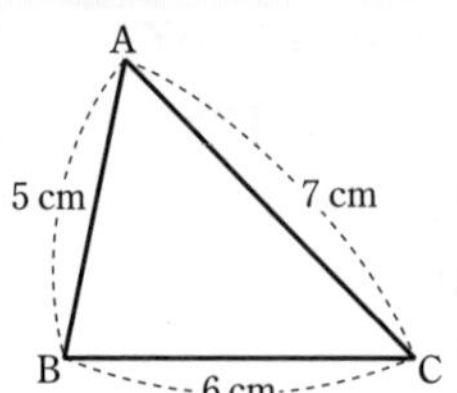

ここに注目！

三角形の高さとは，頂点からその対辺にひいた垂線の長さのことである。

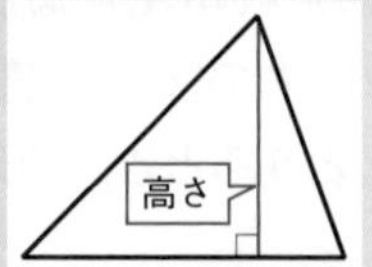

三角形の 3 辺の長さがわかっていれば，この例題のようにして，高さと面積が求められる。

考え方　垂線をひいて 2 つの直角三角形をつくる

頂点 A から BC に垂線 AH をひくと， 2 つの直角三角形 ABH，ACH ができる (解答の図を参照)。
それぞれの直角三角形において，三平方の定理により

$AH^2=AB^2-BH^2$,　　$AH^2=AC^2-CH^2$

AH^2 を 消去すると　　$AB^2-BH^2=AC^2-CH^2$ ……(＊)

$BH=x$ cm とすると　$CH=6-x$ (cm) ⟶ (＊) は x の式となる。

$CH=x$ cm としてもよい。

解答

頂点 A から辺 BC に垂線 AH をひく。
$BH=x$ cm とすると

$CH=6-x$ (cm)

$\triangle ABH$ において，三平方の定理により

$AH^2=5^2-x^2$ ……①

$\triangle ACH$ において，三平方の定理により

$AH^2=7^2-(6-x)^2$ ……②

①，② から　　$5^2-x^2=7^2-(6-x)^2$

$(6-x)^2-x^2=7^2-5^2$　← $(6-x)^2$ を左辺，5^2 を右辺に移項。

$36-12x+x^2-x^2=24$

$-12x=-12$　← x の 1 次方程式。

したがって　　$x=1$　← これで終わりにしてはいけない。

① に代入して　　$AH^2=25-1=24$

$AH>0$ であるから　　$AH=2\sqrt{6}$

よって　　$\triangle ABC=\frac{1}{2}\times BC\times AH=\frac{1}{2}\times 6\times 2\sqrt{6}$

$=6\sqrt{6}$　　　答　$6\sqrt{6}$ cm²

◀頂点 B から辺 CA，または頂点 C から辺 AB に垂線をひいてもよい。

◀右辺の $(6-x)^2$ は，すぐに展開しない方が後の計算がらく。

◀平方の差の形なので，和と差の積の因数分解を利用してもよい。
$(6-x)^2-x^2$
$=(6-x+x)(6-x-x)$
$=6(6-2x)$
$6(6-2x)=24$ から
$6-2x=4$

解答➡別冊 p. 80

練習 106　$AB=10$ cm，$BC=21$ cm，$CA=17$ cm である $\triangle ABC$ の面積を求めなさい。

例題 107 特別な直角三角形の辺の比 >>p. 180 1 レベル

右の図のような AC=2 cm, ∠BAC=15°, ∠ACB=120° の △ABC がある。辺 BC の長さを求めなさい。

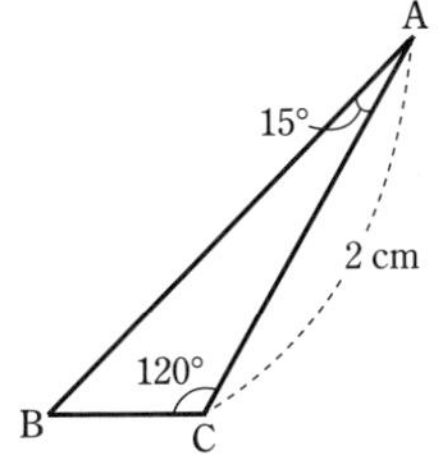

ここに注目!

このタイプの問題では, 補助線を引くことによって, 三角定規の形の三角形が出てこないかどうかを考えるとよい。
問題の図において, ∠B=45°, ∠C の外角は 60° であることに注目。

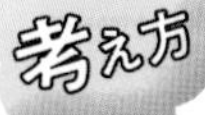

三角定規の形の三角形は 辺の比が一定

[1] **直角二等辺三角形**
正方形を対角線で半分にする。

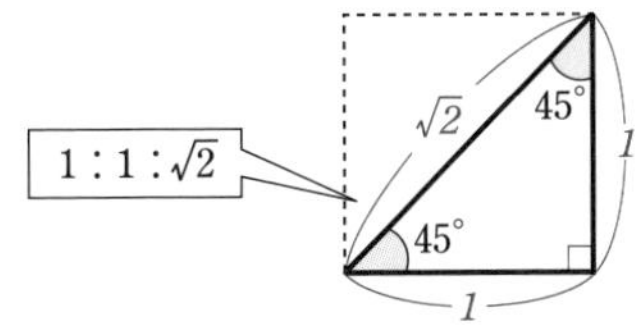

[2] **30°, 60°, 90° の直角三角形**
正三角形の頂角の二等分線で半分にする。

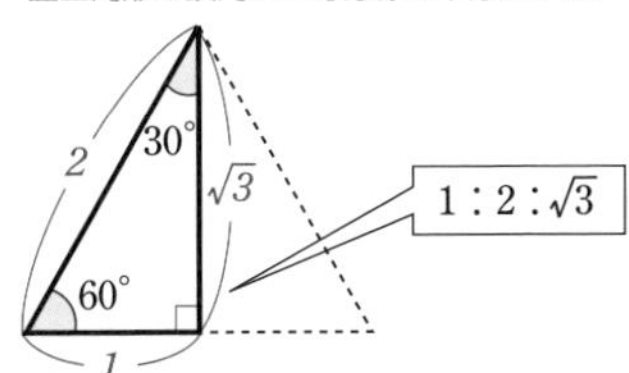

この問題では, 点Aから辺 BC の延長上に垂線 AH をひくと, 三角定規の形をした △ABH と △ACH が現れる。

三角定規の形の三角形では, 辺の比が [1], [2] のように決まっているから, 1 辺の長さがわかれば, 残りの 2 辺の長さを求めることができる。

解答

点Aから辺 BC の延長上に垂線 AH をひくと

$$\angle ACH=180°-120°=60°$$

よって, △ACH は 3 つの角が 30°, 60°, 90° の直角三角形であるから

$$CH=\frac{1}{2}AC=1,\ AH=\sqrt{3}\,CH=\sqrt{3}$$

また, ∠ABH=∠ACH−15°=45° より, △ABH は直角二等辺三角形であるから

$$BC=BH-CH=AH-CH=\sqrt{3}-1$$

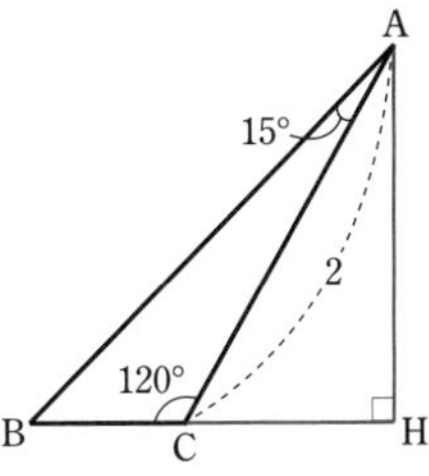

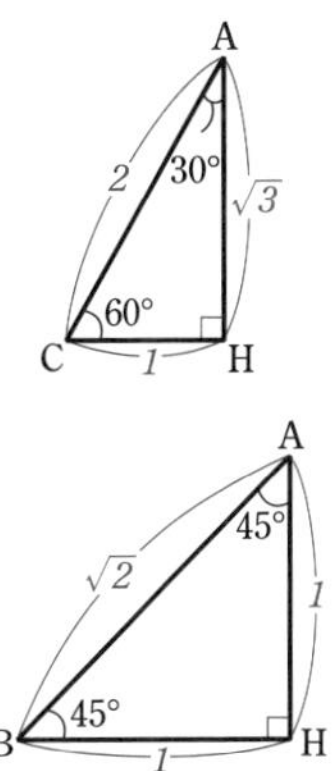

答 $(\sqrt{3}-1)$ cm

解答➡別冊 p. 80

練習 107 右の図のような AB=2 cm, ∠BAC=15°, ∠ABC=135° の △ABC がある。辺 BC の長さを求めなさい。

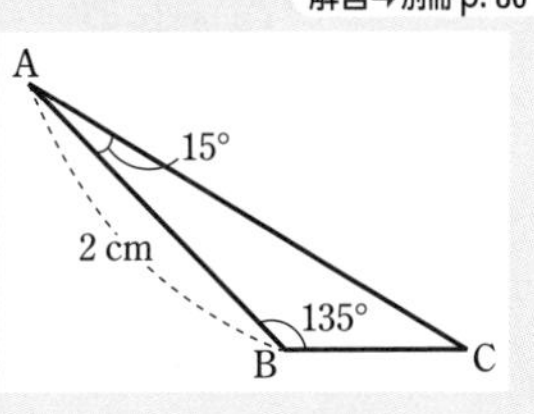

例題 108 三平方の定理と円

>>p. 180 1

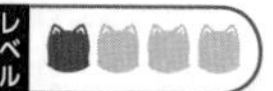

次の(1)，(2)について，円Oの半径をそれぞれ求めなさい。

(1)　図(1)の円Oにおいて，弦ABの長さが10 cmで，中心Oと弦ABの距離が4 cmである。

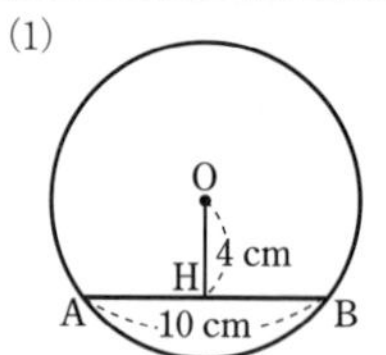

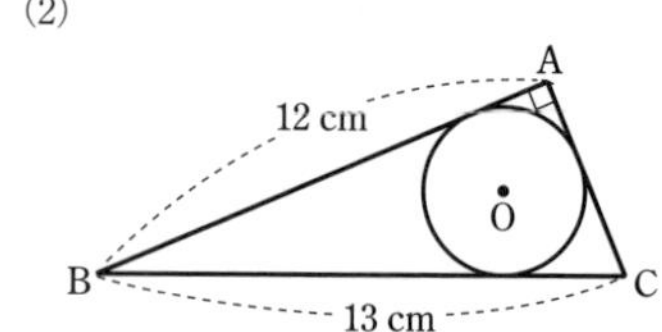

(2)　図(2)において，円Oは直角三角形ABCの3つの辺AB，BC，CAに接している。

考え方

直角三角形を見つけて 三平方の定理 ⟶ 円の性質の利用。

①　**円の中心は，弦の垂直二等分線上**にある。　②　**円の接線は，接点を通る 半径に垂直**

解答

円Oの半径を r cmとする。

(1)　中心Oから弦ABにひいた垂線の長さが，中心Oと弦ABの距離であり，点Hは弦ABの中点になる。

よって　　$AH=10\div2=5$

$\angle OHA=90°$ より，$\triangle OAH$ において，三平方の定理により

$OA^2=5^2+4^2$　　　$OA^2=41$

$OA>0$ であるから　　$OA=\sqrt{41}$　　　$r=\sqrt{41}$ **(cm)** 答

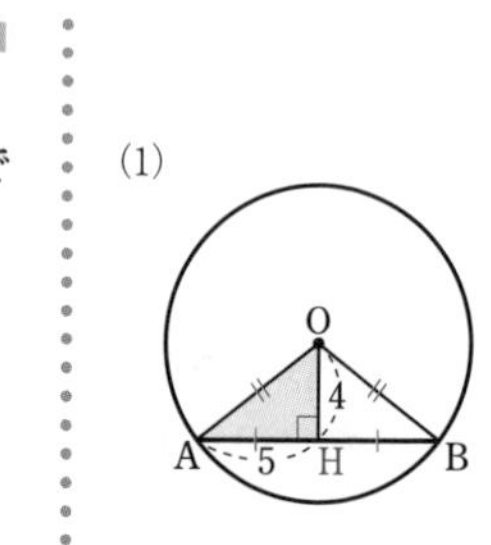

(2)　$\triangle ABC$ において，三平方の定理により

$AC^2=13^2-12^2$　　　$AC^2=25$

$AC>0$ であるから　　$AC=5$

$\triangle OBC+\triangle OCA+\triangle OAB=\triangle ABC$ であるから

$$\frac{1}{2}\times13\times r+\frac{1}{2}\times5\times r+\frac{1}{2}\times12\times r=\frac{1}{2}\times5\times12$$

$(13+5+12)r=60$　　　$r=2$ **(cm)** 答

●三角形の3つの辺に接する円を，その三角形の**内接円**という。(2)の円Oは $\triangle ABC$ の内接円である。

解答➡別冊 p. 80

練習 108 次の(1)，(2)について，円Oの半径をそれぞれ求めなさい。

(1)　図(1)において，3点A，B，Cは円Oの周上にある。

(2)　図(2)において，円Oは $\triangle ABC$ の3つの辺AB，BC，CAに接している。また，頂点Aから辺BCにひいた垂線AHの長さは12 cmである。

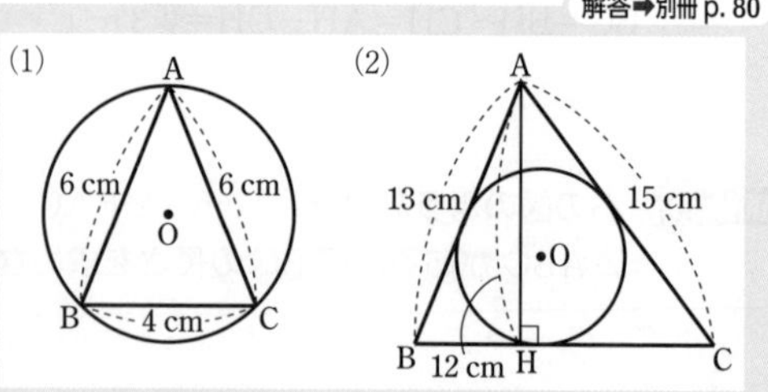

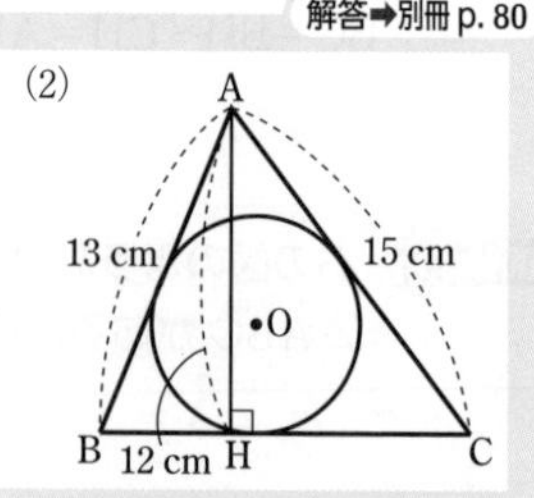

例題 109 2つの円に共通の接線

≫p. 180 1 レベル 

右の図のように，2つの円O，O′は点Pで接している。また，直線 ℓ は円O，O′とそれぞれ点A，Bで接している。円Oの半径が 9 cm，円 O′ の半径が 3 cm であるとき，線分 AB の長さを求めなさい。

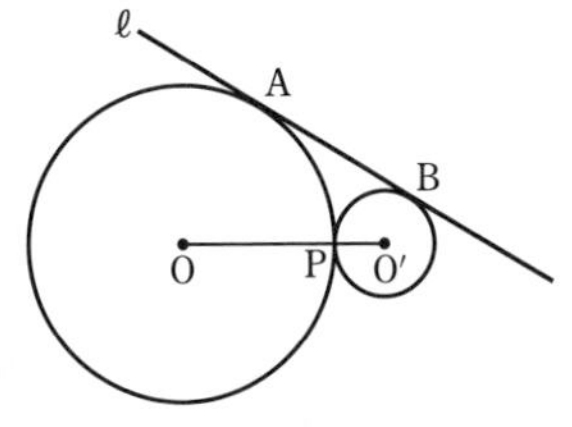

考え方　CHART 円の接線　半径に垂直

点Aは接点であるから　　∠OAB＝90°,
点Bも接点であるから　　∠O′BA＝90°
中心 O′ から OA に垂線 O′H をひくと，四角形 AHO′B は長方形である。直角三角形 OO′H において **三平方の定理** を使う。

問題の図の線分 OO′ のように，2つの円の問題では**中心を結ぶ**という考え方がよく利用される。

解答

O′ から線分 OA に垂線 O′H をひくと，
　∠O′HA＝∠HAB＝∠O′BA＝90°
であるから，四角形 AHO′B は長方形である。

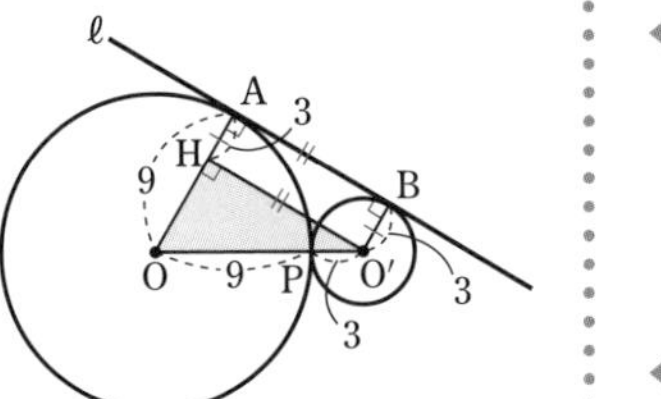

よって　　AB＝HO′，AH＝BO′
　　　　　OO′＝9＋3＝12
　　　　　OH＝9−3＝6

△OO′H において，三平方の定理により　　$O'H^2=12^2-6^2=108$

O′H＞0 であるから　　$O'H=6\sqrt{3}$

したがって　　$AB=O'H=6\sqrt{3}$　　答 **$6\sqrt{3}$ cm**

◀**半径⊥接線** により，円O，O′ のそれぞれの半径 OA，O′B は接線 ℓ（直線 AB）に垂直である。

◀OO′＝OP＋PO′
線分 OP は円Oの半径であり，線分 PO′ は円 O′ の半径である。

参考　1つの直線が，2つの円に接しているとき，この直線を，2つの円の**共通接線**という。また，2つの円が，共通接線 ℓ について同じ側にあるとき，ℓ を**共通外接線**といい，共通接線 ℓ' について反対側にあるとき，ℓ' を**共通内接線**（図のC，Dは接点）という。

解答➡別冊 p. 81

練習 109 右の図のように，直線 ℓ は円O，O′ とそれぞれ点A，Bで接している。円Oの半径が 7 cm，円 O′ の半径が 4 cm であり，線分 OO′ の長さが 15 cm であるとき，線分 AB の長さを求めなさい。

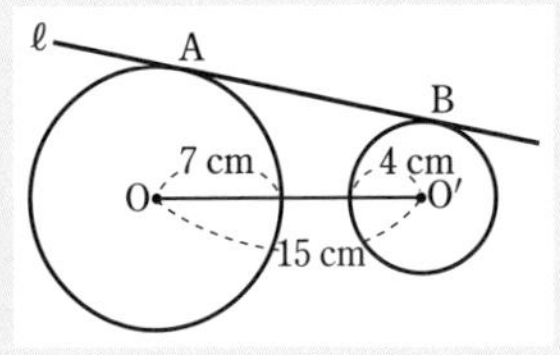

例題 110　座標平面上の 2 点間の距離

>>p. 180 1 レベル 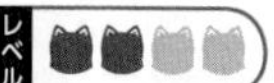

3 点 A(1, 4), B(−1, 1), C(2, −1) について，次の問いに答えなさい。

(1)　線分 AB，BC，CA の長さを求めなさい。

(2)　3 点 A，B，C を頂点とする △ABC は，どのような形の三角形ですか。

考え方

三角形の形を求める問題　3 辺の長さを調べる

(1)　**線分の長さ（2 点間の距離）**　$\sqrt{(x\text{座標の差})^2+(y\text{座標の差})^2}$

座標軸に平行でない線分の長さを求めるには，2 点を結ぶ線分を斜辺とし，座標軸に平行な 2 つの辺をもつ **直角三角形** をつくって，三平方の定理を利用する。

(2)　まず，**等しい長さの辺** がないかどうかを調べる。次に，3 辺の長さの 2 乗の関係，つまり，**三平方の定理の逆** が成り立つかどうかも調べる。⟶ 図をかいて，見通しよく。

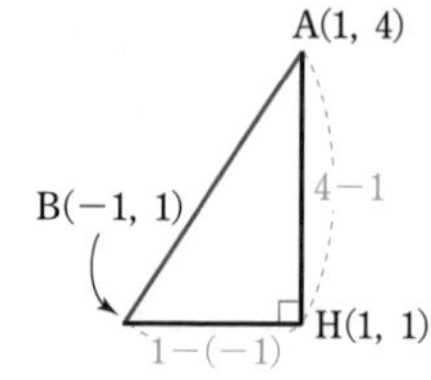

解答

(1)　$AB^2=\{1-(-1)\}^2+(4-1)^2$

$=2^2+3^2=13$

よって　　$\mathbf{AB=\sqrt{13}}$　答

$BC^2=\{2-(-1)\}^2+(-1-1)^2$

$=3^2+2^2=13$

よって　　$\mathbf{BC=\sqrt{13}}$　答

$CA^2=(2-1)^2+(-1-4)^2$

$=1^2+5^2=26$

よって　　$\mathbf{CA=\sqrt{26}}$　答

(2)　(1) の結果から　　AB＝BC

また，$AB^2+BC^2=13+13=26$ であるから

$AB^2+BC^2=CA^2$

したがって　　　$\angle B=90°$　←三平方の定理の逆

よって，**△ABC は ∠B＝90° の直角二等辺三角形**　答

（AB＝BC の直角二等辺三角形でもよい。）

(2)「どのような三角形か」という問題では，
正三角形，
二等辺三角形，
直角三角形，
直角二等辺三角形
のいずれかであることが多い。ただし，結果が**二等辺三角形になる場合は等しい辺を，直角三角形になる場合は直角となる角** を示すようにする。

解答➡別冊 p. 81

練習 110　3 点 A(0, 3), B(1, −5), C(4, −3) について，次の問いに答えなさい。

(1)　線分 AB，BC，CA の長さを求めなさい。

(2)　3 点 A，B，C を頂点とする △ABC は，どのような形の三角形ですか。

例題 111 図形の折り返しと線分の長さ

レベル

AB=5 cm, BC=13 cm の長方形 ABCD の紙を，右の図のように，線分 CE を折り目として折り返したところ，頂点Bが辺 AD 上の点Fと重なった。このとき，線分 AE の長さを求めなさい。

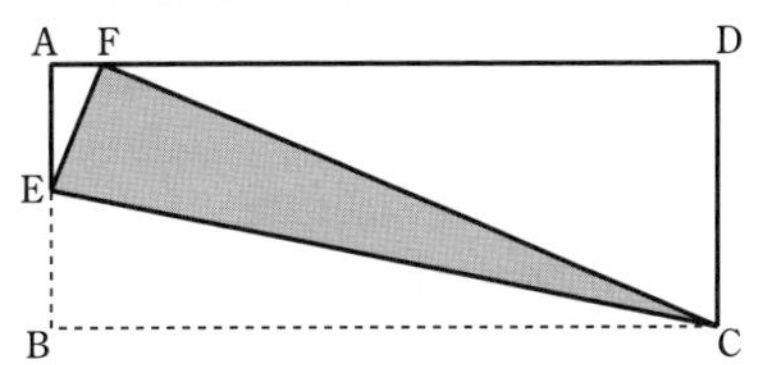

図形の折り返し（対称移動）　折り目は対称の軸

△CEF は，線分 CE を対称の軸として，△CEB を対称移動したものである。図形の折り返し問題では，次のことがポイント。

① 対応する図形は **合同**。
⟶ 対応する線分の長さや角の大きさは等しい。

② 対応する点を結ぶ線分は，**折り目（対称の軸）によって，垂直に 2 等分される。**

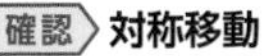

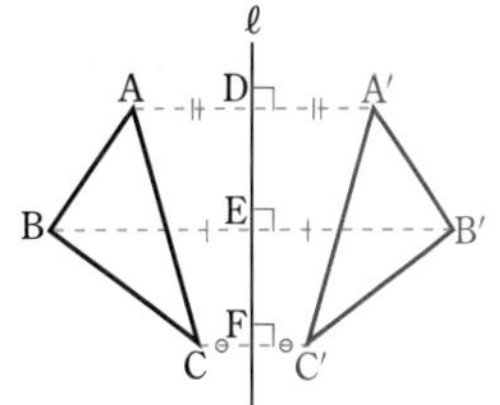

AD=A′D, AA′⊥ℓ
BE=B′E, BB′⊥ℓ
CF=C′F, CC′⊥ℓ

△CEF は，線分 CE を対称の軸として，△CEB を対称移動したものであるから

CF=CB=13,
EF=EB

◀ △CEF≡△CEB より，対応する辺の長さは等しい。

△CDF において，三平方の定理により　$CF^2=CD^2+DF^2$　　$13^2=5^2+DF^2$

$DF^2=144$

DF>0 であるから　DF=12　　また　AF=13−12=1

線分 AE の長さを x cm とする。

△AEF において，三平方の定理により　$EF^2=AE^2+AF^2$

$(5-x)^2=x^2+1^2$　　$(5-x)^2-x^2=1$　　$25-10x=1$

よって　$x=\dfrac{12}{5}$　　したがって　**AE=$\dfrac{12}{5}$ (cm)** 答

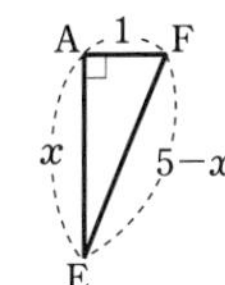

解答➡別冊 p. 81

練習 111 AB=4 cm, AD=6 cm の長方形 ABCD の紙を，右の図のように，点Aが点Cに重なるように折る。点Bが移動した点を B′ とし，辺 AD, BC と折り目の交点をそれぞれ E, F とする。このとき，次のものを求めなさい。

(1) 線分 ED の長さ　　(2) △CEF の面積

(3) 線分 EF の長さ

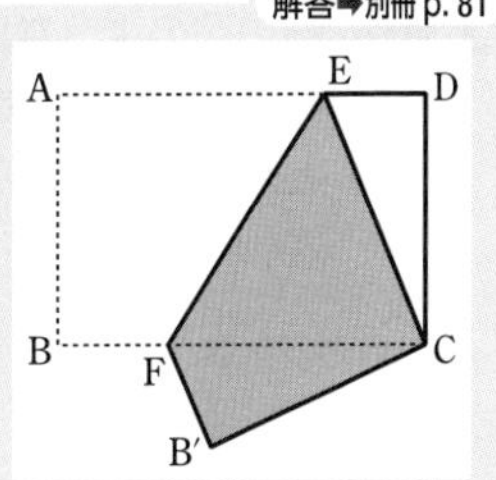

例題 112 直方体の対角線と線分の長さ

≫p. 180 2 レベル 

右の図のような，AB=3 cm，AE=4 cm，AD=6 cm の直方体がある。

(1) この直方体の対角線 AG の長さを求めなさい。

(2) この直方体の対角線 AG 上に，FP⊥AG となる点Pをとる。このとき，線分 FP の長さを求めなさい。

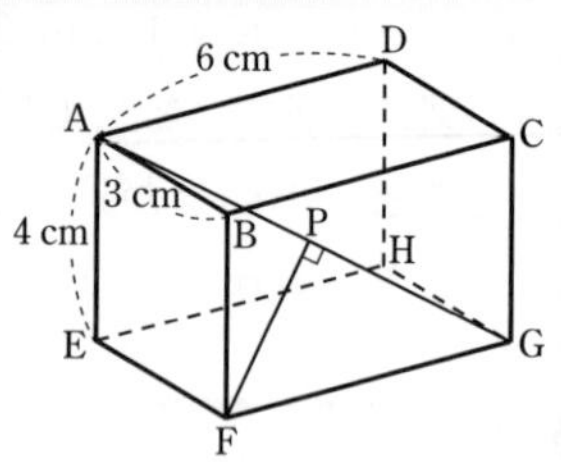

考え方

(1) **直角三角形を見つけて 三平方の定理**

(2) 線分 FP は △AFG の高さであるから，底辺を線分 AG または線分 AF とみて，△AFG の面積を 2 通りに表す。

(1) 線分 BH，CE，DF もこの直方体の対角線である。

解答

(1) △AEG は直角三角形であるから

$AG^2=EG^2+4^2$ ……①

△EFG も直角三角形であるから

$EG^2=3^2+6^2$ ……②

①，② から $AG^2=(3^2+6^2)+4^2=61$

$AG>0$ であるから

$AG=\sqrt{61}$ **(cm)** 答

(2) △ABF は直角三角形であるから $AF^2=4^2+3^2=25$

$AF>0$ であるから $AF=5$

したがって，△AFG の面積について

$\frac{1}{2}\times AG\times FP=\frac{1}{2}\times AF\times FG$ $\frac{1}{2}\times\sqrt{61}\times FP=\frac{1}{2}\times5\times6$

よって，$\sqrt{61}FP=30$ から $FP=\frac{30}{\sqrt{61}}=\frac{30\sqrt{61}}{61}$ **(cm)** 答

参考 3 辺の長さが a，b，c である直方体の対角線の長さは $\sqrt{a^2+b^2+c^2}$

(2) 

△AFG∽△FPG であるから（直角三角形と相似）

AG : FG=AF : FP

$\sqrt{61}$: 6=5 : FP

$\sqrt{61}FP=5\times6$

として求めてもよい。

練習 112 右の図のような直方体について，辺 AD を 4 : 3 に分ける点をPとし，この直方体の対角線 BH 上に，PQ⊥BH となる点Qをとる。このとき，線分 PQ の長さを求めなさい。

解答➡別冊 p. 81

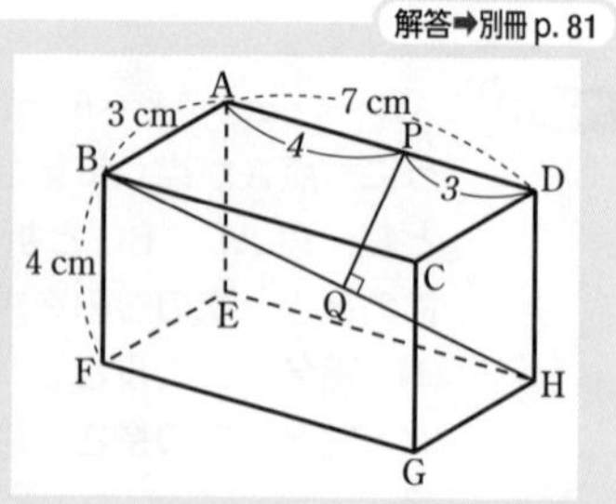

例題 113 四角錐の体積

>>p. 180 2 レベル 

右の図のような底面が 1 辺 4 cm の正方形 ABCD で，他の辺が 5 cm である正四角錐 OABCD がある。
この正四角錐の体積を求めなさい。

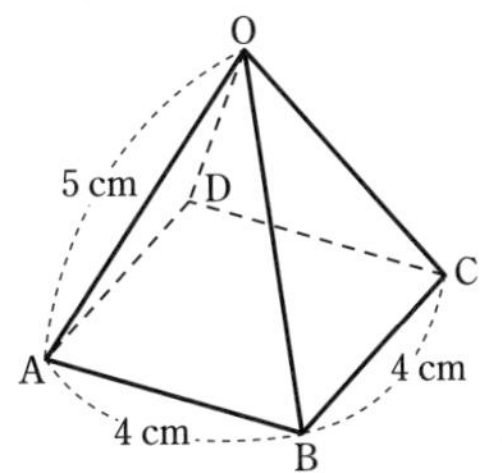

確認
正四角錐の底面は正方形，側面はすべて合同な二等辺三角形である。

考え方 直角三角形を見つけて 三平方の定理

(角錐の体積)$=\frac{1}{3}\times$(底面積)$\times$(高さ)
└ 1 辺 4 cm の正方形の面積

正四角錐の高さは，底面の正方形の対角線の交点をHとすると，線分 OH である。△OAH が **直角三角形** になることを利用して，線分 OH の長さを求める。

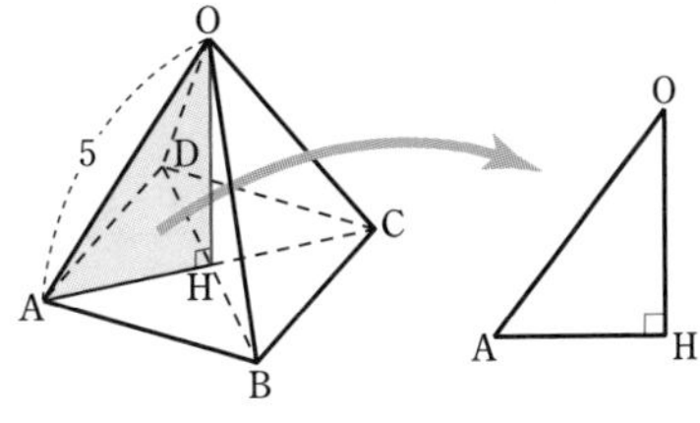

正四角錐から直角三角形を取り出す。

解答

底面の正方形の対角線の交点をHとすると，
△OAH は直角三角形であるから

$AH^2+OH^2=5^2$ ……①

線分 AC は正方形 ABCD の対角線であるから　$AC=4\sqrt{2}$
点Hは線分 AC の中点であるから

$AH=2\sqrt{2}$ ……②

①，②から　$(2\sqrt{2})^2+OH^2=5^2$　$OH^2=25-8=17$
$OH>0$ であるから　$OH=\sqrt{17}$
よって，求める体積は　$\frac{1}{3}\times4\times4\times\sqrt{17}=\mathbf{\frac{16\sqrt{17}}{3}}$ **(cm³)** 答

△ABC は直角二等辺三角形 ⟶ $1:1:\sqrt{2}$

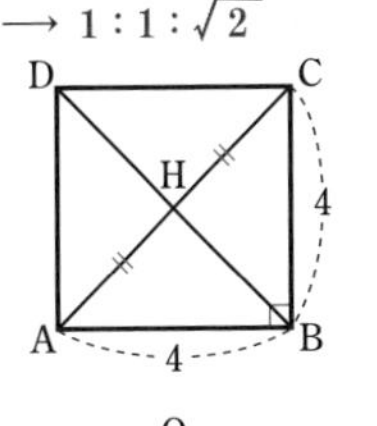

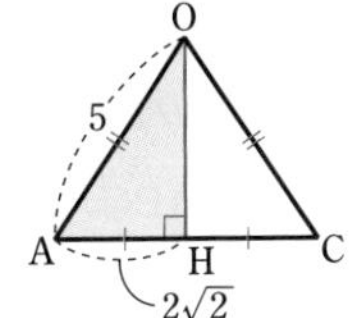

解答➡別冊 p. 82

練習 113 右の図のような底面が AB=6 cm，BC=8 cm の長方形で，他の辺の長さがすべて 13 cm である四角錐 OABCD がある。この四角錐の体積を求めなさい。

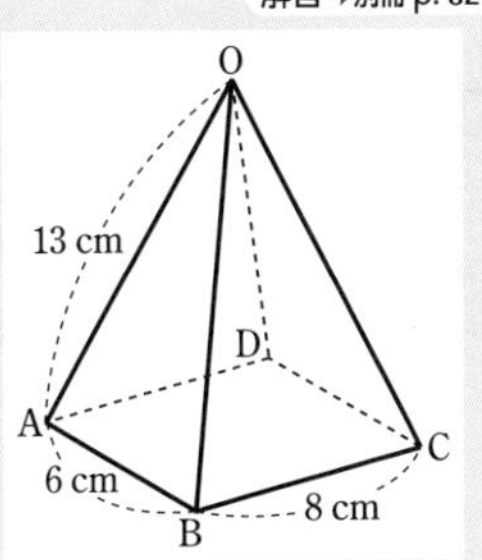

第7章 三平方の定理

例題 114 三角錐の高さ

レベル ■■□□

右の図のような,

$BD=CD=2\text{ cm}$, $AD=3\text{ cm}$,

$\angle ADB=\angle ADC=\angle BDC=90^\circ$

の三角錐がある。この三角錐の頂点Dから △ABC に垂線 DH をひく。このとき,線分 DH の長さを求めなさい。

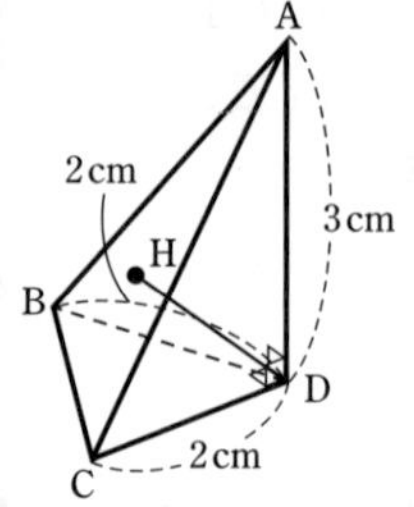

問題を分析しよう！

底面 ABC 上にない点Dと底面 ABC 上の点Hを結んだ線分 DH の長さが最小となるのは,

DH⊥平面 ABC

のときである。

よって,線分 DH の長さは,三角錐の頂点Dと底面の △ABC との距離,つまり **三角錐の高さ** である。

考え方

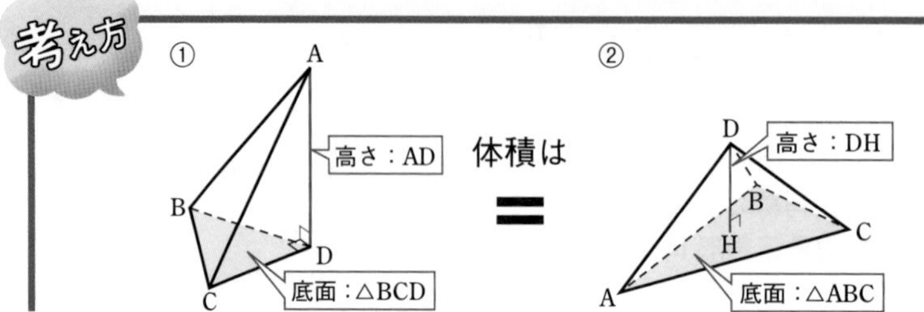

◀三角錐の底面と高さを,左の ①, ② の 2 通りにとらえる。
底面と高さのとらえ方が違っても,**角錐の体積は同じ**。

解答

直角三角形 BCD, ABD, ACD において,それぞれ

$BC=\sqrt{2}\,BD=2\sqrt{2}$, $AB=\sqrt{2^2+3^2}=\sqrt{13}$, $AC=\sqrt{2^2+3^2}=\sqrt{13}$

△ABC は二等辺三角形であり,頂点Aから辺 BC に垂線 AE をひくと,

$BE=\sqrt{2}$ であるから,△ABE において,三平方の定理により

$$AE=\sqrt{(\sqrt{13})^2-(\sqrt{2})^2}=\sqrt{11}$$

したがって　$\triangle ABC=\frac{1}{2}\times 2\sqrt{2}\times\sqrt{11}=\sqrt{22}$

線分 DH の長さを h cm とすると,三角錐の体積について

$\frac{1}{3}\times\triangle ABC\times h=\frac{1}{3}\times\triangle BCD\times AD$　$\frac{1}{3}\times\sqrt{22}\times h=\frac{1}{3}\times\frac{1}{2}\times 2\times 2\times 3$

よって,$\sqrt{22}h=6$ から　$h=\frac{6}{\sqrt{22}}=\boldsymbol{\frac{3\sqrt{22}}{11}}$ **(cm)** 答

◀△BCD は DB=DC の直角二等辺三角形。
辺の比は　$1:1:\sqrt{2}$

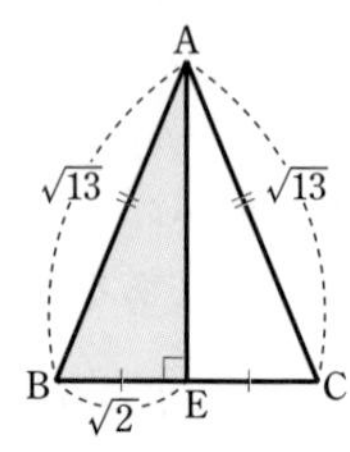

解答➡別冊 p. 82

練習 114 右の図のような,$BD=CD=4\text{ cm}$, $AD=3\text{ cm}$, $\angle ADB=\angle ADC=90^\circ$, $\angle BDC=60^\circ$ の三角錐がある。この三角錐の頂点Dから △ABC に垂線 DH をひく。このとき,線分 DH の長さを求めなさい。

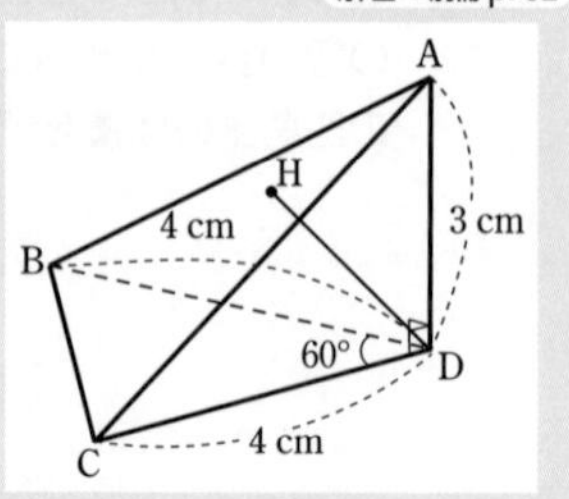

例題 115 立体の表面上の最短経路

レベル 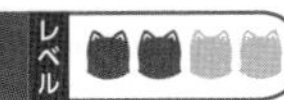

底面の半径が 1 cm，母線の長さが 3 cm である円錐に，右の図のように，底面の円周上の点Pから側面にそって 1 周するように，点Pまでひもをかける。このひもがもっとも短くなるときのひもの長さを求めなさい。

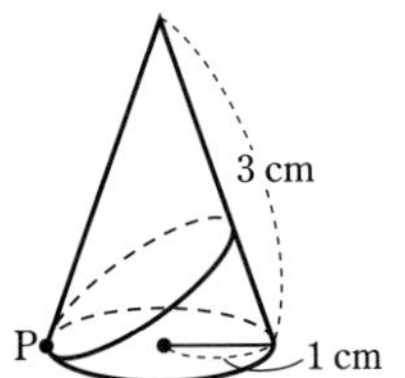

復習

円錐の展開図

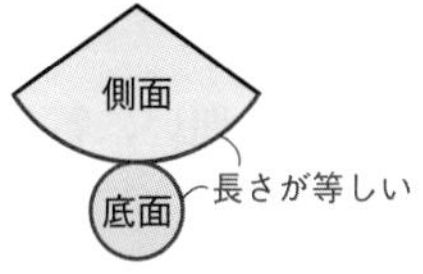

立体の問題は，展開図で考えてみよう！

考え方

CHART 立体の問題 **平面上で考える**

平面上で考えるために，立体（この問題では円錐）の **展開図** をかく。
また，平面上で 2 点 A，B を結ぶいろいろな線のうち，**もっとも短いのは線分 AB** であるから，ひもの長さが最短になるのは，解答の展開図のおうぎ形の弦となるときである。

解答

円錐の頂点をOとする。
側面となるおうぎ形の中心角を $a°$ とすると

$$2\pi\times3\times\frac{a}{360}=2\pi\times1$$

$$a=120$$

ひもの長さがもっとも短くなるのは，右の図のような展開図において，線分 PP′ のようにひもをかけたときである。

線分 PP′ の中点をHとすると　$\angle\mathrm{OHP}=90°$，$\angle\mathrm{POH}=60°$

したがって，△OHP において　$\mathrm{PH}=\frac{\sqrt{3}}{2}\mathrm{OP}=\frac{3\sqrt{3}}{2}$

よって，求めるひもの長さは　$\frac{3\sqrt{3}}{2}\times2=$ **$3\sqrt{3}$ (cm)** 答

側面のおうぎ形の弧の長さと底面の円周の長さが等しいことから，おうぎ形の中心角の大きさを求める。

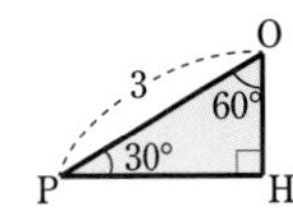

◀辺の比は $1:2:\sqrt{3}$

第7章 三平方の定理

解答➡別冊 p. 82

練習 115 右の図のような，AB=3 cm，BC=4 cm，CA=4 cm，AD=6 cm の三角柱において，辺 CF 上に点Pをとり，頂点Aと頂点E，頂点Aと点P，頂点Eと点Pをそれぞれ結ぶ。
△AEP の周の長さをもっとも小さくなるようにするとき，△AEP の周の長さは何 cm ですか。

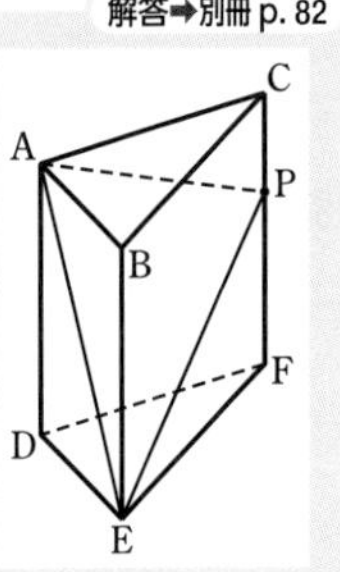

EXERCISES

解答➡別冊 p. 84

131 次の問いに答えなさい。 >>例題 105

(1) 1辺の長さが 6 cm である正方形の対角線の長さを求めなさい。

(2) 対角線の長さが 18 cm と 24 cm であるひし形の1辺の長さを求めなさい。

(3) AB＝AC＝5 cm，BC＝4 cm である△ABC において，頂点Aから辺 BC にひいた垂線 AH の長さを求めなさい。

132 右の図のような，図形(1)，(2)の面積を求めなさい。ただし，(1)では AD // BC とする。 >>例題 107

(1)

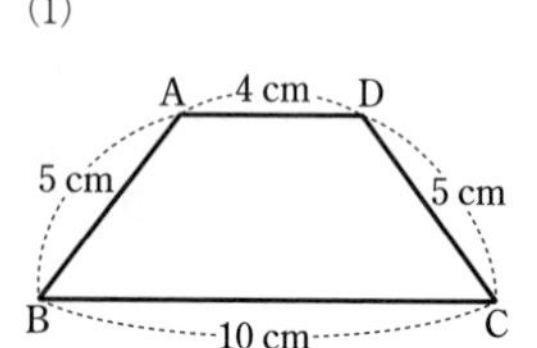

(2)

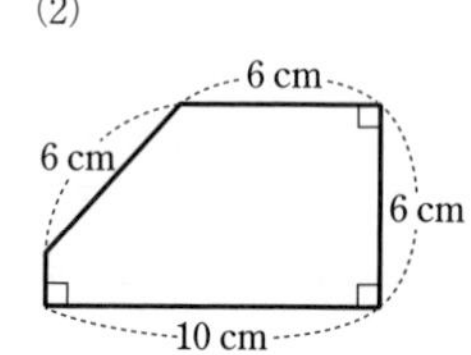

133 右の図のような，AB＝AD，BD＝$\sqrt{6}$ cm である四角形 ABCD がある。この四角形 ABCD の面積を求めなさい。 >>例題 107

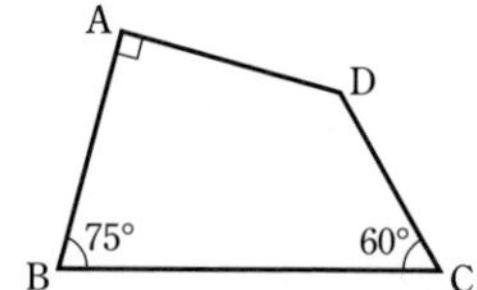

134 右の図の六角形 ABCDEF において，内角の大きさはすべて等しい。AB＝AF＝4 cm，ED＝3 cm，FE＝2 cm であるとき，次の問いに答えなさい。 >>例題 107

(1) 辺 CD の長さを求めなさい。

(2) 六角形 ABCDEF の面積を求めなさい。 〔愛知県〕

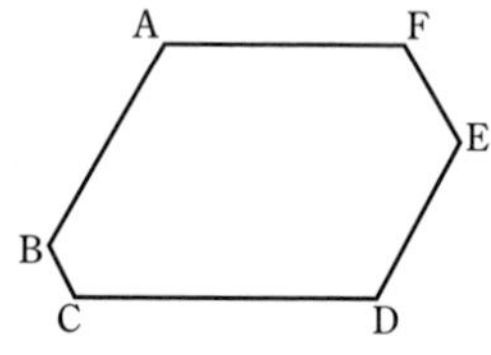

135 右の図において，∠YXZ＝60° であり，半径 2 cm の円O が直線 XY，XZ それぞれに接している。このとき，斜線部分の面積を求めなさい。 >>例題 108

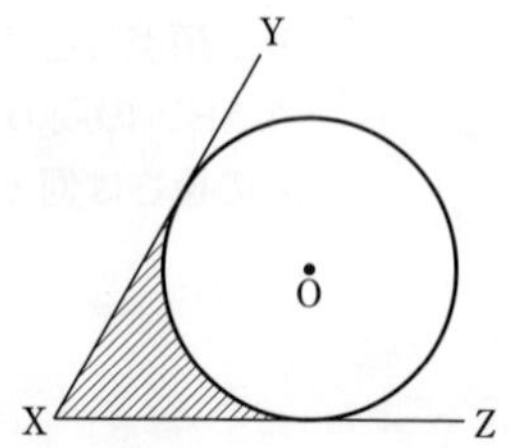

136 右の図において，直線 ℓ は，半径 4 cm の円Oと半径 3 cm の円 O′ に共通な接線であり，点 A，B は接点である。2点 O，O′ 間の距離が 11 cm であるとき，線分 AB の長さを求めなさい。

>>例題 109

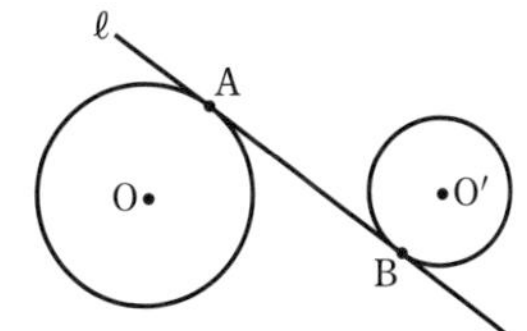

137 右の図のように，正三角形 ABC の辺 BC 上に BD：DC＝1：2 となる点Dをとり，頂点Aが点Dと重なるように折り返すと，折り目は辺 AB 上の点Eと辺 AC 上の点Fを結ぶ線分 EF となった。

>>例題 111

(1) △BDE∽△CFD であることを証明しなさい。

(2) BC＝12 cm，CF＝5 cm のとき，△DEF の面積を求めなさい。

〔高知県〕

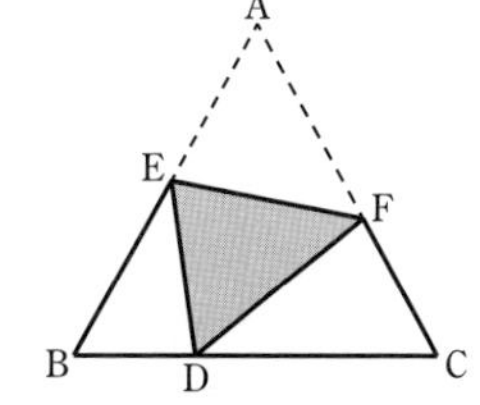

138 1辺の長さが 2 cm の立方体 ABCD-EFGH がある。右の図において，IA＝IB＝IC＝ID＝$\sqrt{3}$ cm であるとき，線分 EI の長さを求めなさい。

>>例題 112

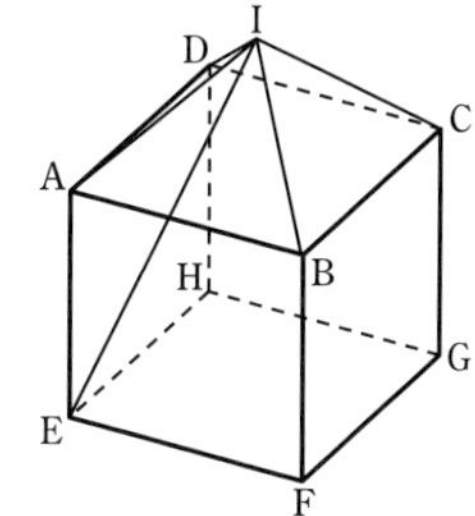

139 右の図のような，AB＝4 cm，AD＝AE＝3 cm の直方体がある。この直方体を，3点 A，F，C を通る平面で切る。このとき，切り口の図形の周の長さと面積を求めなさい。

>>例題 112

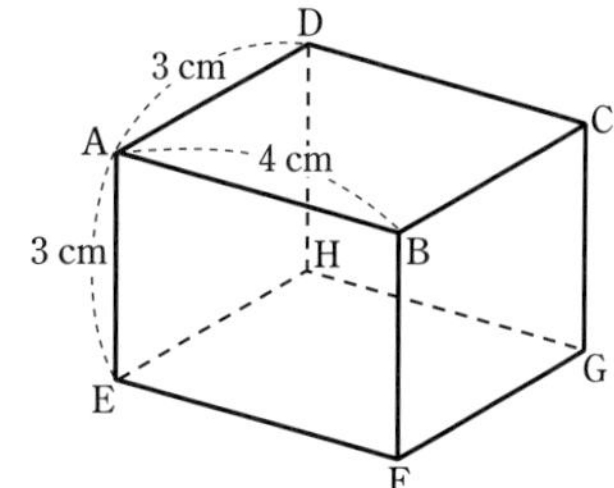

140 右の図は，底面の1辺が 5 cm，高さが 6 cm の正三角柱であり，糸を頂点Aから辺 BE，CF を通ってDまで巻きつける。巻きつけた糸がもっとも短くなるときの糸の長さを求めなさい。

>>例題 115

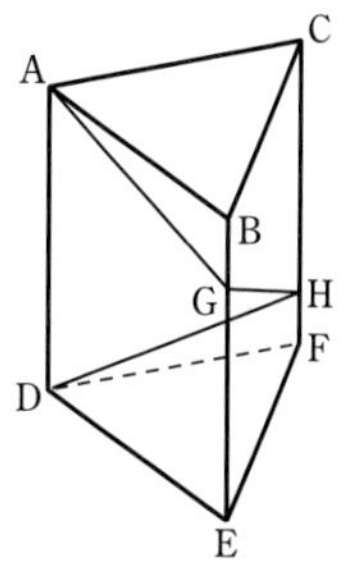

三平方の定理の逆の証明

$p.174$ で学んだ **三平方の定理の逆** を証明してみよう。

三平方の定理の逆

3 辺の長さが a, b, c である三角形において

$$\boldsymbol{a^2+b^2=c^2}$$

が成り立つならば，その三角形は，長さ c の辺を斜辺とする直角三角形である。

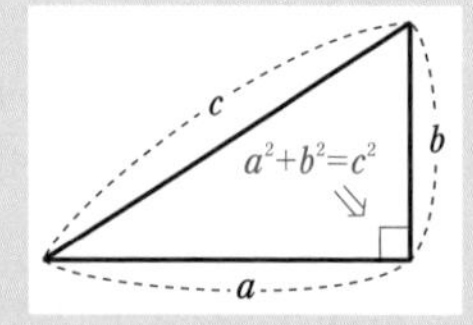

（証明）　△ABC において，BC$=a$，CA$=b$，AB$=c$ とし，

$$\boldsymbol{a^2+b^2=c^2} \quad \cdots\cdots ① \qquad とする。$$

このとき，c はもっとも長い辺の長さである。

次に，EF$=a$，FD$=b$，∠F$=90°$ である直角三角形 DEF をつくり，その斜辺の長さを d とする。

△DEF において，三平方の定理により

$$\boldsymbol{a^2+b^2=d^2} \quad \cdots\cdots ②$$

①，② から　　　$c^2=d^2$

$c>0$，$d>0$ であるから　　　$\boldsymbol{c=d}$

△ABC と △DEF において

AB=DE，BC=EF，CA=FD

3 組の辺がそれぞれ等しいから　　△ABC≡△DEF

合同な図形では，対応する角は等しいから　　∠C=∠F=90°

したがって，△ABC は長さ c の辺を斜辺とする直角三角形である。 終

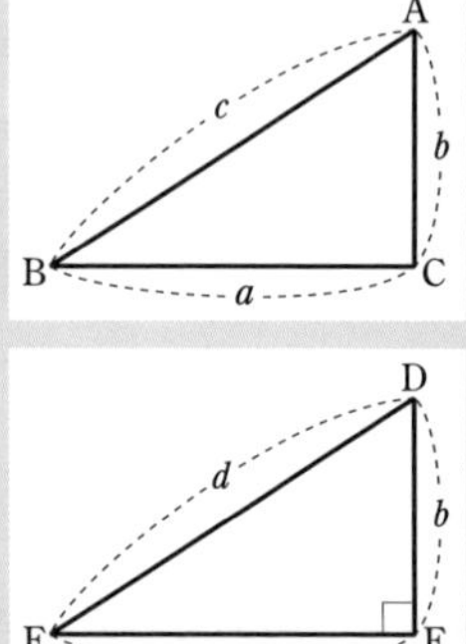

このようにして，「三平方の定理の逆」は証明されるが，この証明は，合同や相似などで学習した証明と示し方が異なる。以前に学習した証明は，わかっていることがらや定理などを使って，仮定から直接，結論を導いている。このような証明法を **直接証明法** という。

これに対して，上のような証明法は **間接証明法** という証明のひとつである。

特に，このように「p ならば q」を証明するのに，**条件 p をみたす条件 r** を考えて，**条件 q と r が一致する** ことから **結論が q** であることを導く。このような証明法を，**同一法** または **一致法** という。

「○○ならば□□」が成り立つ。
「△△と□□は一致する」

同一法

「○○ならば△△」である。

定期試験対策問題

解答➡別冊 p. 87

69 次の図において，x，y，z，u の値を求めなさい。 >>例題 102，107

(1)

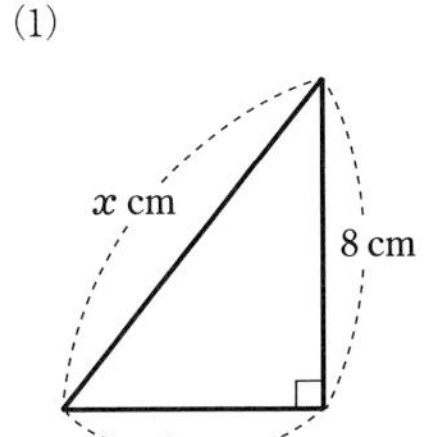

(2)

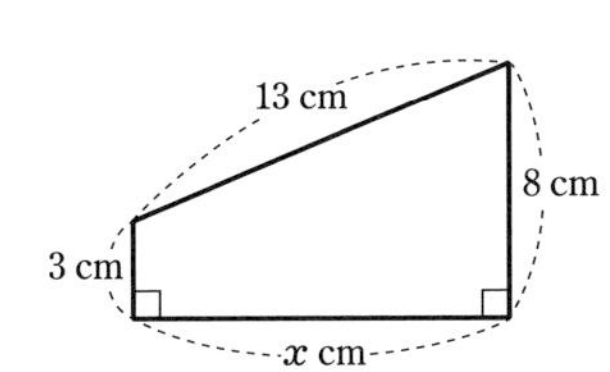

(3)

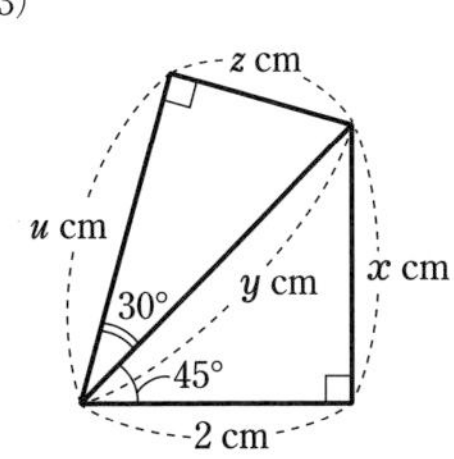

70 3 辺の長さが次のような三角形がある。この中から，直角三角形をすべて選びなさい。

(1)　8 cm，15 cm，17 cm　　(2)　7 cm，11 cm，13 cm　　(3)　8 cm，13 cm，16 cm

>>例題 103

71 周の長さが 16 cm の直角三角形があり，斜辺の長さは 7 cm であるという。この直角三角形の斜辺でない 2 辺の長さを求めなさい。 >>例題 104

72 右の図において，x の値を求めなさい。

>>例題 105

(1)

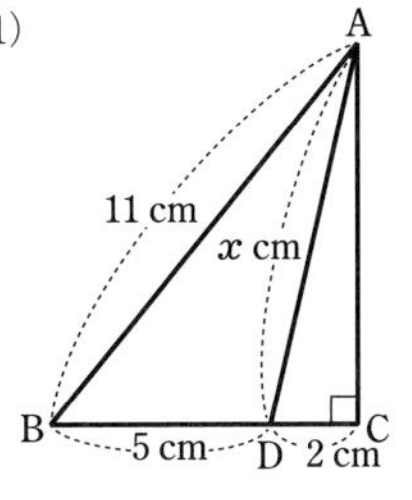

(2)

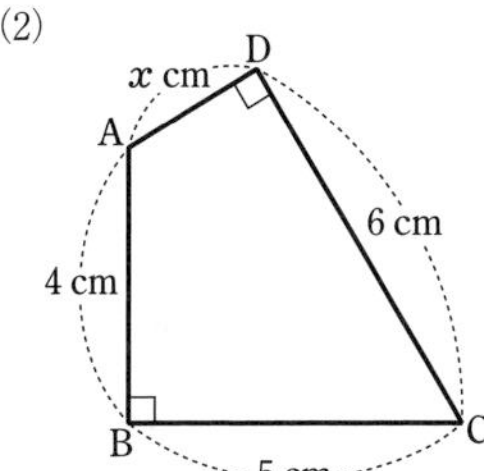

73 右の図のように，$\angle A=90^\circ$ の直角三角形 ABC の各辺を直径とする半円をかく。このとき，黒く塗った部分 P と Q の面積の和は △ABC の面積に等しいことを証明しなさい。

>>例題 105

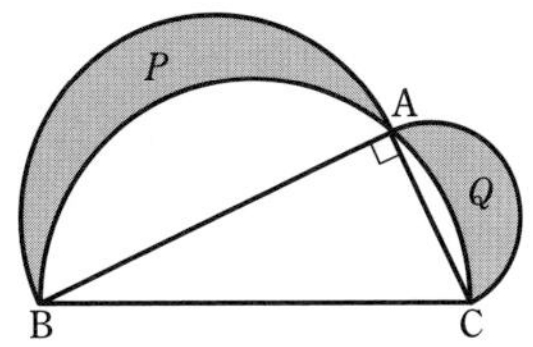

74 △ABC において，$AB=\sqrt{29}$ cm，BC＝14 cm，CA＝13 cm であるとき，△ABC の面積を求めなさい。 >>例題 106

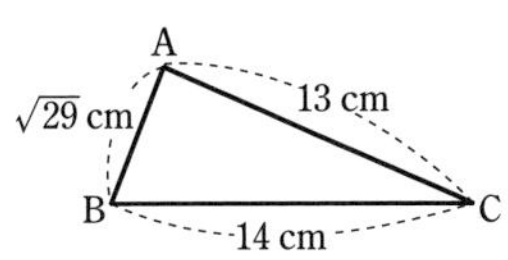

75 右の図のように，２つの三角定規を重ねて置くとき，重なる部分の面積を求めなさい。 >>例題 107

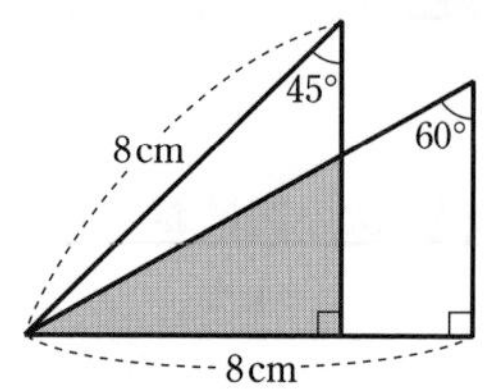

76 (1) 円の中心から 2 cm 離れた弦の長さが 12 cm であるとき，円の半径を求めなさい。

(2) 円の中心から 11 cm 離れた円の外部の点から円にひいた接線の長さが 9 cm であるとき，円の半径を求めなさい。 >>例題 108

77 次の 3 点を頂点とする三角形は，どのような形の三角形か答えなさい。 >>例題 110

(1) O(0, 0)，A(6, 2)，B(−1, 3)

(2) C(1, −2)，D(−1, 3)，E(6, 0)

78 AB＝6 cm，BC＝8 cm の長方形 ABCD の紙を，右の図のように，対角線 BD を折り目として折り返したとき，点Cが移動した点を C′ とし，辺 AD と辺 BC′ の交点をEとする。このとき，△ABE の面積を求めなさい。 >>例題 111

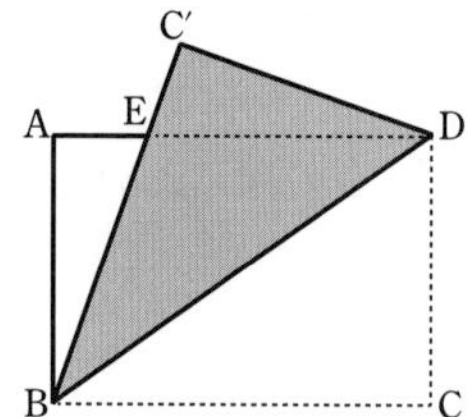

79 右の図のような，AB＝8 cm，AD＝6 cm，AE＝4 cm の直方体があり，点 M，N はそれぞれ辺 AD，BF の中点である。 >>例題 112

(1) 対角線 BH の長さを求めなさい。

(2) 線分 MG の長さを求めなさい。

(3) 線分 MN の長さを求めなさい。

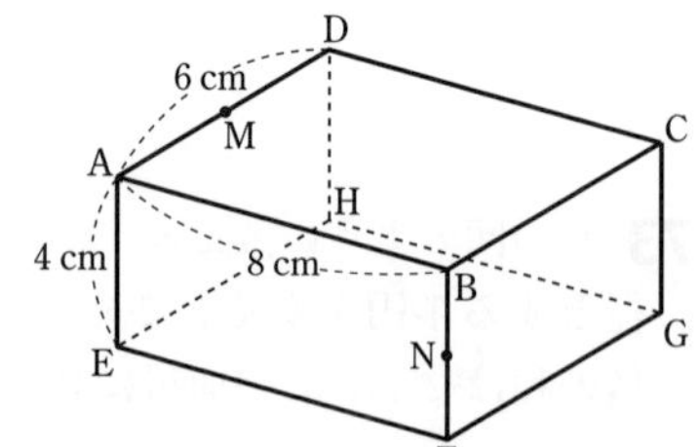

80 右の図は円錐の展開図であり，側面の部分は，半径 12 cm，中心角 120° のおうぎ形である。これを組み立ててできる円錐の体積を求めなさい。 >>例題 113

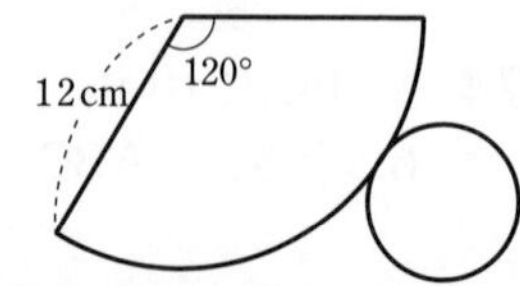

第8章

資料の整理

要点のまとめ

19 母集団と標本

1 母集団と標本

❶ ある集団について何か調査をするとき，対象とする集団にふくまれるすべてのものについて行う調査を **全数調査** という。これに対して，対象とする集団の一部を調べ，その結果から，集団の状況を推定する調査を **標本調査** という。

全数調査と標本調査
全数調査 ⟶ すべて
標本調査 ⟶ 一部
を調べる。

［**全数調査**］ 国勢調査，学校基本調査
［**標本調査**］ テレビ番組の視聴率調査，世論調査

❷ 標本調査において，調査対象全体を **母集団** という。また，調査のために母集団から取り出されたものの集まりを **標本**，母集団から標本を取り出すことを標本の **抽出** という。

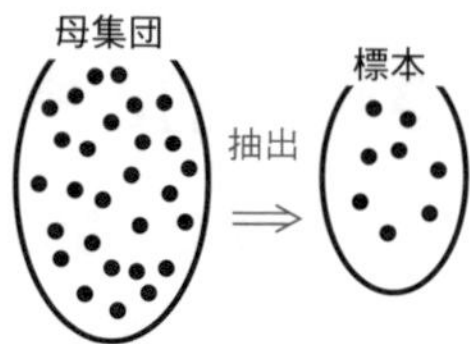

❸ 母集団にふくまれるものの個数を **母集団の大きさ**，標本にふくまれるものの個数を **標本の大きさ** という。

工場で製品Aの品質検査を行う場合
⟶ すべての製品Aが母集団
　　検査のために取り出された製品Aの集まりが標本

❹ 標本調査を行うときには，母集団の状況をよく表すように，かたよりなく標本を抽出しなくてはならない。
このように，母集団からかたよりなく標本を抽出することを，標本を **無作為に抽出する** という。
無作為に抽出するためには，乱数さい，乱数表，くじ引きなどを利用する方法がある。

2 標本平均と母集団の平均値

❶ 母集団から抽出した標本の平均値を **標本平均** という。標本平均から母集団の平均値を推定することができる。

❷ 標本調査では，標本の大きさが大きいほど，その状況が母集団の状況に近くなる傾向がある。そのため，標本調査では，標本の大きさをできるだけ大きくすると，よりよい精度で母集団の状況を推定することができる。

母集団から同じ大きさの標本を抽出して，その平均を調べる作業をくり返し行い，それぞれの標本平均の平均値を求めると，母集団の平均値に近くなる。

例題116 全数調査と標本調査

≫p. 198 1 レベル 

次の調査は，全数調査と標本調査のどちらが適当であるか答えなさい。

(1) ある中学校の3年生の数学の定期テストの点数の調査

(2) 日本の20歳女子の身長の調査

(3) ある工場で作られるLEDライトの寿命の調査

(4) ある中学校で修理の必要な生徒用のいすの調査

(5) 東京都に住む中学3年生の1か月に出費した金額の調査

考え方

全数調査 …… 調査対象が **すべて**

標本調査 …… 調査対象が **一部**

一部を調べ，全体を推定。

◀すべて調べる。

◀一部を調べる。

解答

(1) 母集団が大きすぎるとはいえない。

答 **全数調査**

(2) 母集団が大きすぎるため，全数調査は困難である。

答 **標本調査**

(3) 全数調査をすると，調査が終わったとき，商品となるLEDライトがなくなり，何のための調査かわからなくなる。

答 **標本調査**

(4) 修理を前提とした調査と思われるため，全部のいすを調べる必要がある。

答 **全数調査**

(5) 母集団が大きすぎるため，全数調査は困難である。

答 **標本調査**

全数調査については，母集団が大きすぎたり，時間がかかりすぎたり，全数調査自体が不可能であったり，現実的でなかったりすることがある。その場合は標本調査が行われる。

解答➡別冊 p. 90

練習116 次の調査は，全数調査と標本調査のどちらが適当であるか答えなさい。

(1) ある新聞社が行う世論に関する調査

(2) ある中学校の3年生が100 mを走る時間の調査

(3) ある鉄道の駅の1日の乗降客数の調査

(4) ある食品会社のレトルトカレーの品質の調査

(5) 日本の中学生が持っている1人あたりの数学問題集の冊数の調査

例題 117 標本の抽出

>>p. 198 1 レベル 

ある中学校には 3 年生が男女合わせて 240 人いて, 6 つのクラスに均等に分けられている。この 240 人の身長の平均値を調べるために標本調査をすることにした。このとき, 次の ①〜④ の中から, 標本の選び方として適切なものをすべて選び, その番号を答えなさい。

① 3 年 1 組と 3 年 2 組の生徒 80 人に通し番号をつけ, 乱数表を使って 40 人を選ぶ。
② 3 年生 240 人に通し番号をつけ, くじ引きで 40 人を選ぶ。
③ 3 年生の男子生徒全員に通し番号をつけ, 乱数さいを使って 40 人を選ぶ。
④ 3 年生 240 人に通し番号をつけ, 乱数さいを使って 40 人を選ぶ。

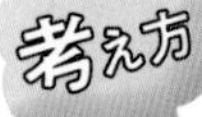

標本の抽出　かたよりなく, 公平に

標本は, 母集団の状況をよく表すように, かたよりなく抽出 (**無作為に抽出**) する。最初からかたよりが予想される抽出法は, できるだけ避けるようにする。

◀難しく考えず, 常識的に判断すればよい。

解答

① 特定のクラスの生徒の中から選んでいるので, 3 年生全員の中から公平に選んでいるとはいえない。

② 3 年生 240 人の中から公平に選ばれており, かたよりはない。

③ 男子生徒の中から選んでいるので, 3 年生全員の中から公平に選んでいるとはいえない。

④ ② と同様。公平に選ばれており, かたよりはない。

以上から, 標本の選び方として適切なものは　**②, ④**　答

例題 117 の調査における母集団は 3 年生全員で, その大きさは　240 人
標本は, 乱数表やくじ引きで選び, その大きさは
40 人

練習 117 ある中学校の 3 年生は, 1 組から 7 組までの学級編成で, 各組の生徒数はすべて 30 人であるという。3 年生全員を対象に数学の試験を実施し, その成績を調べるために標本調査をすることにした。このとき, 次の ①〜③ の中から, 標本の選び方として適切なものをすべて選び, その番号を答えなさい。

解答➡別冊 p. 90

① 3 年 5 組の生徒の中から, 名簿番号順に 21 人を選ぶ。
② 乱数さいを投げて, 出た数字が名簿番号の一の位である人を各組から選ぶ。
③ 全員に 210 本中当たりくじが 21 本のくじを引かせて, 当たりくじを引いた人を選ぶ。

例題 118 標本平均

>>p. 198 2 レベル ■□□□

1200 ページある国語辞典にのっている見出し語の総数を調べるため，無作為に 10 ページ分を選び，それぞれのページにのっている見出し語の数を調べると次のようになった。
このとき，この国語辞典にのっている見出し語の総数を推定しなさい。

50,　59,　41,　45,　55,　49,　51,　53,　47,　50

考え方 標本平均を求め，総数を推定

次のように，標本調査を利用して，見出し語の総数を推定する。

[1]　見出し語がのっている総ページ数を調べる。　⟶ 1200 ページ

[2]　[1] のページの中から，無作為に 10 ページを選び，選んだページにのっている見出し語の数を調べる。　⟶ 10 個の数

[3]　[2] から，1 ページあたりの見出し語の数の平均値（**標本平均**）を求める。

[4]　[1] と [3] から，国語辞典 1 冊の見出し語の総数を **推定** する。

無作為に抽出するページを，20 ページ，30 ページ，…… と増やしていくと，推定される総数は，実際の値に近づく傾向がある。

解答

選んだ 10 ページの見出し語の数の平均は

$$(50+59+41+45+55+49+51+53+47+50)\div10=50$$

したがって，国語辞典の 1 ページにのっている見出し語の数も 50 であると推定することができる。

よって，この国語辞典にのっている見出し語の総数は

$$50\times1200=60000$$

と考えられる。

答 **およそ 60000 個**

⚠ 推定値であるから，計算で得られた値をそのまま答えるのではなく，およその数として答える。

参考 **標本** 調査した 1 ページあたりの見出し語 **の平均値** が，**母集団** の見出し語 **の平均値と一致する** と考えて，標本の大きさから母集団の大きさを推定したことになる。

解答➡別冊 p. 90

練習 118 ある英和辞典の A から Z までのページ数は 2020 ページある。この辞典に，どれくらいの項目がのっているかを調べるため，無作為に 30 ページ分を選んで項目の数を数えた。これを 3 回行ったところ，次の表のようになった。

	1 回目	2 回目	3 回目	合計
項目の数	1108	1201	1167	3476

この表の合計から，英和辞典の項目の数を 1000 項目単位で推定しなさい。

例題 119 標本調査の利用 (1)

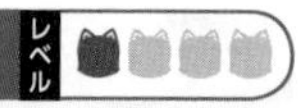

袋の中に白玉と赤玉が合わせて 1500 個入っている。袋の中をよくかき混ぜた後，その袋の中から 30 個の玉を無作為に抽出して調べたら，白玉が 12 個であった。袋の中に入っている白玉の個数を推定しなさい。

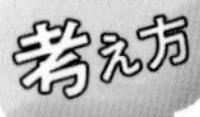

(母集団における比率)＝(標本における比率)

標本調査は，平均の推定だけでなく，比率の推定にも利用できる。
具体的には，標本における比率が，母集団の比率に一致すると考えて，標本の大きさから，母集団の大きさを推定する。

解答

取り出した 30 個の玉の中にふくまれる白玉の割合は

$$\frac{12}{30}=\frac{2}{5}$$

◀標本の大きさは 30 個

したがって，母集団における白玉の割合も $\frac{2}{5}$ であると推定することができる。

◀標本における比率から推定。

よって，袋の中の白玉の個数は

$$1500\times\frac{2}{5}=600$$

◀母集団の大きさは 1500 個

から，およそ 600 個と考えられる。

答 **およそ 600 個**

別解 袋の中に入っている 1500 個のうちの白玉の個数を x とすると，30 個に対して 12 個であるから

$$1500:x=30:12$$
$$30x=1500\times12$$
$$x=600$$

← $1500:x=5:2$
$5x=1500\times2$
としてもよい。

答 **およそ 600 個**

求めるものを x として比例式をつくり，比例式から導かれる x の方程式を解く。
$a:b=c:d$
$ad=bc$

解答➡別冊 p. 90

練習 119 世帯数が 60000 世帯のA市で，300 世帯を無作為に抽出してテレビで番組Tを視聴していた世帯数を調査したところ，45 世帯が視聴していた。このとき，A市全体でこの番組Tを視聴していた世帯はおよそ何世帯と推定されるか求めなさい。

例題 120 標本調査の利用 (2)

袋の中に，黄色の玉だけがたくさん入っている。そのおよその個数を調べるために，袋の中に色だけが異なる100個の黒色の玉を入れてよくかき混ぜてから30個の玉を取り出し，黒色の玉の個数を数えてから玉を袋の中にもどした。
これを3回くり返すと，黒色の玉の個数は2個，3個，4個であった。最初に袋の中に入っていた黄色の玉の個数を推定しなさい。

標本における比率（割合）から総数を推定

最初に袋の中に入っている玉は黄色だけであるが，色が異なる黒色の玉を入れ，玉を取り出して袋にもどすことを数回くり返したときの相対度数から割合を推定する。その後，

（母集団における比率）＝（標本における比率）

と考えて，黄色の玉の総数を推定する。

◀**復元抽出** ともいう。

解答

3回の標本調査における黒色の玉の割合は，それぞれ次のようになる。

$$\frac{2}{30},\quad \frac{3}{30},\quad \frac{4}{30}$$

この3回の割合の平均は

$$\left(\frac{2}{30}+\frac{3}{30}+\frac{4}{30}\right)\div 3=\frac{9}{30}\times\frac{1}{3}=\frac{1}{10}$$

◀3回とも同じ条件で玉を取り出しているから，3回の黒色の玉の割合の平均を求める。

これが袋の中の黒色の玉の割合であると考えられ，袋の中に100個の黒色の玉が入っているから，袋の中に入っている全部の玉の個数は，

$$100\div\frac{1}{10}=1000$$

より，およそ1000個と考えられる。
よって，最初に袋の中に入っていた黄色の玉の個数は

$$1000-100=900$$

答 **およそ900個**

解答➡別冊 p. 90

練習 120 箱の中に同じ大きさの白い卓球の球だけがたくさん入っている。そのおよその個数を調べるために，箱の中に色だけが異なるオレンジ色の球200個を入れ，よくかき混ぜて，そこから70個の球を無作為に抽出し，オレンジ色の球の個数を記録してから箱の中にもどした。
これを5回くり返すと，オレンジ色の球の個数は5個，7個，9個，6個，8個であった。
最初に箱の中に入っていた白い球の個数は，およそ何個と推定されるか求めなさい。

EXERCISES

解答➡別冊 p. 91

141 次の (1)〜(3) は標本調査について述べたことがらである。このうち，誤っているものを１つ選びなさい。
>>例題 116

(1) 標本の取り方によっては，母集団全体の平均値と標本平均が大きく異なる可能性がないとはいえない。

(2) 無作為に取り出された標本については，母集団全体の平均値とその標本平均との間に誤差はない。

(3) 無作為に取り出された標本では，標本の大きさが大きくなるほど，標本平均は母集団全体の平均値に近づく傾向がある。

142 ある中学校で，全校生徒 600 人が夏休みに読んだ本の１人あたりの冊数を調べるために，90 人を対象に標本調査を行った。次の ①〜④ の中から，標本の選び方としてもっとも適切なものを１つ選びなさい。
>>例題 117

① 3 年生全員の 200 人に通し番号をつけ，乱数さいを使って生徒 90 人を選ぶ。

② 全校生徒 600 人に通し番号をつけ，乱数さいを使って生徒 90 人を選ぶ。

③ 3 年生全員の 200 人の中から，図書室の利用回数の多い順に生徒 90 人を選ぶ。

④ 全校生徒 600 人の中から，図書室の利用回数の多い順に生徒 90 人を選ぶ。

〔20 埼玉県〕

143 200 個のみかんが入っている箱の重さを調べるため，箱の中から無作為に 10 個のみかんを抽出して重さを測ったところ，次のようになった。

77 g, 64 g, 68 g, 61 g, 69 g, 77 g, 62 g, 74 g, 71 g, 72 g

このとき，箱の重さを推定しなさい。ただし，箱自体の重さは考えないものとする。
>>例題 118

144 空き缶を 4800 個回収したところ，アルミ缶とスチール缶が混在していた。この中から 120 個の空き缶を無作為に抽出したところ，アルミ缶が 75 個ふくまれていた。回収した空き缶のうち，アルミ缶はおよそ何個ふくまれていると考えられるか求めなさい。 〔長崎県〕
>>例題 119

145 ある工場で大量に生産される製品の中から，80 個を無作為に抽出したところ，そのうち 3 個が不良品であった。 >>例題 119

(1) 10000 個の製品を生産したとき，発生した不良品はおよそ何個と推定されるか，求めなさい。

(2) 不良品が 150 個発生したとき，生産した製品はおよそ何個と推定されるか，求めなさい。

〔佐賀県〕

146 箱の中に白玉と黒玉が合わせて 10000 個入っている。Aさんはこの箱の中に入っている黒玉の総数を調べるために，次の〈実験〉を何回かくり返し行った。

〈実験〉
箱の中の玉をよくかき混ぜ，箱の中から 30 個の玉を無作為に抽出し，その中にふくまれる黒玉の個数を数える。その後，抽出した玉をすべて箱の中にもどす。

黒玉の個数（個）	度数（回）
7	7
8	10
9	x
10	8
11	4
12	2

右の表は，Aさんが行った〈実験〉のすべての結果をまとめたものであり，黒玉の個数が 10 個の階級の相対度数は 0.16 であった。 >>例題 119

(1) Aさんが行った〈実験〉の回数を求めなさい。また，表中の x にあてはまる数を求めなさい。

(2) 次の空欄にあてはまる数をそれぞれ求めなさい。ただし，ｲ□ にあてはまる数は小数第 1 位を四捨五入し，整数で求めなさい。

抽出した玉の中にふくまれる黒玉の個数の平均値は ｱ□ 個となる。この値から推測すると，箱の中に入っている黒玉の総数はおよそ ｲ□ 個と考えられる。

〔京都府〕

147 箱の中に赤玉と白玉が合わせて 400 個入っている。この箱の中から無作為に 20 個取り出し，白玉の個数を調べる。次に，取り出した玉を箱の中にもどす。この作業を 8 回くり返したところ，表のようになった。この結果から，箱の中の白玉の個数を推定しなさい。

回	1	2	3	4	5	6	7	8
白玉の個数	6	10	8	7	7	7	5	6

>>例題 120

148 袋の中に白の碁石だけが入っている。黒の碁石 100 個をその袋の中に入れ，よくかき混ぜた後，その袋の中から 80 個の碁石を無作為に抽出して調べたら，黒の碁石が 10 個ふくまれていた。抽出する前の袋の中には，およそ何個の白の碁石が入っていたと考えられるか求めなさい。

>>例題 120

定期試験対策問題

81 Aさんは，自分の中学校の全校生徒 240 人について，最近 1 か月間のインターネット利用の実態を調べるために，40 人を対象に標本調査を行うことになった。調査における標本の選び方として適切なものを，次の ①～④ からすべて選びなさい。 >>例題 117

① Aさんのクラスの中から 40 人を選ぶ。
② 3 年生全員に番号をつけ，乱数さいを使って 40 人を選ぶ。
③ 全校生徒に通し番号をつけて，乱数さいを使って 40 人を選ぶ。
④ 調査に協力してくれる人を放送で呼びかけ，先着 40 人に行う。

82 本文が 231 ページの数学の教科書から，無作為に 10 ページを選び出し，それぞれのページに使われている「数」という文字の個数を数えたところ，次のようであった。

6,　2,　6,　7,　8,　1,　2,　4,　8,　4

このとき，この教科書の本文には，およそ何個の「数」という文字が使われていると考えられるか，10 個単位 (一の位を四捨五入) で推定しなさい。 >>例題 118

83 ある池の中にいる鯉の総数を推定するために，標本調査を行うことにした。この池の中の鯉を 60 匹捕まえて，その全部に印をつけて，もとの池にもどした。数日後，再び鯉を 60 匹捕まえたところ，その中に印のついた鯉が 9 匹いた。この池の中にはおよそ何匹の鯉がいると考えられるか，答えなさい。 >>例題 119

84 ある工場でつくられる製品を 50 個取り出し，その中に不良品が何個入っているかを 6 回調べたところ，その個数は下の表のようになった。
この工場でつくられた 10000 個の製品には，不良品がおよそ何個ふくまれるか推定しなさい。

回	1	2	3	4	5	6
不良品の個数	3	0	2	1	1	2

>>例題 120

入試対策編

発展例題 1 図形の問題

>>例題 18　レベル

右の図のように，線分 AB を直径とする円が，線分 AC，BC をそれぞれ直径とする半円によって，P と Q の 2 つの部分に分けられている。
AC$=2a$ cm，BC$=2b$ cm とするとき，P の部分と Q の部分の面積比は $a:b$ であることを証明しなさい。

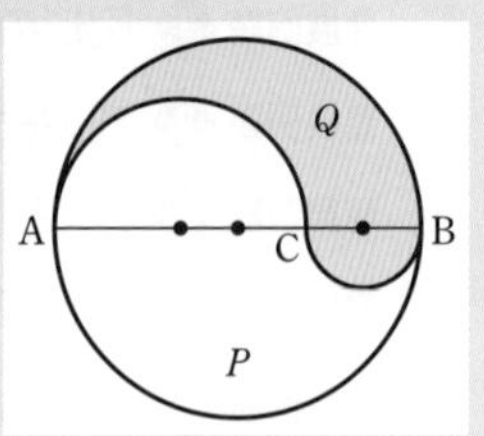

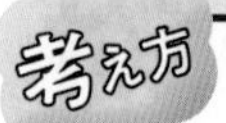

図形を分割して面積を求める。 …… 円の面積は　$\pi\times$(半径)^2

図形を次のように分割すると，P の部分の面積が求められる。

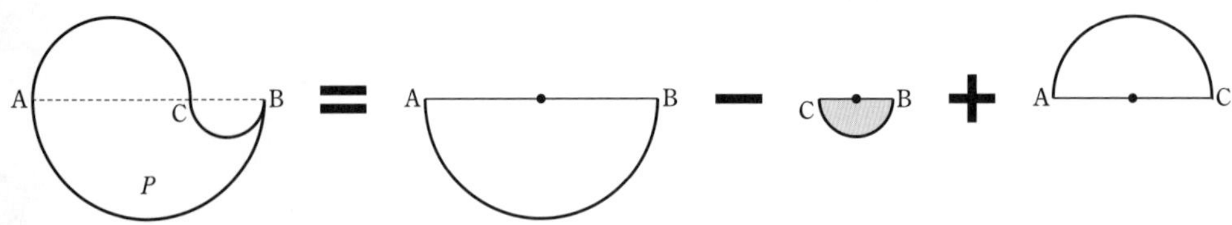

Q の部分については，(Q の面積)=(線分 AB を直径とする円の面積)−(P の面積) より求める。

解答

P の部分の面積を S とすると

$$S=\frac{1}{2}\pi(a+b)^2-\frac{1}{2}\pi b^2+\frac{1}{2}\pi a^2$$

$$=\frac{1}{2}\pi(a^2+2ab+b^2-b^2+a^2)$$

$$=\frac{1}{2}\pi(2a^2+2ab)=\pi a(a+b)$$

◀ AB=AC+BC $=2a+2b=2(a+b)$

◀ $2a^2+2ab$ $=2a(a+b)$

Q の部分の面積を T とすると

$$T=\pi(a+b)^2-S$$

$$=\pi(a+b)^2-\pi a(a+b)$$

$$=\pi(a+b)(a+b-a)=\pi b(a+b)$$

◀ $a+b=M$ とおくと $\pi M^2-\pi aM$ $=\pi M(M-a)$

よって，P の部分と Q の部分の面積比は

$$S:T=\pi a(a+b):\pi b(a+b)=a:b$$

解答➡別冊 p. 93

問題 1 右の図のような点Oを中心とする半円において，斜線部分の面積を S，点 O_2 を中心とする半円の面積を T とする。また，半円 O_1，O_2 の半径を，それぞれ a，b とする。
$S=3T$ のとき，$a:b$ をもっとも簡単な整数の比で表しなさい。

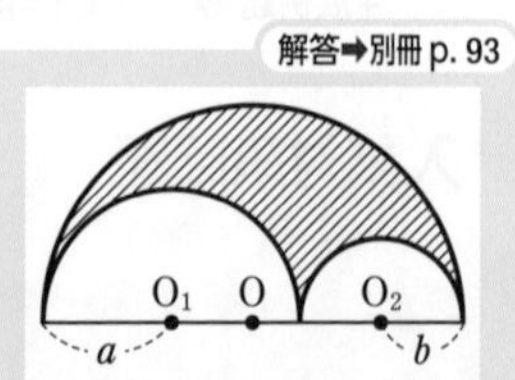

発展例題 2　式の計算の利用（素数の性質）　>>例題 13　レベル ■■■■

(1)　$4n^2-24n+35$ を因数分解しなさい。

(2)　$4n^2-24n+35$ の値が素数となるような自然数 n の値をすべて求めなさい。

> 確認 素数
> **約数が 1 とその数自身**である自然数のこと。
> 2, 3, 5, 7, 11, 13, 17, 19, 23, 29, ……
> のように無数にある。

素数に関する問題　整数の積の形に表す

(1)　$2n=M$ とおくと　　$4n^2-24n+35=(2n)^2-12\times 2n+35$

$=M^2-12M+35$

(2)　素数 p を 2 つの **整数の積で表す** と

$\mathbf{1\times p}$　または　$\mathbf{(-1)\times(-p)}$

(1) の因数分解をヒントにして，n の 1 次方程式を導く。

> ◀負の数も考えることに注意。

解答

(1)　$2n=M$ とおくと

$$4n^2-24n+35=(2n)^2-12\times 2n+35$$
$$=M^2-12M+35$$
$$=(M-5)(M-7)$$
$$=\mathbf{(2n-5)(2n-7)}$$ 答

> ◀たすきがけの因数分解（p. 36 コラム）を利用することもできる。
>
> | 2 | ╲╱ | -5 | ⟶ | -10 |
> |---|---|---|---|---|
> | 2 | ╱╲ | -7 | ⟶ | -14 |
> | 4 | | 35 | | -24 |

(2)　$P=4n^2-24n+35$ とすると，(1) から

$P=(2n-5)(2n-7)$　…… ①

n は自然数であるから　　$2n-5>2n-7$

P が素数であるとき，$P>1$，$-1>-P$ であるから，① の右辺は，次のような整数の積の形をしている。

$P\times 1$　または　$(-1)\times(-P)$

[1]　$2n-5=P$，$2n-7=1$ のとき

$2n-7=1$ から　　$2n=8$　　よって　　$n=4$

$n=4$ を $2n-5=P$ に代入すると　　$P=2\times 4-5=3$

これは素数であるから，問題に適している。

[2]　$2n-5=-1$，$2n-7=-P$ のとき

$2n-5=-1$ から　　$2n=4$　　よって　　$n=2$

$n=2$ を $2n-7=-P$ に代入すると　　$P=-(2\times 2-7)=3$

これは素数であるから，問題に適している。

以上から，求める自然数 n の値は　　$\mathbf{n=2,\ 4}$ 答

> ◀① において，P が素数であるとき，
> $\begin{cases}P=2n-5\\1=2n-7\end{cases}$，$\begin{cases}1=2n-5\\P=2n-7\end{cases}$，$\begin{cases}-1=2n-5\\-P=2n-7\end{cases}$，$\begin{cases}-P=2n-5\\-1=2n-7\end{cases}$
> の 4 つの場合が考えられるが，$P>1$，$-1>-P$，$2n-5>2n-7$ であるから，解答の [1]，[2] 以外の場合は考えなくてよい。

解答➡別冊 p. 93

問題 2　$n^2-22n+96$ の値が素数になるような自然数 n の値をすべて求めなさい。

〔西大和学園〕

発展例題 3 $\sqrt{\quad}$ と自然数

>>例題 33 レベル ■■■■

$\sqrt{n^2+72}$ が整数となるような自然数 n の値をすべて求めなさい。

復習
a が正の数のとき
$\sqrt{a^2}=a$
$\sqrt{(-a)^2}=a$

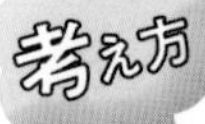

$\sqrt{○}$ が整数ならば ○ は 2 乗した数

$\sqrt{n^2+72}$ が整数（ただし，$n^2+72>0$ に注意！）となるのは，$\sqrt{\quad}$ の中が 2 乗した数，すなわち，(整数)^2 となるときである。
つまり，k を正の整数とすると　$n^2+72=k^2$　……（＊）
しかし，この等式をみたす n，k の値を求めるには工夫が必要。
整数の問題では積の形に表すと，見通しがよくなることが多いので，
（＊）から　$k^2-n^2=72$　$(k+n)(k-n)=72$
$k+n$，$k-n$ は整数であるから，この 2 つの数は 72 の約数である。
その 2 つの数の組み合わせを効率よく調べる。

◀ $n^2 \geqq 0$ であるから，n^2 に正の数 72 をたすと $n^2+72>0$

◀平方の差は 和と差の積に 因数分解

解答

k を正の整数として，$\sqrt{n^2+72}=k$ とすると

$$n^2+72=k^2$$
$$k^2-n^2=72$$
$$(k+n)(k-n)=72$$

$k+n$，$k-n$ は整数であり，$k+n>0$ であるから，$k+n$ と $k-n$ は 72 の正の約数である。

◀ k と n は正の数。

72 を 2 つの正の整数の積で表すと

$$1\times72,\ 2\times36,\ 3\times24,\ 4\times18,\ 6\times12,\ 8\times9$$

◀ $72=2^3\times3^2$

ここで，$(k+n)-(k-n)=2n$ から，$k+n$ と $k-n$ はともに偶数であるか，またはともに奇数である。

◀ 2 つの整数の差の偶奇
(偶数)－(偶数)＝(偶数)
(偶数)－(奇数)＝(奇数)
(奇数)－(偶数)＝(奇数)
(奇数)－(奇数)＝(偶数)
に注目して，候補を絞る。
上の青字が解答で注目しているもの。

よって，考えられる組み合わせは，$k+n>k-n$ であるから

$$\begin{cases}k+n=12\\k-n=6\end{cases}\quad\begin{cases}k+n=18\\k-n=4\end{cases}\quad\begin{cases}k+n=36\\k-n=2\end{cases}$$

それぞれの連立方程式の解は

$$(k,\ n)=(9,\ 3),\ (11,\ 7),\ (19,\ 17)$$

したがって，求める n の値は　$\boldsymbol{n=3,\ 7,\ 17}$　答

解答➡別冊 p. 93

問題 3 $\sqrt{n^2-48}$ が整数となるような自然数 n をすべて求めなさい。

〔弘学館〕

発展例題 4 整数部分と小数部分を表す記号

>>例題 34 レベル 

正の数 x に対して，x の整数部分を $[x]$，小数部分を $<x>$ で表す。
たとえば，$[2.34]=2$，$<2.34>=0.34$，$[\sqrt{3}]=1$，$<\sqrt{3}>=\sqrt{3}-1$ となる。

(1) 次の (ア)〜(ウ) の値を求めなさい。

(ア) $<\sqrt{7}>$　　(イ) $\left[\dfrac{\sqrt{7}+1}{2}\right]$　　(ウ) $\left\langle\dfrac{\sqrt{7}+1}{2}\right\rangle$

(2) $a=4-\sqrt{7}$ とするとき，$<a>([a]-<a>+5)$ の値を求めなさい。

考え方　(数)＝(整数部分)＋(小数部分)

一般に，正の数 x に対して，$n \leqq x < n+1$（n は 0 以上の整数）ならば
x の整数部分は n，小数部分は $x-n$ である。つまり

数 x について $\begin{cases} \text{整数部分} \cdots\cdots x \text{ を超えない最大の整数} \\ \text{小数部分} \cdots\cdots x-(x \text{ の整数部分}) \end{cases}$

◀この問題では
$[x]=n$
$<x>=x-n$

解答

(1) (ア) $\sqrt{2^2}<\sqrt{7}<\sqrt{3^2}$ から　$2<\sqrt{7}<3$

よって　$<\sqrt{7}>=\mathbf{\sqrt{7}-2}$ 答

◀無理数の整数部分を求めるには，不等式で $\sqrt{\ }$ の中の数に近い平方数ではさむ。

(イ) $2<\sqrt{7}<3$ から　$2+1<\sqrt{7}+1<3+1$

よって　$\dfrac{3}{2}<\dfrac{\sqrt{7}+1}{2}<2$

$\left[\dfrac{\sqrt{7}+1}{2}\right]=\mathbf{1}$ 答

(ウ) (イ) から　$\left\langle\dfrac{\sqrt{7}+1}{2}\right\rangle=\dfrac{\sqrt{7}+1}{2}-1=\mathbf{\dfrac{\sqrt{7}-1}{2}}$ 答

◀(小数部分)
＝(数)−(整数部分)

(3) $2<\sqrt{7}<3$ の各辺に -1 をかけて　$-3<-\sqrt{7}<-2$

各辺に 4 をたして　$1<4-\sqrt{7}<2$

よって　$[a]=1$,　$<a>=(4-\sqrt{7})-1=3-\sqrt{7}$

◀(小数部分)
＝(数)−(整数部分)

したがって　$<a>([a]-<a>+5)=(3-\sqrt{7})\{1-(3-\sqrt{7})+5\}$
$=(3-\sqrt{7})(3+\sqrt{7})$
$=3^2-(\sqrt{7})^2=9-7=\mathbf{2}$ 答

解答➡別冊 p. 93

問題 4 正の数 x に対して，x の整数部分を $[x]$，小数部分を $<x>$ で表す。

(1) 次の (ア)〜(ウ) の値を求めなさい。

(ア) $[\sqrt{2}]$　　(イ) $<\sqrt{2}>+<2-\sqrt{2}>$　　(ウ) $(3+<\sqrt{2}>)\times<4-\sqrt{2}>$

(2) $[x-\sqrt{2}]=<x>+2$ をみたす x の値を求めなさい。

発展 例題 5 2次方程式の応用（割合）

>>例題 46, 49 レベル 

あるテーマパークにおいて，入場料を x % 値上げすると，入場者数は $\frac{4}{5}x$ % 減少することがわかっている。収支の増減がないようにするには，入場料を何％値上げすればよいか求めなさい。ただし，$x>0$ とする。

考え方

x % 増は $\times\left(1+\frac{x}{100}\right)$　x % 減は $\times\left(1-\frac{x}{100}\right)$

値上げする前後の入場料の総額を考えるために，現在の入場料と入場者数をそれぞれ文字 a，b で表す。問題文を図に表すと，次のようになる。値上げの前後の収入額（図では，赤い部分と青い部分をそれぞれかけ合わせたもの）が同じになると考えて，方程式をつくる。

◀1次方程式の割合に関する応用問題と，考え方は同じ。

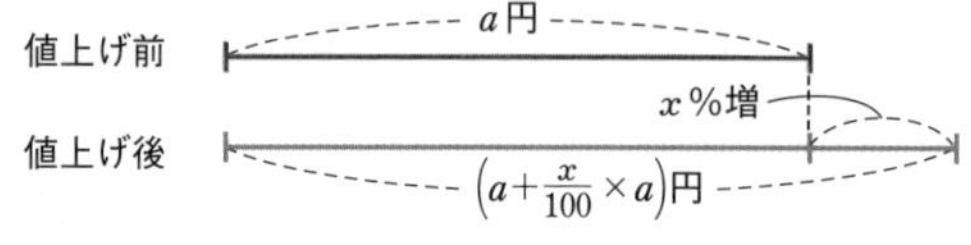

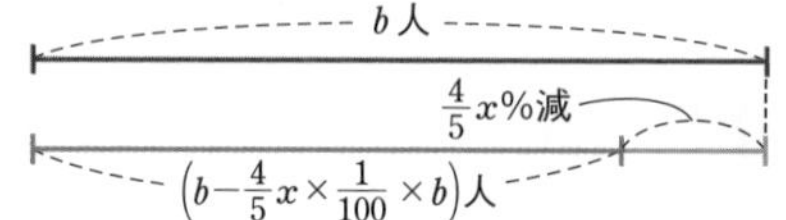

解答

値上げ前の入場料を a 円，そのときの入場者数を b 人とする。
ただし，$a>0$，$b>0$ である。

◀もとにする量の入場料と入場者数はわからないから，文字で表して考える。

値上げ前の入場料の総額は　ab 円

値上げ後の入場料は　$a\times\left(1+\frac{x}{100}\right)$ 円

値上げ後の入場者数は　$b\times\left(1-\frac{4}{5}x\times\frac{1}{100}\right)$ 人

◀$a\times(1+x)$ とするのは大間違い。
x % のように百分率であるから，100 でわった式で表す。

値上げ前と値上げ後で収支の増減がないとすると

$$ab=\left(1+\frac{x}{100}\right)a\times\left(1-\frac{4}{5}x\times\frac{1}{100}\right)b$$

両辺を ab でわり，整理すると　$1=\left(1+\frac{x}{100}\right)\times\left(1-\frac{4}{5}x\times\frac{1}{100}\right)$

◀$a\neq0$，$b\neq0$ であるから，両辺を ab でわることができる。

$$1=\frac{100+x}{100}\times\frac{125-x}{125}\qquad 12500=12500+25x-x^2$$

$$x(x-25)=0\qquad x=0,\ 25$$

$x>0$ であるから　$x=25$　　答　**25 %**

解答➡別冊 p. 94

問題 5 ある品物は定価を x % 値下げすると，売り上げ個数が $2x$ % 増加するという。売り上げ金額を 10.5 % 増加させるためには，定価を何％値下げすればよいか求めなさい。ただし，$0<x<30$ とする。

発展例題 6　2次方程式の利用（濃度）

≫例題 46, 49

レベル ■■■□

ある容器に 20 % の食塩水が 100 g 入っている。この容器から x g の食塩水を取り出し，そのかわりに x g の水を加えた。その後，さらに $2x$ g の食塩水を取り出し，そのかわりに $2x$ g の水を加えたところ，14.4 % の食塩水ができた。x の値を求めなさい。

考え方

食塩水の問題　**食塩の重さに注目**

$$\text{食塩の重さ}=\text{食塩水の重さ}\times\frac{\text{濃度}(\%)}{100}$$

食塩の重さ (g) に着目して，方程式をつくる。1 回目，2 回目の操作後の重さは

1 回目 …… (はじめの食塩)$\times\dfrac{100-x}{100}$ (g),

2 回目 …… (1 回目後の食塩)$\times\dfrac{100-2x}{100}$ (g)

解答

20 % の食塩水 100 g にふくまれる食塩の重さは

$$100\times\frac{20}{100}=20\ (\text{g})$$

1 回目の操作後に，容器に入っている食塩の重さは

$$20\times\frac{100-x}{100}\ (\text{g})$$

2 回目の操作後に，容器に入っている食塩の重さは

$$20\times\frac{100-x}{100}\times\frac{100-2x}{100}\ (\text{g})$$

よって，14.4 % の食塩水に入っている食塩の重さについて

$$20\times\frac{100-x}{100}\times\frac{100-2x}{100}=100\times\frac{14.4}{100}$$

$$(100-x)(100-2x)=5\times100\times14.4$$

$10000-300x+2x^2=7200$　　$x^2-150x+1400=0$

$(x-10)(x-140)=0$　　　　$x=10,\ 140$

$0<x<50$ であるから　　$x=10$

これは，問題に適している。　答　$\boldsymbol{x=10}$

●濃度

食塩水の濃度とは，**食塩水の中に食塩がとけている割合**$\left(\dfrac{\text{食塩の重さ}}{\text{食塩水の重さ}}\right)$のこと。

これを百分率で表すと

濃度 (%)

$$=\frac{\textbf{食塩の重さ}}{\textbf{食塩水の重さ}}\times100$$

(例)　a % の食塩水が x g あるとき，食塩の重さは

$$\left(x\times\frac{a}{100}\right)\text{g}$$

◀ x g の水を加えた後，容器に入っている食塩水の重さは

$100-x+x=100$ (g)

$2x$ g の水を加えた後，容器に入っている食塩水の重さは

$100-2x+2x=100$ (g)

100 g の食塩水から 1 回目に x g，2 回目に $2x$ g 取り出すから，$0<2x<100$ より　$0<x<50$

解答➡別冊 p. 94

問題 6　10 % の食塩水が 50 g ある。ここから x g を取り出し，かわりに水 x g を入れよくかき混ぜて，新しい食塩水をつくった。さらに，この新しい食塩水から $2x$ g を取り出し，かわりに水 $3x$ g を入れてよくかき混ぜると 4 % の食塩水になった。x の値を求めなさい。

発展例題 7　2 次方程式の利用（点の移動と面積）

>>例題 47, 62　レベル

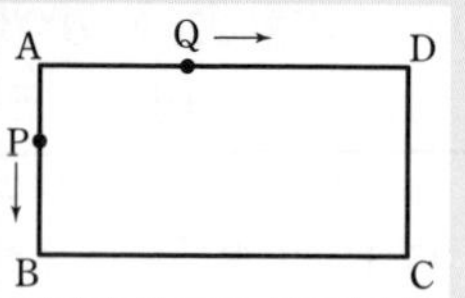

右の図のように，AB=4 cm，AD=8 cm の長方形 ABCD がある。
2 点 P，Q は点 A を同時に出発する。
点 P は辺 AB，BC，CD 上を秒速 1 cm で点 D まで動き，停止する。
点 Q は辺 AD 上を秒速 2 cm で点 D まで動き，停止する。
このとき，△APQ の面積が長方形 ABCD の面積の $\frac{1}{4}$ になるのは，
2 点 P，Q が点 A を出発してから何秒後と何秒後か求めなさい。〔改 茨城県〕

考え方　2 点 P，Q が出発してから x 秒後の位置により，△APQ の底辺や高さとなる線分が変わるから，条件より，まず **x の変域** を考える。

p. 104 例題 62 の考え方も参照。

解答

長方形 ABCD の面積の $\frac{1}{4}$ は　$(4\times8)\times\frac{1}{4}=8$ (cm^2)

P，Q が出発してから x 秒後に △APQ=8 cm^2 になるとする。

◀ x 秒間に，点 P は $1\times x=x$ cm 移動し，点 Q は $2\times x=2x$ cm 移動する。

[1]　点 P が辺 AB 上にあるとき　$0\leqq x\leqq4$

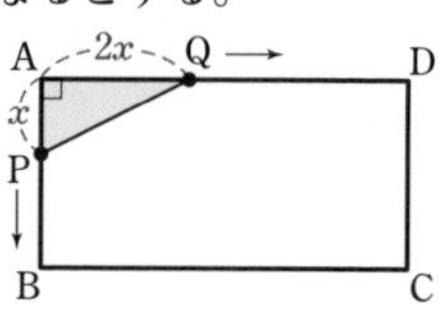

$\triangle APQ=\frac{1}{2}\times AP\times AQ=\frac{1}{2}\times x\times2x=x^2$

よって　$x^2=8$　$x=\pm2\sqrt{2}$

$0\leqq x\leqq4$ に適しているのは　$x=2\sqrt{2}$

[2]　点 P が辺 BC 上にあるとき　$4\leqq x\leqq12$

点 Q は点 D まで動き，停止している。

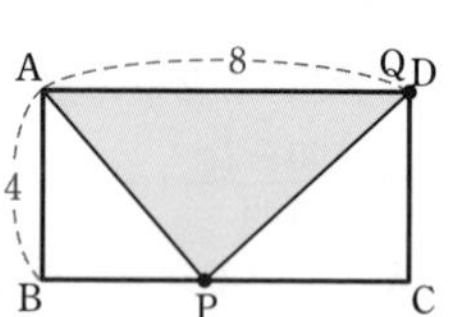

$\triangle APQ=\frac{1}{2}\times AD\times AB=\frac{1}{2}\times8\times4$

$=16$

このとき △APQ=8 となることはない。

◀ △APQ の底辺は辺 AD，高さは辺 AB

[3]　点 P が辺 CD 上にあるとき　$12\leqq x\leqq16$

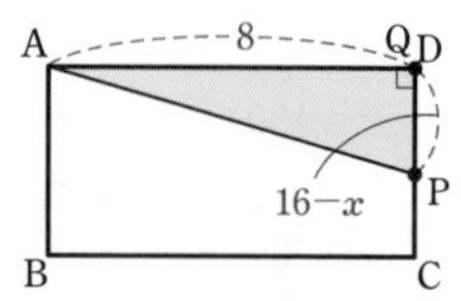

$\triangle APQ=\frac{1}{2}\times AD\times PD=\frac{1}{2}\times8\times(16-x)$

$=64-4x$

よって　$64-4x=8$　$x=14$

$x=14$ は $12\leqq x\leqq16$ に適している。

◀ PD=$4-x$ とするのは誤り。P は A を出発して 12 秒後に C に到達するから，正確には PD=$4-(x-12)$ と考える。

[1]〜[3] から，△APQ=8 cm^2 となるのは　**$2\sqrt{2}$ 秒後と 14 秒後**　答

解答➡別冊 p. 94

問題 7　上の発展例題で，点 P が秒速 2 cm，点 Q が秒速 1 cm で動くとするとき，△APQ の面積が長方形 ABCD の面積の $\frac{1}{4}$ になるのは，2 点 P，Q が点 A を出発してから何秒後と何秒後ですか。

発展例題 8 放物線と図形

>>例題 63 レベル

右の図のように，関数 $y=2x^2$ のグラフ上に，2点A，Bがあり，点A，Bの x 座標はそれぞれ -1，3である。
関数 $y=2x^2$ のグラフ上に3点O，A，Bと異なる点Pをとり，点Pを通り直線ABに平行な直線と x 軸との交点をQとする。このとき，四角形ABPQが平行四辺形となるような点Pの座標をすべて求めなさい。

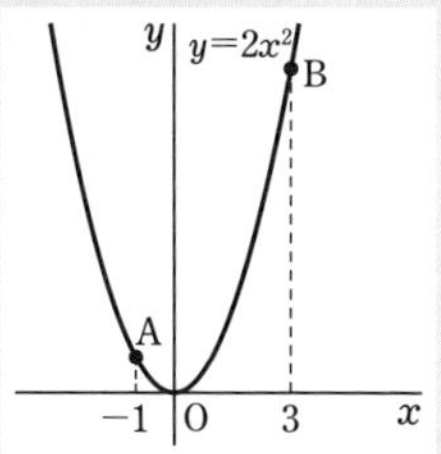

平行四辺形になるための条件

1組の対辺が平行でその長さが等しい

四角形ABPQが平行四辺形になるとき　AQ∥BP，AQ=BP
このとき，2点A，Qの y 座標の差と2点B，Pの y 座標の差は等しい。

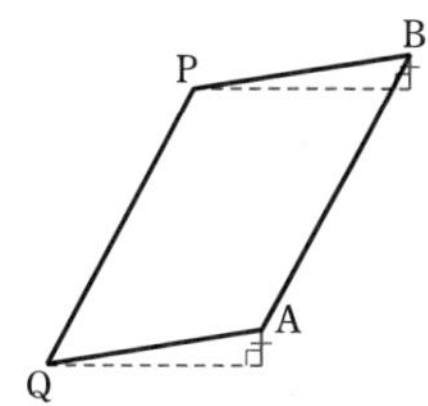

解答

点Aと点Bは関数 $y=2x^2$ のグラフ上にあるから，$y=2x^2$ に
$x=-1$ を代入すると　$y=2\times(-1)^2=2$
$x=3$　を代入すると　$y=2\times3^2=18$
よって，点Aの座標は　$(-1,\ 2)$，点Bの座標は　$(3,\ 18)$
四角形ABPQが平行四辺形になるとき
AQ∥BP，AQ=BP
2点A，Qの y 座標の差は2であるから，
点Pの y 座標は　$18-2=16$
点Pは関数 $y=2x^2$ のグラフ上にあるから，$y=16$ を代入すると　$16=2x^2$
$x^2=8$
$x=\pm2\sqrt{2}$
したがって，点Pの座標は
$(2\sqrt{2},\ 16)$，$(-2\sqrt{2},\ 16)$ 答　←図は $P(-2\sqrt{2},\ 16)$ の場合

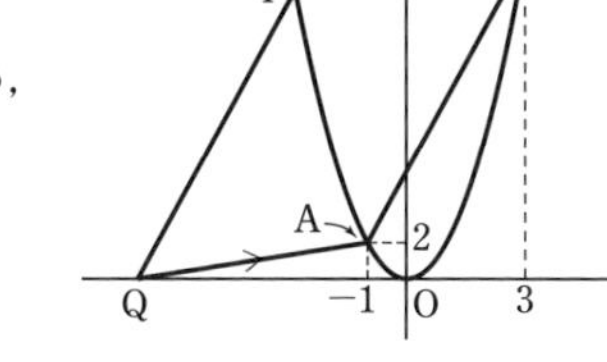

◀点Qの x 座標はわからないが，y 座標は0であるから，y 座標の差について考える。

◀点Pの座標を $(x,\ 2x^2)$ として，AB=QP，AB∥QPと，2点A，Bの y 座標の差は16であるから，$16=2x^2$ としてもよい。

解答➡別冊 p. 95

問題 8 右の図のように，直線 $\ell:y=4x$ と2つの放物線 $y=4x^2$，$y=x^2$ との原点以外の交点をそれぞれA，Bとする。また，直線 ℓ に平行な直線と放物線 $y=4x^2$ との交点をそれぞれD，Cとする。四角形ABCDが平行四辺形となるとき，点A，B，C，Dの座標を求めなさい。

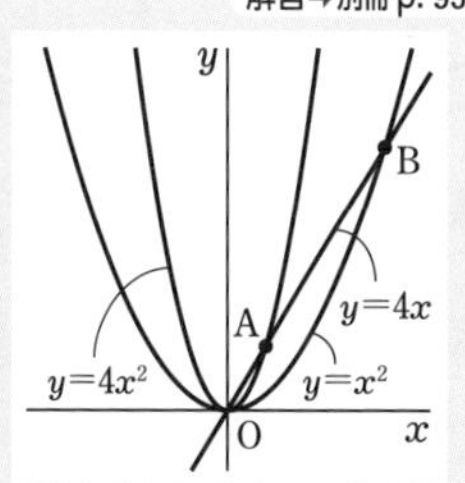

発展例題 9 放物線と等積の三角形

>>例題 64　レベル

右の図のように，関数 $y=x^2$ のグラフ上に 3 点 A，B，C があり，その x 座標はそれぞれ -2，-1，3 である。また，y 軸上に点 P をとる。このとき，$\triangle APC=\triangle ABC$ となる点 P の y 座標を求めなさい。

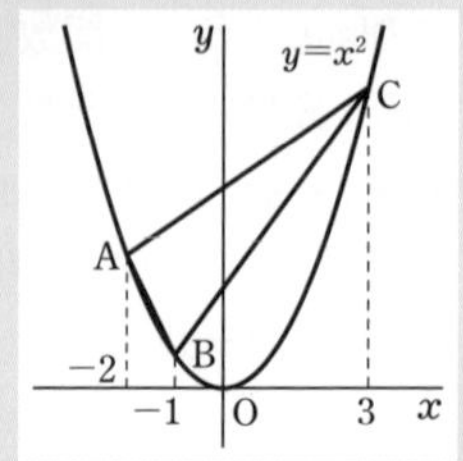

考え方

面積が等しい三角形　**底辺を共有 ⟶ 高さが等しい**

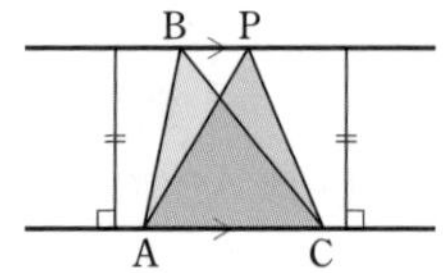

$\triangle APC$ と $\triangle ABC$ は底辺を共有し，面積が等しいときは高さも等しい。よって，点 P は点 B を通り直線 AC に平行な直線上にある。ただし，この問題では，点 P が直線 AC の下側だけでなく，上側にもあることに注意。

解答

3 点 A，B，C は関数 $y=x^2$ のグラフ上にあるから，$y=x^2$ に $x=-2$，-1，3 をそれぞれ代入すると

$$y=(-2)^2=4,\quad y=(-1)^2=1,\quad y=3^2=9$$

したがって，点 A の座標は $(-2,\ 4)$，点 B の座標は $(-1,\ 1)$，点 C の座標は $(3,\ 9)$ である。

点 B を通り直線 AC に平行な直線を ℓ とすると，点 P が直線 ℓ 上にあるとき，$\triangle APC=\triangle ABC$ となる。

直線 AC の式を $y=ax+b$ とすると　$\begin{cases}4=-2a+b\\9=3a+b\end{cases}$

この連立方程式を解くと　$a=1$ …… ①，$b=6$ …… ②

◀AC : $y=x+6$

① より，直線 ℓ の式は $y=x+n$ と表され，この直線 ℓ が点 B を通るから　$1=-1+n$　よって　$n=2$

◀平行な 2 直線の傾きは等しい。

② より，直線 AC の切片は 6 であるから，点 $(0,\ 6)$ について，点 P と対称な点を P′ とすると，点 P′ の y 座標は　$6+(6-2)=10$

◀点 P が直線 AC の上側にあるときについて考える。

以上から，条件を満たす y 軸上の点 P の y 座標は　**2，10**　答

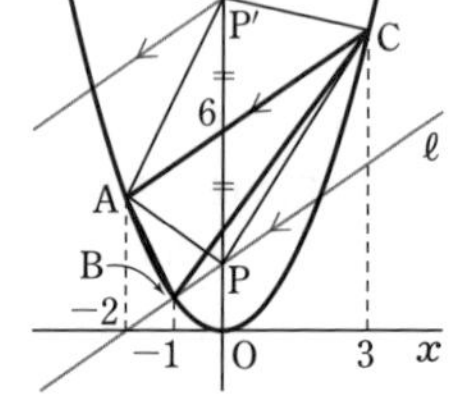

解答➡別冊 p. 95

問題 9　関数 $y=\frac{1}{4}x^2$ のグラフ上に 2 点 A，B があり，その x 座標はそれぞれ -4，6 である。また，x 軸上に点 P をとる。このとき，$\triangle POB=\triangle AOB$ となる点 P の x 座標を求めなさい。

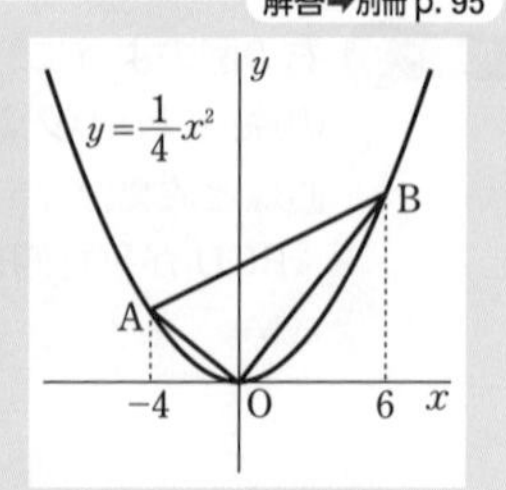

発展例題 10 放物線と面積の 2 等分

>>例題 64 レベル

右の図のように，関数 $y=-\frac{1}{2}x^2$ のグラフと直線が 2 点 A，B で交わり，2 点 A，B の x 座標はそれぞれ -2，4 である。原点を通る直線 ℓ が $\triangle$OAB の面積を 2 等分するとき，直線 ℓ の式を求めなさい。

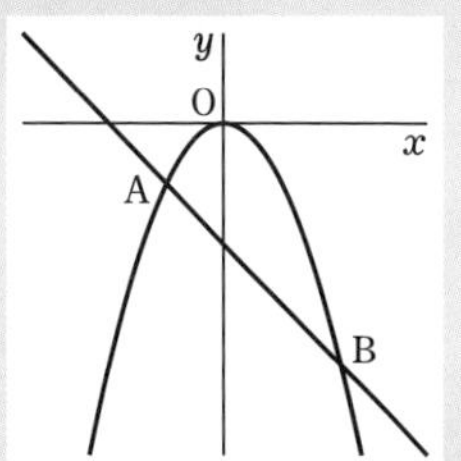

考え方

面積が等しい三角形

高さが等しい ⟶ 底辺の長さが等しい

直線 ℓ と線分 AB の交点を M とすると，$\triangle$OAM$=\triangle$OBM ならば，2 つの三角形の高さは等しいから，底辺の長さが等しく　AM$=$BM

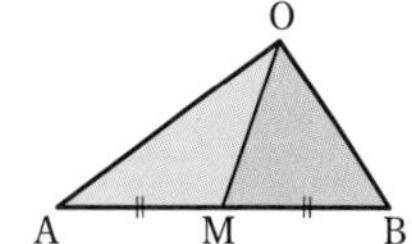

解答

2 点 A，B は関数 $y=-\frac{1}{2}x^2$ のグラフ上にあるから，$y=-\frac{1}{2}x^2$ に $x=-2$，4 をそれぞれ代入すると

$$y=-\frac{1}{2}\times(-2)^2=-2,\quad y=-\frac{1}{2}\times4^2=-8$$

よって，点 A の座標は　$(-2,\ -2)$，点 B の座標は　$(4,\ -8)$

直線 ℓ は原点を通るから，その式を $y=ax$ とする。

次に，直線 ℓ と直線 AB の交点を M とする。

$\triangle$OAM$=\triangle$OBM となるとき　AM$=$BM

したがって，M は線分 AB の 中点 であるから，その座標は

$$\left(\frac{-2+4}{2},\ \frac{-2-8}{2}\right)\quad すなわち\quad (1,\ -5)$$

点 M の座標を $y=ax$ に代入して　$-5=a\times1$　$a=-5$

よって，求める直線 ℓ の式は　$\boldsymbol{y=-5x}$　答

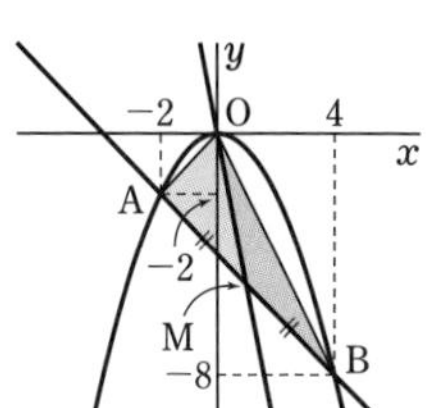

◀ 2 点 $(x_1,\ y_1)$，$(x_2,\ y_2)$ を結ぶ線分の中点の座標は $\left(\frac{x_1+x_2}{2},\ \frac{y_1+y_2}{2}\right)$

入試対策編　発展例題

解答➡別冊 p. 95

問題 10 右の図のように，関数 $y=\frac{1}{2}x^2$ のグラフ上に 2 点 A，B があり，2 点 A，B の x 座標はそれぞれ -4，8 である。原点を通る直線 ℓ が $\triangle$OAB の面積を 2 等分するとき，直線 ℓ の式を求めなさい。

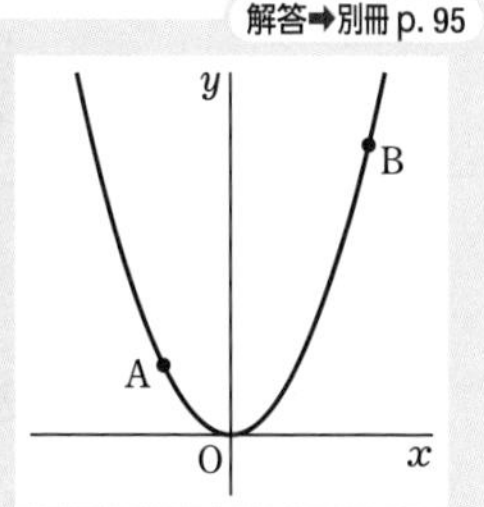

発展例題 11 図形の移動

>>例題 61, 62 レベル 

次の図 1 のように，BC=9 cm，CD=4 cm，DA=5 cm，∠C=∠D=90° の四角形 ABCD の 2 点 B，C と，PQ=3 cm，SP=7 cm の長方形 PQRS の 2 点 Q，R は直線 ℓ 上にあり，点Bと点Rは重なっている。
図 2 のように，四角形 ABCD を固定し，長方形 PQRS を矢印の方向に秒速 1 cm で，点Rが点C と重なるまで平行移動させる。図 1 の位置にある長方形 PQRS が動き始めてから x 秒後の，長方形 PQRS が四角形 ABCD と重なる部分の面積を y cm² とする。

図 1
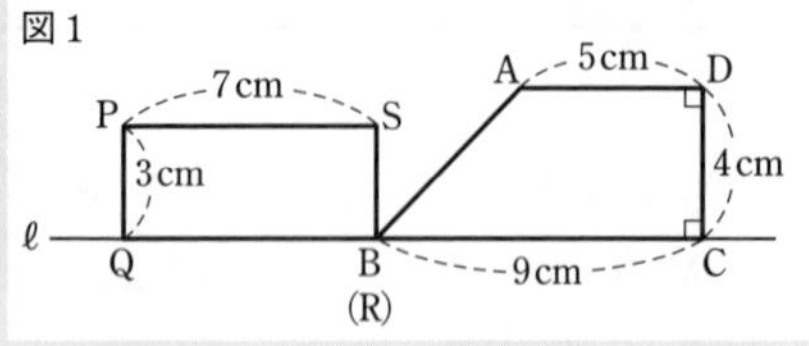

図 2
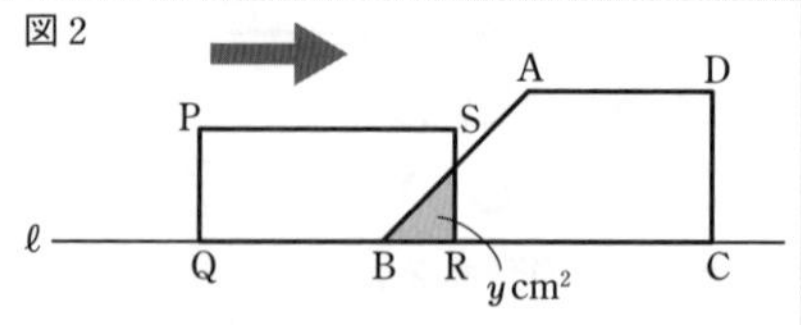

(1) $x=1$ のとき，y の値を求めなさい。
(2) $0 \leqq x \leqq 7$ のとき，y を x の式で表し，そのグラフをかきなさい。
(3) $7 \leqq x \leqq 9$ のとき，y を x の式で表しなさい。
(4) $0 \leqq x \leqq 7$ において，長方形 PQRS が四角形 ABCD と重なる部分の面積と，四角形 ABCD の面積の比が 1：4 のとき，x の値を求めなさい。〔改 三重県〕

x の変域により，重なる部分の図形が変わる。

四角形 ABCD の斜めの辺 AB が，長方形 PQRS の辺と，どこで交わるかがポイントになる。PQ=SR=3 cm，PS=7 cm であるから
$0 \leqq x \leqq 3$ のとき，辺 AB と長方形は，辺 SR で交わる。
$3 \leqq x \leqq 7$ のとき，辺 AB と長方形は，辺 PS で交わる。
$7 \leqq x \leqq 9$ のとき，辺 AB と長方形は，辺 PS と辺 PQ で交わる。

◀$0 \leqq x \leqq 9$ では，$x=3$，$x=7$ が図形が変わる境目であるといえる。

解答

(1) $x=1$ のとき，重なる部分は，等しい辺の長さが BR=1 cm の直角二等辺三角形であるから

$$y=\frac{1}{2}\times1\times1=\frac{1}{2}$$ 答

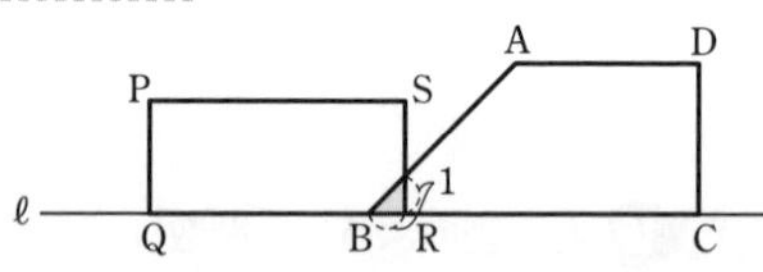

(2) $x=3$ のとき，点Sは辺 AB 上にあり，$x=7$ のとき，点Qは点Bと重なる。
[1] $0 \leqq x \leqq 3$ のとき，重なる部分は，等しい辺の長さが x cm の直角二等辺三角形である。
よって　$y=\frac{1}{2}\times x\times x$　すなわち　$y=\frac{1}{2}x^2$

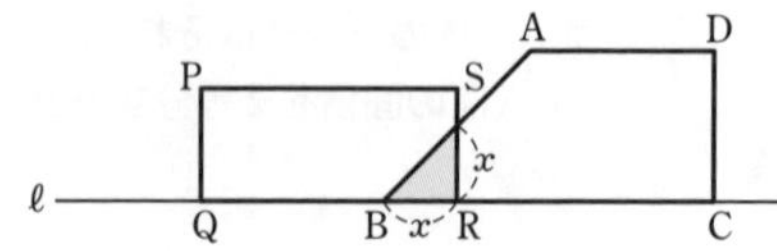

[2]　3≦x≦7 のとき，辺 PS と辺 AB の交点を E とすると，重なる部分は台形 BRSE である。

BR=x cm，ES=$(x-3)$ cm であるから

$$y=\frac{1}{2}\times\{x+(x-3)\}\times 3$$

よって　　$y=3x-\frac{9}{2}$

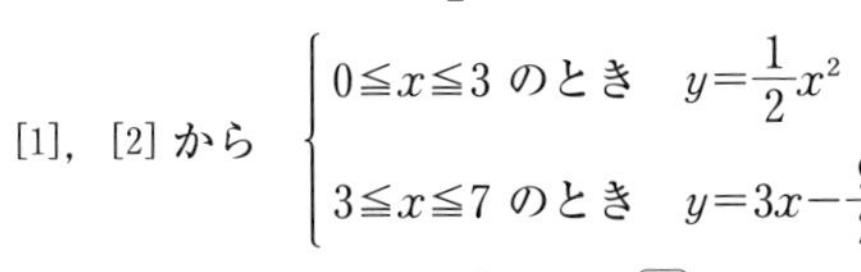

[1]，[2] から $\begin{cases} 0 \leqq x \leqq 3 \text{ のとき} & y=\frac{1}{2}x^2 \\ 3 \leqq x \leqq 7 \text{ のとき} & y=3x-\frac{9}{2} \end{cases}$

したがって，グラフは **右の図** 答

◀0≦x≦3 では放物線，3≦x≦7 では直線。

(3)　7≦x≦9 のとき，辺 AB と辺 PQ の交点を F とすると，重なる部分は，長方形 PQRS から △PEF を取り除いた図形となる。

△PEF は，PE=PF=$3-(x-7)=10-x$ (cm) の直角二等辺三角形であるから

$$\boldsymbol{y}=7\times 3-\frac{1}{2}\times(10-x)^2=\boldsymbol{-\frac{1}{2}x^2+10x-29}$$ 答

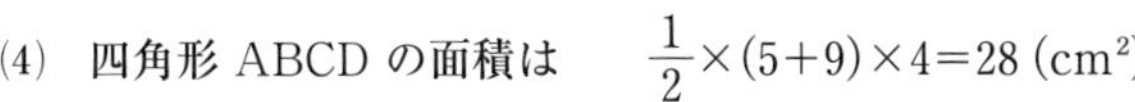

(4)　四角形 ABCD の面積は　　$\frac{1}{2}\times(5+9)\times 4=28$ (cm²)

したがって，重なる部分の面積は　　$28\times\frac{1}{4}=7$ (cm²)

(2) のグラフから，$y=7$ となるのは，3≦x≦7 のときである。

$y=7$ を $y=3x-\frac{9}{2}$ に代入すると　　$7=3x-\frac{9}{2}$

よって　　$x=\frac{23}{6}$　　　これは問題に適する。 答 $\boldsymbol{x=\frac{23}{6}}$

解答➡別冊 p. 96

問題 11　1 辺の長さが 3 cm の正方形 ABCD と，PQ=2 cm，PS=1 cm，QR=3 cm，∠Q=90° であるような台形 PQRS がある。右の図のように，正方形と台形を，点 R と点 B を重ねて直線 ℓ 上に置く。この状態から，直線 ℓ 上を右に毎秒 1 cm の速さで台形 PQRS を移動させ，x 秒後の台形 PQRS と正方形 ABCD の重なる部分の面積を y cm² とする。

(1)　0≦x≦3 のとき，y を x の式で表し，そのグラフをかきなさい。

(2)　3≦x≦5 のとき，y を x の式で表しなさい。

(3)　0≦x≦5 において，$y=\frac{7}{2}$ となるときの x の値を求めなさい。　〔改 学習院高等科〕

発展例題 12 相似な二等辺三角形

>>例題 70 レベル 

右の図のような AB=AC の △ABC がある。辺 BC の延長上に AC=CD となる点Dをとると，AD=BD である。

(1) ∠ADC の大きさを求めなさい。

(2) AD=2 cm のとき，辺 AB の長さを求めなさい。　〔新潟県〕

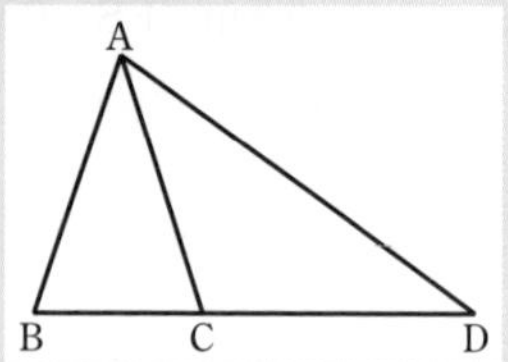

考え方

(1) 角の大きさはわからないが，二等辺三角形が 3 つあることに注目し，二等辺三角形の **2 つの底角は等しい** ことと，三角形の内角と外角の性質を利用する。

(2) **相似な三角形** を見つけて，線分の比の等式にもちこむ。

◀AB=AC の △ABC，AC=CD の △ACD，AD=BD の △ABD の 3 つある。

解答

(1) $\angle ADC=\angle x$ とする。

AC=CD であるから　$\angle CAD=\angle ADC=\angle x$

△ACD について，内角と外角の性質により

$$\angle ACB=\angle CAD+\angle CDA=2\angle x$$

AB=AC であるから　$\angle ABC=\angle ACB=2\angle x$

AD=BD であるから　$\angle DAB=\angle DBA=2\angle x$

△ABD において　$2\angle x+2\angle x+\angle x=180°$

$5\angle x=180°$　$\angle x=36°$　　答　**36°**

(2) AB=y cm とする。

△ABC と △DAB において

$$\angle ABC=\angle DAB=72°,\ \angle ACB=\angle DBA=72°$$

2 組の角 がそれぞれ等しいから　△ABC∽△DAB

よって　AB : DA=BC : AB

$y:2=(2-y):y$　　$y^2=2(2-y)$

整理して　$y^2+2y-4=0$　　$y=-1\pm\sqrt{5}$

$y>0$ であるから　$y=\sqrt{5}-1$　　答　**$(\sqrt{5}-1)$ cm**

(1) 下の図のように，$\angle x=\bigcirc$ として，印をつけていくとわかりやすい。

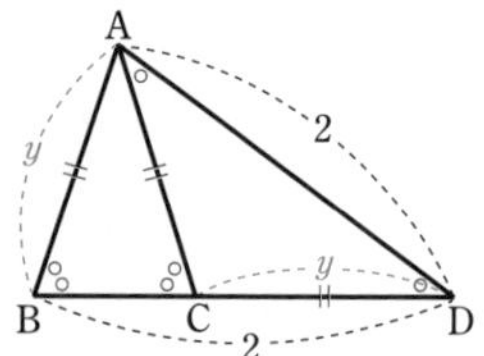

(2) $y^2+2\times1\times y-4=0$

$$y=\frac{-1\pm\sqrt{1^2-1\times(-4)}}{1}$$

$$=-1\pm\sqrt{5}$$

解答➡別冊 p. 96

問題 12 右の図のように，正五角形 ABCDE の対角線 AC と BE の交点を P とする。

(1) △ABE∽△PBA であることを証明しなさい。

(2) AB=2 cm のとき，線分 BE の長さを求めなさい。

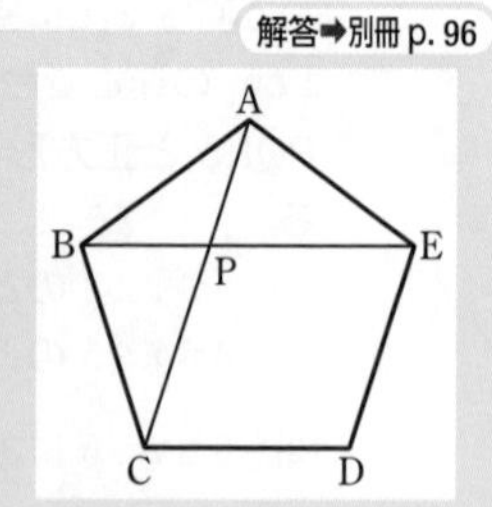

発展例題 13 補助線の利用

>>例題 78, 84

レベル 

平行四辺形 ABCD の辺 CD，DA の中点をそれぞれ M，N とし，線分 AM と BN の交点をPとする。このとき，AP：PM と BP：PN を求めなさい。

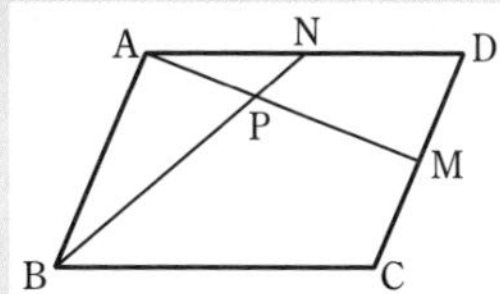

補助線の利用　線分を延長して三角形をつくる

平行四辺形 ABCD の **対辺は平行で等しい**。求めるものは，線分の比 AP：PM と BP：PN である。しかし，このままでは平行線と線分の比につながらない。そこで，AM の延長と辺 BC の延長との交点をQとし，△QMC をつくると，△AMD≡△QMC であることがわかる。
AD∥BQ より，**平行線と線分の比の性質** から，AP：PM と BP：PN が見えてくる。

解答

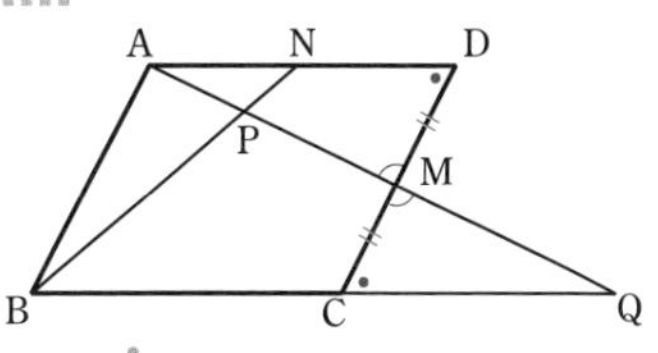

線分 AM と辺 BC の延長との交点をQとする。
△AMD と △QMC において

DM＝CM　（仮定）
AD∥BQ から　∠ADM＝∠QCM　（錯角）
∠AMD＝∠QMC　（対頂角）

1組の辺とその両端の角 がそれぞれ等しいから　△AMD≡△QMC
したがって　AD＝QC ……①，　AM＝QM ……②
① から　BQ＝BC＋CQ＝AD＋AD＝2AD
AD∥BQ より　AP：PQ＝AN：BQ＝$\frac{1}{2}$AD：2AD＝1：4
すなわち　AP：AQ＝1：5
② から　PM＝AM−AP＝$\frac{1}{2}$AQ−AP＝$\frac{1}{2}$×5AP−AP＝$\frac{3}{2}$AP
よって　AP：PM＝AP：$\frac{3}{2}$AP＝2：3
また　BP：PN＝BQ：AN＝4：1

答　**AP：PM＝2：3，BP：PN＝4：1**

参考　下の図のように，線分 BN と辺 CD の延長との交点をRとして考えてもよい。

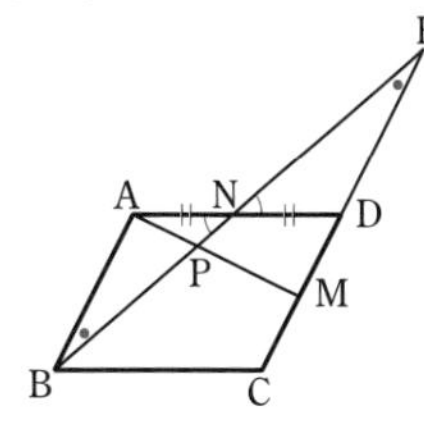

解答➡別冊 p. 97

問題 13 右の図の平行四辺形 ABCD において，AF＝FD，AE：EB＝2：1 であるとする。CG＝4 cm のとき，線分 AG の長さを求めなさい。

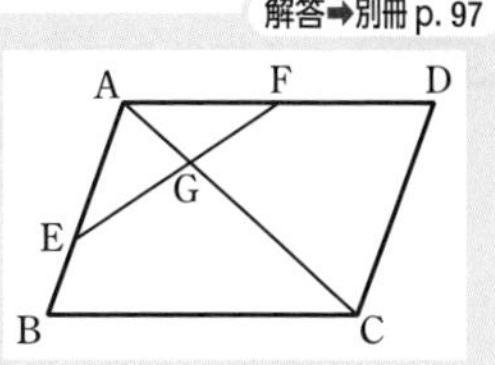

発展例題 14 図形の折り返しと線分の長さ

>>例題 70, 71 レベル 

右の図は，正三角形 ABC を頂点Aが辺 BC 上の点Dに重なるように，線分 EF を折り目として折ったときのものである。

(1) △BDE∽△CFD であることを証明しなさい。

(2) BE＝5 cm，BD＝8 cm，DE＝7 cm のとき，もとの正三角形における線分 AF の長さを求めなさい。

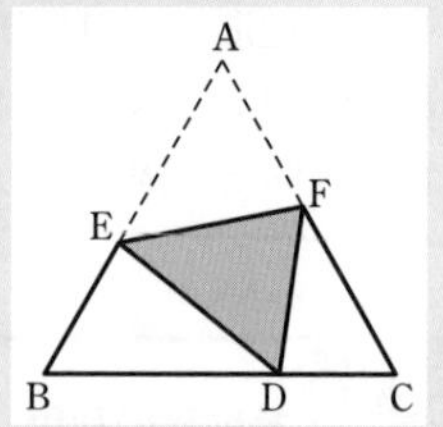

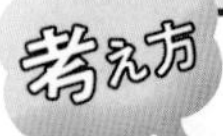

折り返した図形は，もとの図形と合同

△DEF は，△AEF を，線分 EF を折り目として **折り返した図形** であるから，この 2 つの三角形は **合同** である。

◀対応する線分の長さや角の大きさは等しい。

解答

(1) △BDE と △CFD において

△ABC は正三角形であるから

$\angle EBD = \angle DCF = 60°$ ……①

△AEF≡△DEF であるから

$\angle EDF = \angle A = 60°$

△BDE の内角と外角の性質から

$60° + \angle BED = \angle EDC = 60° + \angle CDF$

よって　$\angle BED = \angle CDF$ ……②

①，② より，2 組の角 がそれぞれ等しいから　△BDE∽△CFD

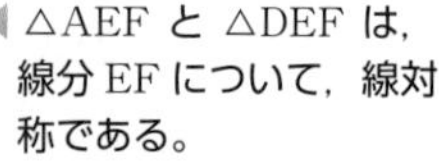

◀ △AEF と △DEF は，線分 EF について，線対称である。

◀ $\angle EDC = \angle EDF + \angle CDF$，$\angle EDF = 60°$

(2) △AEF≡△DEF より，DE＝AE＝7 であるから

$AB = AE + EB = 7 + 5 = 12$

また　$CD = BC - BD = 12 - 8 = 4$　← AB＝BC＝CA＝12

AF＝DF＝x cm とすると　$CF = 12 - x$

△BDE∽△CFD から　BD：CF＝BE：CD

$8 : (12 - x) = 5 : 4$

$5(12 - x) = 8 \times 4$

よって，$60 - 5x = 32$ から　$x = \frac{28}{5}$　　**AF＝$\frac{28}{5}$ (cm)** 答

(2) **(1) は (2) のヒント**
まず，正三角形 ABC の 1 辺の長さを求める。

◀相似な図形では，対応する辺の長さの比は等しい。

問題 14 右の図は，長方形 ABCD を，頂点Bが対角線 BD 上にくるように折り返し，BD と重なった点をE，折り目の辺 BC 上の点をFとしたものである。
AB＝3 cm，AD＝6 cm のとき，△ABF の面積を求めなさい。

〔名古屋〕

発展例題 15 相似な図形の面積比の利用

>>例題 73 レベル 

右の図の $\triangle$ABC において，点Dは，辺 BC を 1：2 に分ける点で，点E は点Dを通り，辺 AB に平行な直線と辺 AC との交点である。
また，辺 AB の中点をFとし，点Fを通り，辺 BC に平行な直線と線分 DE との交点をHとし，辺 AC との交点をGとする。このとき，四角形 HDCG の面積は，$\triangle$ABC の面積の何倍か求めなさい。

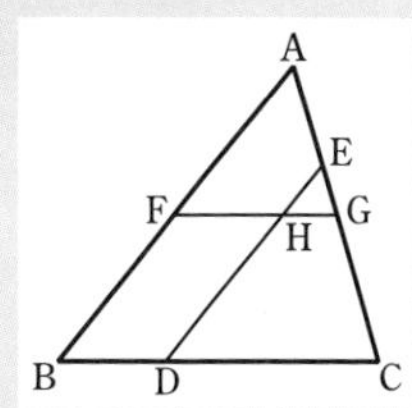

考え方

CHART 相似な図形 **面積比は 2 乗の比**

四角形 HDCG は，$\triangle$EDC から $\triangle$EHG を取り除いたものである。
ED // AB より $\triangle$CED∽$\triangle$CAB，HG // DC より $\triangle$EHG∽$\triangle$EDC であるから，それぞれ相似比を求め，面積比を求める。

◀三角形と線分の比の定理（$p.$ 130）から。

解答

ED // AB から　　$\triangle$CED∽$\triangle$CAB
相似比は，BD：DC＝1：2 から
　CD：CB＝2：(2＋1)＝2：3　(＝CE：CA)
よって，面積比は　　$2^2:3^2=4:9$

◀∠DCE＝∠BCA（共通）
CE：CA＝CD：CB

$\triangle$ABC の面積を S とすると　　$\triangle\mathrm{CED}=\dfrac{4}{9}S$
また，HG // DC から　$\triangle$EHG∽$\triangle$EDC
ここで，CE：EA＝2：1 であり，<u>FG // BC と AF＝FB より AG＝GC</u> であるから，相似比は

$$\mathrm{EG}:\mathrm{EC}=(\mathrm{AG}-\mathrm{AE}):\mathrm{EC}$$
$$=\left(\frac{1}{2}\mathrm{AC}-\frac{1}{3}\mathrm{AC}\right):\frac{2}{3}\mathrm{AC}=\frac{1}{6}:\frac{2}{3}=1:4$$

◀下線部分は，中点連結定理の逆（$p.$ 131）。

したがって，面積比は　　$1^2:4^2=1:16$
よって，四角形 HDCG の面積は

$$\frac{16-1}{16}\triangle\mathrm{EDC}=\frac{15}{16}\times\frac{4}{9}S=\frac{5}{12}S$$

したがって，四角形 HDCG の面積は，$\triangle$ABC の面積の $\dfrac{5}{12}$ **倍**　答

解答➡別冊 p. 97

問題 15 右の図の平行四辺形 ABCD において，DE：EC＝2：1 である。
また，線分 AE と線分 BD の交点をFとする。
(1) 線分 BF と線分 FD の長さの比を，もっとも簡単な整数の比で表しなさい。
(2) 対角線 AC と BD の交点をOとするとき，線分 OF と線分 DF の長さの比を，もっとも簡単な整数の比で表しなさい。
(3) 平行四辺形 ABCD の面積は，$\triangle$DFE の面積の何倍か求めなさい。

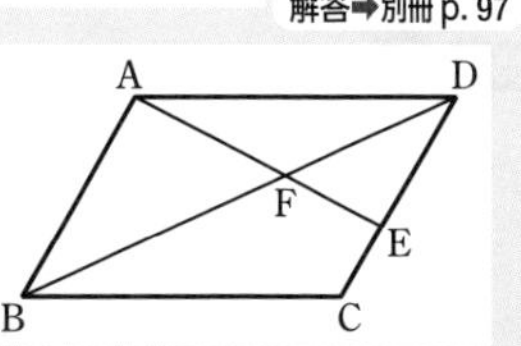

入試対策編 発展例題

発展例題 16 相似な立体の体積比の利用

>>例題 74, 75

レベル

右の図で，点 M，N はそれぞれ立方体 ABCD-EFGH の辺 AB，AD の中点である。4 点 M，N，H，F を通る平面でこの立方体を切って 2 つの立体に分けたとき，頂点 A をふくむ方の立体の体積は，もとの立方体の体積の何倍か求めなさい。

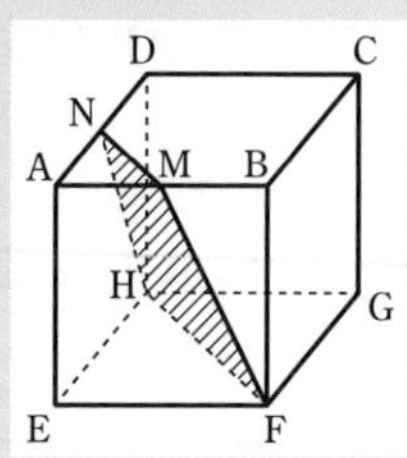

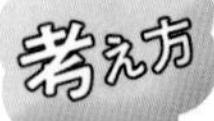

CHART　相似な立体　**体積比は 3 乗の比**

頂点 A をふくむ方の立体は，底面と上面が三角形の **角錐台** である。
辺 EA，FM，HN の延長の交点を O とすると，三角錐 O-EFH と 三角錐 O-AMN が現れ，この 2 つの三角錐は相似である。

解答

右の図のように，辺 EA，FM，HN の延長の交点を O とする。

三角錐 O-AMN と三角錐 O-EFH は相似で，

その相似比は　　AM：EF＝1：2

三角錐 O-AMN，O-EFH の体積をそれぞれ

V，V' とすると　　$V：V'=1^3：2^3=1：8$

したがって　　$V'=8V$

立方体 ABCD-EFGH の 1 辺の長さを $2a$ とすると　　(立体 AMN-EFH)＝$V'-V=8V-V=7V$

$$=7\times\left(\frac{1}{3}\times\frac{1}{2}a^2\times 2a\right)=\frac{7}{3}a^3$$

◀ $\triangle AMN=\frac{1}{2}\times AM\times AN=\frac{1}{2}\times a\times a$

よって　(立体 AMN-EFH)：(立方体 ABCD-EFGH)

$$=\frac{7}{3}a^3：8a^3=7：24$$

答　$\frac{7}{24}$ 倍

解答➡別冊 p. 98

問題 16 右の図のように，AB＝3 cm，AD＝6 cm，AE＝3 cm の直方体 ABCD-EFGH がある。
辺 BC，AD をそれぞれ 2：1 に分ける点を M，N とし，辺 FG，EH の中点をそれぞれ P，Q とする。線分 AC と線分 MN の交点を R，線分 EG と線分 PQ の交点を S とするとき

(1) 線分 MR の長さを求めなさい。

(2) 立体 MCR-PGS の体積を求めなさい。

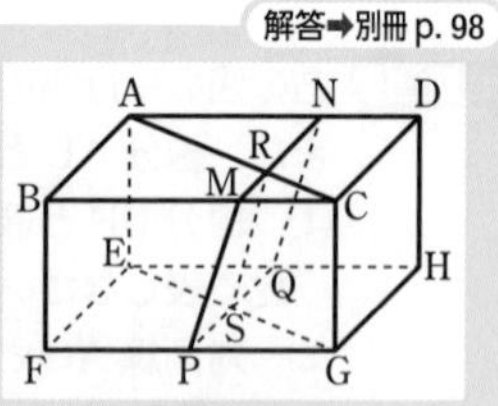

発展例題 17 放物線と直線，三角形の面積比

>>例題 64，73

レベル ■■■□

右の図のように，関数 $y=\frac{1}{4}x^2$ のグラフ上に，3点A，B，Cがある。

点A，Bの y 座標はともに16であり，直線AC，直線BCと x 軸との交点をそれぞれD，Eとする。

△ABCと△CDEの面積比が9：1であり，点Cの x 座標が正であるとき，直線BCの式を求めなさい。

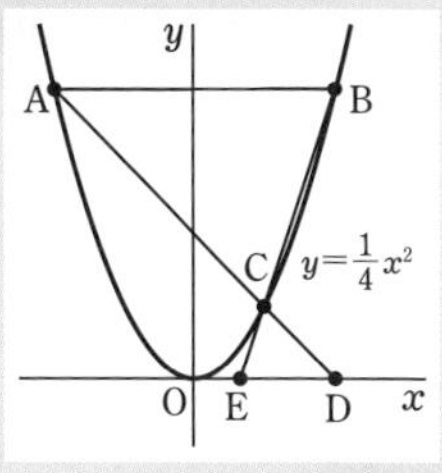

考え方 直線の式の決定　通る2点の座標を求める

点Bは y 座標がわかっているが，点Cについてはわからない。そこで，AB∥EDであるから，△ABC∽△DECであることに注目する。
2つの三角形の面積比がわかっているから，これより相似比を求め，点Cの y 座標について調べる。

◀三角形と線分の比の定理から，相似であることはすぐにわかる。

解答

点Bは関数 $y=\frac{1}{4}x^2$ のグラフ上にあるから，$16=\frac{1}{4}x^2$ より　　$x^2=64$

◀点Bの y 座標は16

よって　　$x=\pm 8$　　　　図から，点Bの座標は　(8，16)

◀$x=-8$ は，点Aの x 座標である。

また，AB∥EDから　　△ABC∽△DEC

△ABCと△CDEの面積比が9：1であるから，相似比は　3：1

点Cの y 座標を c とすると　　$(16-c):c=3:1$

$3c=16-c$　　　　　$c=4$

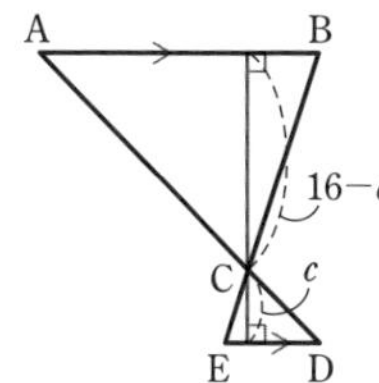

点Cは関数 $y=\frac{1}{4}x^2$ のグラフ上にあるから，$4=\frac{1}{4}x^2$ より　　$x^2=16$

よって　　$x=\pm 4$　　　　点Cの x 座標は正であるから　C(4，4)

直線BCの傾きは $\frac{16-4}{8-4}=3$ であるから，その式を $y=3x+b$ とおくと

$4=3\times 4+b$　　　　　$b=-8$

したがって，直線BCの式は　　**$y=3x-8$**　答

解答➡別冊 p. 99

問題 17 右の図のように，関数 $y=\frac{1}{4}x^2$ のグラフ上に，3点A，B，Cがあり，点Aと点Cの y 座標はともに9，点Bの x 座標は -2 である。

(1)　△ABCの面積を求めなさい。

(2)　△AOCの面積を2等分する x 軸に平行な直線の式を求めなさい。

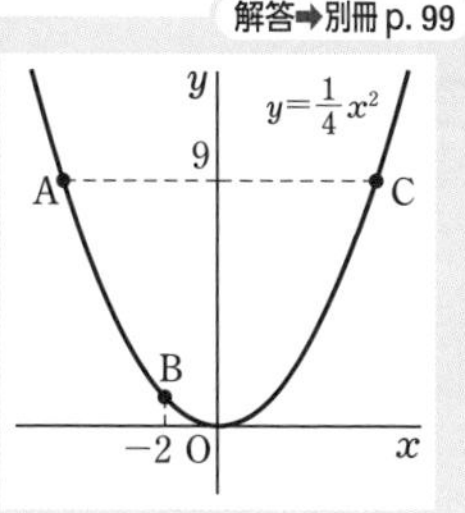

発展例題 18 同じ円周上にあることの利用

>>例題 93 レベル

右の図のような円に内接する四角形 ABCD がある。対角線 AC，BD 上にそれぞれ点 P，Q を PQ∥CD となるようにとる。また，2本の対角線の交点をEとする。
AQ∥BC であるとき，BP∥AD となることを証明しなさい。

〔改 久留米大学附設〕

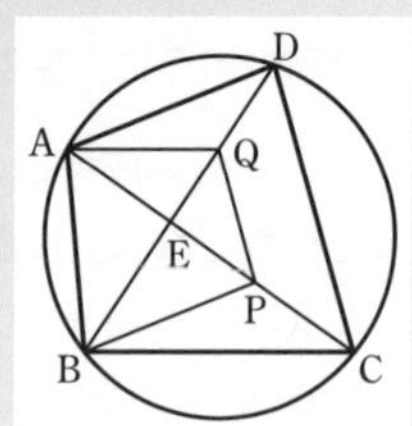
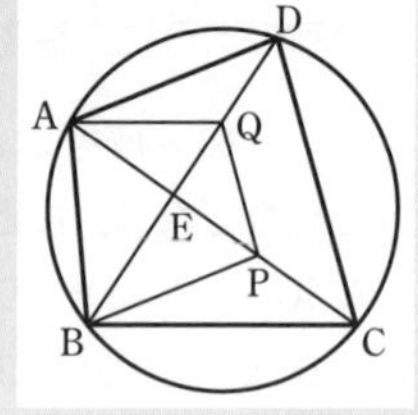

考え方 CHART 結論から考える

BP∥AD であることをいうには，同位角または錯角が等しいことを示せばよい。ただ，∠DAC＝∠APB を示そうとしても，問題の条件には∠APB のことがない。このようなときには，∠APB が円周角となるような **円が見つからないかどうか** を考える。

◀CHART 平行線には同位角・錯角

解答

$\overset{\frown}{BC}$ に対する円周角について

∠BDC＝∠BAP ……①

PQ∥CD から　∠BDC＝∠BQP ……②　◀平行線の同位角

①，② より　∠BAP＝∠BQP

2点 A，Q は直線 BP について同じ側にあり，∠BAP＝∠BQP であるから，4点 A，B，P，Q は1つの円周上にある。　◀円周角の定理の逆

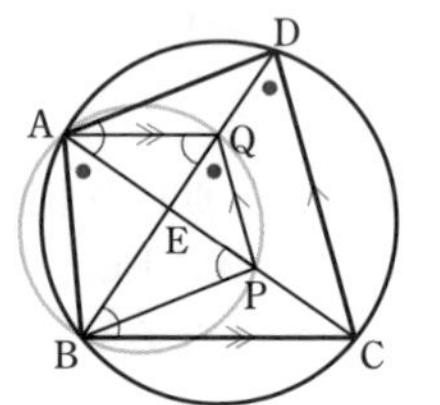

また，$\overset{\frown}{CD}$ に対する円周角について

∠DAC＝∠DBC ……③

$\overset{\frown}{AB}$ に対する円周角について　◀4点 A，B，P，Q を通る円において。

∠AQB＝∠APB ……④

AQ∥BC から　∠AQB＝∠DBC ……⑤　◀平行線の錯角

④，⑤ より　∠APB＝∠DBC ……⑥

③，⑥ より　∠DAC＝∠APB

したがって，錯角が等しいから　BP∥AD

解答➡別冊 p. 98

問題 18 右の図において，線分 AB は円Oの直径であり，2点C，D は円Oの周上の点である。また，直径 AB の長さは線分 BC の長さの2倍，弧 BD の長さは弧 BC の長さの 0.8 倍である。直線 AD と直線 BC の交点をE，直線 AC と直線 BD の交点をFとするとき，∠CFE の大きさを求めなさい。　〔改 日本女子大学付属〕

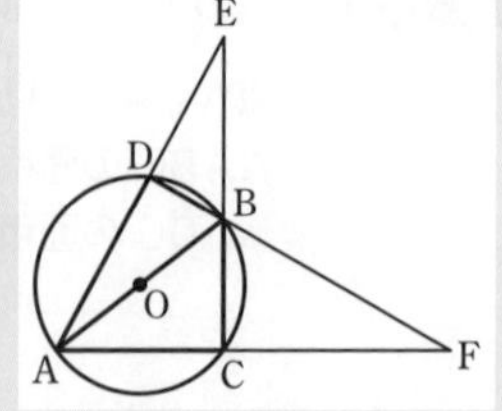

発展例題 19 円と三角形の相似

≫例題 96, 97 レベル 

右の図のように，線分 AB を直径とする円Oの周上に点Cをとり，BC<AC である △ABC をつくる。△ACD が AC=AD の直角二等辺三角形となるような点Dをとり，辺 CD と直径 AB の交点をEとする。また，点Dから直径 AB に垂線をひき，直径 AB との交点をFとする。

(1) △ABC∽△DAF であることを証明しなさい。

(2) AB=10 cm，BC=6 cm，CA=8 cm とするとき，線分 FE の長さを求めなさい。

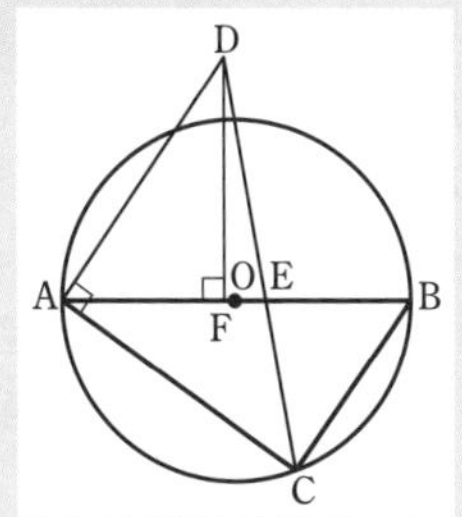

考え方

(1) 辺の長さはわからないから，2 組の角がそれぞれ等しいことにより示す。次のチャートを利用。

CHART　直径は直角　平行線には同位角・錯角

◀(1) は，(2) のヒントになっている。

解答

(1) △ABC と △DAF において

線分 AB は円の直径であるから　∠ACB=90°

仮定より，∠DFA=90° であるから

∠ACB=∠DFA　……①

∠ACB=∠DAC=90° であるから，DA∥BC

より　∠ABC=∠DAF　……②

①，② より，2 組の角がそれぞれ等しいから

△ABC∽△DAF

◀直径は直角

◀直径と円周角

◀平行線の錯角

(2) △ACD は AC=AD=8 cm の直角二等辺三角形である。

(1) から　BC : AF=AB : DA　　6 : AF=10 : 8

$10AF=48$　　$AF=\dfrac{24}{5}$

DA∥BC から　AE : BE=AD : BC=4 : 3　……(＊)

$AE=\dfrac{4}{4+3}AB=\dfrac{4}{7}\times 10=\dfrac{40}{7}$ より　$\mathbf{FE}=\dfrac{40}{7}-\dfrac{24}{5}=\mathbf{\dfrac{32}{35}}$ **(cm)**　答

(＊) については，
△ACB において
∠ACD=∠BCD=45°
であるから，角の二等分線と線分の比の定理により
AE : BE=AC : BC
=4 : 3
としてもよい。

解答➡別冊 p. 98

問題 19 右の図のように，円Oの周上に 3 点 A，B，C をとる。∠ABC の二等分線と円Oとの交点をDとし，線分 BD と線分 AC との交点をEとする。線分 BC 上に BF=EF となる点Fをとり，線分 FE の延長と AD との交点をGとする。

(1) △AEG∽△CDE であることを証明しなさい。

(2) AD=4 cm，AE=2 cm，EC=3 cm のとき，△CDE の面積は，△DGE の面積の何倍か求めなさい。

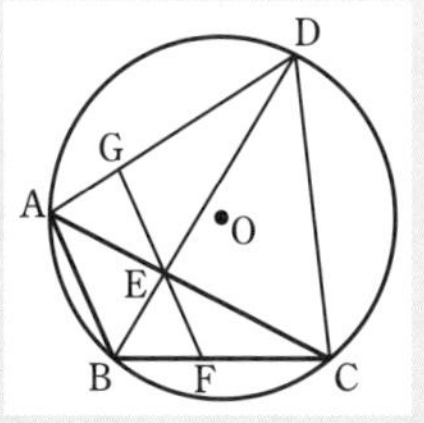

発展例題 20 円周上の点と確率

>>例題 90 レベル 

右の図のように，①～⑥の6個の点が円周上に等間隔に並んでいる。また，①の点をAとする。大小2個のさいころを同時に投げ，大きいさいころの出た目の数字の点をPとし，小さいさいころの出た目の数字の点をQとする。

(1) △APQ ができる確率を求めなさい。

(2) △APQ が直角三角形になる確率を求めなさい。〔鎌倉学園〕

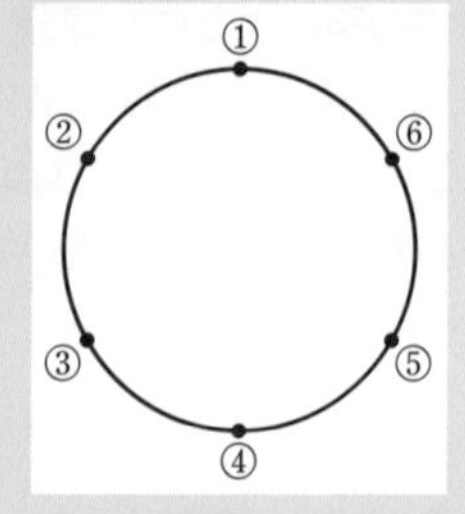

考え方

(1) 三角形は，同じ直線上にない3点と，それらを結ぶ3つの線分からつくられる。したがって，この問題では，A，P，Q が異なる3点となる場合を調べればよい。

(2) CHART **直角は直径** …… 斜辺は円の直径となる。

解答では，大小2個のさいころの目の出方を
(大の目，小の目)
のように表す。

解答

大小2個のさいころを同時に投げたときの目の出方は，全部で

$6\times6=36$（通り）

(1) △APQ ができるような目の出方は
(2, 3), (2, 4), (2, 5), (2, 6), (3, 2), (3, 4), (3, 5), (3, 6),
(4, 2), (4, 3), (4, 5), (4, 6), (5, 2), (5, 3), (5, 4), (5, 6),
(6, 2), (6, 3), (6, 4), (6, 5)
の20通りある。
したがって，求める確率は $\dfrac{20}{36}=\boldsymbol{\dfrac{5}{9}}$ 答

(2) △APQ が直角三角形になるような目の出方は
(2, 4), (2, 5), (3, 4), (3, 6), (4, 2), (4, 3), (4, 5), (4, 6),
(5, 2), (5, 4), (6, 3), (6, 4)
の12通りある。
したがって，求める確率は $\dfrac{12}{36}=\boldsymbol{\dfrac{1}{3}}$ 答

⚠ たとえば，(2, 3) または (3, 2) の目が出たときに，できる三角形は同じになるが，**確率を考えるとき**，さいころの目の出方としては**異なるものと考える。**

直角三角形となるさいころの目の出方は，(2) から
12通り
他に，正三角形が (3, 5) と (5, 3) の2通り，二等辺三角形（正三角形を除く）が6通り

解答➡別冊 p. 99

問題 20 右の図において，点A，B，C，D，E，F，G，H は円周を8等分する点である。
2点P，Qは，はじめAの位置にある。大小2個のさいころを同時に1回投げ，Pは大きいさいころの出た目の数だけ反時計回りに進み，Qは小さいさいころの出た目の数だけ時計回りに進む。

(1) 2点P，Q が同じ位置に進む確率を求めなさい。

(2) △APQ が直角三角形になる確率を求めなさい。

(3) △APQ が二等辺三角形になる確率を求めなさい。〔成蹊〕

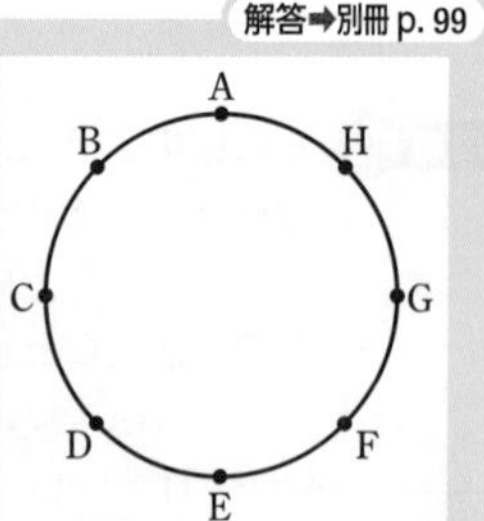

発展例題 21 円周角と三平方の定理

>>例題 107 レベル 

右の図のように，4点A，B，C，Dが円Oの周上にあり，線分BDは円Oの直径である。また，$\angle ABC=60^\circ$，$DB=2$ cm，$AB=\sqrt{2}$ cm である。直線ADと直線BCの交点をEとする。

(1) $\angle ACB$ の大きさを求めなさい。

(2) 線分CEの長さを求めなさい。

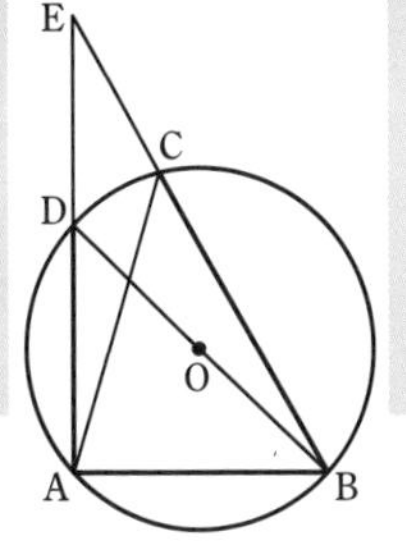

考え方 三角定規の形の三角形に注目

まず，CHART **直径は直角** により　$\angle A=90^\circ$

$\triangle ABD$ は，$AB:BD=\sqrt{2}:2=1:\sqrt{2}$ から，**直角二等辺三角形**

$\triangle ABE$ は3つの角が 30°，60°，90° **の直角三角形**

◀$1:1:\sqrt{2}$

◀$1:2:\sqrt{3}$

解答

(1) 線分BDは円Oの直径であるから　$\angle DAB=90^\circ$

$\triangle ABD$ において，三平方の定理により

$AD^2+(\sqrt{2})^2=2^2$　　$AD^2=2$

$AD>0$ であるから　$AD=\sqrt{2}$

よって，$\triangle ABD$ は直角二等辺三角形である。

したがって　$\angle ADB=45^\circ$

よって，$\overparen{AB}$ に対する円周角について

$\angle ACB=\angle ADB=\mathbf{45^\circ}$ 答

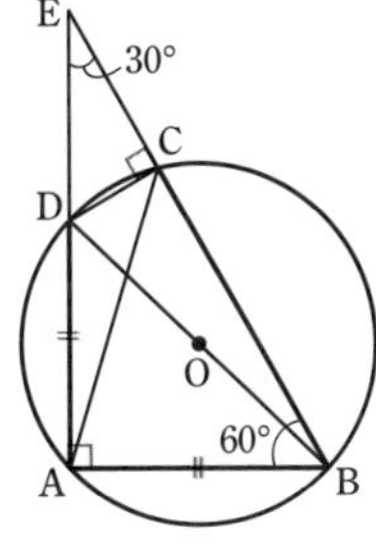

(2) $\triangle ABE$ は3つの角が 30°，60°，90° の直角三角形であるから　$AE=\sqrt{3}AB=\sqrt{6}$

$AD=\sqrt{2}$ であるから　$DE=\sqrt{6}-\sqrt{2}$

線分BDは円Oの直径であるから　$\angle DCB=90^\circ$

$\triangle CDE$ は3つの角が 30°，60°，90° の直角三角形であるから

$$CE=\frac{\sqrt{3}}{2}DE=\frac{\sqrt{3}(\sqrt{6}-\sqrt{2})}{2}=\mathbf{\frac{3\sqrt{2}-\sqrt{6}}{2}\ (cm)}$$ 答

参考
$EB=2AB=2\sqrt{2}$ と方べきの定理（$p.165$）

$ED\cdot EA=EC\cdot EB$

により

$(\sqrt{6}-\sqrt{2})\times\sqrt{6}$
$=EC\times2\sqrt{2}$

両辺を $\sqrt{2}$ でわると

$(\sqrt{6}-\sqrt{2})\times\sqrt{3}$
$=2\times EC$

このようにして，線分CEの長さを求めてもよい。

解答➡別冊 p. 99

問題 21 右の図のように，円周上の3点A，B，Cを頂点とする正三角形ABCがある。点Aをふくまない $\overparen{BC}$ 上に点Pをとり，線分APとBCの交点をDとする。また，$\angle BPQ=\angle BQP$ となるように線分AP上に点Qをとる。〔大分県〕

(1) $\triangle ABQ\equiv\triangle CBP$ であることを証明しなさい。

(2) $AB=10$ cm，$BD=8$ cm のとき，$\triangle CBP$ の周の長さを求めなさい。

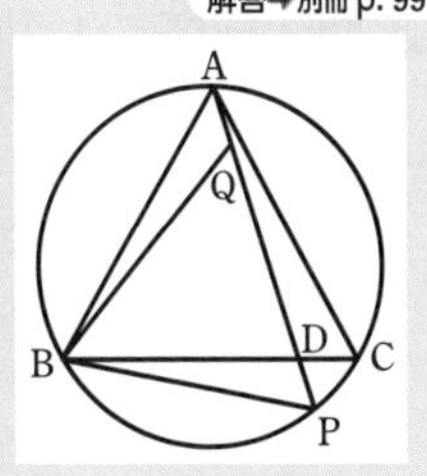

発展例題 22 放物線と三平方の定理

>>例題 110 レベル

右の図において，① は関数 $y=x^2$，② は関数 $y=-\frac{1}{2}x^2$ のグラフである。点Aは ① のグラフ上にあり，異なる 2 点 B，C は ② のグラフ上にある。また，2 点 A，C の x 座標は 2 で，2 点 B，C は y 座標が等しい。さらに，3 点 A，B，C を通る円と x 軸との交点のうち，x 座標が正の点をPとするとき，点Pの x 座標を求めなさい。

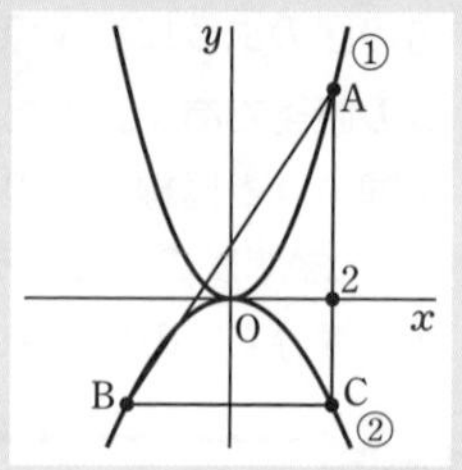

考え方

2 点間の距離 $\sqrt{(x\text{座標の差})^2+(y\text{座標の差})^2}$

◀三平方の定理の利用。

△ABC は ∠C＝90° の直角三角形であるから，3 点 A，B，C を通る円の中心は，斜辺 AB の中点である。

解答

$x=2$ を $y=x^2$，$y=-\frac{1}{2}x^2$ に代入すると，それぞれ　$y=4$，　$y=-2$

よって　A(2, 4)，C(2, −2)

2 点 B，C は ② のグラフ上にあり，y 座標が等しいから，点Bと点Cは y 軸について対称である。したがって　B(−2, −2)

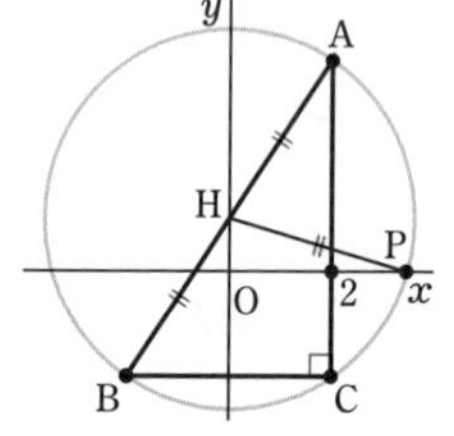

◀ y 軸について対称 ⟶ x 座標の符号が変わる。

∠ACB＝90° であるから，3 点 A，B，C を通る円の直径は線分 AB である。三平方の定理により　$AB^2=\{2-(-2)\}^2+\{4-(-2)\}^2=52$

AB>0 より，$AB=2\sqrt{13}$ であるから，円の半径は　$2\sqrt{13}\div 2=\sqrt{13}$

また，線分 AB の中点をHとすると，点Hの座標は

$$\left(\frac{2+(-2)}{2},\ \frac{4+(-2)}{2}\right)\ \text{すなわち}\ (0,\ 1)$$

◀Hは円の中心で AH＝BH＝PH
また，2 点を結ぶ線分の中点の座標は，2 点の座標の平均とイメージするとよい。

点Pの座標を $(t,\ 0)$ とすると　$PH^2=t^2+1^2$

$PH=\sqrt{13}$ であるから　$t^2+1^2=(\sqrt{13})^2$　$t^2=12$

$t>0$ より，$t=2\sqrt{3}$ であるから，点Pの x 座標は　**$2\sqrt{3}$**　答

解答➡別冊 p. 100

問題 22 右の図のように，関数 $y=x^2$ のグラフ上に点 A(−2, 4)，点 P$(t,\ t^2)$ がある。ただし，$t>0$ とする。

(1) PO＝PA となるとき，t の値を求めなさい。

(2) △OAP が ∠A＝90° の直角三角形となるとき，t の値を求めなさい。

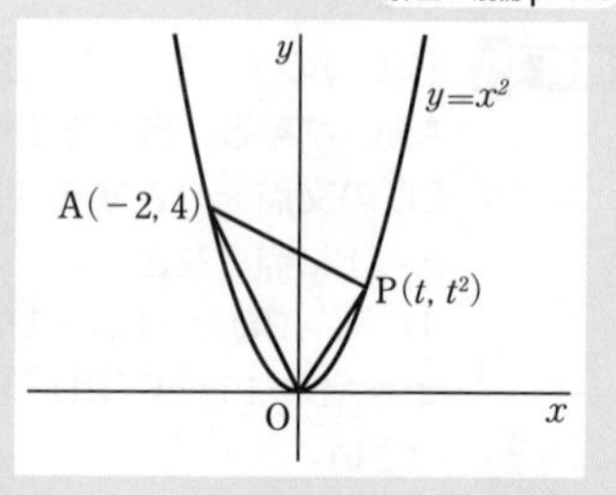

発展例題 23 立体の体積と垂線の長さ

>>例題114 レベル 

1辺の長さが 6 cm の正四面体 OABC がある。辺 OB, OC 上にOからの距離が 2 cm である点D, Eをとり, 3点A, D, Eをふくむ平面でこの正四面体を切断する。

(1) 三角錐 OADE の体積を求めなさい。

(2) 3点A, D, Eをふくむ平面に点Oから下ろした垂線の長さを求めなさい。 〔改 大阪教育大学附属天王寺〕

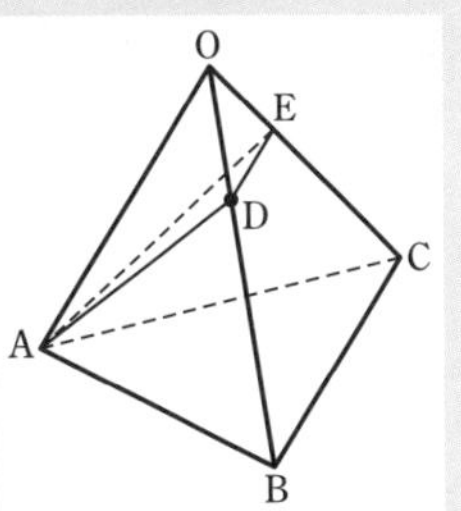

考え方 三角錐 OADE の底面を, (1)は △ODE, (2)は △ADE と考えて, 三角錐の **体積を2通りに表す。**

◀底面と高さを2通りにとらえる。

解答

(1) 点Aから △OBC に下ろした垂線を AH とする。

△OBC の高さは $3\sqrt{3}$ cm で, 点Hは △OBC の重心であるから

$$\mathrm{OH}=3\sqrt{3}\times\frac{2}{3}=2\sqrt{3}$$

◀「重心」については, *p.* 233 コラム参照。

△AHO において, 三平方の定理により　$\mathrm{AH}^2=6^2-(2\sqrt{3})^2=24$

AH>0 であるから　$\mathrm{AH}=2\sqrt{6}$

◀三角錐 OADE の高さ

また　$\triangle\mathrm{ODE}=\frac{1}{2}\times2\times2\times\frac{\sqrt{3}}{2}=\sqrt{3}$

◀三角錐 OADE の底面積

三角錐 OADE の体積は　$\frac{1}{3}\times\sqrt{3}\times2\sqrt{6}=$ **$2\sqrt{2}$ (cm³)** 答

(2) △ABO において, 点Aから辺 BO に下ろした垂線を AF とすると　$\mathrm{AF}=3\sqrt{3}$, $\mathrm{FD}=1$

△AFD において, 三平方の定理により　$\mathrm{AD}^2=(3\sqrt{3})^2+1^2=28$

AD>0 であるから　$\mathrm{AD}=2\sqrt{7}$　　同様にして　$\mathrm{AE}=2\sqrt{7}$

△ADE において, 点Aから辺 DE に下ろした垂線を AG とすると　$\mathrm{AG}^2=(2\sqrt{7})^2-1^2=27$

AG>0 より, $\mathrm{AG}=3\sqrt{3}$ であるから　$\triangle\mathrm{ADE}=\frac{1}{2}\times2\times3\sqrt{3}=3\sqrt{3}$

求める垂線の長さを h cm とすると, 三角錐 OADE の体積について

$\frac{1}{3}\times3\sqrt{3}\times h=2\sqrt{2}$　　$\sqrt{3}h=2\sqrt{2}$　　$h=$ **$\frac{2\sqrt{6}}{3}$ (cm)** 答

解答➡別冊 p. 101

問題 23 右の図のように, 三角柱 ABC-DEF があり, $\mathrm{AC}=\mathrm{BC}=6\sqrt{2}$ cm, AD=6 cm, ∠ACB=90° である。辺 AB 上に点Gを, AG : GB=3 : 1 となるようにとる。

(1) △CEG の面積を求めなさい。

(2) 3点C, E, Gを通る平面を P とするとき, 点Aと平面 P との距離を求めなさい。 〔京都府〕

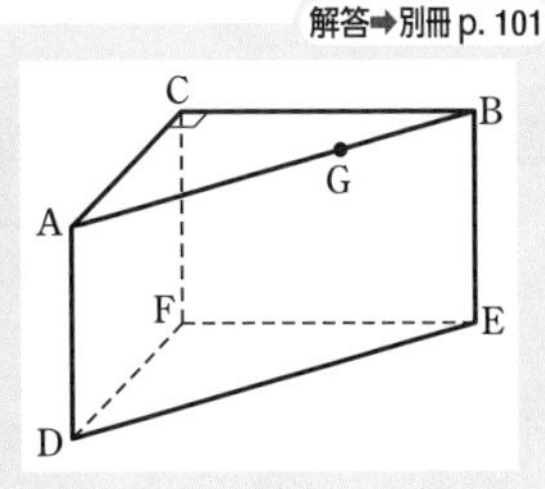

発展例題 24 正四角錐に内接する球

>>例題 114

レベル 

正四角錐 A-BCDE は，底面 BCDE が 1 辺 8 cm の正方形で，$AB=AC=AD=AE=4\sqrt{10}$ cm であるとする。この正四角錐の 5 つの面に内接する球Oの半径を求めなさい。

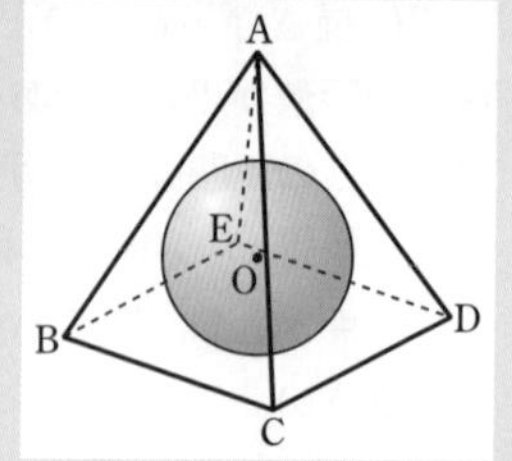

考え方 接点をふくむ垂直な平面による切り口を考える

辺 BC，DE の中点をそれぞれ M，N とすると，正四角錐の対称性により，線分 AM，MN，AN 上に球の接点があり，球の中心Oは平面 AMN 上にある。また，点Aから底面 BCDE にひいた垂線 AH 上に中心Oがあり，Hは接点で，線分 MN の中点である。平面 AMN による切り口の三角形について考える。

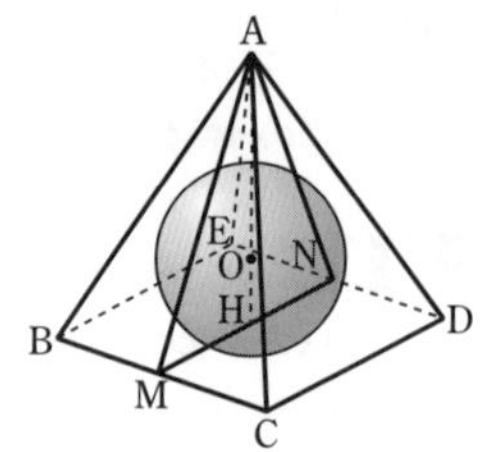

解答

辺 BC，DE の中点をそれぞれ M，N とすると，平面 AMN による正四角錐の切り口は右の図のようになり，球の接点 P，H は △AMN の辺上にあり，球の中心Oは線分 AH 上にある。

直角三角形 ABM と直角三角形 AMH において

$AM=\sqrt{AB^2-BM^2}=\sqrt{(4\sqrt{10})^2-4^2}=12$

$AH=\sqrt{AM^2-MH^2}=\sqrt{12^2-4^2}=8\sqrt{2}$

$MP=MH=4$ から　$AP=AM-MP=8$

球Oの半径を x cm とする。

△APO において，$\angle APO=90^\circ$ であるから　$AO^2=AP^2+PO^2$

$(8\sqrt{2}-x)^2=8^2+x^2$　　$-16\sqrt{2}x=-64$

したがって　$x=\dfrac{4}{\sqrt{2}}=\dfrac{4\times\sqrt{2}}{\sqrt{2}\times\sqrt{2}}=\mathbf{2\sqrt{2}\ (cm)}$　答

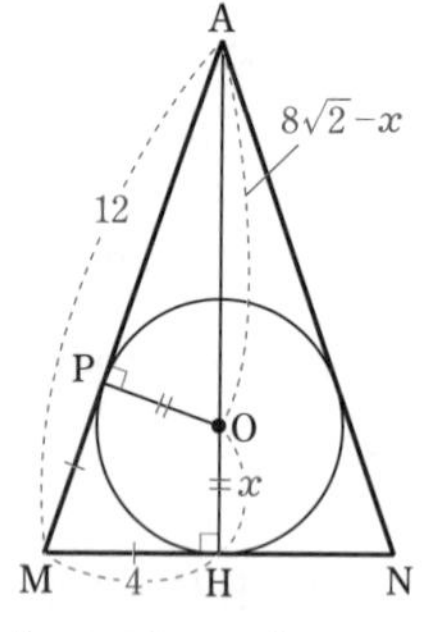

△AMH∽△AOP より
AM：AO＝MH：OP
$12:(8\sqrt{2}-x)=4:x$
としてもよい。

解答➡別冊 p. 101

問題 24 右の図のような底面の半径が 6，母線の長さが 10 の直円錐がある。

(1) 直円錐の体積を求めなさい。

(2) 直円錐に内接する球の半径を求めなさい。　〔日本大学桜丘〕

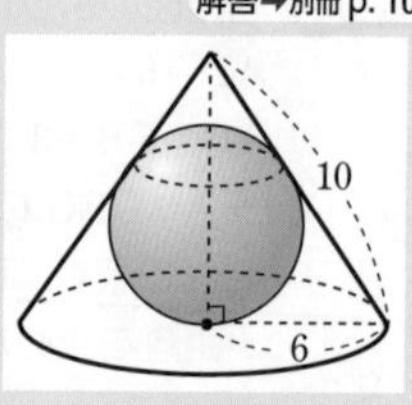

三角形の重心

三角形の 1 つの頂点とそれに向かい合う辺の中点を結んだ線分を **中線** という。
三角形の 3 つの中線について，次のことが成り立つ。

> [1] 三角形の 3 つの中線は 1 点で交わる。
> この点を，三角形の **重心** という。
> [2] 三角形の重心は，各中線を 2：1 に分ける。

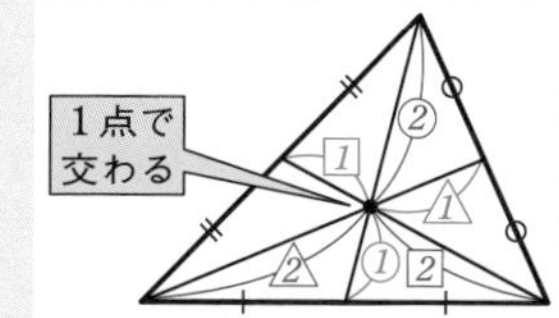

[1] は，次のような方針で証明できる。

3 つの中線のうち 2 つずつの交点を 2 種類考え，G，G′ とする。G と G′ が一致することを示せば，3 つの中線はすべてその点を通る。すなわち，その点で交わることが証明できる。

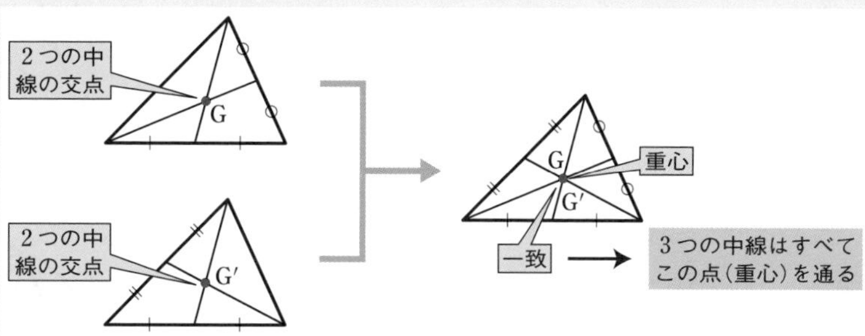

また，重心には次のような性質もある。

> 三角形の重心と各頂点を結んでできる 3 つの三角形の面積は等しい。
> すなわち，△ABC の重心を G とすると　　△GAB＝△GBC＝△GCA

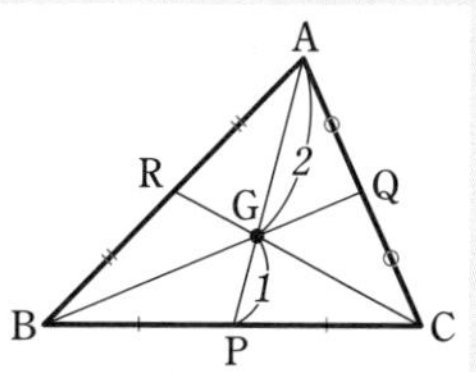

[証明]　右の図のように，△ABC の重心を G とし，線分 AG の延長と辺 BC の交点を P，線分 BG の延長と辺 CA の交点を Q，線分 CG の延長と辺 AB の交点を R とする。
△GAQ の面積を S とすると，AQ＝QC から

△GAQ＝△GCQ＝S

よって　　△GCA＝2S

また，△GCA と △GPC において，AG：GP＝2：1 であるから　　△GPC＝S

BP＝PC から　　△GBC＝2S

△GAB も同様にして，2S となるから　　△GAB＝△GBC＝△GCA　終

トレミーの定理

4点A，B，C，Dが同じ円周上にあるとき，円に内接する四角形ABCDの辺と対角線について，次の等式が成り立つ。これを**トレミーの定理**という。

四角形ABCDが円に内接するとき
$$AB\times CD+AD\times BC=AC\times BD$$
が成り立つ。

円に内接する四角形の2組の対辺の積の和は，対角線の積に等しい。

このトレミーの定理を，次の問題を通して証明してみよう。

[**問題**] 円に内接する四角形ABCDにおいて，対角線BD上に$\angle BAE=\angle CAD$となるように点Eをとる。
このとき，次のことを証明しなさい。
(1) $\triangle ABE \backsim \triangle ACD$である。
(2) $AB\times CD=AC\times BE$である。
(3) $AB\times CD+AD\times BC=AC\times BD$である。

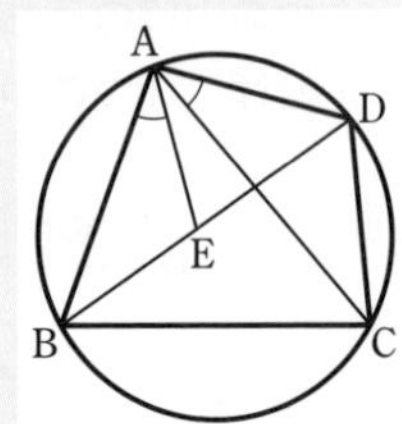

[**証明**] (1) $\triangle ABE$と$\triangle ACD$において
仮定から　$\angle BAE=\angle CAD$
$\overset{\frown}{AD}$に対する円周角について　$\angle ABE=\angle ACD$
2組の角がそれぞれ等しいから　$\triangle ABE \backsim \triangle ACD$ 終

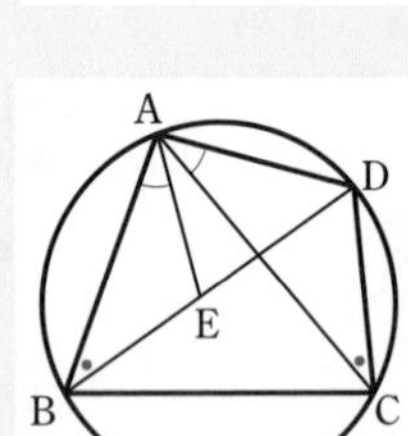

(2) (1)より，$\triangle ABE \backsim \triangle ACD$であるから
$AB:AC=BE:CD$
したがって　$AB\times CD=AC\times BE$ ……① 終

(3) $\triangle ABC$と$\triangle AED$において
$\overset{\frown}{AB}$に対する円周角について　$\angle ACB=\angle ADB$
すなわち　$\angle ACB=\angle ADE$
$\angle BAC=\angle BAE+\angle EAC$
$=\angle CAD+\angle EAC=\angle EAD$　◀ 仮定から　$\angle BAE=\angle CAD$
よって，2組の角がそれぞれ等しいから　$\triangle ABC \backsim \triangle AED$
これから　$BC:ED=AC:AD$
したがって　$AD\times BC=AC\times ED$ ……②
①+② から　$AB\times CD+AD\times BC=AC\times BE+AC\times ED$
$=AC\times(BE+ED)=AC\times BD$ 終

入試対策問題

解答➡別冊 p. 102

第1章 式の計算

1 次の計算をしなさい。

(1) $(x+4)(x-4)+(x+3)(x+2)$

(2) $(x-y)^2+(2x+y)(2x-y)-(x+y)(x-3y)$

(3) $(2x-2y-1)^2-4(x-y)^2$

(4) $\dfrac{(x-6y)(x+2y)}{2}-\dfrac{(x-3y)^2}{3}$

(5) $(a+b+c)^2+(a-b)^2+(b-c)^2+(c-a)^2$

2 次の式を因数分解しなさい。

(1) x^3y-4xy^3

(2) $x(x-4)-13x-(x-4)+13$

(3) $16x^2+30y-25-9y^2$

(4) $x^2-2xy+y^2-3x+3y-4$

(5) $(x^2-x)^2-8(x^2-x)+12$

(6) $(xy+2)(xy-2)-(x+2y)(x-2y)$

3 次の計算をしなさい。

(1) $2018^2+2017^2-2016^2-2015^2$ 〔成田〕

(2) $2025^2+2019\times2020-4039\times2025$ 〔大阪教育大学附属池田〕

4 次の式の値を求めなさい。

(1) $2a-b=4$, $ab=3$ のとき，$4a^2+ab+b^2$ の値 〔立命館〕

(2) $a=30$, $b=-23$ のとき，$(a-2b)^2-2(a-2b)-24$ の値 〔京都府〕

5 (1) $\dfrac{n(n+1)(n+2)}{3}-\dfrac{(n-1)n(n+1)}{3}$ を因数分解しなさい。

(2) (1)を利用して，$1\times2+2\times3+3\times4+\cdots\cdots+100\times101$ の値を求めなさい。 〔帝塚山〕

6 2697 を素因数分解すると，$a\times b\times c$ となる。ただし，a, b, c は素数で $a<b<c$ をみたす。このとき，a, b, c の値を求めなさい。

〔久留米大学附設〕

7　m，n は自然数であり，$2019+m^2=n^2$ をみたしている。m，n の値をそれぞれ求めなさい。

〔改 西大和学園〕

≫発展例題 2

8　自然数の 2 乗になる数を平方数という。次の問いに答えなさい。

(1)　10 から 99 までの自然数のうち，平方数はいくつありますか。

(2)　3 桁の平方数のうち，一番大きなものを答えなさい。

(3)　4 桁の平方数は 2 桁の自然数 n の 2 乗となる。この平方数の十の位と一の位の和が偶数となるとき，一の位は 0 か 4 のみであることを説明しなさい。必要ならば，n の十の位を x，一の位を y として答えなさい。

〔大阪教育大学附属池田〕

9　右の表は，「かけ算九九の表」の一部である。表中の [8] の 8 は，かけられる数が 4，かける数が 2 のときの 4×2 の値を表している。この表中の [6] [12] [20] のような 3 つの整数の組 [a] [b] [c] について考える。

このとき，$a+c-2b$ の値はつねに 2 になる。このことを，a は，かけられる数が m，かける数が n であるものとして説明しなさい。

〔栃木県〕

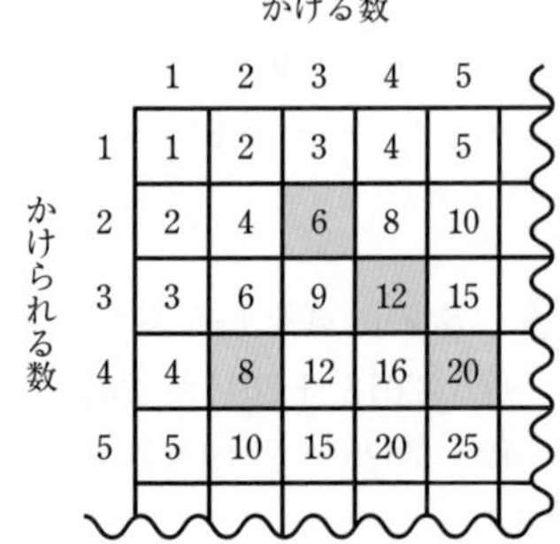

かける数（横）／かけられる数（縦）

	1	2	3	4	5
1	1	2	3	4	5
2	2	4	6	8	10
3	3	6	9	12	15
4	4	8	12	16	20
5	5	10	15	20	25

10　右の図は，奇数を，ある規則にしたがって，書き並べたものである。

図の中の

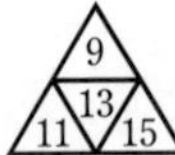

のように並んだ 4 つの奇数の組

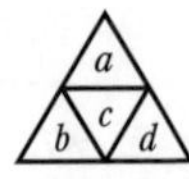

について考える。このとき

(1)　$b+c+d$ を，a を使った式で表しなさい。

(2)　$cd-ab$ の値は，つねに 8 の倍数になることを証明しなさい。

〔宮崎県〕

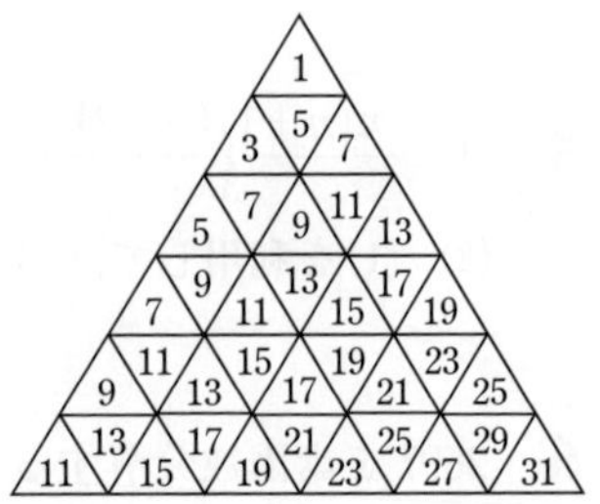

第2章 平方根

11 次の計算をしなさい。

(1) $\sqrt{32}-\dfrac{4}{\sqrt{2}}+\sqrt{50}$　　(2) $\sqrt{3}\div\sqrt{10}\times\sqrt{6}-\sqrt{45}$

(3) $\left(\sqrt{48}+\dfrac{6}{\sqrt{3}}\right)\div\dfrac{9}{\sqrt{6}}$　　(4) $(\sqrt{5}+1)^2-\dfrac{10}{\sqrt{5}}$

12 次の計算をしなさい。

(1) $(1-2\sqrt{3})^2-(2-\sqrt{3})^2$　　(2) $(2\sqrt{2}-3)^2-(2\sqrt{2}+1)(2\sqrt{2}-1)$

(3) $(3+2\sqrt{2})(3-2\sqrt{2})^3$　〔成城学園〕

(4) $(\sqrt{3}-\sqrt{2})^2+\sqrt{75}-\sqrt{(-5)^2}+\dfrac{6\sqrt{2}}{\sqrt{3}}$

(5) $\dfrac{(\sqrt{5}+\sqrt{2})(\sqrt{5}-\sqrt{2})}{\sqrt{3}}-\dfrac{(2-\sqrt{3})^2}{2}$　〔桐朋〕

(6) $(1+\sqrt{2}+\sqrt{3})(1+\sqrt{2}-\sqrt{3})$　〔土佐〕

13 $\left\{\left(\dfrac{\sqrt{3}}{\sqrt{2}+1}\right)^2+\left(\dfrac{\sqrt{3}}{\sqrt{2}-1}\right)^2\right\}^2-\left\{\left(\dfrac{\sqrt{3}}{\sqrt{2}+1}\right)^2-\left(\dfrac{\sqrt{3}}{\sqrt{2}-1}\right)^2\right\}^2$ を計算しなさい。

〔久留米大学附設〕

14 $x=\sqrt{14}+\sqrt{13}$，$y=\sqrt{14}-\sqrt{13}$ のとき，$3x^2-5xy-2y^2-(2x+y)(x-3y)$ の値を求めなさい。

〔東京学芸大学附属〕

15 $x+2y=\sqrt{5}$，$2x+y=\sqrt{2}$ のとき，x^2-y^2 の値を求めなさい。

〔関西大倉〕

16 $\sqrt{(-7)^2}$，$4\sqrt{3}$，$\sqrt{8}+\sqrt{18}$ のうち，もっとも大きい数を a，もっとも小さい数を b とするとき，$(a+b)(a-b)$ の値を求めなさい。　〔愛知〕

17 $y-x=\sqrt{3}$ のとき，$x^2-2xy+y^2-3x+3y-4$ の値を求めなさい。

〔成城学園〕

18 $\sqrt{n^2+55}$ が自然数となるような自然数 n の値を求めなさい。〔福岡大学附属大濠〕

>>発展例題 3

19 A は 2 桁の自然数であり，十の位の数は一の位の数より大きく，一の位の数は 0 でない。A の十の位の数と一の位の数を入れ替えた 2 桁の自然数を B とする。このとき，$\sqrt{A-B+9}$ が整数となるような自然数 A の個数を求めなさい。〔東京都〕

20 N と n を自然数とする。不等式 $N<\sqrt{n}<N+1$ をみたす n が 8 個あるとき，その 8 個の自然数の平均値を求めなさい。〔お茶の水女子大学附属〕

21 $\sqrt{n}-\sqrt{2}$ の整数部分が 2 となるような最小の自然数 n の値を求めなさい。〔桐光学園〕

22 正の数 x について，x の整数部分を $[x]$，小数部分を $<x>$ で表すことにする。このとき，$[\sqrt{21}]-<3\sqrt{11}>$ の値を求めなさい。〔中央大学附属〕

>>発展例題 4

23 さいころを 3 回投げて，1 回目に出る目を一の位の数，2 回目に出る目を十の位の数，3 回目に出る目を百の位の数として 3 けたの整数 N をつくる。

(1) 整数 N が偶数となる確率を求めなさい。

(2) $\sqrt{N}$ が整数となる確率を求めなさい。〔土佐〕

第3章 2 次方程式

24 次の方程式を解きなさい。

(1) $(x-2)^2-5(x-2)-6=0$

(2) $(2x+5)^2=(x+1)^2$

(3) $x^2-2\sqrt{6}\,x-3=0$

(4) $3x(x-1)=4(x+1)(x-2)$

(5) $\dfrac{1}{2}x^2-8=\dfrac{1}{3}(x+1)(x-4)$

(6) $\dfrac{(x+2)(x-4)}{15}=\dfrac{x+2}{5}+\dfrac{2}{3}$

(7) $(x-29)^2-3(x-30)-31=0$ 〔大阪府〕

25 x の 2 次方程式 $x^2+ax+b=0$ の 2 つの解をそれぞれ 2 倍したものが，2 次方程式 $x^2+2x-8=0$ の 2 つの解である。このとき，定数 a，b の値をそれぞれ求めなさい。〔関西大倉〕

26 記号☆を，$a☆b=2ab-a-b$ と定めるとき，方程式 $x☆(x-2)=0$ を解きなさい。

〔智弁学園和歌山〕

27 ある商品に原価の x 割の利益を見込んで定価をつけた。大売り出しのときに，定価の $\frac{x}{3}$ 割引で売ったところ，原価の 1.7 割の利益があった。x の値を求めなさい。ただし，$0<x<10$ とする。

>>発展例題 5

28 右の図のような，縦 4 cm，横 7 cm，高さ 2 cm の直方体Pがある。直方体Pの縦と横をそれぞれ x cm ($x>0$) 長くした直方体Qと，直方体Pの高さを x cm 長くした直方体Rをつくる。直方体Qと直方体Rの体積が等しくなるとき，x の方程式をつくり，x の値を求めなさい。

〔栃木県〕

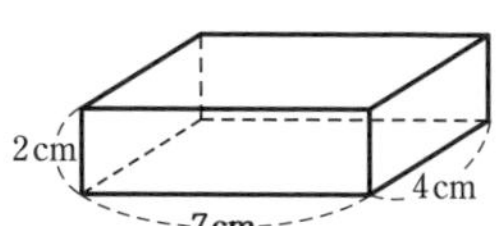

29 右の図のように，2 直線 $y=\frac{7}{3}x$ および $y=\frac{3}{7}x$ と直線 $y=-x+k$ との交点を，それぞれ P，Q とする。△OPQ$=k$ のとき，k の値を求めなさい。ただし，原点をOとする。

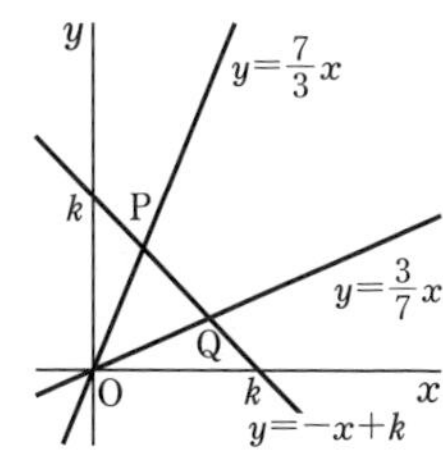

30 点 (0, 1)，点 (2, 3) のように，x 座標，y 座標がともに整数である点を格子点(こうしてん)という。
右の図のように，4 つの格子点 O(0, 0)，A($2n$, 0)，B($2n$, n)，C(0, n) を頂点とする長方形 OABC の周上および内部にある格子点の個数について，次の問いに答えなさい。ただし，n は正の整数とする。

〔改 長崎県〕

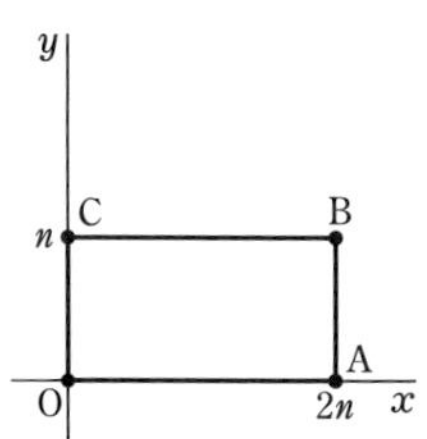

(1) 長方形 OABC の周上および内部にある格子点の個数を n を用いて表しなさい。

(2) 長方形 OABC の内部にある格子点の個数が 78 個のとき，点Bの座標を求めなさい。

31 2300 個のあめがある。これらのあめを x 個ずつ袋に入れると，あめは 5 個余る。あめの入った袋を $3x$ 袋ずつ 3 つの箱に入れると，あめの入った袋は 18 袋余る。x の値を求めなさい。

〔桐朋〕

32 濃度が 10 % の食塩水が 100 g 入った容器Aと，濃度が 20 % の食塩水が 100 g 入った容器Bがある。まず，容器Aから容器Bに x g の食塩水を移してよくかき混ぜた。次に，容器Bから x g の水を蒸発させた後，残った食塩水のうち $2x$ g を容器Aに移してよくかき混ぜると，容器Aの食塩水の濃度が 14 % となった。このとき，x の値を求めなさい。 〔岡山白陵〕

>>発展例題 6

33 右の図のような，周の長さが 24 cm，AB＝2 cm，BC＝4 cm である 6 点 A，B，C，D，E，F を頂点とする図形がある。ただし，各頂点における 1 つの辺と，となりの辺でつくる角はすべて直角である。

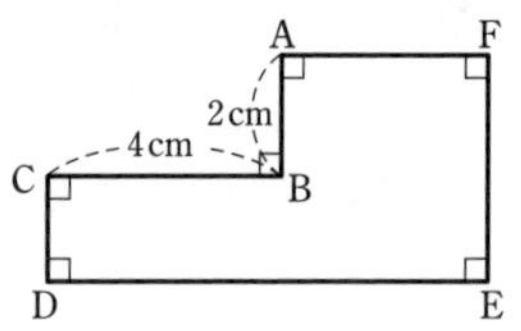

(1) 辺 DE の長さが 6 cm のとき，この図形の面積を求めなさい。

(2) 辺 DE の長さを x cm とするとき，辺 EF の長さを x を用いて表しなさい。

(3) この図形の面積が 19 cm^2 となるとき，辺 DE の長さを求めなさい。 〔佐賀県〕

>>発展例題 7

34 大小 2 個のサイコロを同時に投げて，大きい方のサイコロの目を a，小さい方のサイコロの目を b とするとき，2 次方程式 $x^2+ax+b=0$ の異なる 2 つの解がともに整数となる確率を求めなさい。

〔慶應義塾志木〕

35 2つの関数 $y=ax^2$, $y=bx+8$ について, x の変域を $-1 \leqq x \leqq 2$ とすると y の変域が一致する。このとき, $a=$ア[　], $b=$イ[　] である。ただし, $b<0$ とする。[　] をうめなさい。

〔国学院大学久我山〕

36 右の図のように, 2つの関数 $y=x^2$ ……①, $y=\frac{1}{3}x^2$ ……② のグラフがある。② のグラフ上に点Aがあり, 点Aの x 座標を正の数とする。また, 点Aを通り, y 軸に平行な直線と ① のグラフとの交点をBとし, 点Aと y 軸について対称な点をCとする。さらに, 点Oは原点とする。

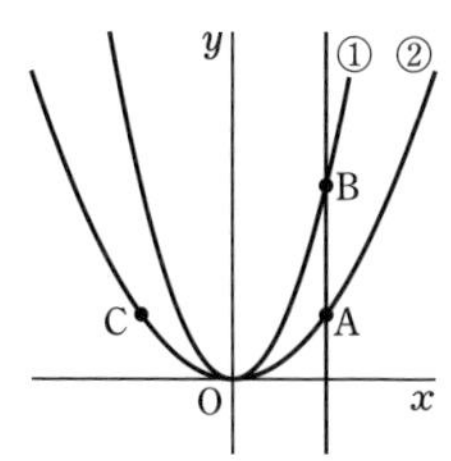

(1) 点Aの x 座標が2のとき, 点Cの座標を求めなさい。

(2) 点Bの x 座標が6のとき, 2点B, C を通る直線の傾きを求めなさい。

(3) 点Aの x 座標を t とする。△ABC が直角二等辺三角形となるとき, t の値を求めなさい。

〔北海道〕

37 右の図のように, 放物線 $y=\frac{1}{2}x^2$ 上に点Aがあり, 放物線 $y=3x^2$ 上に点Bがある。点Aの y 座標は8, 点Bの x 座標は1である。また, 直線 AB と x 軸との交点を点C, 原点をOとする。

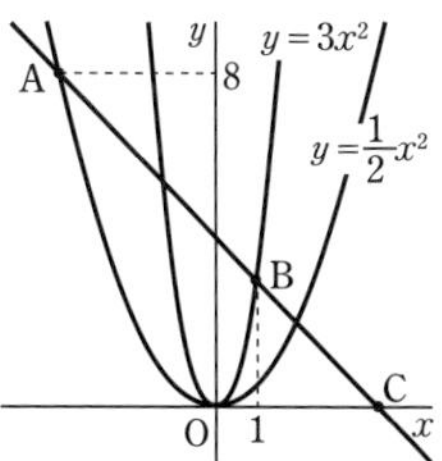

(1) 点Aの座標を求めなさい。

(2) 直線 AB の式を求めなさい。

(3) △OBA の面積を求めなさい。

(4) △BOC を x 軸のまわりに1回転させてできる立体の体積を求めなさい。ただし, 円周率を π とする。

〔三重〕

38 右の図のように，関数 $y=x^2$ のグラフと，x 軸，y 軸に平行な辺をもつ正方形 ABCD と正方形 EFGH がある。

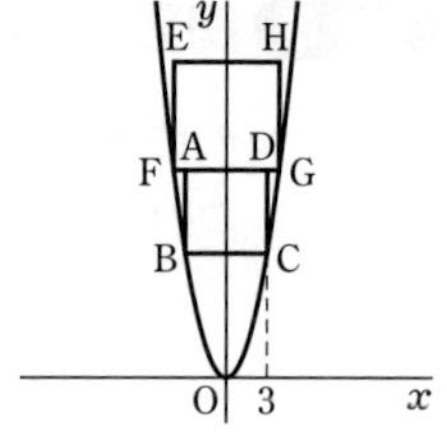

点 B，C，F，G は関数 $y=x^2$ のグラフ上の点であり，点 A，D は辺 FG 上の点である。点 C の x 座標が 3 であるとき，次の (1)〜(3) の問いに答えなさい。

(1) 点 B の座標を求めなさい。

(2) 正方形 EFGH の面積を求めなさい。

(3) 関数 $y=x^2$ のグラフ上に点 J，K を，辺 BC 上に点 I，L をとり，x 軸，y 軸に平行な辺をもつ正方形 IJKL をつくる。このとき，正方形 IJKL の 1 辺の長さを求めなさい。

〔高知県〕

>>発展例題 8

39 右の図のように，関数 $y=ax^2$ のグラフ上に 2 点 A，B がある。点 A の座標は (2, 2) で，点 B の x 座標は 6 である。ただし，$a>0$ とする。

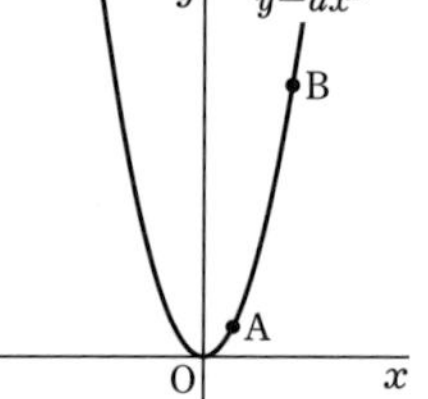

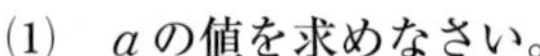

(1) a の値を求めなさい。

(2) 点 B を，y 軸を対称の軸として対称移動させた点を P とし，直線 AP と y 軸との交点を Q とする。

(ア) 点 Q の y 座標を求めなさい。

(イ) x 軸上に点 R を，△ABQ と △ABR の面積が等しくなるようにとるとき，点 R の x 座標を求めなさい。ただし，点 R の x 座標は正とする。

〔千葉県〕

>>発展例題 9

40 右の図において，① は関数 $y=ax^2$ $(a>0)$ のグラフであり，② は関数 $y=-\dfrac{1}{2}x^2$ のグラフである。2 点 A，B は，それぞれ放物線 ①，② 上の点であり，その x 座標はともに -4 である。点 C は，放物線 ① 上の点であり，その x 座標は 2 である。

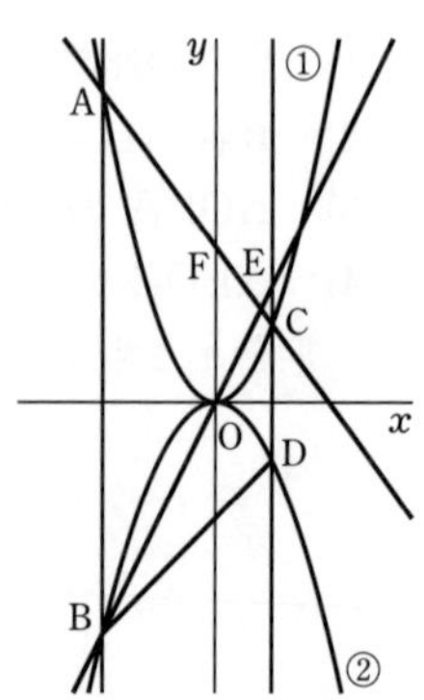

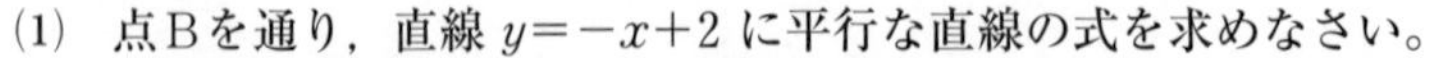

(1) 点 B を通り，直線 $y=-x+2$ に平行な直線の式を求めなさい。

(2) 点 C を通り y 軸に平行な直線と放物線 ② との交点を D とし，直線 BO と直線 CD との交点を E とする。直線 AC と y 軸との交点を F とする。四角形 ABOF の面積と △EBD の面積の比が 8 : 3 となるときの，a の値を求めなさい。 〔改 静岡県〕

41 a は負の数とする。放物線 $y=x^2$ を C_1，放物線 $y=ax^2$ を C_2 として，C_1 上に点 A(2, 4) と点Bを，C_2 上に点Cをとる。点Aと点Bは y 軸に関して対称で，点Cの x 座標は -4 である。

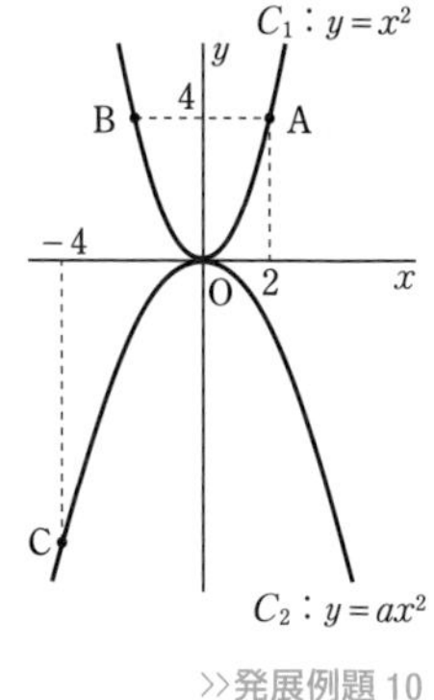

(1) 点Cの y 座標を，a を用いて表しなさい。

(2) 直線 AC は原点Oを通るとする。このとき，次の各問いに答えなさい。

(ア) a の値を求めなさい。

(イ) △ABC の面積を求めなさい。

(ウ) 点Cを通り，△ABC の面積を2等分する直線と C_2 の交点のうち，Cでない方の点の座標を求めなさい。〔育英〕

>>発展例題 10

42 右の図のように，1辺の長さが4の正方形 ABCD がある。点Pと点Qは点Aを同時に出発し，点Pは辺 AB，BC 上を毎秒2の速さで進み，点Qは辺 AD，DC 上を毎秒1の速さで進む。点Pと点Qはそれぞれ点Cに着いたら動きを停止し，両方が停止するまでを考えるものとする。点P，Qが出発してから t 秒後の △APQ の面積を S とする。次の各問いに答えなさい。

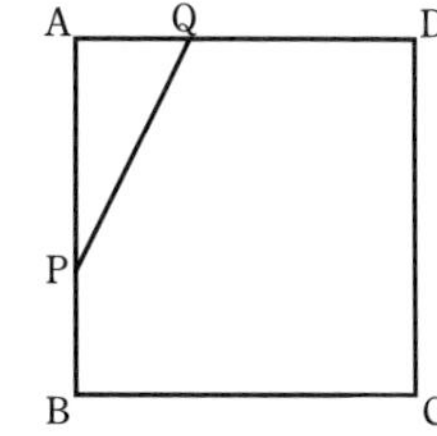

(1) t が次の値のとき，S の値を求めなさい。

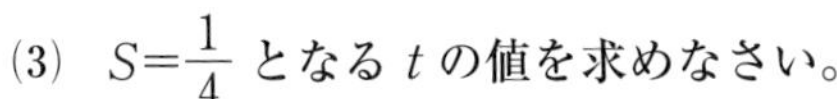
(ア) $t=\dfrac{1}{3}$　　(イ) $t=3$

(2) t の値をいくつかの場合に分けて S を t の式で表し，そのグラフをかきなさい。ただし，点Pと点Qが重なっているときは $S=0$ とする。

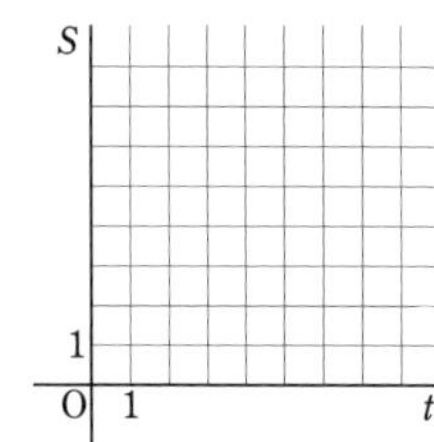

(3) $S=\dfrac{1}{4}$ となる t の値を求めなさい。〔学習院高等科〕

>>発展例題 11

第5章 相　似

43 右の図のような，$\angle ACB=90°$ の直角三角形 ABC がある。$\angle ABC$ の二等分線と辺 AC との交点をDとする。点Cから辺 AB にひいた垂線と辺 AB との交点をEとし，線分 CE と線分 BD との交点をFとする。また，点Eから辺 BC にひいた垂線と辺 BC との交点をGとし，線分 EG と線分 BD との交点をHとする。

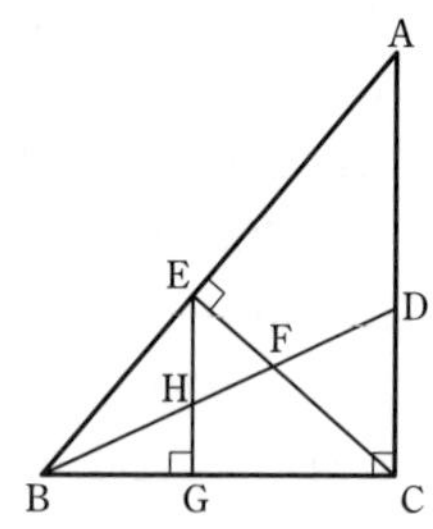

(1) $\triangle BEH \backsim \triangle BAD$ であることを証明しなさい。

(2) 点Eから線分 HF にひいた垂線と線分 HF との交点を I とし，直線 EI と辺 BC との交点を J とする。このとき，EH＝FJ であることを証明しなさい。

>>発展例題 12

44 右の図において，$\triangle OAB \backsim \triangle OCD$，OA＝OB である。線分 AC と線分 BD との交点をEとする。
$\angle BAE=24°$，$\angle OBE=19°$ のとき，$\angle AEB$ の大きさを求めなさい。

〔芝浦工大柏〕

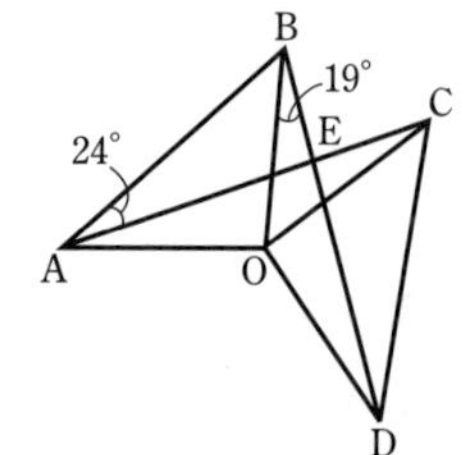

45 右の図において，$\triangle ABC$ は AB＝AC の二等辺三角形であり，D，E はそれぞれ辺 AB，AC 上の点で，DE$/\!/$BC である。また，F，G はそれぞれ $\angle ABC$ の二等分線と辺 AC，直線 DE との交点である。
AB＝12 cm，BC＝8 cm，DE＝2 cm のとき，次の (1)，(2) の問いに答えなさい。

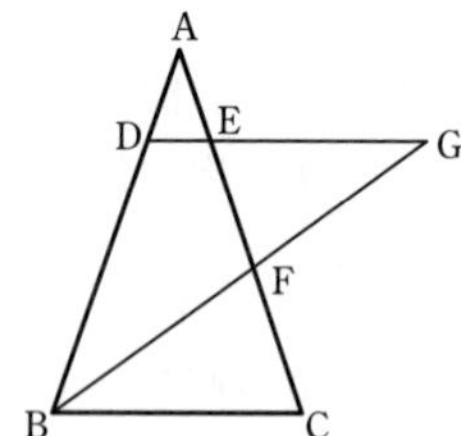

(1) 線分 DG の長さは何 cm か，求めなさい。

(2) $\triangle FBC$ の面積は $\triangle ADE$ の面積の何倍か，求めなさい。　〔愛知県〕

46 右の図のように，1 辺が 12 cm の正方形 ABCD がある。辺 AB，BC の中点をそれぞれ E，F とし，線分 DE，DF と線分 AC との交点をそれぞれ G，H とする。

〔清教学園〕

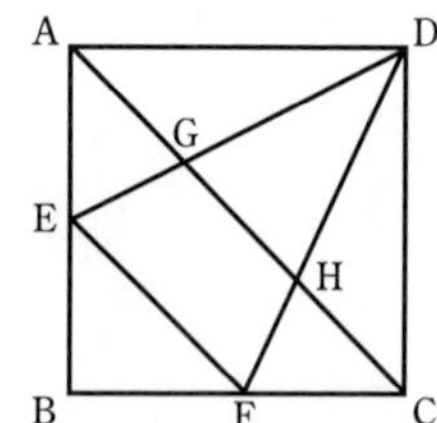

(1) $\triangle AEG$ の面積を求めなさい。

(2) $\triangle DGH$ の面積を求めなさい。

(3) GH : HC をもっとも簡単な整数の比で表しなさい。

(4) 四角形 EFHG の面積を求めなさい。

(5) $\triangle EGF$ と $\triangle HGF$ の面積比をもっとも簡単な整数の比で表しなさい。

>>発展例題 15

47 右の図において，四角形 ABCD は平行四辺形である。点Pは，辺 CD 上にある点で，頂点C，頂点Dのいずれにも一致しない。頂点Aと点P，頂点Bと点Pをそれぞれ結び，頂点Dを通り線分 BP に平行な直線をひき，辺 AB との交点をQ，線分 AP との交点をRとする。

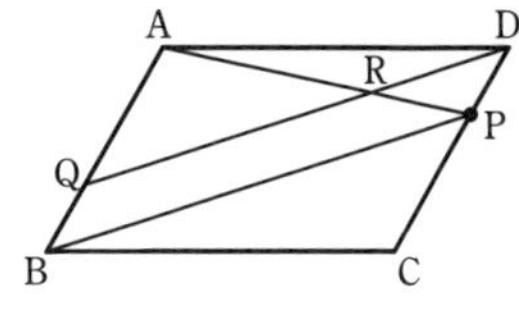

(1)　△ABP∽△PDR であることを証明しなさい。

(2)　頂点Cと点Rを結び，線分 BP と線分 CR の交点をSとする。CP：PD＝2：1 のとき，四角形 QBSR の面積は，△AQR の面積の何倍か，求めなさい。　〔改 東京都〕

>>発展例題 15

48 右の図のように，1辺の長さが 6 cm の立方体 ABCD-EFGH を，切り口が五角形になるように頂点Aを通る平面で切り，できた2つの立体のうち，頂点Eを含むものを立体Xとする。また，切り口の五角形の頂点を順に A，P，Q，R，S とすると，PF＝SH＝2 cm で，点Qと点Rはそれぞれ線分 FG，線分 GH の中点であった。

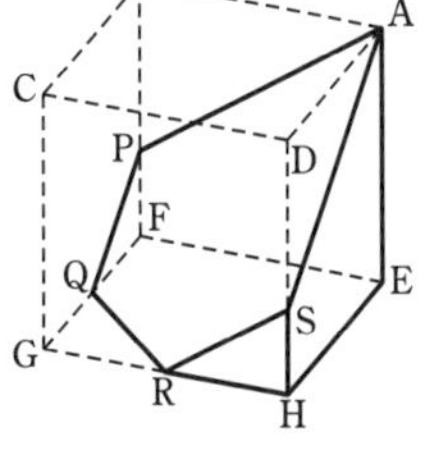

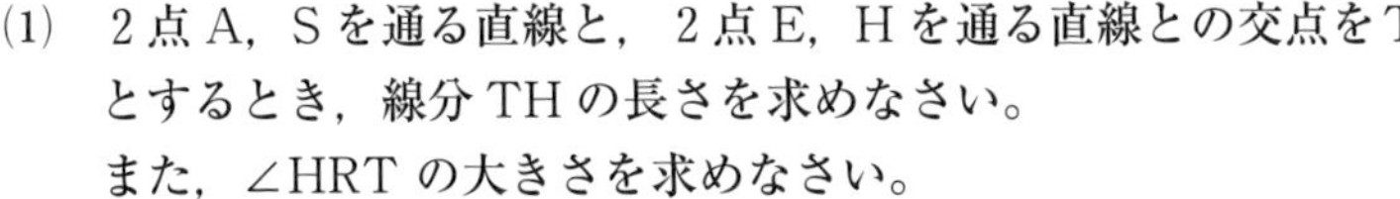

(1)　2点 A，S を通る直線と，2点 E，H を通る直線との交点をTとするとき，線分 TH の長さを求めなさい。
また，∠HRT の大きさを求めなさい。

(2)　立体Xの体積を求めなさい。　〔京都府〕

>>発展例題 16

49 右の図のような2つの放物線 $y=x^2$ …… ①，$y=-\frac{1}{2}x^2$ …… ② がある。① 上に x 座標が -1 である点Aと x 座標が 2 である点Bがある。直線 OA と ② との交点をC，直線 OB と ② との交点をDとする。ただし，C，D は原点Oとは異なる点とする。　〔西武学園文理〕

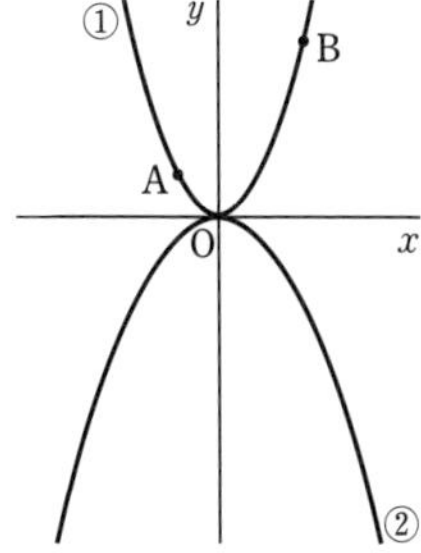

(1)　直線 AB の式を求めなさい。

(2)　直線 CD の式を求めなさい。

(3)　△OAB の面積を S_1，△OCD の面積を S_2 とする。$S_1：S_2$ を求めなさい。

(4)　放物線 ② 上のOとCの間に点Pをとり，△OPD の面積を S_3 とする。$S_1=S_3$ となるような点Pの x 座標を求めなさい。

>>発展例題 10，17

第6章 円

50 次の図において $\angle x$，$\angle y$ の大きさを求めなさい。ただし，(1) の点Oは円の中心である。

(1)

(2)

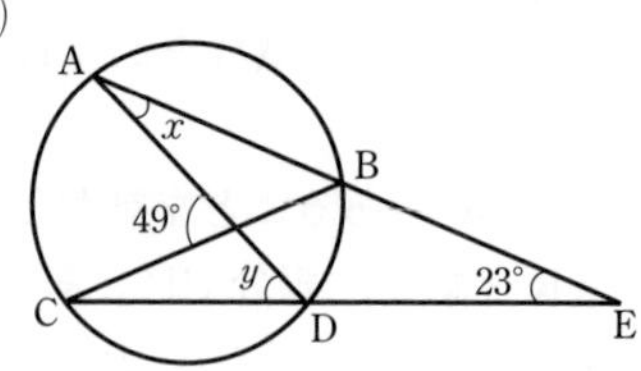

〔(1) 城西大学附属川越　(2) 帝塚山泉ケ丘〕

51 右の図において，線分 BC は円Oの直径で，直線 AF は点Fで円Oに接している。$\angle$AED$=94°$，$\overset{\frown}{\mathrm{BF}}:\overset{\frown}{\mathrm{BD}}=6:7$ のとき，x，y の値を求めなさい。〔愛光〕

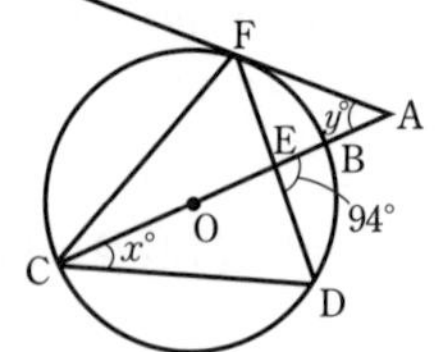

52 右の図のように，線分 AB 上に点Cがあり，線分 AB，AC をそれぞれ直径とする大小 2 つの半円がある。点Bから小さい半円に接線をひき，その接点をD，大きい半円との交点をEとする。
$\overset{\frown}{\mathrm{AD}}:\overset{\frown}{\mathrm{DC}}=10:3$ であるとき，$\overset{\frown}{\mathrm{AE}}:\overset{\frown}{\mathrm{EB}}$ を求めなさい。

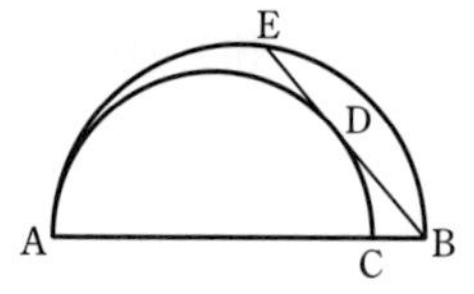

53 右の図のような，おうぎ形 ABC があり，$\overset{\frown}{\mathrm{BC}}$ 上に点Dをとり，$\overset{\frown}{\mathrm{DC}}$ 上に点Eを，$\overset{\frown}{\mathrm{DE}}=\overset{\frown}{\mathrm{EC}}$ となるようにとる。また，線分 AE と線分 BC の交点をF，線分 AE の延長と線分 BD の延長の交点をGとする。

(1) △GAD∽△GBF であることを証明しなさい。

(2) おうぎ形 ABC の半径が 8 cm，線分 EG の長さが 2 cm であるとき，線分 AF の長さを求めなさい。〔山口県〕

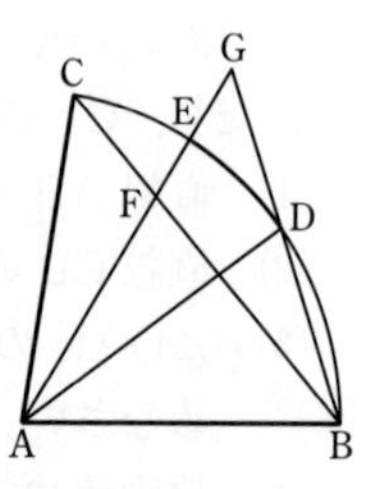

≫発展例題 19

54 右の図のように，1辺の長さが 2 cm の正五角形 ABCDE が円に内接している。対角線 BD と CE の交点をPとする。〔四天王寺〕

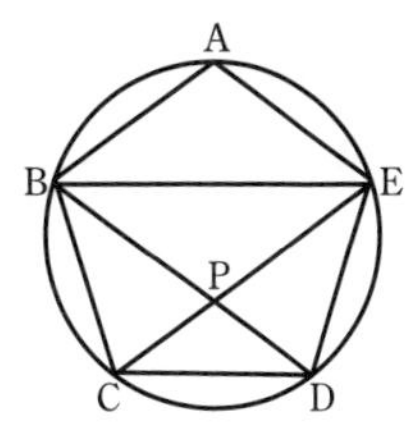

(1) 次の □ をうめなさい。

∠BAE= ア °，∠DBE=∠DEP= イ °

(2) 線分 BP，PD の長さをそれぞれ求めなさい。

(3) △EPD の面積は，△BDE の面積の何倍ですか。 >>発展例題 19

55 右の図のように，∠A=62° の △ABC がある。点Bから辺 AC に垂線 BH をひき，点Cから辺 AB に垂線 CI をひく。辺 BC の中点をMとするとき，∠IMH の大きさを求めなさい。〔専修大学松戸〕

>>発展例題 18

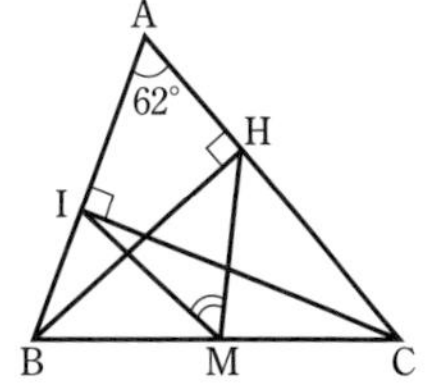

56 右の図のように，∠A=50°，∠B=60°，∠C=70° の △ABC を，頂点Cを中心にして時計まわりに 25° 回転させたとき，A，B が移る点を，それぞれ D，E とする。AB と DE の交点をFとするとき，

∠BEC+∠ECF= □ °

である。□ をうめなさい。〔筑波大学附属〕

>>発展例題 18

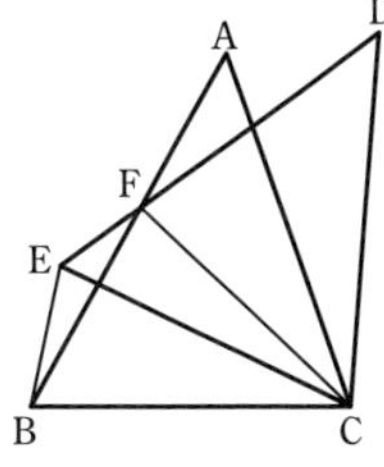

57 右の図において，3点 A，B，C は円Oの周上の点であり，AB=AC である。点Cを通り，BA に平行な直線と円Oとの交点をDとする。また，点Dを通り AC に平行な直線と線分 BC の延長との交点をEとし，線分 DE の延長上に ∠ACD=∠ECF となる点Fをとる。

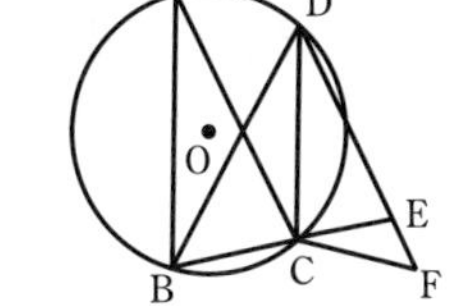

(1) DB=DF であることを証明しなさい。

(2) 円Oの半径が 3 cm で，∠CBD=42° のとき，∠BAC の大きさを求めなさい。また，$\overset{\frown}{BC}$ の長さを求めなさい。ただし，円周率は π とする。〔静岡県〕

58 右の図において，2つの円は点Pで接している。∠PCD=48°，∠APB=63° のとき，∠PAB の大きさを求めなさい。

〔西武学園文理〕

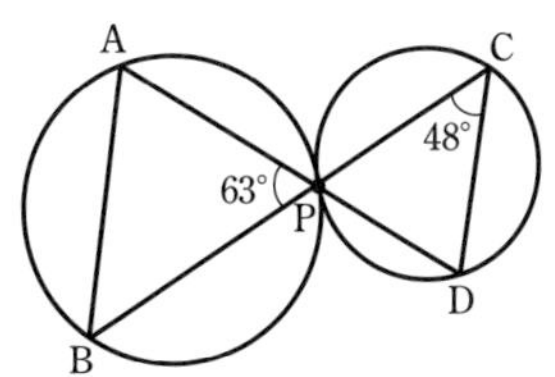

59 右の図において，線分 OA の長さを求めなさい。ただし，O は円の中心で，2つの四角形は正方形である。 〔岡山白陵〕

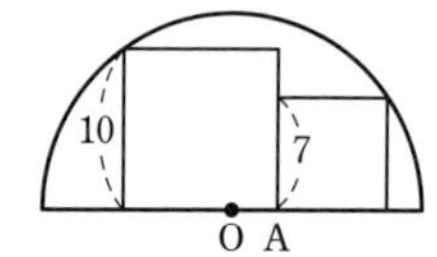

60 右の図の △ABC において，AB＝AC＝$2\sqrt{3}$，∠A＝∠ABD＝30° である。

(1) 線分 CD の長さを求めなさい。

(2) 辺 BC の長さを求めなさい。 〔日本女子大学附属〕

>>発展例題 21

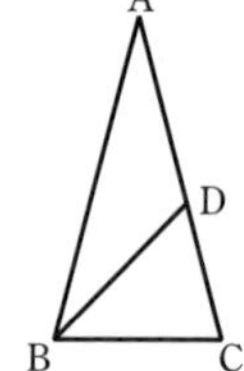

61 右の図のような，AB＝5 cm，BC＝5 cm，CA＝$2\sqrt{5}$ cm である △ABC を，頂点Aを中心として1回転させたとき，辺 BC が通過した部分の面積を求めなさい。 〔西武学園文理〕

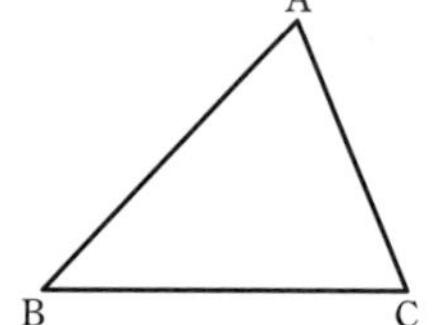

62 右の図のような，AB＝AC の二等辺三角形 ABC がある。辺 AC 上に2点 A，C と異なる点Dをとり，点Cを通り辺 BC に垂直な直線をひき，直線 BD との交点をEとする。
AB＝5 cm，BC＝CE＝6 cm であるとき，△BCD の面積は何 cm^2 か，求めなさい。

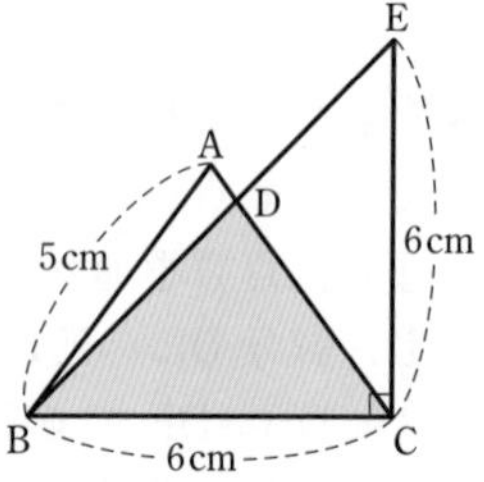

63 右の図のように，1辺の長さが 4 cm の正三角形 ABC と，3つの円 A，B，C，長方形 DEFG がある。円Aは，辺 AB と CA のそれぞれの中点を通り，辺 DG に接している。円Bは，辺 AB と BC のそれぞれの中点を通り，辺 DE と EF に接している。円Cは，辺 BC と CA のそれぞれの中点を通り，辺 EF と FG に接している。このとき，長方形 DEFG の面積を求めなさい。 〔北海道〕

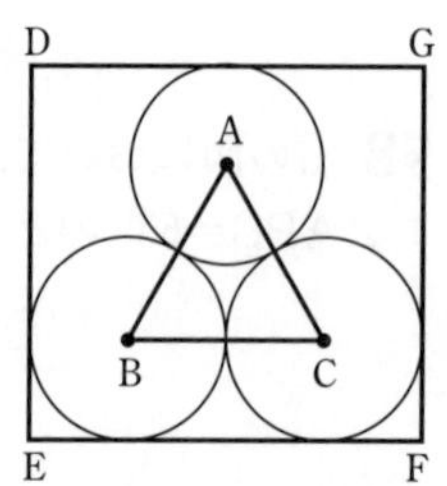

64 右の図において，△BDC と △ACE はともに正三角形である。また，線分 AD と BE との交点をFとし，線分 AD と辺 BC との交点をGとする。〔岐阜県〕

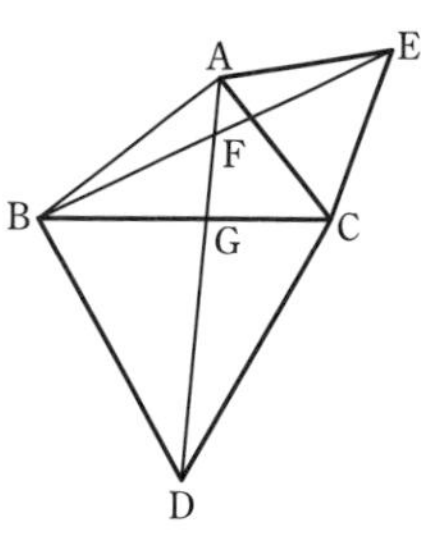

(1) △ADC≡△EBC であることを証明しなさい。

(2) AB=4 cm，AC=4 cm，BC=6 cm のとき

(ア) 線分 DG の長さを求めなさい。

(イ) 線分 EF の長さを求めなさい。

>>発展例題 21

65 右の図のように，半径 9 の円Oと半径 4 の円 O′ が点Pで接している。また，直線 ℓ はこの 2 つの円に接し，それぞれの接点を A，B とする。さらに，点Pにおける 2 つの円の接線を m とし，ℓ と m の交点をQとする。

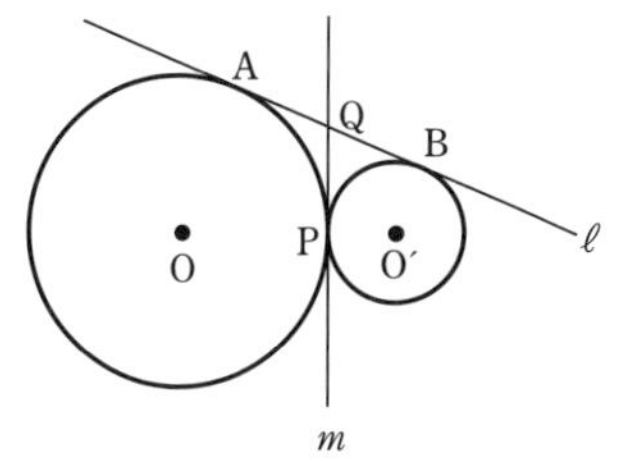

(1) 線分 AO′ の長さを求めなさい。

(2) △OAO′ の面積を求めなさい。

(3) 線分 OQ の長さを求めなさい。

(4) 四角形 PO′BQ の面積を求めなさい。〔成田〕

66 △ABD は ∠BAD=90° の直角二等辺三角形，△BCD は ∠CBD=30°，∠BCD=90° の直角三角形である。CD=1 のとき，次の問いに答えなさい。〔徳島文理〕

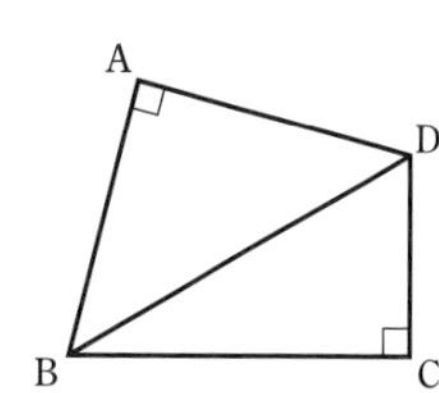

(1) 辺 AB の長さを求めなさい。

(2) 四角形 ABCD の面積を求めなさい。

(3) 対角線 AC の長さを求めなさい。

>>発展例題 21

67 右の図のように，関数 $y=ax^2$ のグラフ上の点 A，B，C を中心とする 3 つの円がある。直線 ℓ，m は x 軸に平行で，点Aを中心とする円は x 軸，y 軸，直線 ℓ に，点Bを中心とする円は y 軸，直線 ℓ，m に，点Cを中心とする円は y 軸，直線 m にそれぞれ接しており，点Aの座標は $(-1,\ 1)$ である。〔兵庫県〕

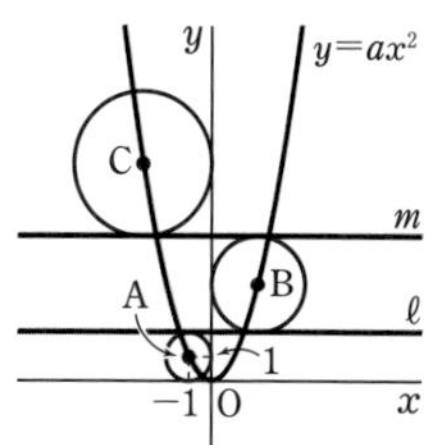

(1) a の値を求めなさい。　(2) 点Bの座標を求めなさい。

(3) 3 点 A，B，C を通る円の半径は何 cm か，求めなさい。ただし，座標軸の単位の長さは 1 cm とする。

>>発展例題 22

68 右の図において，4点A，B，C，Dは円Oの周上にあり，線分ACは円Oの直径で，線分AHは△ABDの頂点Aから辺BDにひいた垂線である。また，直径ACと辺BDとの交点をEとする。

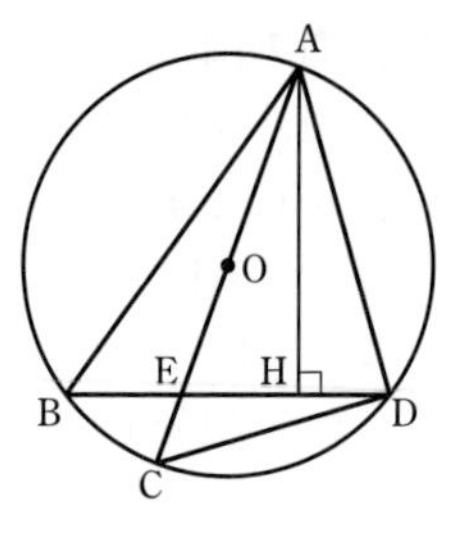

(1) △ABH∽△ACDであることを証明しなさい。

(2) AC＝10 cm，CD＝6 cm，∠EAH＝∠DAHのとき

(ア) 線分ADの長さを求めなさい。

(イ) 線分BEの長さを求めなさい。 〔岐阜県〕 >>発展例題 21

69 右の図は，底面が1辺4 cmの正三角形ABCで，高さがOA＝6 cmの三角錐OABCである。この三角錐OABCを底面ABCに平行で，辺OAの中点を通る平面で切り，2つの立体に分けて，体積の大きい方の立体について考える。 〔土佐〕

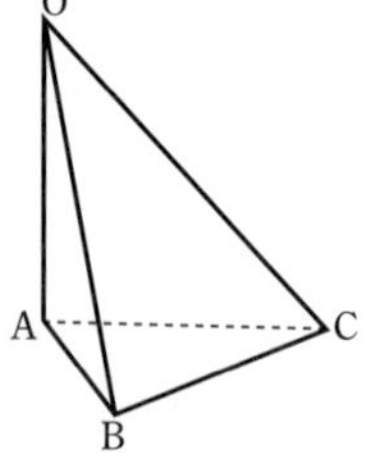

(1) この立体の体積を求めなさい。

(2) この立体の表面積を求めなさい。 >>発展例題 23

70 底面の半径が3 cm，体積が$27\sqrt{7}\pi$ cm^{3}の円錐がある。右の図のように，平面上で頂点Oを固定して，側面が平面上を滑らないようにこの円錐を転がすと，円の上を1周してもとの位置にもどるまでに，円錐はx回転した。

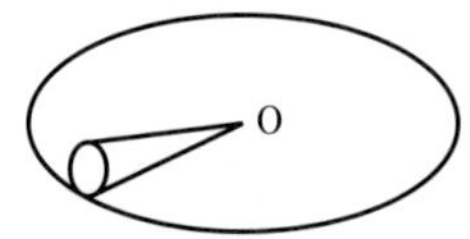

(1) xの値を求めなさい。

(2) この円錐の表面積を求めなさい。 〔慶應義塾〕

71 右の図のように，AB＝6 cm，BC＝8 cm，CA＝3 cm，BE＝12 cmの三角柱ABC-DEFがある。点Pは，点Bを出発して辺BE上を毎秒1 cmの速さで動き，点Eで停止する。点Qは，点Cを出発して辺CF上を毎秒2 cmの速さで動き，点Fで折り返して点Cに戻ったところで停止する。2点P，Qが同時に出発し，出発してからの時間をx秒 ($0 \leqq x \leqq 12$) とする。

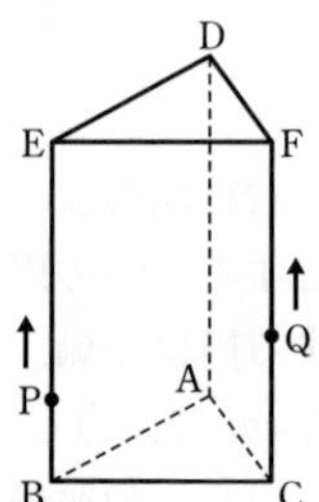

(1) $0 \leqq x \leqq 6$ のとき，四角形PBCQの面積をxを使って表しなさい。

(2) 線分PQが長方形BCFEの面積を2等分するときのxの値をすべて求めなさい。

(3) △DPQがDP＝DQの二等辺三角形となるとき，線分PQの長さを求めなさい。 〔高知県〕

72 右の図1は，AB＝3 cm，BC＝4 cm，∠ABC＝90° の直角三角形 ABC を底面とし，AD＝BE＝CF＝2 cm を高さとする三角柱である。また，点Gは辺 EF の中点である。

(1) この三角柱の表面積を求めなさい。

(2) この三角柱において，3点 B，D，G を結んでできる三角形の面積を求めなさい。

(3) この三角柱の表面上に，図2のように点Bから辺 EF，辺 DF と交わるように，点Cまで線をひく。このような線のうち，長さが最も短くなるようにひいた線の長さを求めなさい。

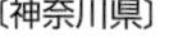
〔神奈川県〕

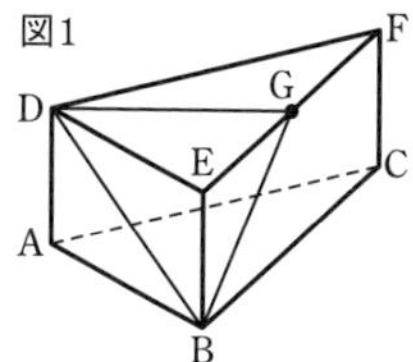

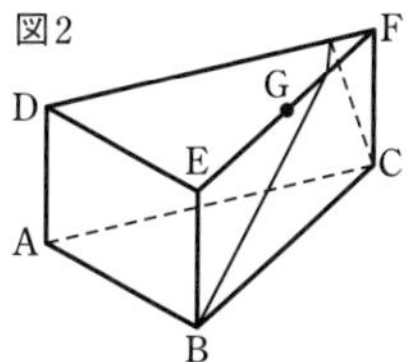

第8章 標 本 調 査

73 袋の中に黒色の碁石と白色の碁石がたくさん入っている。この袋の中から 40 個の碁石を無作為に抽出したところ，黒色の碁石が 32 個であり，白色の碁石が 8 個であった。取り出した 40 個の碁石を袋にもどし，新たに 100 個の白色の碁石を袋に加えてよくかき混ぜた後，再びこの袋の中から 40 個の碁石を無作為に抽出したところ，黒色の碁石が 28 個であり，白色の碁石が 12 個であった。次の文中の □ に入れるのに適している自然数を書きなさい。

> 標本調査の考え方を用いると，袋の中に初めに入っていた黒色の碁石の個数は，およそ □ 個であると推定できる。

〔大阪府〕

74 あるみかん農園では，1日に 1500 個のみかんを収穫した。その糖度を調べるため，標本として 30 個のみかんを無作為に抽出し，糖度を調べた。
右の表は，その結果をまとめたものである。

(1) 抽出した 30 個のみかんの糖度の平均値を求めなさい。

(2) この1日で収穫した 1500 個のみかんのうち，糖度が 12.5 度以上，14.5 度未満のみかんは，およそ何個と推定されるか，求めなさい。 〔和歌山県〕

糖度（度）	度数（個）
9.5 以上 10.5 未満	2
10.5 ～ 11.5	5
11.5 ～ 12.5	8
12.5 ～ 13.5	12
13.5 ～ 14.5	3
計	30

さくいん

あ

[1]　$x^2+(a+b)x+ab=(x+a)(x+b)$
[2]　$x^2+2ax+a^2=(x+a)^2$
[3]　$x^2-2ax+a^2=(x-a)^2$
[4]　$x^2-a^2=(x+a)(x-a)$

1 つの円において
[1]　等しい円周角に対する弧の長さは等しい。
[2]　長さの等しい弧に対する円周角は等しい。

[1]　1 つの弧に対する円周角の大きさは，その弧に対する中心角の大きさの半分である。
[2]　同じ弧に対する円周角の大きさは等しい。

円に内接する四角形において
[1]　対角の和は 180° である。
[2]　外角はそれととなり合う内角の対角に等しい。

円の接線の性質
[1]　円の接線は，接点を通る半径に垂直である。
[2]　円の外部の点から，その円にひいた 2 つの接線の長さは等しい。

か

2 次方程式 $ax^2+bx+c=0$ の解は

$$x=\frac{-b\pm\sqrt{b^2-4ac}}{2a}$$

2 次方程式 $ax^2+2b'x+c=0$ の解は

$$x=\frac{-b'\pm\sqrt{b'^2-ac}}{a}$$

△ABC において，∠A の二等分線と辺 BC との交点を D とすると

$$\mathrm{AB}:\mathrm{AC}=\mathrm{BD}:\mathrm{DC}$$

さ

[1]　3 組の辺の比がすべて等しい。
[2]　2 組の辺の比とその間の角がそれぞれ等しい。
[3]　2 組の角がそれぞれ等しい。

直角三角形の直角をはさむ 2 辺の長さを a，b，斜辺の長さを c とすると

$$a^2+b^2=c^2$$

[1]　対応する線分の長さの比は，すべて等しい。
[2]　対応する角の大きさは，それぞれ等しい。

た

[1] $(x+a)(x+b)=x^2+(a+b)x+ab$
[2] $(x+a)^2=x^2+2ax+a^2$
[3] $(x-a)^2=x^2-2ax+a^2$
[4] $(x+a)(x-a)=x^2-a^2$

な

は

ま

や

ら

記号

●編著者
チャート研究所

●カバー・本文デザイン
アーク・ビジュアル・ワークス（落合あや子）

初版
第１刷　1972年３月１日　発行
改訂新版
第１刷　1977年３月１日　発行
新制版
第１刷　1981年２月25日　発行
新指導要領準拠版
第１刷　1993年４月１日　発行
新指導要領準拠版
第１刷　2002年４月１日　発行
新指導要領準拠（基礎からのシリーズ）
第１刷　2012年４月１日　発行
改訂版
第１刷　2016年３月１日　発行
新指導要領準拠版
第１刷　2021年３月１日　発行
第２刷　2022年２月１日　発行
第３刷　2023年２月１日　発行
第４刷　2024年１月10日　発行
第５刷　2024年11月１日　発行

編集・制作　チャート研究所
発行者　星野 泰也

ISBN978-4-410-15036-4

チャート式®　中学数学　3年

発行所　**数研出版株式会社**

〒101-0052　東京都千代田区神田小川町２丁目３番地３
〔振替〕00140-4-118431
〒604-0861　京都市中京区烏丸通竹屋町上る大倉町205番地
〔電話〕代表（075)231-0161
ホームページ　http://www.chart.co.jp/
印刷　創栄図書印刷株式会社

本書の一部または全部を許可なく複写・複製することおよび本書の解説書，問題集ならびにこれに類するものを無断で作成することを禁じます。

乱丁本・落丁本はお取り替えいたします　240905

「チャート式」は，登録商標です。

第5章　相　似

●相似な図形

① **相似**　2つの図形の一方を拡大または縮小した図形が，他方と合同になるとき，この2つの図形は相似である。

(1)　対応する線分の長さの比はすべて等しい。

(2)　対応する角の大きさはそれぞれ等しい。

② **相似比**　相似な図形で，対応する線分の長さの比を相似比という。

③ **三角形の相似条件**　2つの三角形において

(1)　3組の辺の比がすべて等しい。　$a : a' = b : b' = c : c'$

(2)　2組の辺の比とその間の角がそれぞれ等しい。　$a : a' = c : c'$，$\angle B = \angle B'$

(3)　2組の角がそれぞれ等しい。　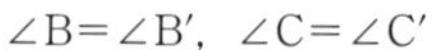
$\angle B = \angle B'$，$\angle C = \angle C'$

(1)
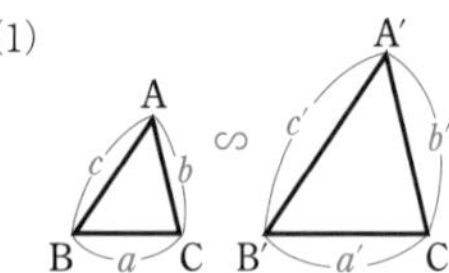

(2)
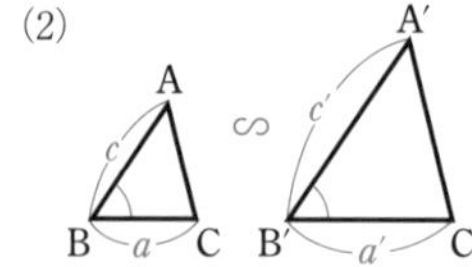

(3)
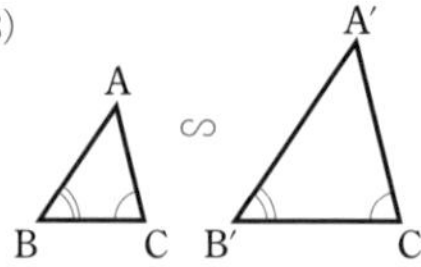

●相似比と面積比，体積比

① **線分の比と面積の比**

(1)　高さが等しい2つの三角形の面積の比は，底辺の長さの比に等しい。

(2)　底辺の長さが等しい2つの三角形の面積の比は，高さの比に等しい。。

② **面積比と体積比**　2つの相似な図形の相似比が $m : n$ であるとき

(1)　面積比は　$m^2 : n^2$　　(2)　体積比は　$m^3 : n^3$

●平行線と線分の比

① △ABC の辺 AB，AC 上にそれぞれ点 D，E をとる。DE∥BC ならば

(1)　AD : AB＝AE : AC＝DE : BC　　(2)　AD : DB＝AE : EC

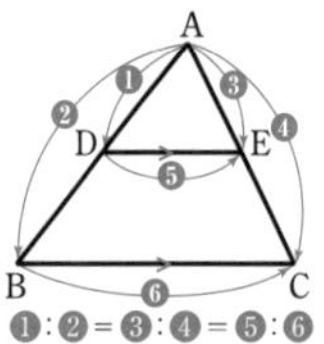

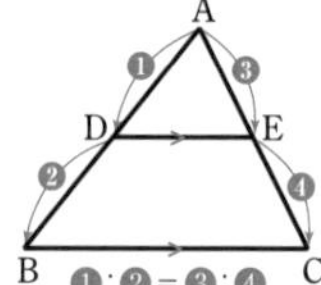

② 右の図において，4直線 a，b，c，d が平行ならば

$p : p' = q : q' = r : r'$

②

③ **中点連結定理**

△ABC の2辺 AB，AC の中点をそれぞれ M，N とすると

MN∥BC，$\mathrm{MN} = \frac{1}{2}\mathrm{BC}$

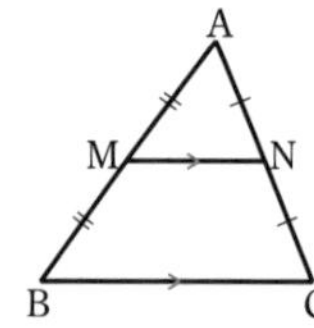

④ **角の二等分線と線分の比**

△ABC において，
∠A の二等分線と辺 BC の交点を D とすると

AB : AC＝BD : DC

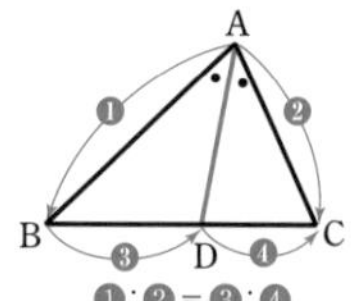

チャート式®

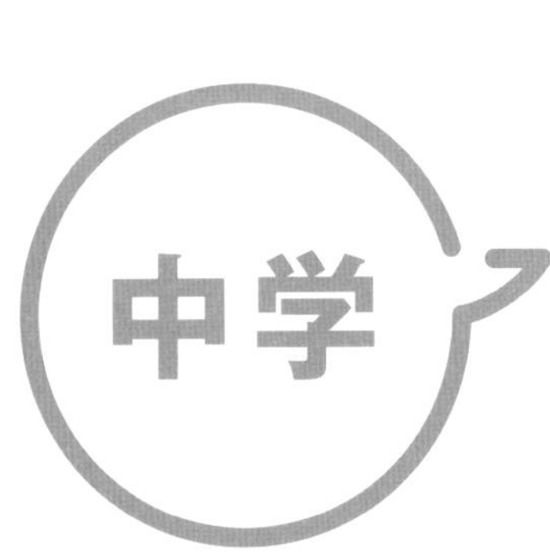

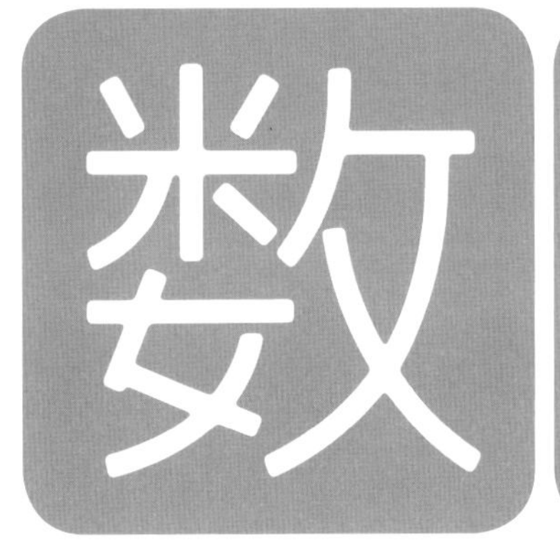

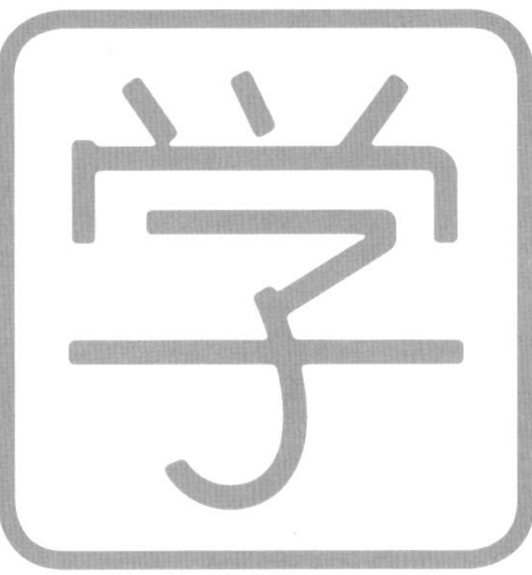

中学

数学 3年

Mathematics

【別冊解答編】

(答と解説)

数研出版
https://www.chart.co.jp

答と解説

● 練習，EXERCISES，定期試験対策問題，問題，入試対策問題の答と解説を載せています。

● 解説は，計算問題の途中式や解き方，考え方などを示しています。やさしい問題では解説を省略したものもあります。

第1章 式の計算 p. 7

練習

練習1 (1) $\boldsymbol{6a^2+3ab}$　(2) $\boldsymbol{-xy+3y^2}$

(3) $\boldsymbol{10a^2-2ab}$　(4) $\boldsymbol{-3a+4b}$

(5) $\boldsymbol{5x-7z}$　(6) $\boldsymbol{10x-4y}$

(7) $\boldsymbol{-9xy+6}$

解説 分配法則の利用。除法は乗法に直す。

(1) $(2a+b)\times 3a=2a\times 3a+b\times 3a$
$=6a^2+3ab$

(2) $(x-3y)\times(-y)=x\times(-y)-3y\times(-y)$
$=-xy+3y^2$

(3) $-2a(-5a+b)$
$=-2a\times(-5a)+(-2a)\times b$
$=10a^2-2ab$

(4) $(-9a^2b+12ab^2)\div 3ab$
$=(-9a^2b+12ab^2)\times\dfrac{1}{3ab}$
$=\dfrac{-9a^2b}{3ab}+\dfrac{12ab^2}{3ab}$
$=-3a+4b$

(5) $(-20xy+28yz)\div(-4y)$
$=(-20xy+28yz)\times\left(-\dfrac{1}{4y}\right)$
$=\dfrac{-20xy}{-4y}+\dfrac{28yz}{-4y}$
$=5x-7z$

(6) $(15x^2-6xy)\div\dfrac{3}{2}x=(15x^2-6xy)\times\dfrac{2}{3x}$
$=\dfrac{15x^2\times 2}{3x}-\dfrac{6xy\times 2}{3x}=10x-4y$

(7) $(21x^2y^2-14xy)\div\left(-\dfrac{7}{3}xy\right)$
$=(21x^2y^2-14xy)\times\left(-\dfrac{3}{7xy}\right)$
$=\dfrac{21x^2y^2\times 3}{-7xy}-\dfrac{14xy\times 3}{-7xy}$
$=-9xy+6$

練習2 (1) $\boldsymbol{ac-ad+bc-bd}$

(2) $\boldsymbol{ax-ay-bx+by}$

(3) $\boldsymbol{xy+3x+2y+6}$

(4) $\boldsymbol{ab-2a+5b-10}$

(5) $\boldsymbol{x^2+x-6}$

(6) $\boldsymbol{2x^2-9x-5}$

(7) $\boldsymbol{6a^2-11a-10}$

(8) $\boldsymbol{14a^2+11ab-15b^2}$

(9) $\boldsymbol{3x^2-xy+15x-2y+18}$

(10) $\boldsymbol{10a^2-9ab+2b^2+8a-4b}$

解説 多項式の一方をひとまとめにして，分配法則をくり返す。

(1) $(a+b)(c-d)=a(c-d)+b(c-d)$
$=ac-ad+bc-bd$

(2) $(a-b)(x-y)=a(x-y)-b(x-y)$
$=ax-ay-bx+by$

(3) $(x+2)(y+3)=x(y+3)+2(y+3)$
$=xy+3x+2y+6$

(4) $(a+5)(b-2)=a(b-2)+5(b-2)$
$=ab-2a+5b-10$

(5) $(x-2)(x+3)=x(x+3)-2(x+3)$
$=x^2+3x-2x-6$
$=x^2+x-6$

(6) $(x-5)(2x+1)=x(2x+1)-5(2x+1)$
$=2x^2+x-10x-5=2x^2-9x-5$

(7) $(2a-5)(3a+2)=2a(3a+2)-5(3a+2)$
$=6a^2+4a-15a-10$
$=6a^2-11a-10$

(8) $(7a-5b)(2a+3b)$
$=7a(2a+3b)-5b(2a+3b)$
$=14a^2+21ab-10ab-15b^2$
$=14a^2+11ab-15b^2$
(9) $(x+2)(3x-y+9)$
$=x(3x-y+9)+2(3x-y+9)$
$=3x^2-xy+9x+6x-2y+18$
$=3x^2-xy+15x-2y+18$
(10) $(5a-2b+4)(2a-b)$
$=(5a-2b+4)\times 2a+(5a-2b+4)\times(-b)$
$=10a^2-4ab+8a-5ab+2b^2-4b$
$=10a^2-9ab+2b^2+8a-4b$

練習 3 (1) $\boldsymbol{2x^3-7x^2-7x+12}$
(2) $\boldsymbol{2a^3-9a^2b-11ab^2-3b^3}$
(3) $\boldsymbol{3x^4-4x^3+8x^2-13x-14}$
(4) $\boldsymbol{6a^4-20a^3+17a^2-17a+5}$

解説
(1) $(x-4)(2x^2+x-3)$
$=x(2x^2+x-3)-4(2x^2+x-3)$
$=2x^3+x^2-3x-8x^2-4x+12$
$=2x^3-7x^2-7x+12$
(2) $(a^2-5ab-3b^2)(2a+b)$
$=(a^2-5ab-3b^2)\times 2a+(a^2-5ab-3b^2)\times b$
$=2a^3-10a^2b-6ab^2+a^2b-5ab^2-3b^3$
$=2a^3-9a^2b-11ab^2-3b^3$
(3) $(x^3-2x^2+4x-7)(3x+2)$
$=(x^3-2x^2+4x-7)\times 3x$
$\quad +(x^3-2x^2+4x-7)\times 2$
$=3x^4-6x^3+12x^2-21x+2x^3-4x^2+8x-14$
$=3x^4-4x^3+8x^2-13x-14$
(4) $(a^2-3a+1)(6a^2-2a+5)$
$=a^2(6a^2-2a+5)-3a(6a^2-2a+5)$
$\quad +6a^2-2a+5$
$=6a^4-2a^3+5a^2-18a^3+6a^2-15a$
$\quad +6a^2-2a+5$
$=6a^4-20a^3+17a^2-17a+5$

練習 4 (1) $\boldsymbol{x^2+5x+6}$ (2) $\boldsymbol{a^2+2a-15}$
(3) $\boldsymbol{x^2-9x-22}$ (4) $\boldsymbol{a^2-5ab+6b^2}$
(5) $\boldsymbol{x^2+4xy-45y^2}$
(6) $\boldsymbol{a^2-a-\frac{4}{9}}$
(7) $\boldsymbol{4x^2+8x+3}$
(8) $\boldsymbol{9a^2+12ab-5b^2}$
(9) $\boldsymbol{16a^2-a-\frac{3}{8}}$

解説
公式 $(x+a)(x+b)=x^2+(a+b)x+ab$ の利用。
x^2+(和)$x+$(積) と覚える。
(1) $(x+2)(x+3)=x^2+(2+3)x+2\times 3$
$=x^2+5x+6$
(2) $(a-3)(a+5)=a^2+(-3+5)a+(-3)\times 5$
$=a^2+2a-15$
(3) $(x+2)(x-11)$
$=x^2+(2-11)x+2\times(-11)$
$=x^2-9x-22$
(4) $(a-3b)(a-2b)$
$=a^2+(-3b-2b)a+(-3b)\times(-2b)$
$=a^2-5ab+6b^2$
(5) $(x+9y)(x-5y)$
$=x^2+(9y-5y)x+9y\times(-5y)$
$=x^2+4xy-45y^2$
(6) $\left(a+\frac{1}{3}\right)\left(a-\frac{4}{3}\right)$
$=a^2+\left(\frac{1}{3}-\frac{4}{3}\right)a+\frac{1}{3}\times\left(-\frac{4}{3}\right)$
$=a^2-a-\frac{4}{9}$
(7) $(2x+1)(2x+3)$
$=(2x)^2+(1+3)\times 2x+1\times 3$
$=4x^2+8x+3$
(8) $(3a-b)(3a+5b)$
$=(3a)^2+(-b+5b)\times 3a+(-b)\times 5b$
$=9a^2+12ab-5b^2$
(9) $\left(4a+\frac{1}{2}\right)\left(4a-\frac{3}{4}\right)$
$=(4a)^2+\left(\frac{1}{2}-\frac{3}{4}\right)\times 4a+\frac{1}{2}\times\left(-\frac{3}{4}\right)$
$=16a^2-a-\frac{3}{8}$

練習 5 (1) x^2+6x+9　(2) $a^2-10a+25$

(3) $a^2+6ab+9b^2$

(4) $49a^2-28ab+4b^2$

(5) $x^2+\frac{4}{3}x+\frac{4}{9}$

(6) $x^2-x+\frac{1}{4}$

(7) $\frac{1}{4}x^2+2x+4$

(8) $\frac{b^2}{4}-\frac{ab}{5}+\frac{a^2}{25}$

(9) $\frac{9}{4}x^2-2xy+\frac{4}{9}y^2$

解説

$(x+a)^2=x^2+2ax+a^2$, $(x-a)^2=x^2-2ax+a^2$

(1) $(x+3)^2=x^2+2\times3\times x+3^2$
$=x^2+6x+9$

(2) $(a-5)^2=a^2-2\times5\times a+5^2=a^2-10a+25$

(3) $(a+3b)^2=a^2+2\times3b\times a+(3b)^2$
$=a^2+6ab+9b^2$

(4) $(7a-2b)^2=(7a)^2-2\times2b\times7a+(2b)^2$
$=49a^2-28ab+4b^2$

(5) $\left(x+\frac{2}{3}\right)^2=x^2+2\times\frac{2}{3}\times x+\left(\frac{2}{3}\right)^2$
$=x^2+\frac{4}{3}x+\frac{4}{9}$

(6) $\left(-x+\frac{1}{2}\right)^2$
$=(-x)^2+2\times\frac{1}{2}\times(-x)+\left(\frac{1}{2}\right)^2$
$=x^2-x+\frac{1}{4}$

参考 $(-x+a)^2=\{-(x-a)\}^2=(x-a)^2$
$(-x-a)^2=\{-(x+a)\}^2=(x+a)^2$

(7) $\left(\frac{1}{2}x+2\right)^2=\left(\frac{1}{2}x\right)^2+2\times2\times\frac{1}{2}x+2^2$
$=\frac{1}{4}x^2+2x+4$

(8) $\left(\frac{b}{2}-\frac{a}{5}\right)^2=\left(\frac{b}{2}\right)^2-2\times\frac{a}{5}\times\frac{b}{2}+\left(\frac{a}{5}\right)^2$
$=\frac{b^2}{4}-\frac{ab}{5}+\frac{a^2}{25}$

(9) $\left(\frac{3}{2}x-\frac{2}{3}y\right)^2$
$=\left(\frac{3}{2}x\right)^2-2\times\frac{2}{3}y\times\frac{3}{2}x+\left(\frac{2}{3}y\right)^2$
$=\frac{9}{4}x^2-2xy+\frac{4}{9}y^2$

練習 6 (1) x^2-49　(2) a^2-4b^2

(3) $9x^2-y^2$　(4) $a^2-\frac{b^2}{36}$

(5) $9y^2-16x^2$　(6) $\frac{a^2}{25}-\frac{b^2}{9}$

解説

(1) $(x+7)(x-7)=x^2-7^2=x^2-49$

(2) $(a-2b)(a+2b)=(a+2b)(a-2b)$
$=a^2-(2b)^2=a^2-4b^2$

(3) $(-3x+y)(-3x-y)=(-3x)^2-y^2$
$=9x^2-y^2$

(4) $\left(a+\frac{b}{6}\right)\left(a-\frac{b}{6}\right)=a^2-\left(\frac{b}{6}\right)^2=a^2-\frac{b^2}{36}$

(5) $(-4x+3y)(3y+4x)$
$=(3y-4x)(3y+4x)$
$=(3y)^2-(4x)^2=9y^2-16x^2$

(6) $\left(\frac{a}{5}-\frac{b}{3}\right)\left(\frac{b}{3}+\frac{a}{5}\right)$
$=\left(\frac{a}{5}-\frac{b}{3}\right)\left(\frac{a}{5}+\frac{b}{3}\right)$
$=\left(\frac{a}{5}\right)^2-\left(\frac{b}{3}\right)^2=\frac{a^2}{25}-\frac{b^2}{9}$

練習 7 (1) $a^2+b^2+c^2+2ab-2bc-2ca$

(2) $4a^2-4ab+b^2+4a-2b+1$

(3) $x^2+6xy+9y^2-7x-21y+10$

(4) $4a^2-9b^2+6bc-c^2$

(5) $9x^2-4y^2+z^2-6zx$

解説

同じ式は 1 つの文字におきかえる。

(1) $a+b=M$ とおくと
$(a+b-c)^2=(M-c)^2=M^2-2cM+c^2$
$=(a+b)^2-2c(a+b)+c^2$
$=a^2+2ab+b^2-2ac-2bc+c^2$
$=a^2+b^2+c^2+2ab-2bc-2ca$

参考 $(a+b+c)^2=a^2+b^2+c^2+2ab+2bc+2ca$

を公式として利用すると

$(a+b-c)^2=a^2+b^2+(-c)^2$

$+2ab+2b\times(-c)+2\times(-c)a$

$=a^2+b^2+c^2+2ab-2bc-2ca$

(2) $2a-b=M$ とおくと

$(2a-b+1)^2=(M+1)^2=M^2+2M+1$

$=(2a-b)^2+2(2a-b)+1$

$=4a^2-4ab+b^2+4a-2b+1$

(3) $x+3y=M$ とおくと

$(x+3y-5)(x+3y-2)$

$=(M-5)(M-2)$

$=M^2-7M+10$

$=(x+3y)^2-7(x+3y)+10$

$=x^2+6xy+9y^2-7x-21y+10$

(4) $2a-3b+c=2a-(3b-c)$ であるから，

$3b-c=M$ とおくと

$(2a+3b-c)(2a-3b+c)$

$=(2a+M)(2a-M)=4a^2-M^2$

$=4a^2-(3b-c)^2$

$=4a^2-(9b^2-6bc+c^2)$

$=4a^2-9b^2+6bc-c^2$

(5) $3x-z=M$ とおくと

$(3x+2y-z)(3x-2y-z)$

$=(M+2y)(M-2y)=M^2-4y^2$

$=(3x-z)^2-4y^2$

$=9x^2-6xz+z^2-4y^2$

$=9x^2-4y^2+z^2-6zx$

練習 8 (1) $\boldsymbol{-x-13}$ (2) $\boldsymbol{x^2+13x-19}$

(3) $\boldsymbol{3x^2-4xy-13y^2}$

(4) $\boldsymbol{-2x^2+13xy+46y^2}$

解説

(1) $(x-5)(x+5)-(x-3)(x+4)$

$=x^2-25-(x^2+x-12)$

$=x^2-25-x^2-x+12$

$=-x-13$

(2) $(2x-1)(x+3)-(x-4)^2$

$=2x(x+3)-(x+3)-(x^2-8x+16)$

$=2x^2+6x-x-3-(x^2-8x+16)$

$=2x^2+5x-3-x^2+8x-16$

$=x^2+13x-19$

(3) $(2x+3y)(2x-3y)-(x+2y)^2$

$=4x^2-9y^2-(x^2+4xy+4y^2)$

$=4x^2-9y^2-x^2-4xy-4y^2$

$=3x^2-4xy-13y^2$

(4) $(x+6y)^2-(3x+5y)(x-2y)$

$=x^2+12xy+36y^2-\{3x(x-2y)+5y(x-2y)\}$

$=x^2+12xy+36y^2-(3x^2-6xy+5xy-10y^2)$

$=x^2+12xy+36y^2-3x^2+6xy-5xy+10y^2$

$=-2x^2+13xy+46y^2$

練習 9 (1) $\boldsymbol{a(3a+5)}$ (2) $\boldsymbol{3x(2x-3)}$

(3) $\boldsymbol{2y(2a-b+4c)}$

(4) $\boldsymbol{xy(x+y)}$

(5) $\boldsymbol{4ab(a-2b+5)}$

(6) $\boldsymbol{7mx(2x-5y+3z)}$

(7) $\boldsymbol{(a-b)(x-y)}$

(8) $\boldsymbol{(x-1)(y-1)}$

解説

(7) $x-y=M$ とおくと

$a(x-y)-b(x-y)=aM-bM$

$=(a-b)M=(a-b)(x-y)$

(8) $y-1=M$ とおくと

$x(y-1)-(y-1)=xM-M$

$=(x-1)M=(x-1)(y-1)$

練習 10 (1) $\boldsymbol{(x+3)(x+4)}$

(2) $\boldsymbol{(x+1)(x+6)}$

(3) $\boldsymbol{(x-1)(x-3)}$

(4) $\boldsymbol{(x-2)(x-7)}$

(5) $\boldsymbol{(x-1)(x+4)}$

(6) $\boldsymbol{(x-2)(x+4)}$

(7) $\boldsymbol{(x+4y)(x-6y)}$

(8) $\boldsymbol{(x+3y)(x-8y)}$

(9) $\boldsymbol{(x+4y)(x-8y)}$

解説

公式 $x^2+(a+b)x+ab=(x+a)(x+b)$ を利用。積 ab と和 $a+b$ の符号から，2 つの数 a，b

の符号がわかる。

(1) $12=1\times12$, 2×6, 3×4 と $7=3+4$ から

$x^2+7x+12=(x+3)(x+4)$

(2) $6=1\times6$, 2×3 と $7=1+6$ から

$x^2+7x+6=(x+1)(x+6)$

(3) $3=(-1)\times(-3)$ と $-4=(-1)+(-3)$ から $x^2-4x+3=(x-1)(x-3)$

(4) $14=(-1)\times(-14)$, $(-2)\times(-7)$ と $-9=(-2)+(-7)$ から

$x^2-9x+14=(x-2)(x-7)$

(5) [表 5] から　$x^2+3x-4=(x-1)(x+4)$

(6) [表 6] から　$x^2+2x-8=(x-2)(x+4)$

[表 5]

積が -4	和が 3
1 と -4	×
2 と -2	×
-1 と 4	○

[表 6]

積が -8	和が 2
1 と -8	×
-1 と 8	×
2 と -4	×
-2 と 4	○

(7) [表 7, 8] から

$x^2-2xy-24y^2=(x+4y)(x-6y)$

(8) [表 7, 8] から

$x^2-5xy-24y^2=(x+3y)(x-8y)$

(9) [表 9] から

$x^2-4xy-32y^2=(x+4y)(x-8y)$

[表 7, 8]

積が -24	和
1 と -24	×
2 と -12	×
3 と -8	-5 (8)
4 と -6	-2 (7)

[表 9]

積が -32	和が -4
1 と -32	×
2 と -16	×
4 と -8	○

練習 11 (1) $(x+3)^2$　(2) $(6x-1)^2$

(3) $(2a+3b)^2$　(4) $(5x-3y)^2$

(5) $\left(x-\frac{1}{5}\right)^2$　(6) $(x+3)(x-3)$

(7) $(2a+5b)(2a-5b)$

(8) $(1+4c)(1-4c)$

(9) $\left(\frac{x}{7}+\frac{2y}{9}\right)\left(\frac{x}{7}-\frac{2y}{9}\right)$

解説

$x^2+2ax+a^2=(x+a)^2$,

$x^2-2ax+a^2=(x-a)^2$,

$x^2-a^2=(x+a)(x-a)$

(3) $4a^2+12ab+9b^2$

$=(2a)^2+2\times3b\times2a+(3b)^2$

$=(2a+3b)^2$

(4) $25x^2-30xy+9y^2$

$=(5x)^2-2\times3y\times5x+(3y)^2$

$=(5x-3y)^2$

(5) $x^2-\frac{2x}{5}+\frac{1}{25}=x^2-2\times\frac{1}{5}\times x+\left(\frac{1}{5}\right)^2$

$=\left(x-\frac{1}{5}\right)^2$

(7) $4a^2-25b^2=(2a)^2-(5b)^2$

$=(2a+5b)(2a-5b)$

(8) $1-16c^2=1^2-(4c)^2=(1+4c)(1-4c)$

(9) $\frac{x^2}{49}-\frac{4y^2}{81}=\left(\frac{x}{7}\right)^2-\left(\frac{2y}{9}\right)^2$

$=\left(\frac{x}{7}+\frac{2y}{9}\right)\left(\frac{x}{7}-\frac{2y}{9}\right)$

練習 12 (1) $2(x-1)(x-3)$

(2) $-3(x-1)(x+3)$

(3) $2a(x-3)(x+6)$

(4) $3a(a-2)(a-3)$

(5) $2a(x+3)^2$　(6) $3x(2x-3)^2$

(7) $4y(3x+1)(3x-1)$

(8) $-3a(3a+4b)(3a-4b)$

解説

①まず共通因数でくくる ②公式にあてはめる

(1) $2x^2-8x+6=2(x^2-4x+3)$

$=2(x-1)(x-3)$

(2) $-3x^2-6x+9=-3(x^2+2x-3)$

$=-3(x-1)(x+3)$

(3) $2ax^2+6ax-36a=2a(x^2+3x-18)$

$=2a(x-3)(x+6)$

(4) $3a^3-15a^2+18a=3a(a^2-5a+6)$

$=3a(a-2)(a-3)$

(5) $2ax^2+12ax+18a=2a(x^2+6x+9)$
$=2a(x+3)^2$
(6) $12x^3-36x^2+27x=3x(4x^2-12x+9)$
$=3x(2x-3)^2$
(7) $36x^2y-4y=4y(9x^2-1)$
$=4y(3x+1)(3x-1)$
(8) $-27a^3+48ab^2=-3a(9a^2-16b^2)$
$=-3a(3a+4b)(3a-4b)$
別解 $-27a^3+48ab^2=3a(16b^2-9a^2)$
$=3a(4b+3a)(4b-3a)$

練習 13 (1) $(a-b+2)(a-b-21)$
(2) $(3x-2)(3x+7)$
(3) $(4x+y^2)(4x-y^2)$
(4) $(x-y-6)(x-y+8)$
(5) $-3b(a-b)$
(6) $(x-2y)(x^2-2xy-y^2)$

解説
(1) $a-b=M$ とおくと
$(a-b)^2-19(a-b)-42=M^2-19M-42$
$=(M+2)(M-21)=(a-b+2)(a-b-21)$
(2) $3x=M$ とおくと
$(3x)^2+5\times3x-14=M^2+5M-14$
$=(M-2)(M+7)=(3x-2)(3x+7)$
(3) $y^2=M$ とおくと
$16x^2-y^4=16x^2-M^2=(4x+M)(4x-M)$
$=(4x+y^2)(4x-y^2)$
(4) $x-y=M$ とおくと
$(-x+y)^2+2x-2y-48$
$=(x-y)^2+2(x-y)-48$
$=M^2+2M-48=(M-6)(M+8)$
$=(x-y-6)(x-y+8)$
(5) $a-b=M$ とおくと
$(a-b)^2-(a-b)(a+2b)$
$=M^2-M(a+2b)$
$=M\{M-(a+2b)\}=(a-b)(a-b-a-2b)$
$=(a-b)\times(-3b)=-3b(a-b)$
(6) $x-2y=M$ とおくと
$x^2(x-2y)-y(2x+y)(x-2y)$
$=x^2M-y(2x+y)M$
$=M\{x^2-y(2x+y)\}$
$=(x-2y)(x^2-2xy-y^2)$
注意 $x^2-2xy-y^2$ はこれ以上因数分解できない。$x^2-2xy+y^2$ と見誤らないように。

練習 14 (1) $(2x+y+1)(2x-y+1)$
(2) $(a+b-2c)(a-b+2c)$
(3) $(2a-b)(2a+b-1)$
(4) $3(x+y)(x-y-2)$

解説
いくつかの項をグループにまとめる。
(1) $4x^2+4x+1-y^2$
$=(2x+1)^2-y^2$
$=(2x+1+y)(2x+1-y)$
$=(2x+y+1)(2x-y+1)$
(2) $a^2+4bc-4c^2-b^2$
$=a^2-(b^2-4bc+4c^2)$
$=a^2-(b-2c)^2$
$=\{a+(b-2c)\}\{a-(b-2c)\}$
$=(a+b-2c)(a-b+2c)$
(3) $4a^2-2a-b^2+b$
$=4a^2-b^2-(2a-b)$
$=(2a+b)(2a-b)-(2a-b)$
$=(2a-b)(2a+b-1)$
(4) $3x^2-6x-3y^2-6y$
$=3(x^2-y^2)-6(x+y)$
$=3(x+y)(x-y)-6(x+y)$
$=3(x+y)(x-y-2)$

練習 15 (1) **7921** (2) **8075** (3) **4600**
(4) **1999** (5) **100**

解説
(1) $89^2=(90-1)^2$
$=90^2-2\times1\times90+1^2$
$=8100-180+1=7921$
(2) $95\times85=(90+5)(90-5)=90^2-5^2$
$=8100-25=8075$
(3) $73^2-27^2=(73+27)(73-27)=100\times46$
$=4600$
(4) $1000^2-999^2=(1000+999)(1000-999)$

$=1999\times 1=1999$

別解　$1000^2-(1000-1)^2$

$=1000^2-(1000^2-2\times 1\times 1000+1^2)$

$=2000-1=1999$

(5)　$1234^2-1244\times 1224$

$=1234^2-(1234+10)(1234-10)$

$=1234^2-(1234^2-10^2)=100$

別解　$1234=n$ とおくと

$1234^2-1244\times 1224$

$=n^2-(n+10)(n-10)$

$=n^2-(n^2-10^2)=100$

練習16　(1)　**23**　　(2)　**1200**

(3)　**12.5**　　(4)　**−8**

解説

(1)　$(x+5)(x-5)-(x-8)(x+9)$

$=x^2-25-(x^2+x-72)=-x+47$

$x=24$ を代入して　$-24+47=23$

(2)　$x^2-2xy-15y^2=(x+3y)(x-5y)$

$x=67,\ y=11$ を代入して

$(67+3\times 11)\times(67-5\times 11)$

$=100\times 12=1200$

(3)　$x^2-y^2=(x+y)(x-y)$

$x=3.75,\ y=1.25$ を代入して

$(3.75+1.25)(3.75-1.25)=5\times 2.5=12.5$

(4)　$(a+1)(a-4)-a(a+7)$

$=a^2-3a-4-a^2-7a=-10a-4$

$a=\frac{2}{5}$ を代入して

$-10\times\frac{2}{5}-4=-4-4=-8$

練習17　(1)　n は整数とする。

連続する2つの偶数は $2n,\ 2n+2$ と表され，大きい方の偶数は $2n+2$ である。

$(2n+2)^2-(2n)^2=4n^2+8n+4-4n^2$

$=4(2n+1)$

n は整数であるから，$2n+1$ も整数で，$4(2n+1)$ は4の倍数である。

(2)　n は整数とする。

連続する3つの整数は $n,\ n+1,\ n+2$ と表され，最も大きい数は $n+2$，最も小さい数は n である。

$(n+2)^2-n^2=(n^2+4n+4)-n^2$

$=4(n+1)$

中央の数は $n+1$ であるから，$4(n+1)$ は中央の数の4倍になる。

解説

(2)　連続する3つの整数を $n-1,\ n,\ n+1$ と表してもよい。この場合，

$(n+1)^2-(n-1)^2$

$=(n^2+2n+1)-(n^2-2n+1)$

$=4n$

となり，中央の数 n の4倍になることが証明できる。

練習18　面積 S の部分のうち，長方形の部分の面積の和は $ab+ac+ad$ である。

3つのおうぎ形を合わせると，半径 a の円になり，その面積は πa^2 である。

よって　$S=ab+ac+ad+\pi a^2$

$=a(b+c+d+\pi a)$ …… ①

また，真ん中を通る線の円弧の長さは，

半径 $\frac{a}{2}$ の円周の長さに等しいから

$2\pi\times\frac{a}{2}=\pi a$

よって　$\ell=b+c+d+\pi a$　…… ②

①，② から　$S=a\ell$

EXERCISES

➡本冊 p. 17

1　(1)　$\boldsymbol{6x^2-15xy}$　　(2)　$\boldsymbol{2a^2-4ab-10a}$

(3)　$\boldsymbol{-4x^2+12xy-8x}$

(4)　$\boldsymbol{a+2b}$　　(5)　$\boldsymbol{2x-3y}$

(6)　$\boldsymbol{-2ab+6}$

解説　除法は乗法になおす。　$\div○\longrightarrow\times\frac{1}{○}$

(4) $(a^2b+2ab^2)\div ab=(a^2b+2ab^2)\times\dfrac{1}{ab}$

$=\dfrac{a^2b}{ab}+\dfrac{2ab^2}{ab}=a+2b$

(5) $(6x^2y-9xy^2)\div 3xy=(6x^2y-9xy^2)\times\dfrac{1}{3xy}$

$=\dfrac{6x^2y}{3xy}-\dfrac{9xy^2}{3xy}=2x-3y$

(6) $(4a^2b^2-12ab)\div(-2ab)$

$=(4a^2b^2-12ab)\times\left(-\dfrac{1}{2ab}\right)$

$=\dfrac{4a^2b^2}{-2ab}-\dfrac{12ab}{-2ab}=-2ab+6$

2 (1) $\boldsymbol{6x^2y-15xy^2+9xy}$

(2) $\boldsymbol{3ab^2-9a^3}$ (3) $\boldsymbol{2x-8y}$

(4) $\boldsymbol{-12a+3}$ (5) $\boldsymbol{-2a^3+4b}$

(6) $\boldsymbol{3a^2b^4-7b^5}$

解説

(1) $\dfrac{3}{2}xy(4x-10y+6)$

$=\dfrac{3}{2}xy\times 4x+\dfrac{3}{2}xy\times(-10y)+\dfrac{3}{2}xy\times 6$

$=6x^2y-15xy^2+9xy$

(2) $\left(\dfrac{18b}{a}-\dfrac{54a}{b}\right)\times\dfrac{a^2b}{6}$

$=\dfrac{18b}{a}\times\dfrac{a^2b}{6}-\dfrac{54a}{b}\times\dfrac{a^2b}{6}=3ab^2-9a^3$

(3) $(3x^2y-12xy^2)\div\dfrac{3}{2}xy$

$=(3x^2y-12xy^2)\times\dfrac{2}{3xy}$

$=3x^2y\times\dfrac{2}{3xy}-12xy^2\times\dfrac{2}{3xy}=2x-8y$

(4) $\left(30a^2b^2-\dfrac{15}{2}ab^2\right)\div\left(-\dfrac{5}{2}ab^2\right)$

$=\left(30a^2b^2-\dfrac{15}{2}ab^2\right)\times\left(-\dfrac{2}{5ab^2}\right)$

$=-30a^2b^2\times\dfrac{2}{5ab^2}+\dfrac{15}{2}ab^2\times\dfrac{2}{5ab^2}$

$=-12a+3$

(5) $\left(\dfrac{1}{2}a^2b^2-\dfrac{b^3}{a}\right)\div\left(-\dfrac{b^2}{4a}\right)$

$=\left(\dfrac{a^2b^2}{2}-\dfrac{b^3}{a}\right)\times\left(-\dfrac{4a}{b^2}\right)$

$=-\dfrac{a^2b^2}{2}\times\dfrac{4a}{b^2}+\dfrac{b^3}{a}\times\dfrac{4a}{b^2}=-2a^3+4b$

(6) $(9a^3b^2-21ab^3)\div 3a^3b^4\times(-ab^3)^2$

$=(9a^3b^2-21ab^3)\times\dfrac{1}{3a^3b^4}\times a^2b^6$

$=(9a^3b^2-21ab^3)\times\dfrac{b^2}{3a}$

$=9a^3b^2\times\dfrac{b^2}{3a}-21ab^3\times\dfrac{b^2}{3a}=3a^2b^4-7b^5$

3 (1) $\boldsymbol{2x^2+7x+3}$

(2) $\boldsymbol{3x^2+10x-25}$

(3) $\boldsymbol{10x^2-7xy-12y^2}$

解説

(1) $(2x+1)(x+3)=2x(x+3)+1\times(x+3)$

$=2x^2+6x+x+3$

$=2x^2+7x+3$

(2) $(3x-5)(x+5)=3x(x+5)-5(x+5)$

$=3x^2+15x-5x-25$

$=3x^2+10x-25$

(3) $(5x+4y)(2x-3y)=5x(2x-3y)+4y(2x-3y)$

$=10x^2-15xy+8xy-12y^2$

$=10x^2-7xy-12y^2$

4 $(ax+b)(cx+d)$

$=ax(cx+d)+b(cx+d)$

$=acx^2+adx+bcx+bd$

$=acx^2+(ad+bc)x+bd$

(1) $\boldsymbol{3x^2+14x+8}$ (2) $\boldsymbol{6a^2-19a-7}$

(3) $\boldsymbol{8x^2-2xy-3y^2}$

解説

(1) $(3x+2)(x+4)$

$=3\times1\times x^2+(3\times4+2\times1)x+2\times4$

$=3x^2+14x+8$

(2) $(2a-7)(3a+1)$

$=2\times3\times a^2+\{2\times1+(-7)\times3\}a+(-7)\times1$

$=6a^2-19a-7$

(3) $(4x-3y)(2x+y)$

$=4\times2\times x^2+\{4\times y+(-3y)\times2\}x+(-3y)\times y$

$=8x^2-2xy-3y^2$

5 (1) $xy+3x-2y-6$

(2) $ab-ay-bx+xy$

(3) $-2a^2+17ab-30b^2$

(4) $x^2-y^2+2x+2y$

(5) $a^2-5ab+6b^2-2a+4b$

解説

(3) $(2a-5b)(-a+6b)$
$=2a(-a+6b)-5b(-a+6b)$
$=-2a^2+12ab+5ab-30b^2$
$=-2a^2+17ab-30b^2$

(4) $(x-y+2)(x+y)$
$=(x-y+2)x+(x-y+2)y$
$=x^2-xy+2x+xy-y^2+2y$
$=x^2-y^2+2x+2y$

(5) $(a-2b)(a-3b-2)$
$=a(a-3b-2)-2b(a-3b-2)$
$=a^2-3ab-2a-2ab+6b^2+4b$
$=a^2-5ab+6b^2-2a+4b$

6 (1) $12x^3+17x^2-x-2$

(2) $x^3-10x^2y+26xy^2-8y^3$

(3) $3a^3+5a^2b-3ab^2-2b^3$

(4) $3x^4+5x^3-2x^2-3x+1$

解説

(1) $(3x-1)(4x^2+7x+2)$
$=3x(4x^2+7x+2)-(4x^2+7x+2)$
$=12x^3+21x^2+6x-4x^2-7x-2$
$=12x^3+17x^2-x-2$

(2) $(x^2-6xy+2y^2)(x-4y)$
$=(x^2-6xy+2y^2)\times x$
$\quad+(x^2-6xy+2y^2)\times(-4y)$
$=x^3-6x^2y+2xy^2-4x^2y+24xy^2-8y^3$
$=x^3-10x^2y+26xy^2-8y^3$

(3) $(a+2b)(3a^2-ab-b^2)$
$=a(3a^2-ab-b^2)+2b(3a^2-ab-b^2)$
$=3a^3-a^2b-ab^2+6a^2b-2ab^2-2b^3$
$=3a^3+5a^2b-3ab^2-2b^3$

(4) $(3x^2+2x-1)(x^2+x-1)$
$=3x^2(x^2+x-1)+2x(x^2+x-1)$
$\qquad-(x^2+x-1)$
$=3x^4+3x^3-3x^2+2x^3+2x^2-2x$
$\qquad-x^2-x+1$
$=3x^4+5x^3-2x^2-3x+1$

➡本冊 p. 18

7 (1) $x^2-5x-24$ (2) $a^2-7ab+10b^2$

(3) $4x^2+8x-5$ (4) $9y^2-6y-8$

(5) $x^2+12x+36$ (6) $x^2-8x+16$

(7) $25x^2-5xy+\dfrac{y^2}{4}$

(8) a^2-64 (9) $9y^2-\dfrac{x^2}{4}$

解説

(3) $(2x-1)(2x+5)$
$=(2x)^2+(-1+5)\times 2x-1\times 5$
$=4x^2+8x-5$

(4) $(3y+2)(3y-4)$
$=(3y)^2+(2-4)\times 3y+2\times(-4)$
$=9y^2-6y-8$

(6) $(-x+4)^2=(-x)^2+2\times 4\times(-x)+4^2$
$\qquad=x^2-8x+16$

(7) $\left(5x-\dfrac{y}{2}\right)^2=(5x)^2-2\times\dfrac{y}{2}\times 5x+\left(\dfrac{y}{2}\right)^2$
$\qquad=25x^2-5xy+\dfrac{y^2}{4}$

(9) $\left(3y-\dfrac{x}{2}\right)\left(\dfrac{x}{2}+3y\right)=\left(3y-\dfrac{x}{2}\right)\left(3y+\dfrac{x}{2}\right)$
$=(3y)^2-\left(\dfrac{x}{2}\right)^2=9y^2-\dfrac{x^2}{4}$

8 (1) $9x^2+4y^2+z^2-12xy-4yz+6zx$

(2) x^4-x^2+2x-1

(3) $x^2-2xy-8y^2+6x-6y+9$

(4) $x^4+4x^3+16x^2+24x+35$

解説

同じ式は 1 つの文字におきかえる。また，(1)，(3) では，(＊) の状態で答えとしてもよい。

(1) $3x-2y=M$ とおくと
$(3x-2y+z)^2=(M+z)^2$
$=M^2+2zM+z^2$
$=(3x-2y)^2+2z(3x-2y)+z^2$

$=9x^2-12xy+4y^2+6zx-4yz+z^2$ …… (＊)

$=9x^2+4y^2+z^2-12xy-4yz+6zx$

参考　$(a+b+c)^2$ の展開公式を利用して

$(3x-2y+z)^2$

$=(3x)^2+(-2y)^2+z^2$

$\quad+2\times3x\times(-2y)+2\times(-2y)\times z+2\times z\times3x$

$=9x^2+4y^2+z^2-12xy-4yz+6zx$

(2)　$x^2-x+1=x^2-(x-1)$ であるから，

$x-1=M$ とおくと

$(x^2+x-1)(x^2-x+1)=(x^2+M)(x^2-M)$

$=(x^2)^2-M^2=x^4-(x-1)^2$

$=x^4-(x^2-2x+1)=x^4-x^2+2x-1$

(3)　$x+3=M$ とおくと

$(x+2y+3)(x-4y+3)=(M+2y)(M-4y)$

$=M^2-2yM-8y^2$

$=(x+3)^2-2y(x+3)-8y^2$

$=x^2+6x+9-2xy-6y-8y^2$ …… (＊)

$=x^2-2xy-8y^2+6x-6y+9$

(4)　$x^2+2x=M$ とおくと

$(x^2+2x+5)(x^2+2x+7)=(M+5)(M+7)$

$=M^2+12M+35$

$=(x^2+2x)^2+12(x^2+2x)+35$

$=x^4+4x^3+4x^2+12x^2+24x+35$

$=x^4+4x^3+16x^2+24x+35$

9　(1)　$\boldsymbol{x^2-6x}$　(2)　$\boldsymbol{5x-6}$

(3)　$\boldsymbol{2x^2+23}$　(4)　$\boldsymbol{2a^2+2b^2}$

(5)　$\boldsymbol{4b^2}$　(6)　$\boldsymbol{8xy}$

(7)　$\boldsymbol{-17x^2+24x-24}$

(8)　**4**

解説

(1)　$(x+6)(x-3)-9(x-2)$

$=x^2+3x-18-9x+18$

$=x^2-6x$

(2)　$(x+3)(x-2)-x(x-4)$

$=x^2+x-6-x^2+4x=5x-6$

(3)　$(x+4)^2+(x-1)(x-7)$

$=x^2+8x+16+x^2-8x+7=2x^2+23$

(4)　$(a+b)^2+(a-b)^2$

$=a^2+2ab+b^2+a^2-2ab+b^2=2a^2+2b^2$

(5)　$(a+2b)^2-a(a+4b)$

$=a^2+4ab+4b^2-a^2-4ab=4b^2$

(6)　$(2x+y)^2-(2x-y)^2$

$=4x^2+4xy+y^2-(4x^2-4xy+y^2)=8xy$

(7)　$(x-4)(x+4)-2(3x-2)^2$

$=x^2-16-2(9x^2-12x+4)$

$=x^2-16-18x^2+24x-8$

$=-17x^2+24x-24$

(8)　$(2x+1)^2-(2x+3)(2x-1)$

$=4x^2+4x+1-(4x^2+4x-3)=4$

10　(1)　**1**

(2)　$\boldsymbol{48xy-32zx}$

解説

(1)　$x+2y=M$ とおくと

$(x+2y-1)^2-(x+2y)(x+2y-2)$

$=(M-1)^2-M(M-2)$

$=M^2-2M+1-M^2+2M=1$

(2)　$4x-3y+2z=4x-(3y-2z)$ であるから，

$3y-2z=M$ とおくと

$(4x+3y-2z)^2-(4x-3y+2z)^2$

$=(4x+3y-2z)^2-\{4x-(3y-2z)\}^2$

$=(4x+M)^2-(4x-M)^2$ …… ①

$=(16x^2+8Mx+M^2)-(16x^2-8Mx+M^2)$

$=16Mx=16(3y-2z)x=48xy-32zx$

別解　① を，次のように変形してもよい。

$(4x+M)^2-(4x-M)^2$

$=\{(4x+M)+(4x-M)\}\{(4x+M)-(4x-M)\}$

$=8x\times2M=16Mx$　(以下同じ)

11　**−45**

解説

全部展開するのではなく，$x^4\times(-9)$ など，必要な項を取り出す。

展開したときに x^4 の項となるのは

$x^4\times(-9)$，$-2x^3\times7x$，$3x^2\times(-6x^2)$，

$-4x\times x^3$

であるから，求める係数は

$1\times(-9)+(-2)\times7+3\times(-6)+(-4)\times1$

$=-9-14-18-4=-45$

12 (1) (ア) **100**　(イ) **10**　(ウ) **1**

(2) ① **621**　② **2025**　③ **5616**

解説

(1) $(10a+b)(10a+c)$

$=(10a)^2+(b+c)\times 10a+b\times c$

$={}^{ア}100a^2+{}^{イ}10a(b+c)+bc$

$b+c=10$ であるから，これを代入して

$100a^2+10a(b+c)+bc$

$=100a^2+10a\times 10+bc$

$=100a(a+{}^{ウ}1)+bc$

(2) (1)の結果から

$(10a+b)(10a+c)=100a(a+1)+bc$ …（＊）

① $23=10\times 2+3$，$27=10\times 2+7$

$a=2$，$b=3$，$c=7$ を（＊）に代入して

$23\times 27=100\times 2\times(2+1)+3\times 7=621$

② $45=10\times 4+5$

$a=4$，$b=5$，$c=5$ を（＊）に代入して

$45\times 45=100\times 4\times(4+1)+5\times 5=2025$

③ $78=10\times 7+8$，$72=10\times 7+2$

$a=7$，$b=8$，$c=2$ を（＊）に代入して

$78\times 72=100\times 7\times(7+1)+8\times 2=5616$

➡本冊 p. 26

13 (1) $y(x-z)$　(2) $x(x-y+1)$

(3) $3xy(3x-5y)$

(4) $-7a(3a-b+2c)$

(5) $6xy(5xy-3x+2y)$

(6) $(3a-5)(1-b)$

(7) $(b^2+1)(a-1)$

(8) $(x+z)(2x-y+3)$

解説

(6) $3a-5=M$ とおくと

$3a-5+b(5-3a)=3a-5-b(3a-5)$

$=M-bM=M(1-b)=(3a-5)(1-b)$

(7) $a-1=M$ とおくと

$b^2(a-1)+a-1=b^2M+M=(b^2+1)M$

$=(b^2+1)(a-1)$

(8) $x+z=M$ とおくと

$2x^2-(x+z)y+2zx+3(x+z)$

$=2x^2-My+2zx+3M$

$=2x(x+z)-My+3M$

$=2xM-My+3M$

$=M(2x-y+3)=(x+z)(2x-y+3)$

14 (1) $(x+2)(x-2)$

(2) $(5x+3)(5x-3)$

(3) $(x+8y)(x-8y)$

(4) $(x-1)(x-8)$

(5) $(x+2)(x+4)$

(6) $(x+5)^2$　(7) $(x-3)(x+6)$

(8) $(x+2)(x-7)$

(9) $(x+2)(x+6)$

(10) $(x-6)^2$　(11) $(x+3)(x-8)$

(12) $(x+3)(x-7)$

(13) $(x-2)(x+9)$

(14) $(x-3)(x-4)$

解説

(13) $7x-18+x^2=x^2+7x-18=(x-2)(x+9)$

(14) $12-7x+x^2=x^2-7x+12=(x-3)(x-4)$

15 (1) $(a-6b)(a+7b)$

(2) $(x+9y)^2$　(3) $(a+8b)(a-9b)$

(4) $(x-3y)(x-8y)$

(5) $(a-4b)(a+20b)$

(6) $(a+2b)(a-16b)$

(7) $(x+5y)(x-9y)$

(8) $(x-4y)(x-6y)$

(9) $(a+4b)(a+8b)$

(10) $(a-5b)(a+10b)$

16 (1) $2(2x+y)(2x-y)$

(2) $5(x+5)(x-5)$

(3) $-(x-1)(x-7)$

(4) $2(x-2)(x-7)$

(5) $-3(y-4)(y+6)$

(6) $5(x+1)(x+9)$

(7) $2(5x-3)^2$

(8) $2(x-4y)(x+9y)$

解説

(1) $8x^2-2y^2=2(4x^2-y^2)$
$=2(2x+y)(2x-y)$

(2) $5x^2-125=5(x^2-25)$
$=5(x+5)(x-5)$

(3) $-x^2+8x-7=-(x^2-8x+7)$
$=-(x-1)(x-7)$

(4) $2x^2-18x+28=2(x^2-9x+14)$
$=2(x-2)(x-7)$

(5) $-3y^2-6y+72=-3(y^2+2y-24)$
$=-3(y-4)(y+6)$

(6) $5x^2+50x+45=5(x^2+10x+9)$
$=5(x+1)(x+9)$

(7) $50x^2-60x+18=2(25x^2-30x+9)$
$=2(5x-3)^2$

(8) $2x^2+10xy-72y^2=2(x^2+5xy-36y^2)$
$=2(x-4y)(x+9y)$

➡本冊 p. 27

17 (1) $-y(3x+7)(3x-7)$

(2) $-(x+5y)(x-7y)$

(3) $\frac{1}{2}(x-2)^2$

(4) $\frac{1}{2}(x-4)(x-16)$

(5) $\frac{1}{3}(x-6)(x+12)$

(6) $-\frac{1}{3}(x-6)(x-9)$

解説

(1) $-9x^2y+49y=-y(9x^2-49)$
$=-y(3x+7)(3x-7)$

(2) $-x^2+2xy+35y^2=-(x^2-2xy-35y^2)$
$=-(x+5y)(x-7y)$

(3) $\frac{1}{2}x^2-2x+2=\frac{1}{2}(x^2-4x+4)$
$=\frac{1}{2}(x-2)^2$

(4) $\frac{1}{2}x^2-10x+32=\frac{1}{2}(x^2-20x+64)$
$=\frac{1}{2}(x-4)(x-16)$

(5) $\frac{1}{3}x^2+2x-24=\frac{1}{3}(x^2+6x-72)$
$=\frac{1}{3}(x-6)(x+12)$

(6) $-\frac{1}{3}x^2+5x-18=-\frac{1}{3}(x^2-15x+54)$
$=-\frac{1}{3}(x-6)(x-9)$

18 (1) $5y(x+3)(x-3)$

(2) $-3y(3x+4y)(3x-4y)$

(3) $2a(a-1)(a-3)$

(4) $3y(x+3y)^2$

(5) $a(b-3)(b+8)$

(6) $y(x+4)(x-7)$

解説

(1) $5x^2y-45y=5y(x^2-9)$
$=5y(x+3)(x-3)$

(2) $-27x^2y+48y^3=-3y(9x^2-16y^2)$
$=-3y(3x+4y)(3x-4y)$

(3) $2a^3-8a^2+6a=2a(a^2-4a+3)$
$=2a(a-1)(a-3)$

(4) $3x^2y+18xy^2+27y^3$
$=3y(x^2+6xy+9y^2)=3y(x+3y)^2$

(5) $ab^2+5ab-24a=a(b^2+5b-24)$
$=a(b-3)(b+8)$

(6) $x^2y-3xy-28y=y(x^2-3x-28)$
$=y(x+4)(x-7)$

19 (1) $(x^2+2)(x^2-10)$

(2) $(x^3+3)^2$

(3) $(x+y-2)(x+y-9)$

(4) $(a+b+3c)(a+b-11c)$

(5) $x(x-17)$

(6) $2(x-1)(2x-1)$

解説

(1) $x^2=M$ とおくと
$x^4-8x^2-20=(x^2)^2-8x^2-20$
$=M^2-8M-20$
$=(M+2)(M-10)$
$=(x^2+2)(x^2-10)$

(2) $x^3=M$ とおくと

$x^6+6x^3+9=(x^3)^2+6x^3+9$

$=M^2+6M+9$

$=(M+3)^2=(x^3+3)^2$

(3) $x+y=M$ とおくと

$(x+y)^2-11(x+y)+18$

$=M^2-11M+18=(M-2)(M-9)$

$=(x+y-2)(x+y-9)$

(4) $a+b=M$ とおくと

$(a+b)^2-8c(a+b)-33c^2$

$=M^2-8cM-33c^2=(M+3c)(M-11c)$

$=(a+b+3c)(a+b-11c)$

(5) $x-1=M$ とおくと

$(x-1)^2-15(x-1)-16$

$=M^2-15M-16=(M+1)(M-16)$

$=(x-1+1)(x-1-16)=x(x-17)$

(6) $2x+1=M$ とおくと

$(2x+1)^2-5(2x+1)+6$

$=M^2-5M+6=(M-2)(M-3)$

$=(2x+1-2)(2x+1-3)$

$=(2x-1)(2x-2)=(2x-1)\times2(x-1)$

$=2(x-1)(2x-1)$

20 (1) $\boldsymbol{4(2x+1)(x+1)}$

(2) $\boldsymbol{-4(2a-b)(a-2b)}$

(3) $\boldsymbol{(a-b+4)^2}$

(4) $\boldsymbol{(x-y+7)(x-y-8)}$

(5) $\boldsymbol{-(a+b-3)(a+b-12)}$

(6) $\boldsymbol{(x-2y-2)(x-2y+7)}$

解説

(1) $3x+2=M$ とおくと

$(3x+2)^2-x^2=M^2-x^2$

$=(M+x)(M-x)=(3x+2+x)(3x+2-x)$

$=(4x+2)(2x+2)=2(2x+1)\times2(x+1)$

$=4(2x+1)(x+1)$

(2) $a+b=M$, $a-b=N$ とおくと

$(a+b)^2-9(a-b)^2=M^2-9N^2$

$=(M+3N)(M-3N)$

$=\{(a+b)+3(a-b)\}\{(a+b)-3(a-b)\}$

$=(4a-2b)(-2a+4b)$

$=2(2a-b)\times(-2)(a-2b)$

$=-4(2a-b)(a-2b)$

(3) $(-a+b)^2=(a-b)^2$ であるから,

$a-b=M$ とおくと

$(-a+b)^2+8(a-b)+16$

$=M^2+8M+16=(M+4)^2$

$=(a-b+4)^2$

(4) $x-y=M$ とおくと

$(x-y)^2-x+y-56$

$=(x-y)^2-(x-y)-56$

$=M^2-M-56=(M+7)(M-8)$

$=(x-y+7)(x-y-8)$

(5) $a+b=M$ とおくと

$-(a+b)^2+15a+15b-36$

$=-(a+b)^2+15(a+b)-36$

$=-M^2+15M-36=-(M^2-15M+36)$

$=-(M-3)(M-12)$

$=-(a+b-3)(a+b-12)$

(6) $x-2y=M$ とおくと

$(x-2y)^2+5x-10y-14$

$=(x-2y)^2+5(x-2y)-14$

$=M^2+5M-14=(M-2)(M+7)$

$=(x-2y-2)(x-2y+7)$

21 (1) $\boldsymbol{(x+2y+3)(x+2y-3)}$

(2) $\boldsymbol{(3x-1)(2x-y)}$

(3) $\boldsymbol{(x+y+1)(x+y+5)}$

(4) $\boldsymbol{(x+1)^2(x-1)}$

解説

いくつかの項をグループにまとめる，または1部の式に因数分解の公式をあてはめる。

(1) $x^2+4xy+4y^2-9=(x+2y)^2-3^2$

$=(x+2y+3)(x+2y-3)$ ←和と差の積

(2) $6x^2-3xy-2x+y$

$=(6x^2-3xy)-(2x-y)$

$=3x(2x-y)-(2x-y)$ ←共通因数 $2x-y$

$=(3x-1)(2x-y)$

別解 $6x^2-3xy-2x+y$

$=(6x^2-2x)-(3xy-y)$

$=2x(3x-1)-y(3x-1)$ ←共通因数 $3x-1$

$=(2x-y)(3x-1)$

(3) $x^2+2xy+y^2+6x+6y+5$

$=(x+y)^2+6(x+y)+5$ ← $x+y=M$ とおくと M^2+6M+5

$=(x+y+1)(x+y+5)$

(4) x^3+x^2-x-1

$=(x^3+x^2)-(x+1)$

$=x^2(x+1)-(x+1)$ ← 共通因数 $x+1$

$=(x+1)(x^2-1)$ ← まだ因数分解できる

$=(x+1)(x+1)(x-1)=(x+1)^2(x-1)$

参考 $x^3+x^2-x-1=(x^3-1)+(x^2-x)$

のようにグループ分けしても因数分解できるが，これは高校数学の範囲である。

➡本冊 p. 33

22 (1) **6384** (2) **200**

(3) **8120** (4) $\frac{1}{2}$

解説

式の展開や因数分解の公式を利用し，計算のくふうをする。

(1) $84\times76=(80+4)(80-4)$

$=80^2-4^2=6400-16=6384$

(2) $77^2-76^2+24^2-23^2$

$=(77+76)(77-76)+(24+23)(24-23)$

$=153\times1+47\times1=200$

(3) 2031^2-2029^2

$=(2031+2029)(2031-2029)$

$=4060\times2=8120$

別解 2030 を n とおくと

2031^2-2029^2

$=(2030+1)^2-(2030-1)^2$

$=(n+1)^2-(n-1)^2$

$=n^2+2n+1-(n^2-2n+1)$

$=4n=4\times2030=8120$

(4) $\dfrac{201^2-199^2}{401^2-399^2}=\dfrac{(201+199)(201-199)}{(401+399)(401-399)}$

$=\dfrac{400\times2}{800\times2}=\dfrac{1}{2}$

別解 200 を n とおくと

$\dfrac{201^2-199^2}{401^2-399^2}=\dfrac{(n+1)^2-(n-1)^2}{(2n+1)^2-(2n-1)^2}$

$=\dfrac{(n^2+2n+1)-(n^2-2n+1)}{(4n^2+4n+1)-(4n^2-4n+1)}$

$=\dfrac{4n}{8n}=\dfrac{1}{2}$

23 (1) **6*a*** (2) **6000**

解説

式の値　変形してらくに計算

(1) $(a+1)(a-1)+(a+1)^2$

$-(a+2)(a-2)-(a-2)^2$

$=a^2-1+(a^2+2a+1)$

$-(a^2-4)-(a^2-4a+4)=6a$

(2) (1)において，$a=1000$ のときであるから

$6\times1000=6000$

24 (1) **−3200** (2) **2** (3) **1**

解説

(1) $16x^2-9y^2=(4x+3y)(4x-3y)$

$x=23$，$y=36$ を代入して

$(4\times23+3\times36)(4\times23-3\times36)$

$=(92+108)(92-108)=200\times(-16)$

$=-3200$

(2) $(x+6)(x-2)+(4-x)(4+x)$

$=x^2+4x-12+16-x^2=4x+4$

$x=-\dfrac{1}{2}$ を代入して

$4\times\left(-\dfrac{1}{2}\right)+4=-2+4=2$

(3) $5(2x^2+2xy+y^2)-(3x+y)^2$

$=10x^2+10xy+5y^2-(9x^2+6xy+y^2)$

$=x^2+4xy+4y^2=(x+2y)^2$

$x=0.4$，$y=0.3$ を代入して

$(0.4+2\times0.3)^2=1^2=1$

25 **3，4，5**

解説

連続する 3 つの整数は，n を整数として $n-1$，n，$n+1$ と表される。

問題から　$(n+1)^2=n(n-1)+13$

$n^2+2n+1=n^2-n+13$

整理して　$3n=12$　よって　$n=4$

連続する 3 つの数は 3，4，5 となる。

26 中央の数を n とすると，連続する 5 つの整数は小さい方から

$n-2,\ n-1,\ n,\ n+1,\ n+2$

と表される。問題から

$$(n+2)(n+1)-(n-2)(n-1)$$
$$=n^2+3n+2-(n^2-3n+2)$$
$$=n^2+3n+2-n^2+3n-2$$
$$=6n$$

よって，中央の数の 6 倍になる。

27 円 O の半径を a，円 O′ の半径を b とする。
$AB=AC+CB=2a+2b=2(a+b)$ であるから，線分 AB を直径とする円の円周の長さは

$2(a+b)\times\pi=2\pi(a+b)$ ← 直径×円周率

円 O，O′ の円周の長さはそれぞれ $2\pi a$，$2\pi b$ であるから，2 つの円周の長さの和は

$2\pi a+2\pi b=2\pi(a+b)$

よって，線分 AB を直径とする円の周の長さは，円 O と円 O′ の周の長さの和と等しい。

28 $AM=BM=a$，
$MP=b$ とする。

A M P B（AM $=a$，MP $=b$，PB $=a-b$）

$AP=a+b$，$PB=a-b$

(1) 線分 AP，PB をそれぞれ 1 辺とする 2 つの正方形の面積の和は

$$AP^2+PB^2=(a+b)^2+(a-b)^2$$
$$=a^2+2ab+b^2+a^2-2ab+b^2$$
$$=2a^2+2b^2=2(a^2+b^2)$$

また，線分 AM，MP をそれぞれ 1 辺とする 2 つの正方形の面積の和は

$$AM^2+MP^2=a^2+b^2$$

よって　$AP^2+PB^2=2(AM^2+MP^2)$

(2) 同様にして　$AM^2-MP^2=a^2-b^2$

$AP\times BP=(a+b)(a-b)=a^2-b^2$

よって　$AM^2-MP^2=AP\times BP$

定期試験対策問題

➡本冊 p. 34

1
(1) $8x^2-20x$　(2) $6a^2-10ab$
(3) $6xy-2y^2-2yz$　(4) $3x-4y$
(5) $3x^3-2x^2$　(6) $-3a+2$

解説

除法は乗法に直す。　$\div○\longrightarrow\times\frac{1}{○}$

(3) $(-3x+y+z)\times(-2y)$
$=3x\times2y-y\times2y-z\times2y=6xy-2y^2-2yz$

(4) $(6x^2y-8xy^2)\div2xy=(6x^2y-8xy^2)\times\frac{1}{2xy}$
$=\frac{6x^2y}{2xy}-\frac{8xy^2}{2xy}=3x-4y$

(5) $(12x^2-8x)\times\frac{x}{4}=12x^2\times\frac{x}{4}-8x\times\frac{x}{4}$
$=3x^3-2x^2$

(6) $\left(\frac{a^2}{2}-\frac{a}{3}\right)\div\left(-\frac{a}{6}\right)=\left(\frac{a^2}{2}-\frac{a}{3}\right)\times\left(-\frac{6}{a}\right)$
$=-\frac{a^2}{2}\times\frac{6}{a}+\frac{a}{3}\times\frac{6}{a}=-3a+2$

2
(1) $ax+ay-bx-by$
(2) $6x^2-x-35$
(3) $x^2+5xy+6y^2-2x-4y$
(4) x^2+4x+3　(5) $a^2+5ab-24b^2$
(6) $4x^2-16xy+15y^2$
(7) $9x^2+42x+49$
(8) $x^2-10xy+25y^2$　(9) x^2-1
(10) $4x^2-9y^2$
(11) $x^2-4xy+4y^2+8x-16y+16$
(12) $a^2-b^2-c^2-2bc$

解説

(2) $(2x-5)(3x+7)=6x^2+14x-15x-35$
$=6x^2-x-35$

(3) $(x+2y)(x+3y-2)$
$=x^2+3xy-2x+2xy+6y^2-4y$
$=x^2+5xy+6y^2-2x-4y$

(5) $(a-3b)(a+8b)$
$=a^2+(-3b+8b)a-3b\times8b$
$=a^2+5ab-24b^2$

(6) $(2x-3y)(2x-5y)$
$=(2x)^2-(3y+5y)\times 2x+15y^2$
$=4x^2-16xy+15y^2$
(8) $(x-5y)^2=x^2-2\times 5y\times x+25y^2$
$=x^2-10xy+25y^2$
同じ式は1つの文字におきかえる。
(11) $x-2y=M$ とおくと
$(x-2y+4)^2=(M+4)^2=M^2+8M+16$
$=(x-2y)^2+8(x-2y)+16$
$=x^2-4xy+4y^2+8x-16y+16$
参考 $(a+b+c)^2$ の展開公式を利用して
$(x-2y+4)^2$
$=x^2+(-2y)^2+4^2$
$+2\times x\times(-2y)+2\times(-2y)\times 4+2\times 4\times x$
$=x^2+4y^2+16-4xy-16y+8x$
(12) $a-b-c=a-(b+c)$ であるから,
$b+c=M$ とおくと
$(a+b+c)(a-b-c)=(a+M)(a-M)$
$=a^2-M^2=a^2-(b+c)^2$
$=a^2-(b^2+2bc+c^2)$
$=a^2-b^2-c^2-2bc$

3 (1) $3x^2-2x-26$ (2) $17x^2-21y^2$
(3) $22a^2-2ab+b^2$

解説
(1) $(x+3)(x-8)+(2x-1)(x+2)$
$=x^2-5x-24+2x^2+4x-x-2$
$=3x^2-2x-26$
(2) $(7x-2y)(3x-2y)-(2x-5y)^2$
$=(21x^2-14xy-6xy+4y^2)$
$-(4x^2-20xy+25y^2)$
$=21x^2-20xy+4y^2-4x^2+20xy-25y^2$
$=17x^2-21y^2$
(3) $(5a-2b)(5a+2b)-(3a+5b)(a-b)$
$=25a^2-4b^2-(3a^2-3ab+5ab-5b^2)$
$=25a^2-4b^2-3a^2-2ab+5b^2$
$=22a^2-2ab+b^2$

4 (1) $x(x-3y)$ (2) $3ab(5a+3b)$
(3) $x(x-4)$ (4) $2ab(2a-3b+6)$
(5) $(x+5)(x-5)$
(6) $(3a+5b)(3a-5b)$
(7) $(x+4)^2$ (8) $(2a-3b)^2$
(9) $(x+1)(x+4)$ (10) $(a-3b)(a-6b)$
(11) $(a-3)(a+8)$ (12) $(x+6y)(x-7y)$

5 (1) $5(x+1)(x-3)$ (2) $a(a+2)^2$
(3) $(x-y)(3x-y)$
(4) $(x-1)(x-y+1)$

解説
(1) $5x^2-10x-15=5(x^2-2x-3)$
$=5(x+1)(x-3)$
(2) $a^3+4a^2+4a=a(a^2+4a+4)=a(a+2)^2$
(3) $x^2-y^2+2(x-y)^2$
$=(x+y)(x-y)+2(x-y)^2$
$=(x-y)\{(x+y)+2(x-y)\}$
$=(x-y)(3x-y)$
(4) $x^2-1-xy+y$
$=(x^2-1)-(xy-y)$
$=(x+1)(x-1)-y(x-1)$
$=(x-1)(x+1-y)=(x-1)(x-y+1)$

➡本冊 p. 35

6 (1) 8999999 (2) 2000000

解説
(1) 3001×2999
$=(3000+1)(3000-1)$
$=3000^2-1^2=9000000-1=8999999$
(2) $1428\times 1572-428\times 572$
$=(1500-72)(1500+72)$
$-(500-72)(500+72)$
$=(1500^2-72^2)-(500^2-72^2)$
$=1500^2-72^2-500^2+72^2$
$=1500^2-500^2=(1500+500)(1500-500)$
$=2000\times 1000=2000000$
別解 428 を a, 572 を b とおくと
$1428\times 1572-428\times 572$
$=(1000+a)(1000+b)-ab$
$=1000000+1000(a+b)$
$=1000000+1000\times 1000=2000000$

➡本冊 p. 36

7 (1) **3600** (2) **96** (3) **−2**

解説

(1) $x^2-14x+49=(x-7)^2$

$x=67$ を代入すると $(67-7)^2=60^2=3600$

(2) $x^2+xy=x(x+y)$

$x=9.6$, $y=0.4$ を代入すると

$9.6\times(9.6+0.4)=9.6\times10=96$

(3) $6(x^2+4xy-y^2)-2(3x^2+2xy-3y^2)$

$=6x^2+24xy-6y^2-6x^2-4xy+6y^2$

$=20xy$

$x=-\frac{1}{5}$, $y=\frac{1}{2}$ を代入すると

$$20\times\left(-\frac{1}{5}\right)\times\frac{1}{2}=-2$$

8 n を整数とすると，連続する 2 つの整数は，n，$n+1$ と表され，大きい整数の平方から小さい整数の平方をひいた差は

$(n+1)^2-n^2=n^2+2n+1-n^2$

$=2n+1=n+(n+1)$

$n+(n+1)$ は，初めの 2 つの整数の和である。

9 n を整数とすると，連続する 3 つの整数は $n-1$，n，$n+1$ と表され，中央の数の 2 乗から 1 をひいた数は

$n^2-1=(n+1)(n-1)$

$(n+1)(n-1)$ は，残りの 2 数の積である。

10 (前半) n を自然数とすると，差が 2 である 2 つの自然数は n，$n+2$ と表され

$d=(n+2)^2-n^2=n^2+4n+4-n^2=4(n+1)$

$n+1$ は自然数であるから，d は 4 の倍数である。

(後半) d が 8 の倍数になるのは $n+1$ が 2 の倍数，すなわち n が奇数のときである。

よって，**2 つの自然数がともに奇数のとき**である。

11 **(前半)** $2ab\ \mathrm{cm}^2$

(後半) **正方形Aと正方形Bの面積の和が正方形Cの面積の半分になる**

解説

斜線部分の面積 $S\ \mathrm{cm}^2$ は，正方形Cの面積から，正方形Aと正方形Bの面積の和を引いたものである。

よって $S=(a+b)^2-(a^2+b^2)$

$=a^2+2ab+b^2-(a^2+b^2)$

$=2ab\ (\mathrm{cm}^2)$

また，$a=b$ のとき，正方形Aと正方形Bの面積の和は $a^2+a^2=2a^2$

さらに，正方形Cの面積は $(2a)^2=4a^2$

よって，$a=b$ のとき，正方形Aと正方形Bの面積の和が正方形Cの面積の半分になる。

第2章 平方根 p. 37

練習

 (1) **±8** (2) $\pm\frac{2}{3}$

(3) $\pm\frac{11}{6}$ (4) **±1.5**

(5) $\pm\sqrt{10}$ (6) **0**

解説

(1) $8^2=(-8)^2=64$ であるから，64 の平方根は ±8

(2) $\left(\frac{2}{3}\right)^2=\left(-\frac{2}{3}\right)^2=\frac{4}{9}$ であるから，$\frac{4}{9}$ の平方根は $\pm\frac{2}{3}$

(3) $\left(\frac{11}{6}\right)^2=\left(-\frac{11}{6}\right)^2=\frac{121}{36}$ であるから，$\frac{121}{36}$ の平方根は $\pm\frac{11}{6}$

(4) $1.5^2=(-1.5)^2=2.25$ であるから，2.25 の平方根は ±1.5

(6) $0^2=0$ であるから，0 の平方根は 0

練習 20 (1) **11** (2) **15** (3) **−17**

(4) **−19**

練習 21 (1) 7　(2) -17　(3) -1

(4) $-\dfrac{7}{8}$　(5) 30

練習 22 (1) $\sqrt{15}<4<\sqrt{17}$

(2) $-\sqrt{0.6}<-\sqrt{0.5}<-0.5$

(3) $-\sqrt{\dfrac{1}{7}}<-\dfrac{1}{3}<-\sqrt{0.1}$

解説

各数を 2 乗して比較する。a, b が正の数のとき　$a<b$ ならば $\sqrt{a}<\sqrt{b}$

$a<b$ ならば $-\sqrt{a}>-\sqrt{b}$

(1) $4^2=16$, $(\sqrt{15})^2=15$, $(\sqrt{17})^2=17$

$15<16<17$ であるから

$\sqrt{15}<\sqrt{16}<\sqrt{17}$

よって　$\sqrt{15}<4<\sqrt{17}$

(2) $(-\sqrt{0.5})^2=0.5$, $(-\sqrt{0.6})^2=0.6$,

$(-0.5)^2=0.25$ であり, $0.25<0.5<0.6$ であるから　$\sqrt{0.25}<\sqrt{0.5}<\sqrt{0.6}$

よって　$-\sqrt{0.6}<-\sqrt{0.5}<-\sqrt{0.25}$

$-\sqrt{0.6}<-\sqrt{0.5}<-0.5$

(3) $\left(-\dfrac{1}{3}\right)^2=\dfrac{1}{9}$, $(-\sqrt{0.1})^2=0.1=\dfrac{1}{10}$,

$\left(-\sqrt{\dfrac{1}{7}}\right)^2=\dfrac{1}{7}$ であり, $\dfrac{1}{10}<\dfrac{1}{9}<\dfrac{1}{7}$ であるから　$\sqrt{\dfrac{1}{10}}<\sqrt{\dfrac{1}{9}}<\sqrt{\dfrac{1}{7}}$

よって　$-\sqrt{\dfrac{1}{7}}<-\sqrt{\dfrac{1}{9}}<-\sqrt{\dfrac{1}{10}}$

$-\sqrt{\dfrac{1}{7}}<-\dfrac{1}{3}<-\sqrt{0.1}$

練習 23 有理数　$\sqrt{\dfrac{1}{9}}$, $-\dfrac{1}{9}$, 1.9, $\left(-\sqrt{\dfrac{1}{9}}\right)^3$, $\left(-\sqrt{\dfrac{1}{3}}\right)^2$

無理数　$\sqrt{\dfrac{9}{27}}$, $\dfrac{1}{3}\pi$

解説

分数の形に表すことができれば 有理数

$\sqrt{\dfrac{1}{9}}=\dfrac{1}{3}$ は有理数。

$1.9=\dfrac{19}{10}$ であるから, 1.9 は有理数。

$\sqrt{\dfrac{9}{27}}=\sqrt{\dfrac{1}{3}}$ は無理数。

$\left(-\sqrt{\dfrac{1}{9}}\right)^3=\left(-\dfrac{1}{3}\right)^3=-\dfrac{1}{27}$ は有理数。

$\left(-\sqrt{\dfrac{1}{3}}\right)^2=\dfrac{1}{3}$ は有理数。

π は無理数であるから, $\dfrac{1}{3}\pi$ も無理数。

練習 24 (2) $0.4\dot{0}\dot{9}$　(3) $0.\dot{2}9\dot{7}$

(4) $0.\dot{7}1428\dot{5}$

解説

(1) $\dfrac{31}{125}=0.248$ であるが, この 分母について, $125=5^3$ であるから, 有限小数 となる。

(2) $\dfrac{9}{22}=0.40909\cdots\cdots$

(3) $\dfrac{11}{37}=0.297297\cdots\cdots$

(4) $\dfrac{5}{7}=0.714285714285\cdots\cdots$

練習 25 (1) $\dfrac{7}{9}$　(2) $\dfrac{15}{37}$　(3) $\dfrac{2011}{990}$

解説

(1) $x=0.\dot{7}$ …… ① とすると

$10x=7.\dot{7}$ …… ②

②−① から　$9x=7$

$x=\dfrac{7}{9}$

(2) $x=0.\dot{4}0\dot{5}$ …… ① とすると

$1000x=405.\dot{4}0\dot{5}$ …… ②

②−① から　$999x=405$

$x=\dfrac{405}{999}=\dfrac{15}{37}$

(3) $x=2.0\dot{3}\dot{1}$ とすると

$10x=20.\dot{3}\dot{1}$ …… ①

$1000x=2031.\dot{3}\dot{1}$ …… ②

②−① から　$990x=2011$

$x=\dfrac{2011}{990}$

練習 26 (1) (ア) $\sqrt{50}$　(イ) $\sqrt{13}$

(2) (ア) $4\sqrt{5}$　(イ) $\dfrac{2\sqrt{2}}{9}$

(ウ) $21\sqrt{6}$　(エ) $\dfrac{9\sqrt{2}}{10}$

解説

(1) (ア) $5\sqrt{2}=\sqrt{5^2\times2}=\sqrt{50}$

(イ) $\dfrac{\sqrt{117}}{3}=\sqrt{\dfrac{3^2\times13}{3^2}}=\sqrt{13}$

(2) (ア) $\sqrt{80}=\sqrt{2^4\times5}=2^2\sqrt{5}=4\sqrt{5}$

(イ) $\sqrt{\dfrac{8}{81}}=\sqrt{\dfrac{2^3}{3^4}}=\dfrac{2\sqrt{2}}{3^2}=\dfrac{2\sqrt{2}}{9}$

(ウ) $\sqrt{2646}=\sqrt{2\times3^3\times7^2}$

$=3\times7\sqrt{2\times3}=21\sqrt{6}$

(エ) $\sqrt{1.62}=\sqrt{\dfrac{162}{100}}=\sqrt{\dfrac{9^2\times2}{10^2}}=\dfrac{9\sqrt{2}}{10}$

練習 27 (1) $21\sqrt{6}$　(2) $78\sqrt{6}$

(3) $2\sqrt{3}$　(4) $\dfrac{\sqrt{10}}{14}$

(5) 1　(6) 4

解説

a, b が正の数のとき　$\sqrt{a}\times\sqrt{b}=\sqrt{ab}$,

$\dfrac{\sqrt{a}}{\sqrt{b}}=\sqrt{\dfrac{a}{b}}$, $\sqrt{a^2b}=a\sqrt{b}$

(1) $\sqrt{42}\times\sqrt{63}=\sqrt{2\times3\times7}\times\sqrt{3^2\times7}$

$=\sqrt{2\times3\times3^2\times7^2}$

$=3\times7\times\sqrt{6}=21\sqrt{6}$

(2) $3\sqrt{26}\times2\sqrt{39}=3\times2\times\sqrt{2\times13}\times\sqrt{3\times13}$

$=6\times\sqrt{2\times3\times13^2}$

$=6\times13\times\sqrt{6}$

$=78\sqrt{6}$

(3) $4\sqrt{15}\div\sqrt{20}=\dfrac{4\sqrt{15}}{\sqrt{20}}$

$=4\times\sqrt{\dfrac{15}{20}}=4\times\sqrt{\dfrac{3}{4}}=4\times\dfrac{\sqrt{3}}{2}=2\sqrt{3}$

(4) $\dfrac{\sqrt{6}}{2}\div\sqrt{7}\times\sqrt{\dfrac{5}{21}}$

$=\dfrac{\sqrt{6}}{2}\times\dfrac{1}{\sqrt{7}}\times\sqrt{\dfrac{5}{21}}$

$=\dfrac{1}{2}\times\sqrt{6\times\dfrac{1}{7}\times\dfrac{5}{3\times7}}$

$=\dfrac{1}{2}\times\sqrt{\dfrac{2\times5}{7^2}}=\dfrac{1}{2}\times\dfrac{\sqrt{10}}{7}$

$=\dfrac{\sqrt{10}}{14}$

(5) $(-\sqrt{14})^2\div\sqrt{28}\div\sqrt{7}$

$=14\times\dfrac{1}{\sqrt{28}}\times\dfrac{1}{\sqrt{7}}=\dfrac{14}{\sqrt{2^2\times7\times7}}$

$=\dfrac{14}{\sqrt{2^2\times7^2}}=\dfrac{14}{2\times7}=1$

(6) $(2\sqrt{3})^3\div(\sqrt{54}\times\sqrt{2})=\dfrac{8\sqrt{27}}{\sqrt{54}\times\sqrt{2}}$

$=8\times\sqrt{\dfrac{27}{2\times27\times2}}=\dfrac{8}{2}=4$

練習 28 (1) (ア) $\dfrac{3\sqrt{2}}{2}$　(イ) $\dfrac{\sqrt{15}}{5}$

(ウ) $3\sqrt{5}$

(2) (ア) $\sqrt{2}$　(イ) $\dfrac{\sqrt{6}}{9}$

(ウ) $\dfrac{5\sqrt{6}}{2}$

解説

分母の有理化　分母と同じ平方根を分母・分子にかけて，分母に $\sqrt{\ }$ がない形にする。

(1) (ア) $\dfrac{3}{\sqrt{2}}=\dfrac{3\times\sqrt{2}}{\sqrt{2}\times\sqrt{2}}=\dfrac{3\sqrt{2}}{2}$

(イ) $\dfrac{\sqrt{3}}{\sqrt{5}}=\dfrac{\sqrt{3}\times\sqrt{5}}{\sqrt{5}\times\sqrt{5}}=\dfrac{\sqrt{15}}{5}$

(ウ) $\dfrac{30}{\sqrt{20}}=\dfrac{30}{\sqrt{2^2\times5}}=\dfrac{30}{2\sqrt{5}}=\dfrac{15\times\sqrt{5}}{\sqrt{5}\times\sqrt{5}}$

$=\dfrac{15\sqrt{5}}{5}=3\sqrt{5}$

(2) (ア) $6\div\sqrt{18}=\dfrac{6}{\sqrt{18}}=\dfrac{6}{\sqrt{2\times3^2}}$

$=\dfrac{6}{3\sqrt{2}}=\dfrac{2}{\sqrt{2}}=\dfrac{2\times\sqrt{2}}{\sqrt{2}\times\sqrt{2}}=\sqrt{2}$

別解　$6\div\sqrt{18}=\dfrac{\sqrt{36}}{\sqrt{18}}=\sqrt{\dfrac{36}{18}}=\sqrt{2}$

(イ) $\dfrac{\sqrt{14}}{6}\times\sqrt{\dfrac{4}{21}}=\dfrac{1}{6}\sqrt{2\times7\times\dfrac{2^2}{3\times7}}$

$$=\frac{2}{6}\sqrt{\frac{2}{3}}=\frac{1}{3}\times\frac{\sqrt{2}}{\sqrt{3}}=\frac{1}{3}\times\frac{\sqrt{2}\times\sqrt{3}}{\sqrt{3}\times\sqrt{3}}$$
$$=\frac{\sqrt{6}}{9}$$

別解 $\frac{\sqrt{14}}{6}\times\sqrt{\frac{4}{21}}=\sqrt{\frac{14}{36}\times\frac{4}{21}}$

$$=\sqrt{\frac{2}{27}}=\frac{\sqrt{2}}{3\sqrt{3}}=\frac{\sqrt{6}}{9}$$

(ウ) $\sqrt{3}\div\sqrt{\frac{11}{15}}\times\sqrt{\frac{55}{6}}$

$$=\sqrt{3}\times\sqrt{\frac{15}{11}}\times\sqrt{\frac{55}{6}}$$
$$=\sqrt{3\times\frac{3\times5}{11}\times\frac{5\times11}{2\times3}}=5\sqrt{\frac{3}{2}}=\frac{5\sqrt{3}}{\sqrt{2}}$$
$$=\frac{5\sqrt{3}\times\sqrt{2}}{\sqrt{2}\times\sqrt{2}}=\frac{5\sqrt{6}}{2}$$

練習 29 (1) $5\sqrt{2}+4\sqrt{3}$ (2) $4\sqrt{2}$

(3) $8\sqrt{3}$ (4) $-\frac{\sqrt{2}}{4}$

(5) $-\frac{\sqrt{6}}{6}$ (6) $-\sqrt{5}+12\sqrt{3}$

解説

$\sqrt{\ }$ の中が同じ数を同じ文字とみて，文字式と同じように計算する。

(1) $7\sqrt{3}+5\sqrt{2}-3\sqrt{3}$
$=5\sqrt{2}+(7-3)\sqrt{3}=5\sqrt{2}+4\sqrt{3}$

(2) $\sqrt{18}-\sqrt{50}+\sqrt{72}$
$=\sqrt{3^2\times2}-\sqrt{5^2\times2}+\sqrt{6^2\times2}$
$=3\sqrt{2}-5\sqrt{2}+6\sqrt{2}$
$=(3-5+6)\sqrt{2}=4\sqrt{2}$

(3) $\sqrt{48}+\sqrt{300}-\sqrt{108}$
$=\sqrt{4^2\times3}+\sqrt{10^2\times3}-\sqrt{6^2\times3}$
$=4\sqrt{3}+10\sqrt{3}-6\sqrt{3}=(4+10-6)\sqrt{3}$
$=8\sqrt{3}$

(4) $\frac{1}{\sqrt{2}}-\frac{3}{\sqrt{8}}=\frac{1}{\sqrt{2}}-\frac{3}{2\sqrt{2}}$
$$=\frac{1\times\sqrt{2}}{\sqrt{2}\times\sqrt{2}}-\frac{3\times\sqrt{2}}{2\sqrt{2}\times\sqrt{2}}$$
$$=\frac{\sqrt{2}}{2}-\frac{3\sqrt{2}}{4}=\left(\frac{1}{2}-\frac{3}{4}\right)\sqrt{2}=-\frac{\sqrt{2}}{4}$$

(5) $\sqrt{\frac{3}{2}}-\frac{4}{\sqrt{6}}=\frac{\sqrt{3}\times\sqrt{2}}{\sqrt{2}\times\sqrt{2}}-\frac{4\times\sqrt{6}}{\sqrt{6}\times\sqrt{6}}$
$$=\frac{\sqrt{6}}{2}-\frac{4\sqrt{6}}{6}=\left(\frac{3}{6}-\frac{4}{6}\right)\sqrt{6}=-\frac{\sqrt{6}}{6}$$

(6) $\sqrt{125}+10\sqrt{3}-\sqrt{180}+2\sqrt{3}$
$=\sqrt{5^3}+10\sqrt{3}-\sqrt{2^2\times3^2\times5}+2\sqrt{3}$
$=5\sqrt{5}+10\sqrt{3}-6\sqrt{5}+2\sqrt{3}$
$=(5-6)\sqrt{5}+(10+2)\sqrt{3}$
$=-\sqrt{5}+12\sqrt{3}$

練習 30 (1) $6-5\sqrt{3}$ (2) $10-3\sqrt{5}$

(3) $-1-2\sqrt{2}$ (4) $26-10\sqrt{5}$

(5) $5+2\sqrt{6}$ (6) $8-2\sqrt{15}$

(7) 17 (8) $10-5\sqrt{6}$

解説

$\sqrt{○}$ を文字とみて，分配法則や公式を利用して展開。

(1) $\sqrt{3}(2\sqrt{3}-5)$
$=\sqrt{3}\times2\sqrt{3}-\sqrt{3}\times5=2\times(\sqrt{3})^2-5\sqrt{3}$
$=2\times3-5\sqrt{3}=6-5\sqrt{3}$

(2) $\sqrt{5}(\sqrt{20}-3)=\sqrt{5}\times(2\sqrt{5}-3)$
$=\sqrt{5}\times2\sqrt{5}-\sqrt{5}\times3$
$=2\times5-3\sqrt{5}=10-3\sqrt{5}$

(3) $(\sqrt{2}+1)(\sqrt{2}-3)$
$=(\sqrt{2})^2+(1-3)\sqrt{2}-1\times3$
$=2-2\sqrt{2}-3=-1-2\sqrt{2}$

(4) $(\sqrt{5}-3)(\sqrt{5}-7)$
$=(\sqrt{5})^2+(-3-7)\sqrt{5}+(-3)\times(-7)$
$=5-10\sqrt{5}+21=26-10\sqrt{5}$

(5) $(\sqrt{2}+\sqrt{3})^2$
$=(\sqrt{2})^2+2\times\sqrt{3}\times\sqrt{2}+(\sqrt{3})^2$
$=2+2\sqrt{6}+3=5+2\sqrt{6}$

(6) $(\sqrt{3}-\sqrt{5})^2$
$=(\sqrt{3})^2-2\times\sqrt{5}\times\sqrt{3}+(\sqrt{5})^2$
$=3-2\sqrt{15}+5=8-2\sqrt{15}$

(7) $(3\sqrt{5}+2\sqrt{7})(3\sqrt{5}-2\sqrt{7})$
$=(3\sqrt{5})^2-(2\sqrt{7})^2$
$=3^2\times5-2^2\times7=45-28=17$

(8) $(2\sqrt{3}+\sqrt{2})(3\sqrt{3}-4\sqrt{2})$
$=2\sqrt{3}\times3\sqrt{3}-2\sqrt{3}\times4\sqrt{2}$
$+\sqrt{2}\times3\sqrt{3}-\sqrt{2}\times4\sqrt{2}$
$=18-8\sqrt{6}+3\sqrt{6}-8=10-5\sqrt{6}$

練習 31 (1) $\frac{19}{20}\sqrt{5}$　(2) $5\sqrt{2}$
(3) $-\sqrt{6}$　(4) 21
(5) $7-6\sqrt{3}$　(6) $-\frac{\sqrt{5}}{2}$

解説
① $\sqrt{○}$ を文字とみる。分配法則や展開の公式の利用。 ② 根号の中を簡単にする。
③ 分母を有理化する。

(1) $\sqrt{20}-\frac{3}{2\sqrt{5}}-\frac{\sqrt{45}}{4}$
$=2\sqrt{5}-\frac{3\times\sqrt{5}}{2\sqrt{5}\times\sqrt{5}}-\frac{3\sqrt{5}}{4}$
$=2\sqrt{5}-\frac{3\sqrt{5}}{10}-\frac{3\sqrt{5}}{4}$
$=\left(2-\frac{3}{10}-\frac{3}{4}\right)\sqrt{5}=\frac{19}{20}\sqrt{5}$

(2) $\frac{4+\sqrt{3}}{\sqrt{2}}-\frac{3}{\sqrt{6}}+\sqrt{18}$
$=\frac{(4+\sqrt{3})\times\sqrt{2}}{\sqrt{2}\times\sqrt{2}}-\frac{3\times\sqrt{6}}{\sqrt{6}\times\sqrt{6}}+3\sqrt{2}$
$=\frac{4\sqrt{2}+\sqrt{6}}{2}-\frac{3\sqrt{6}}{6}+3\sqrt{2}$
$=2\sqrt{2}+\frac{\sqrt{6}}{2}-\frac{\sqrt{6}}{2}+3\sqrt{2}$
$=5\sqrt{2}$

(3) $\sqrt{18}(\sqrt{3}+\sqrt{2})-\sqrt{12}(\sqrt{3}+2\sqrt{2})$
$=3\sqrt{2}(\sqrt{3}+\sqrt{2})-2\sqrt{3}(\sqrt{3}+2\sqrt{2})$
$=3\sqrt{2}\times\sqrt{3}+3(\sqrt{2})^2-2(\sqrt{3})^2$
$-2\sqrt{3}\times2\sqrt{2}$
$=3\sqrt{6}+6-6-4\sqrt{6}=-\sqrt{6}$

(4) $(\sqrt{6}-2)^2+(\sqrt{3}+2\sqrt{2})^2$
$=(\sqrt{6})^2-2\times2\times\sqrt{6}+2^2$
$+(\sqrt{3})^2+2\times2\sqrt{2}\times\sqrt{3}+(2\sqrt{2})^2$
$=6-4\sqrt{6}+4+3+4\sqrt{6}+8=21$

(5) $(\sqrt{3}-2)^2-\frac{6}{\sqrt{3}}$
$=(\sqrt{3})^2-2\times2\times\sqrt{3}+2^2-\frac{6\times\sqrt{3}}{\sqrt{3}\times\sqrt{3}}$
$=3-4\sqrt{3}+4-\frac{6\sqrt{3}}{3}$
$=7-4\sqrt{3}-2\sqrt{3}=7-6\sqrt{3}$

(6) $\frac{1}{3+\sqrt{5}}-\frac{1}{3-\sqrt{5}}$
$=\frac{(3-\sqrt{5})-(3+\sqrt{5})}{(3+\sqrt{5})(3-\sqrt{5})}$ 　通分
$=\frac{-2\sqrt{5}}{3^2-(\sqrt{5})^2}=-\frac{2\sqrt{5}}{4}=-\frac{\sqrt{5}}{2}$

練習 32 (1) 2
(2) (ア) $2\sqrt{7}$　(イ) $2\sqrt{5}$　(ウ) 2
(エ) 24　(オ) $4\sqrt{35}$　(カ) $\sqrt{7}$

解説
式の値　式を簡単にしてから数値を代入

(1) $x^2-4x+3=(x-1)(x-3)$
$x=2+\sqrt{3}$ を代入して
$=(2+\sqrt{3}-1)(2+\sqrt{3}-3)$
$=(\sqrt{3}+1)(\sqrt{3}-1)=(\sqrt{3})^2-1^2$
$=3-1=2$

(2) (ア) $x+y=(\sqrt{7}+\sqrt{5})+(\sqrt{7}-\sqrt{5})$
$=2\sqrt{7}$
(イ) $x-y=(\sqrt{7}+\sqrt{5})-(\sqrt{7}-\sqrt{5})$
$=2\sqrt{5}$
(ウ) $xy=(\sqrt{7}+\sqrt{5})(\sqrt{7}-\sqrt{5})$
$=(\sqrt{7})^2-(\sqrt{5})^2=7-5=2$
(エ) $x^2+y^2=(\sqrt{7}+\sqrt{5})^2+(\sqrt{7}-\sqrt{5})^2$
$=(\sqrt{7})^2+2\times\sqrt{5}\times\sqrt{7}+(\sqrt{5})^2$
$+(\sqrt{7})^2-2\times\sqrt{5}\times\sqrt{7}+(\sqrt{5})^2$
$=(7+5)+(7+5)=24$
別解 $x^2+y^2=(x+y)^2-2xy$
求める式の値は，(ア)と(ウ)の結果から
$(2\sqrt{7})^2-2\times2=28-4=24$
(オ) $x^2-y^2=(x+y)(x-y)=2\sqrt{7}\times2\sqrt{5}$
$=4\sqrt{35}$

(カ) $\frac{1}{x}+\frac{1}{y}=\frac{1}{\sqrt{7}+\sqrt{5}}+\frac{1}{\sqrt{7}-\sqrt{5}}$ 通分

$=\frac{(\sqrt{7}-\sqrt{5})+(\sqrt{7}+\sqrt{5})}{(\sqrt{7}+\sqrt{5})(\sqrt{7}-\sqrt{5})}$

$=\frac{2\sqrt{7}}{(\sqrt{7})^2-(\sqrt{5})^2}=\frac{2\sqrt{7}}{2}=\sqrt{7}$

練習 33 $n=1,\ 43,\ 73,\ 91,\ 97$

解説

$\sqrt{582-6n}$ が整数（0もふくまれる）となるのは，$\sqrt{\ }$ の中の数 $582-6n$ が（整数）^{2} となるときである。

$$582-6n=6(97-n)$$

よって，$\sqrt{582-6n}$ が整数となるのは，k を0以上の整数として，$97-n=6k^2$ と表されるときである。

$k=0$ のとき　$97-n=6\times0^2$
$n=97$

$k=1$ のとき　$97-n=6\times1^2$
$n=91$

$k=2$ のとき　$97-n=6\times2^2$
$n=73$

$k=3$ のとき　$97-n=6\times3^2$
$n=43$

$k=4$ のとき　$97-n=6\times4^2$
$n=1$

$k=5$ のとき　$97-n=6\times5^2$
$n=-53$

k が5以上の整数のとき，n は負の数となり，問題に適さない。

求める n の値は　$n=1,\ 43,\ 73,\ 91,\ 97$

練習 34 (1) $a=7$　(2) $b=4\sqrt{5}-8$
(3) $80-32\sqrt{5}$

解説

（小数部分）＝（数）－（整数部分）

(1) $4\sqrt{5}=\sqrt{80}$

$\sqrt{8^2}<\sqrt{80}<\sqrt{9^2}$ から　$8<4\sqrt{5}<9$

よって　$8-1<4\sqrt{5}-1<9-1$

$7<4\sqrt{5}-1<8$

$4\sqrt{5}-1$ の整数部分 a は　$a=7$

(2) 整数部分は7であるから，小数部分 b は

$b=(4\sqrt{5}-1)-7=4\sqrt{5}-8$

(3) $b^2+8b=b(b+8)$

$=(4\sqrt{5}-8)(4\sqrt{5}-8+8)$

$=(4\sqrt{5}-8)\times4\sqrt{5}$

$=4^2\times(\sqrt{5})^2-8\times4\sqrt{5}$

$=80-32\sqrt{5}$

練習 35 (1) **17.32**　(2) **54.77**
(3) **547.7**　(4) **0.5477**
(5) **0.001732**　(6) **3.464**
(7) **1.0954**

解説

与えられた値が利用できるように，$\sqrt{a^2b}=a\sqrt{b}$ を用いて変形する。

(1) $\sqrt{300}=\sqrt{3\times10^2}=10\sqrt{3}$
$=10\times1.732=17.32$

(2) $\sqrt{3000}=\sqrt{30\times10^2}=10\sqrt{30}$
$=10\times5.477=54.77$

(3) $\sqrt{300000}=\sqrt{30\times100^2}$
$=100\sqrt{30}=100\times5.477=547.7$

(4) $\sqrt{0.3}=\sqrt{\frac{3}{10}}=\sqrt{\frac{30}{100}}=\frac{\sqrt{30}}{10}$
$=\frac{5.477}{10}=0.5477$

(5) $\sqrt{0.000003}=\sqrt{\frac{3}{1000000}}=\sqrt{\frac{3}{10^6}}=\frac{\sqrt{3}}{10^3}$
$=\frac{1.732}{1000}=0.001732$

(6) $\sqrt{12}=\sqrt{2^2\times3}=2\sqrt{3}$
$=2\times1.732=3.464$

(7) $\sqrt{\frac{6}{5}}=\frac{\sqrt{6}\times\sqrt{5}}{\sqrt{5}\times\sqrt{5}}=\frac{\sqrt{30}}{5}$
$=\frac{5.477}{5}=1.0954$

練習 36 (1) 順に **$42.05\leqq a<42.15$，0.05 g 以下**
(2) 順に **$42.095\leqq a<42.105$，0.005 g 以下**

練習 37 (1) 8.30×10^5　(2) $4.78\times\dfrac{1}{10^4}$

(3) 5.09×10^4　(4) $7.8\times\dfrac{1}{10^3}$

解説

$a\times10^n$ または $a\times\dfrac{1}{10^n}$ の形で表す

(a は整数の部分が 1 けたの数，n は自然数)

(1) 有効数字は 3 けたであるから　8，3，0

$830000=8.30\times10^5$

(2) 有効数字は 3 けたであるから　4，7，8

$0.000478=\dfrac{4.78}{10000}=4.78\times\dfrac{1}{10^4}$

(3) 有効数字は 3 けたで，10^4，10^3，10^2 の位の数は，それぞれ　5，0，8

しかし，10 の位の数は 5 であるから，これを四捨五入すると，近似値は 50900 となり，有効数字は　5，0，9

よって　$50900=5.09\times10^4$

(4) 有効数字は 2 けたで，小数第 3 位と第 4 位の数は　7，8

しかし，小数第 5 位の数は 4 であるから，これを四捨五入すると，近似値は 0.0078 となり，有効数字は　7，8

よって　$0.0078=\dfrac{7.8}{1000}=7.8\times\dfrac{1}{10^3}$

別解　$0.00784=7.84\times\dfrac{1}{10^3}$ から　$7.8\times\dfrac{1}{10^3}$

EXERCISES

➡本冊 p. 45

29 (1) 正しくない。±6

(2) 正しい。

(3) 正しくない。11

(4) 正しくない。5

(5) 正しくない。−1

30 (1) $\pm\sqrt{3}$　(2) ±12　(3) $\pm\dfrac{7}{30}$

(4) $\pm\sqrt{23}$　(5) ±1.3　(6) $\pm\sqrt{0.4}$

解説

(6) 0.4 の平方根は ±0.2 と答えるのは 大間違い。

$(0.2)^2=0.04$，$(-0.2)^2=0.04$ であるから，±0.2 は 0.04 の平方根である。

同様に，0.9 の平方根は $\pm\sqrt{0.9}$ であり，±0.3 ではない。

31 (1) 1　(2) 0　(3) 20　(4) 14

(5) 29　(6) 35　(7) 9　(8) −12

32 (1) $\sqrt{7}<3<\sqrt{10}$

(2) $-\sqrt{0.1}<-0.1<\sqrt{(-0.1)^2}$

(3) $-\dfrac{3}{2}<-1.4<-\sqrt{\dfrac{3}{2}}<-\sqrt{1.4}$

解説

各数を 2 乗して比較する。a，b が正の数のとき　$a<b$ ならば　$\sqrt{a}<\sqrt{b}$

$a<b$ ならば　$-\sqrt{a}>-\sqrt{b}$

(1) $3^2=9$，$(\sqrt{7})^2=7$，$(\sqrt{10})^2=10$

$7<9<10$ であるから

$\sqrt{7}<\sqrt{9}<\sqrt{10}$

よって　$\sqrt{7}<3<\sqrt{10}$

(2) $\sqrt{(-0.1)^2}=0.1$ は正の数である。

$(-0.1)^2=0.01$，$(-\sqrt{0.1})^2=0.1$ と

$0.01<0.1$ より $0.1<\sqrt{0.1}$ であるから

$-\sqrt{0.1}<-0.1$

よって　$-\sqrt{0.1}<-0.1<\sqrt{(-0.1)^2}$

(3) $(-1.4)^2=1.96$，$(-\sqrt{1.4})^2=1.4$，

$\left(-\dfrac{3}{2}\right)^2=\dfrac{9}{4}=2.25$，$\left(-\sqrt{\dfrac{3}{2}}\right)^2=\dfrac{3}{2}=1.5$

$1.4<1.5<1.96<2.25$ であるから

$\sqrt{1.4}<\sqrt{1.5}<\sqrt{1.96}<\sqrt{2.25}$

$\sqrt{1.4}<\sqrt{\dfrac{3}{2}}<1.4<\dfrac{3}{2}$

よって　$-\dfrac{3}{2}<-1.4<-\sqrt{\dfrac{3}{2}}<-\sqrt{1.4}$

33 (1) $a=1, 2, 3$

(2) $a=10, 11, 12, 13, 14, 15$

解説

各辺はすべて正の数であるから，2 乗して調べる。

(1) $\sqrt{a}<2$ ならば $(\sqrt{a})^2<2^2$

$a<4$ を満たす自然数を求めて

$a=1,\ 2,\ 3$

(2) $3<\sqrt{a}<4$ ならば $3^2<(\sqrt{a})^2<4^2$

$9<a<16$ を満たす自然数を求めて

$a=10,\ 11,\ 12,\ 13,\ 14,\ 15$

34 **有理数** $\sqrt{100}$, $\sqrt{\dfrac{20}{5}}$, $\left(\sqrt{\dfrac{1}{10}}\right)^2$,

$\sqrt{(-10)^2}$, $\sqrt{0.01}$

無理数 $\sqrt{10}$, $\sqrt{\dfrac{10}{2}}$, $\sqrt{0.02}$

解説

$\sqrt{100}=\sqrt{10^2}=10$, $\sqrt{\dfrac{20}{5}}=\sqrt{4}=2$,

$\left(\sqrt{\dfrac{1}{10}}\right)^2=\dfrac{1}{10}$, $\sqrt{(-10)^2}=10$,

$\sqrt{0.01}=\sqrt{(0.1)^2}=0.1$ であるから，これらは有理数である。

また，$\sqrt{10}$, $\sqrt{\dfrac{10}{2}}=\sqrt{5}$, $\sqrt{0.02}$ は無理数。

35 (1) $0.0\dot{5}$　　(2) $0.\dot{2}9\dot{6}$

(3) $0.\dot{0}1234567\dot{9}$

解説

(1) $\dfrac{1}{18}=0.05555\cdots\cdots$

(2) $\dfrac{8}{27}=0.296296\cdots\cdots$

(3) $\dfrac{1}{81}=0.012345679012345679\cdots\cdots$

36 (1) $\dfrac{1}{30}$　　(2) $\dfrac{17}{33}$　　(3) $\dfrac{1159}{333}$

解説

(1) $x=0.0\dot{3}$ とすると

$10x=0.\dot{3}$ …… ①, $100x=3.\dot{3}$ …… ②

②−① から　$90x=3$

よって　$x=\dfrac{3}{90}=\dfrac{1}{30}$

(2) $x=0.\dot{5}\dot{1}$ …… ① とおくと

$100x=51.\dot{5}\dot{1}$ …… ②

②−① から　$99x=51$

よって　$x=\dfrac{51}{99}=\dfrac{17}{33}$

(3) $x=3.\dot{4}8\dot{0}$ …… ① とおくと

$1000x=3480.\dot{4}8\dot{0}$ …… ②

②−① から　$999x=3477$

よって　$x=\dfrac{3477}{999}=\dfrac{1159}{333}$

➡本冊 p. 60

37 (1) $\sqrt{80}$　　(2) $\sqrt{\dfrac{7}{3}}$

解説

(1) $4\sqrt{5}=\sqrt{4^2\times5}=\sqrt{80}$

(2) $\dfrac{\sqrt{21}}{3}=\sqrt{\dfrac{21}{3^2}}=\sqrt{\dfrac{7}{3}}$

38 (1) $6\sqrt{5}$　　(2) $\dfrac{5\sqrt{6}}{12}$　　(3) $21\sqrt{5}$

解説

(1) $\sqrt{180}=\sqrt{3^2\times2^2\times5}=3\times2\times\sqrt{5}=6\sqrt{5}$

(2) $\sqrt{\dfrac{25}{24}}=\sqrt{\dfrac{5^2}{2^2\times6}}=\dfrac{\sqrt{5^2}}{\sqrt{2^2\times6}}=\dfrac{5}{2\sqrt{6}}$

$=\dfrac{5\times\sqrt{6}}{2\sqrt{6}\times\sqrt{6}}=\dfrac{5\sqrt{6}}{2\times6}=\dfrac{5\sqrt{6}}{12}$

(3) $\sqrt{2205}=\sqrt{3^2\times7^2\times5}=3\times7\times\sqrt{5}=21\sqrt{5}$

39 (1) $14\sqrt{6}$　　(2) 45　　(3) $-270\sqrt{10}$

(4) $\dfrac{\sqrt{2}}{2}$　　(5) $\dfrac{2\sqrt{2}}{3}$　　(6) $\dfrac{\sqrt{11}}{6}$

(7) 77　　(8) $\dfrac{20\sqrt{6}}{3}$

解説

(1) $\sqrt{42}\times\sqrt{28}=\sqrt{2\times3\times7}\times\sqrt{2^2\times7}$

$=\sqrt{2^3\times3\times7^2}=14\sqrt{6}$

(2) $\sqrt{27}\times5\sqrt{3}=3\sqrt{3}\times5\sqrt{3}=3\times5\times(\sqrt{3})^2$

$=45$

(3) $(-3\sqrt{10})^3=(-3)^3\times(\sqrt{10})^3$

$=-27\times10\sqrt{10}=-270\sqrt{10}$

(4) $7\div\sqrt{98}=7\div7\sqrt{2}=7\times\dfrac{1}{7\sqrt{2}}=\dfrac{1}{\sqrt{2}}$

$=\dfrac{\sqrt{2}}{\sqrt{2}\times\sqrt{2}}=\dfrac{\sqrt{2}}{2}$

(5) $\sqrt{56}\div\sqrt{63}=2\sqrt{14}\div3\sqrt{7}=\dfrac{2\sqrt{14}}{3\sqrt{7}}$

$=\dfrac{2}{3}\times\sqrt{\dfrac{14}{7}}=\dfrac{2\sqrt{2}}{3}$

(6) $2\sqrt{363}\div4\sqrt{3}\div3\sqrt{11}=\dfrac{2\sqrt{3\times11^2}}{4\sqrt{3}\times3\sqrt{11}}$

$=\dfrac{2}{4\times3}\times\sqrt{\dfrac{3\times11^2}{3\times11}}=\dfrac{1}{6}\times\sqrt{11}=\dfrac{\sqrt{11}}{6}$

(7) $\sqrt{77}\times\dfrac{\sqrt{14}}{6}\times3\sqrt{22}$

$=\dfrac{\sqrt{7\times11}\times\sqrt{2\times7}\times3\sqrt{2\times11}}{6}$

$=\dfrac{\sqrt{2^2\times7^2\times11^2}}{2}=\dfrac{2\times7\times11}{2}=77$

(8) $\dfrac{5}{\sqrt{3}}\div\dfrac{\sqrt{5}}{8}\times\dfrac{\sqrt{5}}{\sqrt{2}}=\dfrac{5}{\sqrt{3}}\times\dfrac{8}{\sqrt{5}}\times\dfrac{\sqrt{5}}{\sqrt{2}}$

$=\dfrac{5\times8\times\sqrt{5}}{\sqrt{3}\times\sqrt{5}\times\sqrt{2}}=\dfrac{40}{\sqrt{6}}=\dfrac{40\times\sqrt{6}}{\sqrt{6}\times\sqrt{6}}$

$=\dfrac{20\sqrt{6}}{3}$

40 (1) $\sqrt{2}+\sqrt{3}$　(2) -13

(3) $\dfrac{2\sqrt{3}}{3}$　(4) $\dfrac{3}{40}+\dfrac{\sqrt{3}}{8}$

解説

(1) $\sqrt{75}+\sqrt{32}-\sqrt{18}-\sqrt{48}$

$=\sqrt{5^2\times3}+\sqrt{4^2\times2}-\sqrt{3^2\times2}-\sqrt{4^2\times3}$

$=5\sqrt{3}+4\sqrt{2}-3\sqrt{2}-4\sqrt{3}$

$=\sqrt{2}+\sqrt{3}$

(2) $(-2\sqrt{13})^2+5\sqrt{(-13)^2}-7\sqrt{13^2}$

$-\sqrt{9\times(-13)^2}$

$=4\times13+5\times13-7\times13-3\times13$

$=(4+5-7-3)\times13=-13$

(3) $\dfrac{2}{\sqrt{6}}(\sqrt{2}-\sqrt{3})+\sqrt{2}$

$=\dfrac{2\sqrt{2}}{\sqrt{2}\times\sqrt{3}}-\dfrac{2\sqrt{3}}{\sqrt{2}\times\sqrt{3}}+\sqrt{2}$

$=\dfrac{2}{\sqrt{3}}-\sqrt{2}+\sqrt{2}=\dfrac{2\times\sqrt{3}}{\sqrt{3}\times\sqrt{3}}=\dfrac{2\sqrt{3}}{3}$

(4) $\dfrac{\sqrt{2}+\sqrt{6}}{5\sqrt{8}}-\dfrac{\sqrt{5}-\sqrt{15}}{(2\sqrt{5})^3}$

$=\dfrac{\sqrt{2}+\sqrt{6}}{10\sqrt{2}}-\dfrac{\sqrt{5}-\sqrt{15}}{40\sqrt{5}}$ …… ①

$=\dfrac{1}{10}+\dfrac{\sqrt{3}}{10}-\dfrac{1}{40}+\dfrac{\sqrt{3}}{40}=\dfrac{3}{40}+\dfrac{\sqrt{3}}{8}$

別解　①から

$=\dfrac{\sqrt{2}\times\sqrt{2}+\sqrt{6}\times\sqrt{2}}{10\sqrt{2}\times\sqrt{2}}$

$-\dfrac{\sqrt{5}\times\sqrt{5}-\sqrt{15}\times\sqrt{5}}{40\sqrt{5}\times\sqrt{5}}$

$=\dfrac{2+2\sqrt{3}}{20}-\dfrac{5-5\sqrt{3}}{200}$

$=\dfrac{1+\sqrt{3}}{10}-\dfrac{1-\sqrt{3}}{40}=\dfrac{3}{40}+\dfrac{\sqrt{3}}{8}$

41 (1) $-11+3\sqrt{6}$　(2) $2+3\sqrt{2}$

(3) 5　(4) $9+6\sqrt{2}$

(5) $1+2\sqrt{15}$

(6) $6+2\sqrt{2}+2\sqrt{3}+2\sqrt{6}$

解説

(1) $(\sqrt{2}-\sqrt{3})(2\sqrt{2}+5\sqrt{3})$

$=\sqrt{2}\times2\sqrt{2}+\sqrt{2}\times5\sqrt{3}-\sqrt{3}\times2\sqrt{2}$

$-\sqrt{3}\times5\sqrt{3}$

$=2\times2+5\sqrt{6}-2\sqrt{6}-5\times3$

$=-11+3\sqrt{6}$

(2) $(2\sqrt{2}-1)(\sqrt{2}+2)$

$=2\sqrt{2}\times\sqrt{2}+2\sqrt{2}\times2-\sqrt{2}-2$

$=2\times2+4\sqrt{2}-\sqrt{2}-2$

$=2+3\sqrt{2}$

(3) $(\sqrt{3}+1)(\sqrt{3}+2)-\dfrac{9}{\sqrt{3}}$

$=(\sqrt{3})^2+3\times\sqrt{3}+2-\dfrac{9\times\sqrt{3}}{\sqrt{3}\times\sqrt{3}}$

$=3+3\sqrt{3}+2-3\sqrt{3}=5$

(4) $(\sqrt{6}+\sqrt{3})^2$

$=(\sqrt{6})^2+2\times\sqrt{3}\times\sqrt{6}+(\sqrt{3})^2$

$=6+2\times3\times\sqrt{2}+3=9+6\sqrt{2}$

別解 $(\sqrt{6}+\sqrt{3})^2=\{\sqrt{3}(\sqrt{2}+1)\}^2$
$=3(3+2\sqrt{2})=9+6\sqrt{2}$

(5) $(\sqrt{3}+\sqrt{5}+\sqrt{7})(\sqrt{3}+\sqrt{5}-\sqrt{7})$
$=\{(\sqrt{3}+\sqrt{5})+\sqrt{7}\}\{(\sqrt{3}+\sqrt{5})-\sqrt{7}\}$
$=(\sqrt{3}+\sqrt{5})^2-(\sqrt{7})^2$
$=3+2\sqrt{15}+5-7=1+2\sqrt{15}$

(6) $(1+\sqrt{2}+\sqrt{3})^2=\{(1+\sqrt{2})+\sqrt{3}\}^2$
$=(1+\sqrt{2})^2+2(1+\sqrt{2})\sqrt{3}+(\sqrt{3})^2$
$=1+2\sqrt{2}+2+2\sqrt{3}+2\sqrt{6}+3$
$=6+2\sqrt{2}+2\sqrt{3}+2\sqrt{6}$

42 -8

解説

式を簡単にしてから数値を代入

$x^2-8x=x(x-8)=(4-2\sqrt{2})(-4-2\sqrt{2})$
$=(-2\sqrt{2}+4)(-2\sqrt{2}-4)$
$=(-2\sqrt{2})^2-4^2=8-16=-8$

➡本冊 p. 61

43 (1) $4\sqrt{55}$ (2) 12 (3) $\dfrac{16}{3}$

解説

式の値　式を簡単にしてから数値を代入

(1) $a^2-b^2=(a+b)(a-b)$
$a+b=(\sqrt{11}+\sqrt{5})+(\sqrt{11}-\sqrt{5})=2\sqrt{11}$
$a-b=(\sqrt{11}+\sqrt{5})-(\sqrt{11}-\sqrt{5})=2\sqrt{5}$
であるから，求める式の値は
$2\sqrt{11}\times2\sqrt{5}=4\sqrt{55}$

(2) $(a+b)^2-(a^2+b^2)$
$=(a^2+2ab+b^2)-(a^2+b^2)$
$=2ab=2\times(\sqrt{11}+\sqrt{5})(\sqrt{11}-\sqrt{5})$
$=2\times\{(\sqrt{11})^2-(\sqrt{5})^2\}=2\times(11-5)$
$=12$

(3) $\dfrac{a}{b}+\dfrac{b}{a}=\dfrac{\sqrt{11}+\sqrt{5}}{\sqrt{11}-\sqrt{5}}+\dfrac{\sqrt{11}-\sqrt{5}}{\sqrt{11}+\sqrt{5}}$
$=\dfrac{(\sqrt{11}+\sqrt{5})^2+(\sqrt{11}-\sqrt{5})^2}{(\sqrt{11}-\sqrt{5})(\sqrt{11}+\sqrt{5})}$

$(\sqrt{11}+\sqrt{5})^2$
$=(\sqrt{11})^2+2\times\sqrt{5}\times\sqrt{11}+(\sqrt{5})^2$
$=16+2\sqrt{55}$

$(\sqrt{11}-\sqrt{5})^2$
$=(\sqrt{11})^2-2\times\sqrt{5}\times\sqrt{11}+(\sqrt{5})^2$
$=16-2\sqrt{55}$

$(\sqrt{11}+\sqrt{5})(\sqrt{11}-\sqrt{5})=11-5=6$
であるから，求める式の値は
$\dfrac{(16+2\sqrt{55})+(16-2\sqrt{55})}{6}=\dfrac{32}{6}=\dfrac{16}{3}$

別解 $\dfrac{a}{b}+\dfrac{b}{a}=\dfrac{a^2+b^2}{ab}$

(1) より　$a+b=2\sqrt{11}$
(2) より　$ab=6$　であるから
$a^2+b^2=(a+b)^2-2ab$
$=(2\sqrt{11})^2-12=32$
したがって，求める式の値は
$\dfrac{32}{6}=\dfrac{16}{3}$

44 4 個

解説

まず，504 を素因数分解。次に，$\sqrt{\ }$ の中に平方数の積 $○^2\times△^2$ が残るような n の値について考える。

$504=2^3\times3^2\times7$ であるから

$\sqrt{\dfrac{504}{n}}=\sqrt{\dfrac{(2^2\times3^2)\times(2\times7)}{n}}$

これが整数となるのは，k を自然数として，$n=2\times7\times k^2$ の形に表されるときである。

$k=1$ のとき　$n=14$
$\sqrt{\dfrac{504}{n}}=\sqrt{\dfrac{(2^2\times3^2)\times(\cancel{2\times7})}{\cancel{2\times7}\times1^2}}=2\times3$

$k=2$ のとき　$n=56$
$\sqrt{\dfrac{504}{n}}=\sqrt{\dfrac{(\cancel{2^2}\times3^2)\times(\cancel{2\times7})}{\cancel{2\times7}\times\cancel{2^2}}}=3$

$k=3$ のとき　$n=126$
$\sqrt{\dfrac{504}{n}}=\sqrt{\dfrac{(2^2\times\cancel{3^2})\times(\cancel{2\times7})}{\cancel{2\times7}\times\cancel{3^2}}}=2$

$k=2\times3=6$ のとき　$n=504$
$\sqrt{\dfrac{504}{n}}=\sqrt{\dfrac{(\cancel{2^2\times3^2})\times(\cancel{2\times7})}{\cancel{2\times7}\times(\cancel{2^2\times3^2})}}=1$

よって，$n=14,\ 56,\ 126,\ 504$ の 4 個ある。

45 $n=8,\ 11,\ 15,\ 16$

解説

$\sqrt{49-3n}$ が整数（0もふくまれる）となるのは，$\sqrt{\ }$ の中の数 $49-3n$ が $(\text{整数})^2$ となるとき。

$\sqrt{49-3n}$ が整数となるのは，k を0以上の整数として，$49-3n=k^2$ と表されるときである。

$k=0$ のとき　$49-3n=0^2$　$n=\dfrac{49}{3}$

$k=1$ のとき　$49-3n=1^2$　$n=16$

$k=2$ のとき　$49-3n=2^2$　$n=15$

$k=3$ のとき　$49-3n=3^2$　$n=\dfrac{40}{3}$

$k=4$ のとき　$49-3n=4^2$　$n=11$

$k=5$ のとき　$49-3n=5^2$　$n=8$

$k=6$ のとき　$49-3n=6^2$　$n=\dfrac{13}{3}$

$k=7$ のとき　$49-3n=7^2$　$n=0$

k が8以上の整数のとき，n は負の数となり，問題に適さない。

求める n の値は　$n=8,\ 11,\ 15,\ 16$

46 (1) $a=2,\ b=\sqrt{10}-3$

(2) $35-10\sqrt{10}$　　(3) 1

解説

（小数部分）＝（数）－（整数部分）

(1) $3<\sqrt{10}<4$ より

$3-1<\sqrt{10}-1<4-1$

であるから　$2<\sqrt{10}-1<3$

$\sqrt{10}-1$ の整数部分 a は　$a=2$

よって，小数部分 b は

$b=(\sqrt{10}-1)-2=\sqrt{10}-3$

(2) $(a-b)^2=\{2-(\sqrt{10}-3)\}^2=(5-\sqrt{10})^2$

$=5^2-2\times\sqrt{10}\times5+(\sqrt{10})^2$

$=35-10\sqrt{10}$

(3) $(3a+b)b=(3\times2+\sqrt{10}-3)(\sqrt{10}-3)$

$=(\sqrt{10}+3)(\sqrt{10}-3)$

$=(\sqrt{10})^2-3^2=10-9=1$

47 (1) 20.52　　(2) 648.8

(3) 0.6488　　(4) 0.02052

解説

与えられた値が利用できるように，$\sqrt{a^2b}=a\sqrt{b}$ を用いて変形する。

(1) $\sqrt{421}=\sqrt{4.21\times10^2}=\sqrt{4.21}\times10$

$=2.052\times10=20.52$

(2) $\sqrt{421000}=\sqrt{42.1\times10^4}=\sqrt{42.1}\times10^2$

$=6.488\times100=648.8$

(3) $\sqrt{0.421}=\sqrt{\dfrac{42.1}{100}}=\dfrac{\sqrt{42.1}}{10}$

$=\dfrac{6.488}{10}=0.6488$

(4) $\sqrt{0.000421}=\sqrt{\dfrac{4.21}{10000}}=\dfrac{\sqrt{4.21}}{100}$

$=\dfrac{2.052}{100}=0.02052$

48 $157.35\leqq a<157.45$

49 8.44×10^6 t

解説

$8439000=8.439\times1000000$

$=8.4\overset{4}{39}\times10^6$ (t)

定期試験対策問題

➡本冊 p. 62

12 (1) ±11　　(2) -19　　(3) 0.8

13 (1) $-3,\ -\dfrac{1}{3},\ -\dfrac{\sqrt{8}}{\sqrt{2}}$

(2) $-\pi<-3<-\dfrac{\sqrt{8}}{\sqrt{2}}<-\sqrt{3}<-\sqrt{\dfrac{6}{3}}$

$<-\dfrac{1}{\sqrt{3}}<-\dfrac{1}{3}$

解説

(1) $-\sqrt{3}$，π は無理数である。

$-\dfrac{1}{\sqrt{3}}=-\dfrac{\sqrt{3}}{\sqrt{3}\times\sqrt{3}}=-\dfrac{\sqrt{3}}{3}$，

$-\sqrt{\dfrac{6}{3}}=-\sqrt{2}$ であるから，ともに無理数。

$-\dfrac{\sqrt{8}}{\sqrt{2}}=-\sqrt{\dfrac{8}{2}}=-\sqrt{4}=-2$ は有理数。

(2) 負の数の大小は，絶対値が大きいほど小さい。

各数の絶対値 $\sqrt{3}$，π，3，$\dfrac{1}{\sqrt{3}}=\dfrac{\sqrt{3}}{3}$，

$\sqrt{\dfrac{6}{3}}=\sqrt{2}$，$\dfrac{1}{3}$，$\dfrac{\sqrt{8}}{\sqrt{2}}=2$ の大小は

$$\frac{1}{3}<\frac{\sqrt{3}}{3}<\sqrt{2}<\sqrt{3}<2<3<\pi$$

であるから

$$-\pi<-3<-2<-\sqrt{3}<-\sqrt{2}<-\frac{\sqrt{3}}{3}<-\frac{1}{3}$$

$$-\pi<-3<-\frac{\sqrt{8}}{\sqrt{2}}<-\sqrt{3}<-\sqrt{\frac{6}{3}}<-\frac{1}{\sqrt{3}}<-\frac{1}{3}$$

14 (1) **$0.\dot{5}7142\dot{8}$** (2) **$0.\dot{3}0\dot{6}$**

解説

(1) $\dfrac{4}{7}=0.571428571428\cdots\cdots$

(2) $\dfrac{34}{111}=0.306306\cdots\cdots$

15 (1) **$6\sqrt{2}$** (2) **$15\sqrt{6}$** (3) **3**
(4) **$-\sqrt{5}$** (5) **$\sqrt{5}-\sqrt{3}$** (6) **7**
(7) **$\sqrt{2}$**

解説

(1) $\sqrt{12}\times\sqrt{6}=\sqrt{2\times6\times6}=6\sqrt{2}$

(2) $\sqrt{10}\times3\sqrt{15}=3\times\sqrt{2\times5\times3\times5}=15\sqrt{6}$

(3) $\sqrt{54}\div\sqrt{6}=\sqrt{\dfrac{54}{6}}=\sqrt{9}=3$

(4) $-8\sqrt{5}+5\sqrt{5}+2\sqrt{5}$
$=(-8+5+2)\sqrt{5}=-\sqrt{5}$

(5) $\sqrt{75}-\sqrt{245}-\sqrt{108}+\sqrt{320}$
$=\sqrt{3\times5^2}-\sqrt{5\times7^2}-\sqrt{2^2\times3^3}+\sqrt{2^6\times5}$
$=5\sqrt{3}-7\sqrt{5}-6\sqrt{3}+8\sqrt{5}$
$=(-7+8)\sqrt{5}+(5-6)\sqrt{3}=\sqrt{5}-\sqrt{3}$

(6) $(\sqrt{80}+\sqrt{45})\div\sqrt{5}=\dfrac{\sqrt{80}}{\sqrt{5}}+\dfrac{\sqrt{45}}{\sqrt{5}}$
$=\sqrt{\dfrac{80}{5}}+\sqrt{\dfrac{45}{5}}=\sqrt{16}+\sqrt{9}=4+3=7$

(7) $-\dfrac{4\sqrt{5}}{\sqrt{10}}+\sqrt{18}=-\dfrac{4}{\sqrt{2}}+3\sqrt{2}$
$=-2\sqrt{2}+3\sqrt{2}=\sqrt{2}$

16 (1) **$2\sqrt{6}+2$** (2) **$6\sqrt{5}-3\sqrt{2}$**
(3) **$\dfrac{\sqrt{5}}{6}-\dfrac{\sqrt{2}}{12}$**
(4) **$4\sqrt{7}-12\sqrt{5}$**

解説

(1) $\sqrt{2}(2\sqrt{3}+\sqrt{2})$
$=\sqrt{2}\times2\sqrt{3}+(\sqrt{2})^2=2\sqrt{6}+2$

(2) $\sqrt{3}(2\sqrt{15}-\sqrt{6})$
$=\sqrt{3}\times2\sqrt{3\times5}-\sqrt{3}\times\sqrt{2\times3}$
$=6\sqrt{5}-3\sqrt{2}$

(3) $(4\sqrt{15}-\sqrt{24})\div(2\sqrt{3})^3$
$=(4\sqrt{15}-2\sqrt{6})\times\dfrac{1}{(2\sqrt{3})^3}$
$=\dfrac{4\sqrt{15}}{2^3\times(\sqrt{3})^3}-\dfrac{2\sqrt{6}}{2^3\times(\sqrt{3})^3}$
$=\dfrac{\sqrt{15}}{6\sqrt{3}}-\dfrac{\sqrt{6}}{12\sqrt{3}}$
$=\dfrac{1}{6}\times\sqrt{\dfrac{15}{3}}-\dfrac{1}{12}\times\sqrt{\dfrac{6}{3}}$
$=\dfrac{\sqrt{5}}{6}-\dfrac{\sqrt{2}}{12}$

(4) $(\sqrt{56}-6\sqrt{10})\times(2\sqrt{2})^2\div4\sqrt{2}$
$=(2\sqrt{14}-6\sqrt{10})\times8\times\dfrac{1}{4\sqrt{2}}$
$=2(\sqrt{14}-3\sqrt{10})\times2\times\dfrac{1}{\sqrt{2}}$
$=\dfrac{4\sqrt{14}}{\sqrt{2}}-\dfrac{4\times3\sqrt{10}}{\sqrt{2}}$
$=4\times\sqrt{\dfrac{14}{2}}-12\times\sqrt{\dfrac{10}{2}}=4\sqrt{7}-12\sqrt{5}$

➡本冊 p. 63

17 (1) **$9-2\sqrt{14}$** (2) **$4-\sqrt{30}$**
(3) **2** (4) **10**
(5) **$\dfrac{3\sqrt{2}}{2}$** (6) **$\dfrac{5\sqrt{3}}{18}$**

解説

(1) $(\sqrt{2}-\sqrt{7})^2$
$=(\sqrt{2})^2-2\times\sqrt{7}\times\sqrt{2}+(\sqrt{7})^2$
$=2-2\sqrt{14}+7=9-2\sqrt{14}$

(2) $(\sqrt{10}+\sqrt{3})(\sqrt{10}-2\sqrt{3})$
$=(\sqrt{10})^2+(\sqrt{3}-2\sqrt{3})\sqrt{10}$
$\quad+\sqrt{3}\times(-2\sqrt{3})$
$=10-\sqrt{30}-6=4-\sqrt{30}$

(3) $(\sqrt{5}+\sqrt{3})(\sqrt{5}-\sqrt{3})$
$=(\sqrt{5})^2-(\sqrt{3})^2=5-3=2$

(4) $(2\sqrt{3}-\sqrt{2})(2\sqrt{3}+\sqrt{2})$
$=(2\sqrt{3})^2-(\sqrt{2})^2=12-2=10$

(5) $\dfrac{5}{\sqrt{2}}-\dfrac{3\sqrt{2}}{2}+\dfrac{2}{\sqrt{8}}$
$=\dfrac{5\times\sqrt{2}}{\sqrt{2}\times\sqrt{2}}-\dfrac{3\sqrt{2}}{2}+\dfrac{2}{2\sqrt{2}}$
$=\dfrac{5\sqrt{2}}{2}-\dfrac{3\sqrt{2}}{2}+\dfrac{\sqrt{2}}{2}=\dfrac{3\sqrt{2}}{2}$

(6) $\dfrac{2}{\sqrt{3}}+\dfrac{4}{\sqrt{27}}-\dfrac{5}{\sqrt{12}}$
$=\dfrac{2}{\sqrt{3}}+\dfrac{4}{3\sqrt{3}}-\dfrac{5}{2\sqrt{3}}$
$=\left(2+\dfrac{4}{3}-\dfrac{5}{2}\right)\times\dfrac{1}{\sqrt{3}}=\dfrac{5}{6}\times\dfrac{\sqrt{3}}{\sqrt{3}\times\sqrt{3}}$
$=\dfrac{5}{6}\times\dfrac{\sqrt{3}}{3}=\dfrac{5\sqrt{3}}{18}$

18 (1) **7**　(2) $-6+5\sqrt{2}$
(3) **19**　(4) $-4\sqrt{3}$

解説

(1) $(2-\sqrt{3})^2+\dfrac{12}{\sqrt{3}}$
$=2^2-2\times\sqrt{3}\times2+(\sqrt{3})^2+\dfrac{12\times\sqrt{3}}{\sqrt{3}\times\sqrt{3}}$
$=4-4\sqrt{3}+3+4\sqrt{3}=7$

(2) $\dfrac{6}{\sqrt{18}}-(\sqrt{2}-2)^2=\dfrac{6}{3\sqrt{2}}-(\sqrt{2}-2)^2$
$=\dfrac{2}{\sqrt{2}}-\{(\sqrt{2})^2-2\times2\times\sqrt{2}+2^2\}$
$=\sqrt{2}-(2-4\sqrt{2}+4)=-6+5\sqrt{2}$

(3) $(\sqrt{5}-2)^2+\sqrt{5}(\sqrt{20}+4)$
$=(\sqrt{5})^2-2\times2\times\sqrt{5}+2^2+\sqrt{5}\sqrt{2^2\times5}$
$\quad+4\sqrt{5}$
$=5-4\sqrt{5}+4+10+4\sqrt{5}=19$

(4) $(3+\sqrt{2})(3-\sqrt{2})-(\sqrt{3}+2)^2$
$=3^2-(\sqrt{2})^2-\{(\sqrt{3})^2+2\times2\times\sqrt{3}+2^2\}$
$=9-2-(3+4\sqrt{3}+4)$
$=7-(7+4\sqrt{3})=-4\sqrt{3}$

19 (1) $-\sqrt{6}$　(2) $-5+8\sqrt{6}$
(3) $-24-10\sqrt{3}$　(4) $4-5\sqrt{3}$

解説

(1) $\sqrt{3}(\sqrt{32}-2\sqrt{12})-\sqrt{2}(\sqrt{75}-6\sqrt{2})$
$=\sqrt{3}(4\sqrt{2}-2\times2\sqrt{3})$
$\quad-\sqrt{2}(5\sqrt{3}-6\sqrt{2})$
$=4\sqrt{6}-12-5\sqrt{6}+12=-\sqrt{6}$

(2) $(\sqrt{3}+\sqrt{12})(\sqrt{18}-\sqrt{2})-(\sqrt{3}-\sqrt{2})^2$
$=(\sqrt{3}+2\sqrt{3})(3\sqrt{2}-\sqrt{2})$
$\quad-\{(\sqrt{3})^2-2\times\sqrt{2}\times\sqrt{3}+(\sqrt{2})^2\}$
$=3\sqrt{3}\times2\sqrt{2}-(3-2\sqrt{6}+2)$
$=6\sqrt{6}-(5-2\sqrt{6})=-5+8\sqrt{6}$

(3) $\dfrac{6}{\sqrt{3}}(\sqrt{3}-2)^2-(2\sqrt{3})^3$
$=\dfrac{6\times\sqrt{3}}{\sqrt{3}\times\sqrt{3}}\{(\sqrt{3})^2-2\times2\times\sqrt{3}+2^2\}$
$\quad-2^3\times(\sqrt{3})^3$
$=\dfrac{6\sqrt{3}}{3}(3-4\sqrt{3}+4)-24\sqrt{3}$
$=2\sqrt{3}(7-4\sqrt{3})-24\sqrt{3}$
$=14\sqrt{3}-24-24\sqrt{3}=-24-10\sqrt{3}$

(4) $\dfrac{(\sqrt{6}-\sqrt{2})^2-2\sqrt{27}}{(2\sqrt{5}+3\sqrt{2})(2\sqrt{5}-3\sqrt{2})}$
$=\dfrac{(\sqrt{6})^2-2\times\sqrt{2}\times\sqrt{6}+(\sqrt{2})^2-2\times3\sqrt{3}}{(2\sqrt{5})^2-(3\sqrt{2})^2}$
$=\dfrac{6-4\sqrt{3}+2-6\sqrt{3}}{20-18}=\dfrac{8-10\sqrt{3}}{2}$
$=4-5\sqrt{3}$

20 $-3\sqrt{10}+10$

解説

$x^2-x-2=(x+1)(x-2)$

求める式の値は

$(2-\sqrt{10}+1)(2-\sqrt{10}-2)$

$=(3-\sqrt{10})\times(-\sqrt{10})$

$=-3\sqrt{10}+10$

21 (1) $2\sqrt{3}$　(2) 1

(3) 10　(4) $4\sqrt{6}$

解説

式の値　式を簡単にしてから数値を代入

(1) $x+y=\sqrt{3}+\sqrt{2}+\sqrt{3}-\sqrt{2}$

$=2\sqrt{3}$

(2) $xy=(\sqrt{3}+\sqrt{2})(\sqrt{3}-\sqrt{2})$

$=(\sqrt{3})^2-(\sqrt{2})^2=3-2=1$

(3) $x^2+y^2=(\sqrt{3}+\sqrt{2})^2+(\sqrt{3}-\sqrt{2})^2$

$=5+2\sqrt{6}+5-2\sqrt{6}=10$

別解 $x^2+y^2=(x+y)^2-2xy$

求める式の値は，(1)，(2) の結果から

$(2\sqrt{3})^2-2\times1=12-2=10$

(4) $x-y=\sqrt{3}+\sqrt{2}-(\sqrt{3}-\sqrt{2})=2\sqrt{2}$

であるから

$x^2-y^2=(x+y)(x-y)$

$=2\sqrt{3}\times2\sqrt{2}=4\sqrt{6}$

22 (1) 26.5　(2) 83.7　(3) 0.837

(4) 0.265　(5) 5.3　(6) 58.59

解説

(1) $\sqrt{700}=\sqrt{7\times10^2}=10\sqrt{7}$

$=10\times2.65=26.5$

(2) $\sqrt{7000}=\sqrt{70\times10^2}=10\sqrt{70}$

$=10\times8.37=83.7$

(3) $\sqrt{0.7}=\sqrt{\dfrac{70}{100}}=\dfrac{\sqrt{70}}{10}=\dfrac{8.37}{10}=0.837$

(4) $\sqrt{0.07}=\sqrt{\dfrac{7}{100}}=\dfrac{\sqrt{7}}{10}=\dfrac{2.65}{10}=0.265$

(5) $\sqrt{28}=2\sqrt{7}=2\times2.65=5.3$

(6) $\sqrt{3430}=\sqrt{49\times70}=\sqrt{7^2\times70}$

$=7\sqrt{70}=7\times8.37=58.59$

第3章 2次方程式 p. 65

練習

練習 38 (1) (ア)，(ウ)，(エ)

(2) $x=-1,\ 3$

解説

(1) (イ)～(オ)　与えられた式を移項して整理すると

(イ) $3x-7=0$　← 1次方程式

(ウ) $2x^2-3x+1=0$

(エ) $x^2+x-2=-x^2$ から

$2x^2+x-2=0$

(オ) $3x^2+6x=5+3x^2$ から

$6x-5=0$　← 1次方程式

(2) 方程式の左辺 x^2-2x-3 の x に

$-3,\ -2,\ -1,\ 0,\ 1,\ 2,\ 3$ を代入すると

順に $(-3)^2-2\times(-3)-3=9+6-3=12$

$(-2)^2-2\times(-2)-3=4+4-3=5$

$(-1)^2-2\times(-1)-3=1+2-3=0$

$0^2-2\times0-3=0-0-3=-3$

$1^2-2\times1-3=1-2-3=-4$

$2^2-2\times2-3=4-4-3=-3$

$3^2-2\times3-3=9-6-3=0$

よって，解であるものは　$-1,\ 3$

練習 39 (1) $x=-2,\ \dfrac{1}{2}$　(2) $x=0,\ \dfrac{3}{2}$

(3) $x=-\dfrac{1}{2},\ \dfrac{1}{2}$　(4) $x=2,\ 3$

(5) $x=5$　(6) $x=4,\ -7$

解説

$AB=0$　ならば　$A=0$ または $B=0$

(2次式)$=0$ の形にしてから，左辺を因数分解し，積$=0$ の形にする。

(1) $(x+2)(2x-1)=0$

$x+2=0$　または　$2x-1=0$

よって　$x=-2,\ \dfrac{1}{2}$

(2) $2x^2=3x$

$2x^2-3x=0$　← 移項して，(2次式)$=0$ の形に

$x(2x-3)=0$

$x=0$　または　$2x-3=0$

よって　$x=0,\ \dfrac{3}{2}$

(3)　$4x^2-1=0$
$(2x+1)(2x-1)=0$　← 平方の差は和と差の積
$2x+1=0$　または　$2x-1=0$

よって　$x=-\dfrac{1}{2},\ \dfrac{1}{2}$ $\left(x=\pm\dfrac{1}{2}\text{ でもよい}\right)$

(4)　$x^2-5x+6=0$
$(x-2)(x-3)=0$
$x-2=0$　または　$x-3=0$
よって　$x=2,\ 3$

(5)　$x^2-10x+25=0$
$(x-5)^2=0$　　$x-5=0$
よって　$x=5$　← 重解

(6)　$x(x+3)=28$
$x^2+3x-28=0$　← 左辺を展開し，移項して整理
$(x-4)(x+7)=0$
$x-4=0$　または　$x+7=0$
よって　$x=4,\ -7$

練習 40　(1)　$x=\pm\dfrac{3}{2}$　　(2)　$x=\pm\sqrt{7}$

(3)　$x=\pm\dfrac{5\sqrt{2}}{2}$　　(4)　$x=1,\ -7$

(5)　$x=2\pm3\sqrt{2}$

解説

$x^2=k\ (k\geqq 0)$ の解は　$x=\pm\sqrt{k}$

(1)　$4x^2=9$ の両辺を 4 でわると

$$x^2=\frac{9}{4}$$

よって　$x=\pm\sqrt{\dfrac{9}{4}}=\pm\dfrac{3}{2}$

(2)　$6x^2-42=0$　　$6x^2=42$　（移項）

両辺を 6 でわると　$x^2=7$

よって　$x=\pm\sqrt{7}$

(3)　$2x^2-25=0$　　$2x^2=25$　（移項）

両辺を 2 でわると　$x^2=\dfrac{25}{2}$

よって　$x=\pm\sqrt{\dfrac{25}{2}}=\pm\dfrac{5}{\sqrt{2}}=\pm\dfrac{5\sqrt{2}}{2}$

(4)　$(x+3)^2=16$　　$x+3=\pm\sqrt{16}$
$x+3=\pm4$　　$x=-3\pm4$
$x=-3+4$ から　$x=1$
$x=-3-4$ から　$x=-7$
よって　$x=1,\ -7$

(5)　$(x-2)^2=18$　　$x-2=\pm\sqrt{18}$
$x-2=\pm3\sqrt{2}$
よって　$x=2\pm3\sqrt{2}$

練習 41　(1)　$x=-2\pm\sqrt{6}$　　(2)　$x=4\pm\sqrt{3}$

(3)　$x=\dfrac{7\pm\sqrt{33}}{2}$

解説

$(x+m)^2=k$ の形に変形して解く。

(1)　$x^2+4x-2=0$
$x^2+4x=2$　← 定数項 -2 を右辺に移項

両辺に x の係数 4 の半分の 2 乗を加えて

$x^2+4x+2^2=2+2^2$
$(x+2)^2=6$　　$x+2=\pm\sqrt{6}$

よって　$x=-2\pm\sqrt{6}$

(2)　$x^2-8x+13=0$
$x^2-8x=-13$　← 定数項 13 を右辺に移項

両辺に x の係数 -8 の半分の 2 乗を加えて　$x^2-8x+(-4)^2=-13+(-4)^2$

$(x-4)^2=3$
$x-4=\pm\sqrt{3}$

よって　$x=4\pm\sqrt{3}$

(3)　$x^2-7x+4=0$
$x^2-7x=-4$　← 定数項 4 を右辺に移項

両辺に x の係数 -7 の半分の 2 乗を加えて　$x^2-7x+\left(-\dfrac{7}{2}\right)^2=-4+\left(-\dfrac{7}{2}\right)^2$

$-4+\left(-\dfrac{7}{2}\right)^2=-4+\dfrac{49}{4}=\dfrac{-16+49}{4}$ から

$$\left(x-\frac{7}{2}\right)^2=\frac{33}{4}$$

$$x-\frac{7}{2}=\pm\frac{\sqrt{33}}{2}$$

よって　$x=\dfrac{7\pm\sqrt{33}}{2}$

練習 42 (1) $x=\dfrac{-1\pm\sqrt{21}}{2}$

(2) $x=\dfrac{9\pm\sqrt{53}}{2}$ (3) $x=1,\ \dfrac{3}{4}$

(4) $x=\dfrac{-4\pm\sqrt{6}}{5}$

解説

2 次方程式 $ax^2+bx+c=0$ の解は

$$x=\frac{-b\pm\sqrt{b^2-4ac}}{2a}$$

(1) $x^2+x-5=0$ ← $a=1,\ b=1,\ c=-5$

$$x=\frac{-1\pm\sqrt{1^2-4\times1\times(-5)}}{2\times1}$$

$$=\frac{-1\pm\sqrt{1+20}}{2}=\frac{-1\pm\sqrt{21}}{2}$$

(2) $x^2-9x+7=0$ ← $a=1,\ b=-9,\ c=7$

$$x=\frac{-(-9)\pm\sqrt{(-9)^2-4\times1\times7}}{2\times1}$$

$$=\frac{9\pm\sqrt{81-28}}{2}=\frac{9\pm\sqrt{53}}{2}$$

(3) $4x^2-7x+3=0$ ← $a=4,\ b=-7,\ c=3$

$$x=\frac{-(-7)\pm\sqrt{(-7)^2-4\times4\times3}}{2\times4}$$

$$=\frac{7\pm\sqrt{49-48}}{8}=\frac{7\pm1}{8}$$

$$x=\frac{7+1}{8}=1,\ x=\frac{7-1}{8}=\frac{3}{4}$$

よって $x=1,\ \dfrac{3}{4}$

(4) $5x^2+8x+2=0$ ← $a=5,\ b=8,\ c=2$

$$x=\frac{-8\pm\sqrt{8^2-4\times5\times2}}{2\times5}$$

$$=\frac{-8\pm\sqrt{64-40}}{10}=\frac{-8\pm\sqrt{24}}{10}$$

$$=\frac{-8\pm2\sqrt{6}}{10}=\frac{\cancel{2}(-4\pm\sqrt{6})}{\cancel{10}_{5}}$$

$$=\frac{-4\pm\sqrt{6}}{5}$$

練習 43 (1) $x=2\pm\sqrt{2}$

(2) $x=\dfrac{-3\pm\sqrt{3}}{2}$

(3) $x=\dfrac{4\pm\sqrt{10}}{3}$

(4) $x=\dfrac{-5\pm4\sqrt{2}}{7}$

解説

x の係数が偶数のときは，次の公式を利用する。2 次方程式 $ax^2+2b'x+c=0$ の解は

$$x=\frac{-b'\pm\sqrt{b'^2-ac}}{a}$$

(1) $x^2-4x+2=0$ ← $a=1,\ b'=-2,\ c=2$

$$x=\frac{-(-2)\pm\sqrt{(-2)^2-1\times2}}{1}$$

$$=2\pm\sqrt{4-2}=2\pm\sqrt{2}$$

(2) $2x^2+6x+3=0$ ← $a=2,\ b'=3,\ c=3$

$$x=\frac{-3\pm\sqrt{3^2-2\times3}}{2}$$

$$=\frac{-3\pm\sqrt{9-6}}{2}=\frac{-3\pm\sqrt{3}}{2}$$

(3) $x^2-\dfrac{8}{3}x+\dfrac{2}{3}=0$ の両辺に 3 をかけて

$3x^2-8x+2=0$ ← $a=3,\ b'=-4,\ c=2$

$$x=\frac{-(-4)\pm\sqrt{(-4)^2-3\times2}}{3}$$

$$=\frac{4\pm\sqrt{16-6}}{3}=\frac{4\pm\sqrt{10}}{3}$$

(4) $0.7x^2+x-0.1=0$ の両辺に 10 をかけて

$7x^2+10x-1=0$ ← $a=7,\ b'=5,\ c=-1$

$$x=\frac{-5\pm\sqrt{5^2-7\times(-1)}}{7}$$

$$=\frac{-5\pm\sqrt{25+7}}{7}=\frac{-5\pm\sqrt{32}}{7}$$

$$=\frac{-5\pm4\sqrt{2}}{7}$$

練習 44 (1) $x=\pm\sqrt{3}$ (2) $x=\dfrac{3\pm\sqrt{5}}{2}$

(3) $x=7,\ -8$

(4) $x=\dfrac{-5\pm\sqrt{17}}{2}$

解説

複雑な 2 次方程式は，展開・整理して，$ax^2+bx+c=0$ の形にしてから解く。

(1) $(3x-1)(x+9)=26x$ の左辺を展開して整理すると　$3x^2+27x-x-9=26x$

$3x^2-9=0$

両辺を 3 でわると　$x^2-3=0$

よって　$x^2=3$　　$x=\pm\sqrt{3}$

(2) $x(x+2)=5x-1$ の左辺を展開して整理すると　$x^2+2x=5x-1$

$x^2-3x+1=0$

よって　$x=\dfrac{-(-3)\pm\sqrt{(-3)^2-4\times1\times1}}{2\times1}$

$=\dfrac{3\pm\sqrt{9-4}}{2}=\dfrac{3\pm\sqrt{5}}{2}$

(3) $(x-6)(x+6)=20-x$ の左辺を展開して整理すると　$x^2-36=20-x$

$x^2+x-56=0$

$(x-7)(x+8)=0$

よって　$x=7,\ -8$

(4) $(x-4)(x-1)=2(x^2+3)$

$x^2-5x+4=2x^2+6$

$x^2+5x+2=0$　（右辺に移項する）

よって　$x=\dfrac{-5\pm\sqrt{5^2-4\times1\times2}}{2\times1}$

$=\dfrac{-5\pm\sqrt{25-8}}{2}=\dfrac{-5\pm\sqrt{17}}{2}$

練習 45 (1) **$a=-12$，他の解は -3**

(2) **$a=-1$，$b=-2$**

解説

方程式の解　代入すると成り立つ

(1) $x^2-x+a=0$ の解の 1 つが 4 であるから

$4^2-4+a=0$

$16-4+a=0$　　$a=-12$

このとき，もとの方程式は

$x^2-x-12=0$　　$(x+3)(x-4)=0$

$x=-3,\ 4$

よって，他の解は　-3

(2) $x^2+ax+b=0$ の 2 つの解が -1，2 であるから

$(-1)^2+a\times(-1)+b=0$，$2^2+a\times2+b=0$

$-a+b=-1$ …… ①

$2a+b=-4$ …… ②

②－① から　$3a=-3$　　$a=-1$

① に代入して　$1+b=-1$　　$b=-2$

練習 46 (1) **2 または 6**

(2) **11，13，15**

解説

① 等しい数量を見つけて = で結ぶ

② はじめにかえって解を検討

(1) ある数を x とする。

$(x-3)^2=2x-3$

$x^2-6x+9=2x-3$　　$x^2-8x+12=0$

$(x-2)(x-6)=0$　　$x=2,\ 6$

$x=2,\ 6$ は問題に適する。

よって，求める数は　2 または 6

(2) 連続する 3 つの正の奇数は，真ん中の奇数を x とすると，小さい数から順に $x-2$，x，$x+2$ と表される。

3 つの奇数の 2 乗の和は 515 であるから

$(x-2)^2+x^2+(x+2)^2=515$

$x^2-4x+4+x^2+x^2+4x+4=515$

$3x^2+8=515$　　$3x^2=507$

$x^2=169$　　$x=\pm13$

x は正の奇数であるから，$x=-13$ は問題に適さない。

$x=13$ のとき，連続する 3 つの正の奇数は 11，13，15 となり，問題に適する。

別解　連続する 3 つの正の奇数は，もっとも小さい奇数を $2n-1$（n は整数）とすると，小さい数から順に $2n-1$，$2n+1$，$2n+3$ と表されるから

$(2n-1)^2+(2n+1)^2+(2n+3)^2=515$

$4n^2-4n+1+4n^2+4n+1$

$+4n^2+12n+9=515$

$12n^2+12n-504=0$

$n^2+n-42=0$　　$(n-6)(n+7)=0$

よって　$n=6,\ -7$

$2n-1$ は正の奇数であるから，$n=-7$ は問題に適さない。$n=6$ のとき，連続する 3 つの正の奇数は 11，13，15 となり，問題に適する。

練習 47 4 秒後，6 秒後

解説

2 点 P，Q が出発してから x 秒後の移動距離は　$CP=x$，$CQ=x$

出発してから x 秒後に，$\triangle PBQ=12\ cm^2$ になるとすると，$BQ=BC-CQ=10-x$ であるから　$\frac{1}{2}\times(10-x)\times x=12$

$(10-x)x=24$　　$x^2-10x+24=0$

$(x-4)(x-6)=0$　　$x=4,\ 6$

$x=4$，6 のときに点 P，点 Q はそれぞれ辺 CA，CB 上にあるから，問題に適している。

練習 48 20 cm

解説

正方形の 1 辺の長さを x cm とすると，長方形の縦の長さは $(x+5)$ cm，横の長さは $(x-12)$ cm であるから

$(x+5)(x-12)=\frac{1}{2}x^2$

$2x^2-14x-120=x^2$

$x^2-14x-120=0$

$(x+6)(x-20)=0$　　$x=-6,\ 20$

縦の長さは 12 cm より小さくならないから，$x=-6$ はこの問題に適さない。

$x=20$ は問題に適する。

よって，正方形の 1 辺の長さは　20 cm

練習 49 2 時間後

解説

図をかいて，等しい数量を見つける

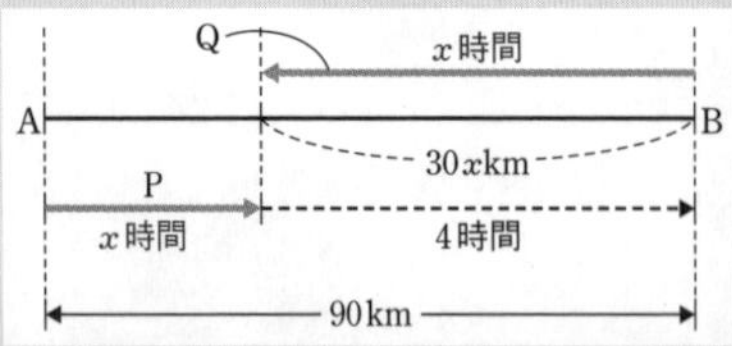

出発してから x 時間後に P と Q がすれちがうとする。Q が P とすれちがうまでに進む距離は　$30\times x=30x$ km

また，P は Q とすれちがってから 4 時間後に B に着くから，P の速さは

$30x\div 4=\frac{15}{2}x$ (km/時)

P は 90 km の距離を，時速 $\frac{15}{2}x$ km で $(x+4)$ 時間かけて移動するから

$\frac{15}{2}x(x+4)=90$

$15x(x+4)=180$　　$x(x+4)=12$

$x^2+4x-12=0$　　$(x-2)(x+6)=0$

$x=2,\ -6$

x は正の数であるから　$x=2$

練習 50 $a=4$

解説

点 P は直線 $y=x+2$ 上にあり，点 P の x 座標は a であるから，点 P の座標は $(a,\ a+2)$

P から x 軸に引いた垂線と x 軸の交点を H とすると，$\triangle POA$ は $PO=PA$ の二等辺三角形であるから　$OH=HA=a$

よって，点 A の座標は　$(2a,\ 0)$

$\triangle POA$ の面積は 24 であるから，

$\frac{1}{2}\times OA\times PH=24$ より　$\frac{1}{2}\times 2a\times(a+2)=24$

$a(a+2)=24$　　$a^2+2a-24=0$

$(a-4)(a+6)=0$　　$a=4,\ -6$

a は正の数であるから　$a=4$

なお，$a=4$ のとき，$a+2=6$ であるから，点 P の座標は (4，6) となる。

EXERCISES

➡本冊 p. 75

50 (1) $x=-1,\ 4$　(2) $x=2,\ 4$

(3) $x=2,\ -5$　(4) $x=-6$

(5) $x=2,\ 5$　(6) $x=4,\ -9$

解説

(1) $x^2-3x-4=0$　$(x+1)(x-4)=0$

(2) $x^2-6x+8=0$　$(x-2)(x-4)=0$

(3) $x^2+3x-10=0$ $(x-2)(x+5)=0$

(4) $x^2+12x+36=0$ $(x+6)^2=0$

(5) $x^2-7x+10=0$ $(x-2)(x-5)=0$

(6) $x^2+5x-36=0$ $(x-4)(x+9)=0$

51 (1) $x=\pm4\sqrt{2}$ (2) $x=\pm\frac{2\sqrt{5}}{3}$

(3) $x=\pm\frac{7\sqrt{2}}{2}$ (4) $x=3,\ -1$

(5) $x=-3\pm\sqrt{6}$ (6) $x=\frac{1\pm\sqrt{7}}{2}$

解説

(1) $x^2=32$ $x=\pm\sqrt{32}=\pm4\sqrt{2}$

(2) $9x^2=20$ $x^2=\frac{20}{9}$

$x=\pm\sqrt{\frac{20}{9}}=\pm\frac{\sqrt{20}}{\sqrt{9}}=\pm\frac{2\sqrt{5}}{3}$

(3) $2x^2-49=0$ $x^2=\frac{49}{2}$

$x=\pm\frac{\sqrt{49}}{\sqrt{2}}=\pm\frac{7}{\sqrt{2}}=\pm\frac{7\sqrt{2}}{2}$

(4) $(x-1)^2=4$ $x-1=\pm2$

$x=1\pm2$ $x=3,\ -1$

(5) $(x+3)^2=6$ $x+3=\pm\sqrt{6}$

$x=-3\pm\sqrt{6}$

(6) $(2x-1)^2=7$ $2x-1=\pm\sqrt{7}$

$2x=1\pm\sqrt{7}$ $x=\frac{1\pm\sqrt{7}}{2}$

52 (1) $x=\frac{-3\pm\sqrt{33}}{2}$

(2) $x=\frac{5\pm\sqrt{13}}{2}$

(3) $x=\frac{5\pm\sqrt{17}}{4}$ (4) $x=-3\pm\sqrt{10}$

(5) $x=4\pm\sqrt{13}$ (6) $x=\frac{-2\pm\sqrt{10}}{3}$

解説

(1) $x^2+3x-6=0$

$x=\frac{-3\pm\sqrt{3^2-4\times1\times(-6)}}{2\times1}=\frac{-3\pm\sqrt{33}}{2}$

(2) $x^2-5x+3=0$

$x=\frac{-(-5)\pm\sqrt{(-5)^2-4\times1\times3}}{2\times1}$

$=\frac{5\pm\sqrt{13}}{2}$

(3) $2x^2-5x+1=0$

$x=\frac{-(-5)\pm\sqrt{(-5)^2-4\times2\times1}}{2\times2}$

$=\frac{5\pm\sqrt{17}}{4}$

(4) $x^2+6x-1=0$ ← $x^2+2\times3x-1=0$

$x=\frac{-3\pm\sqrt{3^2-1\times(-1)}}{1}=-3\pm\sqrt{10}$

(5) $x^2-8x+3=0$ ← $x^2-2\times4x+3=0$

$x=\frac{-(-4)\pm\sqrt{(-4)^2-1\times3}}{1}=4\pm\sqrt{13}$

(6) $x^2+\frac{4}{3}x-\frac{2}{3}=0$ 両辺に 3 をかけて

$3x^2+4x-2=0$ ← $3x^2+2\times2x-2=0$

$x=\frac{-2\pm\sqrt{2^2-3\times(-2)}}{3}=\frac{-2\pm\sqrt{10}}{3}$

53 (1) $x=-2,\ 6$ (2) $x=5\pm3\sqrt{5}$

(3) $x=1,\ -6$ (4) $x=1\pm\sqrt{3}$

(5) $x=-2,\ 5$ (6) $x=1,\ -2$

(7) $x=3,\ 4$ (8) $x=-3,\ 6$

(9) $x=3\pm\sqrt{10}$

解説

$ax^2+bx+c=0$ の形に整理する。

まず 因数分解。困ったら 解の公式を利用。

(1) $0.1x^2-0.4x-1.2=0$

両辺に 10 をかけて $x^2-4x-12=0$

$(x+2)(x-6)=0$ $x=-2,\ 6$

(2) $0.1x^2-x-2=0$ の両辺に 10 をかけて

$x^2-10x-20=0$ ← $x^2-2\times5x-20=0$

$x=\frac{-(-5)\pm\sqrt{(-5)^2-1\times(-20)}}{1}$

$=5\pm\sqrt{45}=5\pm3\sqrt{5}$

(3) $(x-2)(x-3)=2x^2$

$x^2-5x+6=2x^2$ $x^2+5x-6=0$

$(x-1)(x+6)=0$ $x=1,\ -6$

(4) $(x-2)^2=6-2x$

$x^2-4x+4=6-2x$

$x^2-2x-2=0$ ← $x^2-2\times1\times x-2=0$

$x=\dfrac{-(-1)\pm\sqrt{(-1)^2-1\times(-2)}}{1}$

$=1\pm\sqrt{3}$

(5) $(x+4)(x-4)=3x-6$

$x^2-16=3x-6$ $x^2-3x-10=0$

$(x+2)(x-5)=0$ $x=-2,\ 5$

(6) $x(x+2)=x+2$

$x^2+2x=x+2$ $x^2+x-2=0$

$(x-1)(x+2)=0$ $x=1,\ -2$

別解 $x(x+2)-(x+2)=0$ ← $x+2$ が共通因数

$(x+2)(x-1)=0$ $x=-2,\ 1$

(7) $(x-3)^2=x-3$

$x^2-6x+9=x-3$ $x^2-7x+12=0$

$(x-3)(x-4)=0$ $x=3,\ 4$

別解 $(x-3)^2-(x-3)=0$ ← $x-3$ が共通因数

$(x-3)\{(x-3)-1\}=0$

$(x-3)(x-4)=0$ $x=3,\ 4$

(8) $(x+1)^2=5(x+1)+14$

$x^2+2x+1=5x+5+14$

$x^2-3x-18=0$ $(x+3)(x-6)=0$

$x=-3,\ 6$

(9) $\dfrac{1}{4}(x+1)^2=\dfrac{1}{3}(x+1)(x-1)+\dfrac{1}{2}$

両辺に12をかけて

$3(x+1)^2=4(x+1)(x-1)+6$

$3x^2+6x+3=4x^2-4+6$

$x^2-6x-1=0$ ← $x^2-2\times3x-1=0$

$x=\dfrac{-(-3)\pm\sqrt{(-3)^2-1\times(-1)}}{1}$

$=3\pm\sqrt{10}$

54 $a=2,\ b=-2\sqrt{7}$

解説

方程式の解　代入すると成り立つ

$x^2-6x+a=0$ …… ①

$x=3-\sqrt{7}$ を①に代入すると

$(3-\sqrt{7})^2-6\times(3-\sqrt{7})+a=0$

$3^2-2\sqrt{7}\times3+(\sqrt{7})^2-18+6\sqrt{7}+a=0$

$9-6\sqrt{7}+7-18+6\sqrt{7}+a=0$

$a-2=0$ $a=2$

このとき，①は $x^2-6x+2=0$

解の公式から ↑ $x^2-2\times3x+2=0$

$x=\dfrac{-(-3)\pm\sqrt{(-3)^2-1\times2}}{1}=3\pm\sqrt{7}$

①の $x=3-\sqrt{7}$ 以外の解は $x=3+\sqrt{7}$

$a=2$ と $x=3+\sqrt{7}$ を $2x-3a+b=0$ に代入すると $2\times(3+\sqrt{7})-3\times2+b=0$

$6+2\sqrt{7}-6+b=0$

よって $b=-2\sqrt{7}$

55 $a=2$ のとき，他の解 $x=4$；

$a=3$ のとき，他の解 $x=9$

解説

方程式の解　代入すると成り立つ

$x=6$ を $x^2-5ax+6a^2=0$ に代入すると

$6^2-5a\times6+6a^2=0$ ← 両辺を6でわる

$a^2-5a+6=0$ $(a-2)(a-3)=0$

よって $a=2,\ 3$

$a=2$ のとき，方程式は $x^2-10x+24=0$

$(x-4)(x-6)=0$ $x=4,\ 6$

他の解は $x=4$

$a=3$ のとき，方程式は $x^2-15x+54=0$

$(x-6)(x-9)=0$ $x=6,\ 9$

他の解は $x=9$

56 $a=2,\ b=-15$

解説

方程式の解　代入すると成り立つ

$x^2+ax+b=0$ の2つの解が $x=-5,\ 3$ であるから，$(-5)^2+a\times(-5)+b=0$ より

$25-5a+b=0$ …… ①

$3^2+a\times3+b=0$ より

$9+3a+b=0$ …… ②

①，②を連立して解くと，②−①から

$-16+8a=0$ $a=2$

$a=2$ を②に代入して $9+3\times2+b=0$

$b+15=0$ $b=-15$

➡本冊 p. 83

57 $-1,\ 0,\ 1$ または $4,\ 5,\ 6$

解説

連続する整数 ⟶ 1 ずつ増える

連続する 3 つの整数は，真ん中の数を x とすると，小さい数から順に $x-1,\ x,\ x+1$ と表される。問題の条件から

$\{(x-1)+x+(x+1)\}\times 2=x(x+1)$

$2\times 3x=x^2+x$　　$x^2-5x=0$

$x(x-5)=0$　　$x=0,\ 5$

$x=0$ のとき，3 つの整数は　$-1,\ 0,\ 1$

$x=5$ のとき，3 つの整数は　$4,\ 5,\ 6$

これらはともに問題に適している。

58 $7,\ 8$

解説

連続する 2 つの自然数を $x,\ x+1$ とすると

$x^2+(x+1)^2=x(x+1)\times 3-55$

$x^2+x^2+2x+1=3x^2+3x-55$

$-x^2-x+56=0$　　$x^2+x-56=0$

$(x-7)(x+8)=0$　　$x=7,\ -8$

x は自然数であるから　　$x=7$

連続する 2 つの自然数は　　$7,\ 8$

59 $A=29,\ B=31$

解説

各行の一番右の数に注目すると，上から 4，8，12，…… と 4 の倍数が並ぶ。

よって，n を自然数とすると，A，B が上から n 番目の行にある数であるとき

$A=4n-3,\ B=4n-1$

A と B の積は 899 であるから

$(4n-3)(4n-1)=899$

$(4n)^2-(3+1)\times 4n+3\times 1=899$

$16n^2-16n+3=899$

$16n^2-16n-896=0$

両辺を 16 でわると　　$n^2-n-56=0$

$(n+7)(n-8)=0$　　$n=-7,\ 8$

n は自然数であるから　　$n=8$

$n=8$ のとき，$A=4\times 8-3=29$，

$B=4\times 8-1=31$ となって，問題に適する。

60 10

解説

ある数 n の上下左右の 4 つの数は，右のように表される。

	$n-7$	
$n-1$	n	$n+1$
	$n+7$	

よって，問題から

$(n-7)^2+(n+7)^2+(n-1)^2+(n+1)^2=500$

$n^2-14n+49+n^2+14n+49$

$+n^2-2n+1+n^2+2n+1=500$

$4n^2=400$

$n^2=100$

よって　　$n=\pm 10$

$n=-10$ は問題に適さない。

$n=10$ のとき，10 の上下左右の数が 3，17，9，11 となり，問題に適する。

したがって，求める数は　10

61 3 cm，5 cm

解説

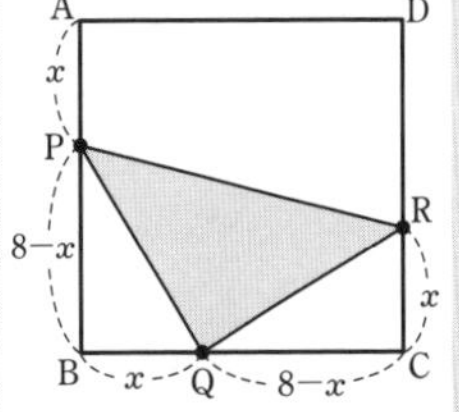

点 P が点 A を出発してから x cm 動いたとき，点 Q，R は点 P と同じ速さで動くから

$BQ=CR=AP=x$，

出発してから x cm 動いたとき，$\triangle PQR=17\ cm^2$ になるとすると

$PB=QC=8-x$

$\triangle PQR=$(台形 PBCR の面積)

$-(\triangle BQP+\triangle CQR)$

$=\dfrac{x+(8-x)}{2}\times 8-2\times\dfrac{1}{2}x(8-x)$

$=32-x(8-x)=x^2-8x+32$

であるから　$x^2-8x+32=17$

$x^2-8x+15=0$

$(x-3)(x-5)=0$

よって　　$x=3,\ 5$

$x=3,\ 5$ のときに点 P，Q，R はそれぞれ辺 AB，BC，CD 上にあるから，問題に適している。

➡本冊 p. 84

62 **12 m と 13 m**

解説

1 辺の長さを x m とする。

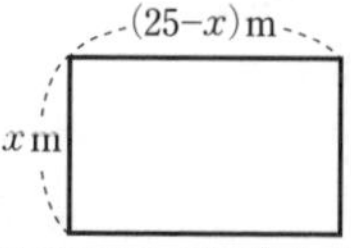

周囲の長さが 50 m であるから，となり合う 1 辺の長さは

$$\frac{50}{2}-x=25-x \text{ (m)}$$

面積について　$x(25-x)=156$

$$25x-x^2=156$$

$$x^2-25x+156=0$$

$$(x-12)(x-13)=0$$

$$x=12,\ 13$$

$x=12$ のとき　　$25-x=13$

$x=13$ のとき　　$25-x=12$

ともに問題に適する。

63 **縦 12 cm，横 15 cm**

解説

縦の長さを x cm とする。横の長さは $(x+3)$ cm であり，直方体の底面の 2 辺の長さは

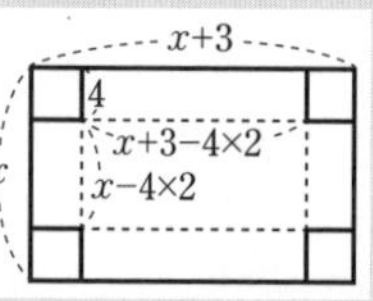

$$x-8 \text{ (cm)},\ x+3-8=x-5 \text{ (cm)}$$

となる。直方体の体積について

$$(x-8)(x-5)\times 4=112$$

両辺を 4 でわって　　$x^2-13x+40=28$

$x^2-13x+12=0$　　$(x-1)(x-12)=0$

よって　　$x=1,\ 12$

縦の長さが 8 cm 以下のとき，四すみから 1 辺 4 cm の正方形を切り取ることができないから，$x=1$ はこの問題に適さない。

縦の長さが $x=12$ cm のとき，横の長さは $x+3=15$ cm となり，問題に適している。

64 **3 cm**

解説

黒くぬる部分を端に寄せて，白い部分の面積を求めやすくする

黒くぬる幅を x cm とする。

白い部分の面積は，縦 $(8-x)$ cm，横 $(30-2x)$ cm の長方形の面積と同じと考えられる。

白い部分の面積を A，黒くぬった部分の面積を B とすると

$A+B=8\times 30$　←もとの長方形の面積

よって，$A=B$ であるとき，$2A=8\times 30$ から

$$(8-x)(30-2x)=\frac{1}{2}\times 8\times 30$$

$$(x-8)(2x-30)=120$$

$$2x^2-30x-16x+240=120$$

$$2x^2-46x+120=0$$

$x^2-23x+60=0$　←両辺を 2 でわる

$$(x-3)(x-20)=0$$

$$x=3,\ 20$$

黒くぬる幅は 8 cm 以上にはならないから，$x=20$ は問題に適さない。

$x=3$ は問題に適する。

65 **毎分 60 m**

解説

A さんの歩く速さを毎分 x m とする。

公園の縦の 1 辺を毎分 x m で歩いたら 2 分かかったから，縦の長さは　　$2x$ m

公園の横の 1 辺を，B さんは A さんよりも毎分 10 m 速い速さで歩いたら 1 分かかったから，

横の長さは　　$(x+10)\times 1$ m

長方形の面積について　$2x\times(x+10)=8400$

両辺を 2 でわると　　$x(x+10)=4200$

$$x^2+10x-4200=0$$

$$(x-60)(x+70)=0$$

よって　　$x=60,\ -70$

x は正の数であるから $x=-70$ はこの問題に適さない。

$x=60$ はこの問題に適するから，A さんの歩いた速さは　　毎分 60 m

66 **$x=50,\ 80$**

解説

図をかいて，等しい数量を見つける

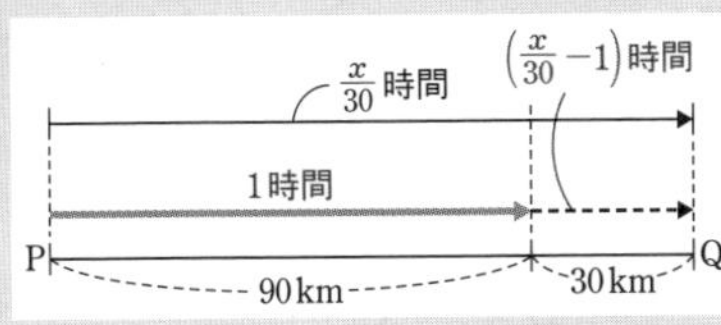

時速 90 km より速さを x % だけ落としたときの速さは，$90-90\times\frac{x}{100}$ より

時速 $90\left(1-\frac{x}{100}\right)$ km

時速 90 km で 1 時間進み，残り $120-90=30$ km を 時速 $90\left(1-\frac{x}{100}\right)$ km で $\left(\frac{x}{30}-1\right)$ 時間 かかって移動しているから

$$90\left(1-\frac{x}{100}\right)\times\left(\frac{x}{30}-1\right)=30$$

$$\left(1-\frac{x}{100}\right)\times3(x-30)=30 \quad \leftarrow 90\times\left(\frac{x}{30}-1\right)$$

両辺に $\frac{100}{3}$ をかけて　$(100-x)(x-30)=1000$

$(x-100)(x-30)=-1000$

$x^2-130x+3000=-1000$

$x^2-130x+4000=0$

$(x-50)(x-80)=0$　　　$x=50,\ 80$

このとき，$1-\frac{x}{100}$ と $\frac{x}{30}-1$ はともに正の数になるから，$x=50,\ 80$ は問題に適する。

67　$-1+\sqrt{3}$

解説

Pの x 座標を p とすると $p>0$ である。

Pは直線 $y=2x+4$ 上にあるから，Pの座標は　$(p,\ 2p+4)$

直線 $y=2x+4$ において

$y=0$ とすると，$2x+4=0$ より　　$x=-2$

$x=0$ とすると　　$y=4$

であるから　　A$(-2,\ 0)$，B$(0,\ 4)$

長方形 OQPR の面積が △OAB の面積と等しいから　　$p\times(2p+4)=\frac{1}{2}\times2\times4$

両辺を 2 でわって　　$p^2+2p=2$

$p^2+2p-2=0$　$\leftarrow p^2+2\times1\times p-2=0$

$$p=\frac{-1\pm\sqrt{1^2-1\times(-2)}}{1}=-1\pm\sqrt{3}$$

$p>0$ であるから　　$p=-1+\sqrt{3}$

したがって，点Pの x 座標は　　$-1+\sqrt{3}$

定期試験対策問題

➡本冊 p. 85

23　(1)　$x=3,\ 4$　　(2)　$x=2,\ -7$

解説

(1)　$x^2-7x+12=0$

$(x-3)(x-4)=0$　　　$x=3,\ 4$

(2)　$x^2+5x-14=0$

$(x-2)(x+7)=0$　　　$x=2,\ -7$

24　(1)　$x=\pm2\sqrt{2}$　　(2)　$x=-3\pm\sqrt{5}$

解説

(1)　$x^2=8$　　　$x=\pm\sqrt{8}=\pm2\sqrt{2}$

(2)　$(x+3)^2=5$　　　$x+3=\pm\sqrt{5}$

$x=-3\pm\sqrt{5}$

25　(1)　$x=3\pm\sqrt{2}$　　(2)　$x=\frac{-5\pm\sqrt{5}}{2}$

解説

(1)　$x^2-6x+7=0$　　　$x^2-6x=-7$

$x^2-6x+3^2=-7+3^2$

$(x-3)^2=2$　　　$x-3=\pm\sqrt{2}$

$x=3\pm\sqrt{2}$

(2)　$x^2+5x+5=0$　　　$x^2+5x=-5$

$$x^2+5x+\left(\frac{5}{2}\right)^2=-5+\left(\frac{5}{2}\right)^2$$

$$\left(x+\frac{5}{2}\right)^2=\frac{5}{4} \qquad x+\frac{5}{2}=\pm\frac{\sqrt{5}}{2}$$

$$x=\frac{-5\pm\sqrt{5}}{2}$$

26　(1)　$x=\frac{3\pm\sqrt{21}}{2}$　　(2)　$x=\frac{-5\pm\sqrt{13}}{6}$

(3) $x=\dfrac{2\pm\sqrt{10}}{2}$　　(4) $x=-4\pm2\sqrt{3}$

解説

(1) $x^2-3x-3=0$

$x=\dfrac{-(-3)\pm\sqrt{(-3)^2-4\times1\times(-3)}}{2\times1}$

$=\dfrac{3\pm\sqrt{21}}{2}$

(2) $3x^2+5x+1=0$

$x=\dfrac{-5\pm\sqrt{5^2-4\times3\times1}}{2\times3}=\dfrac{-5\pm\sqrt{13}}{6}$

(3) $2x^2-4x-3=0$ ← $2x^2-2\times2x-3=0$

$x=\dfrac{-(-2)\pm\sqrt{(-2)^2-2\times(-3)}}{2}$

$=\dfrac{2\pm\sqrt{10}}{2}$

(4) $x^2+8x+4=0$ ← $x^2+2\times4x+4=0$

$x=\dfrac{-4\pm\sqrt{4^2-1\times4}}{1}=-4\pm2\sqrt{3}$

27 (1) $x=-1,\ 4$　　(2) $x=\dfrac{3\pm\sqrt{17}}{2}$

(3) $y=-1,\ 2$　　(4) $t=2\pm2\sqrt{2}$

解説

(1) $x^2-3x-4=0$

$(x+1)(x-4)=0$　　$x=-1,\ 4$

(2) $x^2-3x-2=0$

$x=\dfrac{-(-3)\pm\sqrt{(-3)^2-4\times1\times(-2)}}{2\times1}$

$=\dfrac{3\pm\sqrt{17}}{2}$

(3) $y^2-y-2=0$

$(y+1)(y-2)=0$　　$y=-1,\ 2$

(4) $t^2-4t-4=0$ ← $t^2-2\times2t-4=0$

$t=\dfrac{-(-2)\pm\sqrt{(-2)^2-1\times(-4)}}{1}$

$=2\pm2\sqrt{2}$

28 (1) $x=\dfrac{-1\pm\sqrt{5}}{2}$　　(2) $x=1,\ -11$

(3) $x=-1,\ -8$　　(4) $x=2,\ 18$

(5) $x=1\pm\sqrt{5}$　　(6) $x=1,\ 3$

解説

(1) $x(x+1)=1$　　$x^2+x-1=0$

$x=\dfrac{-1\pm\sqrt{1^2-4\times1\times(-1)}}{2\times1}=\dfrac{-1\pm\sqrt{5}}{2}$

(2) $(x+4)(x+6)=35$

$x^2+10x+24=35$　　$x^2+10x-11=0$

$(x-1)(x+11)=0$　　$x=1,\ -11$

(3) $3(2x-1)(x+2)=5x^2-14$

$3(2x^2+4x-x-2)=5x^2-14$

$3(2x^2+3x-2)=5x^2-14$

$6x^2+9x-6=5x^2-14$

$x^2+9x+8=0$　　$(x+1)(x+8)=0$

$x=-1,\ -8$

(4) $(x-7)^2=6x+13$

$x^2-14x+49=6x+13$

$x^2-20x+36=0$

$(x-2)(x-18)=0$　　$x=2,\ 18$

(5) $(x+3)(x-3)=2x-5$

$x^2-9=2x-5$　　$x^2-2x-4=0$

$x=\dfrac{-(-1)\pm\sqrt{(-1)^2-1\times(-4)}}{1}$

$=1\pm\sqrt{5}$

(6) $(3x+2)(x-2)=2x^2-7$

$3x^2-4x-4=2x^2-7$　　$x^2-4x+3=0$

$(x-1)(x-3)=0$　　$x=1,\ 3$

29 $a=5$，他の解 $x=8$

解説

方程式の解　代入すると成り立つ

$x=-3$ を $x^2-ax-5a+1=0$ に代入すると

$(-3)^2-a\times(-3)-5a+1=0$

$9+3a-5a+1=0$　　$-2a+10=0$

これを解いて　　$a=5$

$a=5$ のとき，方程式は　　$x^2-5x-24=0$

$(x+3)(x-8)=0$　　$x=-3,\ 8$

よって，他の解は　　$x=8$

30 $a=2$，$b=-63$

解説

方程式の解　代入すると成り立つ

$x^2+ax+b=0$ の 2 つの解が $x=7,\ -9$ である

から，$7^2+a\times7+b=0$ より

$49+7a+b=0$ …… ①

$(-9)^2+a\times(-9)+b=0$ より

$81-9a+b=0$ …… ②

①，② を連立して解くと，②−① から

$32-16a=0$　　$a=2$

$a=2$ を ① に代入して　$49+7\times2+b=0$

$b+63=0$　　$b=-63$

31 $x=3$

解説

問題から　$(x+4)^2-(x+2)\times4=29$

$x^2+8x+16-4x-8=29$

$x^2+4x-21=0$　　$(x-3)(x+7)=0$

よって　$x=3,\ -7$

$x>0$ であるから　$x=3$

32 17

解説

連続する整数 ⟶ 1 ずつ増える

連続する 3 つの整数は，真ん中の数を x とすると，小さい数から順に $x-1$，x，$x+1$ と表される。問題の条件から

$(x-1)^2+x^2=\{(x-1)+x+(x+1)\}\times10+1$

$x^2-2x+1+x^2=3x\times10+1$

$2x^2-2x+1=30x+1$　　$2x^2-32x=0$

両辺を 2 でわると　$x^2-16x=0$

$x(x-16)=0$　　$x=0,\ 16$

x は正の数であるから，$x=0$ は問題に適さない。

$x=16$ のとき，3 つの整数は 15，16，17 となり，問題に適する。

よって，もっとも大きい整数は　17

➡本冊 p. 86

33 5 cm

解説

小さい方の正方形の 1 辺の長さを x cm とすると，大きい方の正方形の 1 辺の長さは $(x+2)$ cm と表される。

大小 2 つの正方形の面積の和は 74 cm² であるから　$x^2+(x+2)^2=74$

$x^2+x^2+4x+4=74$

$2x^2+4x-70=0$

両辺を 2 でわると　$x^2+2x-35=0$

$(x-5)(x+7)=0$　　$x=5,\ -7$

x は正の数であるから，$x=-7$ は問題に適さない。$x=5$ は問題に適する。

よって，小さい方の正方形の 1 辺の長さは

5 cm

34 1 cm

解説

点Pが点Aを出発してから x cm 動いたとき，点Qは点Pと同じ速さで動くから

$\mathrm{AP}=\mathrm{CQ}=x$

出発してから x cm 動いたときに，

$\triangle\mathrm{PBQ}=3\ \mathrm{cm}^2$ になるとすると

$\mathrm{BP}=\mathrm{AB}-\mathrm{AP}=3-x$,

$\mathrm{BQ}=\mathrm{BC}-\mathrm{CQ}=4-x$

であるから　$\frac{1}{2}\times(4-x)\times(3-x)=3$

$(x-4)(x-3)=6$　　$x^2-7x+12=6$

$x^2-7x+6=0$　　$(x-1)(x-6)=0$

よって　$x=1,\ 6$

線分 AP，BP の長さは正の数であるから

$0<x<3$

$x=1$ は問題に適するが，$x=6$ は問題に適さない。したがって，求める線分 AP の長さは

$\mathrm{AP}=1$ (cm)

35 (1) $2x^2-4x-16$

(2) 8 cm

解説

(1) はじめの厚紙の縦の長さは $(x+6)$ cm

容器の底面の長方形の横の長さは

$(x-4)$ cm,

縦の長さは　$x+6-4=x+2$ (cm),

容器の深さは 2 cm である。

よって，求める容積は

$(x+2)(x-4)\times2=2(x^2-2x-8)$

$=2x^2-4x-16$ (cm³)

(2) 容積について　$2x^2-4x-16=80$

$2x^2-4x-96=0$　　$x^2-2x-48=0$

$(x+6)(x-8)=0$　　$x=-6,\ 8$

$x>4$ であるから　　$x=8$ (cm)

36 順に **午前8時10分，分速 200 m**

解説

図をかいて，等しい数量を見つける

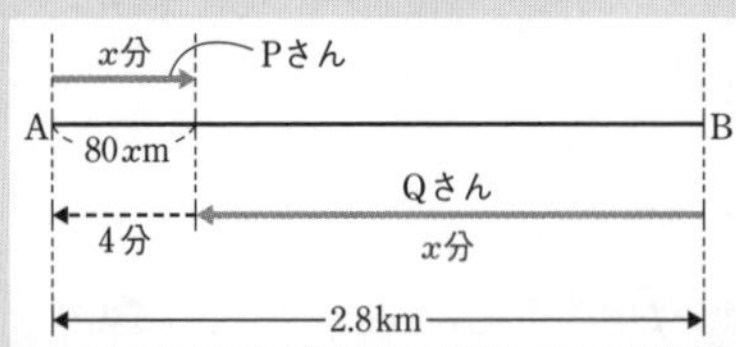

出発してから x 分後にPとQがすれちがうとする。PがQとすれちがうまでに進む距離は

$80\times x=80x$ (m)

また，QはPとすれちがってから4分後にAに着くから，Qの速さは $80x\div4=20x$ より

分速 $20x$ m …… ①

QがPとすれちがうまでに進んだ距離は

$20x\times x=20x^2$ (m)

すれちがうまでにPとQが進んだ距離の合計は 2.8 km であるから

$80x+20x^2=2.8\times1000$　←単位をそろえる

両辺を20でわると　　$4x+x^2=2.8\times50$

$x^2+4x=140$　　$x^2+4x-140=0$

$(x-10)(x+14)=0$　　$x=10,\ -14$

x は正の数であるから　　$x=10$ (分)

よって，PとQは午前8時10分にすれちがう。

Qの速さは，①から　　分速 $20\times10=200$ (m)

37 (1) $\boldsymbol{-a^2+12a}$　　(2) $\boldsymbol{a=5,\ 7}$

解説

点Pは直線 $y=-x+12$ 上にあり，点Pの x 座標は a であるから，点Pの座標は

$(a,\ -a+12)$

Pから x 軸に引いた垂線と x 軸の交点をHとすると，△POA は PO=PA の二等辺三角形であるから

OH=HA=a

よって，点Aの座標は　$(2a,\ 0)$

(1) $\triangle\mathrm{POA}=\dfrac{1}{2}\times2a\times(-a+12)$

$=-a^2+12a$ (cm²)

(2) $-a^2+12a=35$　　$a^2-12a+35=0$

$(a-5)(a-7)=0$　　$a=5,\ 7$

ともに $0<a<12$ をみたし，問題に適する。

第4章 関数 $y=ax^2$　p. 87

練　習

練習 51 (1) (ア) $\boldsymbol{y=x(5-x)}$

(イ) $\boldsymbol{y=5\pi x^2}$，**比例定数** $\boldsymbol{5\pi}$

(ウ) $\boldsymbol{y=5x^2}$，**比例定数 5**

(2) $\boldsymbol{y=-2x^2}$，$\boldsymbol{y=-2}$

解説

(1) (ア) 長方形の周の長さは 10 cm であるから，縦と横の長さの和は

$10\div2=5$ (cm)

縦の長さが x cm のとき，横の長さは　$(5-x)$ cm

よって　$y=x(5-x)$

(イ) 底面の半径が x cm，高さ 5 cm の円柱の体積は　$y=\pi x^2\times5=5\pi x^2$

(ウ) 底面が1辺 x cm の正方形，高さが 15 cm の正四角錐の体積は

$y=\dfrac{1}{3}\times x^2\times15=5x^2$

(2) y は x の2乗に比例するから，比例定数を a とすると，$y=ax^2$ と表される。

$x=2$ のとき $y=-8$ であるから

$-8=a\times2^2$

$-8=4a$

$a=-2$

よって　$y=-2x^2$

また，$x=-1$ のとき

$y=-2\times(-1)^2=-2\times1=-2$

練習 52 (1)

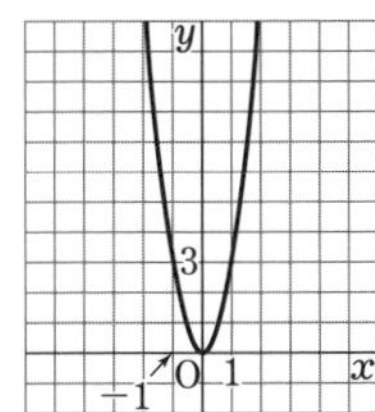

(2)

解説 グラフは，y 軸について対称であるから，$x \geqq 0$ で対応表をつくってグラフをかき，その各点について x 座標の符号を反対にした点をとってかいてもよい。

(1)

x	0	1	2	3	4	5	6	…
y	0	3	12	27	48	75	108	…

(2)

x	0	1	2	3	4	5	6	…
y	0	$\frac{1}{3}$	$\frac{4}{3}$	3	$\frac{16}{3}$	$\frac{25}{3}$	12	…

練習 53 (1)　(2)

解説 $x \geqq 0$ で対応表をつくってグラフをかき，その各点について x 座標の符号を反対にした点をとってかいてもよい。

(1)

x	0	$\frac{1}{2}$	1	$\frac{3}{2}$	2	…
y	0	-1	-4	-9	-16	…

(2)

x	0	1	2	3	4	5	…
y	0	$-\frac{1}{4}$	-1	$-\frac{9}{4}$	-4	$-\frac{25}{4}$	…

練習 54 (1) **$1 \leqq y \leqq 9$，$x=3$ のとき最大値 9，$x=1$ のとき最小値 1**

(2) **$0 \leqq y \leqq 8$，$x=-2$ のとき最大値 8，$x=0$ のとき最小値 0**

(3) **$-4 \leqq y \leqq 0$，$x=0$ のとき最大値 0，$x=\pm 2$ のとき最小値 -4**

(4) **$-27 \leqq y \leqq 0$，$x=0$ のとき最大値 0，$x=-3$ のとき最小値 -27**

解説 グラフをかいて，端の点や頂点の y 座標に注目して求める。

(1) $y=x^2$ について

$x=1$ のとき $y=1$，$x=3$ のとき $y=9$

$y=x^2$ $(1 \leqq x \leqq 3)$ のグラフは，図(1)のようになる。

よって，y の変域は　$1 \leqq y \leqq 9$

$x=3$ のとき最大値 $y=9$，

$x=1$ のとき最小値 $y=1$

(2) $y=2x^2$ について

$x=-2$ のとき $y=8$，$x=1$ のとき $y=2$

$y=2x^2$ $(-2 \leqq x \leqq 1)$ のグラフは，図(2)のようになる。

よって，y の変域は　$0 \leqq y \leqq 8$

$x=-2$ のとき最大値 $y=8$，

$x=0$　のとき最小値 $y=0$

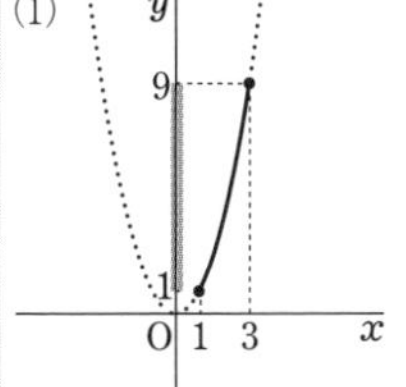

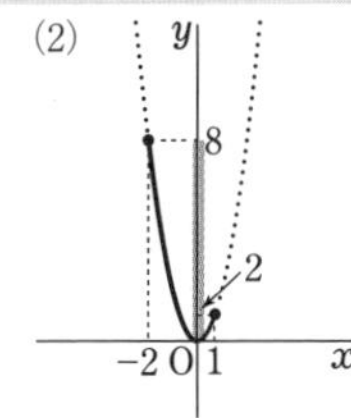

(3) $y=-x^2$ について

$x=-2$ のとき　$y=-4$，

$x=2$　のとき　$y=-4$

$y=-x^2$ $(-2 \leqq x \leqq 2)$ のグラフは，図(3)のようになる。

よって，y の変域は　$-4 \leqq y \leqq 0$

$x=0$　のとき最大値 $y=0$，

$x=\pm 2$ のとき最小値 $y=-4$

(4) $y=-3x^2$ について

$x=-3$ のとき　$y=-27$，

$x=1$　のとき　$y=-3$

$y=-3x^2\ (-3 \leqq x \leqq 1)$ のグラフは，図 (4) のようになる。

よって，y の変域は　　$-27 \leqq y \leqq 0$

　$x=0$　のとき最大値 $y=0$，

　$x=-3$ のとき最小値 $y=-27$

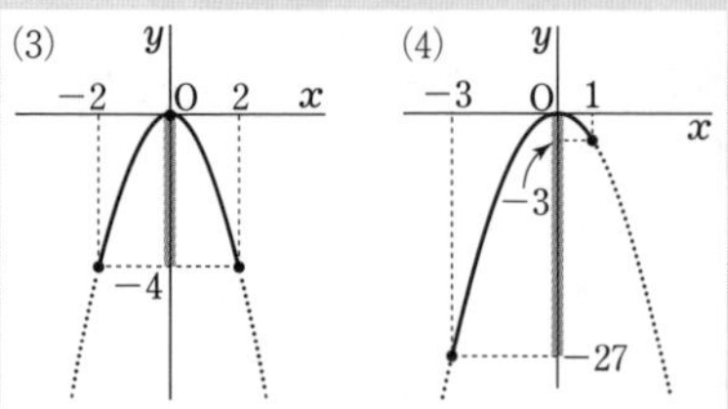

練習 55 $a=-\dfrac{1}{2}$，$b=0$

解説

変域の問題　グラフを利用する

関数 $y=ax^2\left(-\dfrac{3}{2} \leqq x \leqq 4\right)$ の y の変域

$-8 \leqq y \leqq b$ には負の数がふくまれるから

$a<0$

$y=ax^2$ について

$x=-\dfrac{3}{2}$ のとき

$y=a\times\left(-\dfrac{3}{2}\right)^2=\dfrac{9}{4}a$

$x=4$ のとき

$y=a\times 4^2=16a$

グラフから，y の変域は　$16a \leqq y \leqq 0$

これが $-8 \leqq y \leqq b$ となるから

$16a=-8$，$b=0$

よって　　$a=-\dfrac{1}{2}$，$b=0$

練習 56 (1) -6　　(2) 12　　(3) -6

解説

(変化の割合)$=\dfrac{(y\text{の増加量})}{(x\text{の増加量})}$

(1) $x=1$ のとき　　$y=-2\times1^2=-2$

$x=2$ のとき　　$y=-2\times2^2=-8$

よって，変化の割合は

$$\frac{-8-(-2)}{2-1}=\frac{-6}{1}=-6$$

(2) $x=-4$ のとき　$y=-2\times(-4)^2=-32$

$x=-2$ のとき　$y=-2\times(-2)^2=-8$

よって，変化の割合は

$$\frac{-8-(-32)}{-2-(-4)}=\frac{24}{2}=12$$

(3) $x=-2$ のとき　$y=-2\times(-2)^2=-8$

$x=5$　のとき　$y=-2\times5^2=-50$

よって，変化の割合は

$$\frac{-50-(-8)}{5-(-2)}=\frac{-42}{7}=-6$$

参考 ［本冊 $p.95$ 参照］ 関数 $y=ax^2$ の x の値が p から q まで増加するときの変化の割合は

$$\frac{aq^2-ap^2}{q-p}=\frac{a(q+p)(q-p)}{q-p}=a(q+p)$$

このことを利用すると，次のようになる。

(1) $-2(2+1)=-6$

(2) $-2(-2-4)=12$

(3) $-2(5-2)=-6$

練習 57 $a=1$，-2

解説

変化の割合を a を使った式で表し，a についての方程式をつくる。

$x=a$　　のとき　　$y=a\times a^2=a^3$

$x=a+2$ のとき　　$y=a\times(a+2)^2$

$=a^3+4a^2+4a$

よって，変化の割合は

$$\frac{a^3+4a^2+4a-a^3}{a+2-a}=\frac{4a^2+4a}{2}=2a^2+2a$$

これが 4 であるとき　　$2a^2+2a=4$

$a^2+a-2=0$

$(a-1)(a+2)=0$

したがって　　$a=1$，-2

練習 58 (1) ① 秒速 10 m

② 秒速 30 m

③ 秒速 50 m

(2) $2\sqrt{6}$ 秒

解説

(1) $x=0$ のとき　$y=0$

$x=2$ のとき　$y=5\times2^2=20$

$x=4$ のとき　$y=5\times4^2=80$

$x=6$ のとき　$y=5\times6^2=180$

① $\dfrac{20-0}{2-0}=\dfrac{20}{2}=10$

② $\dfrac{80-20}{4-2}=\dfrac{60}{2}=30$

③ $\dfrac{180-80}{6-4}=\dfrac{100}{2}=50$

(2) $y=5x^2$ に $y=120$ を代入して　$120=5x^2$

$x^2=24$　　$x=\pm2\sqrt{6}$

$x>0$ であるから　$x=2\sqrt{6}$

練習 59 8 秒後

解説

Aさんがスタートしてから x 秒間に移動した距離 y m は　$y=5x$

Bさんがスタートしてから x 秒間に移動した距離 y m は　$y=\dfrac{5}{8}x^2$

AさんがBさんに追いつかれるのは，それぞれの移動距離が同じになるときであるから

$$5x=\frac{5}{8}x^2$$

$$8x=x^2$$

$$x^2=8x$$

$$x^2-8x=0$$

$$x(x-8)=0$$

$$x=0,\ 8$$

$x=0$ は問題に適さない。

$x=8$ は問題に適する。

よって　　8 秒後

練習 60 (1) $y=\dfrac{1}{8}x^2$　　(2) $\dfrac{9}{8}$ m

(3) 秒速 $\dfrac{4\sqrt{5}}{5}$ m

解説

(1) y は x の 2 乗に比例するから，比例定数を a とすると，$y=ax^2$ と表すことができる。

$x=2$ のとき $y=0.5$ であるから

$0.5=a\times2^2$　　$0.5=4a$

$8a=1$　　$a=\dfrac{1}{8}$

よって　$y=\dfrac{1}{8}x^2$

(2) $x=3$ のとき　$y=\dfrac{1}{8}\times3^2=\dfrac{9}{8}$

よって，制動距離は　$\dfrac{9}{8}$ m

(3) $y=0.4$ のとき　$0.4=\dfrac{1}{8}x^2$

$x^2=0.4\times8=3.2=\dfrac{16}{5}$

$x=\pm\sqrt{\dfrac{16}{5}}=\pm\dfrac{4}{\sqrt{5}}=\pm\dfrac{4\sqrt{5}}{5}$

x は正の数であるから　$x=\dfrac{4\sqrt{5}}{5}$

よって　秒速 $\dfrac{4\sqrt{5}}{5}$ m

練習 61 [1] $y=3x^2$

[2] $y=18x$

解説

[1] $0\leqq x\leqq6$ のとき

点Pは辺 AB 上，点Qは辺 BC 上にあり，

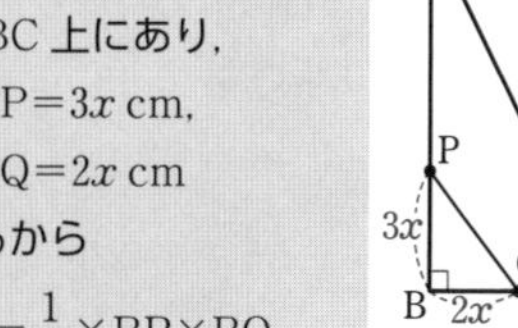

$\mathrm{BP}=3x$ cm,

$\mathrm{BQ}=2x$ cm

であるから

$y=\dfrac{1}{2}\times\mathrm{BP}\times\mathrm{BQ}$

$=\dfrac{1}{2}\times3x\times2x=3x^2$

[2] $6\leqq x\leqq8$ のとき

点Pは辺 AB 上にあり，点QはCで停止している。

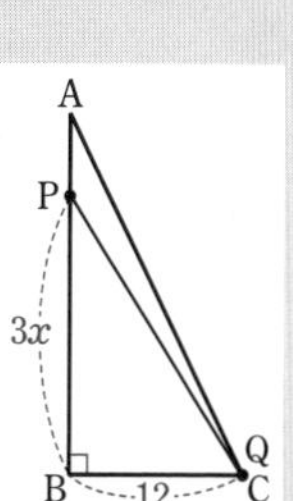

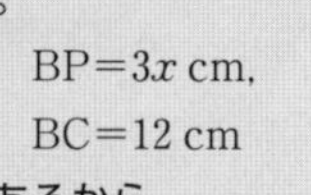

$\mathrm{BP}=3x$ cm,

$\mathrm{BC}=12$ cm

であるから

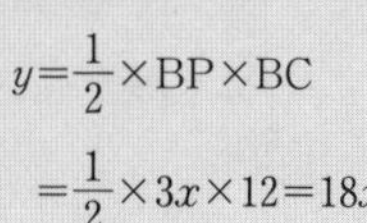

$y=\dfrac{1}{2}\times\mathrm{BP}\times\mathrm{BC}$

$=\dfrac{1}{2}\times3x\times12=18x$

練習 62 (1) $0 \leqq x \leqq 4$ のとき　$y=\frac{1}{4}x^2$

$4 \leqq x \leqq 8$ のとき　$y=x$

$8 \leqq x \leqq 12$ のとき　$y=-2x+24$

グラフは右の図

(2) $x=2\sqrt{3}$, $\frac{21}{2}$

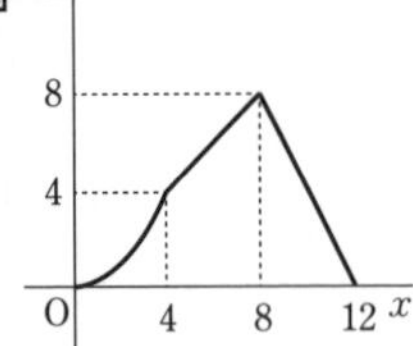

解説

(1) x 秒間に，点Pは $\frac{1}{2} \times x=\frac{1}{2}x$ (cm) 移動し，点Qは $1 \times x=x$ (cm) 移動する。

点Pは $4 \div \frac{1}{2}=8$ (秒) かかって点Bに到達し，点Cの方向に進む。

点Qは点Bを出発してから 4 秒，8 秒，12 秒でそれぞれ点C，D，A に到達する。

[1] $0 \leqq x \leqq 4$ のとき

点Pは辺 AB の中点と点Aを結ぶ線分上にあり，点Qは辺 BC 上にある。

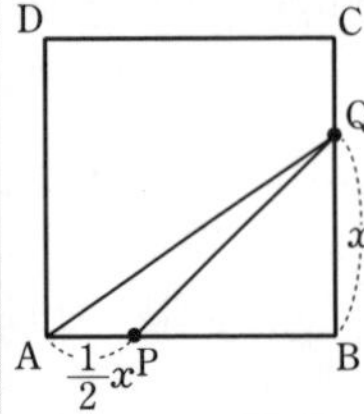

$AP=\frac{1}{2}x$ cm,

$BQ=x$ cm であるから

$$y=\frac{1}{2} \times \frac{1}{2}x \times x=\frac{1}{4}x^2$$

[2] $4 \leqq x \leqq 8$ のとき

点Pは辺 AB の中点と点Bを結ぶ線分上にあり，点Qは辺 CD 上にある。

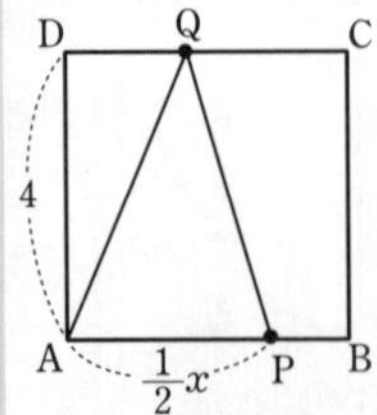

$AP=\frac{1}{2}x$ cm,

$BC=4$ cm であるから

$$y=\frac{1}{2} \times \frac{1}{2}x \times 4=x$$

[3] $8 \leqq x \leqq 12$ のとき

点Pは辺 BC 上にあり，点Qは辺 DA 上にある。

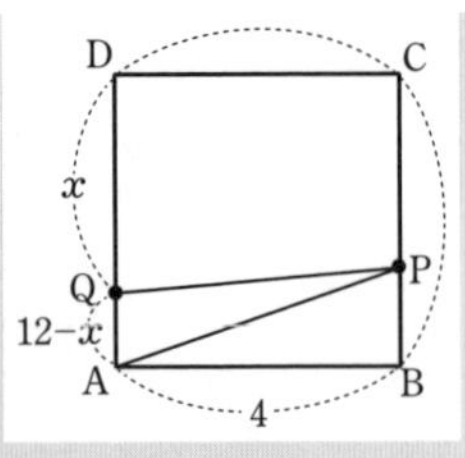

$AQ=BC+CD+DA$

$\quad -(BC+CD+DQ)$

$\quad =4 \times 3-x=12-x$ (cm),

$AB=4$ cm であるから

$$y=\frac{1}{2} \times (12-x) \times 4=-2x+24$$

(2) $y=3$ となるのは，(1)の [1] と [3] のときである。

$\frac{1}{4}x^2=3$ とすると　$x^2=12$　　$x=\pm 2\sqrt{3}$

$0 \leqq x \leqq 4$ を満たすものは　$x=2\sqrt{3}$

$-2x+24=3$ とすると　$x=\frac{21}{2}$

$x=\frac{21}{2}$ は $8 \leqq x \leqq 12$ に適している。

練習 63 (1) $y=2x+4$　　(2) 8

解説

(1) A，B は関数 $y=2x^2$ のグラフ上の点であるから，$y=2x^2$ に $x=-1$ を代入して

$$y=2 \times (-1)^2=2$$

$y=2x^2$ に $x=2$ を代入して

$$y=2 \times 2^2=8$$

よって，点Aの座標は　$(-1, 2)$,

点Bの座標は　$(2, 8)$

直線 ℓ の式を $y=ax+b$ とすると

$$\begin{cases} 2=-a+b & \cdots\cdots ① \\ 8=2a+b & \cdots\cdots ② \end{cases}$$

②−① から　$6=3a$　　$a=2$

① に代入して　$2=-2+b$　　$b=4$

よって，直線 ℓ の式は　$y=2x+4$

(2) Dは直線 ℓ 上の点であるから，$x=3$ を $y=2x+4$ に代入して　$y=2 \times 3+4=10$

Eは関数 $y=2x^2$ のグラフ上の点であるから，$x=3$ を $y=2x^2$ に代入して

$$y=2\times 3^2=18$$

点Dの y 座標は 10，点Eの y 座標は 18 であるから，線分 DE の長さは　$18-10=8$

練習 64 (1) $\frac{1}{4}$　(2) $y=\frac{1}{2}x+2$　(3) 6

解説

(1) A，B は放物線 $y=ax^2$ 上の点であるから，点Aの座標は $(-2,\ 4a)$，点Bの座標は $(4,\ 16a)$ である。直線 AB の傾きは $\frac{1}{2}$ であるから　$\frac{16a-4a}{4-(-2)}=\frac{1}{2}$

$$\frac{12a}{6}=\frac{1}{2} \qquad a=\frac{1}{4}$$

(2) $a=\frac{1}{4}$ のとき，点Aの座標は $(-2,\ 1)$，点Bの座標は $(4,\ 4)$ であり，直線 AB の式は $y=\frac{1}{2}x+b$ として，$y=\frac{1}{2}x+b$ に $x=4$，$y=4$ を代入すると

$$4=\frac{1}{2}\times 4+b \qquad b=2$$

よって，直線 AB の式は　$y=\frac{1}{2}x+2$

(3) 直線 AB と y 軸の交点をCとすると

$$OC=2$$

よって　$\triangle OAB=\triangle OAC+\triangle OBC$

$$=\frac{1}{2}\times 2\times 2+\frac{1}{2}\times 2\times 4=6$$

練習 65

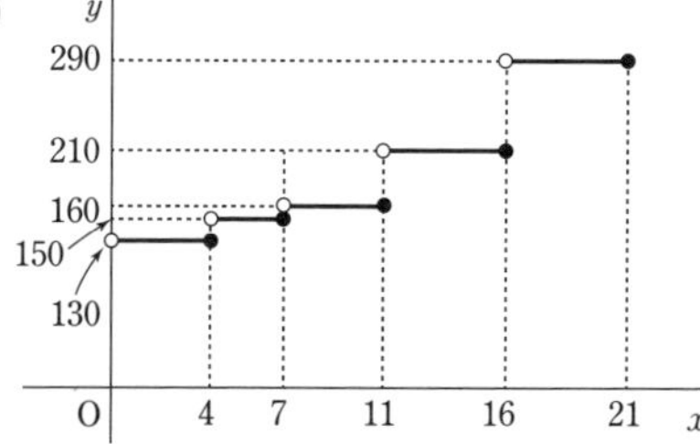

解説

$0<x\leqq 4$ のとき　$y=130$

$4<x\leqq 7$ のとき　$y=150$

$7<x\leqq 11$ のとき　$y=160$

$11<x\leqq 16$ のとき　$y=210$

$16<x\leqq 21$ のとき　$y=290$

EXERCISES

➡本冊 p. 98

68 ①　$y=6x$　②　$y=\frac{1}{2}x^2$

③　$y=\frac{18}{x}$　④　$y=4\pi x^2$

⑤　$y=4\pi x^2$

y が x の 2 乗に比例するものは　②，④，⑤

解説

①　$y=x\times 6$　よって　$y=6x$

②　$y=\frac{1}{2}\times x\times x$　よって　$y=\frac{1}{2}x^2$

③　$x\times y=18$　よって　$y=\frac{18}{x}$

④　$y=4\pi x^2$

⑤　$y=\frac{1}{3}\times \pi x^2\times 12$　よって　$y=4\pi x^2$

69 順に　$y=-\frac{1}{9}x^2$，$y=-\frac{1}{4}$

解説

y は x の 2 乗に比例するから，比例定数を a とすると，$y=ax^2$ と表される。

グラフは点 $(-3,\ -1)$ を通るから

$$-1=a\times(-3)^2 \qquad -1=9a \qquad a=-\frac{1}{9}$$

よって　$y=-\frac{1}{9}x^2$

また $x=\frac{3}{2}$ を代入すると

$$y=-\frac{1}{9}\times\left(\frac{3}{2}\right)^2=-\frac{1}{9}\times\frac{9}{4}=-\frac{1}{4}$$

70 (1)

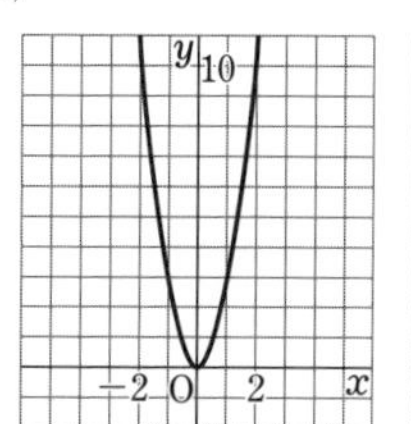

(2)

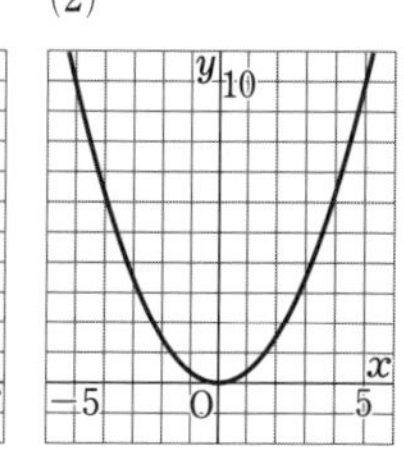

(3)

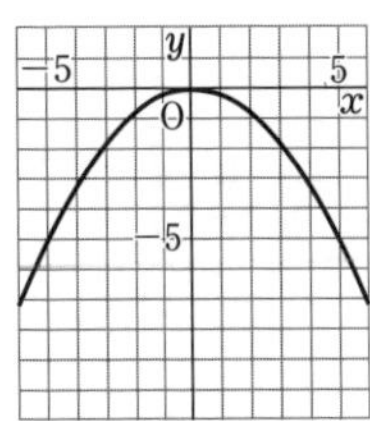

71 ① (エ)　② (ア)　③ (ウ)　④ (イ)

解説

放物線 $y=ax^2$ について
$a>0$ のとき上に開き，$a<0$ のとき下に開く。
また，a の絶対値が大きいほど，グラフの開きぐあいは小さくなる。
放物線 ① と ② は上に開いているから，x^2 の係数は正の数である。つまり，(ア) と (エ) である。
x^2 の係数の絶対値が大きいほどグラフの開きぐあいは小さくなるから，

① の式は (エ)，　② の式は (ア)

次に，放物線 ③ と ④ は下に開いているから，x^2 の係数は負の数である。
つまり，(イ) と (ウ) である。
x^2 の係数の絶対値が大きいほどグラフの開きぐあいは小さくなるから

③ の式は (ウ)，　④ の式は (イ)

 (1) ②，③　(2) ③
(3) ③　(4) ①，④
(5) ②，③

➡本冊 p. 99

73 (1) (ア) $\pm2\sqrt{2}$
(2) (イ) 10　(ウ) $5\sqrt{2}$
(3) (エ) -5

解説

(1) $y=-3x^2$ で $y=-24$ とすると

$-24=-3x^2$　$x^2=8$　$x=\pm2\sqrt{2}$

(2) $y=\frac{1}{5}x^2$ で $y=20$ とすると

$20=\frac{1}{5}x^2$　$x^2=100$　$x=\pm10$

条件より $x>0$ であるから　$x=10$

また，$y=\frac{1}{5}x^2$ で $y=10$ とすると

$10=\frac{1}{5}x^2$　$x^2=50$　$x=\pm5\sqrt{2}$

条件より $x>0$ であるから　$x=5\sqrt{2}$

(3) 関数 $y=ax^2$ のグラフは点 $(2,\ -20)$ を通るから　$-20=a\times2^2$　$4a=-20$

$a=-5$

74 (1) **$2\leqq y\leqq8$，**
$x=-4$ のとき最大値 $y=8$，
$x=-2$ のとき最小値 $y=2$
(2) **$-50\leqq y\leqq0$，**
$x=0$ のとき最大値 $y=0$，
$x=5$ のとき最小値 $y=-50$

解説

(1) $x=-4$ のとき　$y=\frac{1}{2}\times(-4)^2=8$

$x=-2$ のとき　$y=\frac{1}{2}\times(-2)^2=2$

$y=\frac{1}{2}x^2\ (-4\leqq x\leqq-2)$ のグラフは，図(1)のようになる。

(2) $x=-3$ のとき　$y=-2\times(-3)^2=-18$

$x=5$　のとき　$y=-2\times5^2=-50$

$y=-2x^2\ (-3\leqq x\leqq5)$ のグラフは，図(2)のようになる。

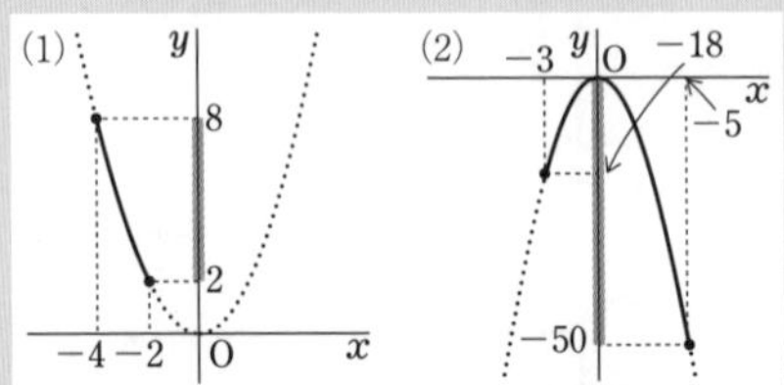

75 **$a=-4,\ b=0$**

解説

$y=x^2$ について

$x=a$ のとき $y=a^2$，$x=3$ のとき $y=9$

また，$y=16$ とすると　$x=\pm4$
$x=4$ は x の変域 $a\leqq x\leqq3$ に含まれないから，

関数 $y=x^2$ $(a \leqq x \leqq 3)$ のグラフは，点 $(-4,\ 16)$ を通り，右の図のようになる。
a は $a^2=16$ を満たす 3 以下の数で

$a=-4$

また，図から，y の変域は $0 \leqq y \leqq 16$ であり，$b \leqq y \leqq 16$ と比べて　$b=0$

76 $a=\dfrac{2}{3}$，$b=\dfrac{2}{3}$

解説

関数 $y=ax^2$ は x の変域 $-3 \leqq x \leqq -1$ において，x の値が増加すると，y の値は減少する。
$y=ax^2$ について

$x=-3$ のとき　$y=a\times(-3)^2=9a$

$x=-1$ のとき　$y=a\times(-1)^2=a$

よって，y の変域は　$a \leqq y \leqq 9a$
これが $b \leqq y \leqq 6$ となるから　$a=b$，$9a=6$
$9a=6$ から　$a=\dfrac{2}{3}$　また，$b=a$ から　$b=\dfrac{2}{3}$

77 $a=\dfrac{4}{3}$，$b=\dfrac{4}{3}$

解説

$y=x^2$ について
$x=-1$ のとき　$y=1$
$x=2$　のとき　$y=4$
x の変域が $-1 \leqq x \leqq 2$ のとき，関数 $y=x^2$ のグラフは右の図のようになるから，y の変域は　$0 \leqq y \leqq 4$

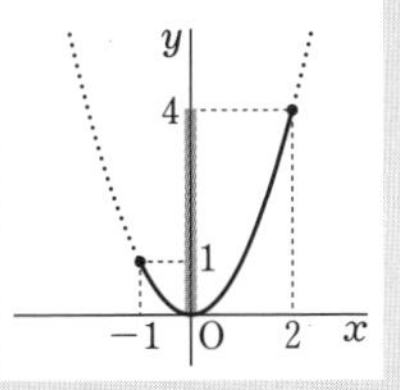

次に，$y=ax+b$ について，

$x=-1$ のとき　$y=-a+b$

$x=2$　のとき　$y=2a+b$

$a>0$ であるから，1 次関数 $y=ax+b$ は x の値が増加すると，y の値は増加する。
x の変域が $-1 \leqq x \leqq 2$ のとき，関数 $y=ax+b$ の y の変域は　$-a+b \leqq y \leqq 2a+b$
これと $0 \leqq y \leqq 4$ を比べて $\begin{cases} -a+b=0 & \cdots\cdots ① \\ 2a+b=4 & \cdots\cdots ② \end{cases}$

②−① から　$3a=4$　　$a=\dfrac{4}{3}$

① より，$b=a$ であるから　　$b=\dfrac{4}{3}$

78 (1)　8　　　(2)　$a=1$

解説

(1)　$x=1$ のとき　$y=2\times1^2=2$

$x=3$ のとき　$y=2\times3^2=18$

変化の割合は　$\dfrac{18-2}{3-1}=\dfrac{16}{2}=8$

(2)　$\dfrac{(a+2)^2-a^2}{(a+2)-a}=\dfrac{a^2+4a+4-a^2}{2}=2a+2$

変化の割合は 4 であるから　$2a+2=4$

これを解いて　$a=1$

79 $a=2,\ -\dfrac{1}{2}$

解説

$x=a$　のとき　$y=a\times a^2=a^3$

$x=a+3$ のとき　$y=a(a+3)^2$

よって，変化の割合は

$$\frac{a(a+3)^2-a^3}{a+3-a}=\frac{a\{(a+3)^2-a^2\}}{3}=\frac{a(6a+9)}{3}$$
$$=a(2a+3)$$

これが $6a+2$ に等しいから　$a(2a+3)=6a+2$
整理すると　$2a^2-3a-2=0$

$$a=\frac{-(-3)\pm\sqrt{(-3)^2-4\times2\times(-2)}}{2\times2}=\frac{3\pm5}{4}$$

したがって　$a=2,\ -\dfrac{1}{2}$

➡本冊 p. 109

80 (1)　$y=\dfrac{1}{20}x^2$　　　(2)　45 m

解説

(1)　y は x の 2 乗に比例するから，比例定数を a とすると，$y=ax^2$ と表される。

$x=10$ のとき $y=5$ であるから

$5=a\times10^2$

よって，$a=\dfrac{1}{20}$ から　$y=\dfrac{1}{20}x^2$

(2)　$x=30$ とすると　$y=\dfrac{1}{20}\times30^2=45$ (m)

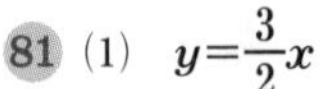

81 (1) $y=\frac{3}{2}x$

(2) **9 m**

(3) $y=\frac{1}{4}x^2$

(4) **右の図**

解説

(1) Aの進む距離は，かかった時間に比例するから，$y=ax$ と表される。

また，Aは 2 秒間に 3 m 進むから $a=\frac{3}{2}$

であり　$y=\frac{3}{2}x$

(2) AとBは 6 秒後に再び出会うから，(1)で

$x=6$ とすると　$y=\frac{3}{2}\times6=9$

(3) Bの進む距離は，かかった時間の 2 乗に比例するから，$y=ax^2$ と表される。

(2)により，$x=6$ のとき $y=9$ であるから

$9=a\times6^2$

よって，$a=\frac{1}{4}$ から　$y=\frac{1}{4}x^2$

(4) (1)，(3)のグラフを $x\geqq0$ の範囲でかく。

(2)により，2 つのグラフは点 (6, 9) で交わる。

82 (1) $y=\frac{1}{4}x^2$　　(2) **4.8 秒**

解説

(1) y は x の 2 乗に比例するから，比例定数を a とすると，$y=ax^2$ と表すことができる。

$x=2$ のとき $y=1$ であるから　$1=a\times2^2$

よって，$a=\frac{1}{4}$ から　$y=\frac{1}{4}x^2$

(2) $y=5.76$ とすると　$5.76=\frac{1}{4}x^2$

両辺に 4 をかけて　$x^2=23.04$

$x>0$ であるから

$$x=\sqrt{\frac{2304}{100}}=\frac{\sqrt{2^8\times3^2}}{10}=\frac{16\times3}{10}=4.8$$

よって　4.8 秒

83 [1] $y=-9x+36$　　[2] $y=9x-36$

解説

Oを原点，B$(-4,\ 0)$，C$(4,\ 0)$ とする。

点Pは点Bを出発して，x 秒間に x 軸の正の方向に $1\times x=x$ 移動するから

$\mathrm{BP}=x$

また，Aは関数 $y=-2x^2$ のグラフ上の点であるから，$x=3$ を代入して

$y=-2\times3^2=-18$

よって，点Aの座標は　$(3,\ -18)$

Aから x 軸に下ろした垂線と x 軸の交点をHとすると　$\mathrm{AH}=18$

[1] $0\leqq x<4$ のとき　← 図 [1] 参照

点Pは線分 BO 上（点Oを除く）にある。

$\mathrm{OP}=\mathrm{OB}-\mathrm{BP}=4-x$ であるから

$y=\frac{1}{2}\times\mathrm{OP}\times\mathrm{AH}=\frac{1}{2}\times(4-x)\times18$

$=9(4-x)=-9x+36$

[2] $4<x\leqq8$ のとき　← 図 [2] 参照

点Pは線分 OC 上（点Oを除く）にある。

$\mathrm{OP}=\mathrm{BP}-\mathrm{BO}=x-4$ であるから

$y=\frac{1}{2}\times\mathrm{OP}\times\mathrm{AH}=\frac{1}{2}\times(x-4)\times18$

$=9(x-4)=9x-36$

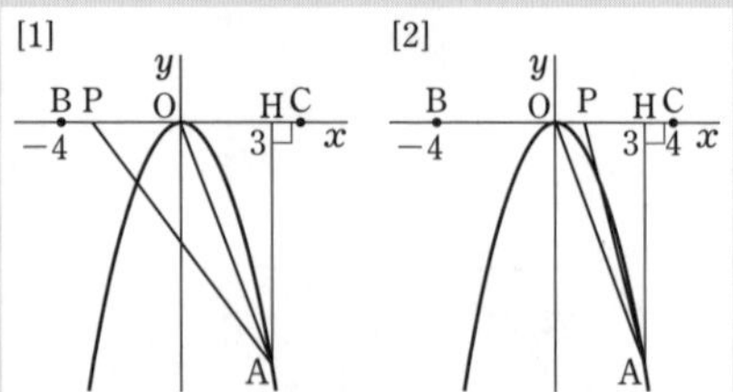

➡本冊 p. 110

84 (1) $0\leqq x\leqq6$ のとき　$y=\frac{1}{2}x^2$

$6\leqq x\leqq12$ のとき

$y=18$

$12\leqq x\leqq18$ のとき

$y=-3x+54$

グラフは右の図

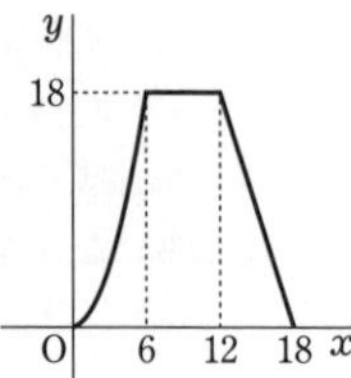

(2) $x=4\sqrt{2}$，$\frac{38}{3}$

解説

(1) x 秒間に，点P，Qは x cm 移動する。
また，点Pは点Aを出発してから6秒，12秒，18秒でそれぞれ点B，C，Dに到達し，点Qは点Aを出発してから6秒でDに到達して止まる。

[1] $0 \leqq x \leqq 6$ のとき　←図[1]参照
点Pは辺AB上，点Qは辺AD上にある。
AP$=x$ cm，AQ$=x$ cm であるから

$$y=\frac{1}{2}\times x\times x=\frac{1}{2}x^2$$

[2] $6 \leqq x \leqq 12$ のとき　←図[2]参照
点Pは辺BC上にあり，点Qは点Dにある。
AD$=$AB$=6$ cm であるから

$$y=\frac{1}{2}\times 6\times 6=18$$

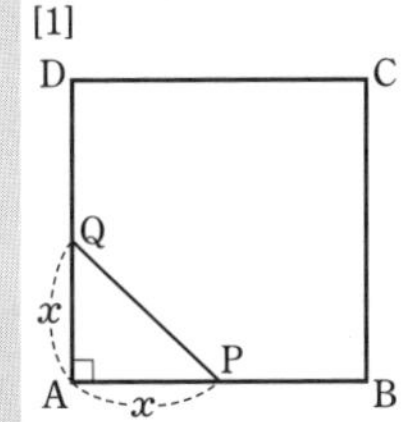

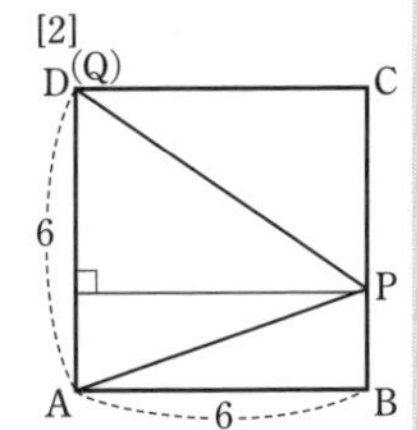

[3] $12 \leqq x \leqq 18$ のとき
点Pは辺CD上にあり，点Qは点Dにある。

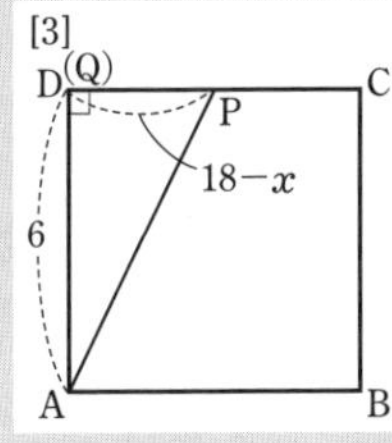

PD$=6\times 3-x$
$=18-x$ (cm)，
AD$=6$ cm であるから

$$y=\frac{1}{2}\times 6\times(18-x)=3(18-x)$$
$$=-3x+54$$

(2) $y=16$ となるのは，(1)の[1]と[3]のときである。

$\frac{1}{2}x^2=16$ とすると　$x^2=32$　$x=\pm 4\sqrt{2}$

$0 \leqq x \leqq 6$ を満たすものは　$x=4\sqrt{2}$

$3(18-x)=16$ とすると　$54-3x=16$

よって　$x=\frac{38}{3}$

これは $12 \leqq x \leqq 18$ に適している。

85 $a=\frac{3}{2}$

解説

Aは関数 $y=ax^2$ のグラフ上の点であるから，
$y=ax^2$ に $x=2$ を代入して　$y=a\times 2^2=4a$
Bは関数 $y=-x^2$ のグラフ上の点であるから，
$y=-x^2$ に $x=2$ を代入して

$$y=-1\times 2^2=-4$$

2点A，Bの x 座標はともに2で，直線ABは y 軸に平行な直線であるから，$a>0$ より

$$\text{AB}=4a-(-4)=4a+4$$

AB$=10$ となるとき　$4a+4=10$

よって　$a=\frac{3}{2}$　これは $a>0$ に適している。

86 (1) $y=\frac{2}{3}x+1$　(2) $a=\frac{8}{9}$

解説

(1) $y=\frac{1}{3}x^2$ に $x=3$ を代入すると

$$y=\frac{1}{3}\times 3^2=3$$

点Aの座標は　(3, 3)
点Cの座標は (0, 1) であるから，直線ABの傾きは　$\frac{3-1}{3-0}=\frac{2}{3}$
切片は1であるから，直線ABの式は

$$y=\frac{2}{3}x+1$$

別解　点Cの座標は (0, 1) であるから，直線ABの式は，$y=ax+1$ と表される。
$x=3$ のとき，$y=3$ であるから

$3=a\times 3+1$　$a=\frac{2}{3}$

よって，直線ABの式は　$y=\frac{2}{3}x+1$

(2) 点Bは線分ACの中点であるから，その座標は

$\left(\frac{3+0}{2}, \frac{3+1}{2}\right)$ すなわち $\left(\frac{3}{2}, 2\right)$

点Bは関数 $y=ax^2$ のグラフ上にあるから

$$2=a\times\left(\frac{3}{2}\right)^2$$

よって，$2=\frac{9}{4}a$ から　$a=\frac{8}{9}$.

87 (1) **-4**

(2) **順に　$a=-\frac{2}{3}$，$y=-\frac{2}{3}x-4$**

解説

(1) 直線 ℓ と y 軸の交点をCとし，その y 座標を c とする。

ただし，$c<0$ であるから，その絶対値は $-c$ である。

$$\triangle\mathrm{OAB}=\triangle\mathrm{OCA}+\triangle\mathrm{OCB}$$
$$=\frac{1}{2}\times(-c)\times2+\frac{1}{2}\times(-c)\times3$$
$$=-\frac{5}{2}c$$

$\triangle\mathrm{OAB}$ の面積は 10 であるから

$$-\frac{5}{2}c=10 \qquad 5c=-20$$
$$c=-4$$

$c=-4$ は $c<0$ に適しているから，求める y 座標は　-4

(2) A，B は放物線 $y=ax^2$ 上の点であるから，$x=-2$, 3 をそれぞれ代入すると

$$y=a\times(-2)^2=4a, \qquad y=a\times3^2=9a$$

よって，点Aの座標は　$(-2, 4a)$

点Bの座標は　$(3, 9a)$

(1) より，直線 ℓ の式は $y=bx-4$ とおけるから，2 点 A，B の座標を代入すると

$$\begin{cases}4a=-2b-4 & \cdots\cdots ①\\ 9a=3b-4 & \cdots\cdots ②\end{cases}$$

①×3+②×2 から　$30a=-20$

したがって　$a=-\frac{2}{3}$

② に代入して　$9\times\left(-\frac{2}{3}\right)=3b-4$

$-6=3b-4$ を解いて　$b=-\frac{2}{3}$

したがって，直線 ℓ の式は

$$y=-\frac{2}{3}x-4$$

定期試験対策問題

➡本冊 p. 111

38 (1)

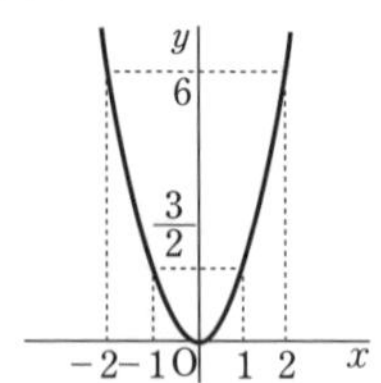

(2)

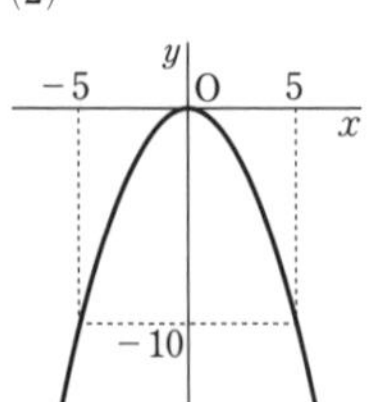

39 (1) (ウ)　(2) (エ)

(3) (イ)，(エ)　(4) (ア)，(イ)

解説

(1) グラフは下に開いた放物線。

x^2 の係数は負である。　(ウ)

(2) 関数の変化の割合が一定。1 次関数　(エ)

(3) グラフは点 $(-1, 2)$ を通る。

$x=-1$ のとき $y=2$　(イ)，(エ)

(4) グラフは上に開いた放物線。

よって　(ア)，(イ)

40 (1) **$y=\frac{2}{3}x^2$**　(2) **$\frac{2}{3}$**

(3) **$x=3$ のとき最大値 6**

$x=0$ のとき最小値 0

(4) **$\frac{2}{3}\leqq y\leqq\frac{32}{3}$**

解説

(1) y は x の 2 乗に比例するから，比例定数を a とすると，$y=ax^2$ と表すことができる。

$x=3$ のとき $y=6$ であるから

$$6=a\times3^2 \qquad 6=9a$$

よって，$a=\frac{2}{3}$ から　$y=\frac{2}{3}x^2$

(2) $x=-2$ のとき　$y=\frac{2}{3}\times(-2)^2=\frac{8}{3}$

$x=3$　のとき　$y=\frac{2}{3}\times3^2=6$

x の値が -2 から 3 まで増加するときの変化の割合は

$$\frac{6-\frac{8}{3}}{3-(-2)}=\frac{\frac{10}{3}}{5}=\frac{10}{3}\times\frac{1}{5}=\frac{2}{3}$$

(3) 関数 $y=\frac{2}{3}x^2$ $(-2\leqq x\leqq 3)$ のグラフは，右の図のようになる。

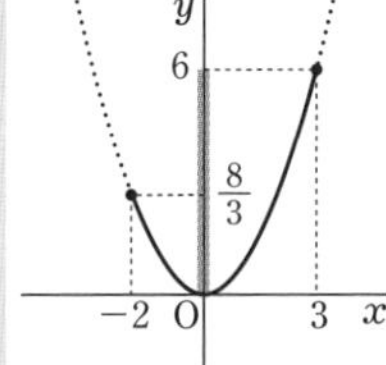

グラフから

$x=3$ のとき

最大値 $y=6$

$x=0$ のとき最小値 $y=0$

(4) 関数 $y=\frac{2}{3}x^2$ は x の変域 $-4\leqq x\leqq -1$ において，x の値が増加すると，y の値は減少する。

$y=\frac{2}{3}x^2$ について

$x=-4$ のとき　$y=\frac{2}{3}\times(-4)^2=\frac{32}{3}$

$x=-1$ のとき　$y=\frac{2}{3}\times(-1)^2=\frac{2}{3}$

よって，y の変域は　$\frac{2}{3}\leqq y\leqq\frac{32}{3}$

41 (1) $\boldsymbol{y=x^2}$　(2) $\boldsymbol{\sqrt{5}}$

解説

(1) 底辺の長さを x とすると，高さは $2x$ と表される。

三角形の面積 y は　$y=\frac{1}{2}\times x\times 2x$

よって　$y=x^2$

(2) $y=x^2$ に $y=5$ を代入すると　$5=x^2$

よって　$x=\pm\sqrt{5}$

$x>0$ であるから　$x=\sqrt{5}$

42 $\boldsymbol{a=\frac{5}{7}，b=0}$

解説

変域の問題　グラフを利用する

関数 $y=ax^2$ $(-7\leqq x\leqq 5)$ の y の変域 $b\leqq y\leqq 35$ には正の数がふくまれるから

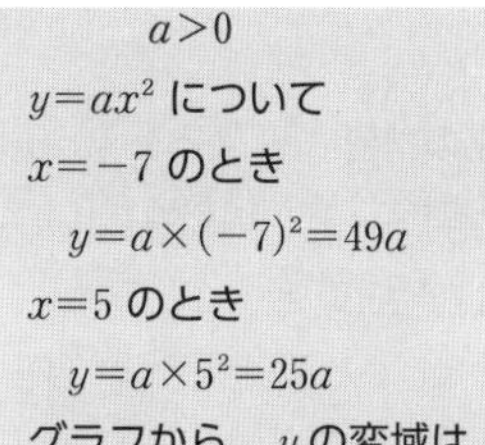

$a>0$

$y=ax^2$ について

$x=-7$ のとき

$y=a\times(-7)^2=49a$

$x=5$ のとき

$y=a\times 5^2=25a$

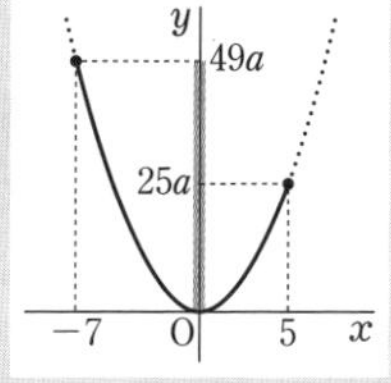

グラフから，y の変域は　$0\leqq y\leqq 49a$

これが $b\leqq y\leqq 35$ となるから　$49a=35$，$b=0$

よって　$a=\frac{5}{7}$，$b=0$

43 (1) $\boldsymbol{a=2}$　(2) $\boldsymbol{a=-1}$　(3) $\boldsymbol{a=\frac{3}{2}}$

解説

(1) $y=ax^2$ に $x=-2$，$y=8$ を代入すると

$8=a\times(-2)^2$　$4a=8$ から　$a=2$

(2) 関数 $y=ax^2$ $(-1\leqq x\leqq 2)$ の y の最小値は -4 であるから，y の変域には負の数がふくまれ，$a<0$ である。

$y=ax^2$ について

$x=-1$ のとき

$y=a\times(-1)^2=a$

$x=2$ のとき

$y=a\times 2^2=4a$

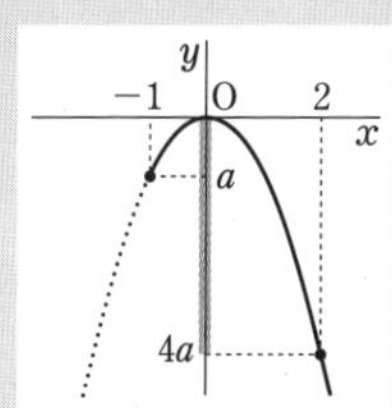

グラフから，y の変域は　$4a\leqq y\leqq 0$

$x=2$ のとき最小値 $4a$ をとり，$4a=-4$ とすると　$a=-1$

これは $a<0$ に適している。

(3) $x=1$ のとき　$y=a\times 1^2=a$

$x=3$ のとき　$y=a\times 3^2=9a$

x の値が 1 から 3 まで増加するときの変化の割合は　$\frac{9a-a}{3-1}=\frac{8a}{2}=4a$

これが 6 であるから，$4a=6$ より　$a=\frac{3}{2}$

44 $\boldsymbol{a=-2}$

解説

$y=ax^2$ の値は，

$x=1$ のとき　$y=a\times 1^2=a$

$x=5$ のとき　$y=a\times 5^2=25a$

変化の割合は　$\dfrac{25a-a}{5-1}=6a$

$y=-12x+3$ の変化の割合は　-12

2つの関数の変化の割合は等しいから，

$6a=-12$ とすると　$a=-2$

➡本冊 p. 112

45 (1)　$\boldsymbol{y=4.9x^2}$　　(2)　**秒速 24.5 m**

(3)　$\boldsymbol{2\sqrt{5}}$ **秒**

解説

(1)　y は x の2乗に比例するから，a を比例定数として，$y=ax^2$ と表される。

$x=2$ のとき $y=19.6$ であるから

$19.6=a\times2^2$　　$19.6=4a$　　$a=4.9$

よって　$y=4.9x^2$

(2)　$x=2$ のとき　$y=19.6$

$x=3$ のとき　$y=4.9\times3^2=44.1$

$\dfrac{44.1-19.6}{3-2}=24.5$

よって　秒速 24.5 m

(3)　$y=98$ とすると　$98=4.9x^2$

$x^2=20$　　$x=\pm2\sqrt{5}$

$x>0$ であるから　$x=2\sqrt{5}$

46 $0\leqq x\leqq3$ **のとき**　$\boldsymbol{y=x^2}$

$3\leqq x\leqq6$ **のとき**　$\boldsymbol{y=3x}$

$6\leqq x\leqq8$ **のとき**　$\boldsymbol{y=-9x+72}$

右の図

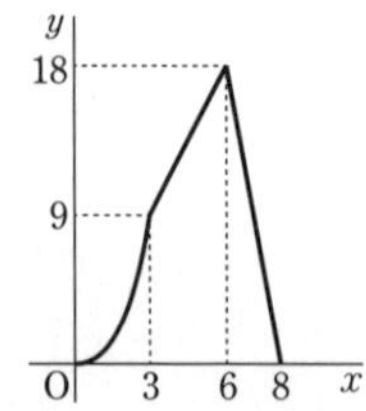

解説

Pが辺AD上にあるとき　$0\leqq x\leqq3$

Qは辺AB上にあり

$AP=2x$，$AQ=x$

$y=\dfrac{1}{2}\times2x\times x$

$=x^2$

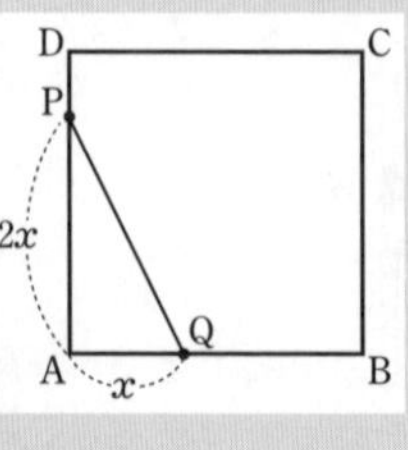

Pが辺DC上にあるとき　$3\leqq x\leqq6$

Qは辺AB上にあり，

△APQ の高さは6で一定である。

$y=\dfrac{1}{2}\times x\times6$

$=3x$

Pが辺CB上にあるとき，PとQが出会うのは　$2x+x=6\times4$

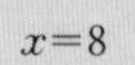

$x=8$

であるから，$x=8$ のときである。

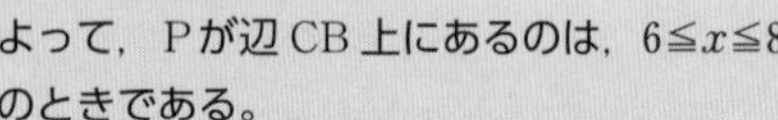

よって，Pが辺CB上にあるのは，$6\leqq x\leqq8$ のときである。

$PQ=6\times4-2x-x=24-3x$ であるから

$y=\dfrac{1}{2}\times(24-3x)\times6=-9x+72$

47 (1)　$\boldsymbol{(t,\ t+4)}$　　(2)　$\boldsymbol{t=-1,\ 3}$

解説

(1)　$y=\dfrac{1}{2}x^2$ について

$x=-2$ のとき　$y=\dfrac{1}{2}\times(-2)^2=2$

$x=4$　のとき　$y=\dfrac{1}{2}\times4^2=8$

よって，2点A，Bの座標は

A$(-2,\ 2)$，　B$(4,\ 8)$

直線ABの傾きは $\dfrac{8-2}{4-(-2)}=1$ であるから，直線ABの式は $y=x+b$ とおける。

点Aを通るから　$2=-2+b$

$b=4$

点Qは直線 $y=x+4$ 上にあるから，点Qの座標は　$(t,\ t+4)$

(2)　点Pは放物線 $y=\dfrac{1}{2}x^2$ 上にあるから

$x=t$ のとき　$y=\dfrac{1}{2}\times t^2=\dfrac{1}{2}t^2$

点Pの座標は　$\left(t,\ \dfrac{1}{2}t^2\right)$

線分PQの長さについて

$$(t+4)-\frac{1}{2}t^2=\frac{5}{2}$$

整理すると

$$t^2-2t-3=0$$
$$(t+1)(t-3)=0$$
$$t=-1,\ 3$$

これらは $-2\leqq t\leqq 4$ に適する。

48 $a=\frac{4}{3}$

解説

$y=ax^2$ について

$x=-1$ のとき　$y=a\times(-1)^2=a$

$x=3$ 　のとき　$y=a\times 3^2=9a$

2点A，Bの座標は

$A(-1,\ a)$，　$B(3,\ 9a)$

直線 ℓ の傾きは $\frac{9a-a}{3-(-1)}=2a$ であるから，

直線 ℓ の式は $y=2ax+b$ とおける。

点Aを通るから　$a=-2a+b$

したがって　$b=3a$

よって，直線 ℓ の式は　$y=2ax+3a$

直線 ℓ と y 軸との交点をCとすると，点Cの座標は　$(0,\ 3a)$

$\triangle OAB=8$ であるから

$$\triangle AOC+\triangle BOC=8$$
$$\frac{1}{2}\times 3a\times 1+\frac{1}{2}\times 3a\times 3=8$$
$$6a=8$$

したがって　$a=\frac{4}{3}$

第5章 相　似　p. 113

練　習

練習66 (1) **5：3**　　(2) **70°**

(3) $\mathbf{\frac{24}{5}}$ **cm**

解説

(1) 四角形ABCDと四角形EFGHは相似の位置にある。相似比は

$OB：OF=(3+2)：3=5：3$

(2) $\angle A=\angle E=86°$ であるから

$\angle B=360°-(\angle A+\angle C+\angle D)$

$=360°-(86°+84°+120°)=70°$

(3) 四角形ABCD∽四角形EFGHであるから，辺BCに対応する辺は，辺FGで，その長さは

$$FG=BC\times\frac{3}{5}=8\times\frac{3}{5}=\frac{24}{5}\ (cm)$$

練習67 (1) **△ABC∽△AED（2組の辺の比とその間の角がそれぞれ等しい）**

(2) **△ABE∽△DCE**

（2組の角がそれぞれ等しい）

(3) **△ABC∽△BDC**

（3組の辺の比がすべて等しい）

解説

(1) $\angle BAC=\angle EAD$（共通）

$AB：AE=AC：AD\ (=5：2)$

(2) $\angle EAB=\angle EDC\ (=70°)$

$\angle AEB=\angle DEC$（対頂角）

(3) $AB：BD=BC：DC=AC：BC\ (=2：1)$

練習68 (1) △ABCと

△DBEにおいて

$\angle BAC=\angle BDE$

$=90°$

$\angle ABC=\angle DBE$

（共通）

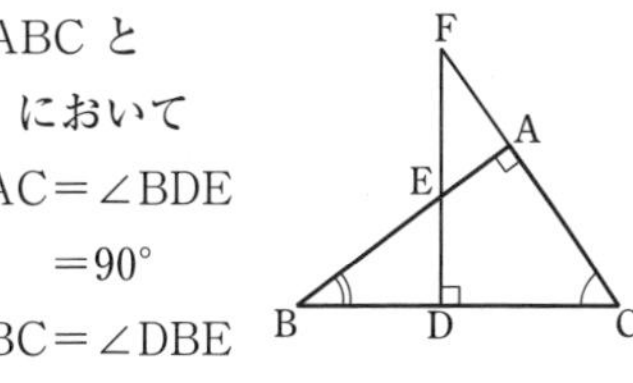

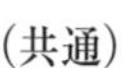

2組の角がそれぞれ等しいから

△ABC∽△DBE

(2) △ABC と △DFC において

$\angle BAC = \angle FDC = 90^\circ$

$\angle ACB = \angle DCF$ （共通）

2 組の角がそれぞれ等しいから

△ABC∽△DFC

練習 69 (1) △ABC と △ACD において

$\angle ABC = \angle ACD$ （仮定）

$\angle BAC = \angle CAD$ （共通）

2 組の角がそれぞれ等しいから

△ABC∽△ACD

(2) $\dfrac{3}{2}$ **cm**

解説

(2) 相似な三角形の対応する辺の長さの比は等しいから　AB：AC＝AC：AD

6：3＝3：AD より　6AD＝9

よって　$AD = \dfrac{3}{2}$ cm

練習 70 (1) **∠ADC**　　(2) $10\sqrt{6}$ **cm**

解説

(1) △DAB において，DA＝DB であるから

$\angle DAB = \angle DBA$

$\angle ADC = \angle DAB + \angle DBA$

$= 2\angle DAB$

よって　$\angle ADC = \angle A$

(2) △ABC と △DAC において

(1)から　$\angle CAB = \angle CDA$

$\angle ABC = \angle DAC$

2 組の角がそれぞれ等しいから

△ABC∽△DAC

よって　AB：DA＝CA：CD

AB＝x cm とすると

$x : 15 = CA : 9$

$15CA = 9x$

$CA = \dfrac{3}{5}x$

また　AB：DA＝BC：AC

$x : 15 = 24 : \dfrac{3}{5}x$

$\dfrac{3}{5}x^2 = 15 \times 24$　　$x^2 = 600$

$x > 0$ であるから　$x = 10\sqrt{6}$

練習 71 (1) △ABD と △ACD において，

仮定から　AB＝AC …… ①

共通な辺であるから

AD＝AD …… ②

△ABC は二等辺三角形で，M は辺 BC の中点であるから，直線 AM は ∠BAC を 2 等分する。

よって　$\angle BAD = \angle CAD$ …… ③

①～③ より，2 組の辺とその間の角がそれぞれ等しいから

△ABD≡△ACD

(2) △CDE と △FDC において

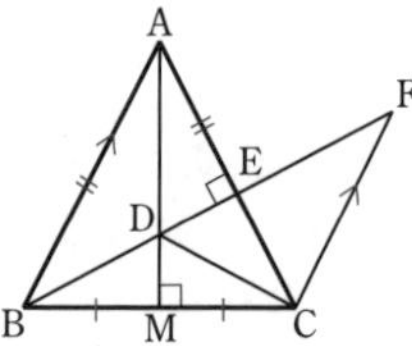

共通な角であるから

$\angle CDE = \angle FDC$ …… ④

AB∥FC から　$\angle ABD = \angle CFD$

(1)から　$\angle ABD = \angle ACD$

よって　$\angle ECD = \angle CFD$ …… ⑤

④，⑤ より，2 組の角がそれぞれ等しいから　△CDE∽△FDC

したがって　$\angle CED = \angle FCD$

$\angle CED = 90^\circ$ であるから　CD⊥CF

練習 72 (1) **3：2**　　(2) **2：15**

解説

(1) 四角形 ABCD は平行四辺形であるから

AD＝BC

仮定より，E は辺 BC を 1：2 に分ける点であるから，EC：BC＝2：3 より

$EC = \dfrac{2}{3}BC$

よって　AD：EC＝3：2

AD∥BC であるから

$AF:FC=AD:EC=3:2$

(2) $\triangle AEC$ と $\triangle FEC$ は，底辺をそれぞれ辺 AC，FC とみると，高さが等しいから

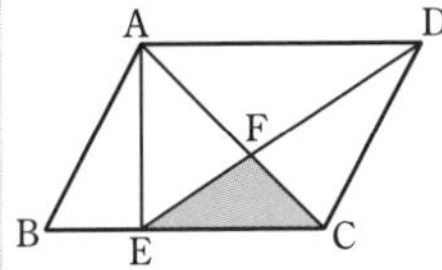

$\triangle AEC:\triangle FEC=AC:FC$
$=(AF+FC):FC$
$=5:2$

よって　$\triangle AEC=\frac{5}{2}\triangle FEC$ …… ①

$\triangle ABC$ と $\triangle AEC$ は，底辺をそれぞれ辺 BC，EC とみると，高さが等しいから

$\triangle ABC:\triangle AEC=BC:EC$
$=3:2$

したがって　$\triangle ABC=\frac{3}{2}\triangle AEC$ …… ②

平行四辺形 ABCD の面積は，①，② から

$2\triangle ABC=2\times\frac{3}{2}\triangle AEC$
$=3\times\frac{5}{2}\triangle FEC$
$=\frac{15}{2}\triangle FEC$

よって，求める面積比は

$\triangle FEC:\frac{15}{2}\triangle FEC=2:15$

練習 73 (1) $\frac{4}{3}$ 倍　(2) $\frac{16}{9}$ 倍
(3) $18\ \text{cm}^2$

解説

(1) $\triangle BCE$ と $\triangle DAE$ において
$\angle CEB=\angle AED$ （対頂角）
$AD /\!/ BC$ から　$\angle BCE=\angle DAE$ （錯角）
2 組の角がそれぞれ等しいから
$\triangle BCE \backsim \triangle DAE$
よって　$BE:DE=BC:DA$
$\triangle ABE:\triangle AED=BE:ED=4:3$ であるから　$\triangle ABE=\frac{4}{3}\triangle AED$
したがって　$\frac{4}{3}$ 倍

(2) (1) から，$\triangle BCE \backsim \triangle DAE$ である。
その相似比は $4:3$ であるから，面積比は
$4^2:3^2=16:9$
したがって　$\frac{16}{9}$ 倍

(3) $\triangle ABD:\triangle BCD=AD:BC=3:4$ であるから　$\triangle ABD=98\times\frac{3}{7}=42\ (\text{cm}^2)$
$\triangle AED:\triangle ABD=ED:BD=3:7$ であるから　$\triangle AED=42\times\frac{3}{7}=18\ (\text{cm}^2)$

練習 74 (1) $1:1$　(2) $\frac{7}{8}$ 倍

解説

分けられた 2 つの立体のうち，頂点Aをふくむ方の立体を K，頂点Aをふくまない方の立体を L とする。

(1) 正四面体 ABCD と立体 K は相似である。
$\triangle BCD$ と切り口の三角形の面積比は $4:1$ であるから，2 つの立体の相似比は
$2:1$
よって　$AP:PC=1:(2-1)=1:1$

(2) 正四面体 ABCD と立体 K の体積比は
$2^3:1^3=8:1$
よって，正四面体 ABCD と立体 L の体積比は　$8:(8-1)=8:7$
したがって，頂点Aをふくまない方の立体の体積は，正四面体 ABCD の体積の $\frac{7}{8}$ 倍である。

練習 75 $76\pi\ \text{cm}^3$

解説

右の図のように，3 つの円錐を P，Q，R とすると，円錐 P，Q，R の相似比は $1:2:3$ であるから，体積比は

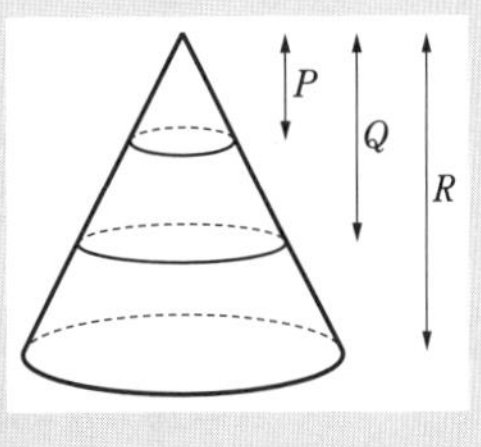

$1^3 : 2^3 : 3^3 = 1 : 8 : 27$
よって，円錐を高さが 3 等分となるように分けた 3 つの立体の体積比は上から
$1 : (8-1) : (27-8) = 1 : 7 : 19$
したがって，真ん中の立体の体積が $28\pi\ \mathrm{cm}^3$ であるとき，一番下の立体の体積は
$28\pi \times \dfrac{19}{7} = 76\pi\ (\mathrm{cm}^3)$

練習 76 (1) △ADE と △ABC において
AD : AB＝AE : AC （仮定）
∠DAE＝∠BAC （共通）
2 組の辺の比とその間の角がそれぞれ等しいから △ADE∽△ABC
したがって ∠ADE＝∠ABC
同位角が等しいから DE∥BC

(2) C を通り辺 AB と平行な直線と線分 DE の延長との交点を F とする。

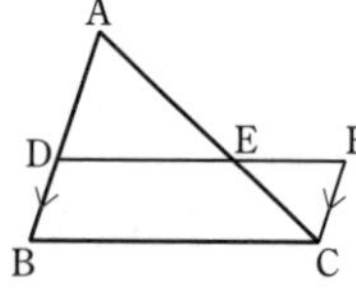

△ADE と △CFE において
∠AED＝∠CEF （対頂角）
AB∥CF であるから
∠EAD＝∠ECF （錯角）
2 組の角がそれぞれ等しいから
△ADE∽△CFE
したがって
AD : CF＝AE : CE
AD : DB＝AE : EC であるから
DB＝CF
また，DB∥CF であるから，四角形 DBCF は平行四辺形である。
よって DE∥BC

練習 77 (1) $\boldsymbol{x=2.8,\ y=2.4}$
(2) $\boldsymbol{x=20,\ y=13.2}$
(3) $\boldsymbol{x=10.5,\ y=12}$

解説
(1) DE∥BC であるから
AD : AB＝DE : BC
よって $x : 7 = 2 : 5$
$x=2.8$
また AE : AC＝DE : BC
よって $y : (y+3.6) = 2 : 5$
$y=2.4$
(2) BC∥DE であるから
AB : BD＝AC : CE
よって $10 : 2 = x : 4$
$x=20$
また AB : AD＝BC : DE
よって $10 : 12 = 11 : y$
$y=13.2$
(3) BC∥DE であるから
AB : AD＝AC : AE
よって $7 : x = 6 : 9$
$x=10.5$
また AC : AE＝BC : DE
よって $6 : 9 = 8 : y$
$y=12$

練習 78 $\boldsymbol{\dfrac{15}{4}}$ **cm**

解説
EF∥AB から DF : DB＝EF : AB
よって DF : DB＝3 : 15＝1 : 5
したがって FB : DB＝(5－1) : 5＝4 : 5
EF∥CD から EF : CD＝FB : DB
よって 3 : CD＝4 : 5
$\mathrm{CD} = \dfrac{15}{4}\ \mathrm{cm}$

練習 79 **3 : 1**

解説
△BCD において，中点連結定理により
EF∥DC，$\mathrm{EF} = \dfrac{1}{2}\mathrm{DC}$ …… ①
EF∥DC から
DG : EF＝AD : AE＝1 : 2
よって $\mathrm{DG} = \dfrac{1}{2}\mathrm{EF}$

①から　　$DG=\frac{1}{2}\times\frac{1}{2}DC=\frac{1}{4}DC$

したがって，CD：GD＝4：1 であるから

　　$CG:GD=3:1$

練習 80 △ABD において，P，S はそれぞれ辺 AB，AD の中点である。

また，△CDB において，Q，R はそれぞれ辺 BC，CD の中点である。

よって，**中点連結定理** により

$PS /\!/ QR\ (/\!/ BD)$，

$PS=QR=\frac{1}{2}BD$ …… ①

同様に，△BCA，△DAC において，中点連結定理 により

$PQ /\!/ SR\ (/\!/ AC)$，

$PQ=SR=\frac{1}{2}AC$ …… ②

①，② において，AC＝BD から

$PQ=QR=RS=SP$

よって，四角形 PQRS はひし形である。

練習 81 対角線 AC と線分 MN の交点を L とする。

MN∥BC であるから

$AM:MB=AL:LC$

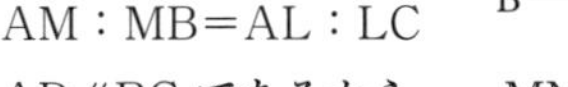

AD∥BC であるから　　MN∥AD

よって　　$AL:LC=DN:NC$

したがって　　$AM:MB=DN:NC$

AM＝MB であるから　　DN＝NC

[p. 137　例題 81 の 別解]

対角線 AC の中点を L とする。

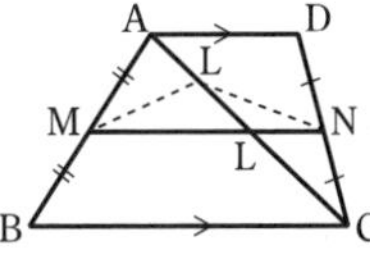

△ABC において，M，L はそれぞれ辺 AB，AC の中点であるから，中点連結定理 により

$ML /\!/ BC$ …… ①

$ML=\frac{1}{2}BC$ …… ②

同様に，△CDA において

$LN /\!/ AD$ …… ③

$LN=\frac{1}{2}AD$ …… ④

AD∥BC であるから，①，③ より

$ML /\!/ LN$

すなわち，3 点 M，L，N は一直線上にあり，点 L は線分 MN 上にある。

よって，① から　　MN∥BC

また，②，④ から

$$MN=ML+LN=\frac{1}{2}BC+\frac{1}{2}AD$$

$$=\frac{1}{2}(AD+BC)$$

練習 82 (1) $x=\frac{32}{3}$

(2) $x=2$，$y=12$

解説

(1) $\ell /\!/ m /\!/ n$ であるから

$4:(x-4)=3:5$

$4\times5=(x-4)\times3$

よって　　$x=\frac{32}{3}$

(2) $\ell /\!/ m /\!/ n$ であるから

$4:x=6:3$　　　　$4:x=2:1$

$2x=4$　　　　　　$x=2$

また　$4:(4+2)$

$=(9-3):(y-3)$

$4:6=6:(y-3)$

$2:3=6:(y-3)$

$2y-6=18$

$2y=24$

$y=12$

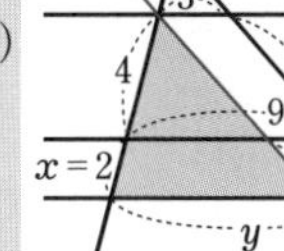

練習 83 直線 AC′ と平面 Q との交点をDとする。

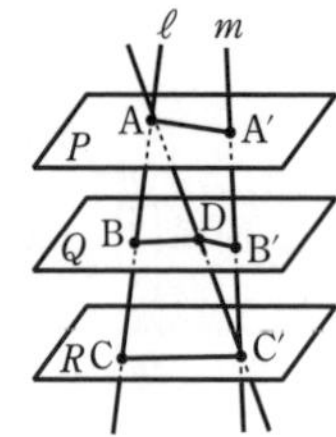

3 点 A，C，C′ を通る平面 ACC′ が平行な平面 Q，R と交わってできる 2 つの直線は平行であるから　　BD∥CC′

よって　　AB : BC＝AD : DC′ …… ①

また，平面 AA′C′ と，平行な平面 P，Q について，同様に　　AA′∥DB′

したがって

　　AD : DC′＝A′B′ : B′C′ …… ②

①，② から　　AB : BC＝A′B′ : B′C′

練習 84 3 : 2

解説

△CAD において，FE∥AD であるから

　　FE : AD＝CE : CD

CD＝2CE より　FE : AD＝1 : 2 …… ①

△BEF において，GD∥FE であるから

　　GD : FE＝BD : BE

BE＝2BD より　GD : FE＝1 : 2 …… ②

また，AG∥FE であるから

　　GH : HF＝AG : FE

①，② から

$$\text{AG} : \text{FE}=(\text{AD}-\text{GD}) : \text{FE}$$
$$=\left(2\text{FE}-\frac{1}{2}\text{FE}\right) : \text{FE}$$
$$=\frac{3}{2}\text{FE} : \text{FE}=3 : 2$$

よって　　GH : HF＝3 : 2

練習 85 34 cm^2

解説

△ABC において，AD＝DB，AE＝EC であるから，中点連結定理 により

　DE∥BC

　BC＝2DE

GF∥DE から

　DE : GF＝EH : HG

　＝DH : HF＝3 : 1

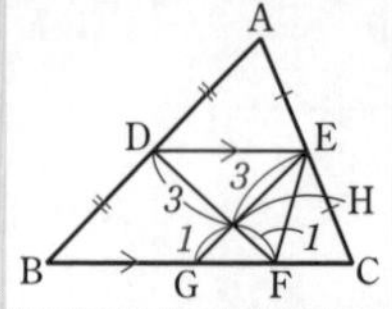

△DBF と △EFC は，底辺をそれぞれ BF，FC とみると，高さが等しいから

　　△DBF : △EFC＝BF : FC＝3 : 1

よって　△DBF＝3△EFC＝3×12

　　　　＝36 (cm^2)

△EGF と △EFC は，底辺をそれぞれ GF，FC とみると，高さが等しいから

　　△EGF : △EFC＝GF : FC

ここで　$\text{GF} : \text{FC}=\frac{1}{3}\text{DE} : \frac{1}{4}\text{BC}$

$$=\frac{1}{3}\text{DE} : \frac{1}{4}\times 2\text{DE}=2 : 3$$

よって　$\triangle\text{EGF}=\frac{2}{3}\triangle\text{EFC}=\frac{2}{3}\times 12$

　　　　＝8 (cm^2)

△EHF と △FHG は，底辺をそれぞれ EH，HG とみると，高さが等しいから

　　△EHF : △FHG＝EH : HG＝3 : 1

よって　$\triangle\text{FHG}=\frac{1}{4}\triangle\text{EGF}$

$$=\frac{1}{4}\times 8=2\ (\text{cm}^2)$$

四角形 DBGH の面積を S とすると

　　S＝△DBF－△FHG

　　＝36－2＝34 (cm^2)

練習 86 ∠A の二等分線 AD に C，B からそれぞれ垂線 CE，BF をひく。

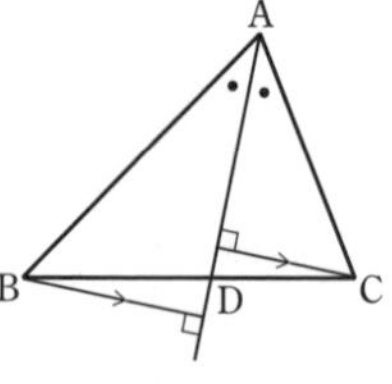

△ABF と △ACE において

　　∠AFB＝∠AEC＝90°

　　∠BAF＝∠CAE

2 組の角がそれぞれ等しいから

　　△ABF∽△ACE

よって　　AB : AC＝BF : CE

BF∥CE であるから

　　BF : CE＝BD : DC

したがって　AB : AC＝BD : DC

練習 87 (1) $x=\dfrac{9}{2}$

(2) $x=\dfrac{36}{7}$, $y=\dfrac{48}{7}$

(3) $x=4$

解説

(1) ADは∠BACの二等分線であるから

$AB : AC = BD : DC$

$6 : 4 = x : 3$

$x=\dfrac{6\times3}{4}=\dfrac{9}{2}$

(2) CDは∠ACBの二等分線であるから

$CA : CB = AD : BD$

$6 : 8 = x : y$　　$x : y = 3 : 4$

$x+y=12$ であるから　$y=12-x$

よって　$x : (12-x) = 3 : 4$

$4x=3(12-x)$　　$7x=36$

$x=\dfrac{36}{7}$　　$y=12-\dfrac{36}{7}=\dfrac{48}{7}$

(3) △ABDで，AIは∠Aの二等分線であるから　$AB : AD = BI : ID$

よって　$BI : ID = 6 : 3$ …… ①

△CBDで，CIは∠Cの二等分線であるから　$CB : CD = BI : ID$

よって　$BI : ID = 8 : x$ …… ②

①，②から　$6 : 3 = 8 : x$　　$2x=8$

$x=4$

練習 88 約 51.3 m

解説

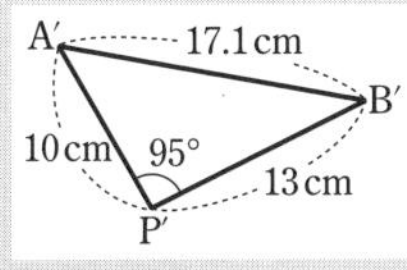

$A'P'=10$ cm，$B'P'=13$ cm として，$\angle P'=95^\circ$ の △A′P′B′ をかくと，2組の辺の比とその間の角がそれぞれ等しいから

△APB∽△A′P′B′

その相似比は

$AP : A'P' = 3000$ cm $: 10$ cm

$=300 : 1$

辺A′B′の長さを測ると，約 17.1 cm であるから　$AB=17.1\times300=5130$ (cm)

よって　約 51.3 m

練習 89 約 20.0 m

解説

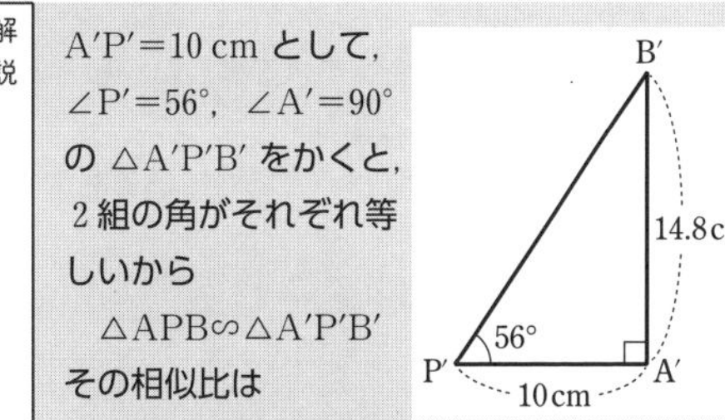

$A'P'=10$ cm として，$\angle P'=56^\circ$，$\angle A'=90^\circ$ の △A′P′B′ をかくと，2組の角がそれぞれ等しいから

△APB∽△A′P′B′

その相似比は

$AP : A'P' = 1350$ cm $: 10$ cm

$=135 : 1$

辺A′B′の長さを測ると，約 14.8 cm であるから　$AB=14.8\times135=1998$ (cm)

よって　約 20.0 m

EXERCISES

➡本冊 p. 122

88 (1) ∠A=105°，∠E=120°

(2) 8 cm

解説

(1) 対応する角の大きさはそれぞれ等しいから　$\angle A=\angle H=105^\circ$

$\angle F=\angle C=60^\circ$

$\angle E=360^\circ-\angle F-\angle G-\angle H$

$=360^\circ-60^\circ-75^\circ-105^\circ$

$=120^\circ$

(2) 対応する辺の長さの比はすべて等しいから　$AB : HG = CB : FG$

$9 : 6 = 12 : FG$

$9\times FG=6\times12$

$FG=\dfrac{6\times12}{9}=8$ (cm)

89 △ABC∽△KLJ［①と④］（2組の角），
△DEF∽△QRP［②と⑥］（3組の辺の比），
△GHI∽△OMN［③と⑤］
（2組の辺の比とその間の角）

解説

3つの辺が与えられているものは

②と⑥

$DE : QR = 10 : 5 = 2 : 1$,

$EF : RP = 7 : 3.5 = 2 : 1$,

$FD : PQ = 6 : 3 = 2 : 1$

よって，3 組の辺の比がすべて等しいから

$\triangle DEF \backsim \triangle QRP$

2 つの辺とその間の角 が与えられているものは　③と⑤

$GH : OM = 5 : 10 = 1 : 2$,

$GI : ON = 3.5 : 7 = 1 : 2$,

$\angle G = \angle O = 60^\circ$

したがって，2 組の辺の比とその間の角がそれぞれ等しいから

$\triangle GHI \backsim \triangle OMN$

2 つの角 が与えられているものは　①と④

$\angle B = \angle L = 40^\circ$，$\angle C = \angle J = 60^\circ$

よって，2 組の角がそれぞれ等しいから

$\triangle ABC \backsim \triangle KLJ$

参考　④　3 つの角が与えられているが，

$\angle J + \angle K + \angle L = 180^\circ$ であるから，

$\angle L = 40^\circ$ が与えられなくても，

「$\angle J = 60^\circ$，$\angle K = 80^\circ$」

だけで，①と④は相似といえる。

90

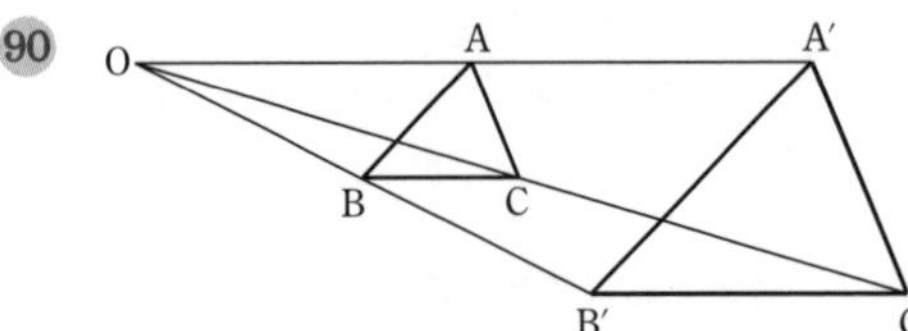

(1)　$\triangle OA'B'$ と $\triangle OAB$ において

$\angle A'OB' = \angle AOB$　（共通）

仮定から　$OA' : OA = 2 : 1$

$OB' : OB = 2 : 1$

2 組の辺の比とその間の角がそれぞれ等しいから　$\triangle OA'B' \backsim \triangle OAB$ …… ①

よって　$A'B' : AB = OA' : OA$

$= 2 : 1$

(2)　①から　$\angle OA'B' = \angle OAB$

同位角が等しいから　$A'B' /\!/ AB$

(3)　(1)と同様にして

$\triangle OB'C' \backsim \triangle OBC$

$\triangle OC'A' \backsim \triangle OCA$

よって　$A'B' : AB = B'C' : BC$

$= C'A' : CA$

$= 2 : 1$

$\triangle A'B'C'$ と $\triangle ABC$ において，

3 組の辺の比がすべて等しいから

$\triangle A'B'C' \backsim \triangle ABC$

91 (1)　$\triangle ABE$ と $\triangle HBD$ において

$\angle BAE = \angle BHD = 90^\circ$

$\angle ABE = \angle HBD$　（仮定）

2 組の角がそれぞれ等しいから

$\triangle ABE \backsim \triangle HBD$

(2)　$\triangle ABD$ と $\triangle CBE$ において

$\angle BAD = 90^\circ - \angle CAH$

$= \angle BCE$

$\angle ABD = \angle CBE$　（仮定）

2 組の角がそれぞれ等しいから

$\triangle ABD \backsim \triangle CBE$

(3)　(1)から　$\angle AED = \angle HDB$

$\angle HDB = \angle ADE$　（対頂角）

よって　$\angle AED = \angle ADE$

したがって　$AD = AE$

➡本冊 p. 123

92 (1)　$\triangle ABC$ と $\triangle DAB$ において

$\triangle ABC$ は $AB = AC$ の二等辺三角形であるから　$\angle ABC = \angle ACB$ …… ①

$\triangle DAB$ は $DA = DB$ の二等辺三角形であるから　$\angle DAB = \angle DBA$ …… ②

①，②から　$\angle ABC = \angle DAB$,

$\angle ACB = \angle DBA$

2 組の角がそれぞれ等しいから

$\triangle ABC \backsim \triangle DAB$

(2)　**72°**

解説

(2) 仮定より，△DAB は DA＝DB の二等辺三角形であるから

$\angle ABD=(180^\circ-36^\circ)\div 2=72^\circ$

△ABC∽△DAB であるから

$\angle BCA=\angle ABD$

よって

$\angle BCA=72^\circ$

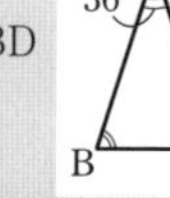

参考 △ABC は AB＝AC の二等辺三角形であることと ∠CAB＝∠BDA＝36° を利用してもよい。

93 $\dfrac{14}{3}$ cm

解説

△ABC と △DAC において

∠ABC＝∠DAC （仮定）

∠BCA＝∠ACD （共通）

2 組の角がそれぞれ等しいから

△ABC∽△DAC …… ①

よって，BC：AC＝AC：DC であるから

8：6＝6：DC

$DC=\dfrac{9}{2}$

△DAB において，∠DAB＝∠DBA であるから $DA=DB=8-\dfrac{9}{2}=\dfrac{7}{2}$

① より，AB：DA＝BC：AC であるから

$AB:\dfrac{7}{2}=8:6$

したがって $AB=\dfrac{14}{3}$ cm

94 △BED と △CFD において

∠BED＝∠CFD

＝90° （仮定）

∠BDE＝∠CDF

（対頂角）

2 組の角がそれぞれ等しいから

△BED∽△CFD

よって BD：CD＝BE：CF

BD×CF＝BE×CD

95 $\dfrac{25}{17}$ cm

解説

△APR と △ABC において

∠PAR＝∠BAC （共通）

$\angle APR=\angle ABC=90^\circ$

2 組の角がそれぞれ等しいから

△APR∽△ABC

よって AP：AB＝PR：BC

四角形 PBQR は正方形であるから，

AP＝x cm とすると

PR＝PB＝$5-x$ (cm)

よって $x:5=(5-x):12$

$12x=25-5x$

$17x=25$

$x=\dfrac{25}{17}$ すなわち $AP=\dfrac{25}{17}$ cm

96 △ABC∽△BDC であるから

∠CAB＝∠CBD

また，∠ABD＝∠CBD であるから

∠DAB＝∠ABD

よって AD＝BD

△ADE と △BDE において

AE＝BE，AD＝BD，∠DAE＝∠DBE

2 組の辺とその間の角がそれぞれ等しいから

△ADE≡△BDE

➡本冊 p. 129

97 (1) **9：16** (2) **9：56**

解説

(1) △BFE と △CDE において

∠BEF

＝∠CED

（対頂角）

AF∥DC から

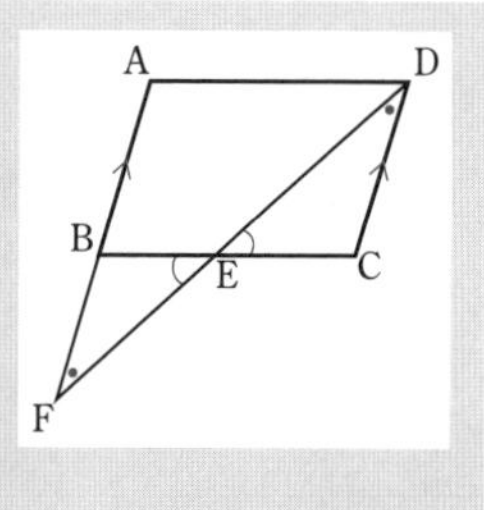

$\angle BFE=\angle CDE$ （錯角）

2組の角がそれぞれ等しいから

$\triangle BFE \backsim \triangle CDE$

$\triangle BFE$ と $\triangle CDE$ の相似比は

$BE:CE=3:(7-3)=3:4$

よって，面積比は

$S:S'=3^2:4^2=9:16$

(2) (1)から $S=\frac{9}{16}S'$ …… ①

$\triangle BCD:\triangle CDE=BC:EC=7:4$ であるから $\triangle BCD=\frac{7}{4}S'$

$T=2\triangle BCD$ であるから

$T=2\times\frac{7}{4}S'=\frac{7}{2}S'$

① から $S:T=\frac{9}{16}S':\frac{7}{2}S'$

$=9:56$

98 **1：5**

解説

$\triangle APR$ の面積を S とする。

$PR /\!/ QS$ より，$\triangle APR \backsim \triangle AQS$ であり，相似比は $1:2$ であるから，面積比は

$1^2:2^2=1:4$

よって $\triangle AQS=4S$

$PR /\!/ BC$ より，$\triangle APR \backsim \triangle ABC$ であり，相似比は $1:3$ であるから，面積比は

$1^2:3^2=1:9$

よって $\triangle ABC=9S$

したがって，四角形 QBCS の面積は

$\triangle ABC-\triangle AQS=9S-4S=5S$

よって $\triangle APR:$(四角形 QBCS)$=S:5S$

$=1:5$

99 **39：25**

解説

$\triangle ABC$ と $\triangle CBD$ において

$\angle CAB=\angle DCB$ （仮定）

$\angle ABC=\angle CBD$ （共通）

2組の角がそれぞれ等しいから

$\triangle ABC \backsim \triangle CBD$

相似比は $AB:CB=8:5$ であるから，面積比は $\triangle ABC:\triangle CBD=8^2:5^2$

$=64:25$

よって $\triangle ADC:\triangle DBC=(64-25):25$

$=39:25$

100 (1) $\mathbf{\frac{16}{9}}$ **倍** (2) $\mathbf{\frac{64}{27}}$ **倍**

解説

2つの正四面体 P, Q は相似であり，相似比は $8:6=4:3$

(1) 表面積の比は $4^2:3^2=16:9$

よって $\frac{16}{9}$ 倍

(2) 体積比は $4^3:3^3=64:27$

よって $\frac{64}{27}$ 倍

101 (1) $\mathbf{9\pi\ cm^2}$ (2) $\mathbf{\frac{7}{8}}$ **倍**

解説

(1) 切り口の円と，もとの円錐の底面の円は相似であり，相似比は

$OA:OB=1:2$

よって，切り口の円の半径は

$\frac{1}{2}BH=3$ (cm) であるから，面積は

$\pi\times3^2=9\pi$ (cm^2)

(2) 取り除いた円錐と，もとの円錐は相似であり，相似比は $1:2$

よって，取り除いた円錐の体積は，もとの円錐の体積の $\frac{1}{2^3}=\frac{1}{8}$ (倍)

したがって，残った立体の体積は，もとの円錐の体積の $1-\frac{1}{8}=\frac{7}{8}$ (倍)

➡本冊 p. 144

102 (1) $x=6$, $y=\frac{24}{5}$

(2) $x=4$, $y=4$

(3) $x=10$, $y=\frac{24}{5}$

解説

(1) DE∥BC であるから

AD : DB = AE : EC

$6 : 9 = 4 : x$　　$2 : 3 = 4 : x$

$2x = 12$　　　$x = 6$

また　AD : AB = DE : BC

$6 : (6+9) = y : 12$

$2 : 5 = y : 12$

$5y = 24$

$y = \frac{24}{5}$

(2) DE∥AB であるから

AC : CD = BC : CE

$2 : x = 3 : 6$　　$2 : x = 1 : 2$

$x = 4$

また　AB : DE = BC : CE

$y : 8 = 3 : 6$　　$y : 8 = 1 : 2$

$2y = 8$

$y = 4$

(3) AB∥DE であるから

CD : CA = DE : AB

$x : (x+8) = 5 : 9$

$9x = 5(x+8)$　　　$4x = 40$

よって　$x = 10$

また　CE : CB = DE : AB

$6 : (6+y) = 5 : 9$

$5(6+y) = 54$　　　$5y = 24$

よって　$y = \frac{24}{5}$

103 (1) **3 : 10**　　　(2) **5 : 2**

解説

(1) AC∥ED，BD : BC = 3 : 5 から

$\text{DE} = \frac{3}{5}\text{AC}$

EM = MD から

$\text{MD} = \frac{1}{2}\text{DE} = \frac{3}{10}\text{AC}$

よって　MD : AC = 3 : 10

(2) (1) より，FD : FC = MD : AC = 3 : 10 であるから　FD : DC = 3 : 7

$\text{FD} = \frac{3}{7}\text{DC}$

BD : DC = 3 : 2 より，$\text{BD} = \frac{3}{2}\text{DC}$ であるから　　BF = BD − FD

$= \frac{3}{2}\text{DC} - \frac{3}{7}\text{DC} = \frac{15}{14}\text{DC}$

よって　$\text{BF} : \text{FD} = \frac{15}{14}\text{DC} : \frac{3}{7}\text{DC}$

$= 15 : 6 = 5 : 2$

104 $x = 3$

解説

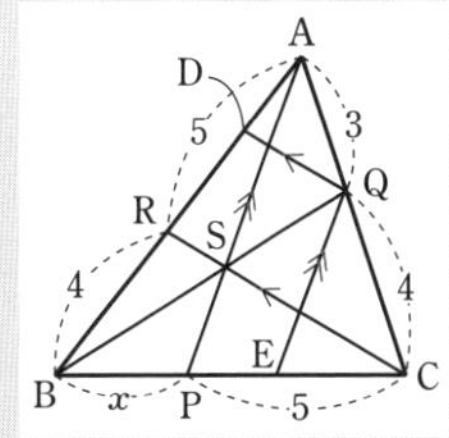

点Qを通り，線分 CR に平行な直線と辺 AB の交点を D，線分 AP に平行な直線と辺 BC の交点を E，線分 AP と BQ の交点を S とする。

DQ∥RC から

AD : DR = AQ : QC = 3 : 4

よって　$\text{DR} = \frac{4}{3+4} \times \text{AR} = \frac{20}{7}$

QE∥AP から　　CE : EP = CQ : QA = 4 : 3

よって　$\text{EP} = \frac{3}{4+3} \times \text{CP} = \frac{15}{7}$

RS∥DQ から　　$\text{BS} : \text{SQ} = 4 : \frac{20}{7} = 7 : 5$

SP∥QE から　　BP : PE = BS : SQ

$x : \frac{15}{7} = 7 : 5$　　　$5x = \frac{15}{7} \times 7$

よって　$x = 3$

105 (1) **1 : 2**　　　(2) **1 : 2**

解説

(1) △ABC において，点 D，E はそれぞれ辺 AB，BC の中点であるから，中点連結定理により

DE∥AC，DE : AC = 1 : 2

DE∥AC から

DF : FC = DE : AC = 1 : 2

(2) AD = DB であるから

△ADC = △DBC

(1) より DF : FC = 1 : 2 であるから

$\triangle FCA=\dfrac{2}{1+2}\triangle ADC=\dfrac{2}{3}\triangle ADC$

$\triangle FDB=\dfrac{1}{1+2}\triangle DBC=\dfrac{1}{3}\triangle DBC$

よって　$\triangle FDB:\triangle FCA$

$=\dfrac{1}{3}\triangle DBC:\dfrac{2}{3}\triangle ADC=1:2$

106 △ACD において

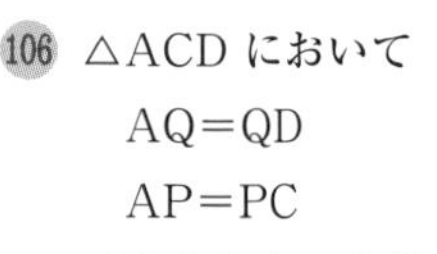

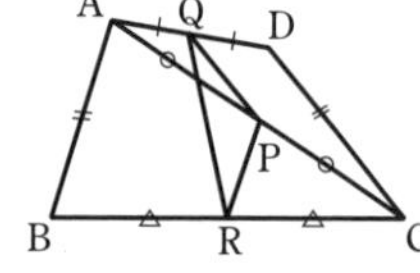

AQ=QD

AP=PC

であるから，中点連結定理により

$PQ=\dfrac{1}{2}CD$ …… ①

△CAB において　CP=PA，CR=RB であるから，中点連結定理により

$PR=\dfrac{1}{2}AB$ …… ②

AB=CD であるから，①，② より

PQ=PR

したがって，△PQR は，PQ=PR の二等辺三角形である。

➡本冊 p. 145

107 **PQ=2 cm，MN=8 cm**

解説

AM=MB，

AD∥MN から

DN=NC

△ABC において，

AM=MB，MQ∥BC

であるから，AQ=QC

であり　$MQ=\dfrac{1}{2}BC=\dfrac{1}{2}\times 10=5$ (cm)

△BDA において，BM=MA，MP∥AD であるから　$MP=\dfrac{1}{2}AD=\dfrac{1}{2}\times 6=3$ (cm)

よって　PQ=MQ−MP=5−3=2 (cm)

△CDA において，AQ=QC，DN=NC であるから

$QN=\dfrac{1}{2}AD=3$ (cm)

よって　MN=MQ+QN=5+3=8 (cm)

108 **90°**

解説

辺 BD の中点を H とすると AH⊥BD，CH⊥BD となる。

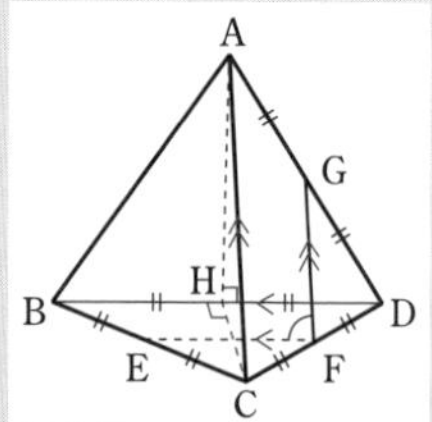

したがって

平面 AHC⊥BD

よって　AC⊥BD

△DAC において，

DG：GA=DF：FC=1：1 であるから

AC∥GF

△CBD において，CE：EB=CF：FD=1：1 であるから　BD∥EF

したがって，直線 AC に平行な直線 GF と直線 BD に平行な直線 EF は垂直に交わる。

よって　∠EFG=90°

109 (1)　**5：4**　　(2)　**2：3**

(3)　**4：3**

解説

(1)　四角形 ABCD は平行四辺形であるから

AB=DC，AB∥DC

EB∥DF であるから

$EG:GF=EB:FD=\dfrac{5}{6}AB:\dfrac{2}{3}DC$

$=5:4$

(2)　FC∥EB であるから

$HF:HE=FC:EB=\dfrac{1}{3}DC:\dfrac{5}{6}AB$

$=2:5$

(1) より，EG：GF=5：4 であるから

$GF:FH=\dfrac{4}{9}EF:FH$

$=\dfrac{4}{9}\times\dfrac{3}{5}HE:\dfrac{2}{5}HE$

$=\dfrac{4}{15}HE:\dfrac{2}{5}HE=2:3$

(3)　DF：FC=2：1 であるから

△DFH：△FCH=2：1

よって　$\triangle FCH=\frac{1}{2}\triangle DFH$

(2) より，GF : FH=2 : 3 であるから

$\triangle DGF : \triangle DFH=2 : 3$

よって　$\triangle DGF=\frac{2}{3}\triangle DFH$

したがって　$\triangle DGF : \triangle FCH$

$=\frac{2}{3}\triangle DFH : \frac{1}{2}\triangle DFH$

$=4 : 3$

110 $\frac{24}{5}$ **cm**

解説

AE∥FC から

BF : FA=BC : CE

FA=x cm とすると

$(8-x) : x=(10-6) : 6$

$4x=6(8-x)$

$10x=48$

したがって　$x=FA=\frac{24}{5}$ (cm)

AE∥FC から　∠CAE=∠ACF　(錯角)

また　∠DAE=∠AFC　(同位角)

仮定より，∠CAE=∠DAE であるから

∠ACF=∠AFC

よって　$AC=AF=\frac{24}{5}$ (cm)

111 $\frac{4}{3}$

解説

△ABC と △CBD において

∠ABC=∠CBD　(共通)

∠ACB=∠CDB=90°

2 組の角がそれぞれ等しいから

△ABC∽△CBD

よって　AB : CB=AC : CD　…… ①

ここで，∠ABE=∠CBE から

AB : CB=AE : EC=3 : 2 …… ②

①，② から　3 : 2=5 : CD　　3CD=10

$CD=\frac{10}{3}$

また，∠DBF=∠CBF から

DF : FC=BD : BC=2 : 3

よって　$DF=\frac{2}{5}CD=\frac{4}{3}$

定期試験対策問題

➡本冊 p. 149

49 (1)　**△CBD∽△ABC**

(2)　**△EBD∽△EAC**

(3)　**△ABD∽△ACB**

解説

(1)　CB : AB=4 : 8=1 : 2

BD : BC=2 : 4=1 : 2

DC : CA=3 : 6=1 : 2

3 組の辺の比がすべて等しいから

△CBD∽△ABC

別解　CB : AB=4 : 8=1 : 2

BD : BC=2 : 4=1 : 2

∠B は共通

2 組の辺の比とその間の角がそれぞれ等しいから　△CBD∽△ABC

(2)　EB : EA=9 : 6=3 : 2

ED : EC=12 : 8=3 : 2

∠BED=∠AEC　(対頂角)

2 組の辺の比とその間の角がそれぞれ等しいから　△EBD∽△EAC

(3)　∠A は共通，∠ABD=∠ACB=60°

2 組の角がそれぞれ等しいから

△ABD∽△ACB

50 (1)　△ABD と △AEF において

∠ABD=∠AEF (=45°)

∠DAB=∠FAE (=90°−∠FAD)

2 組の角がそれぞれ等しいから

△ABD∽△AEF

(2)　(1) から　AB : AE=AD : AF

よって　AB×AF=AD×AE

51 (1)　$x=\frac{15}{2}$　　(2)　$y=4$

解説

(1) △OAD と △OCB において

$\angle AOD=\angle COB$ （対頂角），

$\angle A=\angle C=30°$

2 組の角がそれぞれ等しいから

△OAD∽△OCB

よって　OA：OC＝OD：OB

$10:8=x:6$　　$5:4=x:6$

$4x=30$

したがって　$x=\dfrac{15}{2}$

(2) △ABC と △ADE において

$\angle ACB=\angle AED$ （$=50°$），

$\angle BAC=\angle DAE$ （共通）

2 組の角がそれぞれ等しいから

△ABC∽△ADE

よって　AB：AD＝AC：AE

$6:3=8:y$　　$2:1=8:y$

$2y=8$

したがって　$y=4$

52 (1) **DE＝12 cm，EF＝18 cm，FD＝24 cm**

(2) **4：9**

解説

(1) AB：BC：CA＝8：12：16

＝2：3：4

一方，18：24＝3：4 であるから，△DEF の 3 辺の長さの比を 2：3：4 にするには，DE：EF：FD＝2：3：4 とし，

DE：18：24＝2：3：4

となる。

DE：18＝2：3

$DE=\dfrac{18\times2}{3}=12$ (cm)

よって　DE＝12 cm，EF＝18 cm，

FD＝24 cm

(2) △ABC と △DEF の相似比は AB：DE＝8：12＝2：3 であるから，面積比は　$2^2:3^2=4:9$

53 (1) (ア) **1：2**　　(イ) **1：9**

(2) (ウ) **3：7**　　(エ) **9：49**

解説

(1) (ア) AD：DB＝3：6＝1：2 であるから

△ADE：△DBE＝AD：DB

＝1：2

(イ) △ADE∽△ABC で，相似比は

AD：AB＝3：9＝1：3

したがって

△ADE：△ABC＝$1^2:3^2=1:9$

(2) (ウ) AD∥BC であるから

OD：OB＝AD：CB＝3：7，

△ODA：△OAB＝OD：OB

＝3：7

(エ) △ODA∽△OBC で，相似比は

AD：CB＝3：7

したがって

△ODA：△OBC＝$3^2:7^2=9:49$

➡本冊 p. 150

54 **30 cm³**

解説

高さが 9 cm と 27 cm の 2 つの円錐は相似であり，相似比は

9：27＝1：3

よって，求める体積を V cm³ とすると

$V:810=1^3:3^3$

$V:810=1:27$

$27V=810$

$V=30$

55 (1) $x=6$，$y=10$

(2) $x=\dfrac{8}{3}$，$y=6$

解説

(1) DE∥BC であるから

$12:x=10:5$　　$12:x=2:1$

$2x=12$　　$x=6$

また　$y:15=10:(10+5)$

$y:15=10:15$

$y=10$

(2) DE∥BC であるから

$x:8=3:9$　　$x:8=1:3$

$3x=8 \qquad x=\dfrac{8}{3}$

また　$2:y=3:9 \qquad 2:y=1:3$

$y=6$

56 (1)　$x=\dfrac{32}{5}$, $y=\dfrac{19}{3}$

(2)　$x=\dfrac{9}{2}$, $y=\dfrac{47}{7}$

解説

(1)　$\ell /\!/ m /\!/ n$ であるから

$x:4=16:10 \qquad 10x=64 \qquad x=\dfrac{32}{5}$

$3:y=(4+5):(4+5+10)$

$3:y=9:19 \qquad 3\times19=9y$

$y=\dfrac{19}{3}$

(2)　$\ell /\!/ m /\!/ n$ であるから

$5:2=x:1.8$

$2x=5\times1.8$

$x=\dfrac{9}{2}$

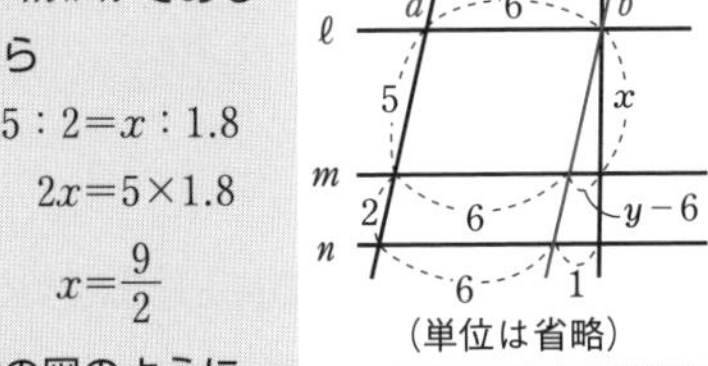

(単位は省略)

右の図のように，直線 a に平行な直線 b をひく。

$(y-6):1=5:(5+2)$

$7(y-6)=5 \qquad 7y=47$

$y=\dfrac{47}{7}$

57 (1)　**1：3**　　　(2)　**1：24**

解説

(1)　△ABC で，D，E はそれぞれ辺 AB，AC の中点であるから，中点連結定理により　BC∥DE，BC＝2DE

EF∥BC であるから

$GE:GC=FE:BC=\dfrac{2}{3}DE:2DE$

$=1:3$

(2)　△GFE∽△GBC であるから

$\triangle GFE:\triangle GBC=GE^2:GC^2$

$=1^2:3^2=1:9$

AE＝EC，EG：GC＝1：3 であるから

$\triangle ABC:\triangle GBC=AC:GC$

$=2EC:\dfrac{3}{4}EC$

$=8:3$

よって　$\triangle GFE:\triangle ABC$

$=\dfrac{1}{9}\triangle GBC:\dfrac{8}{3}\triangle GBC$

$=1:24$

58 (1)　△EBD と △ABC において

∠EBD＝∠ABC　(共通)

ED∥AC より，同位角は等しいから

∠BED＝∠BAC

2 組の角がそれぞれ等しいから

△EBD∽△ABC

(2)　**125 cm²**

解説

(2)　AF∥ED であるから

$\triangle AED=\triangle FED=30\ (\text{cm}^2)$

ED∥AC から

BE：EA＝BD：DC＝2：3

$\triangle ABD=\dfrac{2+3}{3}\triangle AED=\dfrac{5}{3}\times30$

$=50\ (\text{cm}^2)$

また　△ABD：△ABC＝BD：BC＝2：5

よって　$\triangle ABC=\dfrac{5}{2}\triangle ABD=\dfrac{5}{2}\times50$

$=125\ (\text{cm}^2)$

59　**25 m**

解説

木の高さを AB，木の影の長さを BC，棒の高さを DE，棒の影の長さを EF とする。

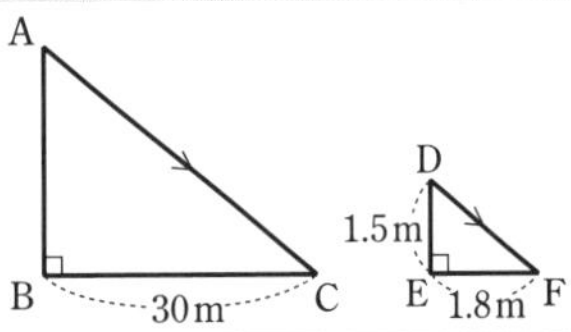

△ABC と △DEF において，辺 BC と辺 EF は同じ直線上にあると考えてよいから，

AC∥DF より　∠ACB＝∠DFE，

∠ABC＝∠DEF＝90°

2組の角がそれぞれ等しいから

$\triangle ABC \backsim \triangle DEF$

$AB : DE = BC : EF$

$AB : 1.5 = 30 : 1.8$

$AB = \dfrac{1.5 \times 30}{1.8} = 25$ (m)

第6章 円 p. 151

練習

練習 90 (1) $\angle x = 72°$　(2) $\angle x = 110°$

(3) $\angle x = 38°$

解説

(1) $\angle x = 2 \times 36° = 72°$

(2) 半円より大きい弧ABに対する中心角は，$360° - 140° = 220°$ であるから

$\angle x = \angle APB = \dfrac{1}{2} \times 220° = 110°$

(3) 線分ABは直径であるから　$\angle APB = 90°$

OP=OB より

$\angle x = \angle OPB = \angle APB - \angle APO$

$= 90° - 52° = 38°$

練習 91 (1) $\angle x = 42°$，$\angle y = 73°$

(2) $\angle x = 63°$，$\angle y = 27°$

(3) $\angle x = 52°$，$\angle y = 25°$

解説

(1) $\overset{\frown}{AB}$ に対する円周角について

$\angle APB = \angle ACB$

よって　$\angle x = 42°$

$\triangle PQB$ の内角と外角の性質により

$\angle y = \angle AQB = \angle APB + \angle PBC$

$= 42° + 31° = 73°$

(2) 線分ABは直径であるから　$\angle ACB = 90°$

よって　$\angle BCQ = 90° - 35° = 55°$

対頂角は等しいから　$\angle CQB = 62°$

$\triangle CQB$ において

$\angle x = 180° - (55° + 62°) = 63°$

$\overset{\frown}{CB}$ に対する円周角について

$\angle CAQ = \angle CPB = \angle y$

$\triangle CAB$ において

$\angle y = 180° - (90° + 63°) = 27°$

(3) OA=OB から　$\angle OAB = \angle OBA = \angle x$

$\triangle OAB$ において

$\angle x = (180° - 76°) \div 2 = 52°$

OA=OP から　$\angle OPA = \angle OAP = 13°$

$\overset{\frown}{AB}$ に対する円周角について，

$\angle APB = \dfrac{1}{2} \angle AOB$ であるから

$\angle y + 13° = \dfrac{1}{2} \times 76°$

よって　$\angle y = 25°$

参考　$\angle y$ は次のようにして求めてもよい。

$\triangle PAB$ において

$\angle PAB + \angle ABP + \angle BPA = 180°$

$(13° + \angle x) + (\angle x + \angle y) + (\angle y + 13°)$

$= 180°$

よって　$\angle x + \angle y = 77°$

$\angle x = 52°$ から　$\angle y = 77° - 52° = 25°$

練習 92 18°

解説

円周角の大きさは弧の長さに比例する。

$\angle ABD = \angle x$ とする。

$\overset{\frown}{AD} : \overset{\frown}{DC} = 1 : 3$ から　$\angle DBC = 3\angle x$

よって　$\angle ABC = \angle ACB = 4\angle x$

$\angle BAC = 180° - 2 \times 4\angle x$

$= 180° - 8\angle x$

円周角の定理により

$\angle BDC = \angle BAC = 180° - 8\angle x$

$\triangle DBC$ において

$3\angle x + (180° - 8\angle x) + 90° = 180°$

$5\angle x = 90°$　$\angle x = 18°$

よって　$\angle ABD = 18°$

練習 93 $\angle x = 30°$

解説

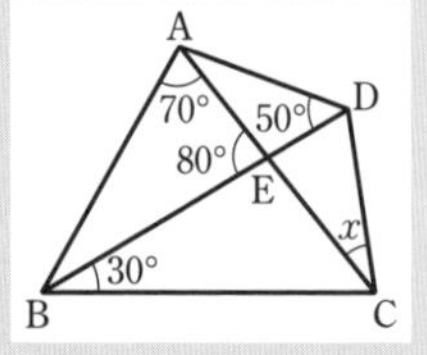

$\triangle EBC$ の内角と外角の性質により

$\angle ACB$

$= \angle AEB - \angle EBC$

$= 80° - 30° = 50°$

$= \angle ADB$

2点C，Dは直線ABについて同じ側にあり，$\angle ACB=\angle ADB=50^\circ$ であるから，円周角の定理の逆により，4点A，B，C，Dは1つの円周上にある。

$\overset{\frown}{AD}$ に対する円周角について

$$\angle x=\angle ACD=\angle ABE$$

△ABE において

$$\angle ABE=180^\circ-(\angle BEA+\angle EAB)$$
$$=180^\circ-(80^\circ+70^\circ)$$
$$=30^\circ$$

よって　$\angle x=30^\circ$

練習 94　(1)　**6 cm**

(2)　$\boldsymbol{\angle x=55^\circ}$，$\boldsymbol{\angle y=40^\circ}$

解説

(1)　円の外部の点からその円にひいた2つの接線の長さは等しいから

$$AR=AP=2\ \text{cm}$$
$$BQ=BP=3\ \text{cm}$$

よって　$CR=CQ=7-3=4\ (\text{cm})$

したがって

$$AC=AR+CR$$
$$=2+4=6\ (\text{cm})$$

(2)　△OBC は $OB=OC$ の二等辺三角形であるから

$$\angle x=(180^\circ-70^\circ)\div 2$$
$$=55^\circ$$

また　$\angle AOB$

$$=360^\circ-(150^\circ+70^\circ)$$
$$=140^\circ$$

DA，DBは円Oの接線であり，円の接線は接点を通る半径に垂直であるから

$$\angle OAD=\angle OBD=90^\circ$$

よって，四角形OADBにおいて

$$\angle y=360^\circ-(140^\circ+90^\circ+90^\circ)$$
$$=40^\circ$$

練習 95

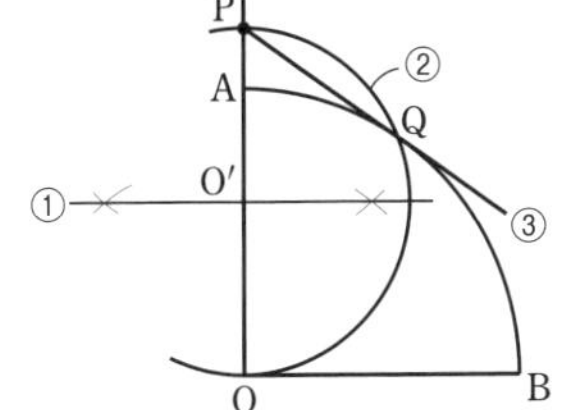

解説

点Pを通る接線と $\overset{\frown}{AB}$ の接点をQとすると，$\angle OQP=90^\circ$ であることを利用する。

①　線分OPの垂直二等分線をひき，線分OPとの交点（線分OPの中点）をO′とする。

②　点O′を中心として，半径O′Pの円をかき，$\overset{\frown}{AB}$ との交点をQとする。

③　直線PQをひく。

この直線が求める接線である。

練習 96　(1)　△PAD と △PCB において

$\angle APD=\angle CPB$　（共通）

$\overset{\frown}{DB}$ に対する円周角について

$\angle PAD=\angle PCB$

2組の角がそれぞれ等しいから

△PAD∽△PCB

(2)　**10 cm**

解説

(2)　(1)から　$PA:PC=PD:PB$

$$15:12=PD:8$$
$$12PD=15\times 8$$

よって　$PD=10\ (\text{cm})$

練習 97　△ABC と △DFE において

$\overset{\frown}{AB}$ に対する円周角について

$\angle ACB=\angle DEF$　…… ①

$\overset{\frown}{BC}$ に対する円周角について

$\angle BAC=\angle BEC$　…… ②

△ACE において，$AF=FE$，$AD=DC$ であるから，中点連結定理により

$CE\parallel DF$

錯角は等しいから

$\angle CED=\angle FDE$　…… ③

②，③より　$\angle BAC = \angle FDE$　…… ④
①，④より，2組の角がそれぞれ等しいから　$\triangle ABC \backsim \triangle DFE$

練習 98　$\triangle ABD$ において，点 L，N はそれぞれ辺 AB，AD の中点であるから，中点連結定理により

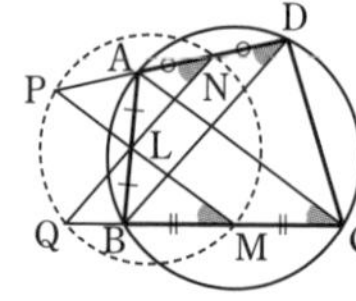

$$LN \parallel BD$$

よって　$\angle ANL = \angle ADB$　…… ①
また，$\triangle BCA$ において，点 M，L はそれぞれ辺 BC，BA の中点であるから，中点連結定理により　$ML \parallel CA$
よって　$\angle BML = \angle BCA$　…… ②
また，$\angle ADB$ と $\angle BCA$ はともに $\overset{\frown}{AB}$ に対する円周角であるから

$$\angle ADB = \angle BCA \quad \cdots\cdots ③$$

①～③から　$\angle ANL = \angle BML$
したがって，2点 N，M は直線 PQ について同じ側にあり，$\angle PNQ = \angle PMQ$ である。
よって，円周角の定理の逆により，4点 M，N，P，Q は1つの円周上にある。

練習 99　(1)　$\angle x = 26°$　　(2)　$\angle x = 49°$
(3)　$\angle x = 127°$

解説

円に内接する四角形の性質
[1]　対角の和は 180°
[2]　外角はそれととなり合う内角の対角に等しい。

(1)　四角形 ABCD は円に内接するから
$\angle ABC = 180° - 87° = 93°$
$\triangle ABC$ において
$\angle x = 180° - (61° + 93°) = 26°$

(2)　四角形 ABCD は円に内接するから
$\angle CDE = 61°$
$\triangle DCE$ の内角と外角の性質により
$\angle x = 110° - 61° = 49°$

(3)　四角形 ABCD は円に内接するから
$\angle BCD = \angle EAB = 180° - \angle x$
$\triangle AEB$ の内角と外角の性質により
$\angle ABC = (180° - \angle x) + 40°$
$= 220° - \angle x$
$\triangle FBC$ において
$34° + (220° - \angle x) + (180° - \angle x) = 180°$
これを解くと　$\angle x = 127°$

練習 100　(1)　$\angle x = 104°$　　(2)　$\angle x = 65°$
(3)　$\angle x = 28°$

解説

(1)　接線と弦のつくる角の定理により
$\angle ACB = 52°$
$\overset{\frown}{AB}$ に対する円周角について
$\angle x = 2 \times 52° = 104°$

(2)　接線と弦のつくる角の定理により
$\angle BAT = 40°$
$\triangle CAT$ において
$40° + \angle x + 40° + 35° = 180°$
よって　$\angle x = 65°$

(3)　接線と弦のつくる角の定理により
$\angle ACB = \angle x$
$\overset{\frown}{AB} : \overset{\frown}{BC} = 2 : 3$ であるから
$\angle ACB : \angle BAC = 2 : 3$
よって　$\angle BAC = \frac{3}{2}\angle x$
したがって，$\triangle ABC$ において
$\angle x + \frac{3}{2}\angle x + 110° = 180°$
よって　$\angle x = 28°$

【本冊 *p*. 165 **2** 接線と弦のつくる角の定理（接弦定理）の証明】

円の弦 AB と，点 A における接線 AT がつくる角 $\angle BAT$ の大きさは，その内部にある $\overset{\frown}{AB}$ に対する円周角 $\angle ACB$ の大きさに等しい。

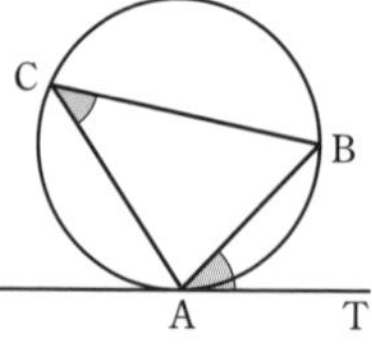

この定理の証明は次のようになる。

[1] ∠BAT が鋭角の場合

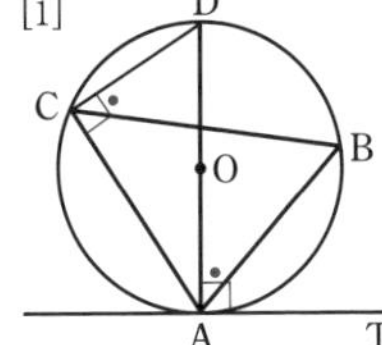

図 [1] のように 直径 AD をひくと

$\angle BAT = 90° - \angle BAD$ …… ①

線分 AD は 直径 であるから　$\angle ACD = 90°$

よって　$\angle ACB = 90° - \angle BCD$ …… ②

$\overset{\frown}{BD}$ に対する円周角について

$\angle BAD = \angle BCD$ …… ③

①, ②, ③ から　$\angle BAT = \angle ACB$

[2] ∠BAT が直角の場合

図 [2] のように, 線分 AB は 直径 であるから

$\angle BAT = \angle ACB = 90°$

[3] ∠BAT が鈍角の場合

図 [3] のように 直径 AD をひくと

$\angle BAT = 90° + \angle BAD$ …… ④

また　$\angle ACB = 90° + \angle BCD$ …… ⑤

③, ④, ⑤ から　$\angle BAT = \angle ACB$

[1]〜[3] から　$\angle BAT = \angle ACB$

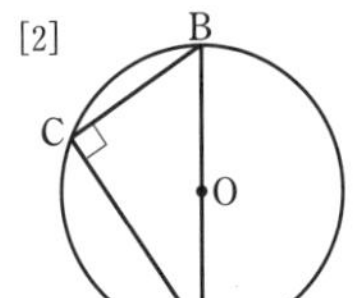

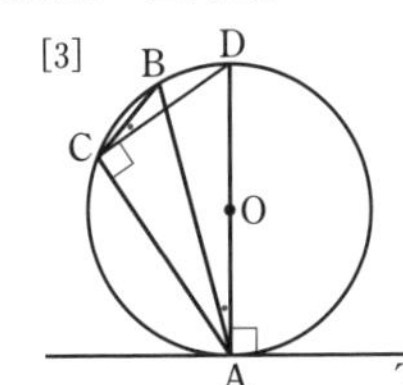

練習 101 (1) $x=10$　(2) $x=3$　(3) $x=4$

解説

(1) 方べきの定理により

$PA \times PB = PC \times PD$

$4 \times 5 = 2 \times x$　$x = 10$

(2) 方べきの定理により

$PA \times PB = PC \times PD$

$x \times (x+5) = 4 \times (4+2)$

$x^2 + 5x - 24 = 0$　$(x-3)(x+8) = 0$

$x > 0$ であるから　$x = 3$

(3) 方べきの定理により　$PB \times PA = PC^2$

$x \times (x+6) = (2\sqrt{10})^2$

$x^2 + 6x - 40 = 0$　$(x-4)(x+10) = 0$

$x > 0$ であるから　$x = 4$

EXERCISES

➡本冊 p. 163

112 (1) $\angle x = 84°$　(2) $\angle x = 232°$

(3) $\angle x = 25°$, $\angle y = 65°$

(4) $\angle x = 57°$, $\angle y = 39°$

(5) $\angle x = 32°$, $\angle y = 58°$

(6) $\angle x = 19°$, $\angle y = 47°$

解説

(1) $\angle x = \angle AOB + \angle BOC$

$= 2\angle ADB + 2\angle BEC$

$= 2 \times 25° + 2 \times 17° = 84°$

(2) $\angle ACB = 180° - (38° + 26°) = 116°$

$\angle x = 2\angle ACB = 2 \times 116° = 232°$

(3) $\angle x = \angle ABD = 25°$

△ACE の内角と外角の性質により

$\angle y = 25° + 40° = 65°$

(4) $\angle x = \angle ADB = 57°$

△ABC において

$\angle y = 180° - (84° + 57°) = 39°$

(5) $\angle x = \frac{1}{2}\angle BOD = \frac{1}{2} \times 64° = 32°$

OB=OC であるから　$\angle OBC = 32°$

線分 AB は直径であるから　$\angle ACB = 90°$

△ABC において

$\angle y = 180° - (90° + 32°) = 58°$

(6) △BEC の内角と外角の性質により

$\angle x = 33° - 14° = 19°$

$\overset{\frown}{BD}$ に対する円周角について

$\angle FAB = \angle DCF = 14°$

△FAB の内角と外角の性質により

$\angle y = 14° + 33° = 47°$

113 $\angle x = 15°$

解説

中心角の大きさは弧の長さに比例する。

$\overset{\frown}{BC}$ に対する中心角について

$\angle BOC = 2\angle BAC = 2\angle x$

$\overset{\frown}{BC} : \overset{\frown}{CD} = 2 : 3$ から

$\angle BOC : \angle COD = 2 : 3$

よって　$\angle COD = \frac{3}{2}\angle BOC = 3\angle x$

△OAC は二等辺三角形であるから

$\angle OCA=\angle x$

線分 OD と線分 AC の交点をEとすると，

△OCE の内角と外角の性質により

$\angle x+3\angle x=60°$　　$4\angle x=60°$

よって　$\angle x=15°$

114 ②

解説

① $\angle B=180°-(35°+85°)=60°$

$\angle B\neq\angle C$ であるから，4点 A，B，C，D は1つの円周上にない。

② $\angle A=180°-(75°+40°)=65°=\angle D$

2点 A，D は直線 BC について同じ側にあり，$\angle A=\angle D$ である。

よって，円周角の定理の逆により，4点 A，B，C，D は1つの円周上にある。

③ $\angle A=180°-(100°+35°)=45°$

$\angle B=180°-(110°+30°)=40°$

$\angle A\neq\angle B$ であるから，4点 A，B，C，D は1つの円周上にない。

115 **52°**

解説

△BCE の内角と外角の性質により

$\angle BCE=73°-25°=48°$

2点 C，D は直線 AB について同じ側にあり，$\angle ADB=\angle ACB$ である。

したがって，円周角の定理の逆により，4点 A，B，C，D は1つの円周上にある。

よって　$\angle ACD=\angle ABD$

△ABC において

$55°+\angle ABD+25°+48°=180°$

であるから　$\angle ABD=52°$

したがって　$\angle ACD=52°$

➡本冊 p. 164

116 $\angle$**A=60°**，$\angle$**B=48°**，$\angle$**C=72°**

解説

$\overset{\frown}{AB}:\overset{\frown}{BC}:\overset{\frown}{CA}=6:5:4$ であるから

$\angle C:\angle A:\angle B=6:5:4$

よって　$\angle A=\dfrac{5}{15}\times180°=60°$

$\angle B=\dfrac{4}{15}\times180°=48°$

$\angle C=\dfrac{6}{15}\times180°=72°$

117 $x=12$

解説

円の外部の点からその円にひいた2つの接線の長さは等しい。

円は，△ABC の辺 AB，BC，CA とそれぞれ点 R，S，T で接しているから

CT=CS=3 cm より

AT=7−3=4 (cm)

AR=AT=4 cm より

BR=16−4=12 (cm)

BS=BR=12 cm より

$x=12$

118 辺 AB，BC，CD，DA がそれぞれ P，Q，R，S で円に接しているとすると

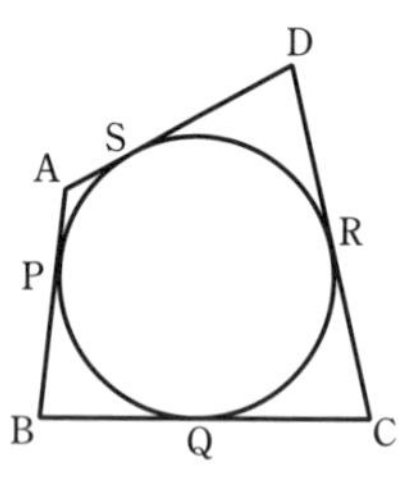

AP=AS，BP=BQ，CQ=CR，DR=DS

したがって

$$\begin{aligned}AB+CD&=(AP+BP)+(CR+DR)\\&=AP+BP+CR+DR\\&=AS+BQ+CQ+DS\\&=(BQ+CQ)+(DS+AS)\\&=BC+DA\end{aligned}$$

119 $\angle AQB=\angle a$，$\angle ABQ=\angle b$ とする。

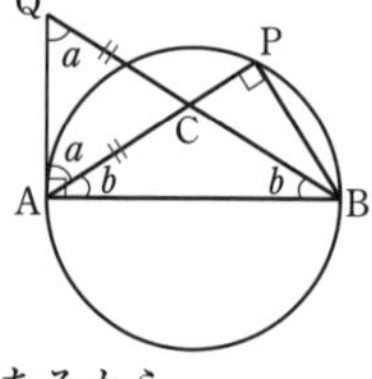

直線 AQ は円の接線であるから　$\angle BAQ=90°$

よって　$\angle a+\angle b=90°$

△CAQ は二等辺三角形であるから

$\angle QAC=\angle a$，

$\angle PAB = \angle BAQ - \angle QAC$
$= 90° - \angle a = \angle b$

よって　$\angle PAB = \angle ABQ$

線分 AB は直径であるから　$\angle APB = 90°$

したがって　$\angle APB = \angle BAQ$

よって，△ABP と △BQA において，2 組の角がそれぞれ等しいから

△ABP∽△BQA

相似な三角形では，となり合う 2 辺の長さの比も等しいから

AB：PA＝BQ：AB

120 (1) △ABE と △ACD において

仮定から　AB＝AC　…… ①

$\angle BAE = \angle CAD$　…… ②

$\overset{\frown}{AD}$ に対する円周角について

$\angle ABE = \angle ACD$　…… ③

① ～ ③ より，1 組の辺とその両端の角がそれぞれ等しいから

△ABE≡△ACD

(2) $\frac{7}{2}$ **cm**

解説

(2) (1) より，△ABE≡△ACD であるから

BE＝CD　…… ④

AE＝AD＝3 cm

AE＝3 cm から　EC＝4－3＝1 (cm)

また，円周角の定理により

$\angle BDC = \angle BAC$，$\angle CBD = \angle CAD$

$\angle BAC = \angle CAD$ から

$\angle BDC = \angle CBD$

よって　BC＝CD　…… ⑤

④，⑤ から　BE＝BC

△ABC と △BCE は頂角が等しい二等辺三角形であるから　△ABC∽△BCE

したがって　AB：BC＝BC：CE

4：BC＝BC：1

$BC^2 = 4$

BC＞0 であるから　BC＝2 cm

よって　BE＝2 cm

同様に，△ABC と △AED も頂角が等しい二等辺三角形であるから

△ABC∽△AED

したがって　AB：AE＝BC：ED

4：3＝2：ED

4ED＝3×2

$ED = \frac{3}{2}$ cm

よって　$BD = 2 + \frac{3}{2} = \frac{7}{2}$ (cm)

参考　線分 ED の長さは，次のようにして求めることもできる。

△ABD において，線分 AE は ∠BAD の二等分線であるから，角の二等分線と線分の比の定理 により

AB：AD＝BE：ED

4：3＝2：ED

$ED = \frac{3}{2}$ cm

➡本冊 p. 169

121 (1) $\angle x = 100°$，$\angle y = 120°$

(2) $\angle x = 63°$，$\angle y = 36°$

(3) $\angle x = 80°$　(4) $\angle x = 60°$

解説

(1) 四角形 ABCD は円に内接するから

$\angle ABC + \angle ADC = 80° + \angle x = 180°$

よって　$\angle x = 100°$

また，$\angle DCE = \angle DAB$ であるから

$\angle y = 120°$

(2) 四角形 ABCD は円に内接するから

$\angle BCD = \angle EAB = 64°$

△DBC において

$\angle x = 180° - (53° + 64°) = 63°$

$\overset{\frown}{AD}$ に対する円周角について

$\angle y = \angle ACD = 64° - 28° = 36°$

(3) 四角形 DABC は円に内接するから

$\angle OBC = 180° - 130° = 50°$

△OBC において，OB＝OC であるから

$\angle x = 180° - 2 \times 50° = 80°$

(4) $\angle BAC=180°-(70°+60°)=50°$
2点A，Dは直線BCについて同じ側にあり，$\angle BAC=\angle BDC$ である。
したがって，円周角の定理の逆により，
4点A，B，C，Dは1つの円周上にある。
よって，$\overset{\frown}{CD}$ に対する円周角について
$\angle x=\angle CAD=60°$

122 (1) $\angle x=28°$　(2) $\angle x=40°$
(3) $\angle x=50°$　(4) $\angle x=43°$

解説
(1) △BTC の内角と外角の性質により
$\angle BTC=68°-40°=28°$
ℓ は接線であるから，接線と弦のつくる角の定理により　$\angle x=\angle BTC=28°$
(2) ℓ は接線であるから，接線と弦のつくる角の定理により
$\angle BAT=50°$
線分ABは直径であるから　$\angle ATB=90°$
△ATB において
$\angle x=180°-(90°+50°)=40°$
(3) ℓ，m は接線であるから，接線と弦のつくる角の定理により
$\angle STP=\angle SCT=65°$
$\angle TSP=\angle SCT=65°$
△PST において
$\angle x=180°-(65°+65°)=50°$
別解　$\overset{\frown}{TS}$ に対する円周角について
$\angle TOS=2\angle TCS=2\times65°=130°$
ℓ，m は接線であるから
$\angle OTP=\angle OSP=90°$
四角形PSOTの内角の和は360°であるから　$\angle x+90°+90°+130°=360°$
よって　$\angle x=50°$
(4) 四角形ATBCは円に内接するから
$\angle CAT=180°-\angle CBT$
$=180°-97°=83°$
ℓ は接線であるから，接線と弦のつくる角の定理により　$\angle BAT=40°$
$\angle x=\angle CAT-\angle BAT$
$=83°-40°=43°$

123 (1) $x=6$　(2) $x=3$
(3) $x=2\sqrt{6}$

解説
(1) 方べきの定理により
$PA\times PB=PC\times PD$
$x\times12=(x+3)\times8$
$12x-8x=24$　　$4x=24$
よって　$x=6$
(2) 方べきの定理により
$PA\times PB=PC\times PD$
$2\times(2+7)=3\times(3+x)$
$2\times3=3+x$
よって　$x=3$
(3) 方べきの定理により
$PA\times PB=PT^2$
$(3+5)\times3=x^2$
$x^2=24$
$x>0$ であるから　$x=2\sqrt{6}$

124 TSは円Oの接線であるから，接線と弦のつくる角の定理により

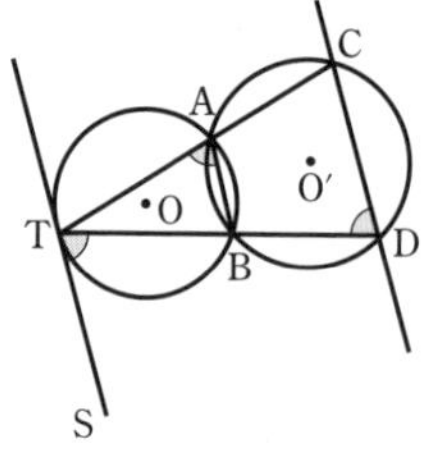

$\angle BAT=\angle BTS$
四角形ABDCは円O′に内接するから
$\angle BAT=\angle CDB$
よって　$\angle BTS=\angle CDB$
錯角が等しいから　CD∥TS

定期試験対策問題

➡本冊 p. 171

60 (1) $\angle x=84°$　(2) $\angle x=47°$
(3) $\angle x=18°$　(4) $\angle x=30°$
(5) $\angle x=34°$　(6) $\angle x=65°$

解説
(1) $\angle x=2\times42°=84°$
(2) $\angle x=\frac{1}{2}\times94°=47°$

(3)　$\angle BOC=2\angle BEC=2\times25^\circ=50^\circ$

$\angle AOB=\angle AOC-\angle BOC$

$=86^\circ-50^\circ=36^\circ$

よって　$\angle x=\frac{1}{2}\angle AOB=\frac{1}{2}\times36^\circ=18^\circ$

(4)　$\angle AOB=2\angle ACB=2\times20^\circ=40^\circ$

△OAD と △BCD において，内角と外角の性質から　$\angle ODC=40^\circ+\angle x$

$\angle ODC=20^\circ+50^\circ=70^\circ$

よって　$40^\circ+\angle x=70^\circ$

$\angle x=30^\circ$

(5)　△BCF の内角と外角の性質により

$\angle ABC=20^\circ+36^\circ=56^\circ$

線分 AD は直径であるから　$\angle ABD=90^\circ$

よって　$\angle x=\angle ABD-\angle ABC$

$=90^\circ-56^\circ=34^\circ$

(6)　AE∥BD より，錯角は等しいから

$\angle AEB=\angle EBD=25^\circ$

線分 AC は直径であるから　$\angle AEC=90^\circ$

よって　$\angle BEC=90^\circ-25^\circ=65^\circ$

$\overset{\frown}{BC}$ に対する円周角について

$\angle x=\angle BEC=65^\circ$

61　7π cm

解説

$\overset{\frown}{AB}$ に対する円周角について

$\angle AOB=2\angle ACB=2\times34^\circ=68^\circ$

OA と BC の交点をEとすると，

$\angle OEB=90^\circ$ であるから，△OBE の内角と外角の性質により

$\angle OBC=90^\circ-68^\circ=22^\circ$

よって　$\angle CBD=22^\circ+41^\circ=63^\circ$

$\overset{\frown}{CD}$ に対する円周角について

$\angle COD=2\angle CBD=2\times63^\circ=126^\circ$

したがって　$\overset{\frown}{CD}=2\pi\times10\times\frac{126}{360}$

$=7\pi$ (cm)

62　①，③

解説

①　2点 C，D は直線 AB について同じ側にあり，$\angle C=\angle D=50^\circ$ である。

よって，円周角の定理の逆 により，4点 A，B，C，D は1つの円周上にある。

②　2点 A，B は直線 CD について同じ側にあるが，$\angle A\neq\angle B$ であるから，4点 A，B，C，D は1つの円周上にない。

③　△ABD において

$\angle D=180^\circ-(90^\circ+40^\circ)=50^\circ$

2点 C，D は直線 AB について同じ側にあり，$\angle C=\angle D=50^\circ$ である。

よって，円周角の定理の逆 により，4点 A，B，C，D は1つの円周上にある。

63　(1)　$\angle x=50^\circ$　　(2)　$\angle x=42^\circ$

解説

(1)　2点 A，D は直線 BC について同じ側にあり，$\angle BAC=\angle BDC=55^\circ$ である。

したがって，円周角の定理の逆 により，4点 A，B，C，D は1つの円周上にある。

よって，円周角の定理により

$\angle ADB=\angle ACB=40^\circ$

また，△ABD において

$(\angle x+55^\circ)+35^\circ+40^\circ=180^\circ$

したがって　$\angle x=50^\circ$

(2)　2点 A，D は直線 BC について同じ側にあり，$\angle BAC=\angle BDC=58^\circ$ であるから，円周角の定理の逆 により，4点 A，B，C，D は1つの円周上にある。

$\overset{\frown}{AB}$ に対する円周角について

$\angle ADB=\angle ACB=38^\circ$

△ACD は AD=CD の二等辺三角形であるから　$\angle CAD=\{180^\circ-(58^\circ+38^\circ)\}\div2$

$=84^\circ\div2=42^\circ$

$\overset{\frown}{CD}$ に対する円周角について

$\angle x=\angle CAD=42^\circ$

➡本冊 p. 172

64　(1)　$AP=\frac{3}{2}$ cm，$BQ=\frac{9}{2}$ cm，

$CR=\frac{5}{2}$ cm

(2)　58°

解説

(1) AB, BC, CA は，それぞれ P, Q, R を接点とする接線であるから，AP$=x$ cm とすると

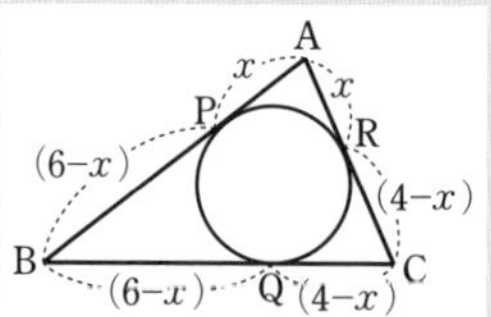

$$BQ=BP=6-x\ (cm)$$
$$CQ=CR=4-x\ (cm)$$

また，BC=7 cm であるから

$$(6-x)+(4-x)=7$$

よって　$x=\frac{3}{2}$

したがって，求める線分の長さは

AP$=\frac{3}{2}$ cm, BQ$=\frac{9}{2}$ cm, CR$=\frac{5}{2}$ cm

(2) PA, PB は円 O の接線であるから

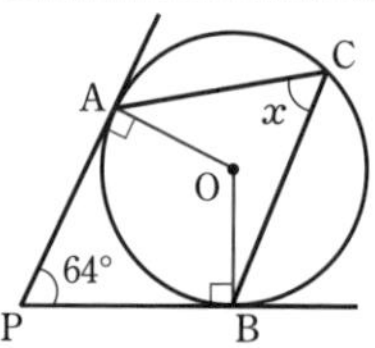

$\angle OAP$
$=\angle OBP=90°$

四角形 OAPB において

$$\angle AOB=360°-(64°+90°+90°)$$
$$=116°$$

よって　$\angle x=\angle ACB=\frac{1}{2}\angle AOB$

$$=\frac{1}{2}\times 116°=58°$$

65 ① 点Aを通る直線 ℓ の垂線をひく。この垂線と円との交点のうち，A以外の点をBとする。

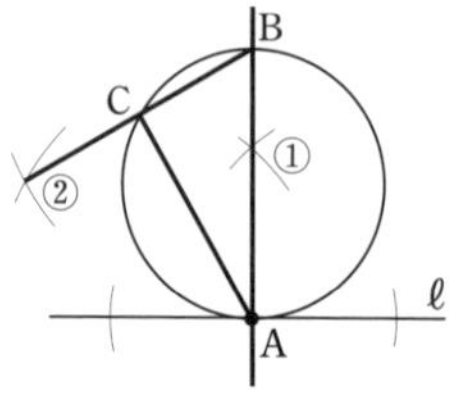

② 2点 A, B をそれぞれ中心として半径 AB の円をかき，2つの円の交点の1つと点Bを通る直線をひく。この直線と円との交点をCとする。

解説

$\angle ACB=90°$ であるから，線分 AB は円の直径である。

② 2つの円の交点をDとすると，△ADB は正三角形であるから，$\angle ABC=60°$ となる。

66 (1) △BCD と △BEC において

$\angle DBC=\angle CBE$（共通）…… ①

$\overset{\frown}{BC}$ に対する円周角について

$\angle BDC=\angle BAC$ …… ②

△ABC は AB=BC の二等辺三角形であるから

$\angle BAC=\angle BCE$ …… ③

②，③ より

$\angle BDC=\angle BCE$ …… ④

①，④ より，2組の角がそれぞれ等しいから　△BCD∽△BEC

(2) $\frac{51}{5}$ **cm**

解説

(2) (1) より，△BCD∽△BEC であるから

BC : BE=BD : BC

7 : BE=10 : 7

したがって　BE$=\frac{49}{10}$ cm

よって　DE$=10-\frac{49}{10}=\frac{51}{10}$ (cm)

また　BD : BC=DC : CE

10 : 7=5 : CE

したがって　CE$=\frac{35}{10}=\frac{7}{2}$ (cm)

また，△AED と △BEC において

$\overset{\frown}{CD}$ に対する円周角について

$\angle DAE=\angle CBE$ …… ⑤

$\overset{\frown}{AB}$ に対する円周角について

$\angle ADE=\angle BCE$ …… ⑥

⑤，⑥ より，2組の角がそれぞれ等しいから　△AED∽△BEC

よって　AD : BC=DE : CE

AD : 7$=\frac{51}{10}:\frac{7}{2}$

したがって　AD$=\frac{51}{5}$ (cm)

67 △ADC と △ABE において

AD＝AB，AC＝AE （仮定）

また　$\angle DAC=60^\circ+\angle BAC$

$\angle BAE=60^\circ+\angle BAC$

よって　$\angle DAC=\angle BAE$

2 組の辺とその間の角がそれぞれ等しいから　$\triangle ADC\equiv\triangle ABE$

よって　$\angle ADC=\angle ABE$

すなわち　$\angle ADF=\angle ABF$

2 点 D，B は，直線 AF について同じ側にあり，$\angle ADF=\angle ABF$ である。

よって，円周角の定理の逆 により，4 点 A，D，B，F は 1 つの円周上にある。

68 (1) $\angle x=102^\circ$

(2) $x=6$

解説

(1) △OBC は OB＝OC の二等辺三角形であるから　$\angle OCB=(180^\circ-82^\circ)\div 2$

$=49^\circ$

よって　$\angle BCD=49^\circ+29^\circ=78^\circ$

四角形 ABCD は円に内接するから

$\angle x=180^\circ-78^\circ=102^\circ$

(2) 方べきの定理により

$EA\times EB=EC\times ED$

$3\times 4=x\times 2$

よって　$x=6$

第 7 章 三平方の定理 p. 173

練　習

練習 102 (1) $x=3\sqrt{5}$

(2) $x=5\sqrt{3}$

(3) $x=16$

解説

三平方の定理 $a^2+b^2=c^2$ に代入して求める。

(1) $3^2+6^2=x^2$　　$x^2=9+36=45$

$x>0$ であるから　$x=3\sqrt{5}$

(2) $x^2+5^2=10^2$　　$x^2=100-25=75$

$x>0$ であるから　$x=5\sqrt{3}$

(3) $12^2+x^2=20^2$　　$x^2=400-144=256$

$x>0$ であるから　$x=16$

練習 103 (2)，(3)，(4)

解説

(1) $6^2=36$，$3^2=9$，$7^2=49$ であるから

$6^2+3^2\neq 7^2$

よって，直角三角形ではない。

(2) $6^2=36$，$8^2=64$，$10^2=100$ であるから

$6^2+8^2=10^2$

よって，直角三角形である。

(3) $\left(\frac{4}{3}\right)^2=\frac{16}{9}$，$\left(\frac{5}{3}\right)^2=\frac{25}{9}$ であるから

$1^2+\left(\frac{4}{3}\right)^2=\left(\frac{5}{3}\right)^2$

よって，直角三角形である。

(4) $\left(\frac{3}{2}\right)^2=\frac{9}{4}=\frac{36}{16}$，$\left(\frac{\sqrt{13}}{4}\right)^2=\frac{13}{16}$，

$\left(\frac{7}{4}\right)^2=\frac{49}{16}$ であるから

$\left(\frac{3}{2}\right)^2+\left(\frac{\sqrt{13}}{4}\right)^2=\left(\frac{7}{4}\right)^2$

よって，直角三角形である。

練習 104 8 cm，15 cm

解説

斜辺でない 1 辺の長さを x cm とすると，残りの辺の長さは

$40-(17+x)=23-x$

であるから，三平方の定理により

$x^2+(23-x)^2=17^2$

$x^2+529-46x+x^2=289$

$2x^2-46x+240=0$

$x^2-23x+120=0$

$(x-8)(x-15)=0$

したがって　　$x=8$，15

$x=8$ のとき　　$23-x=15$

$x=15$ のとき　　$23-x=8$

$x=8$，15 はともに問題に適する。

よって，求める 2 辺の長さは

8 cm，15 cm

練習 105 (1) $\sqrt{13}$ **cm**

(2) $x=4\sqrt{2}$

解説

(1) ひし形の対角線は，たがいに他を垂直に 2 等分する。

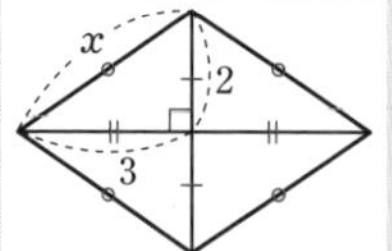

ひし形の 1 辺の長さを x cm とすると，三平方の定理により

$2^2+3^2=x^2$　　$x^2=13$

$x>0$ であるから　　$x=\sqrt{13}$

(2) 直角三角形 ADC において

$AD^2+3^2=4^2$

$AD^2=16-9=7$

直角三角形 ABD において

$x^2=AD^2+5^2$

$x^2=7+25=32$

$x>0$ であるから　　$x=4\sqrt{2}$

練習 106 **84 cm^2**

解説

頂点Aから辺 BC に垂線 AH をひく。

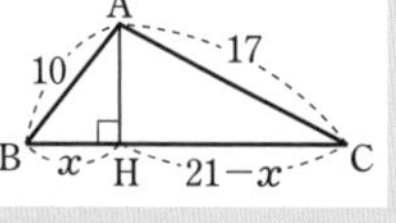

BH$=x$ cm とすると

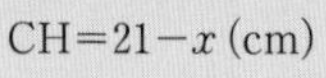

CH$=21-x$ (cm)

△ABH において，三平方の定理により

$AH^2=10^2-x^2$　　…… ①

△AHC において，三平方の定理により

$AH^2=17^2-(21-x)^2$ …… ②

①，② から　　$10^2-x^2=17^2-(21-x)^2$

$(21-x)^2-x^2=17^2-10^2$

$441-42x+x^2-x^2=289-100$

$-42x=-252$

したがって　　$x=6$

$x=6$ を ① に代入して　　$AH^2=64$

AH>0 であるから　　AH$=8$

よって　△ABC$=\frac{1}{2}\times$BC$\times$AH$=\frac{1}{2}\times21\times8$

$=84$ (cm^2)

練習 107 **($\sqrt{6}-\sqrt{2}$) cm**

解説

点Aから直線 BC に下ろした垂線と直線 BC との交点をHとすると

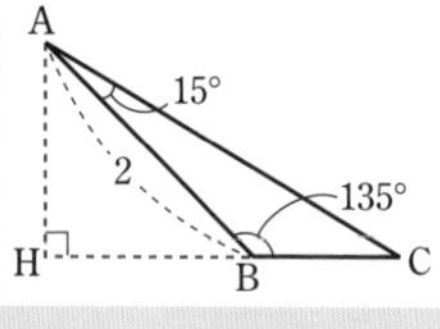

$\angle ABH=180°-135°$

$=45°$

よって，△ABH は 直角二等辺三角形 であるから　　$AH=BH=\frac{AB}{\sqrt{2}}=\frac{2}{\sqrt{2}}=\sqrt{2}$

また，$\angle ACH=90°-(15°+45°)=30°$ より，△ACH は，3 つの角が 30°，60°，90° の直角三角形 であるから

$CH=\sqrt{3}\,AH=\sqrt{3}\times\sqrt{2}=\sqrt{6}$

よって　　$BC=CH-BH=\sqrt{6}-\sqrt{2}$ (cm)

練習 108 (1) $\frac{9\sqrt{2}}{4}$ **cm**　　(2) **4 cm**

解説

(1) 辺 BC の中点をDとすると，∠ADB$=90°$ で，点Oは線分 AD 上にある。

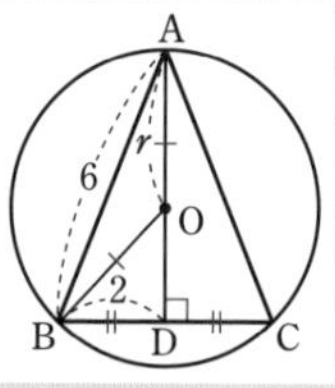

直角三角形 ABD において

$AD=\sqrt{6^2-2^2}=4\sqrt{2}$

円Oの半径を r とすると

$OD=4\sqrt{2}-r$

よって，△OBD において

$(4\sqrt{2}-r)^2+2^2=r^2$

$32-8\sqrt{2}\,r+r^2+4=r^2$

$8\sqrt{2}\,r=36$

したがって　　$2\sqrt{2}\,r=9$

円Oの半径は　$r=\frac{9}{2\sqrt{2}}=\frac{9\sqrt{2}}{4}$ (cm)

(2) △ABH において，三平方の定理により

$BH^2=13^2-12^2$　　$BH^2=25$

BH>0 であるから　　BH$=5$

△ACH において，三平方の定理により

$CH^2=15^2-12^2$　　$CH^2=81$

CH>0 であるから　　CH$=9$

円Oの半径を r cm とすると，

$\triangle OAB+\triangle OBC+\triangle OCA=\triangle ABC$

であるから

$\frac{1}{2}\times 13\times r+\frac{1}{2}\times(5+9)\times r+\frac{1}{2}\times 15\times r$

$=\frac{1}{2}\times(5+9)\times 12$

$\frac{13}{2}r+7r+\frac{15}{2}r=84 \qquad 21r=84$

よって，円Oの半径は　$r=4$ (cm)

練習 109 $6\sqrt{6}$ cm

解説

O′ から OA に垂線 O′H をひくと，

$\angle O'HA$
$=\angle HAB$
$=\angle ABO'=90°$

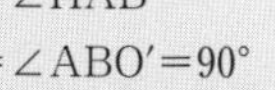

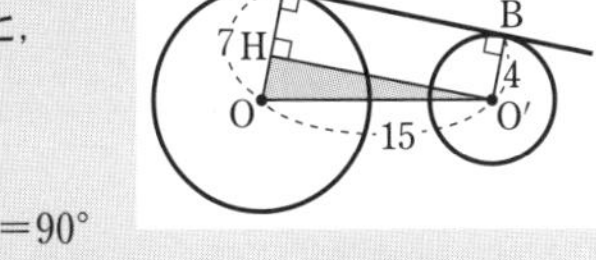

であるから，四角形 AHO′B は長方形である。

よって　$AB=HO'$，$AH=BO'$

直角三角形 OO′H において，三平方の定理により　$HO'^2=OO'^2-HO^2$

$=OO'^2-(AO-AH)^2$

$=OO'^2-(AO-BO')^2$

$=15^2-(7-4)^2=216$

$HO'>0$ であるから　$HO'=6\sqrt{6}$

したがって　$AB=6\sqrt{6}$ (cm)

練習 110 (1) $AB=\sqrt{65}$，$BC=\sqrt{13}$，$CA=2\sqrt{13}$

(2) $\angle C=90°$ の直角三角形

解説

(1) $AB^2=1^2+(-5-3)^2=1+64=65$

よって　$AB=\sqrt{65}$

$BC^2=(4-1)^2+\{-3-(-5)\}^2=9+4=13$

よって　$BC=\sqrt{13}$

$CA^2=(-4)^2+\{3-(-3)\}^2=16+36=52$

よって　$CA=2\sqrt{13}$

(2) (1) より，$BC^2+CA^2=13+52=65$ であるから　$BC^2+CA^2=AB^2$

したがって，△ABC は ∠C=90° の直角三角形。

練習 111 (1) $\frac{5}{3}$ cm　(2) $\frac{26}{3}$ cm²

(3) $\frac{4\sqrt{13}}{3}$ cm

解説

四角形 CB′FE は，線分 EF を対称の軸として，四角形 ABFE を対称移動したものである。

(1) $ED=x$ cm とすると　$EC=EA=6-x$

よって，直角三角形 ECD において

$x^2+4^2=(6-x)^2$

$x^2+16=36-12x+x^2 \qquad 12x=20$

$x=\frac{5}{3}$　すなわち　$ED=\frac{5}{3}$ (cm)

(2) △CEF は，線分 EF を対称の軸として，△AEF を対称移動したものであるから，その面積 S は

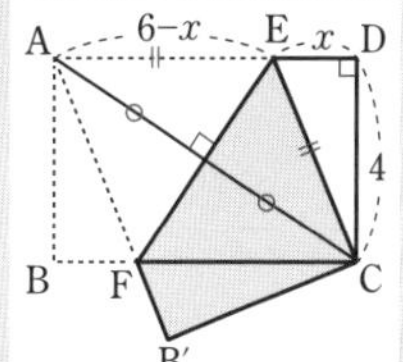

$S=\frac{1}{2}\times AE\times CD$

$=\frac{1}{2}\times\left(6-\frac{5}{3}\right)\times 4=\frac{26}{3}$ (cm²)

(3) 直角三角形 ABC において

$AC^2=4^2+6^2 \qquad AC^2=52$

$AC>0$ であるから　$AC=2\sqrt{13}$

線分 EF は線分 AC を垂直に 2 等分しているから，△CEF の面積 S について

$S=\frac{1}{2}\times EF\times\sqrt{13}$

よって，$\frac{26}{3}=\frac{\sqrt{13}}{2}\times EF$ から

$EF=\frac{26}{3}\times\frac{2}{\sqrt{13}}=\frac{26\times 2\times\sqrt{13}}{3\times 13}$

$=\frac{4\sqrt{13}}{3}$ (cm)

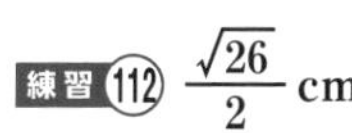

練習 112 $\frac{\sqrt{26}}{2}$ cm

解説

線分 BH は直方体の対角線であるから

$BH=\sqrt{3^2+4^2+7^2}=\sqrt{74}$

AD=7 cm と AP : PD=4 : 3 から

$AP=4,\quad PD=3$

$\triangle ABP$ は直角三角形であるから

$$BP^2=3^2+4^2=25$$

$BP>0$ であるから　　$BP=5$

$\triangle PDH$ は直角三角形であるから

$$PH^2=3^2+4^2=25$$

$PH>0$ であるから　　$PH=5$

$\triangle PBH$ は $PB=PH$ の二等辺三角形であるから，線分 PQ は線分 BH を垂直に 2 等分する。

よって，$\triangle BPQ$ は直角三角形であるから

$$PQ^2=BP^2-BQ^2=5^2-\left(\frac{\sqrt{74}}{2}\right)^2$$

$$=25-\frac{74}{4}=\frac{26}{4}$$ ← 後の有理化の手間を省力化するために，約分しない。

$PQ>0$ であるから

$$PQ=\sqrt{\frac{26}{4}}=\frac{\sqrt{26}}{2}\ (\text{cm})$$

練習 113　$192\ \text{cm}^3$

解説

$\triangle ABC$ は直角三角形であるから

$$AC^2=6^2+8^2=100$$

$AC>0$ であるから　　$AC=10$

底面の長方形の対角線の交点をHとすると

$$\angle OHA=90°$$

Hは対角線 AC の中点であるから　　$AH=5$

$\triangle OAH$ は直角三角形であるから

$$OH^2=13^2-5^2=144$$

$OH>0$ であるから　　$OH=12$

よって，求める体積は

$$\frac{1}{3}\times6\times8\times12=192\ (\text{cm}^3)$$

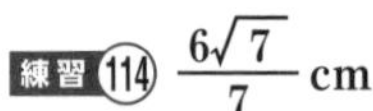

練習 114　$\dfrac{6\sqrt{7}}{7}$ cm

解説

直角三角形 ABD，ACD において，それぞれ

$$AB=\sqrt{3^2+4^2}=5,$$
$$AC=\sqrt{3^2+4^2}=5$$

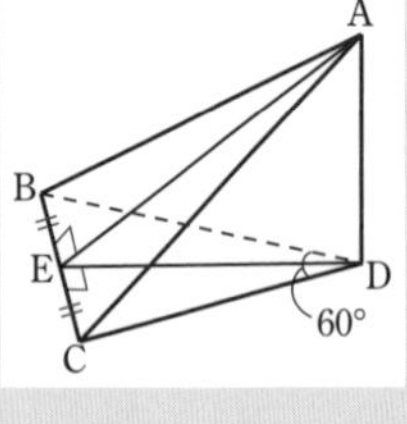

$\triangle BCD$ は頂角 $60°$ の二等辺三角形で，これは正三角形であるから　　$BC=4$

頂点Dから辺 BC に垂線 DE をひくと，

$\triangle DBE$ は $30°,\ 60°,\ 90°$ の直角三角形であるから　　$DE=\dfrac{\sqrt{3}}{2}BC=\dfrac{\sqrt{3}}{2}\times4=2\sqrt{3}$

また，$\triangle ABC$ は二等辺三角形であり，$AE\perp BC$ であるから，直角三角形 ABE において　　$AE=\sqrt{5^2-2^2}=\sqrt{21}$

線分 DH の長さを h cm とすると，三角錐 ABCD の体積について

$$\frac{1}{3}\times\triangle ABC\times DH=\frac{1}{3}\times\triangle BCD\times AD \quad\cdots\cdots ①$$

$$\triangle ABC=\frac{1}{2}\times4\times\sqrt{21}=2\sqrt{21},$$

$$\triangle BCD=\frac{1}{2}\times4\times2\sqrt{3}=4\sqrt{3}$$

であるから，① は

$$\frac{1}{3}\times2\sqrt{21}\times h=\frac{1}{3}\times4\sqrt{3}\times3$$

$$\sqrt{21}h=6\sqrt{3}$$

よって　　$h=\dfrac{6\sqrt{3}}{\sqrt{21}}=\dfrac{6}{\sqrt{7}}=\dfrac{6\sqrt{7}}{7}$

練習 115　$(10+3\sqrt{5})$ cm

解説

$\triangle AEP$ の周の長さは　$AE+EP+PA$

線分 AE の長さは一定であるから，$EP+PA$ の値が最小となるときを考える。

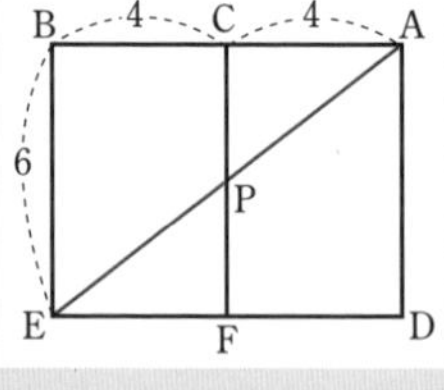

右上の図のような，展開図の一部において，3 点 E，P，A が一直線上にあるとき，$EP+PA$ の値が最小となる。

このとき　　$EP+PA=\sqrt{6^2+8^2}=10$

また　　$AE=\sqrt{3^2+6^2}=3\sqrt{5}$

したがって，求める周の長さは

$$(10+3\sqrt{5})\ \text{cm}$$

EXERCISES

➡本冊 p. 178

125 (1) **4**　(2) **8**　(3) $\mathbf{5\sqrt{2}}$

(4) **10**　(5) **24**

解説

$a^2+b^2=c^2$ に代入して求める。

(1) $3^2+b^2=5^2$　$b^2=25-9=16$

$b>0$ であるから　$b=4$

(2) $a^2+15^2=17^2$　$a^2=289-225=64$

$a>0$ であるから　$a=8$

(3) $(5\sqrt{2})^2+b^2=10^2$　$b^2=100-50=50$

$b>0$ であるから　$b=5\sqrt{2}$

(4) $5^2+(5\sqrt{3})^2=c^2$　$c^2=25+75=100$

$c>0$ であるから　$c=10$

(5) $7^2+b^2=25^2$　$b^2=625-49=576$

$b>0$ であるから　$b=24$

126 (2), (3)

解説

(1) $8^2=64$, $3^2=9$, $(5\sqrt{2})^2=50$ であるから

$3^2+(5\sqrt{2})^2\neq 8^2$

よって，直角三角形ではない。

(2) $\left(\frac{3}{2}\right)^2=\frac{9}{4}$, $2^2=4=\frac{16}{4}$, $\left(\frac{5}{2}\right)^2=\frac{25}{4}$

であるから　$\left(\frac{3}{2}\right)^2+2^2=\left(\frac{5}{2}\right)^2$

よって，直角三角形である。

(3) $9^2=81$, $7^2=49$, $(4\sqrt{2})^2=32$ であるから

$(4\sqrt{2})^2+7^2=9^2$

よって，直角三角形である。

127 $x=3$

解説

三平方の定理により

$$x^2+(x+3)^2=(3\sqrt{5})^2$$
$$x^2+(x^2+6x+9)=45$$
$$2x^2+6x-36=0$$
$$x^2+3x-18=0$$
$$(x-3)(x+6)=0$$

よって　$x=3, -6$

$x>0$ であるから　$x=3$

128 $(4+\sqrt{2})$ cm, $(4-\sqrt{2})$ cm

解説

斜辺でない 1 辺の長さを x cm とすると，残りの辺の長さは　$14-(6+x)=8-x$ …… ①

三平方の定理により

$$x^2+(8-x)^2=6^2$$
$$x^2+(64-16x+x^2)=36$$
$$2x^2-16x+28=0$$
$$x^2-8x+14=0$$

$x^2-2\times4x+14=0$ であるから，解の公式より

$$x=\frac{-(-4)\pm\sqrt{(-4)^2-1\times14}}{1}=4\pm\sqrt{2}$$

$x=4+\sqrt{2}$ のとき，① から

$8-x=8-(4+\sqrt{2})=4-\sqrt{2}$

$x=4-\sqrt{2}$ のとき，① から

$8-x=8-(4-\sqrt{2})=4+\sqrt{2}$

$1<\sqrt{2}<2$ であるから

$0<4-\sqrt{2}<4+\sqrt{2}<6$

$x=4\pm\sqrt{2}$ は問題に適する。

よって，斜辺でない 2 辺の長さは

$(4+\sqrt{2})$ cm, $(4-\sqrt{2})$ cm

129 (1) $a^2=(2n)^2=4n^2$,

$b^2=(n^2-1)^2=n^4-2n^2+1$

$c^2=(n^2+1)^2=n^4+2n^2+1$

$c^2-b^2=4n^2$ であるから　$c^2=a^2+b^2$

よって，△ABC は ∠C=90° の直角三角形である。

(2) $a^2=(m^2-n^2)^2=m^4-2m^2n^2+n^4$

$b^2=(2mn)^2=4m^2n^2$

$c^2=(m^2+n^2)^2=m^4+2m^2n^2+n^4$

$c^2-a^2=4m^2n^2$ であるから　$c^2=a^2+b^2$

よって，△ABC は ∠C=90° の直角三角形である。

解説

(1) の $a=2n$, $b=n^2-1$, $c=n^2+1$；(2) の $a=m^2-n^2$, $b=2mn$, $c=m^2+n^2$ に自然数 m, n を代入すると，$a^2+b^2=c^2$ をみたす。これは **ピタゴラス数** (本冊 p. 176) である。

第1章 第2章 第3章 第4章 第5章 第6章 第7章 第8章 入試対策編

130 $2\sqrt{5}$ **cm**

解説

角の二等分線と線分の比の定理 から，

BD : DC=3 : 2 より　　AB : AC=3 : 2

a を正の数として，AB=$3a$ cm，AC=$2a$ cm とすると，直角三角形 ABC において

$$5^2+(2a)^2=(3a)^2$$

$$a^2=5$$

$a>0$ であるから　$a=\sqrt{5}$

したがって　　AC=$2\sqrt{5}$ (cm)

➡本冊 p. 192

131 (1) $6\sqrt{2}$ **cm**　　(2) **15 cm**

(3) $\sqrt{21}$ **cm**

解説

(1) 正方形の対角線の長さは 1 辺の長さの $\sqrt{2}$ 倍であるから　$6\times\sqrt{2}=6\sqrt{2}$ (cm)

(2) ひし形の対角線は，たがいに他を垂直に 2 等分するから，1 辺の長さを x cm とすると　$x^2=\left(\frac{18}{2}\right)^2+\left(\frac{24}{2}\right)^2=225$

$x>0$ であるから　　$x=15$

(3) AH=h cm とする。

△ABC は二等辺三角形であるから，H は辺 BC の中点である。

よって　　BH=2

直角三角形 ABH において

$h^2+2^2=5^2$　　$h^2=5^2-2^2=21$

$h>0$ であるから　　$h=\sqrt{21}$

132 (1) **28 cm²**　　(2) $(60-4\sqrt{5})$ **cm²**

解説

(1) 図のように，頂点 A，D から辺 BC にそれぞれ垂線 AH，DK をひく。

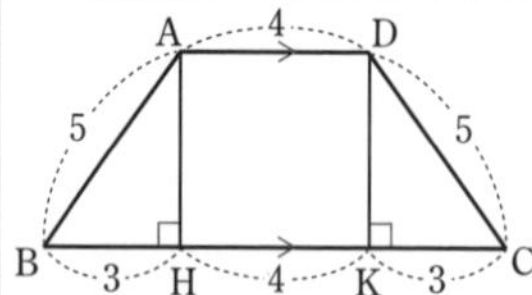

HK=AD=4，BC=10，BH=KC であるから　BH=(10−4)÷2=3

直角三角形 ABH において

$$AH^2=5^2-3^2=16$$

AH>0 であるから　　AH=4

よって，台形 ABCD の面積は

$$\frac{1}{2}\times(4+10)\times4=28\ (\text{cm}^2)$$

(2) 右の図のように，図形 (2) は長方形 ABCD から直角三角形 AEF を取り除いたものと考える。

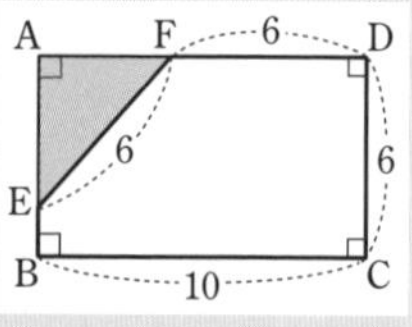

直角三角形 AEF において，AF=4 であるから　　$AE^2=6^2-4^2=20$

AE>0 であるから　　AE=$2\sqrt{5}$

よって　　$\triangle AEF=\frac{1}{2}\times4\times2\sqrt{5}=4\sqrt{5}$

したがって，求める面積は

$$6\times10-4\sqrt{5}=60-4\sqrt{5}\ (\text{cm}^2)$$

133 $\left(\frac{3}{2}+\sqrt{3}\right)$ **cm²**

解説

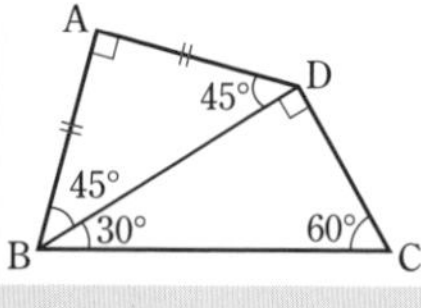

△ABD は **直角二等辺三角形** であるから

∠ABD=45°

したがって

∠DBC=75°−45°

=30°

よって，△DBC は 3 つの角が 30°，60°，90° の **直角三角形** である。

△ABD において

$$AB=AD=\frac{1}{\sqrt{2}}\times\sqrt{6}=\sqrt{3}$$

△BCD において

$$CD=\frac{1}{\sqrt{3}}\times\sqrt{6}=\sqrt{2}$$

したがって，四角形 ABCD の面積は

$$\frac{1}{2}\times\sqrt{3}\times\sqrt{3}+\frac{1}{2}\times\sqrt{6}\times\sqrt{2}$$

$$=\frac{3}{2}+\sqrt{3}\ (\text{cm}^2)$$

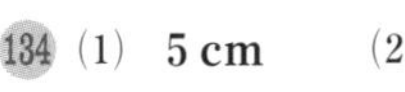

134 (1) **5 cm**　　(2) $\dfrac{55\sqrt{3}}{4}$ **cm²**

解説

(1) 六角形 ABCDEF は内角の大きさがすべて等しいから，1 つの外角の大きさは

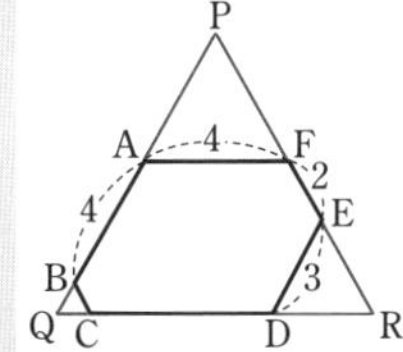

$360° \div 6 = 60°$

右の図のように，直線 AB と直線 EF，直線 AB と直線 CD，直線 CD と直線 EF の交点をそれぞれ P，Q，R とすると，△PAF，△BQC，△EDR はすべて正三角形で，△PQR も正三角形である。

△PQR の 1 辺の長さは

$PR=4+2+3=9$

よって　$BQ=9-(4+4)=1$

したがって　$CD=9-(1+3)=5$

(2) 1 辺の長さが a である正三角形の面積は

$\dfrac{\sqrt{3}}{4}a^2$ …… (＊)

よって　$\triangle PQR=\dfrac{\sqrt{3}}{4}\times 9^2=\dfrac{81\sqrt{3}}{4}$

$\triangle PAF=\dfrac{\sqrt{3}}{4}\times 4^2=4\sqrt{3}$

$\triangle BQC=\dfrac{\sqrt{3}}{4}\times 1^2=\dfrac{\sqrt{3}}{4}$

$\triangle EDR=\dfrac{\sqrt{3}}{4}\times 3^2=\dfrac{9\sqrt{3}}{4}$

よって，六角形 ABCDEF の面積は

$$\frac{81\sqrt{3}}{4}-\left(4\sqrt{3}+\frac{\sqrt{3}}{4}+\frac{9\sqrt{3}}{4}\right)$$

$$=\frac{55\sqrt{3}}{4}\ (\text{cm}^2)$$

注意　(＊) は公式として利用してよい。

この公式を利用しないで，△PQR の面積を求めると，次のようになるが，これは手間である。

(△PQR の面積について)

正三角形 PQR の頂点 P から辺 QR に垂線 PH をひくと，H は辺 QR の中点に一致する。

△PQH は 3 つの角が 30°，60°，90° の直角三角形 であるから

$PH=\sqrt{3}\,QH=\sqrt{3}\times\dfrac{9}{2}=\dfrac{9\sqrt{3}}{2}$

$\triangle PQR=\dfrac{1}{2}\times 9\times\dfrac{9\sqrt{3}}{2}=\dfrac{81\sqrt{3}}{4}$

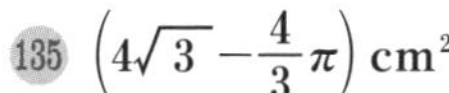

135 $\left(4\sqrt{3}-\dfrac{4}{3}\pi\right)$ **cm²**

解説

円 O と直線 XY，XZ との接点をそれぞれ A，B とする。

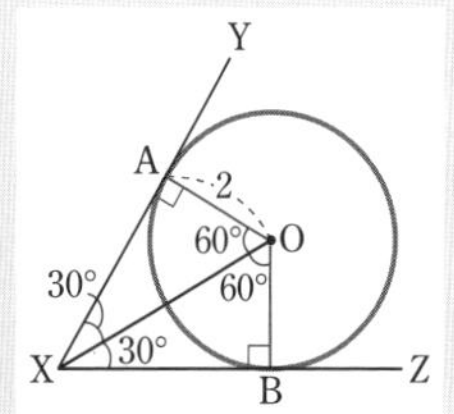

△OAX，△OBX はともに，3 つの角が 30°，60°，90° の直角三角形 であるから

$AX=BX=2\sqrt{3}$

問題の図の斜線部分は，△OAX と △OBX から，中心角が 120° のおうぎ形を除いた図形である。よって，求める面積は

$$\left(\frac{1}{2}\times 2\times 2\sqrt{3}\right)\times 2-\pi\times 2^2\times\frac{120}{360}$$

$$=4\sqrt{3}-\frac{4}{3}\pi\ (\text{cm}^2)$$

➡本冊 p. 193

136 $6\sqrt{2}$ **cm**

解説

直線 OA と，O′ を通り直線 ℓ に平行な直線との交点を C とする。

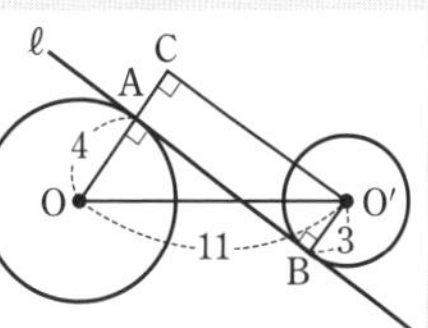

$\angle OAB = \angle O'BA = 90°$

より，四角形 ABO′C は長方形であるから

$CO'=AB,\quad AC=BO'=3$

$OC=4+3=7$ であるから，△COO′ において，三平方の定理により

$CO'=\sqrt{11^2-7^2}=\sqrt{72}=6\sqrt{2}$

よって　$AB=CO'=6\sqrt{2}$ (cm)

137 (1) △BDE と △CFD において

△ABC は正三角形であるから

$\angle EBD = \angle DCF = 60^\circ$ …… ①

$\angle EDF = \angle EAF$ であるから

$\angle EDF = 60^\circ$

△BDE の内角と外角の性質から

$\angle BED + \angle EBD = \angle EDF + \angle CDF$

$\angle BED + 60^\circ = 60^\circ + \angle CDF$

よって　$\angle BED = \angle CDF$ …… ②

①，② より，2 組の角がそれぞれ等しいから　△BDE∽△CFD

(2) $\dfrac{49\sqrt{3}}{5}$ cm^2

解説

(1) △DEF は，線分 EF を対称の軸として，△AEF を 対称移動 したものである。

よって　$\angle EDF = \angle EAF$

(2) BD : DC＝1 : 2 から

$BD = \dfrac{1}{3} \times 12 = 4,\ DC = \dfrac{2}{3} \times 12 = 8$

AF＝12－5＝7 であるから　DF＝7

△BDE∽△CFD から

DE : FD＝BD : CF

DE : 7＝4 : 5

$DE = \dfrac{28}{5}$

点F から線分 DE に垂線 FG をひくと，∠FDE ＝∠A＝60° であるから

$FG = \dfrac{\sqrt{3}}{2} DF$

$= \dfrac{\sqrt{3}}{2} \times 7 = \dfrac{7\sqrt{3}}{2}$

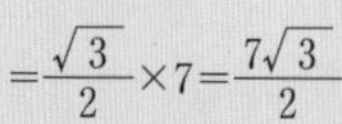

よって，求める面積は

$\triangle DEF = \dfrac{1}{2} \times \dfrac{28}{5} \times \dfrac{7\sqrt{3}}{2} = \dfrac{49\sqrt{3}}{5}$ (cm^2)

138 $\sqrt{11}$ cm

解説

辺 EA の延長線上に点 I から垂線 IJ をひく。

四角形 EFGH は正方形であるから

$IJ = \dfrac{1}{2} EG$

$= \dfrac{1}{2} \times \sqrt{2}\,EF$

$= \dfrac{1}{2} \times 2\sqrt{2} = \sqrt{2}$

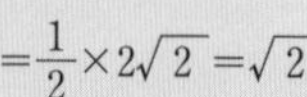

△AIJ は直角三角形であるから

$IA^2 = JA^2 + IJ^2$

$(\sqrt{3})^2 = JA^2 + (\sqrt{2})^2$　　$JA^2 = 1$

JA＞0 であるから　JA＝1

△EIJ は直角三角形であるから

$EI^2 = EJ^2 + IJ^2 = (1+2)^2 + (\sqrt{2})^2$

$= 3^2 + 2 = 11$

EI＞0 であるから　$EI = \sqrt{11}$ (cm)

139 周の長さ $(10 + 3\sqrt{2})$ cm

面積 $\dfrac{3\sqrt{41}}{2}$ cm^2

解説

切り口は △AFC である。

直角三角形 AEF において

$AF^2 = AE^2 + EF^2$

$= AE^2 + AB^2$

$= 3^2 + 4^2 = 25$

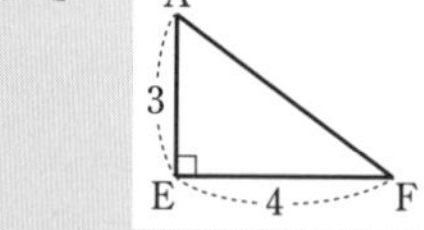

AF＞0 であるから　AF＝5

△CFG は FG＝GC＝3 の 直角二等辺三角形 で，辺 FC は斜辺であるから

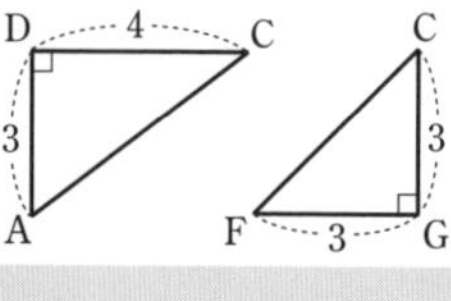

$FC = 3\sqrt{2}$

また，△ADC≡△AEF であるから

AC＝AF＝5

よって，切り口の周の長さは

$2 \times 5 + 3\sqrt{2} = 10 + 3\sqrt{2}$

点A から辺 FC に垂線 AH をひくと

$\mathrm{CH}=\mathrm{HF}=\dfrac{3\sqrt{2}}{2}$

直角三角形 AHC において

$$\mathrm{AH}^2=5^2-\left(\frac{3\sqrt{2}}{2}\right)^2=\frac{41}{2}$$

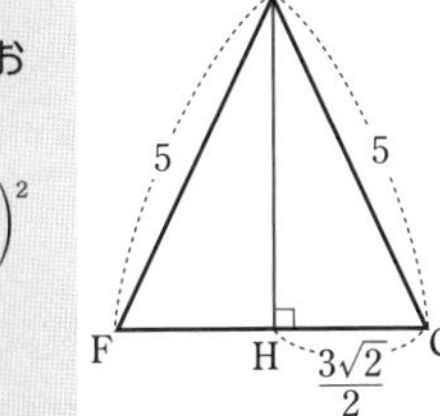

AH>0 であるから

$\mathrm{AH}=\sqrt{\dfrac{41}{2}}$ ←有理化しない方がよい。

したがって，求める面積は

$$\frac{1}{2}\times3\sqrt{2}\times\frac{\sqrt{41}}{\sqrt{2}}=\frac{3\sqrt{41}}{2}\ (\mathrm{cm}^2)$$

140 $3\sqrt{29}$ **cm**

解説

問題の正三角柱の展開図は，次のようになる。

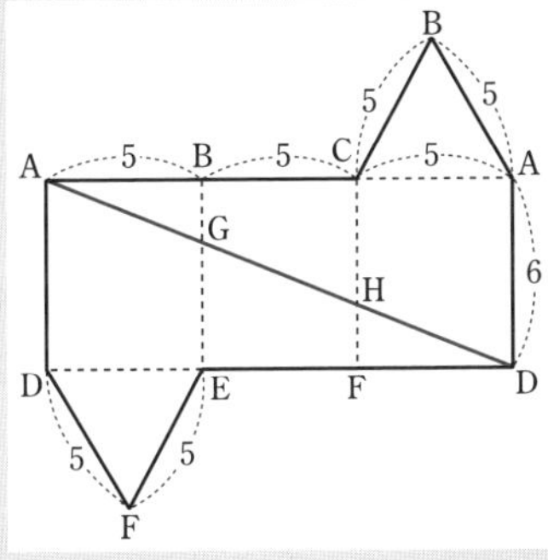

糸がもっとも短くなるのは，上の展開図において，4 点 A，G，H，D が一直線上にあるときである。

よって，糸がもっとも短くなるときの糸の長さを ℓ cm とすると，ℓ は図の線分 AD の長さに等しく　$\ell^2=6^2+(5\times3)^2=6^2+15^2=261$

$\ell>0$ であるから　　$\ell=3\sqrt{29}$

定期試験対策問題

➡本冊 p. 195

69 (1)　$x=10$　　(2)　$x=12$

(3)　$x=2$，$y=2\sqrt{2}$，$z=\sqrt{2}$，$u=\sqrt{6}$

解説

(1)　$x=\sqrt{6^2+8^2}=\sqrt{100}=10$

(2)　$x=\sqrt{13^2-(8-3)^2}=\sqrt{144}=12$

(3)　$x=2$，　$y=\sqrt{2}\times2=2\sqrt{2}$，

$z=\dfrac{1}{2}y=\dfrac{1}{2}\times2\sqrt{2}=\sqrt{2}$，

$u=\sqrt{3}\,z=\sqrt{3}\times\sqrt{2}=\sqrt{6}$

70 (1)

解説

(1)　$8^2=64$，$15^2=225$，$17^2=289$ であるから

$$8^2+15^2=17^2$$

よって，直角三角形である。

(2)　$7^2=49$，$11^2=121$，$13^2=169$ であるから

$$7^2+11^2\neq13^2$$

よって，直角三角形ではない。

(3)　$8^2=64$，$13^2=169$，$16^2=256$ であるから

$$8^2+13^2\neq16^2$$

よって，直角三角形ではない。

71 $\dfrac{9+\sqrt{17}}{2}$ **cm**，$\dfrac{9-\sqrt{17}}{2}$ **cm**

解説

斜辺でない 1 辺の長さを x cm とすると，残りの辺の長さは　$16-(7+x)=9-x$ …… ①

三平方の定理により

$$x^2+(9-x)^2=7^2$$
$$x^2+(81-18x+x^2)=49$$
$$2x^2-18x+32=0$$
$$x^2-9x+16=0$$
$$x=\frac{-(-9)\pm\sqrt{(-9)^2-4\times1\times16}}{2\times1}=\frac{9\pm\sqrt{17}}{2}$$

① から

$x=\dfrac{9+\sqrt{17}}{2}$ のとき　　$9-x=\dfrac{9-\sqrt{17}}{2}$

$x=\dfrac{9-\sqrt{17}}{2}$ のとき　　$9-x=\dfrac{9+\sqrt{17}}{2}$

$x=\dfrac{9\pm\sqrt{17}}{2}$ は問題に適する。

よって，斜辺でない 2 辺の長さは

$$\frac{9+\sqrt{17}}{2}\ \mathrm{cm},\quad \frac{9-\sqrt{17}}{2}\ \mathrm{cm}$$

72 (1) $x=2\sqrt{19}$ (2) $x=\sqrt{5}$

解説

(1) 直角三角形 ABC において

$$AC^2=11^2-(5+2)^2=72$$

直角三角形 ADC において

$$x^2=AC^2+DC^2=72+2^2=76$$

$x>0$ であるから $x=2\sqrt{19}$

(2) △ABC において，

∠B=90° であるから

$$AC^2=4^2+5^2=41$$

△ACD において，

∠D=90° であるから

$$x^2=AC^2-6^2$$
$$=41-36=5$$

$x>0$ であるから $x=\sqrt{5}$

73 BC=2a，CA=2b，AB=2c とする。

三平方の定理により

$$(2c)^2+(2b)^2=(2a)^2$$

よって $c^2+b^2=a^2$ …… ①

P と Q の面積の和 S は，線分 AB を直径とする半円，線分 AC を直径とする半円と △ABC の面積の和から，線分 BC を直径とする半円の面積をひいたものである。

$$S=\frac{1}{2}\pi c^2+\frac{1}{2}\pi b^2+\triangle ABC-\frac{1}{2}\pi a^2$$
$$=\frac{1}{2}\pi(c^2+b^2-a^2)+\triangle ABC$$

① により $c^2+b^2-a^2=0$

したがって $S=\triangle ABC$

別解 BC=a，CA=b，AB=c とする。

三平方の定理により $b^2+c^2=a^2$

以下，(図形名) とあるものは，その図形の面積を表す。

(半円 AB)+(半円 AC)

$$=\frac{\pi}{2}\left(\frac{c}{2}\right)^2+\frac{\pi}{2}\left(\frac{b}{2}\right)^2=\frac{\pi}{2}\times\frac{c^2+b^2}{4}$$
$$=\frac{\pi}{2}\times\frac{a^2}{4}=\frac{\pi}{2}\left(\frac{a}{2}\right)^2=(\text{半円 BC})$$

すなわち

(半円 AB)+(半円 AC)=(半円 BC)

両辺から，$\overset{\frown}{AB}$ と弦 AB で囲まれる部分と，$\overset{\frown}{AC}$ と弦 AC で囲まれる部分の面積の和をひくと $P+Q=\triangle ABC$

74 35 cm²

解説

頂点 A から辺 BC に垂線 AH をひく。

BH=x cm とすると，

CH=$(14-x)$ cm

△ABH において，

三平方の定理により

$$AH^2=(\sqrt{29})^2-x^2=29-x^2 \quad \cdots\cdots ①$$

△ACH において，三平方の定理により

$$AH^2=13^2-(14-x)^2 \quad \cdots\cdots ②$$

①，② から $29-x^2=13^2-(14-x)^2$

$$(14-x)^2-x^2=13^2-29$$
$$196-28x=140$$
$$-28x=-56$$

したがって $x=2$

$x=2$ を ① に代入して $AH^2=25$

AH>0 であるから AH=5

よって，求める面積は

$$\triangle ABC=\frac{1}{2}\times14\times5=35\ (\text{cm}^2)$$

➡本冊 p. 196

75 $\dfrac{16\sqrt{3}}{3}$ cm²

解説

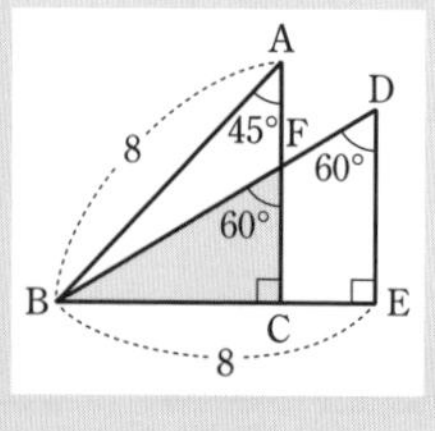

右の図のように，頂点 B において，△ABC と △BDE が重なっているとする。

△ABC は，直角二等辺三角形であるから

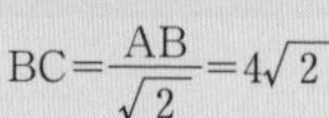

$$BC=\frac{AB}{\sqrt{2}}=4\sqrt{2}$$

△FBC は，30°，60°，90° の直角三角形であ

るから　$FC=\frac{BC}{\sqrt{3}}=\frac{4\sqrt{2}}{\sqrt{3}}=\frac{4\sqrt{6}}{3}$

よって，重なる部分の面積は

$$\triangle FBC=\frac{1}{2}\times BC\times FC=\frac{1}{2}\times 4\sqrt{2}\times\frac{4\sqrt{6}}{3}$$

$$=\frac{16\sqrt{3}}{3}\ (\mathrm{cm}^2)$$

76 (1) $2\sqrt{10}$ cm　(2) $2\sqrt{10}$ cm

解説

(1) 図の直角三角形 OAH において

$OA^2=OH^2+AH^2$

$=2^2+6^2=40$

$OA>0$ であるから

$OA=2\sqrt{10}$ (cm)

(2) 図の直角三角形 AOB において

$OB^2=AO^2-AB^2$

$=11^2-9^2=40$

$OB>0$ であるから

$OB=2\sqrt{10}$ (cm)

77 (1) **$\angle AOB=90°$ の直角三角形**

(2) **$CD=CE$ の直角二等辺三角形**

(または $\angle C=90°$ の直角二等辺三角形)

解説

(1) $OA^2=6^2+2^2=40$

$OB^2=(-1)^2+3^2=1^2+3^2=10$

$AB^2=(-1-6)^2+(3-2)^2=7^2+1^2=50$

よって　$OA^2+OB^2=AB^2$

したがって　$\angle AOB=90°$ の直角三角形

(2) $CD^2=(-1-1)^2+\{3-(-2)\}^2$

$=2^2+5^2=29$

$DE^2=\{6-(-1)\}^2+(0-3)^2=7^2+3^2=58$

$EC^2=(6-1)^2+\{0-(-2)\}^2=5^2+2^2=29$

よって　$CD^2=EC^2$，$CD^2+EC^2=DE^2$

したがって

$CD=CE$ の直角二等辺三角形

78 $\frac{21}{4}$ **cm²**

解説

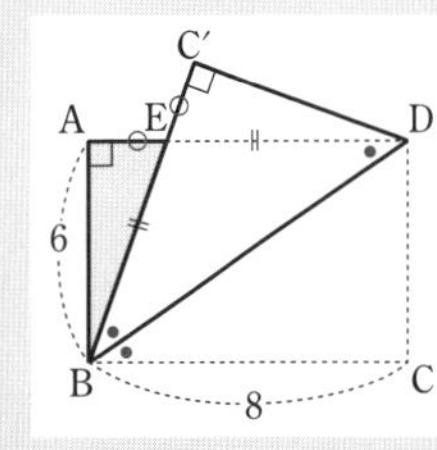

$\triangle BC'D$ は，線分 BD を対称の軸として，$\triangle BCD$ を対称移動したものであるから

$\angle CBD=\angle C'BD$

$AD /\!/ BC$ であるから

$\angle ADB=\angle CBD$

(錯角)

よって，$\angle EDB=\angle EBD$ であるから

$ED=EB$

したがって，$AE=x$ cm とすると

$BE=8-x$ (cm)

$\triangle ABE$ において，三平方の定理により

$x^2+6^2=(8-x)^2$

$(8-x)^2-x^2=36$

$64-16x=36$　　$16x=28$

したがって　$x=\frac{7}{4}$

よって　$\triangle ABE=\frac{1}{2}\times 6\times\frac{7}{4}=\frac{21}{4}\ (\mathrm{cm}^2)$

79 (1) $2\sqrt{29}$ cm　(2) $\sqrt{89}$ cm

(3) $\sqrt{77}$ cm

解説

(1) $BH=\sqrt{6^2+8^2+4^2}=\sqrt{116}$

$=2\sqrt{29}$ (cm)

(2)

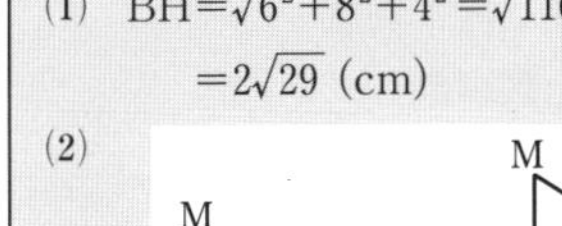

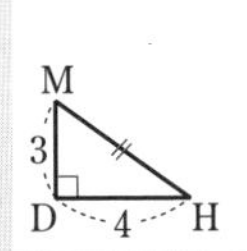

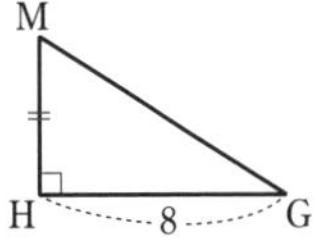

$MG^2=MH^2+HG^2$

$=(MD^2+DH^2)+HG^2$

$=3^2+4^2+8^2=89$

$MG>0$ であるから　$MG=\sqrt{89}$ (cm)

(3) 辺 AE の中点を P とすると

$MN^2=MP^2+PN^2$

$=(MA^2+AP^2)+PN^2$

$=3^2+2^2+8^2=77$

$MN>0$ であるから　　$MN=\sqrt{77}$ (cm)

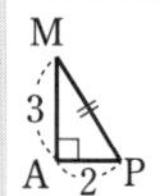

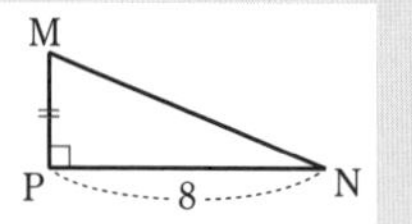

80 $\dfrac{128\sqrt{2}}{3}\pi\ \text{cm}^3$

解説

おうぎ形の弧の長さは

$$2\pi\times12\times\frac{120}{360}=8\pi$$

底面の円の半径を r cm とすると　　$2\pi r=8\pi$

よって　　$r=4$

また，円錐の高さを h cm とすると，三平方の定理により

$$h^2=12^2-4^2=128$$

$h>0$ であるから　　$h=8\sqrt{2}$

よって，求める円錐の体積は

$$\frac{1}{3}\pi\times4^2\times8\sqrt{2}=\frac{128\sqrt{2}}{3}\pi\ (\text{cm}^3)$$

第8章 資料の整理

p. 198

練習

練習116 (1)，(4)，(5)　**標本調査**

(2)，(3)　**全数調査**

解説

(1)，(5)　母集団が大きすぎるため，全数調査は困難である。

(4)　全数調査をすると，調査が終わったとき，商品がなくなり，何のための調査かわからなくなる。

練習117 ②，③

解説

① 1つの組だけから選んでいるので，全員の中から公平に選んでいるとはいえない。

② 各組の生徒数は30人で，1つの組の中に，名簿番号の一の位の数が1，2，……，9，0である生徒は，それぞれ3人ずついる。
よって，全員の中から公平に選ばれており，かたよりはない。

③ 3年生全体で $7\times30=210$ (人) いる。
よって，全員の中から公平に選ばれており，かたよりはない。

練習118 **およそ78000項目**

解説

抽出した標本の，1ページあたりの項目の数の平均は　　$\dfrac{3476}{30\times3}=\dfrac{1738}{45}$

したがって，この英和辞典にのっている項目の総数は　　$2020\times\dfrac{1738}{45}=78016.8\cdots\cdots$

と考えられる。

よって　　およそ78000項目

練習119 **およそ9000世帯**

解説

300世帯にふくまれる，番組Tを視聴していた世帯の割合は　　$\dfrac{45}{300}=\dfrac{3}{20}$

したがって，母集団における，番組Tを視聴していた世帯の割合も $\dfrac{3}{20}$ であると推定することができる。

よって，A市全体でこの番組Tを視聴していた世帯は　　$60000\times\dfrac{3}{20}=9000$

から，およそ9000世帯と考えられる。

練習120 **およそ1800個**

解説

5回の標本調査におけるオレンジ色の球の割合は，それぞれ　$\dfrac{5}{70}$，$\dfrac{7}{70}$，$\dfrac{9}{70}$，$\dfrac{6}{70}$，$\dfrac{8}{70}$

この5回の割合の平均は

$$\left(\frac{5}{70}+\frac{7}{70}+\frac{9}{70}+\frac{6}{70}+\frac{8}{70}\right)\div5$$

$$=\frac{35}{70}\times\frac{1}{5}=\frac{1}{10}$$

これが箱の中のオレンジ色の球の割合であると考えられ，箱の中に200個のオレンジ色の球

が入っているから，箱の中に入っている全部の球の個数は，

$$200\div\frac{1}{10}=2000$$

より，およそ 2000 個と考えられる。
よって，最初に箱の中に入っていた白い球の個数は，およそ　$2000-200=1800$ (個)

EXERCISES

➡本冊 p. 204

141 (2)

解説

(2) たとえ無作為に取り出しても，母集団全体の平均値と標本平均は完全に一致するとは限らない。

142 ②

解説

① 3 年生全員の中から選んでいるので，全校生徒から公平に選んでいるとはいえない。
② 全員の中から公平に選ばれていて，かたよりはない。
③，④ 図書室の利用回数といった，かたよりがある中から選んでいるので，公平に選んでいるとはいえない。

143 およそ 13900 g (13.9 kg)

解説

無作為に抽出された 10 個のみかんの重さの平均は

$(77+64+68+61+69+77+62+74+71+72)$
$\div10=69.5$

したがって，箱の中に入っているみかん 1 個の重さもおよそ 69.5 g と考えられる。
よって，この箱の重さは

$$69.5\times200=13900\text{ g}$$

から，およそ 13900 g と考えられる。

144 およそ 3000 個

解説

無作為に抽出した空き缶にふくまれるアルミ缶の割合は　$\dfrac{75}{120}=\dfrac{5}{8}$
したがって，母集団におけるアルミ缶の割合も $\dfrac{5}{8}$ であると推定することができる。
よって，4800 個の空き缶にふくまれるアルミ缶は　$4800\times\dfrac{5}{8}=3000$
から，およそ 3000 個と考えられる。

➡本冊 p. 205

145 (1) およそ 375 個　(2) およそ 4000 個

解説

(1) 無作為に抽出した 80 個の製品の中にふくまれる不良品の割合は　$\dfrac{3}{80}$
したがって，10000 個の製品の中にふくまれる不良品の割合も $\dfrac{3}{80}$ であると推定される。
よって，発生した不良品の個数は，

$$10000\times\frac{3}{80}=375$$

から，およそ 375 個と考えられる。

(2) 生産した製品の中にふくまれる不良品の割合も $\dfrac{3}{80}$ であると推定される。
不良品が 150 個発生したとき，生産した製品は　$150\div\dfrac{3}{80}=4000$
から，およそ 4000 個と考えられる。

146 (1) 19　(2) (ア) 8.96　(イ) 2987

解説

(1) 黒玉の個数が 10 個の階級は 8 回で，相対度数は 0.16 である。
よって，実験の回数の合計は

$$8\div0.16=50\text{ (回)}$$

したがって，表中の x にあてはまる数は

$$50-(7+10+8+4+2)=19$$

(2) (ア) $(7\times7+8\times10+9\times19+10\times8+11\times4+12\times2)$
$\div50=\dfrac{448}{50}=8.96$

(イ) 取り出した 30 個の玉にふくまれる黒

玉の個数の割合は　$\frac{8.96}{30}$

したがって，母集団における黒玉の個数の割合も $\frac{8.96}{30}$ であると推定することができる。

よって，箱の中に入っている黒玉の総数は　$10000\times\frac{8.96}{30}=2986.666\cdots$

から，およそ 2987 個と考えられる。

147 **およそ 140 個**

解説

8 回の標本調査における白玉の割合の平均は，

$\left(\frac{6}{20}+\frac{10}{20}+\frac{8}{20}+\frac{7}{20}+\frac{7}{20}+\frac{7}{20}+\frac{5}{20}+\frac{6}{20}\right)$

$\div 8=\frac{56}{20}\times\frac{1}{8}=\frac{7}{20}$

これが箱の中の白玉の割合であると考えられ，箱の中に 400 個の玉が入っているから，白玉の個数は　$400\times\frac{7}{20}=140$

より，およそ 140 個と考えられる。

148 **およそ 700 個**

解説

取り出した 80 個の碁石の中に黒の碁石がふくまれる割合は　$\frac{10}{80}=\frac{1}{8}$

したがって，母集団における黒の碁石がふくまれる割合も $\frac{1}{8}$ であると推定することができる。

袋の中に 100 個の黒の碁石が入っているから，袋の中に入っている全部の碁石の個数は，

$$100\div\frac{1}{8}=800$$

より，およそ 800 個と考えられる。

よって，はじめに袋の中に入っていた白の碁石の総数は，およそ　$800-100=700$ (個)

定期試験対策問題

➡本冊 p. 206

81 ③

解説

①，②　特定のクラスまたは 3 年生全員から選んでいるため，全校生徒から公平に選んでいるとはいえない。

③　全員の中から公平に選ばれていて，かたよりはない。

④　調査に協力してくれる人といった，かたよりがある中から選んでいるので，公平に選んでいるとはいえない。

82 **およそ 1110 個**

解説

選んだ 10 ページに使われている「数」という文字の個数の平均は

$(6+2+6+7+8+1+2+4+8+4)\div 10=4.8$

したがって，教科書の 1 ページにのっている「数」という文字の個数も 4.8 であると推定することができる。

よって，この教科書の本文にのっている「数」の文字の総数は

$$231\times 4.8=1108.8\fallingdotseq 1110$$

から，およそ 1110 個と考えられる。

83 **およそ 400 匹**

解説

再び捕まえた 60 匹のうち，印のついた鯉の割合は　$\frac{9}{60}=\frac{3}{20}$

したがって，母集団における印のついた鯉の割合も $\frac{3}{20}$ であると推定することができる。

数日後，この池の中には，印のついた鯉が 60 匹いるから，調査を行う前に，この池の中にいる鯉の総数は

$$60\div\frac{3}{20}=400$$

より，およそ 400 匹と考えられる。

84 **およそ 300 個**

解説

6 回の標本調査における不良品の割合の平均は $\left(\frac{3}{50}+\frac{0}{50}+\frac{2}{50}+\frac{1}{50}+\frac{1}{50}+\frac{2}{50}\right)\div 6$

$=\frac{9}{50}\times\frac{1}{6}=\frac{3}{100}$

これが不良品の割合であると考えられ，この工場がつくった 10000 個の製品の中にふくまれる不良品の割合も $\frac{3}{100}$ であると推定される。

よって，ふくまれる不良品の個数は，

$10000\times\frac{3}{100}=300$

から，およそ 300 個と考えられる。

入試対策編 p. 207

問　題

問題 1 $a:b=3:2$

解説

$T=\frac{1}{2}\pi b^2$

$S=\frac{1}{2}\pi(a+b)^2-\frac{1}{2}\pi a^2-\frac{1}{2}\pi b^2$

$=\frac{1}{2}\pi(a^2+2ab+b^2-a^2-b^2)=\pi ab$

$S=3T$ のとき　$\pi ab=\frac{3}{2}\pi b^2$

よって　$a=\frac{3}{2}b$

したがって　$a:b=3:2$

問題 2 $n=5,\ 17$

解説

$P=n^2-22n+96$ とすると

$P=(n-6)(n-16)$ …… ①

n は自然数であるから　$n-6>n-16$

P が素数であるとき，$P>1$，$-1>-P$ であるから，① の右辺は

$P\times 1$　または　$(-1)\times(-P)$

のような整数の積の形をしている。

[1]　$n-6=P$，$n-16=1$ のとき

$n-16=1$ から　$n=17$

$n=17$ を $n-6=P$ に代入すると　$P=11$

これは素数であるから，問題に適している。

[2]　$n-6=-1$，$n-16=-P$ のとき

$n-6=-1$ から　$n=5$

$n=5$ を $16-n=P$ に代入すると

$P=11$

これは素数であるから，問題に適している。

以上から，求める自然数 n の値は

$n=5,\ 17$

問題 3 $n=7,\ 8,\ 13$

解説

k を 0 以上の整数として，$\sqrt{n^2-48}=k$ とすると　$n^2-48=k^2$

$n^2-k^2=48$

$(n+k)(n-k)=48$

$n+k$，$n-k$ は整数であり，$n+k>0$ であるから，$n+k$ と $n-k$ は 48 の正の約数である。

ここで，$(n+k)+(n-k)=2n$ から，$n+k$ と $n-k$ はともに偶数であるか，またはともに奇数である。

よって，考えられる組み合わせは，

$n+k>n-k$ であるから

$\begin{cases}n+k=8\\n-k=6\end{cases}$　$\begin{cases}n+k=12\\n-k=4\end{cases}$　$\begin{cases}n+k=24\\n-k=2\end{cases}$

それぞれの連立方程式の解は

$(n,\ k)=(7,\ 1),\ (8,\ 4),\ (13,\ 11)$

よって，求める自然数 n は　$n=7,\ 8,\ 13$

問題 4 (1)　(ア)　1　(イ)　1　(ウ)　2

(2)　$x=4$

解説

(1)　(ア)　$1<\sqrt{2}<2$ から　$[\sqrt{2}]=1$

(イ)　$<\sqrt{2}>+<2-\sqrt{2}>$

$=(\sqrt{2}-1)+(2-\sqrt{2})=1$

(ウ)　$1<\sqrt{2}<2$ から　$-2<-\sqrt{2}<-1$

各辺に 4 を加えて　$2<4-\sqrt{2}<3$

$(3+<\sqrt{2}>)\times<4-\sqrt{2}>$

$=\{3+(\sqrt{2}-1)\}\times\{(4-\sqrt{2})-2\}$

$=(2+\sqrt{2})(2-\sqrt{2})=2^2-(\sqrt{2})^2$

$=4-2=2$

(2) $[x-\sqrt{2}\,]$ と 2 は整数であるから，$<x>$ も整数である。つまり，$<x>=0$ から

$$[x-\sqrt{2}\,]=0+2$$
$$[x-\sqrt{2}\,]=2$$

よって　$2\leqq x-\sqrt{2}<3$

$<x>=0$ より x は整数であるから，この不等式をみたす x は　$x=4$

問題 5　15 %

解説

値下げ前の定価を a 円，そのときの売り上げ個数を b 個とする。ただし，$a>0$，$b>0$ である。

定価を x % 値下げしたとき，売り上げ金額が 10.5 % 増加したとすると

$$a\left(1-\frac{x}{100}\right)\times b\left(1+\frac{2x}{100}\right)=ab\times\left(1+\frac{10.5}{100}\right)$$
$$(100-x)\times(50+x)=5525$$
$$x^2-50x+525=0$$
$$(x-15)(x-35)=0$$

したがって　$x=15,\ 35$

$0<x<30$ であるから　$x=15$

よって，定価を 15 % 値下げすればよい。

問題 6　$x=10$

解説

もとの食塩の重さは　$50\times\dfrac{10}{100}=5$ (g)

取り出された食塩の重さは　$x\times\dfrac{10}{100}=\dfrac{x}{10}$ (g)

よって，新しい食塩水にふくまれる食塩の重さは，$\left(5-\dfrac{x}{10}\right)$ g であるから，新しい食塩水の濃度は

$$\left(5-\frac{x}{10}\right)\div 50\times 100=10-\frac{x}{5}\ (\%)$$

$2x$ g の食塩水にふくまれる食塩の重さは

$$\left(10-\frac{x}{5}\right)\div 100\times 2x=\frac{x}{5}-\frac{x^2}{250}\ (\text{g})$$

残っている食塩の重さは

$$5-\frac{x}{10}-\left(\frac{x}{5}-\frac{x^2}{250}\right)=\frac{x^2}{250}-\frac{3}{10}x+5\ (\text{g})$$

濃度は 4 % になるから

$$(50+x)\times\frac{4}{100}=\frac{x^2}{250}-\frac{3}{10}x+5$$
$$\frac{x^2}{250}-\frac{3}{10}x+5=\frac{1}{25}(50+x)$$
$$x^2-75x+1250=500+10x$$
$$x^2-85x+750=0$$
$$(x-10)(x-75)=0$$

したがって　$x=10,\ 75$

$0<x<25$ であるから　$x=10$

これは，問題に適している。

問題 7　4 秒後，$(4+2\sqrt{2}\,)$ 秒後

解説

長方形 ABCD の面積の $\dfrac{1}{4}$ は

$$(4\times 8)\times\frac{1}{4}=8\ (\text{cm}^2)$$

x 秒後に $\triangle\text{APQ}=8\ \text{cm}^2$ になるとする。

[1] 点Pが辺 AB 上にあるとき　$0\leqq x\leqq 2$

$$\triangle\text{APQ}=\frac{1}{2}\times\text{AP}\times\text{AQ}=\frac{1}{2}\times 2x\times x=x^2$$

よって　$x^2=8$　　$x=\pm 2\sqrt{2}$

$0\leqq x\leqq 2$ をみたす x の値はない。

[2] 点Pが辺 BC 上にあるとき　$2\leqq x\leqq 6$

$$\triangle\text{APQ}=\frac{1}{2}\times\text{AQ}\times\text{AB}=\frac{1}{2}\times x\times 4=2x$$

よって　$2x=8$　　$x=4$

$2\leqq x\leqq 6$ に適している。

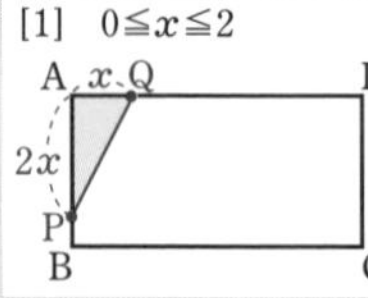

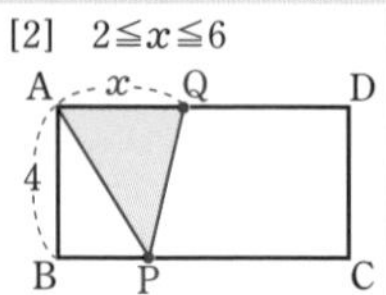

[3] 点Pが辺 CD 上にあるとき

$6\leqq x\leqq 8$

$\text{AB}+\text{BC}+\text{CP}=2x$ であるから

$\text{DP}=16-2x$

[3] $6\leqq x\leqq 8$　$\text{DP}=16-2x$

$$\triangle\text{APQ}=\frac{1}{2}\times\text{AQ}\times\text{DP}=\frac{1}{2}\times x\times(16-2x)$$
$$=x(8-x)$$

よって　$x(8-x)=8$　　$x^2-8x+8=0$

これを解いて　$x=4\pm2\sqrt{2}$

$6\leqq x\leqq 8$ に適するのは　$x=4+2\sqrt{2}$

問題 8 A(1, 4), B(4, 16), C(2, 16), D(−1, 4)

解説

放物線と直線の交点の座標

放物線 $y=ax^2$ と直線 $y=px+q$ に共有点があるとき，共有点の x 座標，y 座標は，連立方程式 $\begin{cases} y=ax^2 \\ y=px+q \end{cases}$ の解で表される。

$y=4x$ と $y=4x^2$ から y を消去すると

$4x=4x^2$　　$x^2-x=0$

$x(x-1)=0$　　$x=0,\ 1$

$x>0$ であるから　$x=1$　　このとき　$y=4$

よって，点Aの座標は　(1, 4)

次に，$y=4x$ と $y=x^2$ から y を消去すると

$4x=x^2$　　$x^2-4x=0$

$x(x-4)=0$　　$x=0,\ 4$

$x>0$ であるから　$x=4$　　このとき　$y=16$

よって，点Bの座標は　(4, 16)

四角形 ABCD が平行四辺形になるとき

AB∥DC，AB=DC

2点A，Bの x 座標の差は $4-1=3$，y 座標の差は $16-4=12$ である。

点Dは放物線 $y=4x^2$ 上にあるから，その座標を $(d,\ 4d^2)$ とすると，点Cの座標は $(d+3,\ 4d^2+12)$ と表される。

点Cは放物線 $y=4x^2$ 上にあるから

$$4d^2+12=4(d+3)^2$$
$$d^2+3=(d+3)^2$$
$$d^2+3=d^2+6d+9$$
$$3=6d+9$$

これを解いて　$d=-1$

点Cの座標は (2, 16)，点Dの座標は (−1, 4)

問題 9 $\dfrac{20}{3}$，$-\dfrac{20}{3}$

解説

2点A，Bは関数 $y=\dfrac{1}{4}x^2$ のグラフ上にあるから，$y=\dfrac{1}{4}x^2$ に $x=-4,\ 6$ をそれぞれを代入すると　$y=4,\ 9$

よって　A(−4, 4)，B(6, 9)

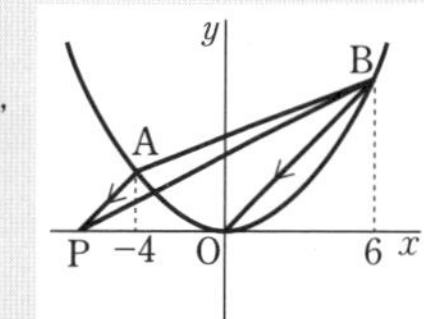

点Pが図のように y 軸の左側にあるとき，△AOB と △POB は底辺 BO を共有し，面積が等しいから，頂点A，Pから底辺 BO までの高さが等しい。

したがって，AP∥BO である。

点Pの座標を $(x,\ 0)$ とすると，直線 AP と BO の傾きが等しいから

$\dfrac{0-4}{x-(-4)}=\dfrac{9}{6}$　すなわち　$-8=3(x+4)$

$3x+12=-8$　　$x=-\dfrac{20}{3}$

また，原点Oについて，Pと対称である点を P′ とすると，OP=OP′ であるから，△POB=△P′OB である。

よって，△P′OB=△AOB となり，点 P′ も適する。したがって，$x=\dfrac{20}{3}$ も適する。

問題 10 $y=10x$

解説

2点A，Bは関数 $y=\dfrac{1}{2}x^2$ のグラフ上にあるから，$y=\dfrac{1}{2}x^2$ に $x=-4,\ 8$ をそれぞれ代入すると　$y=8,\ 32$

点Aの座標は (−4, 8)，点Bの座標は (8, 32)

直線 ℓ の式を $y=ax$ とし，直線 ℓ と直線 AB との交点をMとする。

直線 ℓ が △OAB の面積を2等分するとき，△OAM=△OBM であるから　AM=BM

よって，Mは辺 AB の中点で，その座標は $\left(\dfrac{-4+8}{2},\ \dfrac{8+32}{2}\right)$ から　(2, 20)

点Mは直線 ℓ 上にあるから　$20=a\times2$

よって，$a=10$ から，直線 ℓ の式は　$y=10x$

 (1) $0 \leqq x \leqq 2$ のとき

$y=\frac{1}{2}x^2$,

$2 \leqq x \leqq 3$ のとき

$y=2x-2$；

グラフは右の図

(2) $y=-\frac{1}{2}x^2+3x-\frac{1}{2}$

(3) $x=\frac{11}{4}$, 4

解説

(1) 頂点Sから辺 QR にひいた垂線と辺 QR との交点をHとすると，SH=2 cm, HR=2 cm である。

[1] $0 \leqq x \leqq 2$ のとき，辺 AB と RS の交点をEとすると，重なる部分は △BER であり，△BER は BR=BE=x cm の直角二等辺三角形である。

よって　$y=\frac{1}{2} \times x \times x=\frac{1}{2}x^2$

[2] $2 \leqq x \leqq 3$ のとき

△SHR$=\frac{1}{2} \times 2 \times 2=2$，BH$=x-2$

よって　$y=2+(x-2) \times 2$
$=2x-2$

[1]，[2] から，グラフは図のようになる。

(2) $3 \leqq x \leqq 5$ のとき，正方形 ABCD にふくまれない台形 PQRS の部分は，等辺が $(x-3)$ cm の直角二等辺三角形であるから　$y=\frac{1}{2} \times (3+1) \times 2-\frac{1}{2} \times (x-3)^2$
$=-\frac{1}{2}x^2+3x-\frac{1}{2}$

(3) $y=\frac{7}{2}$ となるのは，(1)のグラフから，$2 \leqq x \leqq 3$ のとき，または(2)のときと考えられる。

$2 \leqq x \leqq 3$ のとき

$2x-2=\frac{7}{2}$ とすると　$x=\frac{11}{4}$

これは $2 \leqq x \leqq 3$ をみたす。

$3 \leqq x \leqq 5$ のとき

$-\frac{1}{2}x^2+3x-\frac{1}{2}=\frac{7}{2}$ とすると

$-x^2+6x-1=7$ から　$x^2-6x+8=0$

$(x-2)(x-4)=0$　　$x=2$, 4

$3 \leqq x \leqq 5$ をみたすものは　$x=4$

問題12 (1) △ABE と △BCA において

AB=BC, AE=BA, ∠BAE=∠CBA

2 組の辺とその間の角がそれぞれ等しいから　△ABE≡△BCA

よって　∠AEB=∠BAC

すなわち　∠AEB=∠PAB …… ①

△ABE と △PBA において

∠ABE=∠PBA （共通）

これと ① より，2 組の角がそれぞれ等しいから　△ABE∽△PBA

(2) $(1+\sqrt{5})$ cm

解説

(2) BE=x cm とする。

正五角形の 1 つの内角の大きさは

$180° \times (5-2) \div 5=108°$

よって　∠ABE=∠AEB=∠BAC
$=(180°-108°) \div 2=36°$

∠APE=∠BAC+∠ABE
$=36°+36°=72°$

∠EAP=∠EAB−∠BAC
$=108°-36°=72°$

∠APE=∠EAP であるから

EP=EA=2

△ABE∽△PBA から

AB : PB=BE : BA

$2 : (x-2)=x : 2$　　$x(x-2)=4$

$x^2-2x-4=0$　← $x^2-2 \times 1 \times x-4=0$

解の公式により

$$x=\frac{-(-1) \pm \sqrt{(-1)^2-1 \times (-4)}}{1}=1 \pm \sqrt{5}$$

$x>0$ であるから　$x=1+\sqrt{5}$

したがって　BE$=1+\sqrt{5}$ (cm)

問題 13 $\frac{8}{5}$ cm

解説

線分 FE と辺 CB の延長の交点をPとする。

AF∥PB から

$AF : PB$

$= AE : EB = 2 : 1$

よって　　$AF = 2PB$

また，$BC = 2AF$ であるから，AF∥PC より

$AG : GC = AF : PC = 2PB : (PB + 2AF)$

$= 2PB : 5PB = 2 : 5$

したがって　　$AG : 4 = 2 : 5$

$AG = \frac{8}{5}$ (cm)

参考　線分 EF と辺 CD の延長の交点を Q として考えてもよい。

問題 14 $\frac{9}{4}$ cm²

解説

折り返した図形は，もとの図形と合同

線分 AF と対角線 BD の交点を Hとする。

△ABF と △BCD において

$\angle ABF = \angle BCD = 90°$ …… ①

折り返した図形であるから　　BE⊥AF

△BFH において

$\angle FBH = 180° - (90° + \angle BFH)$

$= 90° - \angle BFH$ …… ②

△ABF において

$\angle BAF = 180° - (90° + \angle BFH)$

$= 90° - \angle BFH$ …… ③

②，③ から　$\angle FBH = \angle BAF$

すなわち　　$\angle BAF = \angle CBD$ …… ④

①，④ より，2 組の角がそれぞれ等しいから

△ABF∽△BCD

よって　$BF : CD = AB : BC$

$BF : 3 = 3 : 6$

$BF = \frac{3}{2}$ (cm)

したがって　$\triangle ABF = \frac{1}{2} \times \frac{3}{2} \times 3 = \frac{9}{4}$ (cm²)

問題 15 (1) 3 : 2　　(2) 1 : 4　　(3) $\frac{15}{2}$ 倍

解説

(1) AB∥DC であるから

$BF : FD = AB : DE = DC : \frac{2}{3}DC$

$= 3 : 2$

(2) (1) より $BF = \frac{3}{5}BD$ で，また $BO = \frac{1}{2}BD$ であるから

$OF : DF = (BF - BO) : DF$

$= \left(\frac{3}{5}BD - \frac{1}{2}BD\right) : \frac{2}{5}BD$

$= \frac{1}{10}BD : \frac{2}{5}BD = 1 : 4$

(3) $\triangle DFC : \triangle DFE = DC : DE = (2+1) : 2$

$= 3 : 2$

よって　　$\triangle DFC = \frac{3}{2}\triangle DFE$ …… ①

$\triangle DOC : \triangle DFC = DO : DF = 5 : 4$

したがって　$\triangle DOC = \frac{5}{4}\triangle DFC$ …… ②

$\triangle DAC : \triangle DOC = AC : OC = 2 : 1$

よって　　$\triangle DAC = 2\triangle DOC$ …… ③

ここで，平行四辺形 ABCD の面積を S とすると　　$S = 2\triangle DAC$ …… ④

① ～ ④ から

$S = 2 \times 2 \times \frac{5}{4} \times \frac{3}{2}\triangle DFE = \frac{15}{2}\triangle DFE$

したがって，平行四辺形 ABCD の面積は △DFE の面積の $\frac{15}{2}$ 倍である。

問題 16 (1) 1 cm　　(2) $\frac{19}{4}$ cm³

解説

(1) MR∥BA であるから

$MR : BA = CM : CB$

$=1:(1+2)=1:3$

AB=3 であるから　　MR=1 (cm)

(2) $MC=\frac{1}{2+1}\times6=2$，PG=3 であるから

$MC:PG=2:3$

△EFG において，中点連結定理により

$PS=\frac{1}{2}\times3=\frac{3}{2}$

∠SPG=∠EFG=90° であるから

$\triangle SPG=\frac{1}{2}\times3\times\frac{3}{2}$

$=\frac{9}{4}\ (cm^2)$

線分 GC，PM，SR の延長線をそれぞれひくと 1 点で交わり，その交点を O とする。

ここで，OG=x cm とする。

OC：OG=MC：PG であるから

$(x-3):x=2:3$

$3(x-3)=2x$　　　$x=9$

三角錐 O-PGS と三角錐 O-MCR は相似で，相似比は 3：2 であるから，体積比は

$3^3:2^3=27:8$

よって，求める体積は

(三角錐 O-PGS)−(三角錐 O-MCR)

$=\frac{1}{3}\times\frac{9}{4}\times9\times\left(1-\frac{8}{27}\right)=\frac{19}{4}\ (cm^3)$

問題17 (1)　**48**　　　(2)　$y=\frac{9\sqrt{2}}{2}$

解説

(1) 点 A，C はともに関数 $y=\frac{1}{4}x^2$ のグラフ上の点であり，その y 座標は 9 であるから，$9=\frac{1}{4}x^2$ より　　$x^2=36$

したがって　　$x=\pm6$

図から　　A(−6, 9)，C(6, 9)

また，点 B の x 座標は −2 であるから，

その y 座標は　　$y=\frac{1}{4}\times(-2)^2=1$

△ABC の面積は，線分 AC を底辺とすると，高さは 9−1=8 であるから

$\triangle ABC=\frac{1}{2}\times(6+6)\times8=48$

(2) △AOC の面積を 2 等分する x 軸に平行な直線と，線分 OA，線分 OC との交点を，それぞれ D，E とする。

DE∥AC から　　△ODE∽△OAC

面積比は，△ODE：△OAC=1：2 であるから，相似比は　　$\sqrt{1}:\sqrt{2}=1:\sqrt{2}$

よって，点 D の y 座標は　　$\frac{9}{\sqrt{2}}=\frac{9\sqrt{2}}{2}$

したがって，求める式は　　$y=\frac{9\sqrt{2}}{2}$

問題18 60°

解説

△ABC において，∠ACB=90°，AB=2BC であるから　　∠BAC=30°

$\overset{\frown}{BD}$ の長さは $\overset{\frown}{BC}$ の長さの 0.8 倍である。

それぞれの弧に対応する円周角について，

∠BAD も ∠BAC の 0.8 倍であるから

∠BAD=30°×0.8=24°

∠ADF=90°，∠DAF=∠BAC+∠BAD=54°

であるから　∠CFD=180°−(90°+54°)=36°

$\overset{\frown}{BD}$ に対する円周角は等しいから

∠DCE=∠BAD=24°

2 点 C，D は直線 EF について同じ側にあり，∠ECF=∠EDF=90° であるから，円周角の定理の逆により，4 点 C，D，E，F は，線分 EF を直径とする 1 つの円周上にある。

$\overset{\frown}{DE}$ に対する円周角は等しいから

∠EFD=∠DCE=24°

よって　　∠CFE=∠CFD+∠EFD

=36°+24°=60°

問題19 (1)　△AEG と △CDE において線分 BD は ∠ABC の二等分線であるから

∠ABD=∠CBD

ここで，∠ABD=∠CBD=a とする。

$\overset{\frown}{CD}$ に対する円周角について

∠EAG=∠CBD=a

$\overset{\frown}{AD}$ に対する円周角について

$\angle DCE=\angle ABD=a$

よって　$\angle EAG=\angle DCE$ …… ①

BF=EF であるから

$\angle FBE=\angle FEB=a$

対頂角は等しいから

$\angle DEG=\angle FEB=a$

△CDE の内角と外角の性質から

$\angle CDE+a=\angle AED=\angle AEG+a$

したがって　$\angle AEG=\angle CDE$ …… ②

①，② より，2 組の角がそれぞれ等しいから　△AEG∽△CDE

(2) $\dfrac{12}{5}$ 倍

解説

(2) (1)の ① より，△ACD は AD=CD の二等辺三角形であるから　CD=4

△AEG∽△CDE で，相似比は

AE : CD=2 : 4=1 : 2

したがって，面積比は

$\triangle AEG : \triangle CDE=1^2 : 2^2=1 : 4$

よって　$\triangle AEG=\dfrac{1}{4}\triangle CDE$ …… ③

また，△ADE : △CDE=AE : CE であるから　△ADE : △CDE=2 : 3

したがって　$\triangle ADE=\dfrac{2}{3}\triangle CDE$ …… ④

③，④ から

$$\triangle DGE=\frac{2}{3}\triangle CDE-\frac{1}{4}\triangle CDE=\frac{5}{12}\triangle CDE$$

よって，$\triangle CDE=\dfrac{12}{5}\triangle DGE$ であるから，△CDE の面積は，△DGE の面積の $\dfrac{12}{5}$ 倍である。

問題 20 (1) $\dfrac{5}{36}$　(2) $\dfrac{7}{18}$　(3) $\dfrac{5}{12}$

解説

2 個のさいころを投げたとき，目の出方は全部で　6×6=36 (通り)

(1) P，Q が同じ位置に進む場合は，(大，小) が

(2, 6)，(3, 5)，(4, 4)，(5, 3)，(6, 2)

の 5 通り。

よって，求める確率は　$\dfrac{5}{36}$

(2) 直角三角形ができるのは，三角形の 1 辺が円の直径の場合である。

[1] 点 P または点 Q が点 E の位置に進む場合は

(4, 1)，(4, 2)，(4, 3)，(4, 5)，(4, 6)，(1, 4)，(2, 4)，(3, 4)，(5, 4)，(6, 4)

の 10 通り。

[2] 線分 PQ が円の直径になる場合は

(1, 3)，(2, 2)，(3, 1)，(6, 6)

の 4 通り。

[1]，[2] から，全部で　10+4=14 (通り)

よって，求める確率は　$\dfrac{14}{36}=\dfrac{7}{18}$

(3) △APQ が二等辺三角形になるとき

[1] 角 A が頂角となる場合は

(1, 1)，(2, 2)，(3, 3)，(5, 5)，(6, 6)

の 5 通り。

[2] 角 P が頂角となる場合は

(1, 6)，(2, 4)，(3, 2)，(5, 6)，(6, 4)

の 5 通り。

[3] 角 Q が頂角となる場合は，点 P が頂角となる場合と (大，小) が入れかわった 5 通り。

[1]～[3] から，全部で

5+5+5=15 (通り)

よって，求める確率は　$\dfrac{15}{36}=\dfrac{5}{12}$

問題 21 (1) △ABQ と △CBP において

△ABC は正三角形であるから

AB=CB …… ①

$\angle ABC=\angle ACB=60°$

$\overset{\frown}{AB}$ に対する円周角について

$\angle BPQ=\angle ACB=60°$

$\angle BPQ=\angle BQP$（仮定）から

$BQ=BP$ …… ②

また　$\angle PBQ=180°-(60°+60°)$

$=60°$

よって　$\angle ABQ=60°-\angle QBD$

$=\angle CBP$ …… ③

①，②，③ より，2 組の辺とその間の角がそれぞれ等しいから

$\triangle ABQ\equiv\triangle CBP$

(2)　$\left(10+\dfrac{50\sqrt{21}}{21}\right)$ **cm**

解説

(2)　$\triangle BQD$ と $\triangle CPD$ において

(1) から　$\angle BQD=60°$

$\overset{\frown}{CA}$ に対する円周角について

$\angle CPD=\angle CBA=60°$

よって　$\angle BQD=\angle CPD=60°$ …… ④

また　$\angle BDQ=\angle CDP$（対頂角）…… ⑤

④，⑤ より，2 組の角がそれぞれ等しいから　$\triangle BQD\backsim\triangle CPD$

よって　$BQ:CP=BD:CD$

$=8:(10-8)=4:1$

であるから，

$CP=x$ cm とすると　$BQ=4x$

(1) より，$\triangle BPQ$ は正三角形であるから

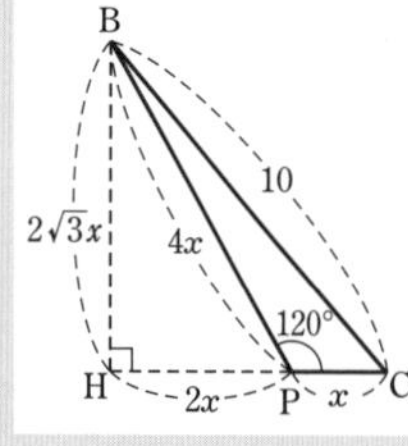

$BP=BQ=4x$

$\angle BPC=\angle BPA+\angle APC$

$=\angle BCA+\angle ABC$

$=60°+60°=120°$

点 B から直線 CP 上に垂線 BH をひくと，$\triangle BPH$ は $\angle BHP=90°$，$\angle BPH=60°$ の直角三角形であるから

$PH=\dfrac{1}{2}BP=2x$

$BH=\sqrt{3}\,PH=2\sqrt{3}\,x$

$\triangle BCH$ において，三平方の定理により

$(2\sqrt{3}\,x)^2+(2x+x)^2=10^2$

$x^2=\dfrac{100}{21}$

$x>0$ であるから　$x=\sqrt{\dfrac{100}{21}}=\dfrac{10\sqrt{21}}{21}$

よって，$\triangle CBP$ の周の長さは

$BC+CP+BP=10+x+4x=10+5x$

$=10+5\times\dfrac{10\sqrt{21}}{21}$

$=10+\dfrac{50\sqrt{21}}{21}$ (cm)

別解　[方べきの定理を利用した解答]

$\triangle BQD\backsim\triangle CPD$，$BQ:CP=4:1$ であるから，$CP=x$ cm，$DP=y$ cm とすると

$BQ=4x$，$DQ=4y$

(1) より，$\triangle BPQ$ は正三角形であるから

$PQ=BP=BQ=4x$

$PQ=QD+DP$ から　$4x=4y+y$

よって　$y=\dfrac{4}{5}x$

$AD=AQ+QD=CP+QD$

$=x+4\times\dfrac{4}{5}x=\dfrac{21}{5}x$

方べきの定理により

$AD\times DP=BD\times DC$

$\dfrac{21}{5}x\times\dfrac{4}{5}x=8\times(10-8)$

$x^2=\dfrac{100}{21}$　[以下，同様]

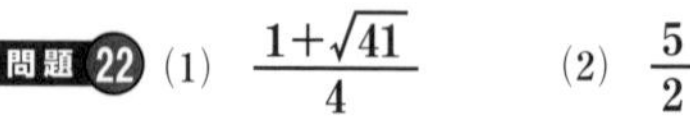
問題 22　(1)　$\dfrac{1+\sqrt{41}}{4}$　　(2)　$\dfrac{5}{2}$

解説

(1)　$PO=PA$ から　$PO^2=PA^2$

$t^2+(t^2)^2=\{t-(-2)\}^2+(t^2-4)^2$

$t^2+t^4=t^2+4t+4+t^4-8t^2+16$

$8t^2-4t-20=0$　　$2t^2-t-5=0$

$t=\dfrac{-(-1)\pm\sqrt{(-1)^2-4\times2\times(-5)}}{2\times2}$

$=\dfrac{1\pm\sqrt{41}}{4}$

$t>0$ であるから　$t=\dfrac{1+\sqrt{41}}{4}$

(2) $OA^2=(-2)^2+4^2=20$　　$OP^2=t^2+t^4$

$PA^2=t^4-7t^2+4t+20$

$\angle A=90^\circ$ であるから，三平方の定理により　$OA^2+PA^2=OP^2$

$20+t^4-7t^2+4t+20=t^2+t^4$

$8t^2-4t-40=0$　　$2t^2-t-10=0$

$$t=\frac{-(-1)\pm\sqrt{(-1)^2-4\times2\times(-10)}}{2\times2}$$

$$=\frac{1\pm\sqrt{81}}{4}=\frac{1\pm9}{4}\qquad t=\frac{5}{2},\ -2$$

$t>0$ であるから　　$t=\frac{5}{2}$

問題23 (1) **$9\sqrt{6}$ cm²**　　(2) **$3\sqrt{6}$ cm**

解説

(1) △ABC は AC=BC の直角二等辺三角形であるから　$AB=\sqrt{2}\times6\sqrt{2}=12$

AG：GB=3：1 であるから

$$GB=\frac{1}{4}AB=\frac{1}{4}\times12=3$$

よって，△GBE において

$$EG^2=3^2+6^2=45$$

EG>0 であるから　$EG=3\sqrt{5}$

△ABC において，辺 AB の中点を M とすると　AM=CM=6，∠CMB=90°

MG=6−3=3 であるから

$$CG^2=6^2+3^2=45$$

CG>0 であるから　$CG=3\sqrt{5}$

また，△CBE において

$$CE^2=(6\sqrt{2})^2+6^2=108$$

CE>0 であるから　$CE=6\sqrt{3}$

△CEG において，線分 CE の中点を N とすると　$CN=3\sqrt{3}$，∠CNG=90°

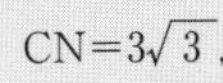

よって，△CNG において

$$GN^2=(3\sqrt{5})^2-(3\sqrt{3})^2=18$$

GN>0 であるから　$GN=3\sqrt{2}$

したがって

$$\triangle CEG=\frac{1}{2}\times6\sqrt{3}\times3\sqrt{2}=9\sqrt{6}\ (cm^2)$$

(2) 三角錐 ACGE の体積を求める。

(1) から　$\triangle ACG=\frac{1}{2}\times9\times6=27\ (cm^2)$

よって，三角錐 ACGE の体積は

$$\frac{1}{3}\times27\times6=54\ (cm^3)$$

点Aと平面 P との距離を h cm とする。

(1) より，$\triangle CEG=9\sqrt{6}$ であるから，三角錐 ACGE の体積について

$$\frac{1}{3}\times9\sqrt{6}\times h=54$$

$$h=3\sqrt{6}$$

したがって，求める距離は　$3\sqrt{6}$ cm

問題24 (1) **96π**　　(2) **3**

解説

(1) 直円錐の高さは，三平方の定理により

$$\sqrt{10^2-6^2}=8$$

よって，求める体積は　$\frac{1}{3}\times6^2\pi\times8=96\pi$

(2) 円錐の頂点，球の中心を通る平面でこの立体を切ると，切り口は，右の図のようになる。

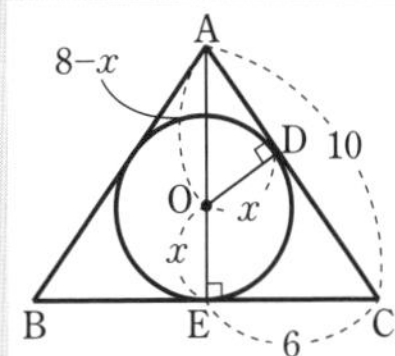

△ABC は等しい辺の長さが 10，底辺が 6×2=12 の二等辺三角形で，これに円Oが内接している。

円Oの半径が求める球の半径になる。

辺 AC，BC と円Oの接点をそれぞれ D，E とする。

点 D，E は円Oの接点であるから

CD=CE=6　←円の接線の長さは等しい。

よって　AD=AC−CD=10−6=4

△AOD において，三平方の定理により

$$OA^2=OD^2+AD^2$$

$$(8-x)^2=x^2+4^2$$

$-16x+64=16 \qquad x=3$

したがって，求める球の半径は　　3

別解　(2)の後半は，次のようにしてもよい。

△AOD と △ACE において

∠OAD＝∠CAE (共通)

∠ADO＝∠AEC＝90°

よって，2組の角がそれぞれ等しいから

△AOD∽△ACE

円Oの半径を x とすると

AO：AC＝OD：CE

$(8-x):10=x:6$

よって　　$x=3$

したがって，求める球の半径は　　3

入試対策問題

➡本冊 p. 235

1　(1)　$2x^2+5x-10$　　(2)　$4x^2+3y^2$

(3)　$-4x+4y+1$　　(4)　$\dfrac{x^2-54y^2}{6}$

(5)　$3a^2+3b^2+3c^2$

解説

(1)　$(x+4)(x-4)+(x+3)(x+2)$

$=x^2-16+(x^2+5x+6)$

$=2x^2+5x-10$

(2)　$(x-y)^2+(2x+y)(2x-y)-(x+y)(x-3y)$

$=(x^2-2xy+y^2)+(4x^2-y^2)$

$\quad-(x^2-3xy+xy-3y^2)$

$=x^2-2xy+y^2+4x^2-y^2-x^2+3xy-xy+3y^2$

$=4x^2+3y^2$

(3)　$(2x-2y-1)^2-4(x-y)^2$

$=\{2(x-y)-1\}^2-4(x-y)^2$

$=4(x-y)^2-4(x-y)+1-4(x-y)^2$

$=-4(x-y)+1=-4x+4y+1$

(4)　$\dfrac{(x-6y)(x+2y)}{2}-\dfrac{(x-3y)^2}{3}$

$=\dfrac{3(x^2-4xy-12y^2)-2(x^2-6xy+9y^2)}{6}$

$=\dfrac{x^2-54y^2}{6}$

(5)　$(a+b+c)^2+(a-b)^2+(b-c)^2+(c-a)^2$

$=a^2+b^2+c^2+2ab+2bc+2ca+a^2$

$\quad-2ab+b^2+b^2-2bc+c^2+c^2-2ca+a^2$

$=3a^2+3b^2+3c^2$

2　(1)　$xy(x+2y)(x-2y)$

(2)　$(x-1)(x-17)$

(3)　$(4x+3y-5)(4x-3y+5)$

(4)　$(x-y-4)(x-y+1)$

(5)　$(x+1)(x-2)(x+2)(x-3)$

(6)　$(x^2+4)(y+1)(y-1)$

解説

(1)　$x^3y-4xy^3=xy(x^2-4y^2)$

$=xy(x+2y)(x-2y)$

(2)　$x(x-4)-13x-(x-4)+13$

$=x^2-4x-13x-x+4+13$　←別解のようにしてもよいが，展開して整理する方が早い。

$=x^2-18x+17$

$=(x-1)(x-17)$

別解　$x(x-4)-13x-(x-4)+13$

$=x(x-4)-(x-4)-13x+13$

$=(x-1)(x-4)-13(x-1)$　←グループにまとめる。

$=(x-1)(x-4-13)$

$=(x-1)(x-17)$

(3)　$16x^2+30y-25-9y^2$

$=16x^2-(9y^2-30y+25)$　←式の一部に因数分解の公式をあてはめる。

$=(4x)^2-(3y-5)^2$

$=\{4x+(3y-5)\}\{4x-(3y-5)\}$

$=(4x+3y-5)(4x-3y+5)$

(4)　$x^2-2xy+y^2-3x+3y-4$

$=(x-y)^2-3(x-y)-4$

$x-y=M$ とおくと

$(x-y)^2-3(x-y)-4=M^2-3M-4$

$=(M-4)(M+1)=(x-y-4)(x-y+1)$

(5)　$x^2-x=M$ とおくと

$(x^2-x)^2-8(x^2-x)+12$

$=M^2-8M+12=(M-2)(M-6)$

$=(x^2-x-2)(x^2-x-6)$

$=(x+1)(x-2)(x+2)(x-3)$

$=(x+1)(x+2)(x-2)(x-3)$

(6)　$(xy+2)(xy-2)-(x+2y)(x-2y)$

$=(x^2y^2-4)-(x^2-4y^2)$

$=x^2y^2-4-x^2+4y^2$

$=(x^2y^2-x^2)+(4y^2-4)$ ←グループにまとめる。

$=x^2(y^2-1)+4(y^2-1)$

$=(x^2+4)(y^2-1)$

$=(x^2+4)(y+1)(y-1)$

3 (1) **16132** (2) **30**

解説

(1) $2018^2+2017^2-2016^2-2015^2$

$=(2018+2016)(2018-2016)$ ←平方の差は和と差の積

$\quad+(2017+2015)(2017-2015)$

$=4034\times2+4032\times2$

$=8066\times2=16132$

(2) $2025^2+2019\times2020-4039\times2025$

$=(2020+5)^2+(2020-1)\times2020$

$\quad-(2\times2020-1)\times(2020+5)$

ここで，$2020=x$ とおくと

$(x+5)^2+(x-1)x-(2x-1)(x+5)$

$=x^2+10x+25+x^2-x-(2x^2+10x-x-5)$

$=2x^2+9x+25-(2x^2+9x-5)$

$=25-(-5)=30$

4 (1) **31** (2) **5600**

解説

(1) $4a^2+ab+b^2=(4a^2-4ab+b^2)+5ab$

$=(2a-b)^2+5ab$

$=4^2+5\times3$

$=16+15=31$

(2) $a-2b=M$ とおくと

$M^2-2M-24=(M+4)(M-6)$

$=(a-2b+4)(a-2b-6)$

…… ①

また $a-2b=30-2\times(-23)=76$

$a-2b=76$ を ① に代入すると，求める式の値は

$(76+4)\times(76-6)=80\times70=5600$

5 (1) $\boldsymbol{n(n+1)}$ (2) **343400**

解説

(1) $\dfrac{n(n+1)(n+2)}{3}-\dfrac{(n-1)n(n+1)}{3}$

$=\dfrac{n(n+1)}{3}\{(n+2)-(n-1)\}$

$=\dfrac{n(n+1)}{3}\times3=n(n+1)$

(2) (1) から

$n(n+1)$

$=-\dfrac{1}{3}\{(n-1)n(n+1)-n(n+1)(n+2)\}$

よって

$1\times2+2\times3+3\times4+\cdots\cdots+100\times101$

$=-\dfrac{1}{3}\times\{(0\times1\times2-1\times2\times3)$

$\quad+(1\times2\times3-2\times3\times4)$ ←消し合う。

$\quad+(2\times3\times4-3\times4\times5)+\cdots\cdots$

$\quad+(99\times100\times101-100\times101\times102)\}$

$=-\dfrac{1}{3}\times(0\times1\times2-100\times101\times102)$

$=\dfrac{1}{3}\times100\times101\times102=100\times101\times34$

$=343400$

6 $\boldsymbol{a=3}$，$\boldsymbol{b=29}$，$\boldsymbol{c=31}$

解説

$2697=2700-3=3\times(900-1)$ ←$2697=3\times899$ であるが，899 の素因数分解がめんどう。

$=3\times(30^2-1^2)$

$=3\times(30+1)(30-1)$

$=3\times31\times29$

$=3\times29\times31$

よって $a=3$，$b=29$，$c=31$

7 $\boldsymbol{m=335}$，$\boldsymbol{n=338}$

または $\boldsymbol{m=1009}$，$\boldsymbol{n=1010}$

解説

$2019+m^2=n^2$ から $2019=n^2-m^2$

よって $673\times3=2019\times1=(n+m)(n-m)$

3 と 673 は素数であり，$n+m>n-m$ であるから $\begin{cases}n+m=673\\n-m=3\end{cases}$

または $\begin{cases}n+m=2019\\n-m=1\end{cases}$

それぞれの連立方程式の解は

$(m,\ n)=(335,\ 338)$，$(1009,\ 1010)$

8 (1) **6 個** (2) **961**

(3) nの十の位をx，一の位をyとすると，$n=10x+y$と表される。
この数の平方数は
$$(10x+y)^2=100x^2+20xy+y^2$$
ここで，$100x^2$は100の倍数であるから，$100x^2$の十の位と一の位は，いずれも0である。
$20xy$は20の倍数であるから，$20xy$の十の位は偶数，一の位は0である。
したがって，y^2の十の位と一の位の和が偶数のときを考える。
$y=0$のとき，$y^2=0$から
$0+0=0$（偶数）
$y=1$のとき，$y^2=1$から
$0+1=1$（奇数）
$y=2$のとき，$y^2=4$から
$0+4=4$（偶数）
$y=3$のとき，$y^2=9$から
$0+9=9$（奇数）
$y=4$のとき，$y^2=16$から
$1+6=7$（奇数）
$y=5$のとき，$y^2=25$から
$2+5=7$（奇数）
$y=6$のとき，$y^2=36$から
$3+6=9$（奇数）
$y=7$のとき，$y^2=49$から
$4+9=13$（奇数）
$y=8$のとき，$y^2=64$から
$6+4=10$（偶数）
$y=9$のとき，$y^2=81$から
$8+1=9$（奇数）
よって，$y=0, 2, 8$のとき，平方数の十の位と一の位の和が偶数となり，このとき，一の位は0か4のみである。

解説
(1) $3^2=9$，$4^2=16$，$9^2=81$，$10^2=100$より10から99までの自然数のうち，最小の平方数は16，最大の平方数は81である。
したがって，4^2，5^2，6^2，7^2，8^2，9^2の6個ある。
(2) $31^2=961$，$32^2=1024$より，3桁の平方数で，一番大きなものは961である。

9 m，nを自然数とすると
$a=mn$，$b=(m+1)(n+1)$，
$c=(m+2)(n+2)$と表される。
$$\begin{aligned}&a+c-2b\\&=mn+(m+2)(n+2)\\&\quad-2(m+1)(n+1)\\&=mn+mn+2m+2n+4\\&\quad-2(mn+m+n+1)\\&=2mn+2m+2n+4-2mn-2m\\&\quad-2n-2=2\end{aligned}$$
よって，$a+c-2b$の値はつねに2になる。
参考 m，nを2以上の自然数とすると，
$a=(m-1)(n-1)$，$b=mn$，
$c=(m+1)(n+1)$
と表される。
$$\begin{aligned}&a+c-2b\\&=(m-1)(n-1)+(m+1)(n+1)-2mn\\&=mn-m-n+1+(mn+m+n+1)-2mn\\&=2\end{aligned}$$
よって，$a+c-2b$の値はつねに2になる。

10 (1) $\boldsymbol{3a+12}$
(2) $b=a+2$，$c=a+4$，$d=a+6$と表される。
$$\begin{aligned}cd-ab&=(a+4)(a+6)-a(a+2)\\&=a^2+10a+24-a^2-2a\\&=8a+24=8(a+3)\end{aligned}$$
$a+3$は自然数であるから，$8(a+3)$は8の倍数である。
よって，$cd-ab$は8の倍数である。

解説
(1) $b+c+d=(a+2)+(a+4)+(a+6)$
$=3a+12$

11 (1) $7\sqrt{2}$　(2) $-\dfrac{12\sqrt{5}}{5}$

(3) $2\sqrt{2}$　(4) 6

解説

(1) $\sqrt{32}-\dfrac{4}{\sqrt{2}}+\sqrt{50}$

$=\sqrt{4^2\times2}-\dfrac{4\times\sqrt{2}}{\sqrt{2}\times\sqrt{2}}+\sqrt{5^2\times2}$

$=4\sqrt{2}-2\sqrt{2}+5\sqrt{2}=7\sqrt{2}$

(2) $\sqrt{3}\div\sqrt{10}\times\sqrt{6}-\sqrt{45}$

$=\dfrac{\sqrt{3}\times\sqrt{2\times3}}{\sqrt{2\times5}}-\sqrt{3^2\times5}$

$=\dfrac{3}{\sqrt{5}}-3\sqrt{5}=\dfrac{3\times\sqrt{5}}{\sqrt{5}\times\sqrt{5}}-3\sqrt{5}$

$=\dfrac{3\sqrt{5}}{5}-3\sqrt{5}=-\dfrac{12\sqrt{5}}{5}$

(3) $\left(\sqrt{48}+\dfrac{6}{\sqrt{3}}\right)\div\dfrac{9}{\sqrt{6}}$

$=(4\sqrt{3}+2\sqrt{3})\times\dfrac{\sqrt{6}}{9}$ ← $\dfrac{6}{\sqrt{3}}=\dfrac{6\times\sqrt{3}}{\sqrt{3}\times\sqrt{3}}=2\sqrt{3}$

$=6\sqrt{3}\times\dfrac{\sqrt{6}}{9}=2\sqrt{2}$

(4) $(\sqrt{5}+1)^2-\dfrac{10}{\sqrt{5}}$

$=(\sqrt{5})^2+2\sqrt{5}+1-2\sqrt{5}=6$

12 (1) 6　(2) $10-12\sqrt{2}$

(3) $17-12\sqrt{2}$　(4) $5\sqrt{3}$

(5) $\dfrac{-7+6\sqrt{3}}{2}$　(6) $2\sqrt{2}$

解説

(1) $(1-2\sqrt{3})^2-(2-\sqrt{3})^2$

$=1-4\sqrt{3}+(2\sqrt{3})^2-(4-4\sqrt{3}+3)$

$=1-4\sqrt{3}+12-(7-4\sqrt{3})=6$

(2) $(2\sqrt{2}-3)^2-(2\sqrt{2}+1)(2\sqrt{2}-1)$

$=(2\sqrt{2})^2-2\times3\times2\sqrt{2}+3^2$

$-\{(2\sqrt{2})^2-1^2\}$

$=8-12\sqrt{2}+9-(8-1)$

$=10-12\sqrt{2}$

(3) $(3+2\sqrt{2})(3-2\sqrt{2})^3$

$=(3+2\sqrt{2})(3-2\sqrt{2})\times(3-2\sqrt{2})^2$

$=(9-8)\times(9-12\sqrt{2}+8)$

$=1\times(17-12\sqrt{2})=17-12\sqrt{2}$

(4) $(\sqrt{3}-\sqrt{2})^2+\sqrt{75}-\sqrt{(-5)^2}+\dfrac{6\sqrt{2}}{\sqrt{3}}$

$=3-2\sqrt{6}+2+5\sqrt{3}-5+\dfrac{6\sqrt{2}\times\sqrt{3}}{\sqrt{3}\times\sqrt{3}}$

$=-2\sqrt{6}+5\sqrt{3}+2\sqrt{6}=5\sqrt{3}$

(5) $\dfrac{(\sqrt{5}+\sqrt{2})(\sqrt{5}-\sqrt{2})}{\sqrt{3}}-\dfrac{(2-\sqrt{3})^2}{2}$

$=\dfrac{5-2}{\sqrt{3}}-\dfrac{4-4\sqrt{3}+3}{2}$

$=\dfrac{3\times\sqrt{3}}{\sqrt{3}\times\sqrt{3}}-\dfrac{7-4\sqrt{3}}{2}$

$=\sqrt{3}-\dfrac{7-4\sqrt{3}}{2}=\dfrac{2\sqrt{3}-(7-4\sqrt{3})}{2}$

$=\dfrac{-7+6\sqrt{3}}{2}$

(6) $(1+\sqrt{2}+\sqrt{3})(1+\sqrt{2}-\sqrt{3})$

$=\{(1+\sqrt{2})+\sqrt{3}\}\{(1+\sqrt{2})-\sqrt{3}\}$

$=(1+\sqrt{2})^2-(\sqrt{3})^2$

$=(1+2\sqrt{2}+2)-3=2\sqrt{2}$

13 36

解説

同じ数が現れているから，おきかえを利用して効率よく計算する。

$\dfrac{\sqrt{3}}{\sqrt{2}+1}=A$，$\dfrac{\sqrt{3}}{\sqrt{2}-1}=B$ とおくと，問題の式は，$(A^2+B^2)^2-(A^2-B^2)^2$ と表される。

ここで　$AB=\dfrac{\sqrt{3}}{\sqrt{2}+1}\times\dfrac{\sqrt{3}}{\sqrt{2}-1}=\dfrac{3}{2-1}=3$

よって　$(A^2+B^2)^2-(A^2-B^2)^2$

$=(A^4+2A^2B^2+B^4)-(A^4-2A^2B^2+B^4)$

$=4A^2B^2=4(AB)^2$

$=4\times3^2=4\times9=36$

14 54

解説

$3x^2-5xy-2y^2-(2x+y)(x-3y)$

$=3x^2-5xy-2y^2-(2x^2-5xy-3y^2)$

$=x^2+y^2$

この式に $x=\sqrt{14}+\sqrt{13}$，$y=\sqrt{14}-\sqrt{13}$ を代入すると，求める式の値は

$$(\sqrt{14}+\sqrt{13})^2+(\sqrt{14}-\sqrt{13})^2$$
$$=14+2\sqrt{14\times13}+13+14-2\sqrt{14\times13}+13$$
$$=54$$

15 -1

解説

$x^2-y^2=(x+y)(x-y)$ であるから，$x+y$ と $x-y$ の値を求める。

$$\begin{cases} x+2y=\sqrt{5} & \cdots\cdots ① \\ 2x+y=\sqrt{2} & \cdots\cdots ② \end{cases}$$

①＋② から　$3(x+y)=\sqrt{2}+\sqrt{5}$

$$x+y=\frac{1}{3}(\sqrt{2}+\sqrt{5})$$

②－① から　$x-y=\sqrt{2}-\sqrt{5}$

よって　$x^2-y^2=(x+y)(x-y)$

$$=\frac{1}{3}(\sqrt{2}+\sqrt{5})(\sqrt{2}-\sqrt{5})$$
$$=\frac{1}{3}\{(\sqrt{2})^2-(\sqrt{5})^2\}$$
$$=\frac{1}{3}(2-5)=-1$$

16 2

解説

$\sqrt{(-7)^2}=\sqrt{49}$，$4\sqrt{3}=\sqrt{48}$，

$\sqrt{8}+\sqrt{18}=2\sqrt{2}+3\sqrt{2}=5\sqrt{2}=\sqrt{50}$

ここで，$48<49<50$ であるから

$$a=\sqrt{50},\ b=\sqrt{48}$$

よって　$(a+b)(a-b)=a^2-b^2$

$$=50-48=2$$

17 $3\sqrt{3}-1$

解説

CHART　式を簡単にしてから数値を代入

$$x^2-2xy+y^2-3x+3y-4$$
$$=(y^2-2xy+x^2)+(3y-3x)-4$$
$$=(y-x)^2+3(y-x)-4$$

$y-x=\sqrt{3}$ を代入して

$$(\sqrt{3})^2+3\sqrt{3}-4=3\sqrt{3}-1$$

18 $n=3,\ 27$

解説

m を自然数として，$\sqrt{n^2+55}=m$ とすると

$$n^2+55=m^2$$
$$m^2-n^2=55$$
$$(m+n)(m-n)=55$$

$m+n$，$m-n$ は整数であり，$m+n>m-n$ であるから，$m+n$ と $m-n$ は 55 の正の約数である。

$m+n$ と $m-n$ の考えられる組み合わせは

$$\begin{cases} m+n=55 \\ m-n=1 \end{cases} \qquad \begin{cases} m+n=11 \\ m-n=5 \end{cases}$$

それぞれの連立方程式の解は

$$(m,\ n)=(28,\ 27),\ (8,\ 3)$$

よって，求める n の値は　$n=3,\ 27$

19 7 個

解説

A の十の位の数を x，一の位の数を y とすると，y は 0 ではないから

$1\leqq x\leqq 9$，$1\leqq y\leqq 9$　ただし　$x>y$　$\cdots\cdots$ ①

このとき　$A=10x+y$，$B=10y+x$

よって　$\sqrt{A-B+9}=\sqrt{10x+y-(10y+x)+9}$

$$=3\sqrt{x-y+1}$$

k を整数として，$\sqrt{x-y+1}=k$ とすると

$$x-y+1=k^2$$

$k=0$ のとき　$x-y=-1$

$x>y$ より，$x-y>0$ であるから，これは問題に適さない。

$k=1$ のとき　$x=y$

$x-y=0$ となるから，これも問題に適さない。

$k=2$ のとき　$x=y+3$

この等式と ① をみたす自然数 $(x,\ y)$ は

$(4,\ 1)$，$(5,\ 2)$，$(6,\ 3)$，$(7,\ 4)$，$(8,\ 5)$，$(9,\ 6)$

$k=3$ のとき　$x=y+8$

この等式と ① をみたす自然数 $(x,\ y)$ は

$(9,\ 1)$

$k\geqq 4$ のとき　$x-y\geqq 15$

① より $x-y=9-1=8$ が最大であるから，

これは問題に適さない。
以上から，求めるAの個数は　　7 個
↑ 41，52，63，74，85，96，91

20　20.5

解説

Nは自然数より，不等式 $N<\sqrt{n}<N+1$ が成り立つとき，不等式 $N^2<n<(N+1)^2$ が成り立つ。
よって，$N<\sqrt{n}<N+1$ をみたすnが 8 個あるとき　$(N+1)^2-N^2-1=8$

$$2N=8$$
$$N=4$$

このとき，$16<n<25$ より，不等式をみたすnは　$n=17,\ 18,\ 19,\ 20,\ 21,\ 22,\ 23,\ 24$
したがって，求める平均値は

$$\frac{17+18+19+20+21+22+23+24}{8}=20.5$$

21　$n=12$

解説

$\sqrt{n}-\sqrt{2}$ の整数部分が 2 のとき

$$2\leqq\sqrt{n}-\sqrt{2}<3$$

これより　$2+\sqrt{2}\leqq\sqrt{n}<3+\sqrt{2}$
ここで，$1.4<\sqrt{2}<1.5$ であるから

$$3.4<2+\sqrt{2}\leqq\sqrt{n}<3+\sqrt{2}<4.5$$

$3.4^2=11.56$，$4.5^2=20.25$ から

$$\sqrt{11.56}<\sqrt{n}<\sqrt{20.25}$$

よって，求める最小の自然数は

$$n=12$$

22　$13-3\sqrt{11}$

解説

$\sqrt{16}<\sqrt{21}<\sqrt{25}$ より，$4<\sqrt{21}<5$ であるから

$$[\sqrt{21}]=4$$

$3\sqrt{11}=\sqrt{99}$，$\sqrt{81}<\sqrt{99}<\sqrt{100}$ より，
$9<3\sqrt{11}<10$ であるから

$$<3\sqrt{11}>=3\sqrt{11}-9$$

よって　$[\sqrt{21}]-<3\sqrt{11}>=4-(3\sqrt{11}-9)$
$=13-3\sqrt{11}$

23　(1) $\dfrac{1}{2}$　　(2) $\dfrac{1}{27}$

解説

(1)　1 回目に出る目が偶数であれば，Nは偶数となる。
よって，求める確率は　$\dfrac{3\times6\times6}{6\times6\times6}=\dfrac{1}{2}$

(2)　$111\leqq N\leqq666$ より，$10^2<N<26^2$ であるから　$10<\sqrt{N}<26$
$11^2=121$，$12^2=144$，$\underline{13^2=169}$，$\underline{14^2=196}$，
$15^2=225$，$16^2=256$，$\underline{17^2=289}$，$18^2=324$，
$19^2=361$，$\underline{20^2=400}$，$21^2=441$，$\underline{22^2=484}$，
$\underline{23^2=529}$，$\underline{24^2=576}$，$25^2=625$
このうち，＿＿は適さない。
したがって，$\sqrt{N}$ が整数となるのは
$N=121,\ 144,\ 225,\ 256,\ 324,\ 361,\ 441,\ 625$ の 8 通り。
よって，求める確率は　$\dfrac{8}{6\times6\times6}=\dfrac{1}{27}$

24

(1) $x=1,\ 8$　　(2) $x=-2,\ -4$
(3) $x=\sqrt{6}\pm3$　　(4) $x=\dfrac{1\pm\sqrt{33}}{2}$
(5) $x=4,\ -10$　　(6) $x=-3,\ 8$
(7) $x=25,\ 36$

解説

(1)
$$(x-2)^2-5(x-2)-6=0$$
$$\{(x-2)+1\}\{(x-2)-6\}=0$$
$$(x-1)(x-8)=0$$
$$x=1,\ 8$$

(2)
$$(2x+5)^2=(x+1)^2$$
$$(2x+5)^2-(x+1)^2=0$$
$$\{(2x+5)+(x+1)\}\{(2x+5)-(x+1)\}=0$$
$$(3x+6)(x+4)=0$$
$$(x+2)(x+4)=0$$
$$x=-2,\ -4$$

(3)　係数に無理数がふくまれていても，解の公式は使える。
$$x^2-2\times\sqrt{6}\,x-3=0$$
$$x=\frac{-(-\sqrt{6})\pm\sqrt{(-\sqrt{6})^2-1\times(-3)}}{1}$$
$$=\sqrt{6}\pm3$$

(4) $3x(x-1)=4(x+1)(x-2)$

$3x^2-3x=4x^2-4x-8$

$x^2-x-8=0 \qquad x=\dfrac{1\pm\sqrt{33}}{2}$

(5) $\dfrac{1}{2}x^2-8=\dfrac{1}{3}(x+1)(x-4)$

$3x^2-48=2(x+1)(x-4)$

$3x^2-48=2x^2-6x-8$

$x^2+6x-40=0$

$(x-4)(x+10)=0$

$x=4,\ -10$

(6) $\dfrac{(x+2)(x-4)}{15}=\dfrac{x+2}{5}+\dfrac{2}{3}$

$(x+2)(x-4)=3(x+2)+10$

$x^2-2x-8=3x+6+10$

$x^2-5x-24=0$

$(x+3)(x-8)=0$

$x=-3,\ 8$

(7) $(x-29)^2-3(x-30)-31=0$

$\{(x-30)+1\}^2-3(x-30)-31=0$

$x-30=M$ とおくと

$(M+1)^2-3M-31=0$

$M^2-M-30=0$

$(M+5)(M-6)=0$

$M=-5,\ 6$

よって　$x-30=-5,\ x-30=6$

$x=25,\ 36$

25 $a=1,\ b=-2$

解説

$x^2+2x-8=0$ から　$(x-2)(x+4)=0$

したがって　$x=2,\ -4$

よって，2 次方程式 $x^2+ax+b=0$ の 2 つの解は -2 と 1 である。

$x=-2,\ x=1$ を 2 次方程式 $x^2+ax+b=0$ にそれぞれ代入すると

$4-2a+b=0$ …… ①

$1+a+b=0$ …… ②

②−① から　$3a-3=0$　　$a=1$

$a=1$ を ② に代入すると　　$b=-2$

したがって　$a=1,\ b=-2$

26 $x=\dfrac{3\pm\sqrt{5}}{2}$

解説

方程式は　$2x(x-2)-x-(x-2)=0$

$2x^2-4x-x-x+2=0$

$x^2-3x+1=0$

$$x=\frac{-(-3)\pm\sqrt{(-3)^2-4\times1\times1}}{2\times1}=\frac{3\pm\sqrt{5}}{2}$$

27 $x=3$

解説

歩合の表し方で，0.1 の割合を 割 という。

よって，x 割を分数で表すと $\dfrac{x}{10}$ である。

これを x % の $\dfrac{x}{100}$ と間違えないように。

原価を a 円とする。ただし，$a>0$ である。

原価の x 割の利益を見込んだ定価は

$$a\times\left(1+\frac{x}{10}\right)$$

その $\dfrac{x}{3}$ 割引は　$a\times\left(1+\dfrac{x}{10}\right)\times\left(1-\dfrac{x}{3}\times\dfrac{1}{10}\right)$

したがって，問題の条件から

$$a\times\left(1+\frac{x}{10}\right)\times\left(1-\frac{x}{3}\times\frac{1}{10}\right)=a\times\left(1+\frac{1.7}{10}\right)$$

$a>0$ であるから，両辺を a でわると

$$\frac{10+x}{10}\times\frac{30-x}{30}=\frac{100+17}{100} \quad \leftarrow \frac{1.7}{10}=\frac{17}{100}$$

両辺に 300 をかけて

$(10+x)(30-x)=3\times117$

$300-10x+30x-x^2=351$

$x^2-20x+51=0$

よって　$(x-3)(x-17)=0$　　$x=3,\ 17$

$0<x<10$ であるから　$x=3$

28 $x=3$

解説

直方体Qと直方体Rの体積は等しいから

$(4+x)\times(7+x)\times2=4\times7\times(2+x)$

$x^2+11x+28=14x+28$

$x^2-3x=0$

よって，$x(x-3)=0$ から　$x=0,\ 3$

$x>0$ であるから　$x=3$

29 $k=5$

解説

$y=\frac{7}{3}x$ …… ①, $y=\frac{3}{7}x$ …… ②,

$y=-x+k$ …… ③ とする。

① を ③ に代入すると

$\frac{7}{3}x=-x+k$ 　　$x=\frac{3}{10}k$

よって，点Pの x 座標は　$\frac{3}{10}k$

② を ③ に代入すると

$\frac{3}{7}x=-x+k$ 　　$x=\frac{7}{10}k$

よって，点Qの x 座標は　$\frac{7}{10}k$

直線 PQ と y 軸との交点をRとすると

$\triangle QRO-\triangle PRO=\triangle OPQ$

$\frac{1}{2}\times k\times\frac{7}{10}k-\frac{1}{2}\times k\times\frac{3}{10}k=k$

$\frac{1}{2}\times k\times\left(\frac{7}{10}k-\frac{3}{10}k\right)=k$

$\frac{1}{5}k^2=k$ 　　$k(k-5)=0$ 　　$k=0,\ 5$

$k=0$ のとき，$\triangle OPQ$ はできないから，問題に適さない。$k=5$ は問題に適する。

したがって　　$k=5$

30 (1) $(2n^2+3n+1)$ 個　(2) $(14,\ 7)$

解説

(1) 長方形 OABC の辺 OC 上に $(n+1)$ 個の格子点があり，その列が $(2n+1)$ 列あるから，全部で

$(n+1)(2n+1)=2n^2+3n+1$ (個)

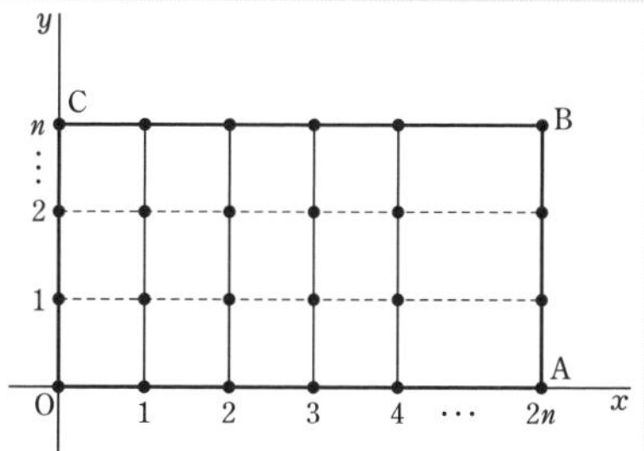

(2) (1) より，長方形 OABC の内部にある格子点の個数は

$(2n^2+3n+1)-6n=2n^2-3n+1$ (個)

この個数が 78 個のとき　$2n^2-3n+1=78$

$2n^2-3n-77=0$ …… (＊)

$n=\frac{-(-3)\pm\sqrt{(-3)^2-4\times2\times(-77)}}{2\times2}$

$=\frac{3\pm25}{4}$ 　　よって　$n=7,\ -\frac{11}{2}$

n は正の整数であるから　　$n=7$

したがって，点Bの座標は　　$(14,\ 7)$

参考　(＊) の左辺は

$2n^2-3n-77=(n-7)(2n+11)$

と因数分解できる。

31 $x=15$

解説

あめの入った袋の個数は，全部で

$3x\times3+18=9x+18$

あめの個数について

$(9x+18)\times x+5=2300$

$9x^2+18x-2295=0$

$x^2+2x-255=0$

$(x-15)(x+17)=0$

$x=15,\ -17$

$x>0$ であるから　　$x=15$

問題に適する。

32 $x=20$

解説

容器Aから容器Bに x g 移すと，容器Bの食塩の重さは

$x\times\frac{10}{100}+100\times\frac{20}{100}=\frac{1}{10}x+20$ (g)

水を蒸発させても食塩の重さは変わらないから，容器Bの濃度は

$\left(\frac{1}{10}x+20\right)\div100\times100=\frac{1}{10}x+20$ (%)

容器Bから容器Aに $2x$ g 移すと，容器Aの食塩の重さは

$(100-x)\times\frac{10}{100}+2x\times\left(\frac{1}{10}x+20\right)\div100$

$=10-\frac{1}{10}x+\frac{2}{1000}x^2+\frac{40}{100}x$

$=\frac{2}{1000}x^2+\frac{3}{10}x+10$ (g)

これが $(100+x)$ g の 14 % にあたるから

$$(100+x)\times\frac{14}{100}=\frac{2}{1000}x^2+\frac{3}{10}x+10$$

両辺に 500 をかけて整理すると

$$x^2+80x-2000=0$$

$$(x-20)(x+100)=0 \qquad x=20,\ -100$$

$x>0$ であるから　$x=20$

問題に適する。

33 (1) **28 cm²**　(2) **$(12-x)$ cm**
(3) **9 cm**

解説

(1) 周の長さが 24 cm であるから

$$\mathrm{DE}+\mathrm{EF}=24\div2=12 \quad \cdots\cdots ①$$

DE=6 のとき　EF=12−6=6

よって，求める面積は

$$6\times6-4\times2=36-8=28\ (\mathrm{cm}^2)$$

(2) ① より，DE$=x$ cm のとき

EF$=(12-x)$ cm

(3) DE$=x$ cm のとき，EF$=(12-x)$ cm であるから　$x(12-x)-4\times2=19$

$$-x^2+12x-8=19$$

$$x^2-12x+27=0$$

$$(x-3)(x-9)=0$$

$$x=3,\ 9$$

$4<x<12$ であるから　$x=9$

したがって　DE=9 (cm)

34 $\frac{5}{36}$

解説

目の出方は，全部で　6×6=36 (通り)

$x^2+ax+b=0$ の異なる 2 つの整数の解を m, n $(m>n)$ とすると

$$x^2+ax+b=(x-m)(x-n)$$

$$=x^2-(m+n)x+mn$$

ここで，$m+n=-a\geqq-6$，$mn=b$，

$m>n$ より $2\leqq b\leqq6$ であるから，a と b の値は次の表のようになり，$(a,\ b)$ の組は 5 通りある。

よって，求める確率は　$\frac{5}{36}$

b	2	3	4	5	6
m	−1	−1	−1	−1	−2
n	−2	−3	−4	−5	−3
$m+n$	−3	−4	−5	−6	−5
a	3	4	5	6	5

35 (ア) **3**　(イ) **−4**

解説

関数 $y=bx+8$ について

$x=-1$ のとき　$y=-b+8$

$x=2$ 　のとき　$y=2b+8$

$b<0$ であるから，y の変域は

$$2b+8\leqq y\leqq -b+8 \quad \cdots\cdots ①$$

関数 $y=ax^2$ について

$x=-1$ のとき　$y=a\times(-1)^2=a$

$x=2$ 　のとき　$y=a\times2^2=4a$

[1] $a>0$ のとき

関数 $y=ax^2$ の y の変域は　$0\leqq y\leqq 4a$

これが ① と一致するから　$\begin{cases}2b+8=0\\-b+8=4a\end{cases}$

これを解くと　$a=3$，$b=-4$

これは $a>0$，$b<0$ をみたすから，問題に適している。

[2] $a<0$ のとき

関数 $y=ax^2$ の y の変域は　$4a\leqq y\leqq 0$

これが ① と一致するから　$\begin{cases}2b+8=4a\\-b+8=0\end{cases}$

これを解くと　$a=6$，$b=8$

これは $a<0$，$b<0$ をみたさない。

36 (1) $\left(-2,\ \frac{4}{3}\right)$　(2) **2**　(3) **$t=3$**

解説

(1) 点Aは関数 $y=\frac{1}{3}x^2$ のグラフ上にあるから，$y=\frac{1}{3}x^2$ に $x=2$ を代入すると

$$y=\frac{1}{3}\times2^2=\frac{4}{3}$$

よって，点Aの座標は　$\left(2,\ \frac{4}{3}\right)$

点Cは点Aと y 軸について対称であるか

ら，点Cの座標は $\left(-2,\ \frac{4}{3}\right)$

← x 座標の符号が変わる。

(2) 点Bは関数 $y=x^2$ のグラフ上にあるから，$y=x^2$ に $x=6$ を代入すると　$y=6^2=36$

よって，点Bの座標は　(6, 36)

点Aの x 座標も 6 であるから，$y=\frac{1}{3}x^2$ に $x=6$ を代入すると　$y=\frac{1}{3}\times 6^2=12$

よって，点Cの座標は　(−6, 12)

したがって，2点B，Cを通る直線の傾きは　$\frac{36-12}{6-(-6)}=2$

(3) 点Aの座標は $\left(t,\ \frac{1}{3}t^2\right)$ であるから，点Cの座標は　$\left(-t,\ \frac{1}{3}t^2\right)$　←(1)と同様。

また，点Bの座標は　$(t,\ t^2)$

よって　$AB=t^2-\frac{1}{3}t^2=\frac{2}{3}t^2$

$AC=t-(-t)=2t$

△ABC が直角二等辺三角形となるとき，AB=AC であるから　$\frac{2}{3}t^2=2t$

$t^2=3t$　　$t(t-3)=0$　　$t=0,\ 3$

$t>0$ であるから　$t=3$

37 (1) **(−4, 8)**　(2) $\boldsymbol{y=-x+4}$

(3) **10**　(4) $\boldsymbol{12\pi}$

解説

(1) $y=\frac{1}{2}x^2$ に $y=8$ を代入すると　$8=\frac{1}{2}x^2$

よって　$x^2=16$　　$x=\pm 4$

$x<0$ であるから　$x=-4$

点Aの座標は　(−4, 8)

(2) $y=3x^2$ において

$x=1$ のとき　$y=3\times 1^2=3$

点Bの座標は　(1, 3)

直線 AB の傾きは $\frac{3-8}{1-(-4)}=-1$ であるから，直線 AB の式は $y=-x+b$ と表される。

点Aを通るから　$8=4+b$　　$b=4$

直線 AB の式は　$y=-x+4$

(3) 直線 AB と y 軸の交点をDとする。

直線 AB の切片は 4 であるから，点Dの y 座標は 4 である。

$\triangle ODA=\frac{1}{2}\times 4\times 4=8$,

$\triangle ODB=\frac{1}{2}\times 4\times 1=2$ であるから

$\triangle OBA=8+2=10$

(4) Cの x 座標は $-x+4=0$ の解で表されるから　$x=4$

点Bを通り y 軸に平行な直線と x 軸との交点をEとすると

$OE=1,\ EC=4-1=3$

できる立体は，底面の半径が 3，高さが 1 の円錐と，底面の半径が 3，高さが 3 の円錐を合わせたものであるから，その体積は

$\frac{1}{3}\times\pi\times 3^2\times 1+\frac{1}{3}\times\pi\times 3^2\times 3=12\pi$

38 (1) **(−3, 9)**　(2) **60**

(3) $\boldsymbol{-2+2\sqrt{10}}$

解説

(1) 点Cは $y=x^2$ のグラフ上にあるから，$y=x^2$ に $x=3$ を代入すると　$y=3^2=9$

よって，点Cの座標は　(3, 9)

2点B，Cは y 軸について対称であるから，点Bの座標は　(−3, 9)

(2) $BC=3-(-3)=6$ であるから，点Dの y 座標は　$9+6=15$

点Gは $y=x^2$ のグラフ上にあり，y 座標が 15 であるから，$y=x^2$ に $y=15$ を代入すると　$15=x^2$

$x>0$ であるから　$x=\sqrt{15}$

よって，点Gの座標は　$(\sqrt{15},\ 15)$

したがって，$FG=\sqrt{15}-(-\sqrt{15})=2\sqrt{15}$ であるから，四角形 EFGH の面積は

$2\sqrt{15}\times 2\sqrt{15}=60$

(3) 点Kの x 座標を a とすると，y 座標は a^2 である。ただし，$a>0$ とする。

点 J の x 座標は $-a$ であるから

$$JK=2a$$

四角形 IJKL は正方形であるから

$$KL=JK=2a$$

よって，点 C の y 座標について

$$a^2+2a=9$$

$$a^2+2a-9=0$$

$a^2+2\times1\times a-9=0$ であるから

$$a=\frac{-1\pm\sqrt{1^2-1\times(-9)}}{1}=-1\pm\sqrt{10}$$

$a>0$ であるから　　$a=-1+\sqrt{10}$

したがって，正方形 IJKL の 1 辺の長さは　　$2\times(-1+\sqrt{10})=-2+2\sqrt{10}$

39 (1)　$a=\frac{1}{2}$　　(2)　(ア)　6　　(イ)　$\frac{9}{2}$

解説

(1)　点 A は関数 $y=ax^2$ のグラフ上にあるから，$y=ax^2$ に $x=2$，$y=2$ を代入すると

$$2=a\times2^2 \qquad 4a=2$$

よって　　$a=\frac{1}{2}$

(2)　(ア)　点 B は関数 $y=\frac{1}{2}x^2$ のグラフ上にあるから，$y=\frac{1}{2}x^2$ に $x=6$ を代入すると　　$y=\frac{1}{2}\times6^2=18$

よって，点 B の座標は　　$(6,\ 18)$

したがって，点 P の座標は

$$(-6,\ 18)$$

直線 AP の式を $y=px+q$ とすると

$$\begin{cases}2=2p+q\\18=-6p+q\end{cases}$$

これを解いて　　$p=-2$，$q=6$

よって，直線 AP の式は

$$y=-2x+6$$

したがって，点 Q の y 座標は　　6

(イ)　△ABQ と △ABR は辺 AB が共通であるから，この 2 つの三角形の面積が等しいとき，辺 AB に対する高さが等しい。

ここで，点 Q を通り直線 AB に平行な直線と x 軸との交点を R′ とする。

直線 AB の傾きは　　$\frac{18-2}{6-2}=4$

したがって，点 Q を通り直線 AB に平行な直線の式は

$$y=4x+6 \quad \cdots\cdots ①$$

また，直線 AB の式は

$$y=4x-6 \quad \cdots\cdots ②$$

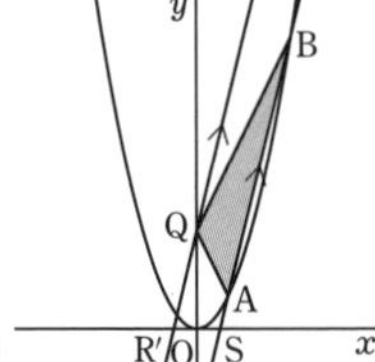

直線 AB と x 軸との交点を S とする。

$y=0$ を ① に代入すると

$$0=4x+6$$

$$x=-\frac{3}{2}$$

$y=0$ を ② に代入すると

$$0=4x-6 \qquad x=\frac{3}{2}$$

点 R の x 座標は正であるから，RS=R′S となる点 R を x 軸上にとる。

よって，求める x 座標は

$$\frac{3}{2}-\left(-\frac{3}{2}\right)+\frac{3}{2}=\frac{9}{2}$$

40 (1)　$y=-x-12$　　(2)　$a=\frac{2}{3}$

解説

(1)　点 B は関数 $y=-\frac{1}{2}x^2$ のグラフ上にあるから，$y=-\frac{1}{2}x^2$ に $x=-4$ を代入すると

$$y=-\frac{1}{2}\times(-4)^2=-8$$

よって，点 B の座標は　　$(-4,\ -8)$

求める直線の式は $y=-x+b$ と表すことができる。

$x=-4$ のとき $y=-8$ であるから

$$-8=-(-4)+b$$

$$b=-12$$

したがって，求める直線の式は

$$y=-x-12$$

(2)　2点A，Cは関数 $y=ax^2$ のグラフ上にあるから，それぞれの座標は

$A(-4,\ 16a)$，$C(2,\ 4a)$

点Dは関数 $y=-\frac{1}{2}x^2$ のグラフ上にあるから，その座標は　$(2,\ -2)$

点Bの座標は $(-4,\ -8)$ であるから，直線OBの式は　$y=2x$

点Eは直線OB上にあるから，その座標は　$(2,\ 4)$

よって，$ED=4-(-2)=6$ であるから

$\triangle EBD=\frac{1}{2}\times6\times\{2-(-4)\}=18$

直線ACの式を $y=mx+n$ とすると

$16a=-4m+n$

$4a=2m+n$

これを解くと　$m=-2a$，$n=8a$

したがって，直線ACの式は

$y=-2ax+8a$

よって，点Fの y 座標は　$8a$

四角形ABOFは台形で，その面積は

$\frac{1}{2}\times\{16a-(-8)+8a\}\times4=48a+16$

四角形ABOFの面積と $\triangle EBD$ の面積の比が $8:3$ となるから

$(48a+16):18=8:3$

$16(3a+1)\times3=18\times8$

$3a+1=3$　　$a=\frac{2}{3}$

41 (1)　**16*a***

(2)　(ア)　$\boldsymbol{a=-\frac{1}{2}}$　　(イ)　**24**

(ウ)　**(−2，−2)**

解説

(1)　$y=ax^2$ に $x=-4$ を代入すると

$y=a\times(-4)^2=16a$

(2)　(ア)　直線OAの傾きは $\frac{4}{2}=2$ であるから，直線OCの傾きも2である。

よって　$\frac{0-16a}{0-(-4)}=2$

$-4a=2$　　$a=-\frac{1}{2}$

(イ)　$y=-\frac{1}{2}x^2$ に $x=-4$ を代入すると

$y=-\frac{1}{2}\times(-4)^2=-8$

点Cの座標は　$(-4,\ -8)$

$AB=2-(-2)=4$ であるから

$\triangle ABC=\frac{1}{2}\times4\times\{4-(-8)\}=24$

(ウ)　点Cを通り，$\triangle ABC$ の面積を2等分する直線は，辺ABの中点 $(0,\ 4)$ を通るから，この直線の式は $y=kx+4$ と表される。

$x=-4$，$y=-8$ を $y=kx+4$ に代入すると　$-8=-4k+4$

$k=3$

直線の式は　$y=3x+4$

直線 $y=3x+4$ と放物線 $y=-\frac{1}{2}x^2$ の交点の x 座標は，方程式

$3x+4=-\frac{1}{2}x^2$ の解で表される。

整理すると　$x^2+6x+8=0$

$(x+2)(x+4)=0$　　$x=-2,\ -4$

$x=-2$ のとき　$y=3\times(-2)+4=-2$

求める点の座標は　$(-2,\ -2)$

42 (1)　(ア)　$\boldsymbol{\frac{1}{9}}$　　(イ)　**6**

(2)　**$0\leqq t\leqq2$ のとき**

$\boldsymbol{S=t^2}$

$2\leqq t\leqq4$ のとき

$\boldsymbol{S=2t}$

$4\leqq t\leqq8$ のとき

$\boldsymbol{S=-2t+16}$

グラフは右の図

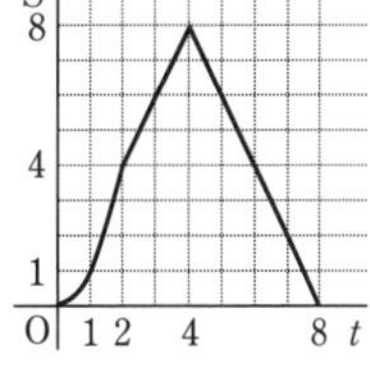

(3)　$\boldsymbol{t=\frac{1}{2},\ \frac{63}{8}}$

解説

(1)　(ア)　$t=\frac{1}{3}$ のとき，点Pは辺AB上，点Qは辺AD上にある。

よって　$S=\frac{1}{2}\times AP\times AQ$

$=\frac{1}{2}\times\frac{2}{3}\times\frac{1}{3}=\frac{1}{9}$

(イ) $t=3$ のとき，点Pは辺 BC 上，点Q は辺 AD 上にある。

よって　$S=\frac{1}{2}\times AQ\times AB$

$=\frac{1}{2}\times3\times4=6$

(2) $0\leqq t\leqq2$ のとき，点Pは辺 AB 上，点Qは辺 AD 上にある。

よって　$S=\frac{1}{2}\times2t\times t=t^2$

$2\leqq t\leqq4$ のとき，点Pは辺 BC 上，点Qは辺 AD 上にある。

よって　$S=\frac{1}{2}\times t\times4=2t$

$4\leqq t\leqq8$ のとき，点Pは点Cに，点Qは辺 DC 上にあり　$CQ=8-t$

よって　$S=\frac{1}{2}\times4\times(8-t)=16-2t$

(3) $S=\frac{1}{4}$ となるのは，$0\leqq t\leqq2$ のときと，$4\leqq t\leqq8$ のときの2回ある。

[1] $0\leqq t\leqq2$ のとき

$t^2=\frac{1}{4}$ とすると　$t=\pm\frac{1}{2}$

$0\leqq t\leqq2$ であるから　$t=\frac{1}{2}$

[2] $4\leqq t\leqq8$ のとき

$16-2t=\frac{1}{4}$ とすると　$t=\frac{63}{8}$

$4\leqq t\leqq8$ に適する。

以上から　$t=\frac{1}{2}$，$\frac{63}{8}$

43 (1) △BEH と △BAD において

共通な角であるから

∠EBH＝∠ABD …… ①

仮定から　∠EGB＝∠ACB＝90°

よって，同位角が等しいから，

EG∥AC である。

EG∥AC より，同位角が等しいから

∠BEH＝∠BAD …… ②

①，② より，2組の角がそれぞれ等しいから　△BEH∽△BAD

(2) △BHG と △BFE において

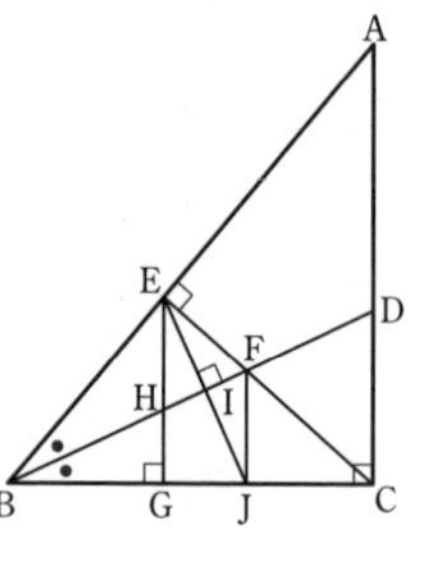

仮定から

∠BGH＝∠BEF＝90°,

∠HBG＝∠FBE

2組の角がそれぞれ等しいから

△BHG∽△BFE

よって　∠BHG＝∠BFE

対頂角は等しく，∠BHG＝∠EHF であるから　∠EHF＝∠BFE

△EHF の2つの角が等しいから，

△EHF は二等辺三角形で

EH＝EF …… ③

△BEI と △BJI において

仮定から　∠BIE＝∠BIJ＝90°

∠EBI＝∠JBI

また　BI＝BI

よって，1組の辺とその両端の角がそれぞれ等しいから　△BEI≡△BJI

したがって　EI＝JI …… ④

④ と BD⊥EJ から，直線 BD は線分 EJ の垂直二等分線である。

よって　FE＝FJ

これと ③ から　EH＝FJ

44 94°

解説

△AOC と△BOD において

OA＝OB（仮定）…… ①

△OAB∽△OCD であるから，△OCD は OC＝OD の二等辺三角形である。

よって　OC＝OD　…… ②

また，∠AOB＝∠COD で，

∠AOC＝∠AOB＋∠BOC,

$\angle BOD=\angle BOC+\angle COD$

であるから　$\angle AOC=\angle BOD$ …… ③

①，②，③ より，2 組の辺とその間の角がそれぞれ等しいから　$\triangle AOC\equiv\triangle BOD$

よって　$\angle OAC=\angle OBD=19°$

$\angle OAB=19°+24°=43°$

$\angle OBA=\angle OAB=43°$ であるから，

$\triangle AEB$ において

$\angle AEB=180°-(24°+19°+43°)=94°$

45 (1) **9 cm**　　(2) $\frac{32}{5}$ **倍**

解説

(1) $DE /\!/ BC$ から　$AD:AB=DE:BC$

$AD:12=2:8$

$AD=3$

よって　$BD=12-3=9$ (cm)

$DG /\!/ BC$ より，錯角は等しいから

$\angle DGB=\angle FBC$

仮定から　$\angle DBG=\angle FBC$

したがって　$\angle DGB=\angle DBG$

よって，$\triangle DBG$ は二等辺三角形で

$DG=DB=9$ (cm)

(2) 図形の中に現れる，線分の比に注目する。

⟶ $\triangle ADE\backsim\triangle ABC$，$\triangle BFC\backsim\triangle GFE$，直線 BF は $\angle ABC$ の二等分線であるから　$BC:BA=CF:FA$

$\triangle ABC$ の面積を S とする。

$DE /\!/ BC$ から　$\triangle ADE\backsim\triangle ABC$

相似比は　$AD:AB=1:4$

よって，面積比は　$1^2:4^2=1:16$

したがって　$\triangle ADE=\frac{1}{16}S$ …… ①

また，角の二等分線と線分の比の定理により　$AF:FC=AB:BC$

$=12:8=3:2$

よって　$\triangle FBC=\frac{2}{5}\triangle ABC=\frac{2}{5}S$ …… ②

①，② から

$\triangle ADE:\triangle FBC=\frac{1}{16}S:\frac{2}{5}S$

$=5:32$

したがって　$\triangle FBC=\frac{32}{5}\triangle ADE$

$\triangle FBC$ の面積は $\triangle ADE$ の面積の $\frac{32}{5}$ 倍である。

46 (1) **12 cm^2**　　(2) **24 cm^2**

(3) **1：1**　　(4) **30 cm^2**

(5) **3：2**

解説

(1) $AE /\!/ DC$ であるから

$EG:DG=AE:DC=1:2$

$\triangle AEG:\triangle AED=1:(1+2)=1:3$

$\triangle AEG=\frac{1}{3}\times\left(\frac{1}{2}\times6\times12\right)=12$ (cm^2)

(2) (1) から

$\triangle ADG=\frac{2}{3}\times\left(\frac{1}{2}\times6\times12\right)=24$ (cm^2)

同様に考えると，

$FH:DH=CF:AD=1:2$ であるから

$\triangle CDH=\frac{2}{3}\triangle CDF=24$ (cm^2)

$\triangle ACD=\frac{1}{2}\times12\times12=72$ (cm^2) であるから　$\triangle DGH=72-(24+24)=24$ (cm^2)

(3) $\triangle DGH=\triangle DHC$ であるから

$GH:HC=1:1$

(4) $\triangle ABC$ において，中点連結定理 により

$EF /\!/ AC$

よって，$EF /\!/ GH$ であるから，

$\triangle DEF\backsim\triangle DGH$ で，その相似比は

$DF:DH=3:2$ …… ①

したがって，面積比は　$3^2:2^2=9:4$

よって，四角形 EFHG と $\triangle DGH$ の面積比は　$(9-4):4=5:4$

したがって，求める面積は

$\frac{5}{4}\triangle DGH=\frac{5}{4}\times24=30$ (cm^2)

(5) $EF /\!/ GH$ であるから

$\triangle EGF:\triangle HGF=EF:GH$

① から，求める面積比は

$EF:GH=DF:DH=3:2$

第1章 第2章 第3章 第4章 第5章 第6章 第7章 第8章 入試対策編

47 (1) △ABP と △PDR において
AB∥DC より，錯角は等しいから
$\angle PAB = \angle RPD$ …… ①
仮定より，BP∥QD であるから，錯角は等しく
$\angle APB = \angle PRD$ …… ②
①，② より，2 組の角がそれぞれ等しいから　△ABP∽△PDR

(2) $\dfrac{13}{12}$ 倍

解説
(2) 四角形 BPDQ は，2 組の対辺がそれぞれ平行であるから，平行四辺形である。
よって，BQ=PD から　AQ：QB=2：1
△ABP∽△PDR で，相似比は
AB：PD=3：1
したがって，面積比は
$\triangle ABP : \triangle PDR = 3^2 : 1^2 = 9 : 1$
$\triangle PDR = T$ とすると　$\triangle ABP = 9T$
また，△AQR∽△ABP で相似比は
AQ：AB=2：3
したがって，面積比は
$\triangle AQR : \triangle ABP = 2^2 : 3^2 = 4 : 9$
$\triangle AQR = \dfrac{4}{9}\triangle ABP = \dfrac{4}{9} \times 9T = 4T$ … ③
よって，四角形 QBPR の面積は　$5T$
また，△PSR：△PDR=PS：DR であり，△CPS∽△CDR であるから
△PSR：△PDR=2：3
$\triangle PSR = \dfrac{2}{3}\triangle PDR = \dfrac{2}{3}T$
したがって，四角形 QBSR の面積は
$5T - \dfrac{2}{3}T = \dfrac{13}{3}T$ …… ④
③，④ より，四角形 QBSR の面積は，△AQR の面積の
$\dfrac{13}{3}T \div 4T = \dfrac{13}{12}$ (倍)

48 (1) TH=3 cm，∠HRT=45°
(2) 75 cm³

解説
(1) TH=x cm とする。
SH∥AE から
TH：TE
=SH：AE
$x : (x+6) = 2 : 6$
$x : (x+6) = 1 : 3$
$3x = x+6$　　$x=3$
よって　TH=3 cm
△THR は TH=RH=3 cm の直角二等辺三角形であるから　∠HRT=45°

(2) 直線 AP と直線 EF との交点をVとする。
立体Xは，三角錐 A-TEV から，三角錐 T-SHR と三角錐 V-PFQ を取り除いたものである。
VF=TH=3 であるから　ET=EV=9
よって，三角錐 A-TEV の体積は
$\dfrac{1}{3} \times \dfrac{1}{2} \times 9 \times 9 \times 6 = 81$ (cm³)
また，三角錐 T-SHR の体積は
$\dfrac{1}{3} \times \dfrac{1}{2} \times 2 \times 3 \times 3 = 3$ (cm³)
三角錐 V-PFQ の体積も 3 cm³ であるから，立体Xの体積は
$81 - 3 \times 2 = 75$ (cm³)

49 (1) $y = x+2$　　(2) $y = x-4$
(3) 1：4　　(4) $-2+\sqrt{7}$

解説
(1) 点 A，B は放物線 $y=x^2$ 上にあるから，点 A，B の座標は，それぞれ
$(-1, 1)$，$(2, 4)$
直線 AB の傾きは $\dfrac{4-1}{2-(-1)} = 1$ であるから，直線の式は $y=x+b$ と表される。
点Aを通るから　$1 = -1+b$
$b=2$
直線 AB の式は　$y=x+2$
(2) 直線 OA の式は $y=-x$ であるから，点Cの x 座標は $-\dfrac{1}{2}x^2 = -x$ の解で表され

る。　　$x^2-2x=0$

$x(x-2)=0$　　　$x=0,\ 2$

$x \neq 0$ であるから　　$x=2$

点Cの座標は　　$(2,\ -2)$

直線 OB の式は $y=2x$ であるから，点D の x 座標は $-\frac{1}{2}x^2=2x$ の解で表される。

$x^2+4x=0$

$x(x+4)=0$　　　$x=0,\ -4$

$x \neq 0$ であるから　　$x=-4$

点Dの座標は　　$(-4,\ -8)$

直線 CD の傾きは $\frac{-8-(-2)}{-4-2}=1$ であるから，直線の式は $y=x+b$ と表される。

点Cを通るから　　$-2=2+b$　　　$b=-4$

直線 CD の式は　　$y=x-4$

(3) (1), (2) から　　AB∥CD

△OAB と △OCD において

∠AOB＝∠COD

OA：OC＝OB：OD＝1：2

2 組の辺の比とその間の角がそれぞれ等しいから　　△OAB∽△OCD

相似比は 1：2 であるから，面積比は

$1^2 : 2^2 = 1 : 4$

よって　　$S_1 : S_2 = 1 : 4$

(4) 直線 AB の切片は 2 であるから

$\triangle OAB=\frac{1}{2}\times 2\times 1+\frac{1}{2}\times 2\times 2=3$

y 軸上の負の部分に点Eを △ODE＝3 となるようにとると

$\frac{1}{2}\times OE\times 4=3$　　$OE=\frac{3}{2}$

点Eの座標は　　$\left(0,\ -\frac{3}{2}\right)$

点Eを通り，OD に平行な直線の式は

$y=2x-\frac{3}{2}$

点Pの x 座標は $-\frac{1}{2}x^2=2x-\frac{3}{2}$ …… ①

の解で表され，△OPD＝△ODE となる。

① より　　$x^2+4x-3=0$

$x^2+2\times 2x-3=0$ であるから

$x=\frac{-2\pm\sqrt{2^2-1\times(-3)}}{1}=-2\pm\sqrt{7}$

$0<x<2$ であるから　　$x=-2+\sqrt{7}$

50 (1)　$\angle x=21°$，$\angle y=37°$

(2)　$\angle x=13°$，$\angle y=36°$

解説

(1) $\overset{\frown}{BC}$ に対する円周角について

$\angle x=42°\div 2=21°$

線分 AB は直径であるから　∠ADB＝90°

よって　　∠ADC＝90°－21°＝69°

AB と CD の交点をEとすると，△ADE の内角と外角の性質により

∠OEC＝32°＋69°＝101°

△OEC において

$\angle y=180°-(42°+101°)=37°$

(2) AD と BC の交点をFとする。

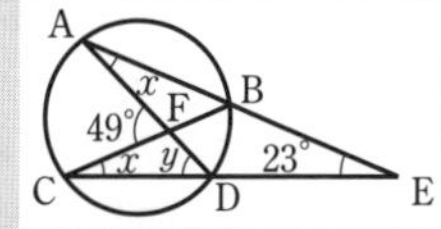

$\overset{\frown}{BD}$ に対する円周角について

$\angle DCB=\angle DAB=\angle x$

△DAE，△CDF の内角と外角の性質により，次の連立方程式が導かれる。

$$\begin{cases} x+23=y \\ x+y=49 \end{cases}$$

これを解くと　　$x=13,\ y=36$

よって　　$\angle x=13°$，$\angle y=36°$

51 (ア)　28　　　　(イ)　42

解説

$\overset{\frown}{BF} : \overset{\frown}{BD}=6:7$ から

∠BDF：∠BCD＝6：7

∠BDF：$x°$＝6：7

よって　　$\angle BDF=\frac{6}{7}x°$

線分 BC は円の直径であるから

∠BDC＝90°

すなわち　$\angle CDE=90°-\frac{6}{7}x°$

△CDE の内角と外角の性質により

$x°+\left(90°-\frac{6}{7}x°\right)=94°$　　$\frac{1}{7}x°=4°$

$x°=28°$

よって　$\angle BDF=\frac{6}{7}\times 28^\circ=24^\circ$

円周角の定理により

$\angle BOF=2\times 24^\circ=48^\circ$

$\angle OFA=90^\circ$ であるから，$\triangle OAF$ において

$y^\circ=180^\circ-(48^\circ+90^\circ)=42^\circ$

52 $\overset{\frown}{AE}:\overset{\frown}{EB}=7:6$

解説

線分 AB の中点を O，線分 AC の中点を O′ とする。

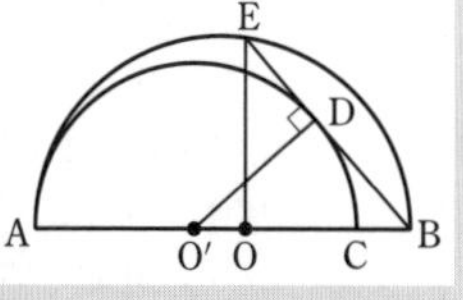

直線 BE は半円 O′ と点Dで接するから

$\angle O'DB=90^\circ$

$\overset{\frown}{AD}:\overset{\frown}{DC}=10:3$ であるから，a を正の数として　$\angle AO'D=10a$，$\angle DO'C=3a$

と表すことができる。

$\triangle BDO'$ において　$\angle O'BD=90^\circ-3a$

半円Oにおいて，$OB=OE$ より，

$\angle OBE=\angle OEB$ であるから

$\angle EOA=(90^\circ-3a)\times 2=180^\circ-6a$

$13a=180^\circ$ であるから

$\angle EOA=13a-6a=7a$

したがって　$\overset{\frown}{AE}:\overset{\frown}{AB}=7a:13a=7:13$

よって　$\overset{\frown}{AE}:\overset{\frown}{EB}=7:(13-7)=7:6$

53 (1)　$\triangle GAD$ と $\triangle GBF$ において

共通な角であるから

$\angle AGD=\angle BGF$ …… ①

$\overset{\frown}{DE}=\overset{\frown}{EC}$ から　$\overset{\frown}{DE}=\frac{1}{2}\overset{\frown}{DC}$

よって　$\angle DAE=\frac{1}{2}\angle DAC$

また，$\overset{\frown}{CD}$ において，円周角の定理により　$\angle DBC=\frac{1}{2}\angle DAC$

したがって　$\angle DAE=\angle DBC$

すなわち　$\angle DAG=\angle FBG$ …… ②

①，② より，2 組の角がそれぞれ等しいから　$\triangle GAD\backsim\triangle GBF$

(2)　$\frac{32}{5}$ cm

解説

(2)　$\triangle GAD$ と $\triangle CAF$ において

$\overset{\frown}{DE}=\overset{\frown}{EC}$ から

$\angle GAD=\angle CAF$ …… ③

対頂角は等しいから　$\angle GFB=\angle CFA$

$\triangle GAD\backsim\triangle GBF$ より，$\angle GDA=\angle GFB$

であるから　$\angle GDA=\angle CFA$ …… ④

③，④ より，2 組の角がそれぞれ等しいから　$\triangle GAD\backsim\triangle CAF$

よって　$AD:AF=AG:AC$

$8:AF=10:8$

$AF=\frac{32}{5}$ cm

54 (1)　(ア)　108　(イ)　36

(2)　$BP=2$ cm，$PD=(\sqrt{5}-1)$ cm

(3)　$\frac{3-\sqrt{5}}{2}$ 倍

解説

(1)　正五角形の 1 つの内角の大きさは

$\frac{180^\circ\times(5-2)}{5}=108^\circ$

よって　$\angle BAE=108^\circ$

$\overset{\frown}{AB}=\overset{\frown}{BC}=\overset{\frown}{CD}=\overset{\frown}{DE}=\overset{\frown}{EA}$ であるから，

$\overset{\frown}{AB}$ に対する円周角の大きさは

$\frac{1}{5}\times 180^\circ=36^\circ$

よって　$\angle DBE=\angle DEP=36^\circ$

(2)　$\triangle ABE$ と $\triangle PBE$ において

$\angle ABE=\angle PBE$

$\angle AEB=\angle PEB$

$BE=BE$　(共通)

1 組の辺とその両端の角がそれぞれ等しいから　$\triangle ABE\equiv\triangle PBE$

よって　$BP=BA=2$ cm

$\angle EBD=\angle BDC$ であるから　$BE /\!/ CD$

$PD=x$ cm とする。

$\triangle BDE$ において

$\angle BDE=\angle BED=2\times 36^\circ=72^\circ$

であるから　$BE=BD=(2+x)$ cm

BE∥CD から　BE：CD＝BP：PD

$(2+x):2=2:x$

$x^2+2\times1\times x-4=0$

$x=\dfrac{-1\pm\sqrt{1^2-1\times(-4)}}{1}=-1\pm\sqrt{5}$

$x>0$ であるから　$x=\sqrt{5}-1$

したがって　PD＝($\sqrt{5}-1$) cm

(3) △EPD と △BED において

∠EDP＝∠BDE （共通）

∠DEP＝∠DBE＝36°

2 組の角がそれぞれ等しいから

△EPD∽△BED

相似比は　PD：ED＝($\sqrt{5}-1$)：2

面積の比は

$(\sqrt{5}-1)^2:2^2=(3-\sqrt{5}):2$

よって，△EPD の面積は，△BDE の面積の $\dfrac{3-\sqrt{5}}{2}$ 倍である。

55 56°

解説

△AIC において

∠ACI＝90°－62°

＝28° … ①

また

∠BHC＝∠BIC

＝90°

BM＝MC

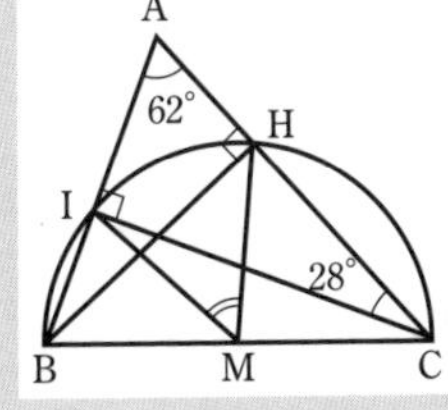

2 点 H，I は直線 BC について同じ側にあるから，円周角の定理の逆により，4 点 B，C，H，I は 1 つの円周上にある。

また，BM＝MC であるから，その円の中心は点 M である。

円周角の定理と ① により

∠IMH＝2∠ICH＝2×28°＝56°

56 95

解説

点 C を中心として 25° 回転させると，点 B が点 E に移るから

∠CBF＝∠CEF＝60° …… ①

∠BCE＝25° …… ②

① であり，2 点 B，E は直線 CF について同じ側にあるから，円周角の定理の逆により，4 点 B，C，F，E は 1 つの円周上にある。

これと ② から

∠BFE＝∠BCE＝25° …… ③

∠ECF＝∠EBF …… ④

ここで，直線 BF と CE の交点を G とすると，①，③，④ より

∠BEC＋∠ECF＝∠BEC＋∠EBF

＝∠EGF

＝180°－(∠CEF＋∠BFE)

＝180°－(60°＋25°)

＝95°

57 (1) △DBC と △DFC において

DC＝DC（共通）…… ①

△ABC は AB＝AC の二等辺三角形であるから　∠ABC＝∠ACB

AB∥DC より，同位角が等しいから

∠ABC＝∠DCE

よって　∠ACB＝∠DCE …… ②

ここで　∠DCB＝∠ACD＋∠ACB

∠DCF＝∠DCE＋∠ECF

仮定と ② から

∠DCB＝∠DCF …… ③

AB∥DC より，錯角が等しいから

∠BAC＝∠ACD

$\overset{\frown}{BC}$ に対する円周角について

∠BDC＝∠BAC …… ④

したがって　∠BDC＝∠ACD

また，AC∥DE より，錯角が等しいから

∠FDC＝∠ACD

よって　∠BDC＝∠FDC …… ⑤

①，③，⑤ より，1 組の辺とその両端の角がそれぞれ等しいから

△DBC≡△DFC

したがって　DB＝DF

(2) $\angle \mathrm{BAC}=32°$, $\overset{\frown}{\mathrm{BC}}=\dfrac{16}{15}\pi$ cm

解説

(2) $\angle \mathrm{BAC}=a$ とする。

④から　$\angle \mathrm{BDC}=a$

また，AB∥DC から

$$\angle \mathrm{ABD}=\angle \mathrm{BDC}=a$$

よって　$\angle \mathrm{ABC}=a+42°$

このとき，△ABC において

$$a+(a+42°)\times 2=180°$$
$$3a=96°$$
$$a=32°$$

次に，$\overset{\frown}{\mathrm{BC}}$ に対する円周角について

$$\angle \mathrm{BOC}=2\angle \mathrm{BAC}=2\times 32°=64°$$

したがって

$$\overset{\frown}{\mathrm{BC}}=2\pi\times 3\times\frac{64}{360}=\frac{16}{15}\pi\ (\mathrm{cm})$$

58 69°

解説

右の図のように，点Pにおける共通接線をひき，点E，F をとる。

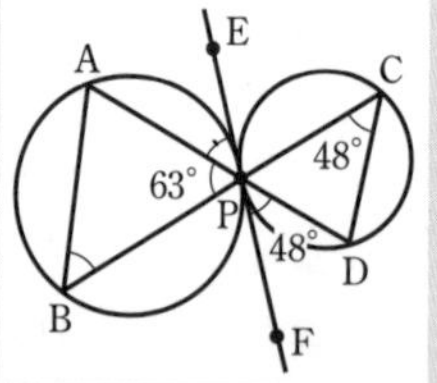

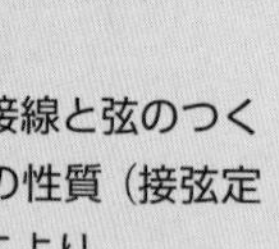

円の接線と弦のつくる角の性質（接弦定理）により

$$\angle \mathrm{APE}=\angle \mathrm{ABP}$$
$$\angle \mathrm{DPF}=\angle \mathrm{PCD}=48°$$

対頂角は等しいから　$\angle \mathrm{APE}=\angle \mathrm{DPF}$

よって　$\angle \mathrm{ABP}=48°$

したがって，△ABP において

$$\angle \mathrm{PAB}=180°-(48°+63°)=69°$$

59 3

解説

右の図のように，点 B，C，D，P，Q を定め，OA$=x$ とする。

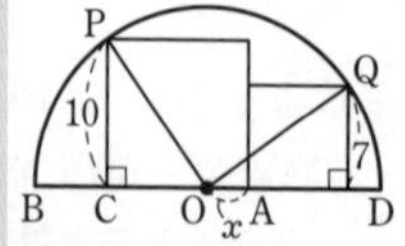

△OCP において，OC$=10-x$ であるから，三平方の定理により

$$\mathrm{OP}^2=10^2+(10-x)^2$$
$$=x^2-20x+200$$

△ODQ において，OD$=x+7$ であるから，三平方の定理により

$$\mathrm{OQ}^2=7^2+(x+7)^2$$
$$=x^2+14x+98$$

線分 OP，OQ は半円Oの半径であるから

$$x^2-20x+200=x^2+14x+98$$
$$-34x=-102$$
$$x=3$$

よって　OA$=3$

60 (1) $2\sqrt{3}-2$

(2) $3\sqrt{2}-\sqrt{6}$

解説

(1) 点Dから辺 AB にひいた垂線を DE とする。

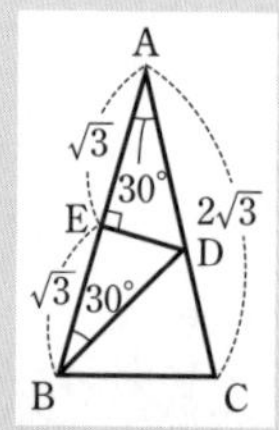

$\angle \mathrm{A}=\angle \mathrm{ABD}$ より，△ABD は AD$=$BD の二等辺三角形であるから，E は辺 AB の中点で　AE$=$BE$=\sqrt{3}$

△ADE は 3 つの角が 30°，60°，90° の直角三角形であるから

$$\mathrm{AD}=\frac{2}{\sqrt{3}}\mathrm{AE}=\frac{2}{\sqrt{3}}\times\sqrt{3}=2$$

よって　$\mathrm{CD}=\mathrm{AC}-\mathrm{AD}=2\sqrt{3}-2$

(2) 点Cから線分 BD にひいた垂線を CF とする。

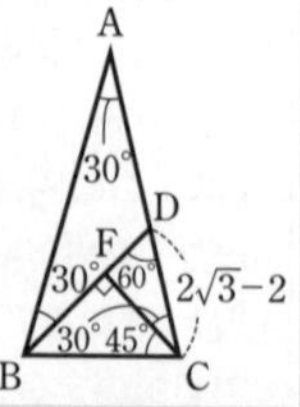

△ABD の内角と外角の性質により

$$\angle \mathrm{CDB}$$
$$=\angle \mathrm{A}+\angle \mathrm{ABD}=60°$$

△CDF は 3 つの角が 30°，60°，90° の直角三角形であるから

$$\mathrm{CF}=\frac{\sqrt{3}}{2}\mathrm{CD}=\frac{\sqrt{3}}{2}\times(2\sqrt{3}-2)$$
$$=3-\sqrt{3}$$

$\angle \mathrm{ACB}=\dfrac{1}{2}(180°-30°)=75°$ であるから

$$\angle \mathrm{BCF} = \angle \mathrm{ACB} - \angle \mathrm{DCF}$$
$$= 75^\circ - 30^\circ = 45^\circ$$
△BCF は 直角二等辺三角形 であるから
$$\mathrm{BC} = \sqrt{2}\,\mathrm{CF} = \sqrt{2}(3-\sqrt{3})$$
$$= 3\sqrt{2} - \sqrt{6}$$

61 $9\pi\ \mathrm{cm}^2$

解説

点Aから辺BCに垂線をひき，辺BCとの交点をHとする。

また，BH$=x$ cm とすると　CH$=5-x$

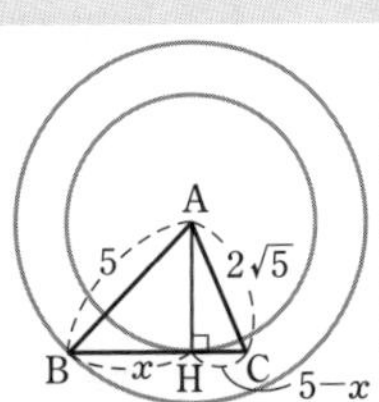

△ABH，△ACH のそれぞれにおいて，三平方の定理により

$\mathrm{AH}^2 + x^2 = 5^2$　…… ①

$\mathrm{AH}^2 + (5-x)^2 = (2\sqrt{5})^2$　…… ②

①，② から　　$25 - x^2 = 20 - (5-x)^2$

$(5-x)^2 - x^2 = 20 - 25$

$25 - 10x = -5$

$-10x = -30$

したがって　　$x=3$

$x=3$ を $\mathrm{AH}^2 = 25 - x^2$ に代入して　$\mathrm{AH}^2 = 16$

AH>0 であるから　　AH$=4$

よって，求める面積は

$\pi \times 5^2 - \pi \times 4^2 = 9\pi\ (\mathrm{cm}^2)$

62 $\dfrac{72}{7}\ \mathrm{cm}^2$

解説

△BCE は BC＝CE の直角二等辺三角形であるから

∠EBC＝45°

2点A，Dから辺BCにそれぞれ垂線をひき，辺BCとの交点をF，Gとする。

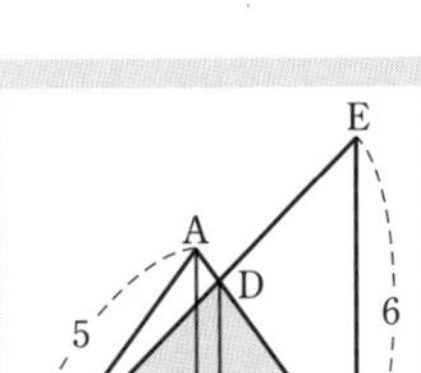

△ABC は AB＝AC の二等辺三角形であるから，点Fは辺BCの中点である。

よって，△ABF において，三平方の定理から

$\mathrm{AF}^2 = 5^2 - 3^2 = 16$

AF>0 であるから　　AF$=4$

AF // DG から　　△DGC∽△AFC

したがって　　DG : GC ＝ AF : FC ＝ 4 : 3

ここで，DG$=4a$ cm，GC$=3a$ cm とする。

△DBG は直角二等辺三角形であるから

BG＝DG$=4a$

よって，辺BCの長さについて

$3a + 4a = 6$　　$a = \dfrac{6}{7}$

したがって　　$\mathrm{DG} = 4 \times \dfrac{6}{7} = \dfrac{24}{7}$ (cm)

よって　　$\triangle\mathrm{BCD} = \dfrac{1}{2} \times 6 \times \dfrac{24}{7} = \dfrac{72}{7}$ (cm²)

63 $(32+16\sqrt{3})\ \mathrm{cm}^2$

解説

点Aから辺BCに垂線AHをひく。

△ABC は 正三角形 であるから

$\mathrm{AH} = \dfrac{\sqrt{3}}{2}\mathrm{AB} = \dfrac{\sqrt{3}}{2} \times 4 = 2\sqrt{3}$ (cm)

円A，B，C の半径は 2 cm であるから，長方形DEFGの縦の長さは

$2 + 2\sqrt{3} + 2 = 4 + 2\sqrt{3}$ (cm)

また，横の長さは　　$2+4+2=8$ (cm)

よって，求める面積は

$(4+2\sqrt{3}) \times 8 = 32 + 16\sqrt{3}$ (cm²)

64

(1)　△ADC と △EBC において

△BDC と △ACE はともに正三角形であるから

DC＝BC　…… ①

AC＝EC　…… ②

∠BCD＝∠ACE＝60°　…… ③

③ から　∠ACD＝∠ACB＋∠BCD

＝∠ACB＋60°

∠ECB＝∠ACB＋∠ACE

＝∠ACB＋60°

よって　∠ACD＝∠ECB　…… ④

①，②，④より，2組の辺とその間の角がそれぞれ等しいから

$\triangle ADC \equiv \triangle EBC$ …… ⑤

(2) (ア) **$3\sqrt{3}$ cm** (イ) **$(\sqrt{3}+\sqrt{7})$ cm**

解説

(2) (ア) $\triangle ABD$ と $\triangle ACD$ において

$AB=AC=4$ （仮定）

$\triangle BCD$ は正三角形であるから

$BD=CD=6$

$AD=AD$ （共通）

よって，3組の辺がそれぞれ等しいから　$\triangle ABD \equiv \triangle ACD$

したがって，$\angle BDA=\angle CDA$ であるから　$\angle CDA=30^\circ$

よって，$\triangle CDG$ は3つの角が 30°，60°，90° の直角三角形であるから

$$DG=\frac{\sqrt{3}}{2}CD=\frac{\sqrt{3}}{2}\times 6$$
$$=3\sqrt{3}\ (\text{cm})$$

(イ) ⑤から

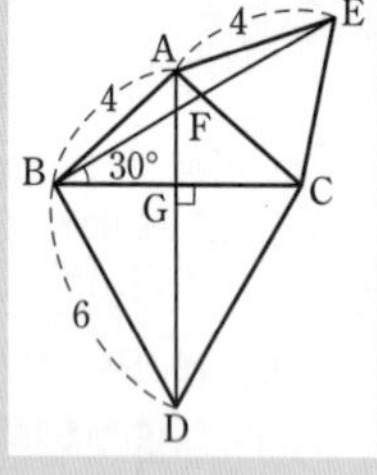

$\angle ADC$
$=\angle EBC$
$=30^\circ$

$\angle BGF=90^\circ$，$BG=3$ より，$\triangle BGF$ は3つの角が 30°，60°，90° の直角三角形であるから

$$BF=\frac{2}{\sqrt{3}}BG=\frac{2}{\sqrt{3}}\times 3=2\sqrt{3}$$

また，$\triangle ABG$ において，三平方の定理により　$AG^2=4^2-3^2=7$

$AG>0$ であるから　$AG=\sqrt{7}$

よって　$AD=\sqrt{7}+3\sqrt{3}$

⑤より　$AD=EB=\sqrt{7}+3\sqrt{3}$

したがって　$EF=\sqrt{7}+3\sqrt{3}-2\sqrt{3}$
$=\sqrt{3}+\sqrt{7}\ (\text{cm})$

65 (1) **$4\sqrt{10}$** (2) **54**
(3) **$3\sqrt{13}$** (4) **24**

解説

(1) 半径 OA，$O'B$ をひくと，点A，Bはそれぞれ接線 ℓ と円O，O′との接点であるから

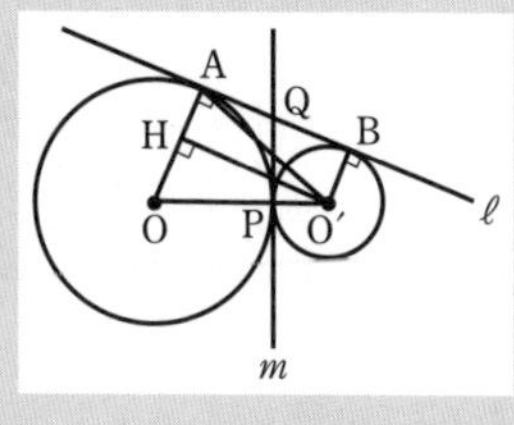

$OA\perp\ell$，$O'B\perp\ell$ ←接線⊥半径

点O′から線分OAに垂線をひき，その交点をHとすると，四角形 $AHO'B$ は長方形となるから　$AH=BO'=4$

$OH=9-4=5$

また，半径 OP，$O'P$ をひくと，点Pは接線 m と円O，O′との接点であるから

$OP\perp m$，$O'P\perp m$ ←接線⊥半径

よって，3点O，P，O′は一直線上にあって　$OO'=9+4=13$

$\triangle OHO'$ において，三平方の定理により

$HO'^2=OO'^2-OH^2=13^2-5^2=144$

$HO'>0$ であるから　$HO'=12$

$\triangle AHO'$ において，三平方の定理により

$AO'^2=AH^2+HO'^2=4^2+12^2=160$

$AO'>0$ であるから　$AO'=4\sqrt{10}$

(2) $\triangle OAO'=\frac{1}{2}\times 9\times 12=54$

(3) 円の外部の点からその円にひいた2つの接線の長さは等しいから

$QA=QP$，
$QB=QP$

よって　$QA=QB=QP$

点Qは線分ABの中点であり，(1)より

$AB=HO'=12$

であるから　$QA=6$

したがって，$\triangle OAQ$ において，三平方の定理により

$OQ^2=OA^2+QA^2=9^2+6^2=117$

$OQ>0$ であるから　$OQ=3\sqrt{13}$

(4) QP=QB=6, O′P=O′B=4 である。
よって，四角形 PO′BQ の面積は

$$2\triangle QPO' = 2\times\left(\frac{1}{2}\times 6\times 4\right) = 24$$

66 (1) $\sqrt{2}$　　(2) $1+\dfrac{\sqrt{3}}{2}$

(3) $\dfrac{\sqrt{6}+\sqrt{2}}{2}$

解説

(1) △BCD は 3 つの角が 30°, 60°, 90° の直角三角形 であるから

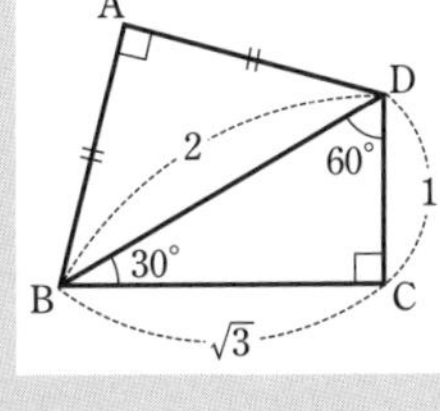

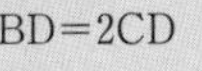

$BD = 2CD$
$= 2\times 1 = 2$

△ABD は 直角二等辺三角形 であるから

$$AB = \frac{1}{\sqrt{2}}BD = \frac{1}{\sqrt{2}}\times 2 = \sqrt{2}$$

(2) △BCD において　$BC = \sqrt{3}\,CD = \sqrt{3}$
四角形 ABCD の面積は

$\triangle ABD + \triangle BCD$
$= \frac{1}{2}\times\sqrt{2}\times\sqrt{2} + \frac{1}{2}\times\sqrt{3}\times 1$
$= 1+\frac{\sqrt{3}}{2}$

(3) ∠BAD = ∠BCD = 90° より，4 点 A, B, C, D は線分 BD を直径とする円周上にある。

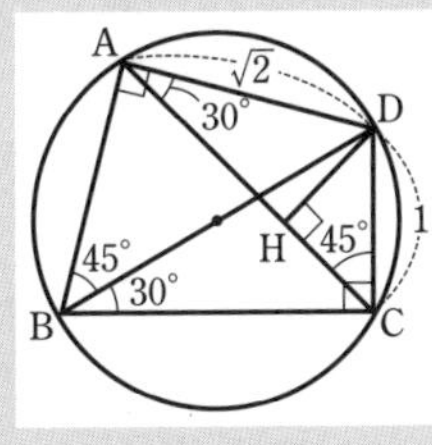

$\overset{\frown}{CD}$ に対する円周角について
∠CAD = ∠CBD = 30°
$\overset{\frown}{AD}$ に対する円周角について
∠ACD = ∠ABD = 45°
点D から対角線 AC にひいた垂線を DH とすると，△ADH は 3 つの角が 30°, 60°, 90° の直角三角形 であるから

$$AH = \frac{\sqrt{3}}{2}AD = \frac{\sqrt{3}}{2}\times\sqrt{2} = \frac{\sqrt{6}}{2}$$

△CDH は 直角二等辺三角形 であるから

$$HC = \frac{1}{\sqrt{2}}CD = \frac{1}{\sqrt{2}} = \frac{\sqrt{2}}{2}$$

よって　$AC = AH + HC = \dfrac{\sqrt{6}+\sqrt{2}}{2}$

67 (1) $a=1$　　(2) $(2,\ 4)$

(3) $\sqrt{17}$ cm

解説

(1) 点A は関数 $y=ax^2$ のグラフ上にあるから，
$y=ax^2$ に $x=-1$, $y=1$ を代入すると
$1=a\times(-1)^2$　　よって　$a=1$

(2) $t>0$ として，点B の x 座標を t とする。
点B は関数 $y=x^2$ のグラフ上にあるから，
$y=x^2$ に $x=t$ を代入すると　$y=t^2$
点B を中心とする円の半径は，点B の x 座標と等しく t である。
また，直線 ℓ の式は $y=2$ であるから，点 B の y 座標について　$t^2=2+t$
これを解くと　$t^2-t-2=0$
$(t+1)(t-2)=0$
したがって　$t=-1,\ 2$
点B は点A と一致しないから　$t=2$
よって，点B の座標は　$(2,\ 4)$

(3) (2) と同様にして，点C の座標を求める。
$p>0$ として，点C の x 座標を $-p$ としたとき，y 座標は　p^2
直線 m の式は $y=2+4$ すなわち $y=6$ であるから，点C の y 座標について

$p^2=6+p$
$p^2-p-6=0$
$(p+2)(p-3)=0$
$p=-2,\ 3$

$p>0$ であるから　$p=3$
よって，点C の座標は　$(-3,\ 9)$
三平方の定理により
$AB^2=\{2-(-1)\}^2+(4-1)^2=18$
$BC^2=\{2-(-3)\}^2+(4-9)^2=50$
$AC^2=\{-1-(-3)\}^2+(1-9)^2=68$ … ①

$AB^2+BC^2=AC^2$ が成り立つから，三平方の定理の逆により，△ABC は $\angle ABC=90^\circ$ の直角三角形である。
よって，3点 A，B，C を通る円の直径は線分 AC である。
① より，$AC>0$ であるから
$AC=2\sqrt{17}$ cm
したがって，求める半径は　$\sqrt{17}$ cm

68 (1) △ABH と △ACD において
仮定から　$\angle AHB=90^\circ$
半円の弧に対する円周角は 90° であるから　$\angle ADC=90^\circ$
よって　$\angle AHB=\angle ADC$ …… ①
$\overset{\frown}{AD}$ に対する円周角について
$\angle ABH=\angle ACD$ …… ②
①，② より，2組の角がそれぞれ等しいから　△ABH∽△ACD

(2) (ア) **8 cm**　(イ) **$\sqrt{10}$ cm**

解説
(2) (ア) △ACD において，三平方の定理により　$AD^2+6^2=10^2$　$AD^2=64$
$AD>0$ であるから　$AD=8$ cm
(イ) △AEH と △ADH において
仮定から　$\angle EAH=\angle DAH$
AH=AH (共通)
また　$\angle AHE=\angle AHD$
1組の辺とその両端の角がそれぞれ等しいから　△AEH≡△ADH
よって　$AE=AD=8$ (cm)
したがって　$EC=10-8=2$ (cm)
△ABH∽△ACD であるから
$AB:BH:AH=AC:CD:AD$
$=10:6:8$
$=5:3:4$
よって，$AB=5a$，$BH=3a$，$AH=4a$ とおける。
ただし，a は正の数である。
△ABE と △DCE において
$\angle AEB=\angle DEC$ (対頂角)
② から　$\angle ABE=\angle DCE$
2組の角がそれぞれ等しいから
△ABE∽△DCE
したがって　$BE:CE=AB:DC$
$BE:2=5a:6$
$BE=\frac{5}{3}a$
$BH=3a$ から　$EH=3a-\frac{5}{3}a=\frac{4}{3}a$
△AEH において，三平方の定理により　$\left(\frac{4}{3}a\right)^2+(4a)^2=8^2$
$\frac{16}{9}a^2+16a^2=64$
よって，$\frac{10}{9}a^2=4$ から　$a^2=\frac{18}{5}$
$a>0$ であるから　$a=\frac{3\sqrt{2}}{\sqrt{5}}=\frac{3\sqrt{10}}{5}$
したがって
$BE=\frac{5}{3}\times\frac{3\sqrt{10}}{5}=\sqrt{10}$ (cm)

69 (1) **$7\sqrt{3}$ cm³**
(2) **$(18+11\sqrt{3})$ cm²**

解説
(1) $\triangle ABC=\frac{1}{2}\times4\times\left(4\times\frac{\sqrt{3}}{2}\right)$
$=4\sqrt{3}$ (cm²)
よって，三角錐 O-ABC の体積は
$\frac{1}{3}\times4\sqrt{3}\times6=8\sqrt{3}$ (cm³)
辺 OA，OB，OC の中点をそれぞれ P，Q，R とする。三角錐 O-PQR と三角錐 O-ABC は相似で，相似比は 1：2 であるから，体積比は　$1^3:2^3=1:8$
求める体積は
$8\sqrt{3}\times\left(1-\frac{1}{8}\right)=7\sqrt{3}$ (cm³)
(2) △OAB において，三平方の定理により
$OB^2=4^2+6^2=52$
辺 BC の中点を M とすると，△OBM において，三平方の定理により
$OM^2=52-2^2=48$

$OM>0$ であるから　　$OM=4\sqrt{3}$ (cm)

三角錐 O-ABC の側面積は

$$\left(\frac{1}{2}\times4\times6\right)\times2+\frac{1}{2}\times4\times4\sqrt{3}$$

$$=24+8\sqrt{3}\ (\mathrm{cm}^2)$$

三角錐 O-PQR と三角錐 O-ABC の表面積の比は $1^2:2^2=1:4$ であり，底面積の比，側面積の比はともに $1:4$ である。

求める表面積は

$$4\sqrt{3}\times\frac{1}{4}+(24+8\sqrt{3})\times\left(1-\frac{1}{4}\right)+4\sqrt{3}$$

$$=\sqrt{3}+18+6\sqrt{3}+4\sqrt{3}$$

$$=18+11\sqrt{3}\ (\mathrm{cm}^2)$$

70 (1) $\boldsymbol{x=8}$　　(2) $\boldsymbol{81\pi}$ **cm²**

解説

(1) 円錐の高さを h cm とすると，円錐の体積について　$\frac{1}{3}\pi\times3^2\times h=27\sqrt{7}\pi$

したがって　　$h=9\sqrt{7}$

円錐の母線の長さは

$$\sqrt{(9\sqrt{7})^2+3^2}=\sqrt{576}=24$$

円Oの周の長さについて

$$(2\pi\times3)\times x=2\pi\times24$$

$$x=8$$

(2) 展開図（略）において，円錐の側面のおうぎ形の中心角の大きさを $a°$ とする。

おうぎ形の弧の長さについて

$$2\pi\times24\times\frac{a}{360}=2\pi\times3$$

$$a=45$$

求める表面積は

$$\pi\times3^2+\pi\times24^2\times\frac{45}{360}=81\pi\ (\mathrm{cm}^2)$$

71 (1) $\boldsymbol{12x}$ **cm²**　　(2) $\boldsymbol{x=4,\ 12}$

(3) $\boldsymbol{\sqrt{73}}$ **cm**

解説

(1) $0\leqq x\leqq6$ のとき　　$BP=x,\ CQ=2x$

よって，四角形 PBCQ の面積は

$$\frac{1}{2}\times(x+2x)\times8=12x\ (\mathrm{cm}^2)$$

(2) 長方形 BCFE の面積は　$12\times8=96\ (\mathrm{cm}^2)$

$0\leqq x\leqq6$ のとき，線分 PQ が長方形 BCFE の面積を 2 等分するとすると

$$12x=96\div2\qquad x=4$$

これは問題に適している。

$6\leqq x\leqq12$ のとき

$$BP=x,\ CQ=12\times2-2x=24-2x$$

線分 PQ が長方形 BCFE の面積を 2 等分するとすると

$$\frac{1}{2}\times(x+24-2x)\times8=96\div2$$

$$-x+24=12\qquad x=12$$

これは問題に適している。

よって　　$x=4,\ 12$

(3) $0\leqq x\leqq6$ のとき

$$DP^2=6^2+(12-x)^2$$
$$=36+144-24x+x^2$$
$$=x^2-24x+180$$
$$DQ^2=3^2+(12-2x)^2$$
$$=9+144-48x+4x^2$$
$$=4x^2-48x+153$$

$DP=DQ$ となるとすると，$DP^2=DQ^2$ であるから

$$x^2-24x+180=4x^2-48x+153$$
$$-3x^2+24x+27=0$$
$$x^2-8x-9=0$$
$$(x+1)(x-9)=0$$
$$x=-1,\ 9$$

これは $0\leqq x\leqq6$ に適していない。

$6\leqq x\leqq12$ のとき

DP^2
$=6^2+(12-x)^2$
$=x^2-24x+180$

DQ^2
$=3^2+(2x-12)^2$
$=4x^2-48x+153$

$DP=DQ$ となるとすると，

$DP^2=DQ^2$ であるから

$$x^2-24x+180=4x^2-48x+153$$

$$-3x^2+24x+27=0$$
$$x^2-8x-9=0$$
$$(x+1)(x-9)=0$$
$6 \leqq x \leqq 12$ であるから　$x=9$
このとき　BP=9，CQ=6
よって　$PQ^2=(9-6)^2+8^2=73$
PQ>0 であるから　$PQ=\sqrt{73}$ cm

72 (1) **36 cm²**　(2) **$\sqrt{22}$ cm²**
(3) **$2\sqrt{10}$ cm**

解説
(1) △ABC において，三平方の定理により
$$AC^2=3^2+4^2=25$$
AC>0 であるから　AC=5
底面積は　$\frac{1}{2}\times3\times4=6$ (cm²)
側面積は　$2\times(3+4+5)=24$ (cm²)
求める表面積は　$6\times2+24=36$ (cm²)
(2) △BED において，三平方の定理により
$$BD^2=2^2+3^2=13$$
BD>0 であるから　$BD=\sqrt{13}$
EG=2 より，DG=BD であるから
$$DG=\sqrt{13}$$
△BEG は 直角二等辺三角形 であるから
$$BG=\sqrt{2}\,BE=2\sqrt{2}$$
△BDG において，辺 BG の中点を M とすると　$BM=\sqrt{2}$，∠DMB=90°
よって，△DMB において
$$DM^2=(\sqrt{13})^2-(\sqrt{2})^2=11$$
DM>0 であるから　$DM=\sqrt{11}$
したがって，求める面積は
$$\triangle BDG=\frac{1}{2}\times2\sqrt{2}\times\sqrt{11}=\sqrt{22}\ (cm^2)$$
(3) 点Bから辺 EF，辺 DF と交わるように点Cまで線をひいたとき，辺 EF，辺 DF との交点をそれぞれ H，I とする。
点Bから点Cまでひいた線の長さが最も短くなるのは，図のような展開図の一部において，4点 B，H，I，C が一直線上にあるときである。

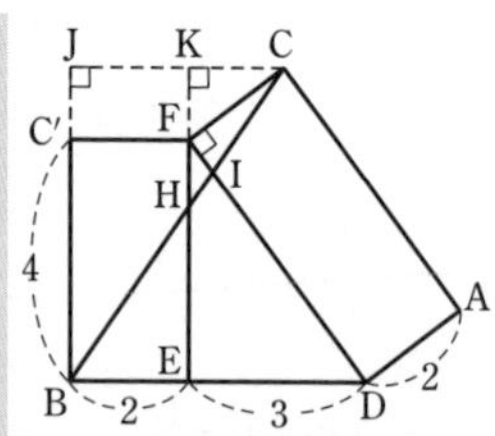

図のように，点Cから直線 BC′ に垂線をひき，直線 BC′ との交点を J とする。
また，CJ と直線 FE との交点をKとする。
△CKF∽△FED であり，相似比は
$$CF:FD=2:5$$
よって　$KF=\frac{2}{5}ED=\frac{6}{5}$
$$KC=\frac{2}{5}EF=\frac{8}{5}$$
したがって
$$BC^2=\left(4+\frac{6}{5}\right)^2+\left(2+\frac{8}{5}\right)^2=40$$
BC>0 であるから　$BC=2\sqrt{10}$
よって，求める長さは　$2\sqrt{10}$ cm

73 **560**

解説
袋の中に初めに黒色の碁石と白色の碁石が全部で x 個入っていたとする。
取り出した 40 個の碁石にふくまれる黒色の碁石の割合は　$\frac{32}{40}=\frac{4}{5}$
新たに 100 個の白色の碁石を袋に加えてから取り出した 40 個の碁石にふくまれる黒色の碁石の割合は　$\frac{28}{40}=\frac{7}{10}$
したがって，母集団における黒色の碁石の割合も同じであると推定することができるから
$$x\times\frac{4}{5}=(x+100)\times\frac{7}{10}$$
$$8x=7(x+100)$$
$$x=700$$
よって，初めに入っていた黒色の碁石の個数は
$$700\times\frac{4}{5}=560$$
から，およそ 560 個であると推定できる。

74 (1) **12.3 度**　　(2) **750 個**

解説

(1) 求める平均値は

$$\frac{10.0\times2+11.0\times5+12.0\times8+13.0\times12+14.0\times3}{30}$$

$$=\frac{369}{30}=12.3\ (度)$$

(2) 抽出した 30 個のみかんにふくまれる，糖度が 12.5 度以上 14.5 度未満のみかんの割合は　$\frac{12+3}{30}=\frac{1}{2}$

したがって，母集団における，糖度が 12.5 度以上 14.5 度未満のみかんの割合も $\frac{1}{2}$ であると推定することができる。

よって，収穫した 1500 個のみかんのうち，糖度が 12.5 度以上 14.5 度未満のみかんの個数は　$1500\times\frac{1}{2}=750$

から，およそ 750 個と考えられる。

発行所　**数研出版株式会社**

〒101-0052　東京都千代田区神田小川町２丁目３番地３
〔振替〕00140-4-118431
〒604-0861　京都市中京区烏丸通竹屋町上る大倉町205番地
〔電話〕代表（075）231-0161
ホームページ　http://www.chart.co.jp/
印刷　創栄図書印刷株式会社

本書の一部または全部を許可なく複写・複製することおよび本書の解説書，問題集ならびにこれに類するものを無断で作成することを禁じます。

乱丁本・落丁本はお取り替えいたします　240905

「チャート式」は，登録商標です。